U0423342

高等院校信息与通信工程系列教材

现代数字信号处理及其应用

何子述　夏　威　等编著

清華大學出版社
北　京

内容简介

本书系统地介绍了以离散时间随机过程为处理对象的数字信号处理理论和方法。全书共分9章，内容包括：离散时间信号与系统，离散时间平稳随机过程，功率谱估计和信号频率估计方法，维纳滤波原理及自适应算法，维纳滤波在信号处理中的应用，最小二乘估计理论及算法，卡尔曼滤波，阵列信号处理与空域滤波，盲信号处理。内容安排上注重概念和理论的工程应用，各章中还安排有一定的应用实例。

本书可作为电子信息工程、通信工程、自动控制、电子科学与技术等专业的研究生教材或教学参考书，也可作为相关专业工程技术人员的参考资料。

图书在版编目(CIP)数据

现代数字信号处理及其应用/何子述等编著. —北京：清华大学出版社，2009.5
(2025.1重印)
(高等院校信息与通信工程系列教材)
ISBN 978-7-302-17565-0

Ⅰ. 现… Ⅱ. 何… Ⅲ. 数字信号—信号处理—高等学校—教材 Ⅳ. TN911.72

中国版本图书馆 CIP 数据核字(2009)第 030562 号

责任编辑：陈国新
责任校对：时翠兰
责任印制：沈 露

出版发行：清华大学出版社
网 址：https://www.tup.com.cn，https://www.wqxuetang.com
地 址：北京清华大学学研大厦A座 邮 编：100084
社 总 机：010-83470000 邮 购：010-62786544
投稿与读者服务：010-62776969，c-service@tup.tsinghua.edu.cn
质 量 反 馈：010-62772015，zhiliang@tup.tsinghua.edu.cn

印 装 者：三河市龙大印装有限公司
经 销：全国新华书店
开 本：185mm×260mm **印 张**：25.25 **字 数**：592千字
版 次：2009年5月第1版 **印 次**：2025年1月第13次印刷
定 价：49.00元

产品编号：018697-02

高等院校信息与通信工程系列教材编委会

主　　编：陈俊亮

副 主 编：李乐民　张乃通　邬江兴

编　　委（排名不分先后）：

王　京　韦　岗　朱近康　朱世华

邬江兴　李乐民　李建东　张乃通

张中兆　张思东　严国萍　刘兴钊

陈俊亮　郑宝玉　范平志　孟洛明

袁东风　程时昕　雷维礼　谢希仁

责任编辑：陈国新

出版说明

信息与通信工程学科是信息科学与技术的重要组成部分。改革开放以来，我国在发展通信系统与信息系统方面取得了长足的进步，形成了巨大的产业与市场，如我国的电话网络规模已位居世界首位，同时该领域的一些分支学科出现了为国际认可的技术创新，得到了迅猛的发展。为满足国家对高层次人才的迫切需求，当前国内大量高等学校设有信息与通信工程学科的院系或专业，培养大量的本科生与研究生。为适应学科知识不断更新的发展态势，他们迫切需要内容新颖又符合教改要求的教材和教学参考书。此外，大量的科研人员与工程技术人员也迫切需要学习、了解、掌握信息与通信工程学科领域的基础理论与较为系统的前沿专业知识。为了满足这些读者对高质量图书的渴求，清华大学出版社组织国内信息与通信工程国家级重点学科的教学与科研骨干以及本领域的一些知名学者、学术带头人编写了这套高等院校信息与通信工程系列教材。

该套教材以本科电子信息工程、通信工程专业的专业必修课程教材为主，同时包含一些反映学科发展前沿的本科选修课程教材和研究生教学用书。为了保证教材的出版质量，清华大学出版社不仅约请国内一流专家参与了丛书的选题规划，而且每本书在出版前都组织全国重点高校的骨干教师对作者的编写大纲和书稿进行了认真审核。

祝愿《高等院校信息与通信工程系列教材》为我国培养与造就信息与通信工程领域的高素质科技人才，推动信息科学的发展与进步做出贡献。

北京邮电大学
陈俊亮
2004 年 9 月

前　言

数字信号处理是指用数字计算机或其他专用数字设备，以数值计算的方式对离散时间信号进行分析、处理。传统的数字信号处理主要是针对线性时不变离散时间系统，用卷积、离散时间傅里叶变换、Z变换等理论对确定信号进行处理；而现代数字信号处理，是在传统数字信号处理理论基础之上，基于概率统计的思想，用数理统计、优化估计、线性代数和矩阵计算等理论进行研究，处理的信号通常是离散时间随机过程，且系统可能是时变、非线性的。

本书是根据作者长期在电子科技大学为研究生开设《现代数字信号处理及应用》课程的教学讲义，并结合作者的科研活动和应用体会，参考国内外相关文献资料写作而成，在内容取舍和安排上有下面一些考虑。

1. 基本概念和基本理论讲清楚、讲透

对现代数字信号处理的基本概念，尽量使用通俗易懂的语言，深入浅出地进行描述，使读者易于理解、掌握；对其中的基本理论、基本公式，尽量给出严格的数学推导和理论证明，以体现理论的正确性和逻辑的严密性。

2. 注重理论算法与具体工程应用相结合

为使读者对抽象的理论易于理解，书中各章在对基本理论进行介绍的同时，给出了这些理论在实际工程中的具体应用实例，包括工程应用背景、接收信号和处理系统模型、计算过程和处理结果等。

3. 适当介绍近年来发展的新理论、新方法

随着硬件处理能力和数学理论的发展，现代数字信号处理是一门发展很快的学科，本书在内容安排上注意介绍一些近年来得到发展的新理论、新方法，如多级维纳滤波理论、谱估计中的 APES 算法、盲信号处理等。

4. 重点介绍信号的时域处理理论，集中介绍空域处理理论

本书在信号的时域处理和空域处理上是这样安排的，首先用较大篇幅将信号的各种时域处理理论阐述清楚，然后将信号的空域处理集中在第 8 章进行介绍，表述方法为：在建立空域信号处理模型后，用类比的方法直接将信号时域处理的结论引用到空域处理中。

基于上面的考虑，全书分为 9 章，各章内容安排如下。

第 1 章归纳介绍了离散时间信号与系统的相关内容；第 2 章介绍了离散时间平稳随机过程的相关理论，包括自相关矩阵的概念和性质等重要内容。第 1 章和第 2 章内容是

后续各章内容的基础。

第 3 章介绍了离散时间随机过程功率谱估计和信号频率估计的理论和方法；第 4 章阐述了维纳滤波器理论和自适应算法；在此基础上，第 5 章讨论了维纳滤波理论的工程应用；接着第 6 章讨论了有限观测样本时的最小二乘估计理论；第 7 章介绍了卡尔曼滤波理论。

第 8 章将时域信号处理理论应用于空域信号处理，介绍了阵列处理和空域滤波理论和算法；最后第 9 章讨论了盲信号处理的理论和算法。

本书各章安排了较多的习题和仿真实验题，以加深读者对理论的理解和掌握，同时熟悉理论在工程上的应用。讲授完本书全部内容约需 60 学时左右，根据不同的教学大纲和学时安排，具体讲授时可对本书各章节内容进行取舍。

本书除何子述、夏威两位主要作者外，参加写作工作的还有：程婷同志参加了第 1 章全部和第 7 章部分内容的写作；贾可新和廖羽宇同志参加了第 2 章和第 3 章的写作；邹麟同志参加了第 7 章部分内容和第 9 章部分内容的写作；谢菊兰同志参加了第 8 章的写作。参加稿件完善、校对和习题解答工作的还有陈客松、李会勇、黄秋钦、梁炎夏、杨怡佳、何茜、肖熠、余嘉、张旭红等同志；黄琪、杨卫平两位同志为本书绘制了全部插图；万群同志对本书的完成提供了许多建议和帮助；在此对他们的辛勤付出深表感谢！

本书的完成得到了电子科技大学研究生院、电子工程学院等部门的热情帮助和支持，作者深表感谢！

限于作者水平，书中定有不当和错误之处，恳请读者批评指正。

何子述

2008 年冬于成都沙河畔

目 录

第 1 章 离散时间信号与系统

本章将介绍离散时间信号与系统的相关基本理论，这些内容是本书后续章节的基础。首先给出离散时间信号与系统的概念，讨论离散时间信号的傅里叶变换、离散傅里叶变换(DFT)、Z变换和离散时间系统性能描述；然后介绍线性时不变离散时间系统的格型结构形式；接着给出离散时间实信号的复数表示，即离散希尔伯特变换；随后讨论窄带信号的正交解调实现方法；最后将对多相滤波器组的概念和信道化原理进行阐述。

1.1 离散时间信号与系统基础

1.1.1 离散时间信号的定义与分类

1. 离散时间信号的定义

信号是承载信息的工具。例如，交通灯信号，它传递的信息是"红灯停绿灯行"。信号在数学上可以表示成一个或几个独立变量的函数[1]。根据自变量是否连续取值，可将信号分为连续时间信号(continuous-time signal)和离散时间信号(discrete-time signal)。连续时间信号是指自变量可以连续取值的信号，工程上，经常将连续时间信号称为模拟信号。离散时间信号则是指信号值仅在某些离散时刻有定义，而在其他时间无定义的信号。离散时间信号也常被称为离散时间序列(discrete-time sequence)。

和离散时间信号概念相关的一个概念是数字信号(digital signal)，如果将离散时间信号的信号值用有限位数的二进制数来表示，则称这样的离散时间信号为数字信号。在不考虑有限位二进制数引入的量化误差时，可认为数字信号就是离散时间信号。

随着数字电路和数字计算机技术的发展，数字计算机已广泛应用于信号的处理，而计算机只能处理离散时间信号，因此在将日常的连续时间信号(如语音等)送给计算机处理之前，应先将其转换为离散时间信号。

离散时间信号可以通过对一个连续时间信号在时间上采样(sampling)而获得，通常采样时间间隔是均匀的。以采样时间间隔 T_s 对连续时间信号 $f_c(t)$ 采样，得到的序列可表示为 $\{f_c(nT_s), n=0,\pm1,\pm2,\cdots\}$，进一步地，还可将该序列用一个变量为 n 的函数描述为

$$f_d(n) = f_c(nT_s), \quad n = 0, \pm1, \pm2, \cdots \tag{1.1.1}$$

$f_d(n)$ 便是得到的离散时间信号。图 1.1.1 描述了上述由连续时间信号获得离散时间信号的过程。后文中若非特别说明，自变量为 n 的信号均为离散时间信号。

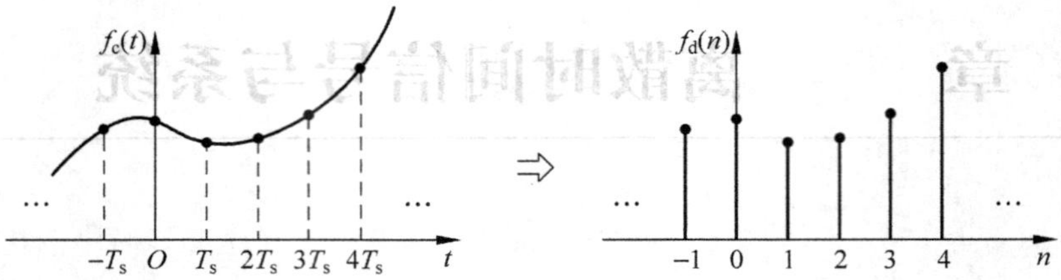

图 1.1.1 对连续时间信号采样得到离散时间信号

2. 离散时间信号的分类

根据不同的信号特征可获得多种信号分类方法。下面为从不同的角度观察信号，所得出的一些常用的信号分类。

1）确定信号与随机信号

确定信号(deterministic signal)是指可以用一个确定的数学表达式来描述的离散时间信号。它的特点是信号在任意时刻的值是确定的或是可预知的，如信号 $f(n)=\mathrm{e}^{-n}$。

随机信号(random signal)是指信号不能用一个确切的数学表达式描述，信号各时刻的值是一个随机变量。对这类信号只能借助统计方法研究其特征，如概率密度函数、均值、方差、相关函数等。

2）实信号与复信号

实信号(real signal)是指可用一实数函数来描述的离散时间信号。如信号 $f(n)=3n+4$，任意时刻的值为一实数。

复信号(complex signal)是指该信号是离散时间的复函数，即取值可以是复数。如信号 $x(n)=A(n)\cos\phi(n)+\mathrm{j}A(n)\sin\phi(n)$ 便是由实时间信号 $A(n)$ 和 $\phi(n)$ 构成的。当然，若令 $a(n)=A(n)\cos\phi(n)$，$b(n)=A(n)\sin\phi(n)$，该信号也可视为由实时间信号 $a(n)$ 和 $b(n)$ 构成。

3）离散时间周期信号与非周期信号

对离散时间信号 $f(n)$，若存在一非零的最小正整数 N，使得等式 $f(n+N)=f(n)$ 对任意时间 n 均成立，那么称 $f(n)$ 是周期信号(periodic signal)，否则为非周期离散时间信号。N 称为信号 $f(n)$ 的基本周期，简称周期。如对离散时间信号 $f(n)=\cos\omega_0 n$，有

$$f(n+N)=\cos(\omega_0 n+\omega_0 N)$$

仅当 $\omega_0 N=2k\pi$（k 是整数），即 $N=2k\pi/\omega_0$ 时，有

$$f(n+N)=f(n)$$

故仅当 ω_0 为 2π 的有理数倍时，N 才可能为正整数，即信号 $f(n)=\cos\omega_0 n$ 才是周期的。由此可见，与连续时间正弦信号不同，离散时间正弦信号不一定是周期的。

4）能量信号和功率信号

对离散时间信号 $f(n)$，其瞬时功率定义为

$$p(n)\triangleq|f(n)|^2 \tag{1.1.2}$$

信号的能量和平均功率分别定义为

$$E \triangleq \lim_{N\to\infty} \sum_{n=-N}^{N} | f(n) |^2 \tag{1.1.3}$$

$$P \triangleq \lim_{N\to\infty} \frac{1}{2N+1} \sum_{n=-N}^{N} | f(n) |^2 \tag{1.1.4}$$

若信号的能量有界，平均功率趋于零，即满足 $E<\infty$，$P\to 0$，则称该离散时间信号为能量有界信号，简称能量信号(finite-energy signal)。若信号的平均功率有界，能量趋于无穷大，即满足 $P<\infty$，$E\to\infty$，则称该离散时间信号为功率有界信号，简称功率信号(finite-power signal)。

1.1.2　离散时间信号的差分和累加

1. 前向差分和后向差分

离散时间信号的差分运算分为前向差分和后向差分，分别定义如下：

(1) 一阶前向差分为

$$\Delta f(n) \triangleq f(n+1) - f(n) \tag{1.1.5}$$

(2) 一阶后向差分为

$$\nabla f(n) \triangleq f(n) - f(n-1) \tag{1.1.6}$$

(3) m 阶前向差分为

$$\Delta^m f(n) \triangleq \Delta^{m-1} f(n+1) - \Delta^{m-1} f(n) \tag{1.1.7}$$

(4) m 阶后向差分为

$$\nabla^m f(n) \triangleq \nabla^{m-1} f(n) - \nabla^{m-1} f(n-1) \tag{1.1.8}$$

实际工程中常用的是后向差分。

2. 累加

对信号 $f(n)$，其累加信号 $y(n)$ 定义为

$$y(n) \triangleq \sum_{k=-\infty}^{n} f(k) \tag{1.1.9}$$

由式(1.1.9)可见，$y(n)$ 在某一时刻的值，为 $f(n)$ 在该时刻以前(含该时刻)所有值的和，容易验证，累加和差分互为逆运算。

离散时间单位冲激信号和单位阶跃信号是离散时间信号处理中的两个重要信号。离散时间单位冲激信号 $\delta(n)$ 的定义为

$$\delta(n) \triangleq \begin{cases} 1, & n = 0 \\ 0, & n \neq 0 \end{cases} \tag{1.1.10}$$

离散时间单位阶跃信号 $u(n)$ 的定义为

$$u(n) \triangleq \begin{cases} 1, & n \geqslant 0 \\ 0, & n < 0 \end{cases} \tag{1.1.11}$$

且 $\delta(n)$ 为 $u(n)$ 的差分，即

$$\delta(n) = u(n) - u(n-1) \tag{1.1.12}$$

反之，$u(n)$为$\delta(n)$的累加，即

$$u(n) = \sum_{k=-\infty}^{n} \delta(k) \tag{1.1.13}$$

1.1.3 离散时间系统定义及 LTI 特性

离散时间系统是用于处理、传输离散时间信号的物理装置，在数学上可表示为输入信号与输出信号之间的一种映射(mapping)关系[1]。若用$M[\cdot]$来表示这种映射，则一个离散时间系统可用图 1.1.2 来描述，为

图 1.1.2 离散时间系统示意图

$$y(n) = M[f(n)] \tag{1.1.14}$$

式中，$f(n)$称为系统的输入信号(input signal)，$y(n)$称为系统的输出信号(output signal)或系统响应(system response)。

对于上述系统，若输入信号$f_1(n)$的响应为$y_1(n)=M[f_1(n)]$，输入$f_2(n)=af_1(n)$的响应为$y_2(n)=M[f_2(n)]$，且满足$y_2(n)=ay_1(n)$，则称系统具有齐次性(homogeneity)。

若输入信号$f_1(n)$的响应为$y_1(n)=M[f_1(n)]$，输入$f_2(n)$的响应为$y_2(n)=M[f_2(n)]$，输入$f(n)=f_1(n)+f_2(n)$的响应为$y(n)=M[f(n)]$，且满足$y(n)=y_1(n)+y_2(n)$，则称系统具有可加性(additivity)。

同时满足齐次性和可加性的系统，称为线性系统(linear system)。

线性系统也可直接作如下描述：若$y_1(n)=M[f_1(n)]$，$y_2(n)=M[f_2(n)]$，且$f(n)=a_1f_1(n)+a_2f_2(n)$，a_1和a_2是常数，对于线性系统有

$$y(n) = M[a_1f_1(n)+a_2f_2(n)] = a_1y_1(n)+a_2y_2(n) \tag{1.1.15}$$

式(1.1.15)又称为叠加原理(superposition principle)。系统线性可简述为"和的响应等于响应的和"。

若输入信号$f_1(n)$的响应为$y_1(n)=M[f_1(n)]$，输入$f_2(n)=f_1(n-n_0)$的响应为$y_2(n)=M[f_1(n-n_0)]$，且$y_2(n)=y_1(n-n_0)$，则称系统为时不变系统(time invariant system)。

可见，对于时不变系统，如果已求得输入信号$f(n)$通过系统的响应为$y(n)$，则该输入信号延时n_0后通过系统的响应为$y(n-n_0)$。因此，系统的时不变性可简述为"时延的响应等于响应的时延"。

同时满足线性和时不变性的系统，称为线性时不变系统(linear time-invariant system)，常简称为 LTI 系统。

1.1.4 LTI 离散时间系统响应——卷积和

前已介绍，离散时间系统在数学上可表示为输入离散时间信号与输出离散时间信号之间的一种映射关系。对于 LTI 离散时间系统，输入信号$f(n)$与输出信号$y(n)$的映射关系可以用一个线性常系数差分方程及一组初始条件来描述[2]，即

$$\sum_{k=0}^{N} a_k y(n-k) = \sum_{l=0}^{M} b_l f(n-l) \tag{1.1.16}$$

初始条件为 $y(-1),y(-2),\cdots,y(-N)$。式中,$a_0,a_1,\cdots,a_N,b_0,b_1,\cdots,b_M$ 均为常数,通常取 $a_0=1$。N 为该差分方程的阶数(order),也称为系统阶数。当系统只有输入信号,初始状态为零时,系统的响应称为零状态响应(zero-state response);反之,当系统输入信号为零,初始状态不为零时,系统的响应称为零输入响应(zero-input response)。

系统的单位冲激响应(impulse response)是指当系统输入信号为单位冲激信号 $\delta(n)$ 时的零状态响应,通常用符号 $h(n)$ 表示。由于不同的 LTI 离散时间系统具有不同的冲激响应,常用冲激响应 $h(n)$ 来描述系统。

对冲激响应为 $h(n)$ 的 LTI 系统,任一输入信号 $f(n)$,可以用单位冲激信号 $\delta(n)$ 表示为

$$f(n)=\sum_{m=-\infty}^{\infty} f(m)\delta(n-m) \tag{1.1.17}$$

由于 $\delta(n)$ 的零状态响应为 $h(n)$,且对 LTI 系统,有"延时的响应等于响应的延时"及"和的响应等于响应的和",因此系统对 $f(n)$ 的零状态响应可表示为

$$y(n)=\sum_{m=-\infty}^{\infty} f(m)h(n-m) \tag{1.1.18}$$

式(1.1.18)称为 $f(n)$ 与 $h(n)$ 的卷积和(convolution sum),简称为卷积,经常记为

$$y(n)=f(n)*h(n) \tag{1.1.19}$$

1.1.5 离散时间信号相关函数及卷积表示

若离散时间信号 $x(n)$ 和 $y(n)$ 均为能量信号,那么它们的互相关函数(correlation function)定义为

$$r_{xy}(m)\triangleq\sum_{n=-\infty}^{\infty} x(n)y^*(n-m) \tag{1.1.20}$$

式中,"$*$"代表取共轭。$r_{xy}(m)$ 的值描述了离散时间信号 $x(n)$ 与 $y(n-m)$ 的相似程度大小,值越大,表明这两个信号越相似。当 $x(n)=y(n)$,上述定义的互相关函数变成自相关函数(auto correlation function),即

$$r_x(m)\triangleq\sum_{n=-\infty}^{\infty} x(n)x^*(n-m) \tag{1.1.21}$$

根据式(1.1.21)可知,$r_x(0)=\sum_{n=-\infty}^{\infty}|x(n)|^2$,即 $r_x(0)$ 等于信号 $x(n)$ 自身的能量。

若离散时间信号 $x(n)$ 和 $y(n)$ 均为功率信号,那么它们的互相关函数定义为

$$r_{xy}(m)\triangleq\lim_{N\to\infty}\frac{1}{2N+1}\sum_{n=-N}^{N} x(n)y^*(n-m) \tag{1.1.22}$$

类似地,当 $x(n)=y(n)$ 时,上述定义的互相关函数变为自相关函数,即

$$r_x(m)\triangleq\lim_{N\to\infty}\frac{1}{2N+1}\sum_{n=-N}^{N} x(n)x^*(n-m) \tag{1.1.23}$$

根据式(1.1.18)卷积的定义,式(1.1.20)的相关函数可用卷积表示为

$$r_{xy}(m)=\sum_{n=-\infty}^{\infty} x(n)y^*(n-m)$$

$$= \sum_{n=-\infty}^{\infty} x(n)y^*[-(m-n)] \tag{1.1.24}$$

$$= x(m) * y^*(-m)$$

式(1.1.24)表明，$x(n)$和 $y(n)$的互相关函数就是 $x(n)$与 $y(n)$的共轭对称信号的卷积。

1.2 离散时间信号与系统的傅里叶分析

在 1.1 节中，将输入信号分解为一组延时的单位冲激信号的线性组合，利用系统的线性时不变特性导出了 LTI 系统响应的求解方法——卷积和。实际上，离散时间信号还可以表示为其他基本信号的线性组合，如复指数信号，并由此可导出离散时间信号的傅里叶变换和 Z 变换。

1.2.1 复指数信号通过 LTI 系统的响应

对冲激响应为 $h(n)$的 LTI 离散时间系统，设输入为复指数信号 $f(n)=z_0^n$，z_0 为复数，那么系统响应可表示为

$$y(n) = f(n) * h(n) = \sum_{m=-\infty}^{\infty} h(m)f(n-m) = z_0^n \sum_{m=-\infty}^{\infty} h(m)z_0^{-m}$$

若定义

$$H(z_0) \triangleq \sum_{m=-\infty}^{\infty} h(m)z_0^{-m} \tag{1.2.1}$$

那么

$$y(n) = H(z_0)z_0^n \tag{1.2.2}$$

可见，系统的输出信号为输入信号乘上一个与时间 n 无关的常数 $H(z_0)$。常将复指数信号 z_0^n 称为离散时间系统的特征函数(eigenfunction)，$H(z_0)$为相应的特征值(eigenvalue)[10]。

如果任一离散时间信号 $f(n)$可以表示为复指数信号 z_k^n 的线性组合形式，即

$$f(n) = \sum_{k=-\infty}^{\infty} a_k z_k^n \tag{1.2.3}$$

那么根据系统的线性特性，可以方便地得到 $f(n)$通过冲激响应为 $h(n)$的 LTI 系统的输出信号为

$$y(n) = \sum_{k=-\infty}^{\infty} a_k H(z_k) z_k^n \tag{1.2.4}$$

式中，$H(z_k)$的形式如式(1.2.1)。下面将讨论如何将离散时间信号 $f(n)$表示为复指数信号 z_k^n 的线性组合形式。

1.2.2 离散时间信号的傅里叶级数和傅里叶变换

对于周期为 N 的离散时间信号，其傅里叶级数表示(或复指数分解)为[1]

$$f(n) = \sum_{k=<N>} a_k e^{jk\omega_0 n} \tag{1.2.5}$$

$$a_k = \frac{1}{N}\sum_{n=<N>} f(n)\mathrm{e}^{-\mathrm{j}k\omega_0 n} \tag{1.2.6}$$

式中，$\omega_0 = 2\pi/N$，$k=<N>$ 和 $n=<N>$ 表示在一个周期 N 内求和。式(1.2.5)称为离散时间周期信号的傅里叶级数表示(Fourier series representation)，简称傅氏级数，式(1.2.6)称为离散时间周期信号的傅里叶级数系数(Fourier series coefficient)，简称傅氏系数。

当周期信号的周期 N 趋于无穷大时，周期信号将趋于非周期信号，此时，信号的傅里叶级数表示将演化为信号的傅里叶变换[1]，为

$$F(\omega) = \sum_{n=-\infty}^{\infty} f(n)\mathrm{e}^{-\mathrm{j}\omega n} \tag{1.2.7}$$

$$f(n) = \frac{1}{2\pi}\int_{2\pi} F(\omega)\mathrm{e}^{\mathrm{j}\omega n}\mathrm{d}\omega \tag{1.2.8}$$

式中，变量 ω 代表数字角频率。式(1.2.7)称为离散时间信号 $f(n)$ 的傅里叶变换(FT，Fourier transform)，简称傅氏变换。而式(1.2.8)称为 $F(\omega)$ 的傅里叶逆变换(IFT，inverse Fourier transform)，简称傅氏逆变换。傅里叶变换对常简记为

$$f(n) \overset{\mathcal{F}}{\longleftrightarrow} F(\omega) \tag{1.2.9}$$

式(1.2.8)所示离散时间傅氏逆变换的物理意义，是将信号 $f(n)$ 分解为复指数序列 $\mathrm{e}^{\mathrm{j}\omega n}$ 的和，对于频率为 ω 的复指数信号 $\mathrm{e}^{\mathrm{j}\omega n}$，其幅度为$[F(\omega)\mathrm{d}\omega]/2\pi$。

$F(\omega)$称为离散时间信号的频谱密度函数，简称频谱。$F(\omega)$的模和相角分别称为离散时间信号 $f(n)$ 的幅度谱和相位谱。

1.2.3 傅里叶变换的性质

与连续时间傅里叶变换类似，离散时间傅里叶变换存在如下性质。

1. 线性

若 $f_1(n)\overset{\mathcal{F}}{\longleftrightarrow}F_1(\omega)$，$f_2(n)\overset{\mathcal{F}}{\longleftrightarrow}F_2(\omega)$，$a$ 和 b 是常数，那么

$$af_1(n) + bf_2(n) \overset{\mathcal{F}}{\longleftrightarrow} aF_1(\omega) + bF_2(\omega) \tag{1.2.10}$$

2. 时移与频移性质

若 $f(n)\overset{\mathcal{F}}{\longleftrightarrow}F(\omega)$，那么

$$f(n-n_0) \overset{\mathcal{F}}{\longleftrightarrow} \mathrm{e}^{-\mathrm{j}\omega n_0}F(\omega) \tag{1.2.11}$$

$$\mathrm{e}^{\mathrm{j}\omega_0 n}f(n) \overset{\mathcal{F}}{\longleftrightarrow} F(\omega-\omega_0) \tag{1.2.12}$$

3. 共轭对称性

若 $f(n)\overset{\mathcal{F}}{\longleftrightarrow}F(\omega)$，那么

$$f^*(n) \overset{\mathcal{F}}{\longleftrightarrow} F^*(-\omega) \tag{1.2.13}$$

若 $f(n)$是实序列，那么它的傅氏变换为共轭对称的，即

$$F(\omega) = F^*(-\omega) \tag{1.2.14}$$

4. **时域展宽特性**

信号 $f(n)$ 时间上展宽 N 倍的信号 $f_1(n)$ 可表示为

$$f_1(n)=\begin{cases} f\left(\frac{n}{N}\right), & n\text{ 为 }N\text{ 的整数倍} \\ 0, & \text{其他} \end{cases} \tag{1.2.15}$$

若 $f(n)\xleftrightarrow{\mathcal{F}}F(\omega)$，那么

$$f_1(n)\xleftrightarrow{\mathcal{F}}F(N\omega) \tag{1.2.16}$$

特别地，有

$$f(-n)\xleftrightarrow{\mathcal{F}}F(-\omega) \tag{1.2.17}$$

5. **频域微分特性**

若 $f(n)\xleftrightarrow{\mathcal{F}}F(\omega)$，那么

$$(-\mathrm{j}n)f(n)\xleftrightarrow{\mathcal{F}}\frac{\mathrm{d}F(\omega)}{\mathrm{d}\omega} \tag{1.2.18}$$

6. **时域卷积特性**

若 $f(n)\xleftrightarrow{\mathcal{F}}F(\omega),h(n)\xleftrightarrow{\mathcal{F}}H(\omega)$，那么

$$f(n)*h(n)\xleftrightarrow{\mathcal{F}}F(\omega)H(\omega) \tag{1.2.19}$$

7. **时域相乘特性**

若 $f(n)\xleftrightarrow{\mathcal{F}}F(\omega),h(n)\xleftrightarrow{\mathcal{F}}H(\omega)$，那么

$$f(n)h(n)\xleftrightarrow{\mathcal{F}}\frac{1}{2\pi}\int_{2\pi}F(\beta)H(\omega-\beta)\mathrm{d}\beta \tag{1.2.20}$$

由于上式积分是在任意 2π 内，常称为周期卷积[1]，简记为

$$\frac{1}{2\pi}\int_{2\pi}F(\beta)H(\omega-\beta)\mathrm{d}\beta=\frac{1}{2\pi}F(\omega)*H(\omega)$$

8. **帕斯瓦尔定理**

若 $f(n)\xleftrightarrow{\mathcal{F}}F(\omega)$，那么

$$\sum_{n=-\infty}^{+\infty}|f(n)|^2=\frac{1}{2\pi}\int_{2\pi}|F(\omega)|^2\mathrm{d}\omega \tag{1.2.21}$$

该性质称为帕斯瓦尔关系(Parseval's relation)，它表明信号在时域与频域的能量相同。从式(1.2.21)右端可见，频域的总能量等于 $|F(\omega)|^2$ 在一个周期内的积分，因此，$|F(\omega)|^2$ 常称为信号的能量谱，$|F(\omega)|^2\mathrm{d}\omega$ 代表了信号在 $\mathrm{d}\omega$ 频带内的能量。

以上给出了离散时间傅里叶变换的基本性质，它们均可以利用式(1.2.7)证明，详细证明可参阅参考文献[1]。

1.2.4 离散时间系统频率响应与理想滤波器

1. 离散时间系统频率响应的定义

在 1.1.5 节中已介绍，对于输入为 $f(n)$、输出为 $y(n)$ 的 LTI 离散时间系统，可用如下线性常系数差分方程描述：

$$y(n)+a_1y(n-1)+\cdots+a_Ny(n-N)=b_0f(n)+\cdots+b_Mf(n-M) \tag{1.2.22}$$

设信号 $f(n)$ 和 $y(n)$ 的傅里叶变换分别为 $F(\omega)$ 和 $Y(\omega)$，对上式两边进行傅里叶变换，可得

$$Y(\omega)+a_1\mathrm{e}^{-\mathrm{j}\omega}Y(\omega)+\cdots+a_N\mathrm{e}^{-\mathrm{j}\omega N}Y(\omega)=b_0F(\omega)+\cdots+b_M\mathrm{e}^{-\mathrm{j}\omega M}F(\omega) \tag{1.2.23}$$

定义 LTI 离散时间系统的频率响应(frequency response) $H(\omega)$ 为

$$H(\omega)\triangleq\frac{Y(\omega)}{F(\omega)}=\frac{b_0+b_1\mathrm{e}^{-\mathrm{j}\omega}+\cdots+b_M\mathrm{e}^{-\mathrm{j}M\omega}}{1+a_1\mathrm{e}^{-\mathrm{j}\omega}+\cdots+a_N\mathrm{e}^{-\mathrm{j}N\omega}} \tag{1.2.24}$$

表示为模和相位的形式有

$$H(\omega)=|H(\omega)|\mathrm{e}^{\mathrm{j}\varphi_H(\omega)} \tag{1.2.25}$$

式中，$|H(\omega)|$ 称为离散时间系统的幅频特性(magnitude frequency response)，$\varphi_H(\omega)$ 称为相频特性(phase frequency response)。

将式(1.2.24)移项，得

$$Y(\omega)=H(\omega)F(\omega) \tag{1.2.26}$$

另外，冲激响应为 $h(n)$ 的 LTI 系统，对输入 $f(n)$ 的响应 $y(n)$ 可表示为 $y(n)=h(n)*f(n)$。根据傅里叶变换的时域卷积特性，系统冲激响应 $h(n)$ 和系统频率响应 $H(\omega)$ 是一对傅里叶变换，即

$$h(n)\overset{\mathcal{F}}{\longleftrightarrow}H(\omega) \tag{1.2.27}$$

2. 离散时间理想滤波器

式(1.2.26)说明 LTI 离散时间系统响应的频谱为输入信号的频谱与系统频率响应的乘积。因此，可以通过合理设计系统的频率响应 $H(\omega)$，达到改变输入信号频谱以获得期望信号频谱的目的，这一过程称为滤波(filtering)，实现滤波的系统称为滤波器(filter)。下面介绍几种理想的离散时间滤波器。

1) 离散时间理想低通滤波器

理想低通滤波器(LPF，low pass filter)的频率响应为

$$H(\omega)=\begin{cases}1, & |\omega|<\omega_c\\ 0, & \omega_c<|\omega|\leqslant\pi\end{cases} \tag{1.2.28}$$

式中，ω_c 为低通滤波器的截止角频率，如图 1.2.1(a)所示。相应的系统冲激响应为

$$h(n)=\frac{\sin(\omega_c n)}{\pi n} \tag{1.2.29}$$

如图 1.2.1(b)所示。

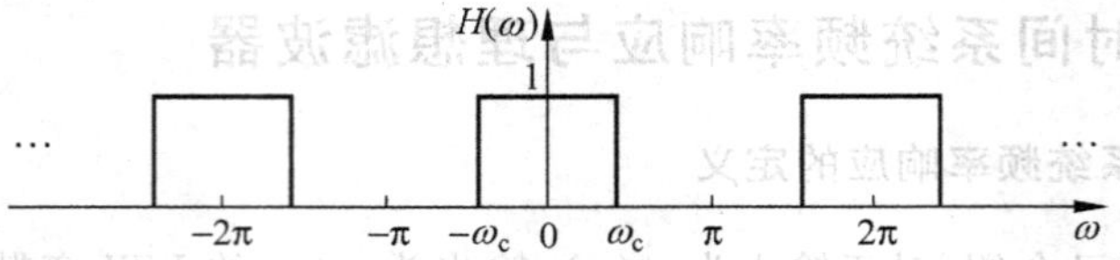

(a) 理想低通滤波器的频率响应

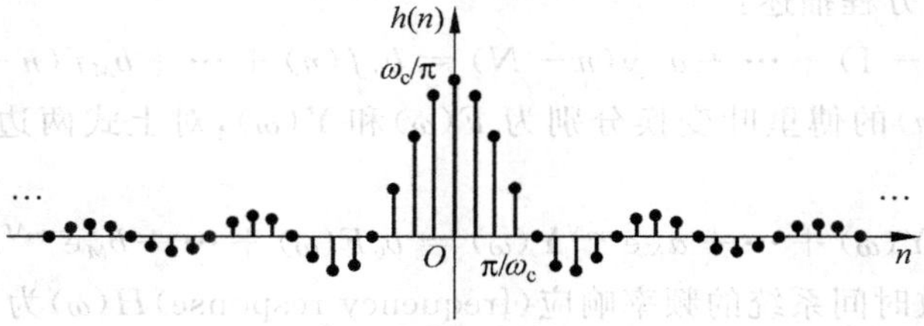

(b) 理想低通滤波器的冲激响应($\omega_c=\pi/4$)

图 1.2.1　理想低通滤波器的频率响应及冲激响应

2) 离散时间理想高通滤波器

理想高通滤波器(HPF, high pass filter)的频率响应为

$$H(\omega)=\begin{cases}0, & |\omega|<\omega_c \\ 1, & \omega_c<|\omega|\leqslant\pi\end{cases}\tag{1.2.30}$$

同样,ω_c 为高通滤波器的截止角频率,如图 1.2.2(a)所示。容易发现,高通滤波器的频率响应可表示为常数 1 减去式(1.2.28)所示的低通滤波器,因此,理想高通滤波器的冲激响应可表示为

$$h(n)=\delta(n)-\frac{\sin(\omega_c n)}{\pi n}\tag{1.2.31}$$

如图 1.2.2(b)所示。

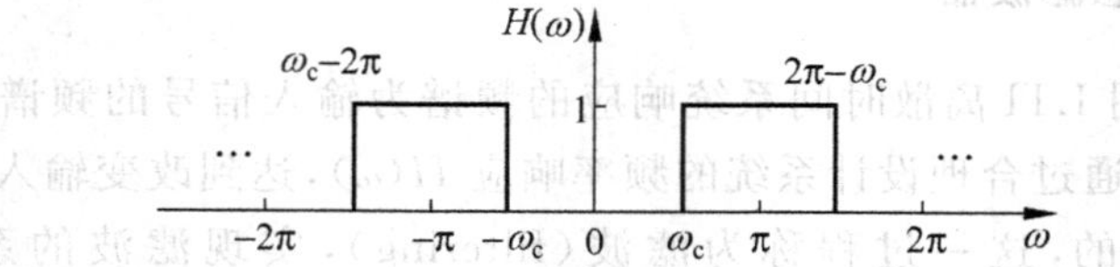

(a) 理想高通滤波器的频率响应

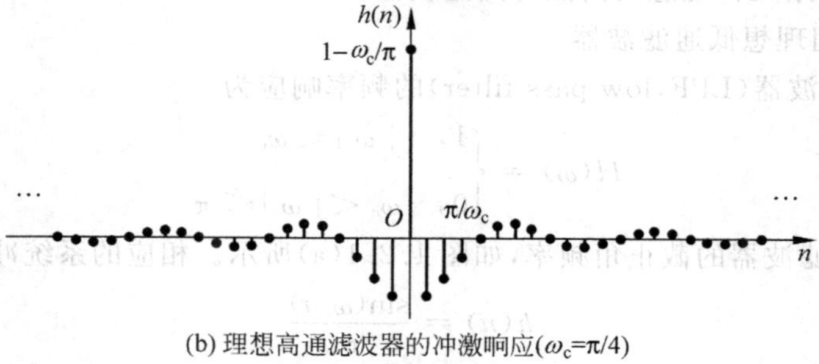

(b) 理想高通滤波器的冲激响应($\omega_c=\pi/4$)

图 1.2.2　理想高通滤波器的频率响应和冲激响应

3）离散时间理想带通滤波器

理想带通滤波器(BPF，band pass filter)的频率响应为

$$H(\omega)=\begin{cases}1, & 0<\omega_1<|\omega|<\omega_2<\pi \\ 0, & \text{其他}\end{cases} \tag{1.2.32}$$

如图 1.2.3(a)所示。角频率 $\omega_0=(\omega_1+\omega_2)/2$ 称为带通滤波器的中心频率。根据傅里叶变换的频移特性，理想带通滤波器的冲激响应可表示为

$$h(n)=2\frac{\sin[(\omega_2-\omega_0)n]}{\pi n}\cos(\omega_0 n) \tag{1.2.33}$$

或

$$h(n)=\frac{\sin(\omega_2 n)}{\pi n}-\frac{\sin(\omega_1 n)}{\pi n} \tag{1.2.34}$$

如图 1.2.3(b)所示。

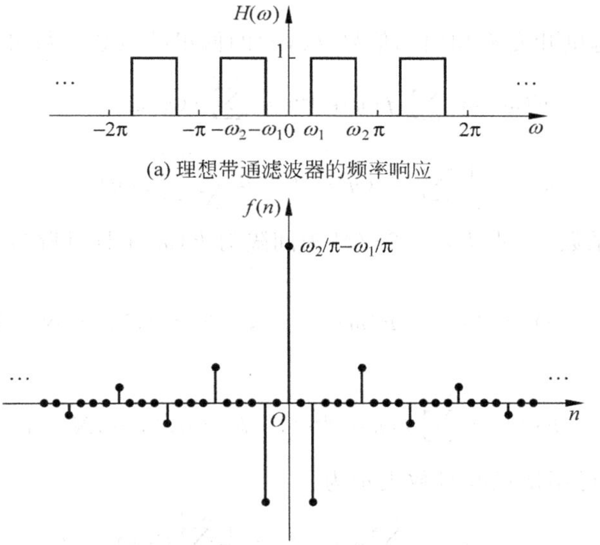

(a) 理想带通滤波器的频率响应

(b) 理想带通滤波器的冲激响应($\omega_1=\pi/4$, $\omega_2=3\pi/4$)

图 1.2.3　理想带通滤波器的频率响应和冲激响应

1.2.5　离散时间信号的 DFT 和 FFT

由前面的讨论可知，对离散时间信号，可以用数字计算机在时域进行处理。但是，离散时间信号的傅里叶变换 $F(\omega)$仍然是自变量 ω 的连续函数，本节将讨论怎样对离散时间信号的傅里叶变换 $F(\omega)$进行离散化，以便能用数字计算机在频域对信号进行处理。

1. 离散傅里叶变换

考虑一个有限长离散时间信号 $f(n)$，如图 1.2.4 所示，它的持续长度为 L，即

$$f(n)=C,\quad n<0 \text{ 和 } n\geqslant L$$

根据信号 $f(n)$ 构造周期信号 $f_N(n)$，且设周期 $N \geqslant L$，如图 1.2.5 所示。

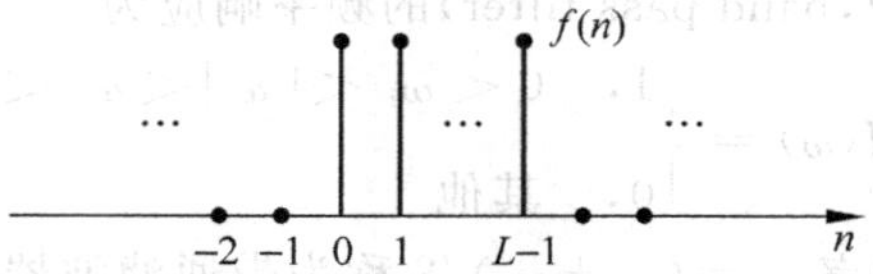

图 1.2.4　时限信号 $f(n)$ 波形

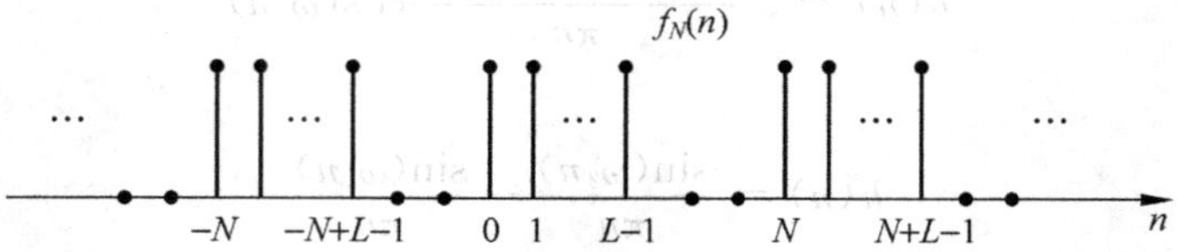

图 1.2.5　周期信号 $f_N(n)$ 波形

信号 $f(n)$ 的傅里叶变换和周期信号 $f_N(n)$ 的傅里叶级数系数可分别表示为

$$F(\omega) = \sum_{n=0}^{L} f(n)\mathrm{e}^{-\mathrm{j}\omega n} = \sum_{n=0}^{N-1} f(n)\mathrm{e}^{-\mathrm{j}\omega n}$$

$$a_k = \frac{1}{N}\sum_{n=0}^{N-1} f_N(n)\mathrm{e}^{-\mathrm{j}k\omega_0 n} = \frac{1}{N}\sum_{n=0}^{N-1} f(n)\mathrm{e}^{-\mathrm{j}k\omega_0 n}$$

可以看出，傅里叶系数 a_k 是以 $\omega_0 = 2\pi/N$ 为间隔对 $F(\omega)$ 采样并除以常数 N 的结果。

定义 $\overline{F}(k)$ 为

$$\overline{F}(k) = Na_k = F(\omega)\big|_{\omega=k\omega_0}, \quad k = 0,1,\cdots,N-1$$

或

$$\overline{F}(k) = \sum_{n=0}^{N-1} f(n)\mathrm{e}^{-\mathrm{j}k\omega_0 n}, \quad k = 0,1,\cdots,N-1 \tag{1.2.35}$$

而周期信号 $f_N(n)$ 可用傅里叶级数表示为

$$f_N(n) = \sum_{k=0}^{N-1} a_k \mathrm{e}^{\mathrm{j}k\omega_0 n} = \frac{1}{N}\sum_{k=0}^{N-1}\overline{F}(k)\mathrm{e}^{\mathrm{j}k\omega_0 n}$$

当 $0 \leqslant n \leqslant N-1$ 时，$f(n) = f_N(n)$，所以有

$$f(n) = \frac{1}{N}\sum_{k=0}^{N-1}\overline{F}(k)\mathrm{e}^{\mathrm{j}k\omega_0 n}, \quad n = 0,1,\cdots,N-1 \tag{1.2.36}$$

式(1.2.35)和式(1.2.36)构成离散傅里叶变换对。其中，式(1.2.35)为离散傅里叶变换(DFT，discrete Fourier transform)，式(1.2.36)则称为离散傅里叶逆变换(IDFT，inverse discrete Fourier transform)，通常表示为

$$f(n) \overset{DFT}{\longleftrightarrow} \overline{F}(k) \tag{1.2.37}$$

从上述推导过程可以看出，时限信号 $f(n)$ 的离散傅里叶变换 $\overline{F}(k)$，就是周期信号 $f_N(n)$ 的傅氏系数 a_k 乘以 $N(k=0,1,2,\cdots,N-1)$，而离散傅里叶逆变换 $f(n)$，为周期信号 $f_N(n)$ 取 n 在 0 到 $N-1$ 范围内的值。

从式(1.2.35)可看出，$\overline{F}(k)$ 是对信号 $f(n)$ 的傅里叶变换 $F(\omega)$ 以 $2\pi/N$ 为间隔进行

取样，即在频域进行离散化。离散化后的频谱 $\bar{F}(k)$，可用数字计算机在频域对信号进行处理，这便是导出离散傅里叶变换的初衷。

2. FFT 的概念

快速傅里叶变换(FFT，fast Fourier transform)是 DFT 的一种高效的计算方法。

考察一个 N 点有限长序列 $f(n)$ 的 DFT，为了表述方便，记 $W_N=e^{-j\omega_0}$，其中，$\omega_0=2\pi/N$，那么该序列的 DFT 和 IDFT 可表示为

$$\bar{F}(k)=\sum_{n=0}^{N-1}f(n)W_N^{kn},\quad k=0,1,\cdots,N-1$$

$$f(n)=\frac{1}{N}\sum_{k=0}^{N-1}\bar{F}(k)W_N^{-kn},\quad n=0,1,\cdots,N-1$$

可见，DFT 运算和 IDFT 运算具有相同的结构，只是一个常数 $1/N$ 的差别，所以两者具有相同的计算量。下面讨论 DFT 的计算量。

一般来说，$f(n)$ 和 W_N^{kn} 都是复数，因此，每计算一个 $\bar{F}(k)$ 值，必须进行 N 次复数相乘和 $(N-1)$ 次复数相加。$\bar{F}(k)$ 共有 N 个点，要完成全部 DFT 计算，则需要进行 N^2 次复数相乘和 $N(N-1)$ 次复数相加。而每一个复数相乘包括 4 次实数相乘和 2 次实数相加，一次复数相加包括 2 次实数相加。可见，每计算一个 $\bar{F}(k)$ 值共需要进行 $4N$ 次实数相乘和 $2N+2(N-1)=2(2N-1)$ 次实数相加。因此，整个 DFT 计算需要 $4N^2$ 次实数相乘和 $2N(2N-1)$ 次实数相加。

从上面的统计可见，在 DFT 计算中，不论是所需的乘法次数还是加法次数，都是和 N^2 成正比的，在 N 较大时，所需的计算量很大。仔细观察 DFT 表达式可知，W_N^{kn} 具有以下特性：

(1) 对称性，即

$$(W_N^{kn})^*=W_N^{-kn}\tag{1.2.38}$$

(2) 周期性，即

$$W_N^{kn}=W_N^{k(n+N)}=W_N^{(k+N)n}\tag{1.2.39}$$

(3) 可约性，即

$$W_N^{kn}=W_{mN}^{mkn},\quad W_N^{kn}=W_{N/m}^{kn/m}\tag{1.2.40}$$

由此可得出

$$W_N^{(N-k)n}=W_N^{k(N-n)}=W_N^{-kn},\quad W_N^N=1,\quad W_N^{N/2}=-1,\quad W_N^{(k+N/2)}=-W_N^k$$

利用以上特性，一方面可以将 DFT 计算中一些项进行合并，另一方面还可以将长序列的 DFT 分解为短序列的 DFT。由于所需计算量与 N^2 成正比，所以短序列的 DFT 比长序列的 DFT 计算量要小得多，这便是快速傅里叶变换算法的基本思想。它的算法形式有很多种，但基本上可以分为两大类：时间抽取法和频率抽取法[4]。这里不对它们展开讨论，仅给出 FFT 算法的计算量情况。对于长度为 $N=2^L$ 的 DFT 计算，采用 FFT 方法所需的计算量为

$$\text{复乘数}\quad \frac{N}{2}\log_2 N$$

$$\text{复加数}\quad N\log_2 N$$

可见，FFT 算法所需的计算量，无论是复乘还是复加都与 $N\log_2 N$ 成正比。由于计算机上乘法运算所需时间远多于加法运算所需时间，因此，可以将两种算法所需的乘法次数之比，看成两者计算量之比，即

$$\frac{N^2}{\frac{N}{2}\log_2 N} = \frac{2N}{\log_2 N}$$

当 $N=1024$ 时，采用 FFT 需要 5120 次的复乘，大约为 DFT 所需复乘次数 1048576 的 0.488%。

1.3 离散时间信号的 Z 变换

1.2 节中所介绍的离散时间信号傅里叶变换，在系统分析和信号处理中得到了广泛应用。然而，并非所有离散时间信号的傅里叶变换都存在，仅当信号绝对可加时，其傅里叶变换才存在。本节将对傅里叶变换思想进行拓展，使其适用于更宽范围的离散时间信号，这便是离散时间信号的 Z 变换。

1.3.1 Z 变换的概念

对任一离散时间信号 $f(n)$，定义信号 $g(n)$ 为

$$g(n) \triangleq f(n)r^{-n} \tag{1.3.1}$$

其中，r 为正实数。对大多数信号而言，不论 $f(n)$ 是否绝对可加，通过选择适当的 r，可使信号 $g(n)$ 绝对可加，因此，$g(n)$ 的离散时间傅里叶变换存在，表示为

$$G(\omega) = \sum_{n=-\infty}^{\infty} g(n)\mathrm{e}^{-\mathrm{j}\omega n} \tag{1.3.2}$$

将式(1.3.1)代入式(1.3.2)得

$$\begin{aligned} G(\omega) &= \sum_{n=-\infty}^{\infty} f(n)r^{-n}\mathrm{e}^{-\mathrm{j}\omega n} \\ &= \sum_{n=-\infty}^{\infty} f(n)(r\mathrm{e}^{\mathrm{j}\omega})^{-n} \end{aligned}$$

令复变量 $z=r\mathrm{e}^{\mathrm{j}\omega}$，则上式既可看成实数 ω 的函数，也可看成复数 z 的函数，用 $F(z)$ 代替 $G(\omega)$，则有

$$F(z) = \sum_{n=-\infty}^{\infty} f(n)z^{-n} \tag{1.3.3}$$

式(1.3.3)称为离散时间信号 $f(n)$ 的 Z 变换(Z transform)。

此外，根据离散时间傅里叶逆变换，信号 $g(n)$ 可表示为

$$g(n) = \frac{1}{2\pi}\int_0^{2\pi} G(\omega)\mathrm{e}^{\mathrm{j}\omega n}\,\mathrm{d}\omega \tag{1.3.4}$$

将式(1.3.1)代入式(1.3.4)得

$$f(n) = \frac{1}{2\pi}\int_0^{2\pi} G(\omega)(r\mathrm{e}^{\mathrm{j}\omega})^n\,\mathrm{d}\omega \tag{1.3.5}$$

对式(1.3.5)进行积分变量代换，令 $z=re^{j\omega}$，则 $dz=jre^{j\omega}d\omega$，即 $dz=jzd\omega$，且 $G(\omega)$ 等于 $F(z)$，这样，式(1.3.5)由对 ω 的积分就变成了对 z 的积分。积分范围也将相应变化，如图 1.3.1 所示的 z 平面上，当角频率 ω 从 0 变化到 2π 时，复数 $z=re^{j\omega}$ 沿圆心在原点、半径为 r 的圆，按逆时针方向绕行一周，即关于 z 的积分是闭合曲线积分，为

$$f(n)=\frac{1}{2\pi j}\oint F(z)z^{n-1}dz \qquad (1.3.6)$$

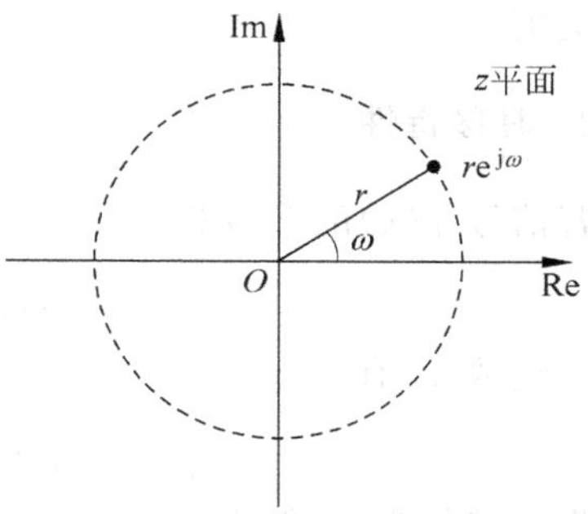

图 1.3.1　复数 $z=re^{j\omega}$ 在 z 平面上的表示

式(1.3.6)即为逆 Z 变换。它说明信号 $f(n)$ 可分解为无穷多个复指数信号 z^{n-1} 的和，其中，z 的取值是在圆心在原点、半径为 r 的圆上，且复指数信号 z^{n-1} 的幅度为 $F(z)dz/(2\pi j)$。

式(1.3.3)与式(1.3.6)共同构成了 Z 变换对，为方便起见，可将 $f(n)$ 与其 Z 变换 $F(z)$ 的关系表示为

$$f(n)\stackrel{z}{\longleftrightarrow}F(z)$$

从上述 Z 变换的推导过程可见，信号 $f(n)$ 的 Z 变换就是信号 $f(n)r^{-n}$ 的离散时间傅里叶变换，因此，为保证 Z 变换收敛，应当选择 r 使信号 $f(n)r^{-n}$ 绝对可加，即满足

$$\sum_{n=-\infty}^{\infty}|f(n)r^{-n}|<\infty \qquad (1.3.7)$$

时，信号 $f(n)$ 的 Z 变换存在。由于 $z=re^{j\omega}$，将使 $F(z)$ 收敛的 z 的取值范围(或 r 的取值范围)称为 Z 变换的收敛域(ROC，region of convergence)，它通常是圆心在原点的同心圆环。

特别注意到，若 $r=1$，Z 变换就变为离散时间傅里叶变换，即

$$F(\omega)=F(z)|_{z=e^{j\omega}} \qquad (1.3.8)$$

式(1.3.8)成立的条件是，Z 变换的收敛域包含单位圆。

1.3.2　Z 变换的性质

离散时间信号的 Z 变换有与傅里叶变换类似的性质，它们都能通过 Z 变换的定义证明得到。

1. 线性

若有下列 Z 变换对成立：

$$f_1(n)\stackrel{z}{\longleftrightarrow}F_1(z)\quad ROC:R_1$$

$$f_2(n)\stackrel{z}{\longleftrightarrow}F_2(z)\quad ROC:R_2$$

那么

$$af_1(n)+bf_2(n)\stackrel{z}{\longleftrightarrow}aF_1(z)+bF_2(z)\quad ROC:R_c\supseteq R_1\cap R_2 \qquad (1.3.9)$$

其中，a、b 为任意常数。和信号的 Z 变换的收敛域包含原来两个收敛域的交集，这是因为只有在 $F_1(z)$ 和 $F_2(z)$ 都收敛的区域内，线性组合的 Z 变换才存在。如果 $aF_1(z)+bF_2(z)$

出现零点和极点相互抵消，则 $aF_1(z)+bF_2(z)$ 的收敛域 R_c 可能比 R_1 与 R_2 的交集大，即包含交集。

2. **时移特性**

若信号 $f(n)$ 的 Z 变换为

$$f(n) \overset{z}{\longleftrightarrow} F(z) \quad \mathrm{ROC}:R$$

则对于整数 n_0 有

$$f(n-n_0) \overset{z}{\longleftrightarrow} z^{-n_0}F(z) \quad \mathrm{ROC}:R_c=R \tag{1.3.10}$$

通常收敛域仍为 R，但由于 z^{-n_0} 因子的引入，收敛域可能会发生变化。

3. **z 域尺度变换**

已知离散信号 $f(n)$ 的 Z 变换为

$$f(n) \overset{z}{\longleftrightarrow} F(z) \quad \mathrm{ROC}:R$$

若 z_0 为一复数，那么有

$$z_0^n f(n) \overset{z}{\longleftrightarrow} F\left(\frac{z}{z_0}\right) \quad \mathrm{ROC}:R_c=|z_0|R \tag{1.3.11}$$

$F(z/z_0)$ 的收敛域在 z 平面出现尺度伸缩。若 z_0 为实数，$F(z/z_0)$ 的零、极点在 z 平面沿径向移动；若 z_0 为复数，则在 z 平面上，零、极点既有尺度伸缩，又有角度旋转。

4. **共轭特性**

若信号 $f(n)$ 的 Z 变换为

$$f(n) \overset{z}{\longleftrightarrow} F(z) \quad \mathrm{ROC}:R$$

那么，$f(n)$ 的共轭信号 $f^*(n)$ 的 Z 变换为

$$f^*(n) \overset{z}{\longleftrightarrow} F^*(z^*) \quad \mathrm{ROC}:R \tag{1.3.12}$$

5. **时域展宽特性**

信号 $f(n)$ 时间上展宽 N 倍的信号 $f_1(n)$ 如式(1.2.15)所示，若信号 $f(n)$ 的 Z 变换为

$$f(n) \overset{z}{\longleftrightarrow} F(z) \quad \mathrm{ROC}:R$$

那么，$f_1(n)$ 的 Z 变换为

$$f_1(n) \overset{z}{\longleftrightarrow} F(z^N) \quad \mathrm{ROC}:R_c=R^{1/N} \tag{1.3.13}$$

其中，$R_c=R^{1/N}$ 表示若 $F(z)$ 的收敛域为 $a<|z|<b$，那么时域展宽后的 Z 变换的收敛域为 $a^{1/N}<|z|<b^{1/N}$。

6. **时域反转特性**

若信号 $f(n)$ 的 Z 变换为

$$f(n) \overset{z}{\longleftrightarrow} F(z) \quad \mathrm{ROC}:R$$

那么

$$f(-n) \xleftrightarrow{z} F\left(\frac{1}{z}\right) \quad \text{ROC}: R_c = \frac{1}{R} \tag{1.3.14}$$

其中，$R_c = 1/R$ 表示若 $F(z)$ 的收敛域为 $a < |z| < b$，那么它的反转信号的 Z 变换的收敛域为 $1/b < |z| < 1/a$。

7. z 域微分特性

$f(n)$ 为一离散时间信号，若有

$$f(n) \xleftrightarrow{z} F(z) \quad \text{ROC}: R$$

则存在变换对

$$nf(n) \xleftrightarrow{z} -z\frac{\mathrm{d}F(z)}{\mathrm{d}z} \quad \text{ROC}: R_c = R \tag{1.3.15}$$

即时间信号与 n 相乘对应于在 z 域中对 z 微分后再乘以 $-z$。

8. 时域卷积特性

若信号 $f_1(n)$ 和 $f_2(n)$ 的 Z 变换为

$$f_1(n) \xleftrightarrow{z} F_1(z) \quad \text{ROC}: R_1$$

$$f_2(n) \xleftrightarrow{z} F_2(z) \quad \text{ROC}: R_2$$

则有

$$f_1(n) * f_2(n) \xleftrightarrow{z} F_1(z)F_2(z) \quad \text{ROC}: R_c \supseteq R_1 \cap R_2 \tag{1.3.16}$$

可以看出，Z 变换的卷积特性和其他变换的卷积特性是类似的，即时域信号的卷积对应 Z 变换的乘积。与线性特性的收敛域类似，乘积 $F_1(z)F_2(z)$ 中可能会发生零、极点相互抵消的情况，因此，$F_1(z)F_2(z)$ 的收敛域可能比 R_1 和 R_2 的交集大。

9. 初值定理

若 $f(n)$ 为一右边序列，即当 $n < n_0$ 时，$f(n) = 0$，$f(n)$ 的 Z 变换为 $F(z)$，那么

$$f(n_0) = \lim_{z \to \infty}[z^{n_0} F(z)] \tag{1.3.17}$$

若 $n_0 = 0$，根据式(1.3.17)有

$$f(0) = \lim_{z \to \infty} F(z) \tag{1.3.18}$$

10. 终值定理

若信号 $f(n)$ 为右边序列，$f(n)$ 的 Z 变换为 $F(z)$，且 $(1-z^{-1})F(z)$ 的收敛域包含单位圆，则

$$f(\infty) = \lim_{n \to \infty} f(n) = \lim_{z \to 1}[(1-z^{-1})F(z)] \tag{1.3.19}$$

1.3.3 离散时间系统的 z 域描述——系统函数

一个 LTI 离散时间系统，若输入为 $f(n)$、输出为 $y(n)$，则可用一线性常系数差分方程描述为

$$y(n)+a_1y(n-1)+\cdots+a_Ny(n-N)=b_0f(n)+\cdots+b_Mf(n-M) \tag{1.3.20}$$

设信号 $f(n)$ 和 $y(n)$ 的 Z 变换分别为 $F(z)$ 和 $Y(z)$，对式(1.3.20)中两边取 Z 变换，可得

$$Y(z)+a_1z^{-1}Y(z)+\cdots+a_Nz^{-N}Y(z)=b_0F(z)+\cdots+b_Mz^{-M}F(z) \tag{1.3.21}$$

定义 LTI 离散时间系统的系统函数(system function) $H(z)$ 为

$$H(z)\triangleq\frac{Y(z)}{F(z)}=\frac{b_0+b_1z^{-1}+\cdots+b_Mz^{-M}}{1+a_1z^{-1}+\cdots+a_Nz^{-N}} \tag{1.3.22}$$

其中，分母多项式的阶数 N 为系统阶数。由式(1.3.22)可见，系统函数 $H(z)$ 中的系数完全由差分方程的系数决定，因此，系统函数 $H(z)$ 与差分方程是一一对应的。对式(1.3.22)移项，可得

$$Y(z)=H(z)F(z) \tag{1.3.23}$$

即系统输出的 Z 变换为输入的 Z 变换与系统函数的乘积。另外，一个线性时不变系统还可以用它的冲激响应 $h(n)$ 来描述，此时，系统响应 $y(n)$ 可表示为

$$y(n)=h(n)*f(n) \tag{1.3.24}$$

根据 Z 变换的时域卷积特性可知，系统函数 $H(z)$ 就是系统冲激响应 $h(n)$ 的 Z 变换。

在式(1.3.22)的系统函数中，通常 $N\geqslant M$，系统函数可进一步表示为

$$H(z)=\frac{N(z)}{P(z)}=\frac{z^{N-M}(b_0z^M+b_1z^{M-1}+\cdots+b_M)}{z^N+a_1z^{N-1}+\cdots+a_N} \tag{1.3.25}$$

定义系统的零点(zeros)为方程 $N(z)=0$ 的根，系统的极点(poles)为方程 $P(z)=0$ 的根。将非零零点记为 $z_1,z_2,\cdots,z_M$，极点记为 $p_1,p_2,\cdots,p_N$，则式(1.3.25)可写为

$$H(z)=K\frac{z^{N-M}\prod_{l=1}^{M}(z-z_l)}{\prod_{k=1}^{N}(z-p_k)} \tag{1.3.26}$$

可见，除一个常数因子 K 以外，系统函数由系统的零极点完全确定。

从 1.2.4 节可知，系统的频率响应 $H(\omega)$ 是系统冲激响应 $h(n)$ 的离散时间傅里叶变换。根据 Z 变换与傅里叶变换的关系，当系统函数 $H(z)$ 的收敛域包含单位圆时，有

$$H(\omega)=H(z)\big|_{z=e^{j\omega}} \tag{1.3.27}$$

也就是说，系统的频率响应 $H(\omega)$ 是系统函数 $H(z)$ 的自变量取单位圆上的值。由式(1.3.26)，$H(\omega)$ 可表示为

$$H(\omega)=K\frac{e^{j\omega(N-M)}\prod_{l=1}^{M}B_l(\omega)}{\prod_{k=1}^{N}A_k(\omega)} \tag{1.3.28}$$

其中，$A_k(\omega)=e^{j\omega}-p_k$ 称为极点向量，$B_l(\omega)=e^{j\omega}-z_l$ 称为零点向量。可见，系统的频率响应由零、极点位置完全确定，系统的幅频特性和相频特性则由极点向量和零点向量的长

度和方向决定。

例 1.1　已知系统极点为 $p_1=0.8e^{j\frac{\pi}{4}}$，$p_2=0.8e^{-j\frac{\pi}{4}}$，无非零的零点，定性画出系统的幅频特性。

解：根据式(1.3.28)，系统的幅频特性为(设常数 $K=1$)

$$|H(\omega)|=\frac{1}{|e^{j\omega}-p_1|\cdot|e^{j\omega}-p_2|}$$

如图 1.3.2 所示，当角频率 ω 为 $\omega=\pm\pi/4$ 时，向量长度 $|\boldsymbol{A}_1|=|e^{j\omega}-p_1|$ 和 $|\boldsymbol{A}_2|=|e^{j\omega}-p_2|$ 将分别最短，此时 $|H(\omega)|$ 取得极大值。而当 $\omega=\pm\pi$ 时，两向量同时取得最大长度，相应地 $|H(\omega)|$ 取得极小值。基于上述分析，可定性画出系统的幅频特性如图 1.3.3 所示。

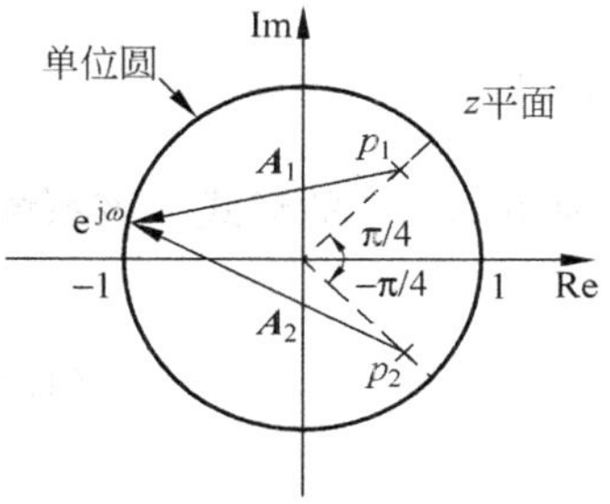

图 1.3.2　向量 $\boldsymbol{A}_1$ 和 $\boldsymbol{A}_2$ 长度随 ω 变化

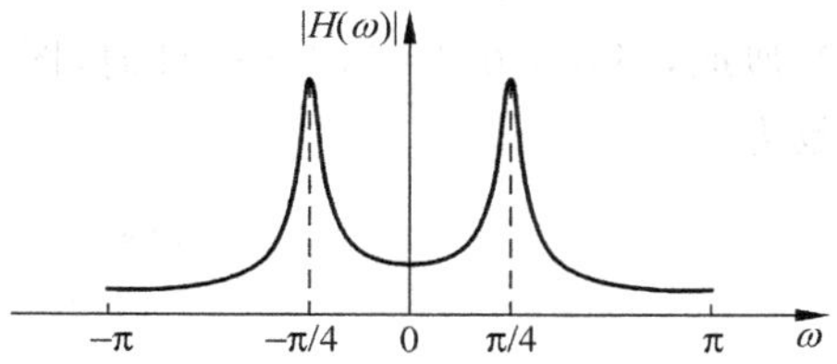

图 1.3.3　系统幅频特性曲线

1.3.4　离散时间系统的方框图和信号流图表示

前面的讨论中，都是将系统抽象为输入、输出间的一种数学映射关系，如差分方程、系统函数等。系统的方框图(block diagram)实现，是指用一些基本的功能部件，经过合适的相互连接，以实现差分方程或系统函数描述的系统功能。

LTI 离散时间系统的基本实现部件为加法器(adder)、乘法器(multiplier)和延时器(delay)，对于差分方程式(1.3.20)或系统函数式(1.3.22)所描述的系统，图 1.3.4 给出直接型方框图[1]，其中 $N\geqslant M$。

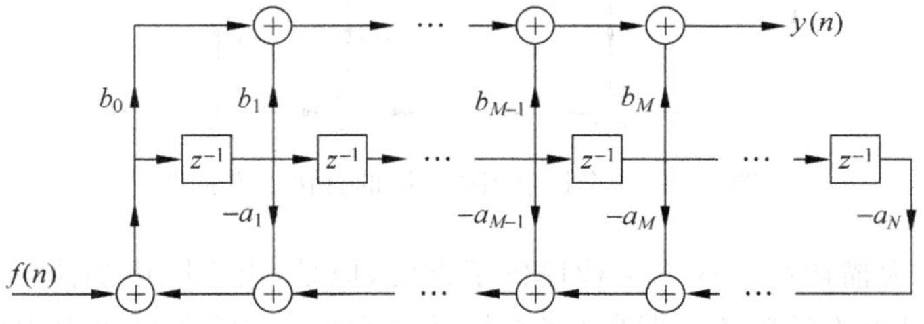

图 1.3.4　N 阶系统的直接型方框图

当 $a_k=0,k=1,2,\cdots,N$ 时，图 1.3.4 可以表示为图 1.3.5 的形式。由式(1.3.22)得到相应的系统函数为

$$H(z)=\sum_{l=0}^{M}b_l z^{-l} \tag{1.3.29}$$

该系统除 $z=0$ 外，没有任何极点，因此这类系统称为全零点系统或横向滤波器。对式(1.3.29)进行逆 Z 变换可得

$$h(n)=\sum_{l=0}^{M}b_l\delta(n-l)$$

可见，该系统的冲激响应在 $0\leqslant n\leqslant M$ 之外为零，即在长度上是有限的，因此，这类系统也称为有限冲激响应(FIR，finite impulse response)系统。

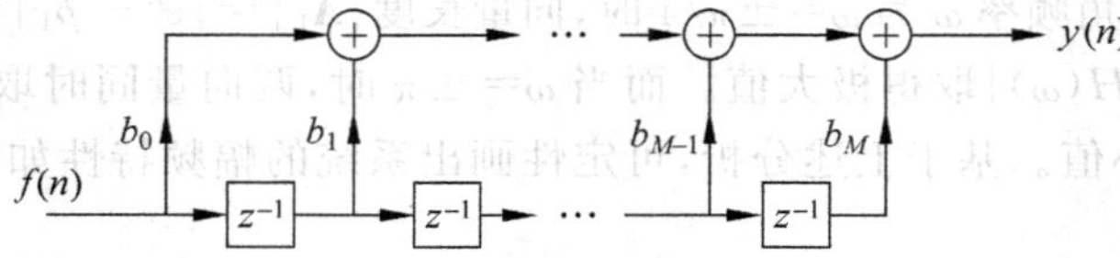

图 1.3.5 FIR 系统的直接型方框图

类似地，当 $b_l=0, l=1,2,\cdots,M$ 时，图 1.3.4 可表示为图 1.3.6 的形式。该系统的系统函数为

$$H(z)=\frac{b_0}{1+\sum_{k=1}^{N}a_kz^{-k}} \tag{1.3.30}$$

该系统除 $z=0$ 外，无任何零点，因此，这类系统称为全极点系统。式(1.3.30)可改写为

$$H(z)=\sum_{k=1}^{N}\frac{c_k}{1-d_kz^{-1}} \tag{1.3.31}$$

其中，$c_k, d_k, k=1,2,\cdots,N$ 可利用待定系数法得到。对式(1.3.31)进行逆 Z 变换可得

$$h(n)=\sum_{k=1}^{N}c_k(d_k)^nu(n)$$

可见，该系统的冲激响应不会是有限长，因此，这类系统称为无限冲激响应(IIR，infinite impulse response)系统。

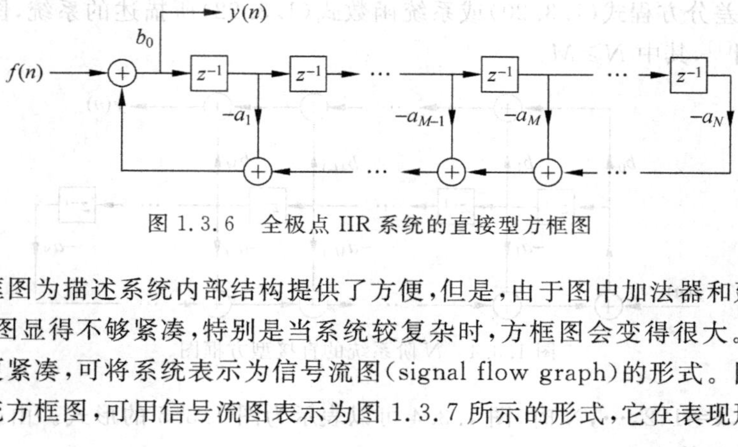

图 1.3.6 全极点 IIR 系统的直接型方框图

系统方框图为描述系统内部结构提供了方便，但是，由于图中加法器和延时器方框的存在，使方框图显得不够紧凑，特别是当系统较复杂时，方框图会变得很大。为了使系统结构图表示更紧凑，可将系统表示为信号流图(signal flow graph)的形式。图 1.3.4 所示的直接型系统方框图，可用信号流图表示为图 1.3.7 所示的形式，它在表现形式上更加简洁、紧凑。

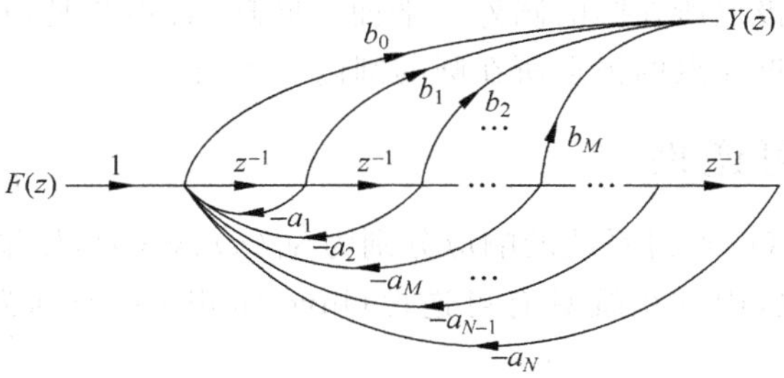

图 1.3.7　直接实现形式的信号流图

1.4　LTI 离散时间系统性能描述

由 1.1.4 节和 1.3.3 节可见，LTI 离散时间系统可以分别通过系统冲激响应 $h(n)$ 和系统函数 $H(z)$ 进行描述。本节介绍与 LTI 离散时间系统相关的一些基本性质，并讨论这些性质与系统冲激响应、系统函数，以及系统函数零、极点位置或收敛域之间的关系。最后，将给出线性相位系统和系统群延时的概念。

1.4.1　系统的记忆性

对任意系统，如果系统在任意时刻 n_0 的响应 $y(n_0)$ 仅与 n_0 时刻的输入 $f(n_0)$ 有关，而与其他时刻的输入 $f(n)$ 无关，则称该系统为非记忆系统(memoryless system)(或系统无记忆性)，否则称为记忆系统(memory system)。系统的记忆性有时也被称为动态(dynamics)特性。系统记忆特性强调系统的响应是否仅与当前时刻的输入有关。

特别地，对于无记忆 LTI 系统，其系统冲激响应为

$$h(n) = K\delta(n) \tag{1.4.1}$$

其中，K 为一常数。

由于系统频率响应是冲激响应的傅里叶变换，因此，无记忆 LTI 系统的系统频率响应为

$$H(\omega) = K \tag{1.4.2}$$

类似地，根据系统函数为系统冲激响应的 Z 变换，无记忆 LTI 系统的系统函数为

$$H(z) = K \tag{1.4.3}$$

1.4.2　系统的因果性

如果系统任意 n_0 时刻的响应 $y(n_0)$ 与 n_0 以后的输入 $f(n)$ 无关，则该系统称为因果系统(causal system)(或系统具有因果性)，否则为非因果系统。系统因果性强调的是，系统的响应是否与未来的输入有关。

对于因果 LTI 系统，其系统冲激响应满足

$$h(n) = 0, \quad n < 0 \tag{1.4.4}$$

显然，因果信号 $h(n)$ 也是一个右边信号，因此，因果 LTI 系统的系统函数 $H(z)$ 的收

敛域为距原点最远的极点所在圆的圆外 z 平面。同理，若系统是逆因果的，那么，其系统函数收敛域位于最接近原点的极点所在圆的圆内 z 平面。

1.4.3 系统的可逆性

设信号 $f_1(n)$、$f_2(n)$ 通过系统的响应分别为 $y_1(n)$、$y_2(n)$，如果 $f_1(n)\neq f_2(n)$，一定有 $y_1(n)\neq y_2(n)$ 成立，则称系统具有可逆性(invertibility)，或称为可逆系统(invertible system)。

对于可逆系统，不同的输入产生不同的响应，由于其输入和响应间存在一一对应关系，如果系统的响应已知，则可通过一个逆映射，求出原来的输入信号。这个逆映射便是原系统的逆系统(inverse system)。若 LTI 系统的冲激响应为 $h(n)$，其逆系统的冲激响应为 $h_{\mathrm{inv}}(n)$，则二者之间满足

$$h(n) * h_{\mathrm{inv}}(n) = \delta(n) \tag{1.4.5}$$

由时域卷积特性，逆系统的系统频率响应 $H_{\mathrm{inv}}(\omega)$ 满足

$$H(\omega)H_{\mathrm{inv}}(\omega) = 1 \tag{1.4.6}$$

类似地，逆系统的系统函数 $H_{\mathrm{inv}}(z)$ 满足

$$H(z)H_{\mathrm{inv}}(z) = 1 \tag{1.4.7}$$

1.4.4 系统的稳定性和最小相位系统

如果任意信号 $f(n)$ 满足

$$|f(n)| < A_1 < \infty \tag{1.4.8}$$

且 $f(n)$ 通过系统的响应 $y(n)$ 满足

$$|y(n)| < A_2 < \infty \tag{1.4.9}$$

其中 A_1、A_2 均为有界常数，则称该系统是稳定系统(stable system)。即如果"有界的输入产生有界的响应"，则系统是稳定的。

系统稳定是设计一个系统的基本要求。对不稳定的系统，任意一个很小的输入(扰动)，系统的响应都将趋于无穷大，这时响应与输入信号无关，或系统的响应不受输入信号控制。

一个 LTI 离散时间系统稳定的充分必要条件是，该系统的冲激响应绝对可加，即

$$\sum_{n=-\infty}^{\infty} |h(n)| < \infty \tag{1.4.10}$$

当系统函数为有理式时，根据式(1.4.10)，可得基于系统函数的系统稳定性描述[1]：对有理系统函数的 LTI 离散时间系统，系统稳定的充分必要条件是系统函数的收敛域包含单位圆。比如，因果系统稳定的充分必要条件是，系统函数的全部极点必须位于单位圆内；逆因果系统稳定的充分必要条件是，系统函数的全部极点必须位于单位圆外。

如果一个因果稳定系统的零点和极点都在单位圆内，这个系统就称为最小相位系统(minimum phase system)，最小相位系统的逆系统也是因果和稳定的。

1.4.5　线性相位系统与系统的群时延

1. 非线性相位系统的概念

如式(1.2.25)所示，LTI 离散时间系统的频率响应可用幅频特性 $|H(\omega)|$ 和相频特性 $\varphi_H(\omega)$ 表示为

$$H(\omega) = |H(\omega)| e^{j\varphi_H(\omega)}$$

如果系统的相频特性 $\varphi_H(\omega)$ 是频率 ω 的线性函数，即 $\varphi_H(\omega)$ 可表示为

$$\varphi_H(\omega) = -\omega\tau_0 \tag{1.4.11}$$

其中 τ_0 是常数，则称该 LTI 离散时间系统是线性相位系统(linear-phase system)，否则称为非线性相位系统(nonlinear-phase system)。

下面来观察系统的相频特性对系统响应的影响，设系统输入信号的傅里叶变换为 $F(\omega)$，则系统响应的傅里叶变换 $Y(\omega)$ 可表示为

$$Y(\omega) = F(\omega) |H(\omega)| e^{j\varphi_H(\omega)} \tag{1.4.12}$$

为叙述方便，假设系统的幅频特性为常数，即设 $|H(\omega)| = |K|$，则有

$$Y(\omega) = |K| F(\omega) e^{j\varphi_H(\omega)} \tag{1.4.13}$$

如果系统是线性相位的，即 $\varphi_H(\omega) = -\omega\tau_0$，则根据傅里叶变换的时移特性，系统的输出 $y(n)$ 为

$$y(n) = |K| f(n-\tau_0) \tag{1.4.14}$$

可以看出，线性相位系统中的常数 τ_0，对应着对输入信号中的所有频率成分施加一个相同的延时 τ_0。

如果系统是非线性相位的，比如 $\varphi_H(\omega) = -\omega^2 + 2\omega$，将其代入式(1.4.13)，有

$$Y(\omega) = |K| F(\omega) e^{j(-\omega^2+2\omega)} \tag{1.4.15}$$

式(1.4.15)的傅里叶逆变换不能表示成类似式(1.4.14)的形式，而是与原输入信号 $f(n)$ 迥然不同的信号。非线性相位系统的实质，是输入信号 $f(n)$ 的不同频率成分通过系统后，具有不同的延时，这种现象常称为信号的色散(dispersion)。

2. 群时延的概念

LTI 离散时间系统的群时延(group delay)定义为

$$\tau(\omega) \triangleq -\frac{d\varphi_H(\omega)}{d\omega} \tag{1.4.16}$$

群时延 $\tau(\omega)$ 是频率 ω 的函数，反映了 LTI 离散时间系统相位随频率的变化率，例如，对式(1.4.11)给出的线性相位系统的相频特性 $\varphi_H(\omega) = -\omega\tau_0$，系统的群时延为

$$\tau(\omega) = -\frac{d\varphi_H(\omega)}{d\omega} = \tau_0 \tag{1.4.17}$$

可见，线性相位系统对不同频率的输入信号具有相同的群时延 τ_0，即系统响应的相位是按频率线性变化的。而对于相频特性为 $\varphi_H(\omega) = -\omega^2 + 2\omega$ 的非线性相位系统，其群时延为

$$\tau(\omega)=-\frac{\mathrm{d}\varphi_{\mathrm{H}}(\omega)}{\mathrm{d}\omega}=2\omega-2 \tag{1.4.18}$$

式(1.4.18)表明，信号通过系统后的群时延是频率 ω 的函数，即不同频率的信号成分具有不同的延时。

1.5 离散时间系统的格型结构

1973 年，Gay 和 Markel 提出了一种新的系统结构形式——格型(Lattice)结构[5]，它在信号处理中得到广泛应用。由于其结构的规则性，使得它特别易于用硬件实现。本节将分别介绍全零点、全极点系统的格型结构。

1.5.1 全零点滤波器的格型结构

一个 M 阶的全零点系统的系统函数可表示为

$$H(z)=B(z)=1+\sum_{i=1}^{M}b_i^{(M)}z^{-i} \tag{1.5.1}$$

其中，系数 $b_i^{(M)}$ 表示 M 阶系统的第 i 个系数，而系统的格型结构可表示为图 1.5.1 所示的形式。

$H(z)$的直接实现形式有 M 个参数 $b_1^{(M)},\cdots,b_M^{(M)}$，需要 M 个延时器和 M 次乘法。由图 1.5.1 可见，在 $H(z)$的格型结构中也有 M 个参数 $\kappa_1,\cdots,\kappa_M$，需要 M 个延时器和 $2M$ 次乘法，κ_i 常被称为反射系数(reflection coefficient)。下面将推导怎样从给定的系数 $b_1^{(M)},\cdots,b_M^{(M)}$ 求得格型结构中的参数 $\kappa_1,\cdots,\kappa_M$，使得图 1.5.1 的格型滤波器具有式(1.5.1)的系统函数。

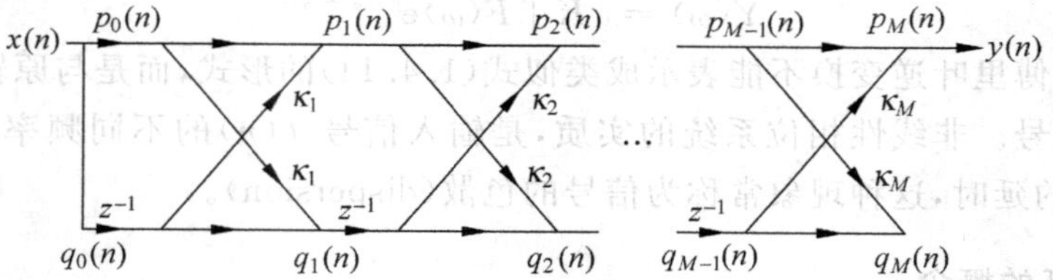

图 1.5.1 全零点滤波器的格型结构

观察图 1.5.1 可见，格型结构是由图 1.5.2 所示的基本单元级联而成的，其中，$p_{m-1}(n)$、$q_{m-1}(n)$分别为第 m 个基本单元的上、下端输入信号，$p_m(n)$、$q_m(n)$是该单元的上、下端输出信号，它们之间的关系可表示为

$$p_m(n)=p_{m-1}(n)+\kappa_m q_{m-1}(n-1),\quad m=1,2,\cdots,M \tag{1.5.2}$$

$$q_m(n)=\kappa_m p_{m-1}(n)+q_{m-1}(n-1),\quad m=1,2,\cdots,M \tag{1.5.3}$$

且 $p_0(n)=q_0(n)=x(n)$，$p_M(n)=y(n)$。

对式(1.5.2)和式(1.5.3)两边取 Z 变换后，可得

$$P_m(z)=P_{m-1}(z)+\kappa_m z^{-1}Q_{m-1}(z) \tag{1.5.4}$$

$$Q_m(z)=\kappa_m P_{m-1}(z)+z^{-1}Q_{m-1}(z) \tag{1.5.5}$$

定义输入端 $x(n)$ 到 $p_m(n)$ 处的系统函数为 $B_m(z)$，$x(n)$ 到 $q_m(n)$ 处的系统函数为 $C_m(z)$，由于 $p_0(n)=q_0(n)=x(n)$，所以有

$$B_m(z)=P_m(z)/P_0(z)=P_m(z)/X(z) \tag{1.5.6}$$

$$C_m(z)=Q_m(z)/Q_0(z)=Q_m(z)/X(z) \tag{1.5.7}$$

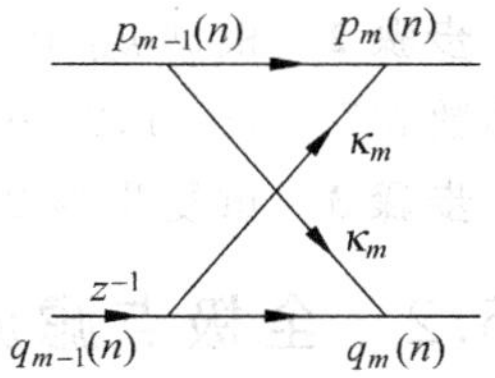

图 1.5.2　全零点滤波器格型结构的基本单元

由于信号的传递方向是从左向右的，从输入端传递至第 m 个基本单元的过程中无反馈回路，所以由输入端 $x(n)$ 至第 m 个基本单元所对应的系统也是一个全零点系统，因此，式(1.5.6)可表示为

$$B_m(z)=1+\sum_{i=1}^{m}b_i^{(m)}z^{-i} \tag{1.5.8}$$

其中，系数 $b_i^{(m)}$ 表示 m 阶系统的第 i 个系数。显然，$H(z)=B_M(z)$。在式(1.5.4)和式(1.5.5)两边同时除以 $X(z)$ 可得

$$B_m(z)=B_{m-1}(z)+\kappa_m z^{-1}C_{m-1}(z) \tag{1.5.9}$$

$$C_m(z)=\kappa_m B_{m-1}(z)+z^{-1}C_{m-1}(z) \tag{1.5.10}$$

根据 $B_m(z)$ 和 $C_m(z)$ 的定义，易知 $B_0(z)=C_0(z)=1$，因此有

$$B_1(z)=B_0(z)+\kappa_1 z^{-1}C_0(z)=1+\kappa_1 z^{-1}$$

$$C_1(z)=\kappa_1 B_0(z)+z^{-1}C_0(z)=\kappa_1+z^{-1}$$

于是 $C_1(z)=z^{-1}B_1(z^{-1})$，在式(1.5.9)和式(1.5.10)中，令 $m=2,3,\cdots,M$，依次推导可得

$$C_m(z)=z^{-m}B_m(z^{-1}) \tag{1.5.11}$$

将其代入式(1.5.9)，有

$$B_m(z)=B_{m-1}(z)+\kappa_m z^{-m}B_{m-1}(z^{-1}) \tag{1.5.12}$$

另外，由式(1.5.9)和式(1.5.10)可解得

$$B_{m-1}(z)(1-\kappa_m^2)=B_m(z)-\kappa_m C_m(z) \tag{1.5.13}$$

因此有

$$B_{m-1}(z)=\frac{B_m(z)-\kappa_m z^{-m}B_m(z^{-1})}{1-\kappa_m^2} \tag{1.5.14}$$

将式(1.5.8)代入式(1.5.12)，并利用待定系数法，可以得到如下递推关系：

$$\begin{cases}b_m^{(m)}=\kappa_m\\ b_i^{(m)}=b_{i-1}^{(m)}+\kappa_m b_{m-i}^{(m-1)}\end{cases} \tag{1.5.15}$$

在给定全零点滤波器的格型结构后，利用式(1.5.15)便可获得该滤波器的直接实现方法。将式(1.5.8)代入式(1.5.14)，可得到另一组递推关系为

$$\begin{cases}\kappa_m=b_m^{(m)}\\ b_i^{(m-1)}=\dfrac{b_i^{(m)}-\kappa_m b_{m-i}^{(m)}}{1-\kappa_m^2}\end{cases} \tag{1.5.16}$$

给定全零点滤波器的系统函数后，由式(1.5.16)便可获得该滤波器的格型结构。基于此，下面给出求解格型结构中各系数的计算步骤[3]。

算法 1.1(求解全零点系统格型结构各系数的计算步骤)

步骤 1 给定 M 阶系统函数 $H(z)$ 后，$b_i^{(M)}, i=1,2,\cdots,M$ 即被确定，令 $\kappa_M=b_M^{(M)}$。

步骤 2 根据 κ_M 和 $b_i^{(M)}, i=1,2,\cdots,M$，利用式(1.5.16)可求出 $B_{M-1}(z)$ 的 $(M-1)$ 个系数 $b_i^{(M-1)}, i=1,2,\cdots,M-1$，并令 $\kappa_{M-1}=b_{M-1}^{(M-1)}$。

步骤 3 重复步骤 2 即可将其余的 κ_i 及 $B_i(z)$ 系数求出，$i=1,2,\cdots,M-2$。

1.5.2 全极点滤波器的格型结构

图 1.5.2 所示的格型基本单元中，输入、输出关系式(1.5.2)也可改写为

$$p_{m-1}(n) = p_m(n) - \kappa_m q_{m-1}(n-1) \tag{1.5.17}$$

结合式(1.5.3)，可以将图 1.5.2 的基本单元形式改成如图 1.5.3 所示的形式。

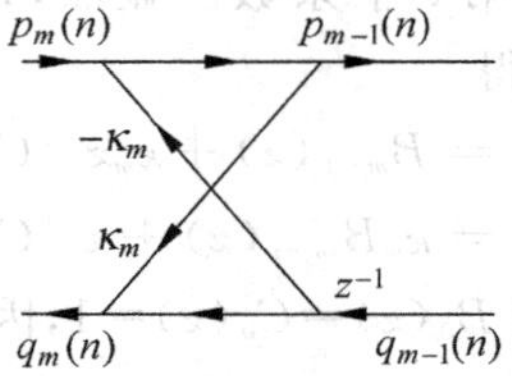

图 1.5.3 全零点滤波器格型结构的基本单元的逆形式

假设有一系统为 M 个图 1.5.3 所示基本单元的级联，令 $p_M(n)=x(n)$，$p_0(n)=q_0(n)=y(n)$，如图 1.5.4 所示。

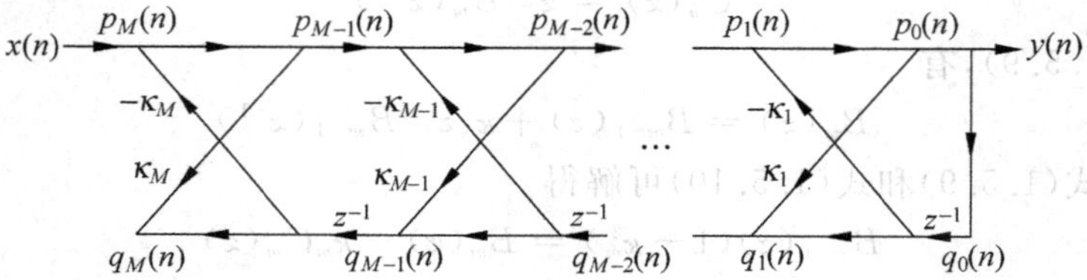

图 1.5.4 全极点滤波器的格型结构

当 $M=1$ 时，有

$$p_0(n) = p_1(n) - \kappa_1 q_0(n-1) \tag{1.5.18}$$

$$q_1(n) = \kappa_1 p_0(n) + q_0(n-1) \tag{1.5.19}$$

由于 $p_0(n)=q_0(n)=y(n)$，因此，式(1.5.18)描述了输入为 $p_1(n)$、输出为 $y(n)$ 的一阶 IIR 系统，而式(1.5.19)则描述了输入为 $y(n)$、输出为 $q_1(n)$ 的一阶 FIR 系统。对式(1.5.18)和式(1.5.19)左右两边取 Z 变换后，可得

$$\frac{Y(z)}{P_1(z)} = \frac{1}{1+\kappa_1 z^{-1}}$$

$$\frac{Q_1(z)}{Y(z)} = z^{-1}(1+\kappa_1 z)$$

定义

$$\frac{1}{A_m(z)} = \frac{Q_0(z)}{P_m(z)} = \frac{Y(z)}{P_m(z)}, \quad D_m(z) = \frac{Q_m(z)}{Q_0(z)} = \frac{Q_m(z)}{Y(z)}$$

容易验证

$$D_1(z) = z^{-1}A_1(z^{-1})$$

当 $M=2$ 时，有

$$p_1(n) = p_2(n) - \kappa_2 q_1(n-1) \tag{1.5.20}$$

$$q_2(n) = \kappa_2 p_1(n) + q_1(n-1) \tag{1.5.21}$$

将式(1.5.18)和式(1.5.19)的 $p_1(n)$、$q_1(n)$代入可得

$$y(n) = -\kappa_1(1+\kappa_2)y(n-1) - \kappa_2 y(n-2) + p_2(n) \tag{1.5.22}$$

$$q_2(n) = \kappa_2 y(n) + \kappa_1(1+\kappa_2)y(n-1) + y(n-2) \tag{1.5.23}$$

因此，式(1.5.22)描述了输入为 $p_2(n)$、输出为 $y(n)$的二阶 IIR 系统，而式(1.5.23)则描述了输入为 $y(n)$、输出为 $q_2(n)$的二阶 FIR 系统。对式(1.5.22)和式(1.5.23)左右两边取 Z 变换后，可得

$$\frac{1}{A_2(z)} = \frac{Y(z)}{P_2(z)} = \frac{1}{1+\kappa_1(1+\kappa_2)z^{-1}+\kappa_2 z^{-2}}$$

$$D_2(z) = \frac{Q_2(z)}{Y(z)} = \kappa_2 + \kappa_1(1+\kappa_2)z^{-1} + z^{-2}$$

且有 $D_2(z)=z^{-2}A_2(z^{-1})$。按照上述方法依次类推，不难得到$\frac{1}{A_m(z)}$为以 $p_m(n)$为输入、$y(n)$为输出的 m 阶 IIR 系统的系统传递函数，$D_m(z)$为以 $y(n)$为输入、$q_m(n)$为输出的 m 阶 FIR 系统的系统传递函数，且

$$D_m(z) = z^{-m}A_m(z^{-1}) \tag{1.5.24}$$

由此可得

$$H(z) = \frac{Y(z)}{X(z)} = \frac{Y(z)}{P_M(z)} = \frac{1}{A_M(z)} = \frac{1}{1+\sum_{i=1}^{M} a_i^{(M)} z^{-i}} \tag{1.5.25}$$

可见，图 1.5.4 为一个全极点滤波器的格型结构。

从图 1.5.1 和图 1.5.4 可看出，如果将图 1.5.1 和图 1.5.4 所示的两系统级联，输入为 $p_0(n)=x(n)$，级联系统的输出也为 $p_0(n)$，说明图 1.5.1 和图 1.5.4 所示的两系统互为逆系统，有

$$\left(\frac{1}{1+\sum_{i=1}^{M} a_i^{(M)} z^{-i}}\right)\left(1+\sum_{i=1}^{M} b_i^{(M)} z^{-i}\right) = 1 \tag{1.5.26}$$

所以，$b_i^{(M)}=a_i^{(M)}$，且两系统中的反射系数 $\kappa_1,\kappa_2,\cdots,\kappa_M$ 相同。

因此，在已知 IIR 系统函数 $H(z)=1\Big/\left(1+\sum_{i=1}^{M} a_i^{(M)} z^{-i}\right)$ 后，令 $b_i^{(M)}=a_i^{(M)}$，可采用 1.5.1 节中介绍的方法，求得反射系数 $\kappa_1,\kappa_2,\cdots,\kappa_M$，再利用这些反射系数构成图 1.5.4 所示的全极点滤波器的格型结构。

1.6 连续时间信号的离散化及其频谱关系

在 1.1.1 节中简单介绍了如何从一个连续时间信号获得离散时间信号，本节将进一步分析这一过程，并研究两者在频域的关系。

这里分别用 $f_c(t)$ 和 $f_d(n)$ 表示连续时间信号和离散时间信号。假设 $f_c(t)$ 为一带限信号，对其采样的结果是一个冲激串，可表示为

$$y(t) = \sum_{n=-\infty}^{\infty} f_c(nT_s)\delta(t-nT_s) \tag{1.6.1}$$

其中，T_s 为采样周期。当满足奈奎斯特采样定理(Nyquist sampling theorem)时，即采样的角频率大于两倍信号带宽角频率时($\Omega_s \geqslant 2\Omega_M$)，采样后的信号频谱不会发生混叠。此时，利用采样后的信号能完全恢复出原来的连续时间信号。如图 1.6.1 为信号 $f_c(t)$、$y(t)$ 的波形和频谱。

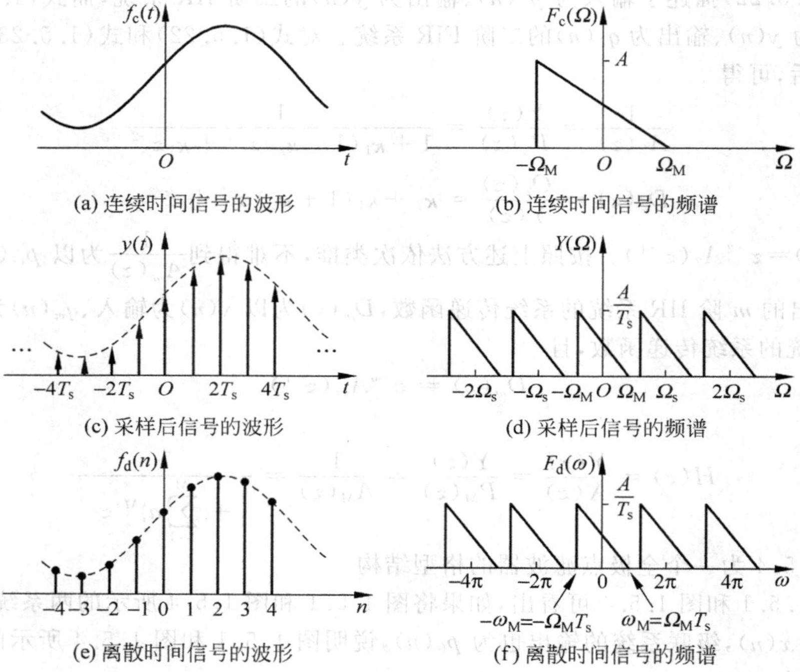

图 1.6.1 连续时间信号的采样及离散化

由式(1.6.1)可以看出，冲激串信号 $y(t)$ 中，各冲激的强度正好是信号 $f_c(t)$ 的采样值，定义离散时间信号 $f_d(n)$ 为

$$f_d(n) \triangleq f_c(nT_s) \tag{1.6.2}$$

它是连续时间信号 $f_c(t)$ 各采样点的值，其波形如图 1.6.1(e)所示。上述通过对连续时间信号采样得到离散时间信号的过程，在工程上，可用一个称为 A/D 转换器(analog-to-digital converter)的专用集成电路实现。

根据傅里叶变换的频域卷积定理，连续时间信号 $y(t)$ 的傅里叶变换可表示为

$$Y(\Omega) = \frac{1}{T_s}\sum_{k=-\infty}^{\infty} F_c(\Omega - k\Omega_s) \tag{1.6.3}$$

其中，$\Omega_s = 2\pi/T_s$。另外，考虑到 $\delta(t-nT_s) \overset{\mathcal{F}}{\longleftrightarrow} e^{-j\Omega nT_s}$，对式(1.6.1)两边进行傅里叶变换，得

$$Y(\Omega)=\sum_{n=-\infty}^{\infty}f_c(nT_s)e^{-j\Omega nT_s} \tag{1.6.4}$$

对于离散时间信号 $f_d(n)$，其傅里叶变换为

$$F_d(\omega)=\sum_{n=-\infty}^{\infty}f_d(n)e^{-j\omega n}=\sum_{n=-\infty}^{\infty}f_c(nT_s)e^{-j\omega n} \tag{1.6.5}$$

比较式(1.6.4)和式(1.6.5)可以发现，离散时间信号傅里叶变换 $F_d(\omega)$ 与连续时间信号傅里叶变换 $Y(\Omega)$ 间有如下关系：

$$F_d(\omega)=Y(\Omega)\mid_{\Omega=\frac{\omega}{T_s}} \quad 或 \quad Y(\Omega)=F_d(\omega)\mid_{\omega=\Omega T_s} \tag{1.6.6}$$

于是，可以得到如图 1.6.1(f)所示的 $F_d(\omega)$。

假设连续时间信号 $f_c(t)$ 的最高角频率为 Ω_M，根据奈奎斯特采样定理，采样周期 T_s 应满足

$$T_s<\pi/\Omega_M \tag{1.6.7}$$

根据式(1.6.6)，连续时间信号的模拟角频率 Ω 与离散时间信号的数字角频率 ω 有如下关系：

$$\omega=\Omega T_s=\frac{\Omega}{f_s} \tag{1.6.8}$$

其中，$f_s=1/T_s$ 为采样频率。可见，数字角频率是模拟角频率对采样频率的归一化值。当 $0\leqslant\Omega\leqslant\Omega_M$ 时，有

$$\omega=\Omega T_s<\pi \tag{1.6.9}$$

因此，离散时间信号的角频率总是小于 π。原因在于，当信号 $f_c(t)$ 的频率越高，相应的奈奎斯特采样速率就越高，从而使得式(1.6.9)总是成立。另外，从式(1.6.8)还可以看出，对同一个连续时间信号，用不同的采样周期进行采样，得到的离散时间信号的频谱宽度是不一样的。

1.7　离散时间实信号的复数表示

1.7.1　离散时间解析信号(预包络)

根据傅里叶变换的共轭对称性可知，实信号 $f(n)$ 的频谱 $F(\omega)$ 满足

$$F(\omega)=F^*(-\omega) \tag{1.7.1}$$

从式(1.7.1)可知，对于实信号 $f(n)$，如果已知 $0<\omega<\pi$(或 $-\pi<\omega<0$)时 $F(\omega)$ 的表达式，则利用共轭对称关系容易求得 $-\pi<\omega<0$(或 $0<\omega<\pi$)时 $F(\omega)$ 的值，从而可获得整个频域内 $F(\omega)$ 的频谱。可见，$F(\omega)$ 中任何一个边带($0<\omega<\pi$ 或 $-\pi<\omega<0$)都包含了原信号的全部信息，也就是说，在频域对 $F(\omega)$ 的描述有一半是多余的，造成了频谱资源的浪费。

定义单边频谱信号 $z(n)$ 的离散时间傅里叶变换 $Z(\omega)$ 为

$$Z(\omega)\triangleq\begin{cases}0, & -\pi<\omega<0\\ 2F(\omega), & 0<\omega<\pi\end{cases} \tag{1.7.2}$$

取 $Z(\omega)$ 的离散时间傅里叶逆变换，得到相应的时域信号 $z(n)$，即

$$z(n) \overset{\mathcal{F}}{\longleftrightarrow} Z(\omega) \tag{1.7.3}$$

通常，$z(n)$是一个复数信号，将其称为实信号 $f(n)$的解析信号(analytical signal)或预包络(pre-envelope)。

1.7.2 离散时间希尔伯特变换

根据式(1.7.2)解析信号 $z(n)$傅里叶变换 $Z(\omega)$的定义，$Z(\omega)$可表示为

$$Z(\omega) = 2F(\omega)U(\omega) \tag{1.7.4}$$

其中，$U(\omega)$为频域阶跃信号，即

$$U(\omega) = \begin{cases} 0, & -\pi < \omega < 0 \\ 1, & 0 < \omega < \pi \end{cases}$$

对其进行离散时间傅里叶逆变换，可得

$$\begin{aligned} u(n) &= \frac{1}{2\pi}\int_{-\pi}^{\pi} U(\omega)\mathrm{e}^{\mathrm{j}\omega n}\,\mathrm{d}\omega \\ &= \frac{1}{2\pi}\int_{0}^{\pi} \mathrm{e}^{\mathrm{j}\omega n}\,\mathrm{d}\omega \end{aligned}$$

当 $n=0$ 时，$u(n)=1/2$；当 $n\neq 0$ 时，$u(n)=\mathrm{j}[1-(-1)^n]/(2\pi n)$。因此有

$$u(n) = \frac{1}{2}\delta(n) + \mathrm{j}\,\frac{1-(-1)^n}{2\pi n} \tag{1.7.5}$$

根据时域卷积特性，解析信号 $z(n)$可表示为

$$z(n) = 2f(n) * \left[\frac{1}{2}\delta(n) + \mathrm{j}\,\frac{1-(-1)^n}{2\pi n}\right]$$

因此有

$$z(n) = f(n) + \mathrm{j}\left[f(n) * \frac{1-(-1)^n}{n\pi}\right]$$

定义信号 $f(n)$的希尔伯特变换(Hilbert transform)为

$$\hat{f}(n) \triangleq f(n) * \frac{1-(-1)^n}{n\pi} = \frac{1}{\pi}\sum_{k=-\infty}^{\infty}\frac{1-(-1)^k}{k}f(n-k) \tag{1.7.6}$$

它可以看成 $f(n)$通过冲激响应为 $h(n)=[1-(-1)^n]/(n\pi)$的 LTI 离散时间系统的响应，即

$$\hat{f}(n) = f(n) * h(n) = f(n) * \frac{1-(-1)^n}{n\pi} \tag{1.7.7}$$

所以，解析信号 $z(n)$可表示为

$$z(n) = f(n) + \mathrm{j}\,\hat{f}(n) \tag{1.7.8}$$

在计算希尔伯特变换$\hat{f}(n)$时，除了按照式(1.7.6)在时域中进行计算，也可以在频域求解。$h(n)=[1-(-1)^n]/(n\pi)$的傅里叶变换 $H(\omega)$为

$$H(\omega) = -\mathrm{j}\,\mathrm{sgn}(\omega) = \begin{cases} \mathrm{j} & -\pi < \omega < 0 \\ -\mathrm{j} & 0 < \omega < \pi \end{cases} \tag{1.7.9}$$

其中

$$\operatorname{sgn}(\omega)=\begin{cases}-1 & -\pi<\omega<0\\ 1 & 0<\omega<\pi\end{cases}$$

所以，$\hat{f}(n)$的频谱$\hat{F}(\omega)$为

$$\hat{F}(\omega)=F(\omega)H(\omega) \qquad (1.7.10)$$

于是，解析信号的频谱为

$$Z(\omega)=F(\omega)+\mathrm{j}\,\hat{F}(\omega) \qquad (1.7.11)$$

容易验证，式(1.7.11)与式(1.7.4)是相同的。

利用希尔伯特变换，由实信号 $f(n)$获得解析信号 $z(n)$的 LTI 系统如图 1.7.1 所示。

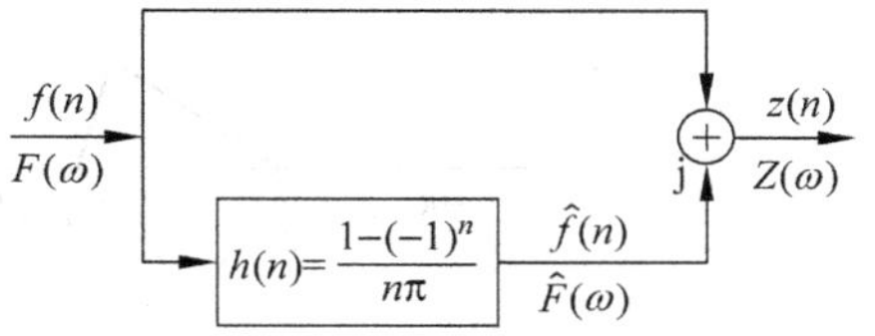

图 1.7.1 利用希尔伯特变换获取解析信号

1.7.3 离散时间窄带信号的复数表示(复包络)

前面讨论了一般离散时间实信号的复数表示形式，对离散时间窄带实信号，其复数描述可表示为基带信号的形式，下面给出其理论。设离散时间实信号 $f(n)$为

$$f(n)=a(n)\cos[\omega_0 n+\varphi(n)] \qquad (1.7.12)$$

它可进一步表示为

$$f(n)=\mathrm{Re}[a(n)\mathrm{e}^{\mathrm{j}\varphi(n)}\mathrm{e}^{\mathrm{j}\omega_0 n}]=\mathrm{Re}[g(n)\mathrm{e}^{\mathrm{j}\omega_0 n}] \qquad (1.7.13)$$

其中，信号 $g(n)=a(n)\mathrm{e}^{\mathrm{j}\varphi(n)}$。设信号 $g(n)$为带限信号，频谱 $G(\omega)$如图 1.7.2(a)所示，图中实线为 $G(\omega)$的实部 $G_R(\omega)$，虚线为 $G(\omega)$的虚部 $G_I(\omega)$。根据傅里叶变换的频移特性，信号 $z(n)=g(n)\mathrm{e}^{\mathrm{j}\omega_0 n}$的频谱 $Z(\omega)$如图 1.7.2(b)所示。

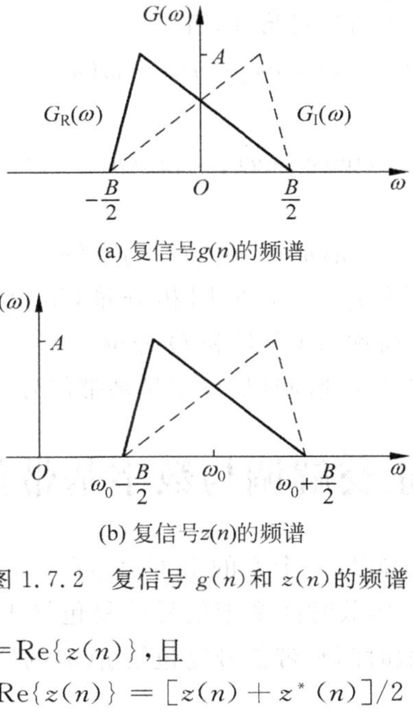

图 1.7.2 复信号 $g(n)$和 $z(n)$的频谱

由式(1.7.8)可得 $f(n)=\mathrm{Re}\{z(n)\}$，且

$$\mathrm{Re}\{z(n)\}=[z(n)+z^*(n)]/2 \qquad (1.7.14)$$

因此有

$$F(\omega) = [Z(\omega) + Z^*(-\omega)]/2 \tag{1.7.15}$$

$f(n)$的傅里叶变换 $F(\omega)$如图 1.7.3 所示。

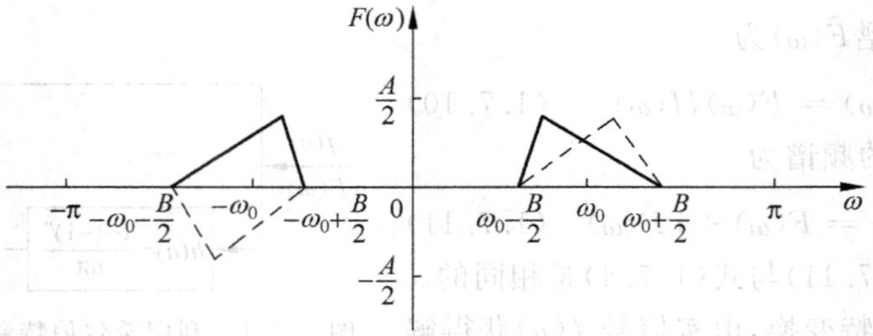

图 1.7.3 实信号 $f(n)$的频谱 $F(\omega)$

可以看出，频谱 $F(\omega)$满足

$$F(\omega) = 0, \quad |\omega \pm \omega_0| > \frac{B}{2} \tag{1.7.16}$$

其中，B 称为信号带宽，ω_0 为载波角频率(carrier angular frequency)。如果信号载波角频率远远大于信号带宽，即 $\omega_0 \gg B$，则称信号 $f(n)$是中心频率为 ω_0 的离散时间窄带信号(narrowband signal)。

根据解析信号的定义，从信号频谱可以看出，信号 $z(n)=g(n)e^{j\omega_0 n}=a(n)e^{j\varphi(n)}e^{j\omega_0 n}$正好是窄带信号 $f(n)$的解析信号。而复信号 $g(n)$常被称为窄带信号 $f(n)$的复包络(complex envelope)，有时也叫作基带信号(baseband signal)或零中频信号(zero intermediate frequency signal)，且窄带信号 $f(n)$的预包络 $z(n)$等于它的复包络 $g(n)$乘上复载波 $e^{j\omega_0 n}$。

进一步将复包络表示为直角坐标形式，有

$$g(n) = a(n)\cos[\varphi(n)] + ja(n)\sin[\varphi(n)] \tag{1.7.17}$$

令

$$g_I(n) = a(n)\cos[\varphi(n)], \quad g_Q(n) = a(n)\sin[\varphi(n)] \tag{1.7.18}$$

那么

$$g(n) = g_I(n) + jg_Q(n) \tag{1.7.19}$$

$g_I(n)$和 $g_Q(n)$分别称为复包络 $g(n)$的同相分量(in-phase component)和正交分量(quadrature component)，或简称为 I 分量和 Q 分量。

实际工程中经常用于信号处理的复信号正是基带信号 $g(n)$。

1.8 窄带信号的正交解调与数字基带信号

从 1.7.3 节的讨论可以看出，一个实的窄带信号既可以用解析信号 $z(n)$表示，也可以用其复包络 $g(n)$来表示。离散时间窄带信号的复包络表示在信号处理中得到广泛应用，下面给出工程上获得离散时间窄带信号复包络 $g(n)$的两种主要方法。

1.8.1　模拟正交解调与采集电路原理

首先给出通过模拟正交解调获得离散时间复包络的方法，如图 1.8.1 所示，其中 LO 代表本振(local oscillation)，LPF 为低通滤波器。

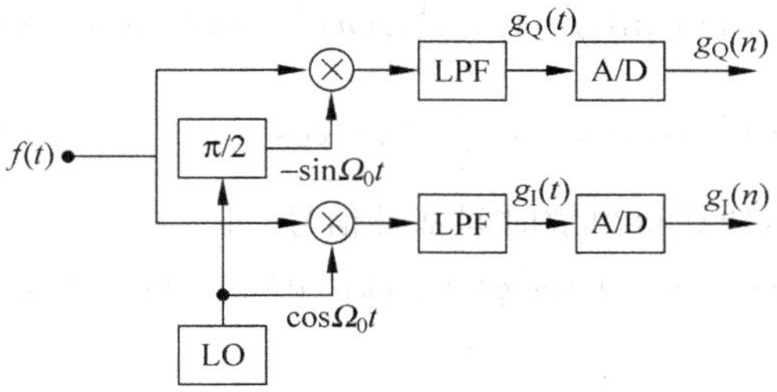

图 1.8.1　模拟正交解调与采集电路原理框图

$f(t)$是一个实的连续时间窄带信号，可表示为

$$f(t) = a(t)\cos[\Omega_0 t + \varphi(t)] \tag{1.8.1}$$

其中，Ω_0 表示载波角频率。瞬时包络 $a(t)$、瞬时相位 $\Omega_0 t+\varphi(t)$ 及瞬时角频率 $\Omega_0+\dot{\varphi}(t)$ 这 3 个特征量包含了窄带信号的全部信息，其中 $\dot{\varphi}(t)$代表 $\varphi(t)$的一阶导数。由于

$$f(t) = a(t)\cos[\varphi(t)]\cos(\Omega_0 t) - a(t)\sin[\varphi(t)]\sin(\Omega_0 t)$$

因此，信号的信息完全包含在同相分量 $g_I(t)=a(t)\cos[\varphi(t)]$和正交分量 $g_Q(t)=a(t)\sin[\varphi(t)]$中。在正交解调方法中，目的正是获得这两个分量。窄带信号与本振信号混频后，有

$$-a(t)\cos[\Omega_0 t+\varphi(t)]\sin(\Omega_0 t) = \frac{1}{2}a(t)\{-\sin[2\Omega_0 t+\varphi(t)]+\sin[\varphi(t)]\}$$

$$a(t)\cos[\Omega_0 t+\varphi(t)]\cos(\Omega_0 t) = \frac{1}{2}a(t)\{\cos[2\Omega_0 t+\varphi(t)]+\cos[\varphi(t)]\}$$

然后通过低通滤波器，滤除高频分量，即可提取同相和正交分量，再通过 A/D 转换器，便获得了窄带信号 $f(t)$的离散时间基带信号的同相和正交分量，即

$$g_I(n) = a(n)\cos[\varphi(n)],\ g_Q(n) = a(n)\sin[\varphi(n)] \tag{1.8.2}$$

且

$$g(n) = g_I(n) + \mathrm{j}g_Q(n) \tag{1.8.3}$$

其中，$g(n)$为窄带信号 $f(n)$的复包络。

1.8.2　数字正交解调与采集电路原理

在模拟正交解调与采集电路中，离散时间基带信号是通过对模拟基带信号进行模数转换得到的。其中，需要产生两个正交的模拟本振信号 $\cos(\Omega_0 t)$和 $\sin(\Omega_0 t)$，当这两个本振信号不正交时，就会导致获得的基带信号失真。随着近年来 FPGA(field programmable gate array)等数字器件的发展，在现代数字接收机中已大量采用数字正交解调的方法。图 1.8.2 为数字正交解调的原理框图，对比图 1.8.1 可见，其中的模数转换直接在射频处

完成，获得数字窄带信号为

$$f(n)=a(n)\cos[\omega_0 n+\varphi(n)] \tag{1.8.4}$$

数字控制振荡器(NCO，numerically controlled oscillator)产生数字正交本振信号，数字窄带信号与其相乘，可得

$$-a(n)\cos[\omega_0 n+\varphi(n)]\sin(\omega_0 n)=\frac{1}{2}a(n)\{-\sin[2\omega_0 n+\varphi(n)]+\sin[\varphi(n)]\}$$

$$a(n)\cos[\omega_0 n+\varphi(n)]\cos(\omega_0 n)=\frac{1}{2}a(n)\{\cos[2\omega_0 n+\varphi(n)]+\cos[\varphi(n)]\}$$

通过数字低通滤波器后，便获得离散时间基带信号，即

$$g_I(n)=a(n)\cos[\varphi(n)],g_Q(n)=a(n)\sin[\varphi(n)] \tag{1.8.5}$$

且

$$g(n)=g_I(n)+jg_Q(n) \tag{1.8.6}$$

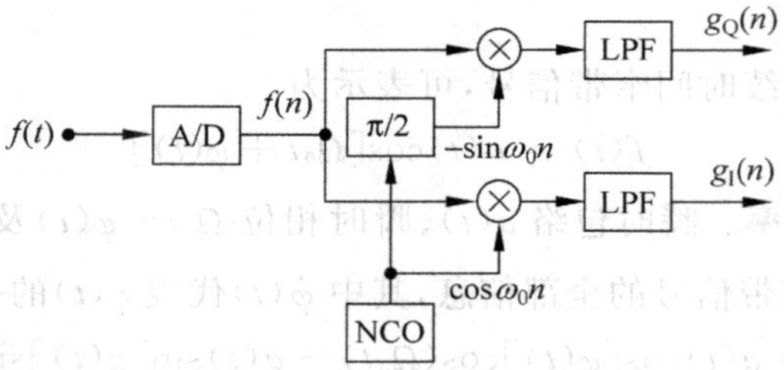

图 1.8.2 数字正交解调与采集电路原理框图

在数字方法中，两个正交本振序列的形成和相乘都是数字运算的结果，所以，其正交性是完全可以得到保证的，只要确保运算精度即可。由于该方法直接在射频(或中频)进行采样数字化，因此，对 A/D 转换器的性能要求比较高，且后续数字低通滤波器的阶数通常也较高，实现起来不方便。针对这一问题，基于带通采样和多相滤波的数字正交解调方法被提出，并已在工程中得到广泛应用[7,8]。

1.8.3 基带信号的随机相位与载波同步

由于传输信道或是其他一些原因，会造成本地载波与信号载波之间存在频差和相差，从而在理想的同相分量和正交分量中引入频差和相差，即[8]

$$g_I(n)=a(n)\cos[\Delta\omega(n)\cdot n+\varphi(n)+\Delta\varphi(n)]$$

$$g_Q(n)=a(n)\sin[\Delta\omega(n)\cdot n+\varphi(n)+\Delta\varphi(n)] \tag{1.8.7}$$

其中，$\Delta\omega(n)$和 $\Delta\varphi(n)$分别代表频差和相差。此时，得到幅度信息及相位信息为

$$\sqrt{g_I^2(n)+g_Q^2(n)}=a(n) \tag{1.8.8}$$

$$\arctan\left[\frac{g_Q(n)}{g_I(n)}\right]=\varphi(n)+\Delta\omega(n)\cdot n+\Delta\varphi(n) \tag{1.8.9}$$

其中，arctan[·]为求反正切运算符。可见，载频失配对正交解调后的幅度信息没有影响，然而，解调后的相位信息中叠加了由频差 $\Delta\omega(n)$和相差 $\Delta\varphi(n)$引起的相位成分 $\Delta\omega(n)\cdot n+\Delta\varphi(n)$，且该项通常是随机的，因此，正交解调后获得的相位是一随机相位，通常假设

它在[0,2π]中均匀分布。

可见,对于不具备抗载频失配能力的相位调制或是幅度、相位混合调制方式,如何为接收端提供与信号载波同频同相的相干载波至关重要,获得这个相干载波的过程称为载波同步。载波同步的方法一般包括两种[9]:一种是在发送有用信号的同时,在适当的频率位置上,插入导频正弦波,接收端利用该导频提取载波,这种方法称为插入导频法;另一种则在接收端直接从接收信号中提取载波,这种方法称为直接法。

1.9　多相滤波与信道化处理

在电磁环境监测等应用领域,要求接收系统能同时处理位于不同频带的多个信号,即进行宽带信号接收。基于滤波器组的信道化处理是一种有效的宽带信号接收方法。同时,多相滤波器(polyphase filter)的高效滤波结构为多信道化接收的实时性提供了保证。

1.9.1　横向滤波器的多相结构

横向/FIR 滤波器的系统结构为全零点结构,所以系统总是稳定的;另外,与 IIR 滤波器相比,它更容易设计成线性相位。因此,数字滤波器常设计为 FIR 系统。假设一 FIR 滤波器的系统函数为

$$H(z)=\sum_{n=0}^{N-1}h(n)z^{-n} \tag{1.9.1}$$

其中,N 为滤波器长度。现将冲激响应按照如下方式分为 D 组,并假设 N 为 D 的整数倍,则每组长度为 $L=N/D$,于是有

$$\begin{aligned}H(z)=&\ h(0)z^0+h(D)z^{-D}+\cdots+h[(L-1)D]z^{-(L-1)D}\\&+h(1)z^{-1}+h(D+1)z^{-(D+1)}+\cdots+h[(L-1)D+1]z^{-[(L-1)D+1]}\\&\quad\vdots\qquad\qquad\vdots\qquad\qquad\qquad\vdots\\&+h(D-1)z^{-(D-1)}+h(2D-1)z^{-(2D-1)}+\cdots+h[(L-1)D+D-1]z^{-[(L-1)D+D-1]}\\=&\sum_{n=0}^{L-1}h(nD+0)\,(z^D)^{-n}+z^{-1}\sum_{n=0}^{L-1}h(nD+1)\,(z^D)^{-n}+\cdots\\&+z^{-(D-1)}\sum_{n=0}^{L-1}h(nD+D-1)\,(z^D)^{-n}\end{aligned}$$

令

$$E_k(z^D)=\sum_{n=0}^{L-1}h(nD+k)\,(z^D)^{-n},\quad k=0,1,\cdots,D-1 \tag{1.9.2}$$

系统函数可进一步表示为

$$H(z)=\sum_{k=0}^{D-1}z^{-k}E_k(z^D) \tag{1.9.3}$$

式(1.9.3)称为系统函数 $H(z)$ 的多相表示,其中的 $E_k(z^D)$ 为 $H(z)$ 的多相分量。在式(1.9.3)中令 $z=e^{j\omega}$,则有

$$H(e^{j\omega})=\sum_{k=0}^{D-1}e^{-j\omega k}E_k(e^{j\omega D}) \tag{1.9.4}$$

式(1.9.4)中的 $e^{-j\omega k}E_k(e^{j\omega D})$ 对于不同的 k 具有不同的相位，$H(e^{j\omega})$ 为这些不同相位量的和，所以被称为多相滤波结构，可表示为如图 1.9.1 所示的形式。

多相滤波过程可以看成，按照相位均匀划分把数字滤波器的系统函数 $H(z)$ 分解成若干个具有不同相位的组，形成多个分支，在每个分支上实现滤波。采用多相滤波结构，可利用多个阶数较低的滤波来实现原本阶数较高的滤波，且每个分支滤波器处理的数据速率仅为原数据速率的 $1/D$，这为工程上高速率实时信号处理提供了实现途径。

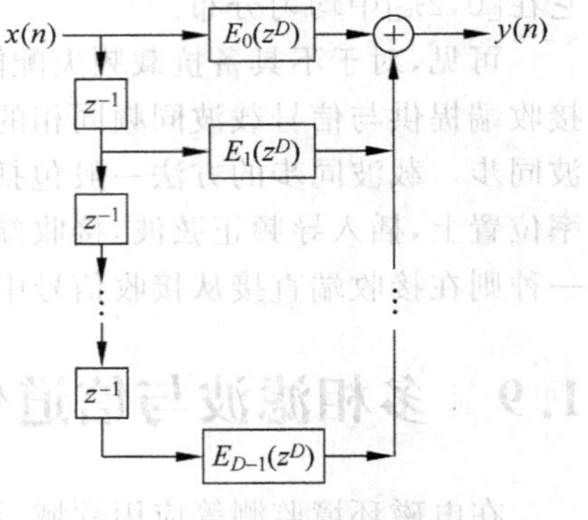

图 1.9.1 多相滤波结构

1.9.2 信号的均匀信道化

滤波器组是指具有一个共同输入信号或一个共同输出信号的一组滤波器[8]。共有一个输入信号的称为分析滤波器组，共有一个输出信号的称为综合滤波器组，如图 1.9.2(a)、(b)所示。

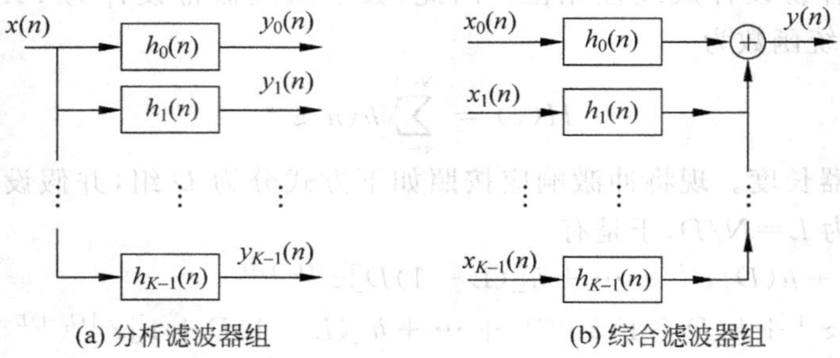

图 1.9.2 数字滤波器组

若其中第 k 个通道的滤波器冲激响应 $h_k(n)$ 与第 0 个通道的滤波器冲激响应 $h_0(n)$ 具有如下关系：

$$h_k(n) = h_0(n)e^{j\frac{2\pi}{K}kn} \tag{1.9.5}$$

式中 $k=0,1,\cdots,K-1$，则称该滤波器组为均匀滤波器组。此时，对于输入的宽带信号 $x(n)$，这 K 个滤波器能把它均匀地划分为 K 个子频带信号输出，因此，这种滤波器组也被称为信道化滤波器(channelized filter bank)。

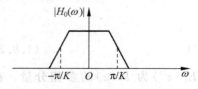

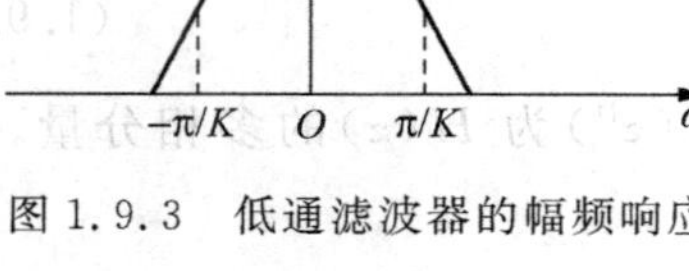

图 1.9.3 低通滤波器的幅频响应

若第 0 通道滤波器的幅频响应如图 1.9.3 所示，由此根据式(1.9.5)获得的均匀数字滤波器组的幅频响应如图 1.9.4 所示。其中，第 0 通道的滤波器为低通滤波器，其他通道的滤波器是把它搬移到相应频率上的结果，可见，信道化是以第 0 通道滤波器的带宽进行划分的，因此，称该低通滤波器为原型低通滤波器。

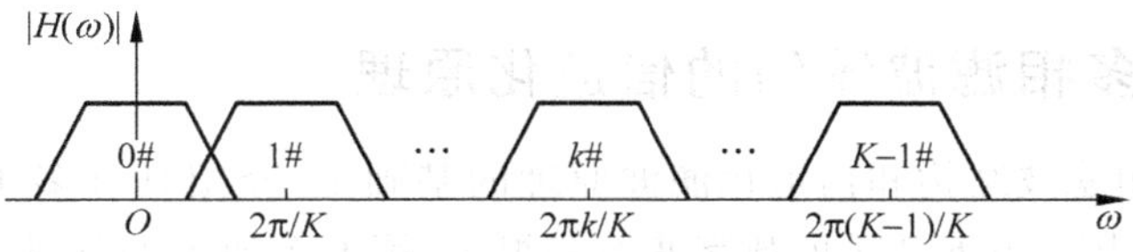

图 1.9.4　均匀数字滤波器组的幅频响应

图 1.9.4 所示划分方式的特点是，第 0 通道的滤波器为原型低通滤波器。除此以外，还有其他不同的划分方式，下面给出另一种信道划分方式[7]。假设原型理想低通滤波器 $h_{\mathrm{LP}}(n)$ 的频率响应如图 1.9.3 所示，且第 k 个信道的滤波器的冲激响应为

$$h_k(n) = h_{\mathrm{LP}}(n)\mathrm{e}^{\mathrm{j}\frac{2\pi}{K}\left(k-\frac{K-1}{2}\right)n},\quad k=0,1,\cdots,K-1 \tag{1.9.6}$$

图 1.9.5 给出了按式(1.9.6)进行信道划分的结果，其中，图 1.9.5(a)是 K 为奇数时的信道划分，图 1.9.5(b)是 K 为偶数时的信道划分。可以看出，图 1.9.4 和图 1.9.5 的两种方式均实现了长度为 2π 的频率区间的均匀划分，前者的信道划分是针对 $0\sim2\pi$ 进行的，而后者则是针对 $-\pi\sim\pi$ 进行的。图 1.9.5 的划分方式虽然也是由原型低通滤波器在频率上进行搬移后获得的，但第 0 通道的滤波器不再是原型低通滤波器。不同的信道划分方式具有不同的实现结构及难度，工程实践中可根据具体要求选择合适的划分方式。

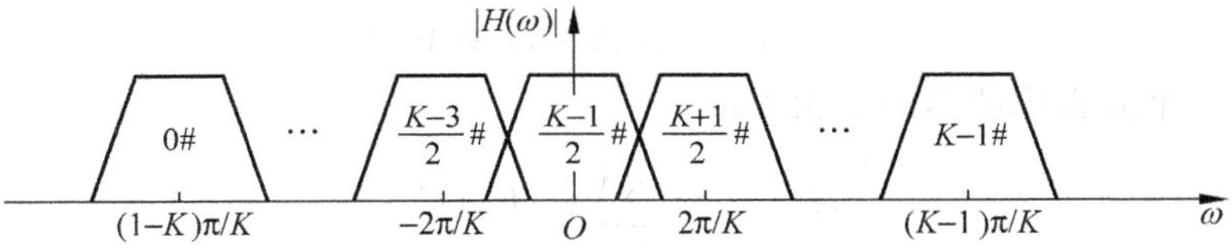

(a) K为奇数时复信号的信道划分

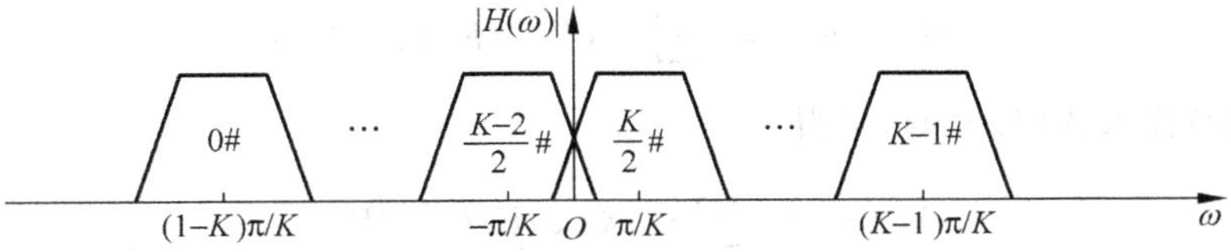

(b) K为偶数时复信号的信道划分

图 1.9.5　复信号的信道划分

由于均匀数字滤波器组的输入为宽带信号，因此，经过滤波器组信道划分后的各个窄带输出信号均处于过采样状态，可以利用抽取降低信号速率，以便于后续的信号处理。信道化后，各子信道输出的信号带宽为 $2\pi/K$，因此，对其进行 K 倍抽取(最大抽取)并不会影响相应带宽内信号的完整性。图 1.9.6 给出了这种带后置抽取器(decimator)的滤波器组的结构图，其中，符号 $\boxed{\downarrow D}$ 代表整数倍抽取，“$\downarrow$”表示抽取，D 为抽取倍数，$D=K$。同时，采用不同自变量 n_1 和 n_2 来表示不同采样速率的信号。

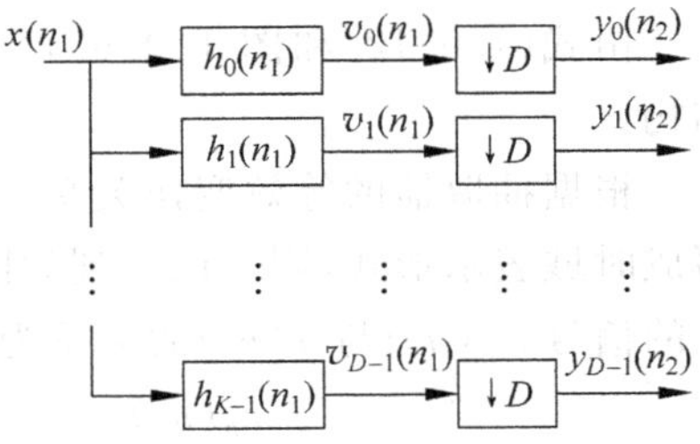

图 1.9.6　后置抽取器的滤波器组

1.9.3 基于多相滤波器组的信道化原理

本节将在多相滤波结构和信道化滤波原理的基础上，介绍具有多相滤波结构的高效信道化实现方法。图 1.9.6 所示的数字滤波器组中，第 k 个通道的处理模型可用图 1.9.7 表示。其中，$v_k(n_1)$是输入信号 $x(n_1)$经过带通滤波器 $h_k(n_1)$滤出的子带信号，对其进行抽取处理后，获得输出信号 $y_k(n_2)$，它的数据率为 $v_k(n_1)$的 $1/D$。

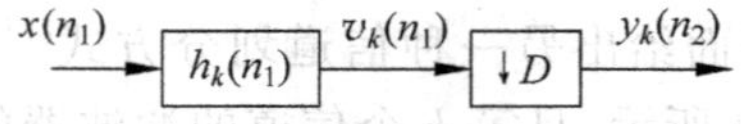

图 1.9.7 滤波器组第 k 通道的处理模型

第 k 个通道的滤波器 $h_k(n)$与第 0 个通道的滤波器冲激响应 $h_0(n)$满足式(1.9.5)，对该式两边进行 Z 变换，可得

$$H_k(z) = H_0(zW^k) \tag{1.9.7}$$

其中，$W=\mathrm{e}^{-\mathrm{j}\frac{2\pi}{D}}$。同时，根据图 1.9.7 可知

$$V_k(z) = X(z) \cdot H_k(z) \tag{1.9.8}$$

将式(1.9.7)代入式(1.9.8)，有

$$V_k(z) = X(z) \cdot H_0(zW^k) \tag{1.9.9}$$

根据第 0 个通道滤波器的多相表示

$$H_0(z) = \sum_{p=0}^{D-1} z^{-p} E_p(z^D)$$

容易得到

$$H_0(zW^k) = \sum_{p=0}^{D-1} (zW^k)^{-p} E_p(z^D W^{kD}) \tag{1.9.10}$$

将式(1.9.10)代入式(1.9.9)，可得

$$V_k(z) = \sum_{p=0}^{D-1} z^{-p} X(z) E_p(z^D) W^{-kp} \tag{1.9.11}$$

因此有

$$V_k(z) = \sum_{p=0}^{D-1} U_p(z)\,(W^*)^{kp} \tag{1.9.12}$$

其中，$U_p(z)=z^{-p}X(z)E_p(z^D)$。

由式(1.9.12)和图 1.9.6，可获得如图 1.9.8 所示的基于多相滤波器组的信道化结构。

根据抽取器的等效变换关系[8]，将图 1.9.8 中的 D 倍抽取器移到各滤波的前面，并写成时域表示形式，则可以得到如图 1.9.9 所示的高效多相滤波信道化结构。其中，分支上的信号 $x_p(n_2)$与 $x(n_1)$的关系为

$$x_p(n_2) = x(n_2 D - p), \quad p = 0,1,\cdots,D-1 \tag{1.9.13}$$

同时，滤波器 $E_p(n_2)$与 $h_0(n_1)$的关系为

$$E_p(n_2) = h_0(n_2 D + p), \quad p = 0,1,\cdots,D-1 \tag{1.9.14}$$

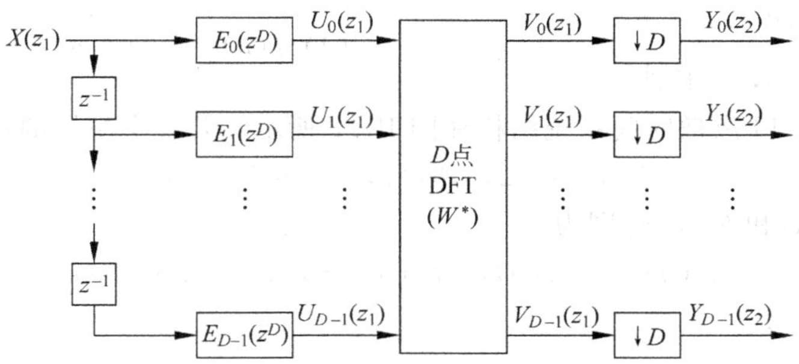

图 1.9.8　多相滤波结构的滤波器组信道化

可见，进入各分支上的数据 $x_p(n_2)$ 及滤波器系数分别由输入信号和第 0 通道滤波器系数进行延时抽取得到。

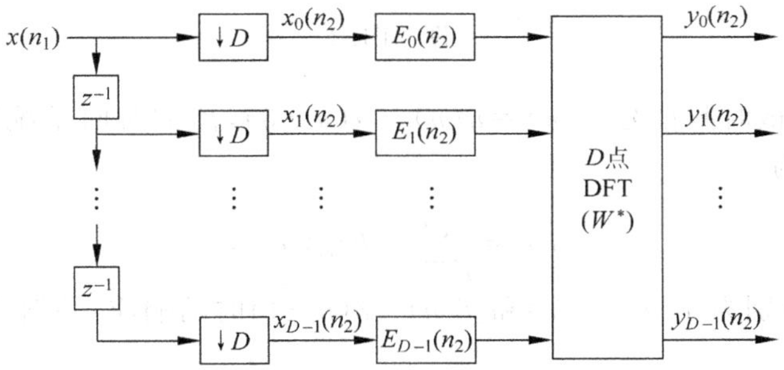

图 1.9.9　基于多相滤波的信道化结构

在图 1.9.6 中，假设滤波器组信道化结构中 $h_k(n)$ 的长度为 N，那么每一个通道获得一个输出数据需要进行 N 次复乘。如果共有 D 条通道，则它们每输出一次数据需要 ND 次复乘运算。

若采用图 1.9.9 所示结构，每条通道中滤波器的长度为 N/D，D 条通道滤波共需要 N 次复乘运算，而采用 FFT 进行 D 点的 DFT 运算所需的复乘运算量约为 $\frac{D}{2}\log_2 D$，所以，所需总复乘次数为 $N+\frac{D}{2}\log_2 D$。

例如，当 $N=100$、$D=10$ 时，图 1.9.6 所示的结构共需要 1000 次复乘运算，而图 1.9.9 所示的结构只需约 117 次复乘运算，运算量大大降低。因此，基于多相滤波的信道化结构是一种高效结构，为信道化接收工程实现提供了一种有效途径。

习题

1.1　判断下列信号是否为能量信号或功率信号。

(1) $f(n)=\left(\frac{1}{2}\right)^n$；　　(2) $f(n)=n$；

(3) $f(n)=\begin{cases} n^2, & 0<n\leqslant 100 \\ 0, & \text{其他} \end{cases}$；　　(4) $f(n)=\cos\left(\frac{\pi}{4}n\right)$。

1.2　已知LTI离散时间系统结构如图P1.2所示。若整个系统的冲激响应为

$$h(n)=\{2,3,3,1\},\quad n=1,2,3,4$$

且冲激响应 $h_1(n)$ 和 $h_3(n)$ 分别为

$$h_1(n)=2^n u(n),\quad h_3(n)=u(n)-u(n-3)$$

求冲激响应 $h_2(n)$。

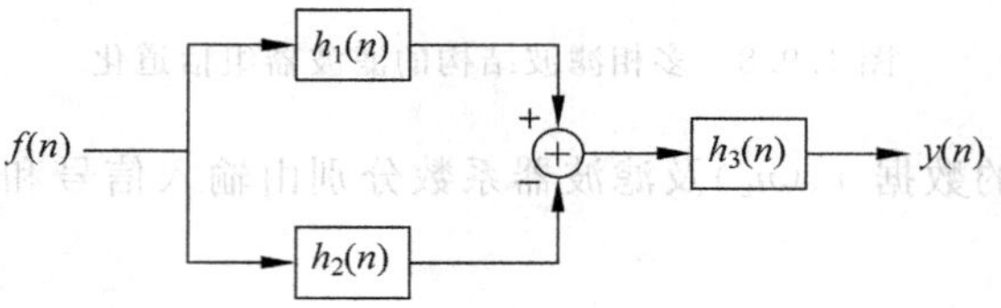

图　P1.2

1.3　已知离散时间信号 $g(n)=u(n)-u(n-3)$，离散时间系统输入 $f(n)$ 与输出 $y(n)$ 之间的关系为

$$y(n)=\sum_{k=-\infty}^{\infty} f(k)g(n-3k)$$

(1) 求输入分别为 $f(n)=\delta(n)$ 和 $f(n)=\delta(n-1)$ 时的响应，并据此判断该系统是否为时不变系统。

(2) 证明系统是线性系统，求输入为 $f(n)=u(n)$ 时的响应。

1.4　已知离散时间周期信号 $f(n)$ 以 N 为周期，傅里叶系数为 a_k。用 a_k 表示下列周期信号的傅里叶系数。

(1) $f(n-n_0)$；　　(2) $f^*(-n)$；

(3) $f(n)-f\left(n-\frac{N}{2}\right)$，$n$ 是偶数；　　(4) $f(n-n_0)*f(n)$；

(5) $f^*(n)*f(n)$。

1.5　利用傅里叶变换的频域卷积特性计算信号 $f(n)=[\sin(\pi n/4)\cos(\pi n/3)]/(\pi n)$ 的傅里叶变换 $F(\omega)$，并用其表示下列信号的傅里叶变换。

(1) $(n-1)^2 f(n)$；　　(2) $\sum_{k=-\infty}^{n} kf(k)$；

(3) $\frac{n}{2}[f(n)+f^*(-n)]\cos(\pi n/3)$。

1.6　设离散时间信号 $f(n)$ 的傅里叶变换为 $F(\omega)$，如图P1.6所示。不求 $F(\omega)$ 的傅里叶逆变换，计算下列各式的值。

(1) $f(0)$；　　(2) $\sum_{n=-\infty}^{\infty} f(n)$；

(3) $\sum_{n=-\infty}^{\infty} |f(n)|^2$；　　(4) $\sum_{n=-\infty}^{\infty}\left|f(n)*\left[\frac{\sin(\pi n/4)}{\pi n}\right]\right|^2$。

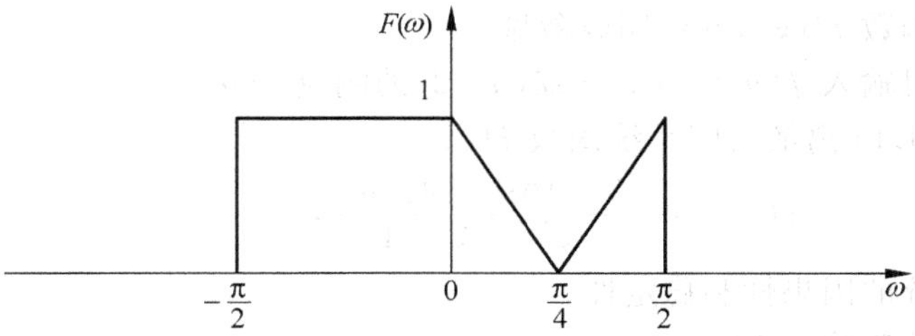

图　P1.6

1.7　设 LTI 离散时间系统频率响应为

$$H(\omega)=|\omega|,\quad -\pi\leqslant\omega<\pi$$

(1) 分别求输入信号 $f(n)$为 $\cos(\omega_0 n)$和 $\sin(\omega_0 n)$时的响应。

(2) 用直接积分和傅里叶变换的频域微分特性两种方法求系统冲激响应 $h(n)$。

1.8　LTI 离散时间系统如图 P1.8.1 所示，其中，$H_L(\omega)$为一个低通滤波器，如图 P1.8.2(a)所示，输入信号 $f(n)$的傅里叶变换 $F(\omega)$如图 P1.8.2(b)所示。

(1) 画出图 P1.8.1 中信号 $y_1(n)$、$y_2(n)$和 $y(n)$的频谱。

(2) 证明图 P1.8.1 中虚线框中的系统等效为一个高通滤波器。

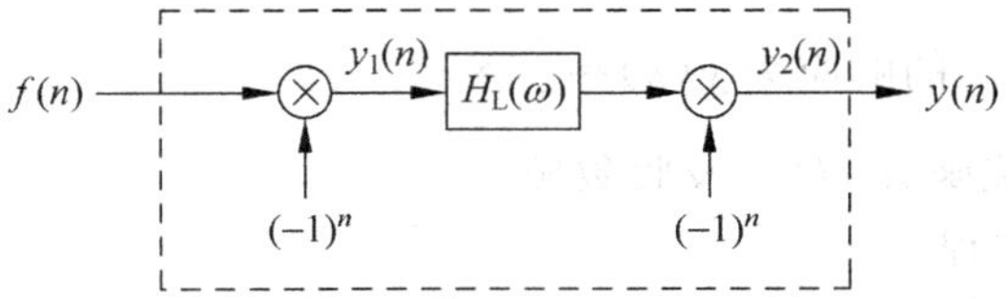

图　P1.8.1

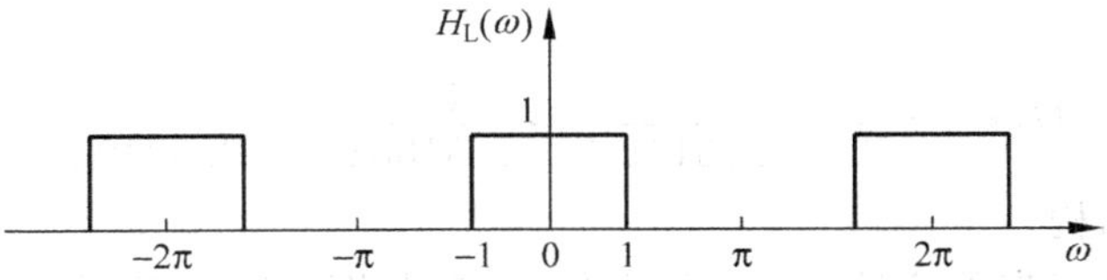

(a) 低通滤波器的频率响应

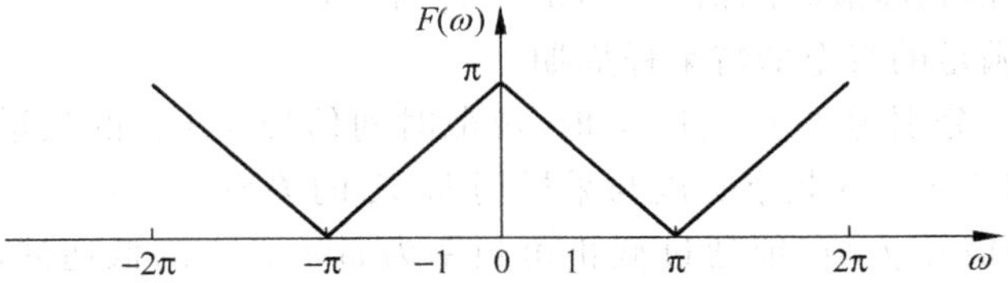

(b) 输入信号的频谱

图　P1.8.2

1.9　已知某 LTI 离散时间差分方程为

$$y(n)+c_1 y(n-1)+c_2 y(n-2)=f(n)+d_1 f(n-1)+d_2 f(n-2)$$

其中，c_1、c_2、d_1 和 d_2 为实常数。且已知系统在原点有二阶零点，有一个极点在 $p_1=1/2$ 处；系统对输入 $f(n)=3$ 的响应为 $y(n)=8$。

(1) 求系统函数 $H(z)$，并注明收敛域。

(2) 求系统对输入 $f(n)=\delta(n)+2\delta(n-2)$ 的响应 $y(n)$。

1.10 已知LTI离散时间系统函数 $H(z)$ 为

$$H(z)=\frac{z^3-10z^2-4z+4}{2z^2-2z-4},\quad |z|<1$$

(1) 判断系统的因果性和稳定性。

(2) 求系统冲激响应 $h(n)$。

(3) 画出系统的方框图实现。

(4) 若输入 $f(n)=2$，求系统响应 $y(n)$。

1.11 已知因果LTI离散时间系统的差分方程为

$$y(n)-b^4y(n-4)=2f(n)$$

(1) 若系统稳定，确定实常数 b 的取值范围，求系统函数 $H(z)$，画出系统零极点图。

(2) 设 $b=0.9$，定性画出系统的幅频特性曲线。

(3) 求逆系统冲激响应 $h_{\text{inv}}(n)$，并判断其稳定性。

1.12 已知LTI离散时间系统对输入 $f(n)=(1/3)^nu(n)$ 的响应为

$$y(n)=2\delta(n)+\beta\left(\frac{1}{2}\right)^nu(n)$$

而系统对输入 $f(n)=3^n$ 的响应为 $y(n)=\frac{8}{9}\times3^n$。

(1) 求常数 β、系统函数 $H(z)$ 及收敛域。

(2) 求系统差分方程。

(3) 判断系统是否稳定，是否为最小相位系统。

1.13 一个FIR系统的零点分别在0.6和 $0.8e^{\pm j\pi/4}$ 处，求其格型结构。

1.14 令

$$H(z)=\frac{1}{1-1.7314z^{-1}+1.3188z^{-2}-0.3840z^{-3}}$$

求该系统的格型结构。

1.15 连续时间带限信号 $f_c(t)$ 的频谱 $F_c(\Omega)$ 如图P1.15所示，以 T_s 为采样周期对 $f_c(t)$ 进行采样，可得到离散时间信号 $f_d(n)=f_c(nT_s)$。

(1) 求 T_s 需满足的奈奎斯特采样周期。

(2) 画出当 T_s 分别为1/100、1/50时，离散时间信号 $f_d(n)$ 的频谱 $F_d(\omega)$，并由此分析出离散时间信号 $f_d(n)$ 的频谱宽度与采样周期 T_s 的关系。

(3) 要使采样信号 $f_d(n)$ 能通过截止角频率为 $\omega_c=\pi/4$ 的低通滤波器，T_s 应满足什么条件？

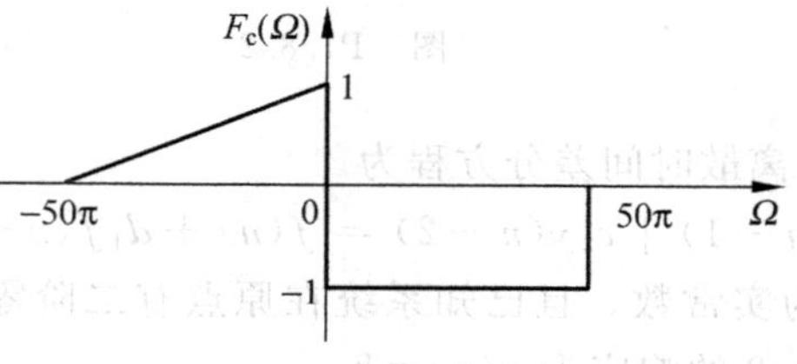

图 P1.15

1.16　已知一个 LTI 连续时间系统如图 P1.16(a)所示，$H_1(\Omega)$和输入信号 $f(t)$的频谱分别如图 P1.16(b)和(c)所示。其中，$\Omega_3=\Omega_2-\Omega_1$，且 $\Omega_2\geqslant 2\Omega_3$。$p(t)$是一个周期冲激串，为 $p(t)=\sum\limits_{k=-\infty}^{\infty}\delta(t-kT_s)$。

(1) 如果直接对 $f(t)$采样，则所需的奈奎斯特采样率应为多少？

(2) 为了能从 $y(t)$恢复出信号 $y_2(t)$，T_s 应满足什么条件？

(3) 如果 $T_s=2\pi/\Omega_2$，给出一种从 $y(t)$中恢复出信号 $f(t)$的系统结构图。

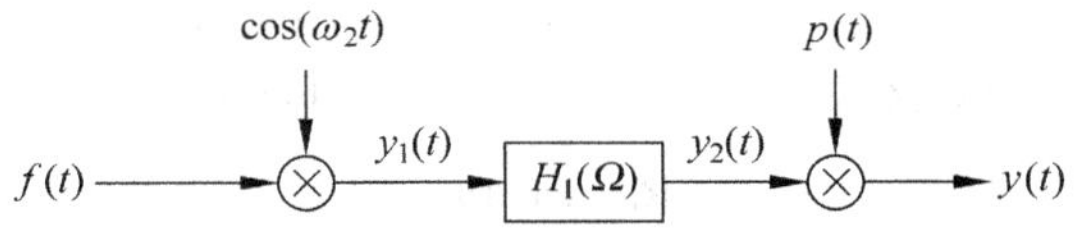

(a) 系统结构图

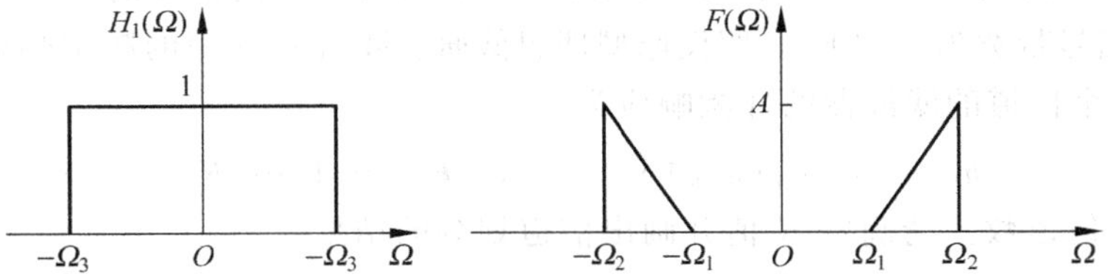

(b) 系统的频率响应　　(c) 输入信号的频谱

图　P1.16

1.17　求信号 $f(n)=\cos(\omega_0 n)$的希尔伯特变换$\hat{f}(n)$，并验证解析信号

$$z(n)=f(n)+\mathrm{j}\,\hat{f}(n)$$

是单边频谱的。

1.18　已知窄带实信号 $f_1(n)$和 $f_2(n)$分别为

$$f_1(n)=a_1(n)\cos[\omega_0 n+\varphi_1(n)],\quad f_2(n)=a_2(n)\cos[\omega_0 n+\varphi_2(n)]$$

(1) 求 $f_1(n)$和 $f_2(n)$的复包络 $v_1(n)$和 $v_2(n)$及预包络 $z_1(n)$和 $z_2(n)$。

(2) 令信号 $f(n)=f_1(n)+f_2(n)$，求 $f(n)$的复包络 $v(n)$。

(3) 验证是否满足 $v(n)=v_1(n)+v_2(n)$？

1.19　离散时间正交调制和解调系统如图 P1.19(a)、(b)所示。其中，$g_{\mathrm{I}}(n)$、$g_{\mathrm{Q}}(n)$为基带信号的 I 分量和 Q 分量，可表示为

$$g_{\mathrm{I}}(n)=a(n)\cos[\varphi(n)]$$
$$g_{\mathrm{Q}}(n)=a(n)\sin[\varphi(n)]$$

且设信号 $g_{\mathrm{I}}(n)$、$g_{\mathrm{Q}}(n)$都是带限实信号，其傅里叶变换满足

$$G_{\mathrm{I}}(\omega)=G_{\mathrm{Q}}(\omega)=0,\quad \omega_{\mathrm{M}}<|\omega|\leqslant\pi$$

其中，ω_{M} 是信号的截止角频率。

(1) 画出信号 $r(n)$的频谱 $R(\omega)$示意图。

(2) 为能从正交解调系统中恢复出信号 $g_{\mathrm{I}}(n)$、$g_{\mathrm{Q}}(n)$，给出 ω_0 需要满足的条件，并设计图 P1.19(b)中系统的频率响应 $H(\omega)$和相应的系统冲激响应 $h(n)$。

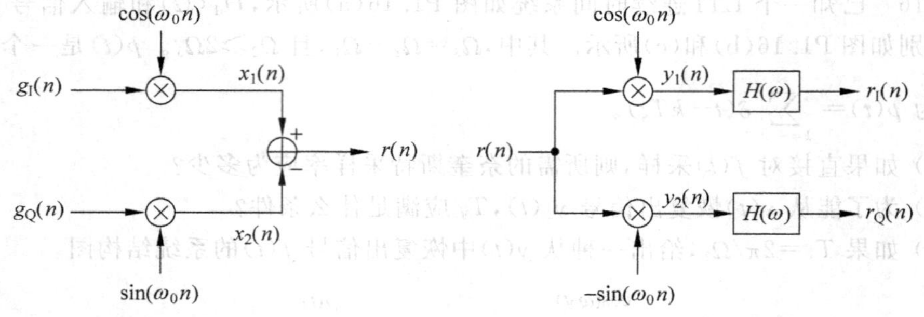

(a) 离散时间正交调制系统　　(b) 离散时间正交解调系统

图　P1.19

1.20　考虑采用一均匀滤波器组实现对 0～2MHz 频段内信号的接收，其中，各滤波器输出的子信号带宽为 250kHz。假设原型理想低通滤波器 $h_{\mathrm{LP}}(n)$ 的频率响应如图 P1.20 所示，且第 k 个信道的滤波器的冲激响应为

$$h_k(n) = h_{\mathrm{LP}}(n)\mathrm{e}^{\mathrm{j}\frac{2\pi}{K}\left(k-\frac{K-1}{2}\right)n},\quad k = 0,1,\cdots,K-1$$

其中，K 为总信道数。请确定 K 值并画出信道划分的结果。

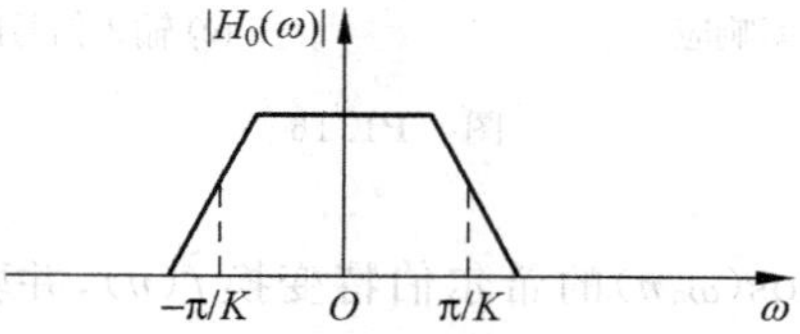

图　P1.20

参考文献

[1]　何子述. 信号与系统 [M]. 北京：高等教育出版社，2007.

[2]　Oppenheim A V, Willsky A S. Signals and Systems [M]. 2nd ed. Upper Saddle River, NJ: Prentice-Hall, Inc., 1997.

[3]　胡广书. 数字信号处理——理论、算法与实现 [M]. 北京：清华大学出版社，2003.

[4]　Oppenheim A V, Schafer R W. Discrete-Time Signal Processing [M]. 2nd ed. Upper Saddle River, NJ: Prentice-Hall, Inc., 1999.

[5]　Gray A H, Markel J D. Digital lattice and ladder filter synthesis [J]. IEEE Transactions on Audio and Electroacoust, 1973, 21(6): 491-500.

[6]　帕普里斯著，毛培法译. 信号分析 [M]. 北京：科技出版社，1981.

[7]　杨小牛，楼才义等. 软件无线电原理与应用 [M]. 北京：电子工业出版社，2001.

[8]　陈祝明. 软件无线电技术基础 [M]. 北京：高等教育出版社，2007.

[9]　储钟圻. 数字通信导论 [M]. 北京：机械工业出版社，2002.

[10]　He Z S, Xia W, Li H Y. Potential for incorrect solutions of continuous-time LTI system problems when using eigenfunctions [J]. IEEE Transactions on Education, 2008, 51(2): 288-289.

第 2 章　离散时间平稳随机过程

第 1 章讨论离散时间信号与系统概念时，所涉及的信号都是离散时间确定信号，而现代数字信号处理理论通常都是针对离散时间随机信号（离散时间随机过程）进行讨论的。本章将介绍离散时间随机过程的基本概念、数字特征及其重要性质；将讨论离散时间随机过程自相关矩阵的定义及性质，介绍离散时间随机过程功率谱的定义及性质；还将建立平稳离散时间随机过程的常用参数模型；最后将简单介绍离散时间随机过程高阶统计量的有关知识。

2.1　离散时间平稳随机过程基础

2.1.1　离散时间随机过程及其数字特征

1. 离散时间随机过程及其复数表示

由概率论可知，随机变量是指变量 x 的取值是由每次随机试验的结果决定的。例如，可用随机变量 x 来描述 A 队参加一场足球比赛的结果，若比赛结果为 A 队胜，则 $x=3$；若比赛结果为 A 队平，则 $x=1$；若比赛结果为 A 队负，则 $x=0$。可见，随机变量 x 的取值由随机试验的结果所决定。

如果每次随机试验的结果对应的不是一个数，而是一个随时间变化的函数 $x_i(t)$（一条曲线），则所有可能的这些函数的集合，称为描述该随机试验的随机过程，表示为 $x(t)$。而第 i 次随机试验结果对应的函数 $x_i(t)$，称为随机过程 $x(t)$ 的一个样本函数，即随机过程 $x(t)$ 是所有样本函数的集合。如某地区未来 24 小时温度随时间变化这一随机事件，就可用一随机过程来描述，而每一条可能的变化曲线都是随机过程的一个样本函数。

需要指出的是，随机过程 $x(t)$ 某时刻 t_0 的值 $x(t_0)$ 是一个随机变量。

对随机过程 $x(t)$ 的样本函数 $x_i(t)$ 离散化，便可得到离散样本函数 $x_i(n)$，所有离散样本函数 $x_i(n)$ 的集合称为离散时间随机过程，表示为 $x(n)$，有时也可称为离散时间随机信号。

应注意离散时间随机信号与离散型随机变量（或随机过程）的区别，前者是指每个样本函数的时间变量是离散的，只能取整数，其幅度取值既可以是连续型的，也可以是离散型的，而离散型随机变量（或随机过程）仅强调幅度取离散值，如图 2.1.1 所示，图(a)为连续时间离散型随机信号，对其采样，得到图(b)所示的离散时间离散型随机信号。

如果离散时间随机过程 $x(n)$ 的每个样本函数 $x_i(n)$ 都是实信号，则 $x(n)$ 为实离散时间随机过程。用第 1 章 1.7 节介绍的希尔伯特变换，可得到任意实随机过程的复数表示为

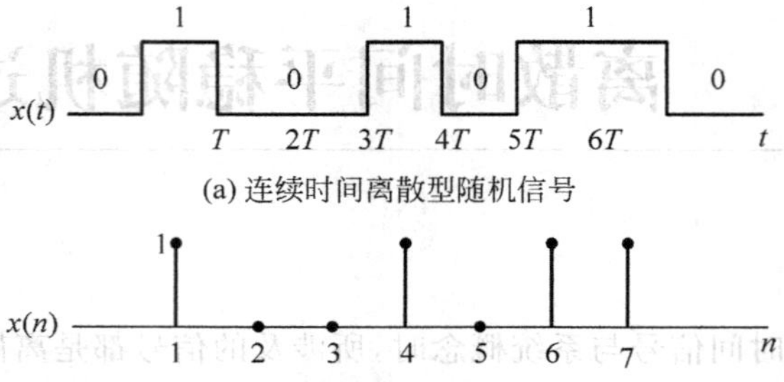

图 2.1.1　离散时间随机信号与离散型随机信号

$$w(n)=x(n)+\mathrm{j}\,\hat{x}(n) \tag{2.1.1}$$

式中，$\hat{x}(n)$为实随机过程 $x(n)$的希尔伯特变换，可表示为

$$\hat{x}(n)=x(n)*h(n)=x(n)*\frac{1-(-1)^n}{n\pi} \tag{2.1.2}$$

实际工程中，每次对随机过程的处理都是针对一个样本函数进行的，因此对随机过程的希尔伯特变换，实质是对样本函数进行希尔伯特变换，并得到样本函数的复数表示，所有这些复样本函数的集合便是复随机过程 $w(n)$。

如果 $x(n)$是一个实的窄带随机过程，可用表达式描述为

$$x(n)=a(n)\cos[\omega_0 n+\varphi(n)] \tag{2.1.3}$$

式中 $a(n)$，$\varphi(n)$是随机过程，且其功率谱宽度远小于载波角频率 ω_0。

这时可用 1.8 节中介绍的正交解调的方法，得到窄带随机过程的复数表示——随机过程的复包络，用 $u(n)$表示，即

$$u(n)=u_{\mathrm{I}}(n)+\mathrm{j}u_{\mathrm{Q}}(n) \tag{2.1.4}$$

式中

$$u_{\mathrm{I}}(n)=a(n)\cos[\varphi(n)]$$
$$u_{\mathrm{Q}}(n)=a(n)\sin[\varphi(n)]$$

实现正交解调的框图与图 1.8.2 类似，如图 2.1.2 所示。

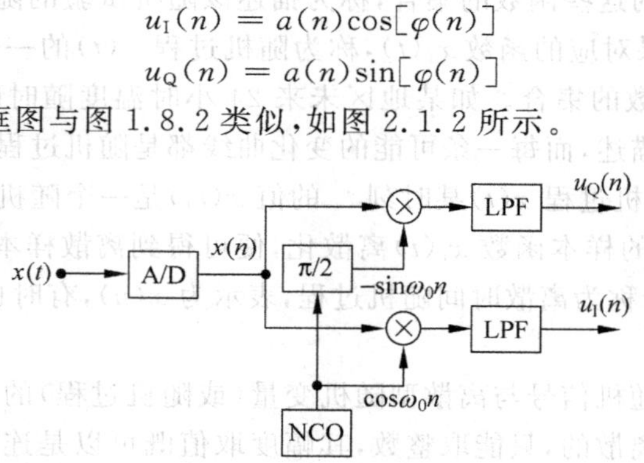

图 2.1.2　窄带随机过程的正交解调框图

可以证明[1]，若 $x(n)$服从均值为零、方差为 σ_x^2 的高斯分布，则 $a(n)$服从瑞利分布，$\varphi(n)$在$[0,2\pi]$上服从均匀分布；同相分量 $u_{\mathrm{I}}(n)$和正交分量 $u_{\mathrm{Q}}(n)$均服从均值为零、方差为 σ_x^2 的高斯分布；而复随机过程(复包络)$u(n)$服从均值为零、方差为 $\sigma_u^2=2\sigma_x^2$ 的高斯分布。

本书后续内容所涉及的随机过程均是指式(2.1.4)所示的复随机过程。

2. 离散时间随机过程的概率密度函数与数字特征

对于离散时间随机信号,定义其 M 维联合概率分布函数(joint probability distribution function)为

$$F(u_1,\cdots,u_M;n_1,\cdots,n_M)=P\{u(n_1)\leqslant u_1,\cdots,u(n_M)\leqslant u_M\}$$

式中,$P\{\xi\}$表示事件 ξ 发生的概率,如果 $F(u_1,\cdots,u_M;n_1,\cdots,n_M)$分别对 $u_1,\cdots,u_M$ 可导,则定义

$$p(u_1,\cdots,u_M;n_1,\cdots,n_M)=\frac{\partial^M F(u_1,\cdots,u_M;n_1,\cdots,n_M)}{\partial u_1\cdots\partial u_M}$$

为随机过程在 $n_1,\cdots,n_M$ 时刻的联合概率密度函数(joint probability density function)。若联合概率密度函数满足

$$p(u_1,\cdots,u_M;n_1,\cdots,n_M)=p(u_1;n_1)\cdots p(u_M;n_M) \tag{2.1.5}$$

则称随机过程在这些时刻是相互统计独立(statistically independent)的。

除用分布函数和概率密度函数对随机过程的统计特性进行描述外,还可用随机过程的数字特征对随机过程进行描述,最常用的数字特征是随机过程的一阶和二阶统计量,下面分别进行介绍:

(1) 均值函数(mean function)

$$\mu(n)=\mathrm{E}\{u(n)\}=\int up(u;n)\mathrm{d}u \tag{2.1.6}$$

(2) 自相关函数(autocorrelation function)

$$r(k,l)=\mathrm{E}\{u(k)u^*(l)\}=\iint u_k u_l^* p(u_k,u_l;k,l)\mathrm{d}u_k\mathrm{d}u_l \tag{2.1.7}$$

(3) 自协方差函数(autocovariance function)

$$\begin{aligned}c(k,l)&=\mathrm{E}\{[u(k)-\mu(k)][u(l)-\mu(l)]^*\}\\&=r(k,l)-\mu(k)\mu^*(l)\end{aligned} \tag{2.1.8}$$

式(2.1.6)~式(2.1.8)中的 E{·}表示数学期望,它体现了随机过程的“集总平均(ensemble average)”,是所有样本函数在相应时刻函数值的统计平均,式中的积分是针对连续型随机变量的,若为离散型随机变量,则积分改为求和。式(2.1.6)中的 $p(u;n)$表示随机过程在 n 时刻的概率密度函数;式(2.1.7)中的 $p(u_k,u_l;k,l)$表示随机过程分别在 k 和 l 时刻的联合概率密度函数。

为了简化,自相关函数和自协方差函数也称为相关函数(correlation function)和协方差函数(covariance function)。

当 $k=l=n$ 时,可以定义:

(1) 方差(variance)

$$\sigma^2(n)=\mathrm{var}\{u(n)\}=\mathrm{E}\{|u(n)-\mu(n)|^2\}=c(n,n) \tag{2.1.9}$$

(2) 平均功率(average power)

$$P(n)=\mathrm{E}\{|u(n)|^2\}=r(n,n) \tag{2.1.10}$$

如果随机过程 $u(n)$均值为零,即 $\mu(n)=0$ 时,则有

$$r(n_1,n_2) = c(n_1,n_2), \quad P(n) = \sigma^2(n) \tag{2.1.11}$$

即 $\mu(n)=0$ 时,随机过程的相关函数和协方差函数相同,随机过程的方差等于其过程的平均功率。

对于两个不同的随机过程 $u(n)$ 和 $v(n)$,可以定义:

(1) 互相关函数(cross correlation function)

$$r_{uv}(k,l) = \mathrm{E}\{u(k)v^*(l)\} \tag{2.1.12}$$

(2) 互协方差函数(cross covariance function)

$$\begin{aligned} c_{uv}(k,l) &= \mathrm{E}\{[u(k)-\mu_u(k)][v(l)-\mu_v(l)]^*\} \\ &= r_{uv}(k,l)-\mu_u(k)\mu_v^*(l) \end{aligned} \tag{2.1.13}$$

式中,$\mu_u(n)$ 和 $\mu_v(n)$ 分别是随机过程 $u(n)$ 和 $v(n)$ 的均值。

上述介绍的各种数字特征中,均值是一阶统计量,其他为二阶统计量。

2.1.2 离散时间平稳随机过程及其数字特征

1. 平稳随机过程的概念

平稳(stationary)是随机过程的一个重要概念,通俗地讲,它描述的是随机过程的统计特性是否随时间变化。根据定义的不同,可分为严格平稳随机过程和广义平稳随机过程。

严格平稳(SS,strictly stationary)随机过程是指 $u(n)$ 任意 M 个不同时刻取值的联合概率密度函数与取值的起始时间无关,即对任意整数 $n_1,n_2,\cdots,n_M,k$,$\{u(n_1),u(n_2),\cdots,u(n_M)\}$ 和 $\{u(n_1+k),u(n_2+k),\cdots,u(n_M+k)\}$ 的联合概率密度函数相同。

广义平稳(WSS,wide-sense stationary)随机过程也称为宽平稳随机过程或弱平稳随机过程,如果随机过程的平均功率存在,且均值为常数,自相关函数与起始时间无关,即满足

$$\mathrm{E}\{|u(n)|^2\} < +\infty \tag{2.1.14}$$

$$\mu(n) = \mu \tag{2.1.15}$$

$$r(k,l) = r(k-l) = r(m) \quad m = k-l \tag{2.1.16}$$

则随机过程 $u(n)$ 被称为广义平稳随机过程。

广义平稳的条件比严格平稳的条件宽松得多。如果随机过程的平均功率存在(有界),严格平稳过程一定是广义平稳的;反之,广义平稳过程不一定是严格平稳的。

对于高斯过程,广义平稳和严格平稳等价。实际应用中,相当多的随机过程都可以认为是广义平稳的。

在本书后文中,若无特别说明,平稳随机过程均指广义平稳随机过程。

2. 平稳随机过程的数字特征

对于广义平稳随机过程 $u(n)$,可以求得如下数字特征:

(1) 均值 μ,即

$$\mu(n) = \mu \tag{2.1.17}$$

(2) 自相关函数 $r(m)$，即

$$r(m)=\mathrm{E}\{u(n)u^*(n-m)\} \tag{2.1.18}$$

(3) 自协方差函数 $c(m)$，即

$$c(m)=\mathrm{E}\{[u(n)-\mu][u(n-m)-\mu]^*\}=r(m)-|\mu|^2 \tag{2.1.19}$$

(4) 方差 σ^2，即

$$\sigma^2=\mathrm{E}\{|u(n)-\mu|^2\}=c(0) \tag{2.1.20}$$

(5) 平均功率 P，即

$$P=\mathrm{E}\{|u(n)|^2\}=r(0) \tag{2.1.21}$$

对于两个平稳随机过程 $u(n)$和 $v(n)$，有：

(1) 互相关函数

$$r_{uv}(m)=\mathrm{E}\{u(n)v^*(n-m)\} \tag{2.1.22}$$

(2) 互协方差函数

$$c_{uv}(m)=\mathrm{E}\{[u(n)-\mu_u][v(n-m)-\mu_v]^*\} \tag{2.1.23}$$

式中，μ_u 和 μ_v 分别是平稳随机过程 $u(n)$和 $v(n)$的均值。

3. 平稳随机过程中相关函数的性质

自相关函数表示随机过程中两个不同时刻取值的相关性，是平稳随机过程最重要的一个数字特征。对平稳随机过程 $u(n)$，由随机过程自相关函数的定义，可以得到如下性质[2][3]：

性质 1 原点处自相关函数值最大，即

$$r(0)\geqslant|r(m)| \tag{2.1.24}$$

性质 2 自相关函数具有共轭对称性，即

$$r(-m)=r^*(m) \tag{2.1.25}$$

对两个不同的随机过程 $u(n)$和 $v(n)$，由随机过程互相关函数定义，不难验证互相关函数有如下性质[2][3]：

性质 1 互相关函数具有共轭对称性，即

$$r_{uv}(-m)=r_{vu}^*(m) \tag{2.1.26}$$

性质 2 互相关函数 $r_{uv}(m)$满足

$$|r_{uv}(m)|\leqslant\sqrt{r_u(0)}\sqrt{r_v(0)} \tag{2.1.27}$$

式中，$r_u(0)$和 $r_v(0)$分别为 $u(n)$和 $v(n)$的平均功率。

2.1.3 遍历性与统计平均和时间平均

本小节将介绍随机过程的一个重要性质——遍历性[3,4] (ergodicity)。在信号处理中，往往需要得到随机过程的均值、协方差函数及相关函数等数字特征，但这些数字特征均是建立在概率统计的意义上。为了精确求解，需知道该随机过程的无穷多个样本函数，但实际上只能得到有限个样本函数(进行有限次试验)，那么能否通过这些有限个样本函数来估计随机过程的数字特征呢？

设 $u_N(0),u_N(1),\cdots,u_N(N-1)$是随机过程 $u(n)$的一个样本函数 $u_N(n)$的 N 个观测

值，定义时间均值为

$$\hat{\mu} = \frac{1}{N}\sum_{n=0}^{N-1} u_N(n) \tag{2.1.28}$$

定义时间自相关函数为

$$\hat{r}(m) = \frac{1}{N}\sum_{n=0}^{N-1} u_N(n)u_N^*(n-m) \tag{2.1.29}$$

考虑到仅有 N 个观测值，当 $m\geqslant 0$ 时，式(2.1.29)也可表示为

$$\hat{r}(m) = \frac{1}{N}\sum_{n=m}^{N-1} u_N(n)u_N^*(n-m)$$

当 $m<0$ 时的时间自相关函数值可利用共轭对称性 $\hat{r}(m)=\hat{r}^*(-m)$ 求得。

当时间序列长度 N 趋近于无穷时，如果时间均值均方收敛于统计均值，即

$$\lim_{N\to\infty} \mathrm{E}\{|\mu-\hat{\mu}|^2\} = 0 \tag{2.1.30}$$

则称该随机过程是均值均方遍历的。

若时间自相关函数均方收敛于自相关函数，即

$$\lim_{N\to\infty} \mathrm{E}\{|r(m)-\hat{r}(m)|^2\} = 0 \tag{2.1.31}$$

则称该随机过程是相关均方遍历的。

如果平稳随机过程满足均值均方遍历和相关均方遍历，那么称该平稳随机过程为均方遍历(各态历经)的。

由均方遍历的概念可知，如果平稳随机过程是均方遍历的，则该随机过程的均值和自相关函数可以用时间平均替代集总平均，即该随机过程可以由一次试验的样本函数来估计其数字特征。

设 $u_N(0),u_N(1),\cdots,u_N(N-1)$ 是平稳随机过程 $u(n)$ 的一个样本函数的 N 个观测值，如果该随机过程为均方遍历(各态历经)的，则它的数字特征可用时间平均来估计，即

$$\mu = \mathrm{E}\{u(n)\} = \lim_{N\to\infty}\frac{1}{N}\sum_{n=0}^{N-1} u_N(n) \tag{2.1.32}$$

$$\sigma^2 = \mathrm{E}\{|u(n)-\mu|^2\} = \lim_{N\to\infty}\frac{1}{N}\sum_{n=0}^{N-1} |u_N(n)-\mu|^2 \tag{2.1.33}$$

$$r(m) = \mathrm{E}\{u(n)u^*(n-m)\} = \lim_{N\to\infty}\frac{1}{N}\sum_{n=0}^{N-1} u_N(n)u_N^*(n-m) \tag{2.1.34}$$

在实际信号处理中，如果没有特别说明，一般可认为所处理的随机过程是平稳且均方遍历的。

需指出的是，用 N 个观测值 $u_N(0),u_N(1),\cdots,u_N(N-1)$ 估计自相关函数值 $r(m)$ 时，有两种常用的估计公式，为

$$\hat{r}_1(m) = \frac{1}{N}\sum_{n=0}^{N-1} u_N(n)u_N^*(n-m) \tag{2.1.35}$$

或

$$\hat{r}_2(m) = \frac{1}{N-|m|}\sum_{n=0}^{N-1} u_N(n)u_N^*(n-m) \tag{2.1.36}$$

上述两个公式对 $r(m)$ 的估计性能将在 3.1.1 节详细讨论，这里仅指出式(2.1.35)是 $r(m)$ 的有偏估计，而式(2.1.36)是 $r(m)$ 的无偏估计。

2.1.4　循环平稳性的概念

2.1.2 节介绍了随机过程的平稳性。在通信和雷达等应用领域，还常常会遇到一类介于平稳信号和非平稳信号间的特殊信号，这类信号的数字特征会随着时间呈周期性变化，因而被称为循环平稳(cyclo-stationary)信号[3,5]。如数字通信系统的幅度、相位、频率键控信号，雷达周期扫描过程中产生的信号等，都具有循环平稳信号的特征。下面简单介绍循环平稳信号的概念。

对于一个离散时间随机过程 $u(n)$，设其均值和自相关函数分别为 $\mu(n)$ 和 $r(n_1,n_2)$，如果存在一非零正整数 N，使得

$$\mu(n+N)=\mu(n) \tag{2.1.37}$$

$$r(n_1+N,n_2+N)=r(n_1,n_2) \tag{2.1.38}$$

则称随机过程 $u(n)$ 为广义循环平稳随机过程或周期平稳随机过程，其中，N 称为循环平稳信号的周期。

考虑一个循环平稳的离散时间随机过程 $u(n)$，其均值为零，自相关函数可以表示为

$$r(n,n-m)=\mathrm{E}\{u(n)u^*(n-m)\} \tag{2.1.39}$$

由于 $r(n,n-m)$ 是关于 n 以 N 为周期的周期函数，故可以将其展开成离散傅里叶级数形式，即

$$r(n,n-m)=\sum_{l=0}^{N-1}a_l\mathrm{e}^{\mathrm{j}\frac{2\pi}{N}nl} \tag{2.1.40}$$

式中 a_l 为离散傅里叶级数的系数，它可以表示为

$$a_l=\frac{1}{N}\sum_{n=0}^{N-1}r(n,n-m)\mathrm{e}^{-\mathrm{j}\frac{2\pi}{N}ln}$$

令 $\alpha=l/N$，$r^\alpha(m)=a_l$，则离散傅里叶级数的系数 $r^\alpha(m)$ 可以表示为

$$r^\alpha(m)=\frac{1}{N}\sum_{n=0}^{N-1}r(n,n-m)\mathrm{e}^{-\mathrm{j}2\pi\alpha n} \tag{2.1.41}$$

式(2.1.41)中，$r^\alpha(m)$ 称为循环自相关函数(cyclic autocorrelation function)，$\alpha=l/N$ 称为循环频率。

对循环自相关函数 $r^\alpha(m)$ 取离散傅里叶变换，可以定义谱相关密度函数(spectral-correlation density)为

$$S^\alpha(\omega)=\sum_{m=-\infty}^{\infty}r^\alpha(m)\mathrm{e}^{-\mathrm{j}\omega m},\quad -\pi<\omega\leqslant\pi \tag{2.1.42}$$

考虑一个特例，如果 $u(n)$ 是一个广义平稳随机过程，其均值为零，自相关函数可以表示为

$$r(n,n-m)=r(m) \tag{2.1.43}$$

由于 $r(m)$ 与 n 无关，其关于 n 的离散傅里叶级数展开式(2.1.40)中只有常数项 a_0，

而其他谐波分量的系数 $a_l=0, l=1,2,\cdots,N-1$，所以，$r(m)$关于 n 的离散傅里叶级数可以表示为

$$r(m) = a_0 = r^0(m) \tag{2.1.44}$$

对式(2.1.44)两边取离散傅里叶变换，有

$$S(\omega) = \sum_{m=-\infty}^{\infty} r^0(m)\mathrm{e}^{-\mathrm{j}\omega m} = S^0(\omega) \tag{2.1.45}$$

式中，$S(\omega)$为平稳随机过程的功率谱。有关功率谱的内容将在 2.3 节详细介绍。

由上面的讨论可知，平稳随机过程是循环平稳随机过程在 $\alpha=0$ 时的特例。

$S^{\alpha}(\omega)$的一个重要特征是它保留了相位信息，有关循环平稳性在信号处理中的具体应用可参阅参考文献[5]。

2.1.5 随机过程间的独立、正交、相关

工程上经常用到两个平稳随机过程间的 3 种关系：独立、相关、正交。下面以两个实随机变量 U 和 V 为例讨论这 3 种关系。

当两个随机事件的发生彼此独立时，则其对应的两个实随机变量 U、V 是相互统计独立的。它们的联合概率密度函数 $p(u,v)$等于 U 的概率密度函数 $p(u)$和 V 的概率密度函数 $p(v)$之积，即

$$p(u,v) = p(u)p(v) \tag{2.1.46}$$

由式(2.1.46)容易推导出

$$\mathrm{E}\{UV\} = \mathrm{E}\{U\}\mathrm{E}\{V\} \tag{2.1.47}$$

如果两个随机变量 U、V 是相互正交的，则有

$$\mathrm{E}\{UV\} = 0 \tag{2.1.48}$$

两个随机变量 U、V 的相关系数定义为

$$\rho = \frac{\mathrm{cov}\{U,V\}}{\sqrt{\mathrm{var}\{U\}\mathrm{var}\{V\}}} = \frac{\mathrm{cov}\{U,V\}}{\sigma_u\sigma_v} \tag{2.1.49}$$

式中，$|\rho|\leqslant 1$，U 的均值和方差分别为 μ_u 和 σ_u^2，V 的均值和方差分别为 μ_v 和 σ_v^2，$\mathrm{cov}\{U,V\}$为随机变量 U、V 的互协方差，定义为

$$\mathrm{cov}\{U,V\} = \mathrm{E}\{(U-\mu_u)(V-\mu_v)\} \tag{2.1.50}$$

两个随机变量之间的相关性定义如下：

(1) 当 $\rho=0$ 时，两个随机变量 U、V 不相关。

(2) 当$|\rho|=1$时，两个随机变量 U、V 完全相关，此时常称两个随机变量 U、V 是相干的。

(3) 当 $0<|\rho|<1$ 时，两个随机变量 U、V 是相关的。

由上面给出的独立、相关、正交的定义，可得到如下性质。

性质 1 统计独立必然统计不相关，但逆命题一般不成立。

证明：由统计独立可以推导出式(2.1.47)，即

$$\mathrm{E}\{UV\} = \mathrm{E}\{U\}\mathrm{E}\{V\} = \mu_u\mu_v$$

由上式可以得出，随机变量 U、V 的互协方差等于零，即

$$\mathrm{cov}\{U,V\} = \mathrm{E}\{UV\} - \mu_u\mu_v = 0$$

由相关系数的定义知，随机变量 U、V 的相关系数 $\rho=0$，即两者不相关。所以，统计独立必然统计不相关。

由随机变量 U、V 不相关，可以推出式(2.1.47)成立，但一般情况下并不能证明式(2.1.46)成立，因此，逆命题一般不成立。

性质 2　对于高斯随机变量，统计独立与不相关等价。

证明：设 U、V 都为高斯随机变量，U 的均值和方差分别为 μ_u 和 σ_u^2，V 的均值和方差分别为 μ_v 和 σ_v^2，两者的相关系数为 ρ，则 U 的概率密度函数为

$$p(u) = \frac{1}{\sqrt{2\pi\sigma_u^2}}\mathrm{e}^{-\frac{(u-\mu_u)^2}{2\sigma_u^2}} \tag{2.1.51}$$

V 的概率密度函数为

$$p(v) = \frac{1}{\sqrt{2\pi\sigma_v^2}}\mathrm{e}^{-\frac{(v-\mu_v)^2}{2\sigma_v^2}} \tag{2.1.52}$$

U 与 V 的联合概率密度函数为

$$p(u,v) = \frac{1}{2\pi\sigma_u\sigma_v\sqrt{1-\rho^2}}\mathrm{e}^{-\frac{1}{2(1-\rho^2)}\left[\frac{(u-\mu_u)^2}{\sigma_u^2}-2\rho\frac{(u-\mu_u)(v-\mu_v)}{\sigma_u\sigma_v}+\frac{(v-\mu_v)^2}{\sigma_v^2}\right]} \tag{2.1.53}$$

由性质 1 知，统计独立可以推导出不相关。下面只证明不相关能够推出统计独立。因 U、V 不相关，即两者的相关系数 $\rho=0$，所以，式(2.1.53)可以改写为

$$p(u,v) = \frac{1}{2\pi\sigma_u\sigma_v}\mathrm{e}^{-\frac{1}{2}\left[\frac{(u-\mu_u)^2}{\sigma_u^2}+\frac{(v-\mu_v)^2}{\sigma_v^2}\right]} \tag{2.1.54}$$

经整理，式(2.1.54)等效于

$$p(u,v) = \frac{1}{\sqrt{2\pi}\sigma_u}\mathrm{e}^{-\frac{(u-\mu_u)^2}{2\sigma_u^2}} \cdot \frac{1}{\sqrt{2\pi}\sigma_v}\mathrm{e}^{-\frac{(v-\mu_v)^2}{2\sigma_v^2}} = p(u)p(v) \tag{2.1.55}$$

由式(2.1.55)知，U 和 V 相互独立。

性质 3　如果两个随机变量中有一个均值为零，则统计不相关和正交等价。

证明：随机变量 U 和 V 统计不相关等价于

$$\mathrm{E}\{UV\} = \mathrm{E}\{U\}\mathrm{E}\{V\}$$

因 U 和 V 中有一个均值为零，所以有

$$\mathrm{E}\{UV\} = 0$$

上式表明随机变量 U 和 V 相互正交。该结论反之亦然。

性质 4　如果两个高斯随机变量中有一个均值为零，则统计独立、不相关和正交三者等价。

证明：由性质 3 知，不相关与正交等价，而由性质 2 知，当随机变量服从高斯分布时，统计独立与不相关是等价的。所以，统计独立、不相关和正交三者等价。

上面的讨论中假设 U 和 V 是实随机变量，对于复随机变量，上述结论同样成立。

若将随机变量 U 和 V，分别看成随机过程两个时刻的采样值，则上述结论对两随机过程也同样成立。

2.2 平稳随机过程的自相关矩阵及其性质

2.2.1 自相关矩阵的定义

对离散时间平稳随机过程，用 M 个时刻的随机变量 $u(n),u(n-1),\cdots,u(n-M+1)$ 构造随机向量

$$\boldsymbol{u}(n)=[u(n)\quad u(n-1)\quad\cdots\quad u(n-M+1)]^{\mathrm{T}} \tag{2.2.1}$$

随机过程 $u(n)$ 的自相关矩阵(correlation matrix)(简称相关矩阵)定义为

$$\boldsymbol{R}=\mathrm{E}\{\boldsymbol{u}(n)\boldsymbol{u}^{\mathrm{H}}(n)\} \tag{2.2.2}$$

将式(2.2.1)代入式(2.2.2)，并考虑平稳条件，得到相关矩阵的展开形式为

$$\boldsymbol{R}=\begin{bmatrix} r(0) & r(1) & \cdots & r(M-1)\\ r(-1) & r(0) & \cdots & r(M-2)\\ \vdots & \vdots & \ddots & \vdots\\ r(-M+1) & r(-M+2) & \cdots & r(0)\end{bmatrix}\in\mathbb{C}^{M\times M} \tag{2.2.3}$$

式中，$r(m)$ 是随机过程 $u(n)$ 的自相关函数，为 $r(m)=\mathrm{E}\{u(n)u^{*}(n-m)\}$。

根据 2.1.2 节的相关函数共轭对称性，即 $r(-m)=r^{*}(m)$，式(2.2.3)又可重写为

$$\boldsymbol{R}=\begin{bmatrix} r(0) & r(1) & \cdots & r(M-1)\\ r^{*}(1) & r(0) & \cdots & r(M-2)\\ \vdots & \vdots & \ddots & \vdots\\ r^{*}(M-1) & r^{*}(M-2) & \cdots & r(0)\end{bmatrix} \tag{2.2.4}$$

因此，对于一个平稳随机过程，只需自相关函数 $r(m)(m=0,1,\cdots,M-1)$ 的 M 个值就可以完全确定相关矩阵 $\boldsymbol{R}$。

2.2.2 自相关矩阵的基本性质

自相关矩阵在离散时间统计信号处理中具有极其重要的作用，由式(2.2.2)给出的定义，可以得到平稳离散时间随机过程相关矩阵的一些基本性质[4]。

性质 1 平稳离散时间随机过程的相关矩阵是 Hermite 矩阵，即有

$$\boldsymbol{R}^{\mathrm{H}}=\boldsymbol{R} \tag{2.2.5}$$

证明：由自相关矩阵定义，有

$$\begin{aligned}\boldsymbol{R}^{\mathrm{H}}&=\{\mathrm{E}[\boldsymbol{u}(n)\boldsymbol{u}^{\mathrm{H}}(n)]\}^{\mathrm{H}}\\&=\mathrm{E}\{[\boldsymbol{u}(n)\boldsymbol{u}^{\mathrm{H}}(n)]^{\mathrm{H}}\}\\&=\mathrm{E}\{\boldsymbol{u}(n)\boldsymbol{u}^{\mathrm{H}}(n)\}\\&=\boldsymbol{R}\end{aligned}$$

该结论也可直接从式(2.2.4)得到。

对于实随机过程，自相关矩阵是对称矩阵，即 $\boldsymbol{R}^{\mathrm{T}}=\boldsymbol{R}$。

性质 2 平稳离散时间随机过程的相关矩阵是 Toeplitz 矩阵。

若一个方阵的主对角线元素相等，且平行于主对角线的斜线上的元素也相等，则称其

具有 Toeplitz 性，称该方阵为 Toeplitz 矩阵。由自相关矩阵的定义式(2.2.3)易得该性质成立。

可以得出以下结论：如果离散时间随机过程是广义平稳的，则它的自相关矩阵 $\boldsymbol{R}$ 一定是 Toeplitz 矩阵；反之，如果自相关矩阵 $\boldsymbol{R}$ 为 Toeplitz 矩阵，则该离散时间随机过程一定是广义平稳的。

性质 3　平稳离散时间随机过程的相关矩阵 $\boldsymbol{R}$ 是非负定的，且几乎总是正定的。

证明：设 $\boldsymbol{a}\in\mathbb{C}^{M\times 1}$ 为任意非零向量，由于二次型

$$\begin{aligned}\boldsymbol{a}^{\mathrm{H}}\boldsymbol{R}\boldsymbol{a} &= \boldsymbol{a}^{\mathrm{H}}\mathrm{E}\{\boldsymbol{u}(n)\boldsymbol{u}^{\mathrm{H}}(n)\}\boldsymbol{a}\\ &= \mathrm{E}\{\boldsymbol{a}^{\mathrm{H}}\boldsymbol{u}(n)\boldsymbol{u}^{\mathrm{H}}(n)\boldsymbol{a}\}\\ &= \mathrm{E}\{\boldsymbol{a}^{\mathrm{H}}\boldsymbol{u}(n)\,[\boldsymbol{a}^{\mathrm{H}}\boldsymbol{u}(n)]^{\mathrm{H}}\}\\ &= \mathrm{E}\{|\,\boldsymbol{a}^{\mathrm{H}}\boldsymbol{u}(n)\,|^{2}\}\geqslant 0\end{aligned}$$

故相关矩阵 $\boldsymbol{R}$ 总是非负定的。当且仅当观测向量的每个随机变量间存在线性关系时，等式成立，这种情况仅出现在随机过程 $u(n)$ 是由 $K(K\leqslant M)$ 个纯复正弦信号之和组成。实际中，由于不可避免地存在加性噪声，故平稳离散时间随机过程的相关矩阵几乎总是正定的。

如果相关矩阵 $\boldsymbol{R}$ 为正定矩阵，它的各阶顺序主子式都大于零，所以，相关矩阵 $\boldsymbol{R}$ 是可逆的。例如，对于相关矩阵 $\boldsymbol{R}\in\mathbb{C}^{3\times 3}$，即

$$\boldsymbol{R}=\begin{bmatrix} r(0) & r(1) & r(2)\\ r(-1) & r(0) & r(1)\\ r(-2) & r(-1) & r(0)\end{bmatrix}$$

其一阶顺序主子式 $r(0)$ 是正实数，二阶顺序主子式

$$\begin{vmatrix} r(0) & r(1)\\ r(-1) & r(0)\end{vmatrix}>0,\quad \begin{vmatrix} r(0) & r(2)\\ r(-2) & r(0)\end{vmatrix}>0$$

三阶顺序主子式 $|\boldsymbol{R}|>0$，即 $\boldsymbol{R}$ 的行列式大于零，所以，相关矩阵 $\boldsymbol{R}$ 是可逆的。

性质 4　将观测向量 $\boldsymbol{u}(n)$ 元素倒排，定义向量

$$\boldsymbol{u}_{\mathrm{B}}(n)=[u(n-M+1)\quad u(n-M+2)\quad\cdots\quad u(n)]^{\mathrm{T}}$$

这里，下标 B 表示对向量 $\boldsymbol{u}(n)$ 内各分量做反序排列，则向量 $\boldsymbol{u}_{\mathrm{B}}(n)$ 的相关矩阵可以表示如下式

$$\begin{aligned}\boldsymbol{R}_{\mathrm{B}} &= \mathrm{E}\{\boldsymbol{u}_{\mathrm{B}}(n)\boldsymbol{u}_{\mathrm{B}}^{\mathrm{H}}(n)\}\\ &= \begin{bmatrix} r(0) & r^{*}(1) & \cdots & r^{*}(M-1)\\ r(1) & r(0) & \cdots & r^{*}(M-2)\\ \vdots & \vdots & \ddots & \vdots\\ r(M-1) & r(M-2) & \cdots & r(0)\end{bmatrix}\\ &= \boldsymbol{R}^{\mathrm{T}}\in\mathbb{C}^{M\times M}\end{aligned}\tag{2.2.6}$$

性质 5　平稳离散时间随机过程的自相关矩阵 $\boldsymbol{R}$ 从 M 维扩展为 $M+1$ 维，有如下递推关系：

$$\boldsymbol{R}_{M+1}=\begin{bmatrix} r(0) & \boldsymbol{r}^{\mathrm{H}}\\ \boldsymbol{r} & \boldsymbol{R}_{M}\end{bmatrix}\tag{2.2.7}$$

或等价地，有

$$\boldsymbol{R}_{M+1} = \begin{bmatrix} \boldsymbol{R}_M & \boldsymbol{r}_B^* \\ \boldsymbol{r}_B^T & \boldsymbol{r}(0) \end{bmatrix} \tag{2.2.8}$$

式中

$$\boldsymbol{r}^H = [r(1) \quad r(2) \quad \cdots \quad r(M)]$$

$$\boldsymbol{r}_B^T = [r(-M) \quad r(-M+1) \quad \cdots \quad r(-1)]$$

证明：设 M 维观测向量为

$$\boldsymbol{u}_M(n) = [u(n) \quad u(n-1) \quad \cdots \quad u(n-M+1)]^T$$

其自相关矩阵为

$$\boldsymbol{R}_M = \mathrm{E}\{\boldsymbol{u}_M(n)\boldsymbol{u}_M^H(n)\}$$

将 M 维观测向量扩展为 $M+1$ 维，有

$$\begin{aligned}\boldsymbol{u}_{M+1}(n) &= [u(n) \quad u(n-1) \quad \cdots \quad u(n-M+1) \quad u(n-M)]^T \\ &= [\boldsymbol{u}_M^T(n) \quad u(n-M)]^T\end{aligned} \tag{2.2.9}$$

则 $M+1$ 维向量的自相关矩阵为

$$\boldsymbol{R}_{M+1} = \mathrm{E}\{\boldsymbol{u}_{M+1}(n)\boldsymbol{u}_{M+1}^H(n)\} \tag{2.2.10}$$

将式(2.2.9)代入式(2.2.10)，易得式(2.2.8)，同理有式(2.2.7)的结论。

2.2.3 自相关矩阵的特征值与特征向量的性质

对平稳随机过程的自相关矩阵 $\boldsymbol{R}$ 进行特征值分解，设向量 $\boldsymbol{q}_1,\boldsymbol{q}_2,\cdots,\boldsymbol{q}_M$ 分别是特征值 $\lambda_1,\lambda_2,\cdots,\lambda_M$ 所对应的特征向量，即

$$\boldsymbol{R}\boldsymbol{q}_i = \lambda_i\boldsymbol{q}_i \quad i = 1,\cdots,M \tag{2.2.11}$$

通过对自相关矩阵 $\boldsymbol{R}$ 进行特征值分解，可以得到随机过程 $u(n)$ 的某些统计信息，这便是离散时间随机过程的特征值分析方法，是统计信号处理的基础。

下面介绍自相关矩阵 $\boldsymbol{R}$ 的特征值和特征向量的性质[4]。

性质 1　特征值 $\lambda_1,\lambda_2,\cdots,\lambda_M$ 都是实数，且是非负的。

证明：在式(2.2.11)两边左乘 $\boldsymbol{q}_i^H$，可得

$$\boldsymbol{q}_i^H\boldsymbol{R}\boldsymbol{q}_i = \lambda_i\boldsymbol{q}_i^H\boldsymbol{q}_i \quad i = 1,\cdots,M$$

$\boldsymbol{q}_i^H\boldsymbol{q}_i$ 为向量 $\boldsymbol{q}_i$ 的欧氏长度的平方，故有 $\boldsymbol{q}_i^H\boldsymbol{q}_i>0$，则有

$$\lambda_i = \frac{\boldsymbol{q}_i^H\boldsymbol{R}\boldsymbol{q}_i}{\boldsymbol{q}_i^H\boldsymbol{q}_i} \quad i = 1,\cdots,M$$

由 2.2.2 节中自相关矩阵 $\boldsymbol{R}$ 的性质 3 可知，$\boldsymbol{R}$ 几乎总是正定，上式中分子分母均为实且非负，故性质 1 得证。

前文已介绍，除随机过程 $u(n)$ 是无噪声正弦信号外(此种情况在实际工程中几乎不可能)，相关矩阵 $\boldsymbol{R}$ 总是正定的，即有 $\boldsymbol{q}_i^H\boldsymbol{R}\boldsymbol{q}_i>0$，故对于所有 i，有 $\lambda_i>0$，也就是说，实际工程中，相关矩阵的所有特征值总为正实数。

性质 2　对任意整数 $k>0$，矩阵 $\boldsymbol{R}^k$ 的特征值为 $\lambda_1^k,\lambda_2^k,\cdots,\lambda_M^k$。

证明：在式(2.2.11)两边，同时重复左乘矩阵 $\boldsymbol{R}$，有

$$\boldsymbol{R}^k\boldsymbol{q}_i = \lambda_i^k\boldsymbol{q}_i \quad i = 1,\cdots,M \tag{2.2.12}$$

故 $\lambda_1^k,\lambda_2^k,\cdots,\lambda_M^k$ 为 $\boldsymbol{R}^k$ 的特征值，$\boldsymbol{q}_1,\boldsymbol{q}_2,\cdots,\boldsymbol{q}_M$ 是其对应的特征向量。

性质 3 若特征值 $\lambda_1,\lambda_2,\cdots,\lambda_M$ 各不相同，则特征向量 $\boldsymbol{q}_1,\boldsymbol{q}_2,\cdots,\boldsymbol{q}_M$ 相互正交。

证明：设 $\boldsymbol{q}_i$ 和 $\boldsymbol{q}_j$ 分别为相关矩阵特征值 λ_i 和 λ_j 对应的特征向量($\lambda_i\neq\lambda_j$)，则有

$$\boldsymbol{R}\boldsymbol{q}_i = \lambda_i\boldsymbol{q}_i$$

两边左乘 $\boldsymbol{q}_j^{\mathrm{H}}$，有

$$\boldsymbol{q}_j^{\mathrm{H}}\boldsymbol{R}\boldsymbol{q}_i = \lambda_i\boldsymbol{q}_j^{\mathrm{H}}\boldsymbol{q}_i$$

又因为 $\boldsymbol{R}\boldsymbol{q}_j=\lambda_j\boldsymbol{q}_j$，利用 $\boldsymbol{R}$ 的 Hermite 对称性，其共轭转置为

$$\boldsymbol{q}_j^{\mathrm{H}}\boldsymbol{R} = \lambda_j\boldsymbol{q}_j^{\mathrm{H}}$$

两边右乘 $\boldsymbol{q}_i$，得

$$\boldsymbol{q}_j^{\mathrm{H}}\boldsymbol{R}\boldsymbol{q}_i = \lambda_j\boldsymbol{q}_j^{\mathrm{H}}\boldsymbol{q}_i$$

所以有

$$(\lambda_i-\lambda_j)\boldsymbol{q}_j^{\mathrm{H}}\boldsymbol{q}_i = 0$$

由于 $\lambda_i\neq\lambda_j$，故有

$$\boldsymbol{q}_j^{\mathrm{H}}\boldsymbol{q}_i = 0 \quad i\neq j$$

即当 $i\neq j$ 时，特征向量 $\boldsymbol{q}_i$ 和 $\boldsymbol{q}_j$ 相互正交。在实际工程中，由于噪声的存在，通常 $\boldsymbol{R}$ 的特征值是各不相同的，故特征向量间总是相互正交的。

性质 4 若特征值 $\lambda_1,\lambda_2,\cdots,\lambda_M$ 各不相同，$\boldsymbol{q}_1,\boldsymbol{q}_2,\cdots,\boldsymbol{q}_M$ 是相应的归一化特征向量，即

$$\boldsymbol{q}_i^{\mathrm{H}}\boldsymbol{q}_j = \begin{cases}1, & i=j\\ 0, & i\neq j\end{cases} \tag{2.2.13}$$

定义矩阵

$$\boldsymbol{Q} = [\boldsymbol{q}_1 \quad \boldsymbol{q}_2 \quad \cdots \quad \boldsymbol{q}_M]$$
$$\boldsymbol{\Lambda} = \mathrm{diag}\{\lambda_1,\lambda_2,\cdots,\lambda_M\}$$

则矩阵 $\boldsymbol{Q}$ 是酉矩阵(unitary matrix)，且相关矩阵 $\boldsymbol{R}$ 可对角化为

$$\boldsymbol{Q}^{\mathrm{H}}\boldsymbol{R}\boldsymbol{Q} = \boldsymbol{\Lambda} \tag{2.2.14}$$

证明：由式(2.2.11)，可以得到下面的矩阵方程：

$$\begin{aligned}\boldsymbol{R}[\boldsymbol{q}_1 \quad \boldsymbol{q}_2 \quad \cdots \quad \boldsymbol{q}_M] &= [\lambda_1\boldsymbol{q}_1 \quad \lambda_2\boldsymbol{q}_2 \quad \cdots \quad \lambda_M\boldsymbol{q}_M]\\ &= [\boldsymbol{q}_1 \quad \boldsymbol{q}_2 \quad \cdots \quad \boldsymbol{q}_M]\mathrm{diag}\{\lambda_1,\lambda_2,\cdots,\lambda_M\}\end{aligned}$$

$$\boldsymbol{R}\boldsymbol{Q} = \boldsymbol{Q}\boldsymbol{\Lambda} \tag{2.2.15}$$

由式(2.2.13)，有 $\boldsymbol{Q}^{\mathrm{H}}\boldsymbol{Q}=\boldsymbol{I}$，再右乘 $\boldsymbol{Q}^{-1}$，得 $\boldsymbol{Q}^{-1}=\boldsymbol{Q}^{\mathrm{H}}$，即矩阵 $\boldsymbol{Q}$ 是酉矩阵，且

$$\boldsymbol{Q}^{\mathrm{H}}\boldsymbol{Q} = \boldsymbol{Q}\boldsymbol{Q}^{\mathrm{H}} = \boldsymbol{I}$$

在式(2.2.15)两边同时左乘 $\boldsymbol{Q}^{\mathrm{H}}$，有

$$\boldsymbol{Q}^{\mathrm{H}}\boldsymbol{R}\boldsymbol{Q} = \boldsymbol{\Lambda} \tag{2.2.16}$$

上式为自相关矩阵 $\boldsymbol{R}$ 的对角化。

式(2.2.15)两边右乘 $\boldsymbol{Q}^{\mathrm{H}}$，则有

$$\boldsymbol{R} = \boldsymbol{Q}\boldsymbol{\Lambda}\boldsymbol{Q}^{\mathrm{H}} = \sum_{i=1}^{M}\lambda_i\boldsymbol{q}_i\boldsymbol{q}_i^{\mathrm{H}} \tag{2.2.17}$$

令 $\boldsymbol{P}_i=\boldsymbol{q}_i\boldsymbol{q}_i^{\mathrm{H}}$，则称 $\boldsymbol{P}_i$ 为单秩投影矩阵，容易证明该矩阵满足

$$\boldsymbol{P}_i=\boldsymbol{P}_i^2=\boldsymbol{P}_i^{\mathrm{H}}$$

因此，式(2.2.17)表明平稳随机过程的相关矩阵是单秩投影矩阵的线性组合，每一项都被各自的特征值加权。这就是 Mercer 定理，也称作谱定理。

性质 5 特征值之和等于相关矩阵 $\boldsymbol{R}$ 的迹，即

$$\operatorname{tr}(\boldsymbol{R})=Mr(0)=\sum_{i=1}^{M}\lambda_i$$

证明：对式(2.2.14)两边进行求迹运算，有

$$\operatorname{tr}[\boldsymbol{Q}^{\mathrm{H}}\boldsymbol{R}\boldsymbol{Q}]=\operatorname{tr}[\boldsymbol{\Lambda}]=\sum_{i=1}^{M}\lambda_i$$

交换矩阵顺序得

$$\operatorname{tr}[\boldsymbol{Q}^{\mathrm{H}}\boldsymbol{R}\boldsymbol{Q}]=\operatorname{tr}[\boldsymbol{R}\boldsymbol{Q}\boldsymbol{Q}^{\mathrm{H}}]=\operatorname{tr}[\boldsymbol{R}]=Mr(0)$$

所以有

$$\operatorname{tr}[\boldsymbol{R}]=\sum_{i=1}^{M}\lambda_i$$

即相关矩阵 $\boldsymbol{R}$ 的迹等于 $\boldsymbol{R}$ 的特征值之和。

性质 6 Karhunen-Loeve 展开

设零均值平稳随机过程 $u(n)$ 构成的 M 维随机向量为 $\boldsymbol{u}(n)$，相应的相关矩阵为 $\boldsymbol{R}$，则向量 $\boldsymbol{u}(n)$ 可以表示为 $\boldsymbol{R}$ 的归一化特征向量 $\boldsymbol{q}_1,\boldsymbol{q}_2,\cdots,\boldsymbol{q}_M$ 的线性组合，即

$$\boldsymbol{u}(n)=\sum_{i=1}^{M}c_i\boldsymbol{q}_i \tag{2.2.18}$$

式中，展开式的系数 c_i 是由内积

$$c_i=\boldsymbol{q}_i^{\mathrm{H}}\boldsymbol{u}(n)\quad i=1,2,\cdots,M \tag{2.2.19}$$

定义的随机变量，且有

$$\mathrm{E}\{c_i\}=0 \tag{2.2.20}$$

$$\mathrm{E}\{c_ic_l^*\}=\begin{cases}\lambda_i, & i=l\\ 0, & i\neq l\end{cases} \tag{2.2.21}$$

式(2.2.18)称为 $\boldsymbol{u}(n)$ 的 Karhunen-Loeve 展开式。

证明：对式(2.2.18)两边左乘 $\boldsymbol{q}_i^{\mathrm{H}}$，有

$$\boldsymbol{q}_i^{\mathrm{H}}\boldsymbol{u}(n)=\boldsymbol{q}_i^{\mathrm{H}}\sum_{k=1}^{M}c_k\boldsymbol{q}_k=\sum_{k=1}^{M}c_k\boldsymbol{q}_i^{\mathrm{H}}\boldsymbol{q}_k\quad i=1,2,\cdots,M$$

由式(2.2.13)可得

$$c_i=\boldsymbol{q}_i^{\mathrm{H}}\boldsymbol{u}(n)\quad i=1,2,\cdots,M \tag{2.2.22}$$

因随机过程 $u(n)$ 的均值为零，所以，展开式系数 c_i 的均值为零，而

$$\begin{aligned}\mathrm{E}\{c_ic_l^*\}&=\mathrm{E}\{\boldsymbol{q}_i^{\mathrm{H}}\boldsymbol{u}(n)\,[\boldsymbol{q}_l^{\mathrm{H}}\boldsymbol{u}(n)]^*\}\\&=\mathrm{E}\{\boldsymbol{q}_i^{\mathrm{H}}\boldsymbol{u}(n)\boldsymbol{q}_l^{\mathrm{T}}\boldsymbol{u}^*(n)\}\\&=\mathrm{E}\{\boldsymbol{q}_i^{\mathrm{H}}\boldsymbol{u}(n)\boldsymbol{u}^{\mathrm{H}}(n)\boldsymbol{q}_l\}\\&=\boldsymbol{q}_i^{\mathrm{H}}\mathrm{E}\{\boldsymbol{u}(n)\boldsymbol{u}^{\mathrm{H}}(n)\}\boldsymbol{q}_l\\&=\boldsymbol{q}_i^{\mathrm{H}}\boldsymbol{R}\boldsymbol{q}_l\end{aligned}$$

将式(2.2.17)代入上式，得

$$\mathrm{E}\{c_i c_l^*\} = \boldsymbol{q}_i^{\mathrm{H}} \boldsymbol{R} \boldsymbol{q}_l = \boldsymbol{q}_i^{\mathrm{H}} \left(\sum_{k=1}^{M} \lambda_k \boldsymbol{q}_k \boldsymbol{q}_k^{\mathrm{H}} \right) \boldsymbol{q}_l = \sum_{k=1}^{M} \lambda_k (\boldsymbol{q}_i^{\mathrm{H}} \boldsymbol{q}_k)(\boldsymbol{q}_k^{\mathrm{H}} \boldsymbol{q}_l)$$

由式(2.2.13)可得

$$\mathrm{E}\{c_i c_l^*\} = \begin{cases} \lambda_i, & i = l \\ 0, & i \neq l \end{cases}$$

即 M 个展开式系数 $c_i(i=1,2,\cdots,M)$ 是互不相关的。

2.3 离散时间平稳随机过程的功率谱密度

2.3.1 功率谱的定义

2.1 节介绍的离散时间随机过程的数字特征，描述了随机过程在时域的统计特性。信号处理中，当对随机过程进行滤波、变换等处理时，十分关心随机过程在频域上的分布特性，这便是离散时间随机过程的功率谱密度函数，有时可简称功率谱(PSD，power spectral density)。

设平稳离散时间随机过程 $u(n)$ 的自相关函数为 $r(m)$，定义随机过程的功率谱 $S(\omega)$ 为自相关函数 $r(m)$ 的傅里叶变换，即

$$S(\omega) = \sum_{m=-\infty}^{\infty} r(m) \mathrm{e}^{-\mathrm{j}m\omega} \tag{2.3.1}$$

其逆变换为

$$r(m) = \frac{1}{2\pi} \int_0^{2\pi} S(\omega) \mathrm{e}^{\mathrm{j}m\omega} \mathrm{d}\omega \tag{2.3.2}$$

写成变换对为

$$r(m) \stackrel{\mathcal{F}}{\longleftrightarrow} S(\omega) \tag{2.3.3}$$

功率谱密度函数 $S(\omega)$ 与自相关函数 $r(m)$ 的上述傅里叶变换关系，被称为维纳-辛钦(Wiener-Khintchine)定理。

在式(2.3.2)中，令 $m=0$，得

$$r(0) = \frac{1}{2\pi} \int_0^{2\pi} S(\omega) \mathrm{d}\omega = \mathrm{E}\{|u(n)|^2\} \tag{2.3.4}$$

式(2.3.4)为随机过程 $u(n)$ 的平均功率，可以看出，$S(\omega)$ 具有功率密度的量纲，为单位频率内的平均功率，所以称为功率谱密度函数。

若离散时间随机过程 $u(n)$ 的功率谱 $S(\omega)$ 为常数，则称 $u(n)$ 为离散时间白噪声。根据离散时间傅氏变换对，白噪声的相关函数应为冲激函数，它和功率谱的关系可表示为

$$r(m) = \frac{N_0}{2} \delta(m) \stackrel{\mathcal{F}}{\longleftrightarrow} S(\omega) = \frac{N_0}{2} \tag{2.3.5}$$

2.3.2　功率谱的性质

根据功率谱的定义，可以得到功率谱的如下 4 个性质[4]。

性质 1　功率谱密度 $S(\omega)$是以 2π 为周期的周期函数，$S(\omega)=S(\omega+2k\pi)$，$k$ 是任意整数。

由于离散时间信号傅里叶变换是以 2π 为周期的周期函数，自然有上述性质。

性质 2　离散时间随机过程的功率谱密度是实函数。

证明：将式(2.3.1)写成

$$S(\omega)=r(0)+\sum_{m=-\infty}^{-1}r(m)\mathrm{e}^{-\mathrm{j}m\omega}+\sum_{m=1}^{\infty}r(m)\mathrm{e}^{-\mathrm{j}m\omega}$$

将第二项的 m 换成$-m$，并利用 $r(-m)=r^*(m)$，得

$$\begin{aligned}S(\omega)&=r(0)+\sum_{m=1}^{\infty}\left[r(m)\mathrm{e}^{-\mathrm{j}m\omega}+r^*(m)\mathrm{e}^{\mathrm{j}m\omega}\right]\\&=r(0)+2\sum_{m=1}^{\infty}\mathrm{Re}\left[r(m)\mathrm{e}^{-\mathrm{j}m\omega}\right]\end{aligned}$$

故功率谱密度 $S(\omega)$是 ω 的实函数。

性质 3　对于实随机过程，$r(m)$是实对称序列，功率谱密度函数满足对称性，即 $S(\omega)=S(-\omega)$。

证明：对于实随机过程，$r(m)$实对称，有 $r(-m)=r(m)=r^*(m)$，由性质 2 的证明可得

$$\begin{aligned}S(\omega)&=r(0)+\sum_{m=1}^{\infty}\left[r(m)\mathrm{e}^{-\mathrm{j}m\omega}+r^*(m)\mathrm{e}^{\mathrm{j}m\omega}\right]\\&=r(0)+2\sum_{m=1}^{\infty}r(m)\cos(\omega m)\end{aligned}$$

故该性质得证。

性质 4　离散时间随机过程的功率谱密度是非负的，即 $S(\omega)\geqslant 0$。

证明见 2.3.3 节。

2.3.3　平稳随机过程通过 LTI 离散时间系统的功率谱

对一个离散时间随机过程进行信号处理，就是使其样本函数通过冲激响应为 $h(n)$的系统，得到一个响应样本函数，所有响应样本函数的集合便是响应随机过程。

下面讨论平稳离散时间随机过程 $u(n)$，通过冲激响应为 $h(n)$的 LTI 系统，得到的响应随机过程 $y(n)$的相关函数和功率谱，与输入随机过程 $u(n)$相关函数和功率谱间的关系。

响应随机过程 $y(n)$可用卷积关系描述为

$$\begin{aligned}y(n)&=h(n)*u(n)\\&=\sum_{k=-\infty}^{\infty}h(k)u(n-k)\\&=\sum_{k=-\infty}^{\infty}u(k)h(n-k)\end{aligned}\tag{2.3.6}$$

根据定义，响应随机过程 $y(n)$ 的自相关函数可以表示为

$$\begin{aligned} r_y(m) &= \mathrm{E}\{y(n)y^*(n-m)\} \\ &= \mathrm{E}\left\{\sum_{i=-\infty}^{\infty} h(i)u(n-i)\sum_{l=-\infty}^{\infty} h^*(l)u^*(n-m-l)\right\} \\ &= \sum_{i=-\infty}^{\infty} h(i)\sum_{l=-\infty}^{\infty} h^*(l)\mathrm{E}\{u(n-i)u^*(n-m-l)\} \\ &= \sum_{i=-\infty}^{\infty} h(i)\sum_{l=-\infty}^{\infty} h^*(l)r_u(m+l-i) \end{aligned}$$

对上式进行变量代换，令 $k=m+l$，有

$$\begin{aligned} r_y(m) &= \sum_{i=-\infty}^{\infty} h(i)\sum_{k=-\infty}^{\infty} h^*(k-m)r_u(k-i) \\ &= \sum_{k=-\infty}^{\infty} h^*(k-m)\left[\sum_{i=-\infty}^{\infty} h(i)r_u(k-i)\right] \end{aligned}$$

上式中，令

$$g(k) = \sum_{i=-\infty}^{\infty} h(i)r_u(k-i) = h(k) * r_u(k)$$

则有

$$r_y(m) = \sum_{k=-\infty}^{\infty} h^*(k-m)g(k) = h^*(-m) * g(m)$$

所以有

$$r_y(m) = h^*(-m) * h(m) * r_u(m) \tag{2.3.7}$$

若定义傅氏变换对

$$r_u(m) \overset{\mathcal{F}}{\longleftrightarrow} S_u(\omega), \quad h(m) \overset{\mathcal{F}}{\longleftrightarrow} H(\omega) \tag{2.3.8}$$

且有

$$h^*(-m) \overset{\mathcal{F}}{\longleftrightarrow} H^*(\omega)$$

对式(2.3.7)取傅里叶变换，则输出随机过程的功率谱密度函数可以表示为

$$S_y(\omega) = |H(\omega)|^2 S_u(\omega) \tag{2.3.9}$$

平稳随机过程通过 LTI 系统的关系式(2.3.7)和式(2.3.9)可总结为如图 2.3.1 所示。

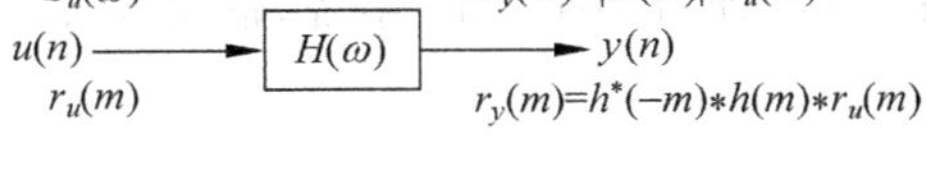

图 2.3.1 平稳随机过程通过 LTI 系统

另外，设 $r_u(m)$ 和 $h(m)$ 的 Z 变换对为

$$r_u(m) \overset{Z}{\longleftrightarrow} S_u(z), h(m) \overset{Z}{\longleftrightarrow} H(z) \tag{2.3.10}$$

且由 1.3.2 节 Z 变换的性质可得

$$h^*(-m) \overset{Z}{\longleftrightarrow} H^*\left(\frac{1}{z^*}\right) \tag{2.3.11}$$

根据式(2.3.7)，由 Z 变换的时域卷积特性，可得 $r_y(m)$的 Z 变换为

$$S_y(z) = H(z)H^*\left(\frac{1}{z^*}\right)S_u(z) \tag{2.3.12}$$

类似地，可得响应随机过程 $y(n)$和输入随机过程 $u(n)$间的互相关函数为

$$r_{uy}(m) = \mathrm{E}\{u(n)y^*(n-m)\} = h^*(-m) * r_u(m) \tag{2.3.13}$$

$$r_{yu}(m) = \mathrm{E}\{y(n)u^*(n-m)\} = h(m) * r_u(m) \tag{2.3.14}$$

取傅里叶变换可得互功率谱为

$$S_{uy}(\omega) = H^*(\omega)S_u(\omega) \tag{2.3.15}$$

$$S_{yu}(\omega) = H(\omega)S_u(\omega) \tag{2.3.16}$$

例 设 $u(n)$是离散时间平稳随机过程，证明其功率谱 $S(\omega)\geqslant 0$。

证明：将 $u(n)$通过冲激响应为 $h(n)$的 LTI 离散时间系统，设其频率响应 $H(\omega)$为

$$H(\omega) = \begin{cases} 1, & |\omega-\omega_0| < \Delta\omega \\ 0, & |\omega-\omega_0| > \Delta\omega \end{cases}$$

输出随机过程 $y(n)$的功率谱为

$$S_y(\omega) = |H(\omega)|^2 S(\omega)$$

输出随机过程 $y(n)$的平均功率为

$$r_y(0) = \frac{1}{2\pi}\int_0^{2\pi} S_y(\omega)\mathrm{d}\omega = \frac{1}{2\pi}\int_{\omega_0-\Delta\omega}^{\omega_0+\Delta\omega} S(\omega)\mathrm{d}\omega$$

当频率宽度 $\Delta\omega\to 0$ 时，上式可表示为

$$r_y(0) = \frac{1}{\pi}S(\omega_0)(\Delta\omega) \geqslant 0$$

由于频率 ω_0 是任意的，所以有

$$S(\omega) \geqslant 0$$

2.4 离散时间平稳随机过程的参数模型

2.4.1 Wold 分解定理

由线性系统理论可知，LTI 离散时间系统可以用一个线性常系数差分方程描述，所以，离散时间平稳随机过程 $v(n)$通过一个 LTI 系统，输出 $u(n)$与输入 $v(n)$之间的关系可表示为如下差分方程：

$$u(n) = -\sum_{k=1}^{p} a_k u(n-k) + \sum_{l=0}^{q} b_l v(n-l) \tag{2.4.1}$$

系统函数为(设 $b_0=1$)

$$H(z) = \frac{1+\sum\limits_{l=1}^{q} b_l z^{-l}}{1+\sum\limits_{k=1}^{p} a_k z^{-k}} = \frac{B(z)}{A(z)} \tag{2.4.2}$$

由式(2.3.12)，输出随机过程的自相关函数的 Z 变换为

$$S_u(z) = H(z)H^*\left(\frac{1}{z^*}\right)S_v(z) \tag{2.4.3}$$

若输入 $v(n)$是均值为零、方差为 σ^2 的白噪声，则其自相关函数和 Z 变换分别为

$$r(m) = \sigma^2\delta(m),\quad S_v(z) = \sigma^2$$

所以，输出随机过程 $u(n)$的自相关函数的 Z 变换为

$$S_u(z) = H(z)H^*\left(\frac{1}{z^*}\right)\sigma^2$$

输出随机过程 $u(n)$的功率谱为

$$S_u(\omega) = |H(\omega)|^2\sigma^2 = \frac{|B(\omega)|^2}{|A(\omega)|^2}\sigma^2 \tag{2.4.4}$$

当 LTI 系统输出 $u(n)$的功率谱满足 Paley-Wiener 条件[7]

$$\int_{-\pi}^{\pi} |\ln S_u(\omega)|\, d\omega < \infty \tag{2.4.5}$$

时，输出随机过程为

$$u(n) = -\sum_{k=1}^{p} a_k u(n-k) + \sum_{l=0}^{q} b_l v(n-l) \tag{2.4.6}$$

称为规则随机过程(regular random process)。规则随机过程的功率谱是 ω 的连续函数，称为连续谱。由式(2.4.4)，规则随机过程的功率谱一般可以表示为 $e^{j\omega}$的有理分式的形式，所以又称这样的谱为有理谱。

反过来可以证明[3,7]，一个平稳随机过程如果是规则的，即其功率谱满足式(2.4.5)，则该随机过程的自相关函数的 Z 变换和功率谱可以分别表示为

$$S_u(z) = \sigma^2 H(z)H^*\left(\frac{1}{z^*}\right) \tag{2.4.7}$$

$$S_u(\omega) = \sigma^2 |H(\omega)|^2 \tag{2.4.8}$$

式中，$H(z)$的零、极点都在单位圆内，即 $H(z)$为最小相位系统。

式(2.4.7)和式(2.4.8)表明，任一规则随机过程 $u(n)$，若其功率谱为连续谱，则该随机过程可以由零均值、方差为 σ^2 的白噪声 $v(n)$激励一个具有最小相位特性的 LTI 系统 $H(z)$产生，即可描述为式(2.4.6)的差分方程。这是后文建立平稳随机过程参数模型的理论基础。

除具有连续谱的规则过程外，还有一类平稳随机过程具有离散谱，其功率谱可表示为一串冲激的和，设为

$$S_u(\omega) = 2\pi \sum_{i=-\infty}^{+\infty}\sum_{k=1}^{L} |A_k|^2 \delta(\omega - \omega_k - 2\pi i) \tag{2.4.9}$$

对其取傅里叶逆变换，可得自相关函数的表示，为

$$r_u(m) = \sum_{k=1}^{L} |A_k|^2 e^{j\omega_k m} \tag{2.4.10}$$

式(2.4.10)正好是 L 个复正弦信号之和 $u(n)$的自相关函数，$u(n)$可表示为

$$u(n) = \sum_{k=1}^{L} A_k e^{j(\omega_k n + \varphi_k)} \tag{2.4.11}$$

式中，A_k、ω_k 为常数，φ_k 相互独立，且在$[0,2\pi]$内服从均匀分布。容易证明，$u(n)$的自相

关函数为式(2.4.10)。

随机过程 $u(n)$可看成如下 L 阶齐次差分方程的解：

$$u(n)=-\sum_{k=1}^{L}a_k u(n-k) \tag{2.4.12}$$

因为当式(2.4.12)所对应的特征多项式

$$A(z)=1+\sum_{k=1}^{L}a_k z^{-k}$$

的 L 个根正好在单位圆上，且为 $e^{j\omega_k}, k=1,2,\cdots,L$ 时，式(2.4.11)的 $u(n)$正好是式(2.4.12)的差分方程的解。式(2.4.12)表明，$u(n)$可由自身的过去 L 个值完全预测，称这样的平稳随机过程$u(n)$为可预测过程(predictable random process)。

上面的讨论引出平稳随机过程中的一个基本定理，即 Wold 分解定理(Wold decomposition theorem)[7]。

Wold 分解定理：任一广义平稳随机过程 $u(n)$都可以作如下分解：

$$u(n)=u_r(n)+u_p(n) \tag{2.4.13}$$

式中，$u_r(n)$是一个规则随机过程，$u_p(n)$是一个可预测过程，并且 $u_r(n)$和 $u_p(n)$为两个相互正交的随机过程。

前已讨论，可预测过程 $u_p(n)$为多个复正弦信号的和，其功率谱为离散谱，可用齐次差分方程表示为

$$u_p(n)=-\sum_{k=1}^{L}a_k u_p(n-k) \tag{2.4.14}$$

规则过程 $u_r(n)$为连续谱，可以写成一个全零点系统模型，即

$$u_r(n)=v(n)+\sum_{k=1}^{\infty}b_k v(n-k) \tag{2.4.15}$$

式中，白噪声 $v(n)$与 $u_p(n)$正交，即

$$\mathrm{E}\{v(n)u_p^*(k)\}=0,\quad \forall n,k \tag{2.4.16}$$

全零点系统模型式(2.4.15)的冲激响应为

$$h(n)=\delta(n)+\sum_{k=1}^{\infty}b_k\delta(n-k) \tag{2.4.17}$$

为使系统稳定，系统冲激响应 $h(n)$应绝对可加，即满足

$$\sum_{k=1}^{\infty}|b_k|^2<\infty$$

式(2.4.15)表明，一个规则随机过程 $u_r(n)$可以由白噪声激励一个冲激响应为式(2.4.17)的全零点最小相位系统产生。

由线性系统理论可知，全零点离散时间 LTI 系统也可以表示为全极点的形式，或表示为既有零点又有极点的形式。

2.4.2 平稳随机过程的参数模型

前面已介绍，具有连续谱的规则平稳随机过程 $u(n)$，若其功率谱满足式(2.4.5)，即满足 Paley-Wiener 条件，则它可以由白噪声 $v(n)$激励一冲激响应为 $H(z)$的最小相位

LTI 系统产生，本节将讨论不同 $H(z)$的 LTI 系统结构，称为平稳随机过程的参数模型。

设 LTI 系统输入 $v(n)$和输出 $u(n)$满足如下差分方程：

$$u(n) = -\sum_{k=1}^{p} a_k u(n-k) + \sum_{l=0}^{q} b_l v(n-l) \tag{2.4.18}$$

式中，常数 p 和 q 称为参数模型的阶数，两组常数$\{a_k\}$和$\{b_l\}$称为模型的参数。

将式(2.4.18)两边进行 Z 变换，得到参数模型的传递函数 $H(z)$为

$$H(z) = \frac{1+\sum_{l=1}^{q} b_l z^{-l}}{1+\sum_{k=1}^{p} a_k z^{-k}} = \frac{B(z)}{A(z)} \tag{2.4.19}$$

式中，$H(z)$是一个有理分式，为了保证 $H(z)$是稳定的且是最小相位系统，$A(z)$和 $B(z)$的根都应在单位圆内。根据 $H(z)$的不同，参数模型可以分为如下 3 类。

1. 自回归(AR，auto-regressive)模型

当 $b_l=0, l=1,2,\cdots,q$ 时，式(2.4.18)和式(2.4.19)分别表示为

$$u(n) = -\sum_{k=1}^{p} a_k u(n-k) + v(n) \tag{2.4.20}$$

$$H(z) = \frac{1}{A(z)} = \frac{1}{1+\sum_{k=1}^{p} a_k z^{-k}} \tag{2.4.21}$$

输出 $u(n)$的功率谱密度函数为

$$S_{\mathrm{AR}}(\omega) = \frac{\sigma^2}{\left|1+\sum_{k=1}^{p} a_k \mathrm{e}^{-\mathrm{j}\omega k}\right|^2} \tag{2.4.22}$$

参数模型的输出是当前输入和以前 p 个输出的线性组合，因此，该模型被称为自回归模型，简称 AR 模型，记为 AR(p)。其中，p 为 AR 模型的阶数。AR 模型的传递函数中只含有极点，不含非零的零点，所以，AR 模型也称为全极点模型。AR(p)模型如图 2.4.1(a)所示。

2. 滑动平均(MA，moving-average)模型

当 $a_k=0, k=1,2,\cdots,p$ 时，式(2.4.18)和式(2.4.19)分别表示为

$$u(n) = v(n) + \sum_{l=1}^{q} b_l v(n-l) \tag{2.4.23}$$

$$H(z) = B(z) = 1+\sum_{l=1}^{q} b_l z^{-l} \tag{2.4.24}$$

输出 $u(n)$的功率谱密度函数为

$$S_{\mathrm{MA}}(\omega) = \sigma^2 \left|1+\sum_{l=1}^{q} b_l \mathrm{e}^{-\mathrm{j}\omega l}\right|^2 \tag{2.4.25}$$

参数模型的输出是当前输入和以前 q 个输入的线性组合，因此，该模型被称为滑动平均模型，简称 MA 模型，记为 MA(q)。其中，q 为 MA 模型的阶数。MA 模型的传递函数

中只含有零点，不含有非零的极点，所以，MA 模型也称为全零点模型。MA(q)模型如图 2.4.1(b)所示。

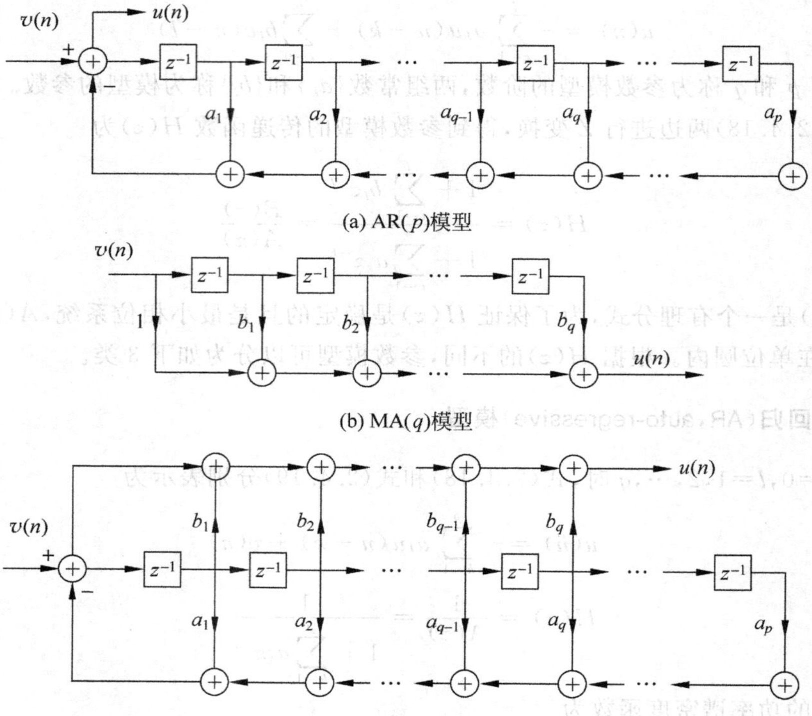

(a) AR(p)模型

(b) MA(q)模型

(c) ARMA(p,q)模型，假设$p>q$

图 2.4.1　3 种参数模型的系统框图

3. 自回归滑动平均(ARMA，auto-regressive and moving-average)模型

在式(2.4.18)中，若 $a_k(k=1,2,\cdots,p)$不全为零，$b_l(l=1,2,\cdots,q)$也不全为零，则该参数模型被称为自回归滑动平均模型，简称 ARMA 模型，记为 ARMA(p,q)。其中，p 和 q 为 ARMA 模型的阶数。ARMA 模型的传递函数既含有非零的零点，又含有非零的极点，所以，ARMA 模型也称为零极点模型。系统差分方程和系统函数分别为

$$u(n) = -\sum_{k=1}^{p} a_k u(n-k) + \sum_{l=0}^{q} b_l v(n-l) \tag{2.4.26}$$

$$H(z) = \frac{B(z)}{A(z)} = \frac{1 + \sum_{l=1}^{q} b_l z^{-l}}{1 + \sum_{k=1}^{p} a_k z^{-k}} \tag{2.4.27}$$

输出 $u(n)$的功率谱密度函数为

$$S_{\mathrm{ARMA}}(\omega) = \sigma^2 \frac{\left|1 + \sum_{l=1}^{q} b_l \mathrm{e}^{-\mathrm{j}\omega l}\right|^2}{\left|1 + \sum_{k=1}^{p} a_k \mathrm{e}^{-\mathrm{j}\omega k}\right|^2} \tag{2.4.28}$$

由上述讨论可知，AR 模型为全极点模型，MA 模型为全零点模型，ARMA 模型为零极点模型。ARMA(p,q)模型如图 2.4.1(c)所示。

根据 LTI 系统理论，一个 ARMA 或 AR 过程，可以由一个无穷阶 MA 过程表示。换句话说，一个有限阶的 AR 模型可由一个高阶的 MA 模型来近似，反之亦然。同理也可以引申出，一个有限阶次的 ARMA 模型也可以用一个阶数足够高的 AR 模型或 MA 模型来近似。

2.5 随机过程高阶累积量和高阶谱的概念

在信号处理中，经常假设信号或噪声服从高斯分布，对高斯分布的随机变量(向量)或随机过程，用一阶(均值)和二阶统计量(方差或协方差)就可以完全表示其分布函数和所有统计数字特征。但是，对非高斯分布的随机过程，一、二阶统计量已不能对其完全描述，更高阶的统计量中也包含了随机过程的统计信息。基于高阶统计量的信号处理方法，就是从非高斯信号的高阶统计量中提取信号的有用信息。最常用的高阶统计量是高阶累积量和高阶谱。

本节将介绍随机过程高阶统计量的一些概念。

2.5.1 高阶矩和高阶累积量

考虑单个实随机变量 x，定义其第一特征函数，也称为矩生成函数(moment generating function)为概率密度函数 $p(x)$的傅里叶变换(与标准的傅里叶变换差一个负号)，即

$$\Phi(\omega) = \int p(x)\mathrm{e}^{\mathrm{j}\omega x}\mathrm{d}x = \mathrm{E}\{\mathrm{e}^{\mathrm{j}\omega x}\} \tag{2.5.1}$$

对上式关于 ω 求 k 阶导数，有

$$\frac{\mathrm{d}^k\Phi(\omega)}{\mathrm{d}\omega^k} = \mathrm{j}^k\mathrm{E}\{x^k\mathrm{e}^{\mathrm{j}\omega x}\} \tag{2.5.2}$$

由概率论可知，随机变量 x 的 k 阶(原点)矩 m_k 定义为

$$m_k = \mathrm{E}\{x^k\} = \int x^k p(x)\mathrm{d}x \tag{2.5.3}$$

显然，在式(2.5.2)中令 $\omega=0$，即可求出 x 的 k 阶矩为

$$m_k = \mathrm{E}\{x^k\} = (-\mathrm{j})^k\left.\frac{\mathrm{d}^k\Phi(\omega)}{\mathrm{d}\omega^k}\right|_{\omega=0} \tag{2.5.4}$$

随机变量 x 的第二特征函数，也称为累积量生成函数(cumulant generating function)定义为

$$\Psi(\omega) = \ln\Phi(\omega) = \ln\left[\int p(x)\mathrm{e}^{\mathrm{j}\omega x}\mathrm{d}x\right] = \ln\mathrm{E}\{\mathrm{e}^{\mathrm{j}\omega x}\} \tag{2.5.5}$$

与式(2.5.4)类似，随机变量 x 的 k 阶累积量(cumulant)c_k 由累积量生成函数定义为

$$c_k = (-\mathrm{j})^k\left.\frac{\mathrm{d}^k\Psi(\omega)}{\mathrm{d}\omega^k}\right|_{\omega=0} \tag{2.5.6}$$

例如，对于零均值、方差为 σ^2 的高斯平稳随机过程 x，其概率密度函数为

$$p(x)=\frac{1}{\sqrt{2\pi}\sigma}\mathrm{e}^{-\frac{x^2}{2\sigma^2}}$$

其矩生成函数为[6]

$$\Phi(\omega)=\mathrm{E}\{\mathrm{e}^{\mathrm{j}\omega x}\}=\int_{-\infty}^{\infty}p(x)\mathrm{e}^{\mathrm{j}\omega x}\,\mathrm{d}x=\mathrm{e}^{-\sigma^2\omega^2/2} \tag{2.5.7}$$

累积量生成函数为

$$\Psi(\omega)=\ln\Phi(\omega)=-\frac{\sigma^2\omega^2}{2} \tag{2.5.8}$$

由式(2.5.4)可得 k 阶矩为

$$m_k=\begin{cases}0, & k=1,3,5,\cdots\\ 1\times 3\cdots(k-1)\sigma^k, & k=2,4,6,\cdots\end{cases} \tag{2.5.9}$$

由式(2.5.6)可得高斯随机变量的 k 阶累积量为

$$c_k=\begin{cases}0, & k=1\\ \sigma^2, & k=2\\ 0, & k>2\end{cases} \tag{2.5.10}$$

可见,高斯随机变量的 3 阶以上累积量为零。

将一组实随机变量 $x_1,x_2,\cdots,x_l$ 构成随机向量 $\boldsymbol{x}=[x_1\quad x_2\quad\cdots\quad x_l]^{\mathrm{T}}$,定义随机向量 $\boldsymbol{x}$ 的矩生成函数为

$$\Phi(\omega_1,\omega_2,\cdots,\omega_l)=\mathrm{E}\{\mathrm{e}^{\mathrm{j}(\omega_1x_1+\omega_2x_2+\cdots+\omega_lx_l)}\}=\mathrm{E}\{\mathrm{e}^{\mathrm{j}\boldsymbol{\omega}^{\mathrm{T}}\boldsymbol{x}}\} \tag{2.5.11}$$

$\boldsymbol{x}$ 的累积量生成函数定义为

$$\Psi(\omega_1,\omega_2,\cdots,\omega_l)=\ln\Phi(\omega_1,\omega_2,\cdots,\omega_l) \tag{2.5.12}$$

其中,$\boldsymbol{\omega}=[\omega_1\quad\omega_2\quad\cdots\quad\omega_l]^{\mathrm{T}}$。

与单个随机变量类似,利用矩生成函数和累积量生成函数,可以定义 $\boldsymbol{x}$ 的$(r_1,r_2,\cdots,r_l)$阶矩和累积量分别为

$$\begin{aligned}m_{r_1,r_2,\cdots,r_l}&=\mathrm{E}\{x_1^{r_1}x_2^{r_2}\cdots x_l^{r_l}\}\\&=(-\mathrm{j})^r\frac{\partial^r\Phi(\omega_1,\omega_2,\cdots,\omega_l)}{\partial\omega_1^{r_1}\partial\omega_2^{r_2}\cdots\partial\omega_l^{r_l}}\bigg|_{\omega_1=\omega_2=\cdots=\omega_l=0}\end{aligned} \tag{2.5.13}$$

$$\begin{aligned}c_{r_1,r_2,\cdots,r_l}&=\mathrm{cum}\{x_1^{r_1},x_2^{r_2},\cdots,x_l^{r_l}\}\\&=(-\mathrm{j})^r\frac{\partial^r\Psi(\omega_1,\omega_2,\cdots,\omega_l)}{\partial\omega_1^{r_1}\partial\omega_2^{r_2}\cdots\partial\omega_l^{r_l}}\bigg|_{\omega_1=\omega_2=\cdots=\omega_l=0}\end{aligned} \tag{2.5.14}$$

式中

$$r=r_1+r_2+\cdots+r_l \tag{2.5.15}$$

实际上,当取 $r_1=r_2=\cdots=r_l=1$ 时,则 l 个随机变量的 l 阶矩和 l 阶累积量分别为

$$\begin{aligned}m_{1\cdots l}&=\mathrm{mom}\{x_1,x_2,\cdots,x_l\}=\mathrm{E}\{x_1,x_2,\cdots,x_l\}\\&=(-\mathrm{j})^l\frac{\partial^l\Phi(\omega_1,\omega_2,\cdots,\omega_l)}{\partial\omega_1\partial\omega_2\cdots\partial\omega_l}\bigg|_{\omega_1=\omega_2=\cdots=\omega_l=0}\end{aligned} \tag{2.5.16}$$

$$c_{1\cdots l}=\mathrm{cum}\{x_1,x_2,\cdots,x_l\}$$

$$= (-\mathrm{j})^l \frac{\partial^l \Psi(\omega_1,\omega_2,\cdots,\omega_l)}{\partial\omega_1\partial\omega_2\cdots\partial\omega_l}\bigg|_{\omega_1=\omega_2=\cdots=\omega_l=0} \tag{2.5.17}$$

对于离散时间随机过程 $x(n)$，其 l 个不同时刻的取值 $x(n),x(n-k_1),\cdots,x(n-k_{l-1})$的高阶矩和高阶累积量分别定义为

$$m_l(k_1,k_2,\cdots,k_{l-1}) = \mathrm{mom}\{x(n),x(n-k_1),\cdots,x(n-k_{l-1})\} \tag{2.5.18}$$

$$c_l(k_1,k_2,\cdots,k_{l-1}) = \mathrm{cum}\{x(n),x(n-k_1),\cdots,x(n-k_{l-1})\} \tag{2.5.19}$$

高阶累积量和高阶矩之间可以互相转换。高阶累积量可以通过矩-累积量转换公式(M-C,moment-cumulant)，从高阶矩转换得到；而高阶矩可以通过累积量-矩转换公式(C-M,cumulant-moment)，从高阶累积量转换得到[8]。一般的 M-C 公式和 C-M 公式比较复杂，本书不作详细介绍。但对零均值实平稳随机过程，一阶到四阶累积量可以表示为

$$\begin{aligned} c_1 &= m_1 = \mathrm{E}\{x(n)\} = 0 \\ c_2(k_1) &= m_2(k_1) = r(k_1) = \mathrm{E}\{x(n)x(n-k_1)\} \\ c_3(k_1,k_2) &= m_3(k_1,k_2) = \mathrm{E}\{x(n)x(n-k_1)x(n-k_2)\} \\ c_4(k_1,k_2,k_3) &= m_4(k_1,k_2,k_3) - r(k_1)r(k_3-k_2) \\ &\quad - r(k_2)r(k_3-k_1) - r(k_3)r(k_2-k_1) \end{aligned} \tag{2.5.20}$$

式中

$$m_4(k_1,k_2,k_3) = \mathrm{E}\{x(n)x(n-k_1)x(n-k_2)x(n-k_3)\}$$

$$r(k_l) = \mathrm{E}\{x(n)x(n-k_l)\},\quad l = 1,2,3$$

$$r(k_i-k_l) = \mathrm{E}\{x(n-k_i)x(n-k_l)\}$$

令 $k_1=k_2=k_3=0$，则可以得到如下数字特征：

(1) 方差

$$\sigma^2 = c_2(0) = r(0) = \mathrm{E}\{x^2(n)\} \tag{2.5.21}$$

(2) 斜度(skewness)

$$\gamma_3 = c_3(0,0) = \mathrm{E}\{x^3(n)\} \tag{2.5.22}$$

(3) 峰度或峭度(kurtosis)

$$\gamma_4 = c_4(0,0,0) = \mathrm{E}\{x^4(n)\} - 3r^2(0) \tag{2.5.23}$$

实际工程中，可用平稳随机过程 $x(n)$的一个观测样本函数的 N 个采样值 $x_N(0)$，$x_N(1),\cdots,x_N(N-1)$的时间平均估计高阶累积量，即

$$\hat{c}_3(k_1,k_2) = \frac{1}{N}\sum_{n=0}^{N-1} x_N(n)x_N(n-k_1)x_N(n-k_2) \tag{2.5.24}$$

$$\begin{aligned} \hat{c}_4(k_1,k_2,k_3) &= \hat{m}_4(k_1,k_2,k_3) - \hat{r}(k_1)\,\hat{r}(k_3-k_2) \\ &\quad - \hat{r}(k_2)\,\hat{r}(k_3-k_1) - \hat{r}(k_3)\,\hat{r}(k_2-k_1) \end{aligned} \tag{2.5.25}$$

式中

$$\hat{m}_4(k_1,k_2,k_3) = \frac{1}{N}\sum_{n=0}^{N-1} x_N(n)x_N(n-k_1)x_N(n-k_2)x_N(n-k_3)$$

$$\hat{r}(k_l) = \frac{1}{N}\sum_{n=0}^{N-1} x_N(n)x_N(n-k_l)\quad l = 1,2,3$$

$$\hat{r}(k_i - k_l) = \frac{1}{N}\sum_{n=0}^{N-1} x_N(n-k_i)x_N(n-k_l) \quad l,i = 1,2,3$$

2.5.2 高阶累积量的性质

根据高阶累积量的定义，以及累积量和高阶矩间的M-C公式与C-M公式，可以得到高阶累积量的一些重要性质[8]，下面不加证明地将其列出。

性质1 令λ_i为常数，x_i为随机变量，其中$i=1,\cdots,l$，则

$$\mathrm{cum}\{\lambda_1 x_1,\cdots,\lambda_l x_l\} = \left(\prod_{i=1}^{l}\lambda_i\right)\mathrm{cum}\{x_1,\cdots,x_l\} \tag{2.5.26}$$

性质2 累积量关于它们的变元是对称的，即与各随机变量的顺序无关，为

$$\mathrm{cum}\{x_1,\cdots,x_l\} = \mathrm{cum}\{x_{i_1},\cdots,x_{i_l}\} \tag{2.5.27}$$

式中，$i_1,i_2,\cdots,i_l$是$1,2,\cdots,l$的一个排列。

性质3 累积量相对其变元有可加性，即

$$\mathrm{cum}\{x_1+y_1,x_2,\cdots,x_l\} = \mathrm{cum}\{x_1,x_2,\cdots,x_l\} + \mathrm{cum}\{y_1,x_2,\cdots,x_l\} \tag{2.5.28}$$

可以看出，和的累积量等于累积量之和。

性质4 若随机变量$\{x_i\}$和$\{y_i\}$统计独立，则累积量具有“半不变性”，即

$$\mathrm{cum}\{x_1+y_1,\cdots,x_l+y_l\} = \mathrm{cum}\{x_1,\cdots,x_l\} + \mathrm{cum}\{y_1,\cdots,y_l\} \tag{2.5.29}$$

性质5 如果l个随机变量$\{x_1,\cdots,x_l\}$的一个子集同其他部分独立，则

$$\mathrm{cum}\{x_1,\cdots,x_l\} = 0 \tag{2.5.30}$$

性质6 若α为一常数，则由性质3和性质5，有

$$\mathrm{cum}\{x_1+\alpha,\cdots,x_l\} = \mathrm{cum}\{x_1,\cdots,x_l\} \tag{2.5.31}$$

2.5.3 高阶谱的概念

若随机过程$x(n)$的l阶累积量$\mathrm{cum}\{x_1,\cdots,x_l\}$是绝对可和的，即

$$\sum_{k_1=-\infty}^{\infty}\cdots\sum_{k_{l-1}=-\infty}^{\infty} |c_l(k_1,\cdots,k_{l-1})| < \infty \tag{2.5.32}$$

则$x(n)$的l阶累积量谱定义为l阶累积量的$(l-1)$维离散时间傅里叶变换，有

$$S_l(\omega_1,\cdots,\omega_{l-1}) = \sum_{k_1=-\infty}^{\infty}\cdots\sum_{k_{l-1}=-\infty}^{\infty} c_l(k_1,\cdots,k_{l-1})\cdot\exp[-\mathrm{j}(\omega_1 k_1+\cdots+\omega_{l-1}k_{l-1})] \tag{2.5.33}$$

同样可以定义l阶高阶矩谱是l阶高阶矩的$(l-1)$维离散傅里叶变换，由于高阶累积量比高阶矩拥有更优越的性质，所以，在实际工程中，高阶累积量谱的应用更为广泛。

高阶累积量谱也常被称为高阶谱或多谱。在高阶谱中，二阶谱就是功率谱，三阶谱和四阶谱又分别称为双谱和三谱。

(1) 二阶谱(功率谱)

$$S(\omega) = \sum_{m=-\infty}^{\infty} c_2(m)\exp(-\mathrm{j}\omega m) = \sum_{m=-\infty}^{\infty} r(m)\exp(-\mathrm{j}\omega m),\ |\omega|\leqslant\pi \tag{2.5.34}$$

(2) 三阶谱(双谱,bispectrum)

$$B(\omega_1,\omega_2)=S_3(\omega_1,\omega_2)$$
$$=\sum_{k_1=-\infty}^{\infty}\sum_{k_2=-\infty}^{\infty}c_3(k_1,k_2)\exp[-\mathrm{j}(\omega_1k_1+\omega_2k_2)] \tag{2.5.35}$$
$$|\omega_1|\leqslant\pi,\ |\omega_2|\leqslant\pi,\ |\omega_1+\omega_2|\leqslant\pi$$

(3) 四阶谱(三谱,trispectrum)

$$T(\omega_1,\omega_2,\omega_3)=S_4(\omega_1,\omega_2,\omega_3)$$
$$=\sum_{k_1=-\infty}^{\infty}\sum_{k_2=-\infty}^{\infty}\sum_{k_3=-\infty}^{\infty}c_4(k_1,k_2,k_3)\cdot\exp[-\mathrm{j}(\omega_1k_1+\omega_2k_2+\omega_3k_3)]$$
$$|\omega_1|\leqslant\pi,\ |\omega_2|\leqslant\pi,\ |\omega_3|\leqslant\pi,\ |\omega_1+\omega_2+\omega_3|\leqslant\pi \tag{2.5.36}$$

对于高斯随机过程,其双谱、三谱及更高阶的谱恒为零。

由高阶谱定义可知,高阶谱是以 2π 为周期的周期函数,即

$$S_l(\omega_1,\cdots,\omega_{l-1})=S_l(\omega_1+2k_1\pi,\cdots,\omega_{l-1}+2k_{l-1}\pi) \tag{2.5.37}$$

与二阶功率谱不包含信号的相位信息不同,高阶谱一般既有幅度信息也有相位信息,即

$$S_l(\omega_1,\cdots,\omega_{l-1})=|S_l(\omega_1,\cdots,\omega_{l-1})|\exp\{\mathrm{j}\theta_l(\omega_1,\cdots,\omega_{l-1})\} \tag{2.5.38}$$

式中,$|S_l|$ 称为高阶谱的幅度谱,θ_l 称为高阶谱的相位谱。

由于高阶谱可以保留信号的相位特征,所以高阶谱可以重建信号或者系统的相位和幅度响应,且能自动抑制加性高斯噪声。另外,由于高阶谱包含了比功率谱更多的随机过程的信息,在信号检测、参数估计和信号重建等领域得到应用。

习题

2.1　设随机过程为 $u(n)=A\cos(\omega n+\phi)$,其中,$A$ 和 ω 都是常数,ϕ 是$[0,2\pi]$之间均匀分布的随机变量,试求 $u(n)$ 的均值和自相关函数。

2.2　试证明对于高斯随机过程,严格平稳与广义平稳等价。

2.3　试证明广义平稳随机过程 $u(n)$ 的自协方差函数具有下列性质:

$$c^*(m)=c(-m)$$
$$|c(m)|\leqslant c(0)$$

2.4　设随机过程 $u(n)=A\cos(\omega n)+B\sin(\omega n)$,式中,$\omega$ 为常数,A 和 B 是相互独立的随机变量,它们的均值为零,方差为 σ^2,试讨论 $u(n)$ 的平稳性。

2.5　设平稳随机过程的自相关矩阵为 $\boldsymbol{R}$,试证明 $\boldsymbol{R}$ 的所有特征值之积等于 $\boldsymbol{R}$ 的行列式。

2.6　设平稳随机过程的自相关矩阵 $\boldsymbol{R}$ 的特征值分解为

$$\boldsymbol{R}=\sum_{m=1}^{M}\lambda_m\boldsymbol{q}_m\boldsymbol{q}_m^{\mathrm{H}}$$

式中,$\lambda_1,\lambda_2,\cdots,\lambda_M$ 是 $\boldsymbol{R}$ 的特征值,$\boldsymbol{q}_1,\boldsymbol{q}_2,\cdots,\boldsymbol{q}_M$ 是对应的归一化特征向量。试给出矩阵 $\boldsymbol{R}$ 的 Hermite 平方根 $\boldsymbol{C}=\boldsymbol{R}^{1/2}$ 的表达式,其中 $\boldsymbol{C}\boldsymbol{C}^{\mathrm{H}}=\boldsymbol{R}$,且 $\boldsymbol{C}=\boldsymbol{C}^{\mathrm{H}}$。

2.7　设离散随机过程 $u(n)$ 的自相关矩阵为 $\boldsymbol{R}\in\mathbb{C}^{M\times M}$，对其进行特征值分解，有

$$\boldsymbol{R}\boldsymbol{q}_i=\lambda_i\boldsymbol{q}_i,\quad i=1,\cdots,M$$

式中，$\boldsymbol{q}_1,\boldsymbol{q}_2,\cdots,\boldsymbol{q}_M$ 分别是 $\boldsymbol{R}$ 的特征值 $\lambda_1,\lambda_2,\cdots,\lambda_M$ 所对应的特征向量。若 $u(n)$ 的功率谱 $S(\omega)$ 的最大值和最小值分别为 $S_{\max}$ 和 $S_{\min}$，试证明，$\boldsymbol{R}$ 的特征值 λ_i 满足

$$S_{\min}\leqslant\lambda_i\leqslant S_{\max},\quad i=1,\cdots,M$$

2.8　设离散随机过程 $u(n)$ 的自相关矩阵为 $\boldsymbol{R}\in\mathbb{C}^{M\times M}$，对其进行对角化，有

$$\boldsymbol{R}=\boldsymbol{Q}\boldsymbol{\Lambda}\boldsymbol{Q}^{\mathrm{H}}=\sum_{i=1}^{M}\lambda_i\boldsymbol{q}_i\boldsymbol{q}_i^{\mathrm{H}}$$

式中，$\boldsymbol{Q}=[\boldsymbol{q}_1\quad\boldsymbol{q}_2\quad\cdots\quad\boldsymbol{q}_M]$，$\boldsymbol{\Lambda}=\mathrm{diag}\{\lambda_1,\lambda_2,\cdots,\lambda_M\}$，而 $\boldsymbol{q}_1,\boldsymbol{q}_2,\cdots,\boldsymbol{q}_M$ 分别是 $\boldsymbol{R}$ 的特征值 $\lambda_1,\lambda_2,\cdots,\lambda_M$ 所对应的特征向量，且 $\lambda_{\max}=\lambda_1\geqslant\lambda_2\geqslant\cdots\geqslant\lambda_M=\lambda_{\min}$。

(1) 试证明：对于任意的非零向量 $\boldsymbol{a}\in\mathbb{C}^{M\times 1}$，自相关矩阵 $\boldsymbol{R}$ 满足

$$\lambda_{\min}\leqslant\frac{\boldsymbol{a}^{\mathrm{H}}\boldsymbol{R}\boldsymbol{a}}{\boldsymbol{a}^{\mathrm{H}}\boldsymbol{a}}\leqslant\lambda_{\max}$$

式中，称比值 $\dfrac{\boldsymbol{a}^{\mathrm{H}}\boldsymbol{R}\boldsymbol{a}}{\boldsymbol{a}^{\mathrm{H}}\boldsymbol{a}}$ 为矩阵 $\boldsymbol{R}$ 的瑞利商(Rayleigh quotient)。

(2) 假设矩阵 $\boldsymbol{W}\in\mathbb{C}^{M\times K}$ 满足 $\boldsymbol{W}^{\mathrm{H}}\boldsymbol{W}=\boldsymbol{I}$，且 $M>K$。试证明：

$$\sum_{i=M-K+1}^{M}\lambda_i\leqslant\mathrm{tr}\{\boldsymbol{W}^{\mathrm{H}}\boldsymbol{R}\boldsymbol{W}\}\leqslant\sum_{i=1}^{K}\lambda_i$$

当且仅当 $\boldsymbol{W}$ 的列向量是矩阵 $\boldsymbol{R}$ 的特征值 $\lambda_{M-K+1},\cdots,\lambda_{M-1},\lambda_M$（或 $\lambda_1,\lambda_2,\cdots,\lambda_K$）对应的特征向量时，左边（或右边）的等号成立。

2.9　设广义平稳随机过程 $u(n)$ 的均值为零，自相关矩阵为 $\boldsymbol{R}$，将其通过权向量为 $\boldsymbol{w}$ 的 FIR 滤波器。

(1) 试证明：FIR 滤波器的输出随机过程的平均功率为 $\boldsymbol{w}^{\mathrm{H}}\boldsymbol{R}\boldsymbol{w}$。

(2) 若滤波器输入的随机过程是一个零均值，方差为 σ^2 的白噪声，(1)中的结果会如何改变？

2.10　设随机过程 $u(n)$ 的自相关序列是 $r(m)=0.5^{|m|}$，将其通过一个系统函数为

$$H(z)=\frac{1-0.4z^{-1}}{1-0.6z^{-1}}$$

的离散时间 LTI 系统，获得输出信号 $x(n)$，试求信号 $x(n)$ 的功率谱密度。

2.11　将均值为零、方差为 0.1 的实白噪声通过离散时间低通滤波器

$$H(\omega)=\begin{cases}1, & |\omega|\leqslant 0.1\pi\\ 0, & \text{其他}\end{cases}$$

试计算：

(1) 滤波器输出信号的方差。

(2) 假设输入信号为高斯过程，确定滤波器输出信号的概率密度函数。

2.12　已知平稳随机过程 $u(n)$ 的均值为零，功率谱密度为

$$S_u(\omega)=\begin{cases}\dfrac{\sigma^2}{B}, & |\omega|\leqslant\dfrac{B}{2}<\pi\\ 0, & \text{其他}\end{cases}$$

试求该随机过程的自相关函数和平均功率。

2.13　设随机过程 $u(n)$ 为

$$u(n) = A\cos(\omega_0 n + \phi) + v(n)$$

式中，A 和 ω_0 是常数，ϕ 是在 $[-\pi,\pi]$ 内均匀分布的随机变量，$v(n)$ 是一个零均值的平稳高斯噪声，其功率谱密度为

$$S_v(\omega) = \begin{cases} \dfrac{N_0}{2}, & |\omega - \omega_0| \leqslant \dfrac{B}{2} < \pi \\ 0, & \text{其他} \end{cases}$$

并且 ϕ 与 $v(n)$ 相互独立。现将 $u(n)$ 作为平方律检波器的输入，得到输出为

$$x(n) = u^2(n)$$

求输出随机过程 $x(n)$ 的均值与自相关函数。（提示：零均值的高斯随机过程 $v(n)$ 满足

$$\mathrm{E}\{v(n)v^2(n-m)\} = \mathrm{E}\{v^2(n)v(n-m)\} = 0, \quad \forall m)$$

2.14　设平稳随机过程 $u(n)$ 是由零均值、方差为 1 的白噪声 $v(n)$，激励系统函数为 $H(z)$ 的最小相位滤波器产生的，其功率谱为

$$S_u(\omega) = \frac{1}{(1-0.9\mathrm{e}^{-\mathrm{j}\omega})(1-0.9\mathrm{e}^{\mathrm{j}\omega})}$$

试计算：

(1) 最小相位滤波器的系统函数 $H(z)$。

(2) 平稳随机过程 $u(n)$ 的自相关函数。

2.15　试证明式(2.4.11)的自相关函数和功率谱分别为式(2.4.10)和式(2.4.9)。

2.16　考虑由如下差分方程描述的二阶 MA(2) 过程 $u(n)$：

$$u(n) = v(n) + 0.75v(n-1) + 0.25v(n-2)$$

式中，$v(n)$ 是方差为 1 的零均值白噪声过程。试用一个五阶 AR(5) 过程近似该二阶 MA(2) 过程。

2.17　给定一个 ARMA(1,1) 模型的系统函数为

$$H(z) = \frac{1 + b_1 z^{-1}}{1 + a_1 z^{-1}}$$

试证明：

(1) 若用一个无穷阶的 AR(∞) 模型来近似 ARMA(1,1) 模型，其系统函数可以表示为

$$H_{\mathrm{AR}}(z) = \frac{1}{1 + c_1 z^{-1} + c_2 z^{-2} + \cdots}$$

式中

$$c_k = \begin{cases} 1, & k = 0 \\ (a_1 - b_1)(-b_1)^{k-1}, & k \geqslant 1 \end{cases}$$

(2) 若用一个无穷阶的 MA(∞) 模型来近似 ARMA(1,1) 模型，其系统函数可以表示为

$$H_{\mathrm{MA}}(z) = d_0 + d_1 z^{-1} + d_2 z^{-2} + \cdots$$

式中

$$d_k = \begin{cases} 1, & k = 0 \\ (b_1 - a_1)(-a_1)^{k-1}, & k \geqslant 1 \end{cases}$$

2.18 设 x 是一高斯平稳随机变量，其均值为 μ，方差为 σ^2，试求其累积量生成函数和各阶累积量。

参考文献

[1] 陈良均，朱庆棠．随机过程及应用[M]．北京：高等教育出版社，2003.

[2] 胡广书．数字信号处理：理论、算法与实现[M]．北京：清华大学出版社，1997.

[3] 张旭东，陆明泉．离散随机信号处理[M]．北京：清华大学出版社，2005.

[4] Simon Haykin. Adaptive Filter Theory [M], 4th Ed. Upper Saddle River, NJ: Prentice Hall, 2001.

[5] 黄知涛，周一宇，姜文利．循环平稳信号处理与应用[M]．北京：科学出版社，2006.

[6] 张贤达．现代信号处理[M]，第 2 版．北京：清华大学出版社，2002.

[7] Papoulis A. Probability, Random Variables, and Stochastic Processes [M]. New York: McGraw-Hill, 1984.

[8] 沈凤麟，叶中付，钱玉美．信号统计分析与处理[M]．合肥：中国科学技术大学出版社，2001.

[9] 吴正国，夏立，尹为民．现代信号处理技术——高阶谱、时频分析与小波变换[M]．武汉：武汉大学出版社，2003.

[10] Proakis J G. Algorithm for Statistical Signal Processing [M]. NJ: Prentice Hall, 2002.

第 3 章　功率谱估计和信号频率估计方法

确定信号 $f(n)$ 的傅里叶变换 $F(\omega)$，描述了信号 $f(n)$ 中各频率信号成分的复幅度大小(单位频率的信号幅度)；而离散时间平稳随机过程 $u(n)$ 的功率谱 $S(\omega)$(相关函数 $r(m)$ 的傅里叶变换)，则描述了随机过程 $u(n)$ 中各频率成分的平均功率的大小(单位频率的平均功率)。因此，知道了功率谱 $S(\omega)$，也即知道了随机过程 $u(n)$ 中各频率成分的构成情况。

但在实际信号处理中，往往并不知道随机过程的相关函数 $r(m)$，仅有随机过程 $u(n)$ 一次观测样本的 N 个观测数据 $u_N(0),u_N(1),\cdots,u_N(N-1)$。本章要回答的问题是，怎样利用这 N 个观测数据 $u_N(0),u_N(1),\cdots,u_N(N-1)$ 估计出随机过程的功率谱 $S(\omega)$？

根据所用理论的不同，通常将基于相关函数傅里叶变换的估计方法称为经典功率谱估计，而将参数模型估计方法和基于相关矩阵特征分解的信号频率估计方法，称为现代功率谱估计方法，下面分别进行介绍。

3.1　经典功率谱估计方法

经典功率谱估计是基于传统傅里叶变换的思想，其中的典型代表有 Blackman 和 Tukey 提出的自相关谱估计法(简称为 BT 法)，以及周期图法。

3.1.1　BT 法

根据维纳-辛钦定理，1958 年 Blackman 和 Tukey 给出了这一方法的具体实现，即先由观测数据 $u_N(n)$ 估计出自相关函数，然后对其求傅里叶变换，以此变换作为对功率谱的估计。

1. 自相关函数的估计与傅里叶变换

设 $u_N(0),u_N(1),\cdots,u_N(N-1)$ 为广义平稳随机过程 $u(n)$ 的 N 个观测值(为描述方便，本章观测样本的序号为从 0 到 $N-1$ 的整数)，且设 $u_N(n)$ 其他时刻的值为零，则 $u_N(n)$ 可表示为

$$u_N(n)=\begin{cases}u(n), & 0\leqslant n\leqslant N-1\\ 0, & \text{其他}\end{cases}\tag{3.1.1}$$

$u(n)$ 的自相关函数 $r(m)$ 可用时间平均进行估计，即

$$\hat{r}(m)=\frac{1}{N}\sum_{n=0}^{N-1}u_N(n)u_N^*(n-m),\quad |m|\leqslant N-1\tag{3.1.2}$$

根据维纳-辛钦定理，对由式(3.1.2)估计得到的自相关函数$\hat{r}(m)$求傅里叶变换，可得功率谱的估计为

$$\hat{S}_{BT}(\omega) = \sum_{m=-\infty}^{\infty} \hat{r}(m)e^{-j\omega m} = \sum_{m=-N+1}^{N-1} \hat{r}(m)e^{-j\omega m} \tag{3.1.3}$$

考虑到自相关函数$\hat{r}(m)$在$|m|>N-1$时为零，且$\hat{r}(m)$在m接近$N-1$时性能较差，式(3.1.3)经常表示为

$$\hat{S}_{BT}(\omega) = \sum_{m=-M}^{M} \hat{r}(m)e^{-j\omega m}, \quad 0 \leqslant M \leqslant N-1 \tag{3.1.4}$$

以此结果作为对理论功率谱$S(\omega)$的估计，因为这种方法估计出的功率谱是通过自相关函数间接得到的，所以此方法又称为间接法。

根据1.1.5节确定信号相关函数的定义及卷积表示，式(3.1.2)的自相关函数$\hat{r}(m)$可用有限长序列$u_N(m)$的卷积表示为

$$\hat{r}(m) = \frac{1}{N}u_N(m) * u_N^*(-m) \tag{3.1.5}$$

设序列$u_N(m)$的傅里叶变换为$U_N(\omega)$，则根据1.2.3节傅里叶变换的性质，$u_N^*(-m)$的傅里叶变换应为$U_N^*(\omega)$，再根据傅里叶变换的时域卷积特性，当$M=N-1$时，式(3.1.4)的功率谱估计可表示为

$$\hat{S}_{BT}(\omega) = \frac{1}{N}|U_N(\omega)|^2, \quad M = N-1 \tag{3.1.6}$$

其中，$U_N(\omega) = \sum_{n=0}^{N-1} u_N(n)e^{-j\omega n}$。

实际工程中，除按式(3.1.2)的定义式直接计算自相关函数$\hat{r}(m)$外，还可用DFT或FFT实现式(3.1.5)自相关函数$\hat{r}(m)$的卷积计算，首先将$u_N(n)$补N个零，得$u_{2N}(n)$，即

$$u_{2N}(n) = \begin{cases} u_N(n), & 0 \leqslant n \leqslant N-1 \\ 0, & N \leqslant n \leqslant 2N-1 \end{cases} \tag{3.1.7}$$

记$u_{2N}(n)$的DFT为$U_{2N}(k)$，则$u_{2N}^*(-n)$的DFT应为$U_{2N}^*(k)$。所以，由FFT计算自相关函数的一般步骤如下：

算法3.1(用FFT计算自相关函数的方法)

步骤1　对$u_N(n)$补N个零，得$u_{2N}(n)$，对$u_{2N}(n)$进行FFT得$U_{2N}(k)$，$k=0,1,\cdots,2N-1$。

步骤2　计算功率谱的估计$\frac{1}{N}|U_{2N}(k)|^2$。

步骤3　对$\frac{1}{N}|U_{2N}(k)|^2$进行IFFT，得$\hat{r}_0(m)$，$m=0,1,\cdots,2N-1$。$\hat{r}_0(m)$与$\hat{r}(m)$的关系为

$$\hat{r}(m) = \begin{cases} \hat{r}_0(m), & 0 \leqslant m \leqslant N-1 \\ \hat{r}_0(m+2N), & -N+1 \leqslant m \leqslant -1 \end{cases} \tag{3.1.8}$$

2. 自相关函数的估计性能

下面讨论$\hat{r}(m)$对 $r(m)$的估计性能。

1) 均值

当时延 $m\geqslant 0$ 时,$\hat{r}(m)$的均值可以表示为

$$\begin{aligned}\mathrm{E}\{\hat{r}(m)\} &= \mathrm{E}\left\{\frac{1}{N}\sum_{n=0}^{N-1}u_N(n)u_N^*(n-m)\right\}\\&=\frac{1}{N}\sum_{n=m}^{N-1}\mathrm{E}\{u_N(n)u_N^*(n-m)\}\\&=\frac{1}{N}\sum_{n=m}^{N-1}r(m)\\&=\frac{N-m}{N}r(m)\end{aligned}$$

考虑到 m 的取值可正可负,所以有

$$\mathrm{E}\{\hat{r}(m)\} = \frac{N-|m|}{N}r(m) \tag{3.1.9}$$

因此,对于固定的时延$|m|$,$\hat{r}(m)$是有偏估计,但当 $N\to\infty$时,有$\lim\limits_{N\to\infty}\mathrm{E}\{\hat{r}(m)\}=r(m)$,即$\hat{r}(m)$是对 $r(m)$的渐近无偏估计;对于固定的 N,当$|m|$越接近于 N 时,估计的偏差越大;$\hat{r}(m)$的均值是 $r(m)$和三角窗函数

$$w_{2N-1}^{(\mathrm{T})}(m)=\begin{cases}1-|m|/N, & |m|\leqslant N-1\\0, & \text{其他}\end{cases}$$

的乘积,$w_{2N-1}^{(\mathrm{T})}(m)$的长度为 $2N-1$。三角窗又称 Bartlett 窗,它对 $r(m)$的加权,导致$\hat{r}(m)$产生偏差。

2) 方差

根据方差的定义,$\hat{r}(m)$的方差为

$$\begin{aligned}\mathrm{var}\{\hat{r}(m)\} &= \mathrm{E}\{|\hat{r}(m)-\mathrm{E}\{\hat{r}(m)\}|^2\}\\&=\mathrm{E}\{|\hat{r}(m)|^2\}-|\mathrm{E}\{\hat{r}(m)\}|^2\end{aligned}$$

将式(3.1.2)代入上式,并假定信号 $u(n)$是零均值的实高斯随机信号,经过推导[1],$\hat{r}(m)$的方差为

$$\mathrm{var}\{\hat{r}(m)\} = \frac{1}{N}\sum_{l=-(N-1-|m|)}^{N-1-|m|}\left[1-\frac{|m|+|l|}{N}\right][r^2(l)+r(l+m)r(l-m)] \tag{3.1.10}$$

由于自相关函数值 $r(m)$是有限的,显然当 $N\to\infty$时,$\hat{r}(m)$的方差将趋近于零。所以,对于固定的延时$|m|$,$\hat{r}(m)$是 $r(m)$的渐近一致估计。

另外,还有一种常用的自相关函数 $r(m)$的估计$\hat{r}(m)$,有

$$\hat{r}(m) = \frac{1}{N-|m|}\sum_{n=0}^{N-1}u_N(n)u_N^*(n-m),\quad |m|\leqslant N-1 \tag{3.1.11}$$

其均值为

$$\mathrm{E}\{\hat{r}(m)\} = r(m) \tag{3.1.12}$$

若信号 $u(n)$是零均值的实高斯随机信号，则式(3.1.11)的方差为[2]

$$\mathrm{var}\{\hat{r}(m)\} = \frac{1}{N-|m|}\sum_{l=-(N-1-|m|)}^{N-1-|m|}\left[1-\frac{|l|}{N-|m|}\right][r^2(l)+r(l+m)r(l-m)] \tag{3.1.13}$$

由式(3.1.12)和式(3.1.13)可以看出，式(3.1.11)给出的自相关函数的估计$\hat{r}(m)$为无偏估计，当$|m|$接近于N时，由式(3.1.11)给出的估计$\hat{r}(m)$的方差很大，但当$N\gg|m|$时，$\hat{r}(m)$是$r(m)$的渐近一致估计。

3.1.2 周期图法

由于随机过程$u(n)$的N个观测值$u_N(n)$是确定信号，对其进行傅里叶变换，得

$$U_N(\omega) = \sum_{n=0}^{N-1} u_N(n)\mathrm{e}^{-\mathrm{j}\omega n}$$

根据第1章1.2.3节傅里叶变换的帕斯瓦尔关系，上式的模的平方是确定信号$u_N(n)$的能量谱，对能量谱除以持续时间N，其结果应是$u_N(n)$的功率谱估计，将其作为随机过程$u(n)$的功率谱的估计，表示为

$$\hat{S}_{\mathrm{PER}}(\omega) = \frac{1}{N}|U_N(\omega)|^2 \tag{3.1.14}$$

该方法称为功率谱估计的周期图法(periodogram)。因为这种功率谱估计方法是直接通过观测数据的傅里叶变换求得的，人们习惯上称之为直接法。

下面讨论一下周期图法和BT法的关系。

比较式(3.1.6)和式(3.1.14)可以看出，周期图法可以看作是BT法的一个特例，当BT法中使用全部自相关函数进行傅里叶变换时，两者是相同的。

3.1.1节已经指出，当M较大，特别是接近或等于$N-1$时，$\hat{r}(m)$对$r(m)$的估计偏差变大，导致此时功率谱估计的性能下降。因此，在使用BT法时，通常都取$M\ll N-1$，此时有

$$\hat{S}_{\mathrm{BT}}(\omega) \neq \hat{S}_{\mathrm{PER}}(\omega)$$

令$M\ll N-1$，这相当于对长度为$2N-1$的自相关函数$\hat{r}(m)$做截断处理，也即施加了一个矩形窗，即

$$\hat{r}_M(m) = w_{2M+1}^{(\mathrm{R})}(m)\,\hat{r}(m) \tag{3.1.15}$$

其中，矩形窗$w_{2M+1}^{(\mathrm{R})}(m)$定义为

$$w_{2M+1}^{(\mathrm{R})}(m) = \begin{cases}1, & |m|\leqslant M\\ 0, & \text{其他}\end{cases} \tag{3.1.16}$$

窗的宽度为$2M+1$。由式(3.1.9)，$\hat{r}(m)$的均值等于理论自相关函数$r(m)$乘以三角窗$w_{2N-1}^{(\mathrm{T})}(m)$，这是第一次加窗。该三角窗实际上是由有限长数据$u_N(n)$($u_N(n)$可以看作$u(n)$和一矩形窗函数相乘的结果)产生的，其宽度为$2N-1$。此处$w_{2M+1}^{(\mathrm{R})}(m)$是对自相关函数$r(m)$的第二次加窗，由于$M\ll N-1$，$w_{2M+1}^{(\mathrm{R})}(m)$的宽度远小于三角窗$w_{2N-1}^{(\mathrm{T})}(m)$，所

以 $w_{2M+1}^{(R)}(m)$ 的频谱的主瓣宽度将远大于三角窗 $w_{2N-1}^{(T)}(m)$ 的主瓣宽度。这样对 $r(m)$ 施加 $w_{2M+1}^{(R)}(m)$ 的作用等效于频谱上两者的卷积，从而“平滑”了周期图功率谱估计，所以当 $M \ll N-1$ 时，$\hat{S}_{BT}(\omega)$ 实际上是对周期图功率谱估计 $\hat{S}_{PER}(\omega)$ 的“平滑”改进，即平滑周期图。

由上述讨论可知，当 $M=N-1$ 时，周期图法和 BT 法是相同的，而当 $M \ll N-1$ 时，BT 法是对周期图法的平滑。因此，下一节将分两种情况讨论周期图法和 BT 法的估计性能。

3.1.3　经典功率谱估计性能讨论

1. $M=N-1$ 时的估计性能

因为当 $M=N-1$ 时，周期图法和 BT 法相同，故将这两种方法的性能一起讨论。这里令 $\hat{S}(\omega)=\hat{S}_{BT}(\omega)=\hat{S}_{PER}(\omega)$。

1）均值

由于两种估计方法所得的结果是一致的，利用式(3.1.9)，有

$$\begin{aligned} E\{\hat{S}(\omega)\} &= \sum_{m=-(N-1)}^{N-1} E\{\hat{r}(m)\}e^{-jm\omega} \\ &= \sum_{m=-(N-1)}^{N-1} \frac{N-|m|}{N} r(m)e^{-jm\omega} \\ &= \sum_{m=-\infty}^{\infty} w_{2N-1}^{(T)}(m) r(m) e^{-jm\omega} \end{aligned} \tag{3.1.17}$$

由 1.2.3 节的离散时间信号傅里叶变换的时域相乘特性，有下面的周期卷积：

$$E\{\hat{S}(\omega)\} = \frac{1}{2\pi} W_{2N-1}^{(T)}(\omega) * S(\omega) = \frac{1}{2\pi}\int_{2\pi} W_{2N-1}^{(T)}(\omega-\lambda) S(\lambda) d\lambda \tag{3.1.18}$$

式(3.1.18)表示在任意 2π 区间内的积分。其中，$r(m)$ 和 $S(\omega)$ 分别为随机信号 $u(n)$ 的理论自相关函数和功率谱。$W_{2N-1}^{(T)}(\omega)$ 是 $w_{2N-1}^{(T)}(m)$ 的傅里叶变换，即

$$W_{2N-1}^{(T)}(\omega) = \frac{1}{N}\left[\frac{\sin(N\omega/2)}{\sin(\omega/2)}\right]^2$$

可见，功率谱估计的均值可以表示为信号的理论功率谱和 $W_{2N-1}^{(T)}(\omega)$ 的周期卷积，因此经典的功率谱估计是有偏的。但是，当 $N \to \infty$，$W_{2N-1}^{(T)}(\omega)$ 趋于单位冲激函数，由于单位冲激函数和任意函数的卷积仍为该函数本身，因此有

$$\lim_{N\to\infty} E\{\hat{S}(\omega)\} = S(\omega) \tag{3.1.19}$$

即谱估计 $\hat{S}(\omega)$ 是渐近无偏的。

2）方差

首先考虑不同频率 ω_1 和 ω_2 处 $\hat{S}(\omega)$ 的协方差。因为功率谱是实函数，于是 $\hat{S}(\omega_1)$ 和 $\hat{S}(\omega_2)$ 的协方差可以表示为

$$\begin{aligned} \mathrm{cov}\{\hat{S}(\omega_1), \hat{S}(\omega_2)\} &= E\{[\hat{S}(\omega_1) - E\{\hat{S}(\omega_1)\}][\hat{S}(\omega_2) - E\{\hat{S}(\omega_2)\}]\} \\ &= E\{\hat{S}(\omega_1)\hat{S}(\omega_2)\} - E\{\hat{S}(\omega_1)\}E\{\hat{S}(\omega_2)\} \end{aligned} \tag{3.1.20}$$

假定 $u(n)$ 是零均值的实高斯白噪声，方差为 σ_u^2，则可以推导出[3]

$$\mathrm{cov}\{\hat{S}(\omega_1),\hat{S}(\omega_2)\}=\frac{\sigma_u^4}{N^2}\left\{\left[\frac{\sin\dfrac{N(\omega_1+\omega_2)}{2}}{\sin\dfrac{\omega_1+\omega_2}{2}}\right]^2+\left[\frac{\sin\dfrac{N(\omega_1-\omega_2)}{2}}{\sin\dfrac{\omega_1-\omega_2}{2}}\right]^2\right\} \tag{3.1.21}$$

在式(3.1.21)中令 $\omega_1=\omega_2=\omega$，得到功率谱估计的方差为

$$\mathrm{var}\{\hat{S}(\omega)\}=\sigma_u^4\left[1+\left(\frac{\sin N\omega}{N\sin\omega}\right)^2\right] \tag{3.1.22}$$

可见，当 $N\to\infty$ 时，功率谱估计的方差不趋近于零，而趋近于 σ_u^4，因此经典功率谱估计不是一致估计。

若分别取 $\omega_1=2k\pi/N$ 和 $\omega_2=2l\pi/N$，其中 k 和 l 是整数，则式(3.1.21)可以表示为

$$\mathrm{cov}\{\hat{S}(\omega_1),\hat{S}(\omega_2)\}=\sigma_u^4\left\{\left[\frac{\sin(k+l)\pi}{N\sin((k+l)\pi/N)}\right]^2+\left[\frac{\sin(k-l)\pi}{N\sin((k-l)\pi/N)}\right]^2\right\} \tag{3.1.23}$$

可见，当 $k+l$ 和 $k-l$ 不是 N 的整数倍时，$\mathrm{cov}\{\hat{S}(\omega_1),\hat{S}(\omega_2)\}$ 等于零。也即 $\hat{S}(\omega)$ 在这样的 k 和 l 处是互不相关的。当 N 增大时，就会使互不相关的点增多，这就加剧了估计的功率谱曲线的起伏。图 3.1.1 给出了零均值、方差为 1 的白噪声序列的周期图估计功率谱，其中图 3.1.1(a)、(b)、(c)和(d)分别是 $N=16$、$N=32$、$N=64$ 和 $N=128$ 时的谱曲线。由该图可以看出，当 N 增大时，谱曲线起伏变得越来越剧烈。

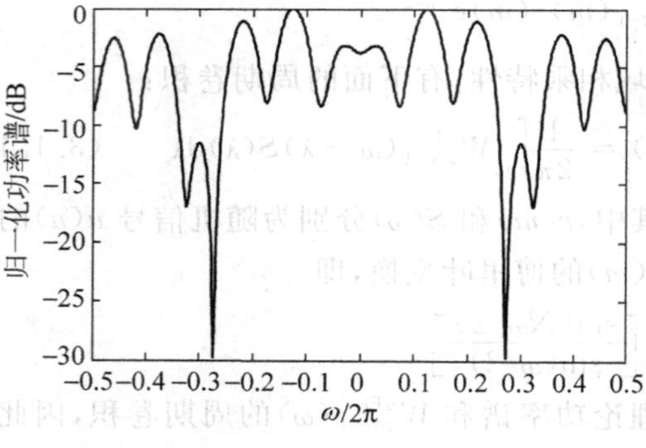

(a) N=16

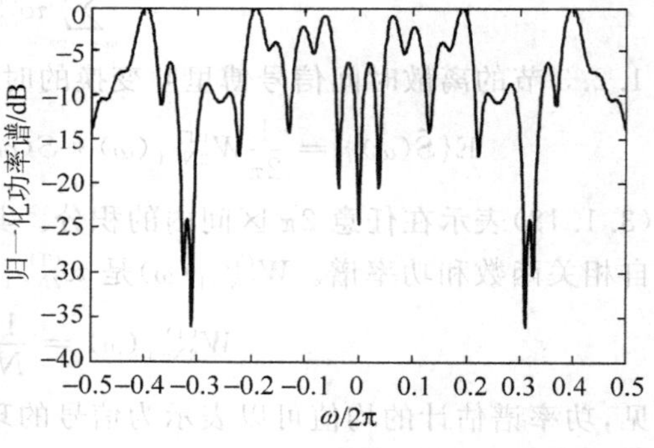

(b) N=32

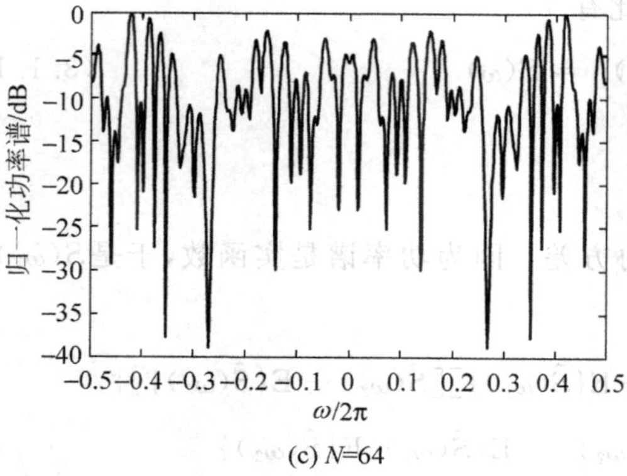

(c) N=64

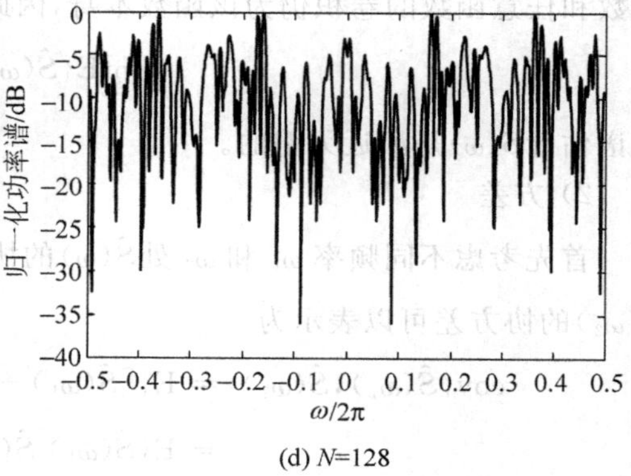

(d) N=128

图 3.1.1 不同 N 值时周期图方法得到的白噪声功率谱估计

由上面的讨论可知，为了保证$\hat{S}(\omega)$的渐近无偏性，希望N要大，但是N增大时又使$\hat{S}(\omega)$起伏加剧，这是周期图方法所存在的固有矛盾。

2. $M \ll N-1$时的估计性能

当$M \ll N-1$时，$\hat{S}_{\mathrm{BT}}(\omega)$不等于$\hat{S}_{\mathrm{PER}}(\omega)$，而是对$\hat{S}_{\mathrm{PER}}(\omega)$的平滑。下面讨论$\hat{S}_{\mathrm{BT}}(\omega)$对$S(\omega)$的估计性能。

1) 均值

由式(3.1.15)，BT法功率谱估计可表示为

$$\hat{S}_{\mathrm{BT}}(\omega) = \sum_{m=-M}^{M} w_{2M+1}^{(\mathrm{R})}(m)\,\hat{r}(m)\,\mathrm{e}^{-\mathrm{j}\omega m}$$

考虑更一般的情况，用宽度为$2M+1$的任意窗函数$w(m)$代替上式的矩形窗$w_{2M+1}^{(\mathrm{R})}(m)$，有

$$\hat{S}_{\mathrm{BT}}(\omega) = \sum_{m=-\infty}^{\infty} \hat{r}(m)\,w(m)\,\mathrm{e}^{-\mathrm{j}\omega m} \tag{3.1.24}$$

类似式(3.1.18)原理可得下面的周期卷积：

$$\mathrm{E}\{\hat{S}_{\mathrm{BT}}(\omega)\} = \frac{1}{4\pi^2} S(\omega) * W_{2N-1}^{(\mathrm{T})}(\omega) * W(\omega) \tag{3.1.25}$$

由于$M \ll N$，所以$W_{2N-1}^{(\mathrm{T})}(\omega)$的主瓣宽度远小于$W(\omega)$主瓣宽度。当$N \to \infty$时，$W_{2N-1}^{(\mathrm{T})}(\omega)$趋于$\delta$函数，这时有

$$\mathrm{E}\{\hat{S}_{\mathrm{BT}}(\omega)\} = \frac{1}{2\pi} S(\omega) * W(\omega) = \frac{1}{2\pi}\int_{2\pi} S(\lambda) W(\omega - \lambda)\,\mathrm{d}\lambda$$

如果$S(\omega)$在$W(\omega)$的主瓣内变化很慢，可以近似为一常数，则上式可表示为

$$\mathrm{E}\{\hat{S}_{\mathrm{BT}}(\omega)\} = S(\omega)\,\frac{1}{2\pi}\int_{2\pi} W(\omega)\,\mathrm{d}\omega \tag{3.1.26}$$

如果设计窗函数满足

$$\frac{1}{2\pi}\int_{2\pi} W(\omega)\,\mathrm{d}\omega = w(0) = 1 \tag{3.1.27}$$

则有

$$\mathrm{E}\{\hat{S}_{\mathrm{BT}}(\omega)\} = S(\omega)$$

式(3.1.27)是设计窗函数时，通常必须考虑的因素之一。

因此，通常BT法也是一种有偏估计，但当N很大时，且在式(3.1.26)及式(3.1.27)约束下，它是渐近无偏估计。不过由于$W(\omega)$的影响，其偏差趋于零的速度要小于周期图法，因此对周期图作平滑的结果是使偏差变大。

2) 方差

若$u(n)$是零均值的实高斯白噪声，方差为σ_u^2，有[4]

$$\mathrm{var}\{\hat{S}_{\mathrm{BT}}(\omega)\} \approx \frac{\sigma_u^4}{2\pi N}\int_{2\pi} [W(\omega)]^2\,\mathrm{d}\omega \tag{3.1.28}$$

由式(3.1.22)，当$N \to \infty$时，$\mathrm{var}\{\hat{S}_{\mathrm{PER}}(\omega)\} \approx \sigma_u^4$，如果令$K_r$为$\hat{S}_{\mathrm{BT}}(\omega)$和$\hat{S}_{\mathrm{PER}}(\omega)$的方差之比，有

$$K_r=\frac{\mathrm{var}\{\hat{S}_{\mathrm{BT}}(\omega)\}}{\mathrm{var}\{\hat{S}_{\mathrm{PER}}(\omega)\}}=\frac{1}{2\pi N}\int_{2\pi}[W(\omega)]^2\mathrm{d}\omega=\frac{1}{N}\sum_{m=-M}^{M}w^2(m) \tag{3.1.29}$$

一般地，$w(m)$是偶函数，并在 $m=0$ 处取得最大值 $w(0)=1$，又因为 $M\ll N$，所以 $K_r<1$。这说明，$\hat{S}_{\mathrm{BT}}(\omega)$的方差小于$\hat{S}_{\mathrm{PER}}(\omega)$的方差，这正是 $W(\omega)$对$\hat{S}_{\mathrm{PER}}(\omega)$平滑的结果。

由上面的讨论可知，$\hat{S}_{\mathrm{BT}}(\omega)$谱的平滑(即方差减小)是以牺牲分辨率为代价的。由于 $W(\omega)$主瓣比三角窗的主瓣宽，因而使其分辨率下降。$\hat{S}_{\mathrm{BT}}(\omega)$谱的平滑同时也导致估计的偏差变大。由此可以看出，在方差、偏差和分辨率之间存在着矛盾，在实际应用中，只能根据需要做出折中的选择。

3.1.4 经典功率谱估计的改进

周期图法估计出的谱$\hat{S}_{\mathrm{PER}}(\omega)$性能不佳，当数据长度 N 太大时，谱的曲线起伏加剧，N 太小时，谱的分辨率又不好，因此需要加以改进。此处所说的改进主要是指改进其方差特性。BT 法是对周期图法的一种改进，又称之为对周期图的平滑。另一种改进办法是平均法，即把一定长度的观测数据分成几段，分别计算每一段的功率谱，然后加以平均。下面讨论几种主要的改进方法。

1. Bartlett 法

由概率论知识可知，对于 L 个具有相同均值μ 和方差σ^2 的独立随机变量 $X_1,X_2,\cdots,X_L$，随机变量 $X=\frac{1}{L}\sum_{i=1}^{L}X_i$ 的均值为μ，但方差减小为σ^2/L。由此可得到改善$\hat{S}_{\mathrm{PER}}(\omega)$方差特性的一个有效方法，即平均周期图法，因这种方法是由 Bartlett 在 1948 年提出的，故又称 Bartlett 法。

Bartlett 法的基本步骤是，将 N 点的观测数据 $u_N(n)$分为 L 段，每段数据的长度为 M，整数 L 和 M 满足

$$L=\frac{N}{M} \tag{3.1.30}$$

第 i 段数据加矩形窗后，有

$$u_N^i(n)=u(n+(i-1)M)w_M^{(\mathrm{R})}(n),\quad 0\leqslant n\leqslant M-1,1\leqslant i\leqslant L \tag{3.1.31}$$

其中，$w_M^{(\mathrm{R})}(n)$是长度为 M 的矩形窗。

对于每段数据 $u_N^i(n)$，先利用周期图法求得其功率谱$\hat{S}_{\mathrm{PER}}^i(\omega)$，即

$$\hat{S}_{\mathrm{PER}}^i(\omega)=\frac{1}{M}\left|\sum_{n=0}^{M-1}u_N^i(n)\mathrm{e}^{-\mathrm{j}\omega n}\right|^2,\quad 1\leqslant i\leqslant L \tag{3.1.32}$$

然后计算各段功率谱估计的平均，得到平均周期图 $\overline{S}_{\mathrm{PER}}(\omega)$，即

$$\overline{S}_{\mathrm{PER}}(\omega)=\frac{1}{L}\sum_{i=1}^{L}\hat{S}_{\mathrm{PER}}^i(\omega)=\frac{1}{LM}\sum_{i=1}^{L}\left|\sum_{n=0}^{M-1}u_N^i(n)\mathrm{e}^{-\mathrm{j}\omega n}\right|^2 \tag{3.1.33}$$

下面讨论 Bartlett 功率谱估计 $\overline{S}_{\mathrm{PER}}(\omega)$的统计特性[5]。

由式(3.1.33)，$\overline{S}_{\mathrm{PER}}(\omega)$的均值为

$$E\{\bar{S}_{PER}(\omega)\} = \frac{1}{L}\sum_{i=1}^{L} E\{\hat{S}_{PER}^{i}(\omega)\} = E\{\hat{S}_{PER}^{i}(\omega)\} \tag{3.1.34}$$

由式(3.1.17)和式(3.1.18)，有

$$\begin{aligned} E\{\bar{S}_{PER}(\omega)\} &= \sum_{m=-(M-1)}^{M-1} \frac{M-|m|}{M} r(m) e^{-jm\omega} \\ &= \frac{1}{2\pi}\int_{2\pi} W_{2M-1}^{(T)}(\omega-\lambda) S(\lambda) d\lambda \end{aligned} \tag{3.1.35}$$

而 $\bar{S}_{PER}(\omega)$的方差为

$$\operatorname{var}\{\bar{S}_{PER}(\omega)\} = \frac{1}{L^2}\sum_{i=1}^{L} \operatorname{var}\{\hat{S}_{PER}^{i}(\omega)\} = \frac{1}{L}\operatorname{var}\{\hat{S}_{PER}^{i}(\omega)\} \tag{3.1.36}$$

由式(3.1.35)，Bartlett 功率谱估计使得数据点数从 N 减小为 $M=N/L$，于是窗函数的频谱宽度增大为周期图法的 L 倍，因此频率分辨率下降为原来的 $1/L$。由式(3.1.36)，Bartlett 功率谱估计的方差减小为周期图法的 $1/L$，因此 Bartlett 功率谱估计较周期图法的结果更为平滑。

2. Welch 法

这种方法是 Welch 在 1967 年提出的[6]，又称修正平均周期图法，是应用较广的一种方法。它是对 Bartlett 法的改进。

Welch 法也对 N 点的信号 $u_N(n)$进行分段，但允许分段时每段信号样本重叠。若每段的样本长度为 M，信号被分为 L 段，取相邻两段的信号样本重叠 50%，则 L 满足

$$L = \frac{N - M/2}{M/2} \tag{3.1.37}$$

将每段信号 $u_N^i(n)$和窗函数 $w(n)$(可以采用矩形窗、三角窗、海宁窗或海明窗等)相乘，然后按式(3.1.32)得到每段信号的功率谱估计为

$$\hat{\tilde{S}}_{PER}^{i}(\omega) = \frac{1}{MU}\left|\sum_{n=0}^{M-1} u_N^i(n) w(n) e^{-j\omega n}\right|^2 \tag{3.1.38}$$

式(3.1.38)中使用了归一化因子 U，且

$$U = \frac{1}{M}\sum_{n=0}^{M-1} w^2(n) \tag{3.1.39}$$

它是为了保证所得到的功率谱估计是渐近无偏的。

由此得到修正的周期图$\tilde{S}_{PER}(\omega)$为

$$\tilde{S}_{PER}(\omega) = \frac{1}{L}\sum_{i=1}^{L} \hat{\tilde{S}}_{PER}^{i}(\omega) = \frac{1}{LMU}\sum_{i=1}^{L}\left|\sum_{n=0}^{M-1} u_N^i(n) w(n) e^{-j\omega n}\right|^2 \tag{3.1.40}$$

观察式(3.1.40)可知，Welch 方法允许分段数据样本的重叠，于是可以得到更多的周期图估计，从而进一步减小估计的功率谱密度的方差。而与使用矩形窗实现数据分段的 Bartlett 方法相比，Welch 方法可以使用多种窗函数。通过窗函数加权，可以减小每个分段起始和结束位置附近的样本在估计中的作用，从而减小了相邻样本段之间的相关性。所以，Welch 方法可以更好地控制功率谱密度估计的方差特性。

3.1.5 经典功率谱估计仿真实例及性能比较

为了直观比较上面讨论的经典功率谱估计算法的性能，下面给出一个仿真实例。

例 3.1 设随机过程 $u_N(n)$ 由 3 个实正弦信号加噪声构成，为

$$u_N(n) = \sum_{k=1}^{3} s_k(n) + v(n)$$

其中，$s_k(n)=A_k\cos(2\pi f_k n+\varphi_k)$，$k=1,2,3$，其归一化频率分别是 $f_1=0.1$，$f_2=0.25$ 和 $f_3=0.27$，φ_k 是相互独立并在$[0,2\pi]$上服从均匀分布的随机相位；$v(n)$是均值为 0、方差 $\sigma^2=1$ 的实高斯白噪声序列。

3 个正弦信号的幅度 $A_k>0(k=1,2,3)$，由每个信号的信噪比决定，这里选择 3 个信号的信噪比分别为 $\mathrm{SNR}_1=30\mathrm{dB}$，$\mathrm{SNR}_2=30\mathrm{dB}$，$\mathrm{SNR}_3=27\mathrm{dB}$。这样，$A_k$ 可由如下公式计算得到：

$$\mathrm{SNR}_k = 10\log_{10}\left(\frac{A_k^2}{2\sigma^2}\right)$$

设观测样本数为 N，下面利用本节前面讨论的方法估计随机过程 $u_N(n)$ 的功率谱。

1. 周期图法

该方法估计信号功率谱的计算步骤如下：

步骤 1 计算信号 $u_N(n)$ 的傅里叶变换，即

$$U_N(\omega) = \sum_{n=0}^{N-1} u_N(n)\mathrm{e}^{-\mathrm{j}\omega n}$$

步骤 2 计算出信号的功率谱，即

$$\hat{S}_{\mathrm{PER}}(\omega) = \frac{1}{N}\mid U_N(\omega)\mid^2$$

图 3.1.2 中(a)和(b)分别是观测样本数为 $N=32$ 和 64 时，利用周期图法得到的功率谱估计。步骤 1 中用于计算 FFT 的点数为 256(即对观测样本进行了补零)。在图 3.1.2(a)中周期图法不能将归一化频率分别为 f_2 和 f_3 的两个正弦信号分开，而图 3.1.2(b)中两个信号可以被完全分开。可见，周期图法的分辨率随着信号长度的增加而提高。

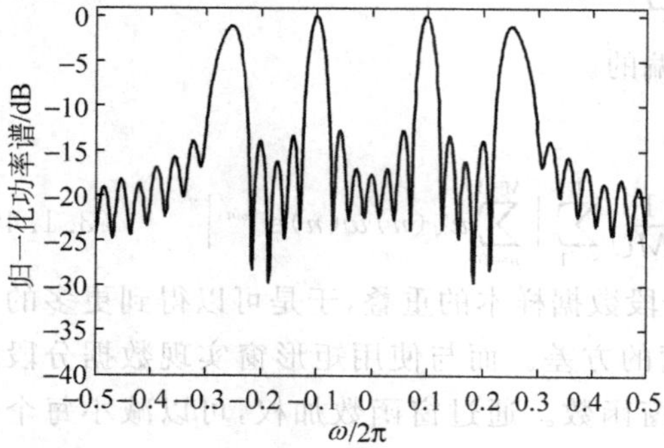

(a) N=32

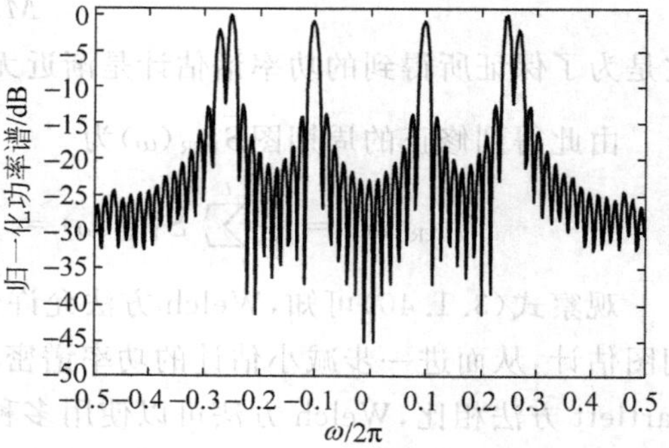

(b) N=64

图 3.1.2 取不同 N 值时用周期图法得到的功率谱估计

2. BT 法

该方法估计信号功率谱的计算步骤如下：

步骤 1 估计长度为 $N=256$ 的信号 $u_N(n)$ 的自相关函数 $\hat{r}(m)$，取最大延时为 M，即 $|m|\leqslant M$，有

$$\hat{r}(m)=\frac{1}{N}\sum_{n=0}^{N-1}u_N(n)u_N^*(n-m)$$

步骤 2 计算出信号的功率谱，即

$$\hat{S}_{\mathrm{BT}}(\omega)=\sum_{m=-M}^{M}\hat{r}(m)\mathrm{e}^{-\mathrm{j}\omega m}\quad 0\leqslant M\leqslant N-1$$

图 3.1.3 中(a)和(b)分别是最大延时分别为 $M=32$ 和 64 时，利用 BT 法估计出的功率谱。步骤 2 中用于计算 FFT 的点数为 256。在图 3.1.3(a)中 BT 法不能将归一化频率分别为 f_2 和 f_3 的两个正弦信号分开，而图 3.1.3(b)中两个信号可以被完全分开，但图(a)比图(b)更加平滑。

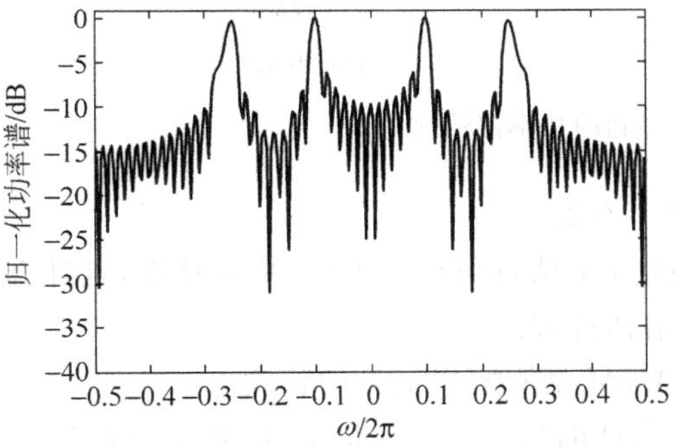

(a) M=32

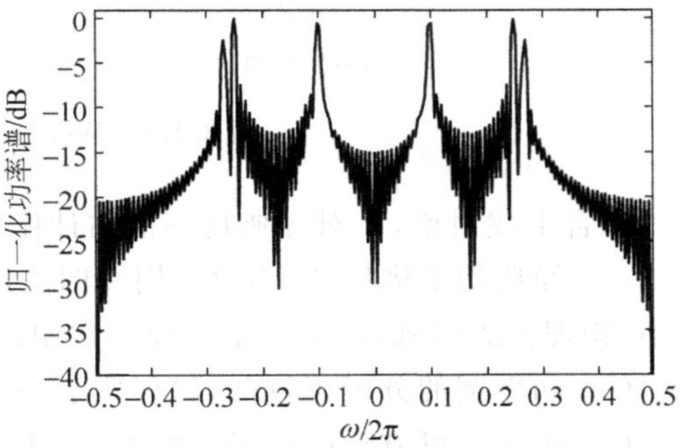

(b) M=64

图 3.1.3 BT 法得到的功率谱估计

3. Welch 法

Welch 法估计信号功率谱的计算步骤如下：

步骤 1 将长度为 N 的信号 $u_N(n)$ 进行分段，相邻的两段数据交叠一半。若每段信号的长度为 M，信号将被分成 L 段，即

$$L=\frac{N-M/2}{M/2}$$

步骤 2 将第 $i(1\leqslant i\leqslant L)$ 段信号 $u_N^i(n)$ 与长度为 M 的窗函数 $w(n)$ 相乘。

步骤 3 对加窗后的每段信号 $u_N^i(n)w(n)$ 利用周期图法求得其功率谱，即

$$\hat{S}_{\mathrm{PER}}^i(\omega)=\frac{1}{M}\left|\sum_{n=0}^{M-1}u_N^i(n)w(n)\mathrm{e}^{-\mathrm{j}\omega n}\right|^2\quad 1\leqslant i\leqslant L$$

步骤 4 对估计到的每段功率谱 $\hat{S}_{\mathrm{PER}}^i(\omega)$ 按如下公式作平均，得到 Welch 法的功率谱估计，即

$$\overline{S}_{\mathrm{PER}}(\omega)=\frac{1}{L}\sum_{i=1}^{L}\hat{S}_{\mathrm{PER}}^{i}(\omega)$$

图 3.1.4 中(a)和(b)分别是使用矩形窗和海明窗时利用 Welch 法求出的功率谱，长度为 $N=256$ 的信号 $u_N(n)$ 被分为 $L=7$ 段，每段长度 $M=64$，重叠 32 点。步骤 3 中用于计算的 FFT 点数为 256。由图 3.1.4 可看出，使用海明窗后得到的功率谱变得更加平滑，分辨率降低，不能将归一化频率分别为 f_2 和 f_3 的两个正弦信号分开。

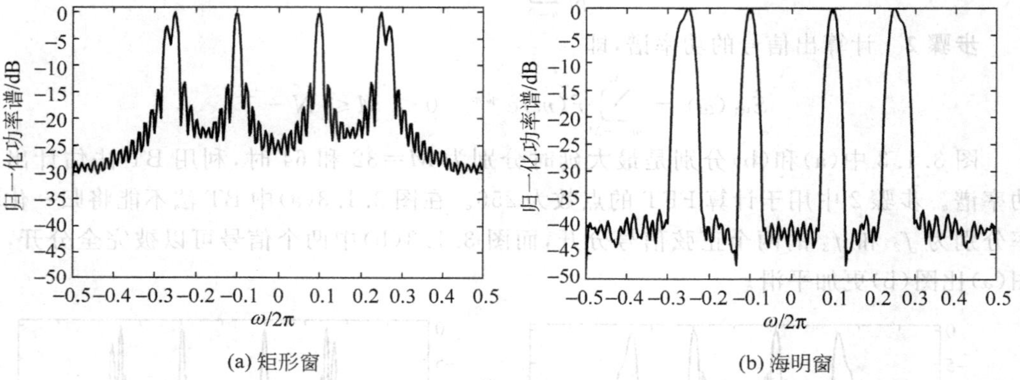

图 3.1.4 Welch 法得到的功率谱估计

综合上述讨论，可对经典功率谱估计作如下总结：

(1) 经典功率谱估计，不论是周期图法还是 BT 法都可以用 FFT 快速计算，且计算量较小，物理概念明确，因而仍是目前较常用的谱估计方法。

(2) 功率谱的分辨率较低，它正比于 $2\pi/M$，M 是所使用信号的长度。

(3) 由于不可避免的窗函数的影响，使得估计的功率谱主瓣展宽，降低了分辨率。

(4) 方差性能不好，不是 $S(\omega)$ 的一致估计，且 N 增大时，谱曲线起伏加剧。

(5) 周期图的平滑和平均是和窗函数的使用紧密关联的。平滑和平均主要是用来改善周期图的方差性能，但往往又降低了分辨率和增加了偏差。因此，在实际应用中，必须在方差、偏差和分辨率之间进行折中选择。

3.2 平稳随机过程的 AR 参数模型功率谱估计

前面介绍的经典功率谱估计方法是直接对观测样本进行计算，得到随机过程的功率谱估计。从第 2 章 2.4 节的讨论可知，具有连续谱的离散时间规则随机过程 $u(n)$，可看成零均值、方差为 σ^2 的白噪声 $v(n)$ 通过频率响应为 $H(\omega)$ 的 LTI 离散时间系统的响应，此时随机过程 $u(n)$ 的功率谱可表示为 $S(\omega)=|H(\omega)|^2\sigma^2$，如图 3.2.1 所示。

参数模型功率谱估计的基本思想是，认为随机过程 $u(n)$ 就是白噪声通过 LTI 离散时间系统得到的响应，利用观测样本值估计出模型的参数(即得到了频率响应 $H(\omega)$)，也就得到了随机过程 $u(n)$ 的功率谱 $S(\omega)=|H(\omega)|^2\sigma^2$。

根据 2.4 节的介绍，规则过程的参数模型有 3 种，AR 参数模型、MA 参数模型和

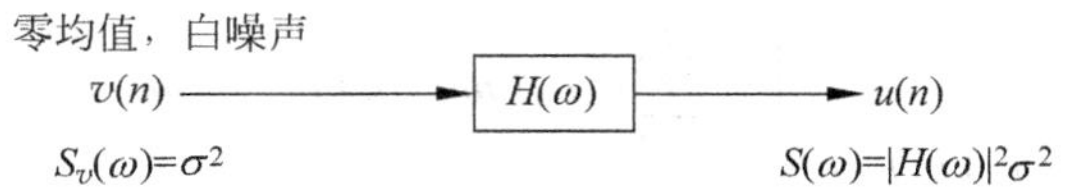

图 3.2.1　零均值白噪声通过 LTI 系统

ARMA 参数模型，本节先介绍 AR 参数模型功率谱估计方法。

需指出的是，实际工程应用中，由于无噪声的纯正弦过程（可预测过程）几乎不存在，因此大多数随机过程都可看成具有连续谱的规则过程，即可用线性常系数差分方程这一参数模型进行描述。

3.2.1　AR 参数模型的正则方程

假设 AR(p)模型的输入信号 $v(n)$和输出信号 $u(n)$都是平稳的复随机信号，且 $v(n)$是零均值、方差为 σ^2 的白噪声。

由 2.4 节可知，p 阶 AR(p)模型的输入 $v(n)$和输出 $u(n)$满足如下差分方程：

$$u(n)=-\sum_{k=1}^{p}a_k u(n-k)+v(n) \tag{3.2.1}$$

将方程式(3.2.1)两边同乘以 $u^*(n-m)$（假设 $m\geqslant 0$），并求数学期望，得

$$\begin{aligned}\mathrm{E}\{u(n)u^*(n-m)\}&=\mathrm{E}\left\{\left[-\sum_{k=1}^{p}a_k u(n-k)+v(n)\right]u^*(n-m)\right\}\\&=-\sum_{k=1}^{p}a_k\mathrm{E}\{u(n-k)u^*(n-m)\}+\mathrm{E}\{v(n)u^*(n-m)\}\end{aligned} \tag{3.2.2}$$

记 $u(n)$的自相关函数为 $r_u(m)=\mathrm{E}\{u(n)u^*(n-m)\}$，$v(n)$和 $u(n)$的互相关函数为 $r_{vu}(m)=\mathrm{E}\{v(n)u^*(n-m)\}$，则式(3.2.2)可以表示为

$$r_u(m)=r_{vu}(m)-\sum_{k=1}^{p}a_k r_u(m-k)$$

由于 $v(n)$是零均值、方差为 σ^2 的白噪声，且设 AR 模型为因果系统，故 AR 模型的输出信号 $u(n-1),u(n-2),\cdots,u(n-p),\cdots$与 n 时刻 AR 模型的输入信号 $v(n)$统计独立，所以有

$$r_{vu}(m)=\mathrm{E}\{v(n)u^*(n-m)\}=\mathrm{E}\{v(n)\}\mathrm{E}\{u^*(n-m)\}=0,\quad m>0$$

而当 $m=0$ 时，有

$$\begin{aligned}r_{vu}(0)&=\mathrm{E}\{v(n)u^*(n)\}\\&=\mathrm{E}\left\{v(n)\left[-\sum_{k=1}^{p}a_k^* u^*(n-k)+v^*(n)\right]\right\}\\&=-\sum_{k=1}^{p}a_k^*\mathrm{E}\{v(n)u^*(n-k)\}+\mathrm{E}\{v(n)v^*(n)\}\\&=\sigma^2\end{aligned}$$

综合上面的讨论可得

$$r_u(m)=\begin{cases}-\sum_{k=1}^{p}a_k r_u(m-k), & m>0\\ -\sum_{k=1}^{p}a_k r_u(-k)+\sigma^2, & m=0\end{cases} \tag{3.2.3}$$

式(3.2.3)中分别取 $m=0,1,\cdots,p$,可得如下线性方程组：

$$\begin{bmatrix}r_u(0) & r_u(-1) & \cdots & r_u(-p)\\ r_u(1) & r_u(0) & \cdots & r_u(-p+1)\\ \vdots & \vdots & \ddots & \vdots\\ r_u(p) & r_u(p-1) & \cdots & r_u(0)\end{bmatrix}\begin{bmatrix}1\\ a_1\\ \vdots\\ a_p\end{bmatrix}=\begin{bmatrix}\sigma^2\\ 0\\ \vdots\\ 0\end{bmatrix} \tag{3.2.4}$$

式(3.2.3)或式(3.2.4)称为 AR 模型的正则方程(normal equation),又称 Yule-Walker 方程。

定义 p 阶 AR 模型的系数向量$\boldsymbol{\theta}_p=[a_1\quad a_2\quad\cdots\quad a_p]^{\mathrm{T}}$,则式(3.2.4)也可表示为向量形式,即

$$\widetilde{\boldsymbol{R}}_{p+1}\begin{bmatrix}1\\ \boldsymbol{\theta}_p\end{bmatrix}=\begin{bmatrix}\sigma^2\\ \boldsymbol{0}_p\end{bmatrix} \tag{3.2.5}$$

其中,$\boldsymbol{0}_p$ 是 $p\times1$ 维全零向量,矩阵$\widetilde{\boldsymbol{R}}_{p+1}$定义为

$$\widetilde{\boldsymbol{R}}_{p+1}=\begin{bmatrix}r_u(0) & r_u(-1) & \cdots & r_u(-p)\\ r_u(1) & r_u(0) & \cdots & r_u(-p+1)\\ \vdots & \vdots & \ddots & \vdots\\ r_u(p) & r_u(p-1) & \cdots & r_u(0)\end{bmatrix}=\mathrm{E}\{\boldsymbol{u}_{p+1}^*(n)\boldsymbol{u}_{p+1}^{\mathrm{T}}(n)\}=\boldsymbol{R}_{p+1}^* \tag{3.2.6}$$

其中,$\boldsymbol{u}_{p+1}(n)=[u(n)\quad u(n-1)\quad\cdots\quad u(n-p)]^{\mathrm{T}}$,$\boldsymbol{R}_{p+1}=\mathrm{E}\{\boldsymbol{u}_{p+1}(n)\boldsymbol{u}_{p+1}^{\mathrm{H}}(n)\}$是$\boldsymbol{u}_{p+1}(n)$的相关矩阵。对于复随机过程,由自相关函数的共轭对称性 $r_u^*(m)=r_u(-m)$ 知,矩阵$\widetilde{\boldsymbol{R}}_{p+1}$为 Hermite 对称的 Toeplitz 矩阵；对于实随机过程,$r_u(m)=r_u(-m)$,则矩阵$\widetilde{\boldsymbol{R}}_{p+1}$是对称的 Toeplitz 矩阵。

AR 模型的正则方程式(3.2.4)也可表示为

$$r_u(0)+a_1r_u(-1)+\cdots+a_pr_u(-p)=\sigma^2 \tag{3.2.7}$$

和

$$\begin{bmatrix}r_u(0) & r_u(-1) & \cdots & r_u(-p+1)\\ r_u(1) & r_u(0) & \cdots & r_u(-p+2)\\ \vdots & \vdots & \ddots & \vdots\\ r_u(p-1) & r_u(p-2) & \cdots & r_u(0)\end{bmatrix}\begin{bmatrix}a_1\\ a_2\\ \vdots\\ a_p\end{bmatrix}=\begin{bmatrix}-r_u(1)\\ -r_u(2)\\ \vdots\\ -r_u(p)\end{bmatrix} \tag{3.2.8}$$

式(3.2.8)可以简单地表示为

$$\widetilde{\boldsymbol{R}}_p\boldsymbol{\theta}_p=-\boldsymbol{r}_p \tag{3.2.9}$$

其中,$\boldsymbol{r}_p=[r_u(1)\quad r_u(2)\quad\cdots\quad r_u(p)]^{\mathrm{T}}$。因矩阵$\widetilde{\boldsymbol{R}}_p$ 是非奇异的,对式(3.2.9)两边左乘$\widetilde{\boldsymbol{R}}_p^{-1}$,有

$$\boldsymbol{\theta}_p = -\widetilde{\boldsymbol{R}}_p^{-1}\boldsymbol{r}_p \tag{3.2.10}$$

将$\boldsymbol{\theta}_p$ 代入式(3.2.7)中即可得到 σ^2。

随机过程 $u(n)$的功率谱可由下式给出：

$$S_{\mathrm{AR}}(\omega) = \frac{\sigma^2}{\left|1 + \sum_{k=1}^{p} a_k \mathrm{e}^{-\mathrm{j}\omega k}\right|^2} \tag{3.2.11}$$

例 3.2 已知 $u(n)$满足实 AR(2)模型，即满足如下差分方程：

$$u(n) + a_1 u(n-1) + a_2 u(n-2) = v(n)$$

其中，$v(n)$是均值为零、方差为 σ_v^2 的白噪声。在式(3.2.7)和式(3.2.8)中取 AR 模型阶数 $p=2$，并注意 $u(n)$是实过程，得到二阶的 Yule-Walker 方程为

$$\begin{bmatrix} r_u(0) & r_u(1) \\ r_u(1) & r_u(0) \end{bmatrix}\begin{bmatrix} a_1 \\ a_2 \end{bmatrix} = \begin{bmatrix} -r_u(1) \\ -r_u(2) \end{bmatrix}$$

$$\sigma_v^2 = r_u(0) + a_1 r_u(1) + a_2 r_u(2)$$

可以解得

$$a_1 = \frac{-r_u(1)[r_u(0) - r_u(2)]}{r_u^2(0) - r_u^2(1)}$$

$$a_2 = -\frac{r_u(0)r_u(2) - r_u^2(1)}{r_u^2(0) - r_u^2(1)}$$

同样可以用 a_1 和 a_2 来表示 $r_u(1)$和 $r_u(2)$，即

$$\sigma_u^2 = \left(\frac{1+a_2}{1-a_2}\right)\frac{\sigma_v^2}{[(1+a_2)^2 - a_1^2]}$$

$$r_u(1) = \frac{-a_1}{1+a_2}\sigma_u^2$$

$$r_u(2) = \left(-a_2 + \frac{a_1^2}{1+a_2}\right)\sigma_u^2$$

3.2.2 AR 参数模型的 Levinson-Durbin 迭代算法

在实际应用中，为避免矩阵求逆运算，通常并不直接求解正则方程式(3.2.9)。此外，为得到不同阶数的 AR 模型参数估计及功率谱估计，需要求解不同阶数的正则方程式(3.2.9)，计算量非常大。幸运的是，利用矩阵$\widetilde{\boldsymbol{R}}_p$ 的结构特性(Hermite 和 Toeplitz 性质)，通过按阶数递推的方式，Levinson-Durbin 迭代算法能以较低的运算量求解正则方程式(3.2.4)。下面将详细讨论这种迭代算法。

定义 $a_k^{(m)}$ 为 m 阶 AR 模型的第 k 个系数，$k=1,2,\cdots,m$；$m=1,2,\cdots,p$。σ_m^2 为 m 阶 AR 模型输入白噪声的方差。

首先计算 AR(1)模型的参数，根据式(3.2.4)，有

$$\begin{bmatrix} r_u(0) & r_u^*(1) \\ r_u(1) & r_u(0) \end{bmatrix}\begin{bmatrix} 1 \\ a_1^{(1)} \end{bmatrix} = \begin{bmatrix} \sigma_1^2 \\ 0 \end{bmatrix} \tag{3.2.12}$$

容易解得

$$a_1^{(1)} = -r_u(1)/r_u(0)$$
$$\sigma_1^2 = r_u(0) - |r_u(1)|^2/r_u(0) \tag{3.2.13}$$

对于 $m\geqslant 2$,若已知 $m-1$ 阶 AR 模型的参数 $a_k^{(m-1)}(k=1,2,\cdots,m-1)$ 和 σ_{m-1}^2,则 AR($m-1$)模型的正则方程为

$$\begin{bmatrix} r_u(0) & r_u^*(1) & \cdots & r_u^*(m-1) \\ r_u(1) & r_u(0) & \cdots & r_u^*(m-2) \\ \vdots & \vdots & \ddots & \vdots \\ r_u(m-1) & r_u(m-2) & \cdots & r_u(0) \end{bmatrix} \begin{bmatrix} 1 \\ a_1^{(m-1)} \\ \vdots \\ a_{m-1}^{(m-1)} \end{bmatrix} = \begin{bmatrix} \sigma_{m-1}^2 \\ 0 \\ \vdots \\ 0 \end{bmatrix} \tag{3.2.14}$$

或者表示为向量形式

$$\widetilde{\boldsymbol{R}}_m \begin{bmatrix} 1 \\ \boldsymbol{\theta}_{m-1} \end{bmatrix} = \begin{bmatrix} \sigma_{m-1}^2 \\ \boldsymbol{0}_{m-1} \end{bmatrix} \tag{3.2.15}$$

其中,$\boldsymbol{\theta}_{m-1} = [a_1^{(m-1)} \quad a_2^{(m-1)} \quad \cdots \quad a_{m-1}^{(m-1)}]^{\mathrm{T}}$ 是 $m-1$ 阶 AR 模型的系数向量,$\boldsymbol{0}_{m-1}$ 是 $(m-1)\times 1$ 维全零向量,矩阵 $\widetilde{\boldsymbol{R}}_m$ 的定义由式(3.2.6)给出。

定义交换矩阵(exchange matrix)

$$\boldsymbol{J}_m = \begin{bmatrix} 0 & 0 & \cdots & 0 & 1 \\ 0 & 0 & \cdots & 1 & 0 \\ \vdots & \vdots & \ddots & \vdots & \vdots \\ 0 & 1 & \cdots & 0 & 0 \\ 1 & 0 & \cdots & 0 & 0 \end{bmatrix} \in \mathbb{R}^{m\times m}$$

即元素 $[\boldsymbol{J}_m]_{i,m-i+1} = 1, i=1,2,\cdots,m$,其他元素都为 0。因为 $\widetilde{\boldsymbol{R}}_m$ 是 Hermite 对称的 Toeplitz 矩阵,容易验证

$$\widetilde{\boldsymbol{R}}_m \boldsymbol{J}_m = \boldsymbol{J}_m \widetilde{\boldsymbol{R}}_m^* \tag{3.2.16}$$

对方程式(3.2.15)两边左乘 $\boldsymbol{J}_m$,取共轭,并应用式(3.2.16),得

$$\widetilde{\boldsymbol{R}}_m \boldsymbol{J}_m \begin{bmatrix} 1 \\ \boldsymbol{\theta}_{m-1}^* \end{bmatrix} = \boldsymbol{J}_m \begin{bmatrix} \sigma_{m-1}^2 \\ \boldsymbol{0}_{m-1} \end{bmatrix} \tag{3.2.17}$$

即

$$\begin{bmatrix} r_u(0) & r_u^*(1) & \cdots & r_u^*(m-1) \\ r_u(1) & r_u(0) & \cdots & r_u^*(m-2) \\ \vdots & \vdots & \ddots & \vdots \\ r_u(m-1) & r_u(m-2) & \cdots & r_u(0) \end{bmatrix} \begin{bmatrix} a_{m-1}^{(m-1)*} \\ a_{m-2}^{(m-1)*} \\ \vdots \\ 1 \end{bmatrix} = \begin{bmatrix} 0 \\ 0 \\ \vdots \\ \sigma_{m-1}^2 \end{bmatrix} \tag{3.2.18}$$

将式(3.2.14)和式(3.2.18)合并,得

$$\widetilde{\boldsymbol{R}}_m \begin{bmatrix} 1 & a_{m-1}^{(m-1)*} \\ a_1^{(m-1)} & a_{m-2}^{(m-1)*} \\ \vdots & \vdots \\ a_{m-2}^{(m-1)} & a_1^{(m-1)*} \\ a_{m-1}^{(m-1)} & 1 \end{bmatrix} = \begin{bmatrix} \sigma_{m-1}^2 & 0 \\ 0 & 0 \\ \vdots & \vdots \\ 0 & 0 \\ 0 & \sigma_{m-1}^2 \end{bmatrix} \tag{3.2.19}$$

或者得

$$\widetilde{\boldsymbol{R}}_m\begin{bmatrix}1 & \widetilde{\boldsymbol{\theta}}_{m-1}\\ \boldsymbol{\theta}_{m-1} & 1\end{bmatrix}=\begin{bmatrix}\sigma_{m-1}^2 & \boldsymbol{0}_{m-1}\\ \boldsymbol{0}_{m-1} & \sigma_{m-1}^2\end{bmatrix} \tag{3.2.20}$$

其中，$\widetilde{\boldsymbol{\theta}}_{m-1}=\boldsymbol{J}_{m-1}\boldsymbol{\theta}_{m-1}^{*}=[a_{m-1}^{(m-1)*}\quad a_{m-2}^{(m-1)*}\quad\cdots\quad a_1^{(m-1)*}]^{\mathrm{T}}$。

令

$$\Delta_m=r_u(m)+\sum_{i=1}^{m-1}a_i^{(m-1)}r_u(m-i) \tag{3.2.21}$$

将式(3.2.19)和式(3.2.21)合并，得

$$\begin{bmatrix}r_u(0) & r_u^*(1) & \cdots & r_u^*(m-1) & r_u^*(m)\\ r_u(1) & r_u(0) & \cdots & r_u^*(m-2) & r_u^*(m-1)\\ \vdots & \vdots & \ddots & \vdots & \vdots\\ r_u(m-1) & r_u(m-2) & \cdots & r_u(0) & r_u^*(1)\\ r_u(m) & r_u(m-1) & \cdots & r_u(1) & r_u(0)\end{bmatrix}\begin{bmatrix}1 & 0\\ a_1^{(m-1)} & a_{m-1}^{(m-1)*}\\ \vdots & \vdots\\ a_{m-1}^{(m-1)} & a_1^{(m-1)*}\\ 0 & 1\end{bmatrix}=\begin{bmatrix}\sigma_{m-1}^2 & \Delta_m^*\\ 0 & 0\\ \vdots & \vdots\\ 0 & 0\\ \Delta_m & \sigma_{m-1}^2\end{bmatrix}$$

或得

$$\widetilde{\boldsymbol{R}}_{m+1}\begin{bmatrix}1 & 0\\ \boldsymbol{\theta}_{m-1} & \widetilde{\boldsymbol{\theta}}_{m-1}\\ 0 & 1\end{bmatrix}=\begin{bmatrix}\sigma_{m-1}^2 & \Delta_m^*\\ \boldsymbol{0}_{m-1} & \boldsymbol{0}_{m-1}\\ \Delta_m & \sigma_{m-1}^2\end{bmatrix} \tag{3.2.22}$$

定义反射系数

$$\kappa_m=-\frac{\Delta_m}{\sigma_{m-1}^2}=-\frac{r_u(m)+\sum_{i=1}^{m-1}a_i^{(m-1)}r_u(m-i)}{\sigma_{m-1}^2},\quad m\geqslant 2 \tag{3.2.23}$$

将式(3.2.22)两边同时右乘列向量$[1\quad \kappa_m]^{\mathrm{T}}$，可得

$$\widetilde{\boldsymbol{R}}_{m+1}\begin{bmatrix}1\\ \boldsymbol{\theta}_{m-1}+\kappa_m\widetilde{\boldsymbol{\theta}}_{m-1}\\ \kappa_m\end{bmatrix}=\begin{bmatrix}\sigma_{m-1}^2(1-|\kappa_m|^2)\\ \boldsymbol{0}_m\end{bmatrix} \tag{3.2.24}$$

展开为

$$\widetilde{\boldsymbol{R}}_{m+1}\begin{bmatrix}1\\ a_1^{(m-1)}+\kappa_m a_{m-1}^{(m-1)*}\\ \vdots\\ a_{m-1}^{(m-1)}+\kappa_m a_1^{(m-1)*}\\ \kappa_m\end{bmatrix}=\begin{bmatrix}\sigma_{m-1}^2(1-|\kappa_m|^2)\\ 0\\ \vdots\\ 0\\ 0\end{bmatrix} \tag{3.2.25}$$

又由式(3.2.5)，m 阶 AR(m)模型的正则方程为

$$\widetilde{\boldsymbol{R}}_{m+1}\begin{bmatrix}1\\ \boldsymbol{\theta}_m\end{bmatrix}=\begin{bmatrix}\sigma_m^2\\ \boldsymbol{0}_m\end{bmatrix} \tag{3.2.26}$$

其中，$\boldsymbol{\theta}_m=[a_1^{(m)}\quad a_2^{(m)}\quad\cdots\quad a_m^{(m)}]^{\mathrm{T}}$。比较式(3.2.24)和式(3.2.26)，容易得到 AR(m)模型参数向量$\boldsymbol{\theta}_m$ 的递推关系式为

$$\boldsymbol{\theta}_m = \begin{bmatrix} \boldsymbol{\theta}_{m-1} \\ 0 \end{bmatrix} + \kappa_m \begin{bmatrix} \widetilde{\boldsymbol{\theta}}_{m-1} \\ 1 \end{bmatrix} \tag{3.2.27}$$

$$\sigma_m^2 = \sigma_{m-1}^2(1 - |\kappa_m|^2) \tag{3.2.28}$$

将式(3.2.27)展开，可得从 $m-1$ 阶 AR($m-1$)模型参数递推 m 阶 AR(m)模型参数的公式为

$$a_m^{(m)} = \kappa_m \tag{3.2.29}$$

$$a_i^{(m)} = a_i^{(m-1)} + \kappa_m a_{m-i}^{(m-1)*}, \quad i = 1,2,\cdots,m-1 \tag{3.2.30}$$

归纳上面的推导，可得 AR(p)模型参数的 Levinson-Durbin 迭代算法的实现步骤如下。

算法 3.2（Levinson-Durbin 迭代算法）

已知 p 阶 AR 模型的输出 $u(n)$的 $p+1$ 个自相关函数 $r_u(0), r_u(1), \cdots, r_u(p)$。

步骤 1 利用如下公式计算 $m=1$ 阶 AR 模型的参数：

$$a_1^{(1)} = -r_u(1)/r_u(0)$$

$$\sigma_1^2 = r_u(0) - |r_u(1)|^2/r_u(0)$$

步骤 2 利用如下公式递推计算 $m=2,3,\cdots,p$ 阶 AR 模型的参数：

$$\kappa_m = -\left[r_u(m) + \sum_{i=1}^{m-1} a_i^{(m-1)} r_u(m-i)\right] / \sigma_{m-1}^2$$

$$a_m^{(m)} = \kappa_m$$

$$a_i^{(m)} = a_i^{(m-1)} + \kappa_m a_{m-i}^{(m-1)*}, i = 1,2,\cdots,m-1$$

$$\sigma_m^2 = \sigma_{m-1}^2(1 - |\kappa_m|^2)$$

由此便可得到 p 阶 AR 模型的参数 $a_1^{(p)}, a_2^{(p)}, \cdots, a_p^{(p)}$ 和 σ_p^2。

在实际应用中，Levinson-Durbin 算法使用 $u(n)$的自相关函数的估计$\hat{r}_u(0), \hat{r}_u(1), \cdots, \hat{r}_u(p)$进行计算，得到 $m=1,2,\cdots,p$ 阶 AR 模型参数的估计$\hat{a}_1^{(m)}, \hat{a}_2^{(m)}, \cdots, \hat{a}_m^{(m)}$ 和 $\hat{\sigma}_m^2$。

3.2.3 AR 参数模型功率谱估计步骤及仿真实例

本节首先总结一下 AR 参数模型功率谱估计的步骤，然后给出一个功率谱估计的实例。

算法 3.3（AR 模型功率谱估计方法）

步骤 1 根据 N 点的观测数据 $u_N(n)$估计自相关函数，得$\hat{r}_u(m), m=0,1,2,\cdots,p$，即

$$\hat{r}_u(m) = \frac{1}{N}\sum_{n=0}^{N-1} u_N(n) u_N^*(n-m)$$

步骤 2 用 $p+1$ 个自相关函数的估计值$\hat{r}_u(m)$，通过直接矩阵求逆或者按阶数递推的方法（如 Levinson-Durbin 算法），求解 Yule-Walker 方程式(3.2.4)，得到 p 阶 AR 模型参数的估计值$\hat{a}_1, \hat{a}_2, \cdots, \hat{a}_p$ 和 $\hat{\sigma}_p^2$。

步骤 3 将上述参数代入 AR(p)的功率谱表达式中，得到功率谱估计$\hat{S}_{\mathrm{AR}}(\omega)$，即

$$\hat{S}_{\mathrm{AR}}(\omega) = \frac{\hat{\sigma}_p^2}{\left|1 + \sum_{k=1}^{p} \hat{a}_k \mathrm{e}^{-\mathrm{j}\omega k}\right|^2}$$

实际计算中，常对 ω 在 2π 内均匀采样，设采样点数为 M，则可用计算模型参数 $\hat{a}_k$ 的 M 点 FFT 的方法得到 p 阶 AR 模型的功率谱，即

$$\hat{S}_{\mathrm{AR}}(\mathrm{e}^{\mathrm{j}\frac{2\pi}{M}l}) = \frac{\hat{\sigma}_p^2}{\left|1 + \sum\limits_{k=1}^{p} \hat{a}_k \mathrm{e}^{-\mathrm{j}\frac{2\pi}{M}lk}\right|^2} = \frac{\hat{\sigma}_p^2}{\left|\sum\limits_{k=0}^{M-1} \hat{a}_k \mathrm{e}^{-\mathrm{j}\frac{2\pi}{M}lk}\right|^2} \tag{3.2.31}$$

其中，$\hat{a}_0=1, \hat{a}_{p+1}=\cdots=\hat{a}_{M-1}=0, 0\leqslant l\leqslant M-1, p<M$。

例 3.3　仿真条件与例 3.1 相同。本例用 $N=256$ 个观测样本估计随机过程 $u_N(n)$ 的 AR 模型功率谱。步骤 3 中用于计算 FFT 的点数为 1024。

图 3.2.2 中(a)和(b)是阶数分别为 $p=8$ 和 16 时 AR 模型的功率谱估计曲线。从图中可看出，当 $p=16$ 时，分辨率明显提高。

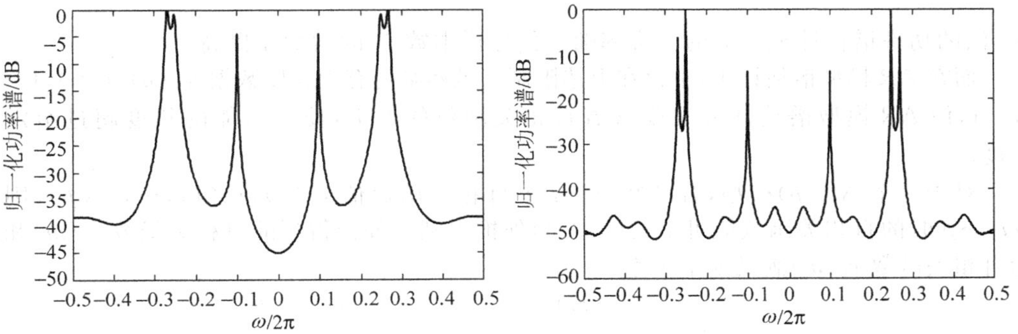

(a) $p=8$　　(b) $p=16$

图 3.2.2　阶数为 8 和 16 时的 AR 模型的功率谱估计曲线

将例 3.1 中的 3 个正弦信号的归一化频率改为 $f_1=0.1, f_2=0.2$ 和 $f_3=0.3$，其他条件不变，阶数为 $p=5$ 和 6 的 AR 模型的功率谱的估计曲线如图 3.2.3 所示。从图中可看出，$p=5$ 阶的 AR 模型无法正确估计 6 个复正弦信号(仿真中采用了 3 个实正弦信号)的功率谱，而 $p=6$ 阶的 AR 模型能够很好地估计 6 个复正弦信号的功率谱。

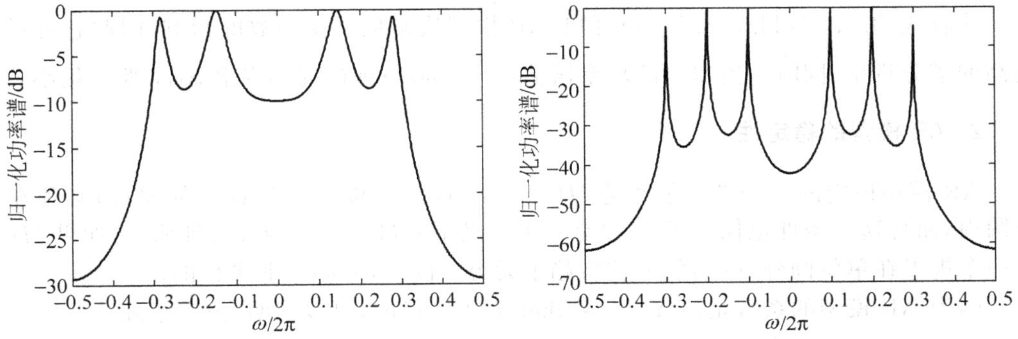

(a) $p=5$　　(b) $p=6$

图 3.2.3　阶数为 5 和 6 时的 AR 模型的功率谱估计曲线

由此可见，AR 模型阶数的选择对信号功率谱估计的质量有很大的影响。关于 AR 模型阶数的选择方法，在本书 3.6.6 节中将有所涉及，这里不再单独讨论。

3.2.4 AR 参数模型功率谱估计性能讨论

1. AR 模型功率谱的分辨率

在前面讨论的经典 BT 法功率谱估计中，假定由给定的数据 $u_N(n)$，$n=0,1,\cdots,N-1$，可估计出自相关函数 $\hat{r}_u(m)$，$m=-(N-1),\cdots,0,\cdots,(N-1)$，在这个区间以外，用补零的办法实现外推，对此 $\hat{r}_u(m)$ 求傅里叶变换，即

$$\hat{S}_{\mathrm{BT}}(\omega)=\sum_{m=-(N-1)}^{N-1}\hat{r}_u(m)\mathrm{e}^{-\mathrm{j}\omega m}\tag{3.2.32}$$

BT 法的功率谱估计 $\hat{S}_{\mathrm{BT}}(\omega)$ 的分辨率随着信号样本数 N 的增加而提高。

而在 AR 模型谱估计中，不存在上述限制。虽然给定有限长度数据 $u_N(n)$，$n=0,1,\cdots,N-1$，但 AR 模型谱估计方法隐含着自相关函数的外推，使其可能的长度超过给定的长度。

对于一个 AR(p)模型，若已知 $p+1$ 个自相关函数值 $r_u(0),r_u(1),\cdots,r_u(p)$，则当 $|m|>p$ 时的自相关函数值可由式(3.2.3)外推得到。外推得到的自相关函数 $r_a(m)$ 和理论自相关函数 $r_u(m)$ 满足如下关系：

$$r_a(m)=\begin{cases}r_u(m), & |m|\leqslant p\\ -\sum\limits_{k=1}^{p}a_k r_a(m-k), & |m|>p\end{cases}\tag{3.2.33}$$

由式(3.2.33)可以看出，AR 模型的谱 $S_{\mathrm{AR}}(\omega)$，对应的无限长的自相关序列 $r_a(m)$ 在 $|m|\leqslant p$ 时完全等于 $r_u(m)$，而在 $|m|>p$ 时 $r_a(m)$ 是由式(3.2.33)作递推而得到的。对自相关函数 $r_a(m)$ 进行傅里叶变换，就可以得到 AR(p)模型的功率谱估计，即

$$\hat{S}_{\mathrm{AR}}(\omega)=\sum_{m=-\infty}^{\infty}r_a(m)\mathrm{e}^{-\mathrm{j}m\omega}\tag{3.2.34}$$

可以证明[2]，式(3.2.34)和式(3.2.11)是相等的。

比较式(3.2.32)和式(3.2.34)可知，AR 模型法避免了窗函数的影响，因此它可得到更高的谱分辨率，同时它所得出的功率谱估计 $\hat{S}_{\mathrm{AR}}(\omega)$ 与理论的功率谱 $S(\omega)$ 偏差很小。

2. AR 模型的稳定性

AR 模型稳定的充分必要条件是 $H(z)=1/A(z)$ 的极点(即 $A(z)$ 的零点)必须在单位圆内，而且这一条件也保证了 $u(n)$ 是一个广义平稳过程。因为容易证明[7]，如果 $H(z)$ 有一个极点在单位圆外，$u(n)$ 的方差将趋于无穷。因此，$u(n)$ 是非平稳的。

因为 AR 模型的系数是由 Yule-Walker 方程解得的，可以证明，由于矩阵

$$\widetilde{\boldsymbol{R}}_{p+1}=\begin{bmatrix}r_u(0) & r_u^*(1) & \cdots & r_u^*(p)\\ r_u(1) & r_u(0) & \cdots & r_u^*(p-1)\\ \vdots & \vdots & \ddots & \vdots\\ r_u(p) & r_u(p-1) & \cdots & r_u(0)\end{bmatrix}\in\mathbb{C}^{(p+1)\times(p+1)}$$

是正定的，因此，$A(z)$的零点都在单位圆内，即 $H(z)=1/A(z)$为具有最小相位特性的全极点滤波器，故 AR(p)是稳定的[1]。

3．AR 谱估计方法与最大熵谱估计方法的等效性

Burg 提出的最大熵方法(MEM，maximum entropy method)的基本思想是[2]，将一段已知的自相关函数序列进行外推，以得到未知的自相关函数值，从而避免因对自相关函数序列加窗截短而导致的功率谱估计性能下降。

若已知 $r_u(0),r_u(1),\cdots,r_u(p)$，现希望利用这 $p+1$ 个值外推求得 $r_u(p+1),r_u(p+2),\cdots$，同时要保证外推后的自相关矩阵是正定的。一般来说，外推的方法可以有无限多种，它们都能得到正确的自相关序列。Burg 选择外推后的自相关函数所对应的时间序列应当具有最大熵，也就是说，在所有前 $p+1$ 个自相关函数等于原来给定值的外推后的自相关序列中，所选择的自相关序列所对应的时间序列是最随机或最不可预测的。

若 $u(n)$是高斯随机过程，可以证明[2]，它的每个样本的熵正比于

$$\int_{-\pi}^{\pi}\ln[S_{\text{MEM}}(\omega)]\mathrm{d}\omega \tag{3.2.35}$$

其中，$S_{\text{MEM}}(\omega)$是 $u(n)$的最大熵功率谱。Burg 对 $S_{\text{MEM}}(\omega)$施加了一个约束条件，即它的傅里叶反变换所得到的前 $p+1$ 个自相关函数应等于所给定信号 $u(n)$的前 $p+1$ 个自相关函数，即

$$r_u(m)=\frac{1}{2\pi}\int_{-\pi}^{\pi}S_{\text{MEM}}(\omega)\mathrm{e}^{\mathrm{j}m\omega}\mathrm{d}\omega \quad m=0,1,2,\cdots,p \tag{3.2.36}$$

利用拉格朗日乘子法，在式(3.2.36)约束下，使式(3.2.35)最大，即得到最大熵功率谱 $S_{\text{MEM}}(\omega)$为

$$S_{\text{MEM}}(\omega)=\frac{\sigma^2}{\left|1+\sum_{k=1}^{p}a_k\mathrm{e}^{-\mathrm{j}\omega k}\right|^2} \tag{3.2.37}$$

其中，$\sigma^2,a_1,a_2,\cdots,a_p$ 是利用已知的 $p+1$ 个自相关函数样本通过求解 Yule-Walker 方程求出的。该结果与 AR 模型的功率谱是完全相同的。于是，对高斯随机信号，最大熵谱估计和 AR 模型谱估计是相同的。所以，文献中经常将 AR 模型谱估计方法称为最大熵谱估计。

4．AR 模型谱估计方法的不足

在实际应用时，AR 模型谱估计存在一些缺点[2,8]，有些缺点和模型本身有关，有些则和采用的求解模型参数的方法有关。

首先，AR 谱估计的分辨率受到加性观测噪声的影响。特别地，在白噪声环境下两个等幅的正弦信号的 AR 谱估计的分辨率随着信噪比的减小而降低。在低信噪比条件下，AR 谱估计的分辨率甚至仅与周期图谱估计的分辨率相当。这是因为由于观测噪声的存在，AR 谱估计所假设的全极点模型不再成立。噪声环境中 AR(p)过程 $u(n)$可表示为 $x(n)$，即

$$x(n)=u(n)+z(n)$$

其中，$z(n)$是方差为σ_z^2且与$u(n)$不相关的加性白噪声。在这种情况下，AR(p)模型的拟合过程实际所用的数据是$x(n)$而不是$u(n)$，用p阶AR模型所得到的$x(n)$的功率谱为

$$S_x(z)=S_u(z)+S_z(z)=\frac{\sigma_v^2}{A(z)A^*(1/z^*)}+\sigma_z^2=\frac{\sigma_v^2+A(z)A^*(1/z^*)\sigma_z^2}{A(z)A^*(1/z^*)} \tag{3.2.38}$$

其中，σ_v^2是AR(p)模型的激励白噪声$v(n)$的方差。

由式(3.2.38)可以看出，$x(n)$的功率谱实际上既有极点又有零点，即$x(n)$是ARMA(p,p)的模型。加性噪声使得$u(n)$的功率谱变得相对平坦，从而降低了分辨率[2]。

其二，在实际应用中，如果随机信号$u(n)$是包含噪声的正弦信号，AR谱估计的谱峰位置易受正弦信号初始相位的影响；且有时会表现为在本应只有单个谱峰的位置附近分裂成两个距离很近的谱峰，这种现象被称为"谱线分裂(spectral line splitting)"现象。AR谱估计对正弦信号初始相位的依赖性会随着观测样本数量的增加而降低。此外，通过改进算法和采取其他一些措施(例如使用解析信号代替实信号)，可以较好地克服这一缺点。

其三，谱估计的质量受到阶数p的影响。阶数过低，功率谱太平滑，反映不出谱峰；阶数太大则可能会产生虚假的谱峰。

3.3 MA参数模型和ARMA参数模型功率谱估计原理

在3.2节详细介绍AR参数模型功率谱估计方法的基础上，本节将介绍MA参数模型和ARMA参数模型功率谱估计的原理。

3.3.1 MA参数模型的正则方程

由2.4.2节可知，MA(q)模型的差分方程、系统函数和功率谱可分别表示为

$$u(n)=v(n)+\sum_{k=1}^{q}b_k v(n-k) \tag{3.3.1}$$

$$H(z)=B(z)=1+\sum_{k=1}^{q}b_k z^{-k} \tag{3.3.2}$$

$$S_{\mathrm{MA}}(\omega)=\sigma^2\left|1+\sum_{k=1}^{q}b_k \mathrm{e}^{-\mathrm{j}\omega k}\right|^2 \tag{3.3.3}$$

用$u^*(n-m)(m\geqslant 0)$乘以差分方程式(3.3.1)的等号两边，并求数学期望，得

$$\begin{aligned}r_u(m)&=\mathrm{E}\{u(n)u^*(n-m)\}=\mathrm{E}\left\{\left[v(n)+\sum_{k=1}^{q}b_k v(n-k)\right]u^*(n-m)\right\}\\&=\sum_{k=0}^{q}b_k r_{vu}(m-k)\end{aligned} \tag{3.3.4}$$

其中，$b_0=1$。因为

$$\begin{aligned}r_{vu}(m-k)&=\mathrm{E}\{v(n)u^*(n-m+k)\}\\&=\mathrm{E}\left\{v(n)\left[v^*(n-m+k)+\sum_{i=1}^{q}b_i^* v^*(n-m+k-i)\right]\right\}\end{aligned}$$

$$
\begin{aligned}
&= r_v(m-k) + \sum_{i=1}^{q} b_i^* \mathrm{E}\{v(n)v^*(n-m+k-i)\} \\
&= r_v(m-k) + \sum_{i=1}^{q} b_i^* r_v(m-k+i) \\
&= \sum_{i=0}^{q} b_i^* \sigma^2 \delta(i+m-k)
\end{aligned}
\tag{3.3.5}
$$

其中，σ^2 是 $v(n)$ 的方差。将式(3.3.5)代入式(3.3.4)，得

$$
\begin{aligned}
r_u(m) &= \sum_{k=0}^{q} b_k r_{vu}(m-k) \\
&= \sum_{k=0}^{q} b_k \sum_{i=0}^{q} b_i^* \sigma^2 \delta(i+m-k) \\
&= \begin{cases} \sum_{k=0}^{q} b_k b_{k-m}^* \sigma^2, & m = 0,1,\cdots,q \\ 0, & m > q \end{cases}
\end{aligned}
\tag{3.3.6}
$$

考虑到 $k<0$ 时 $b_k=0$。所以，q 阶 MA 模型的正则方程可表示为

$$
r_u(m) = \begin{cases} \sigma^2 \sum_{k=m}^{q} b_k b_{k-m}^* \\ 0 \end{cases} = \begin{cases} \sigma^2 \sum_{l=0}^{q-m} b_l^* b_{l+m}, & m = 0,1,\cdots,q \\ 0, & m > q \end{cases}
\tag{3.3.7}
$$

式(3.3.7)是一个非线性方程，所以，MA 模型的系数求解要比 AR 模型复杂得多。

观察式(3.3.7)可以看出，$r_u(m)$ 是 MA 系数 $\{b_k\}$ 与 $\{b_{-k}^*\}$ 的卷积，所以 $r_u(m)$ 的取值范围是 $-q\sim q$。设序列 $\{b_k\}$ 的傅里叶变换为 $B(\omega)$，则序列 $\{b_{-k}^*\}$ 的傅里叶变换为 $B^*(\omega)$，根据傅里叶变换的时域卷积特性，$r_u(m)$ 的傅里叶变换为 $|B(\omega)|^2$，即式(3.3.3)的 MA(q)功率谱可表示为

$$
S_{\mathrm{MA}}(\omega) = \sigma^2 \left| \sum_{k=0}^{q} b_k \mathrm{e}^{-\mathrm{j}\omega k} \right|^2 = \sigma^2 \mid B(\omega) \mid^2
$$

由于 $|B(\omega)|^2$ 为 $r_u(m)$ 的傅里叶变换，所以

$$
S_{\mathrm{MA}}(\omega) = \sigma^2 \mid B(\omega) \mid^2 = \sigma^2 \sum_{m=-q}^{q} r_u(m) \mathrm{e}^{-\mathrm{j}\omega m}
\tag{3.3.8}
$$

式(3.3.8)等效于经典功率谱估计的 BT 法中，当矩形窗函数的长度为 $2q+1$ 时的功率谱估计，即

$$
\hat{S}_{\mathrm{MA}}(\omega) = \hat{S}_{\mathrm{BT}}(\omega) = \sum_{m=-q}^{q} \hat{r}_u(m) \mathrm{e}^{-\mathrm{j}\omega m}
$$

因此，从谱估计的角度来看，MA 模型谱估计等效于经典谱估计中的 BT 法，谱估计的分辨率低。因此，若单纯为了得到有限长数据 $u_N(n)$ 的功率谱估计，就没有必要使用 MA 模型，直接用 BT 法即可。但是，MA 模型在系统分析中有自己的应用场合，仍有必要探讨 MA 模型参数的求解方法。

MA 模型参数求解的常用方法是用高阶 AR 模型来近似 MA 模型。一个无穷阶的

AR 模型为

$$H_{\infty}(z)=\frac{1}{A_{\infty}(z)}=\frac{1}{1+\sum_{m=1}^{\infty}a_m z^{-m}} \tag{3.3.9}$$

用它表示一个 q 阶的 MA 模型，即

$$H_{\infty}(z)=H_q(z)=1+\sum_{k=1}^{q}b_k z^{-k}=B(z) \tag{3.3.10}$$

于是有

$$B(z)A_{\infty}(z)=\left(1+\sum_{k=1}^{q}b_k z^{-k}\right)\left(1+\sum_{m=1}^{\infty}a_m z^{-m}\right)=1 \tag{3.3.11}$$

对上式两边求逆 Z 变换，左边应是序列$\{b_k\}$和$\{a_m\}$的卷积，即

$$\sum_{k=0}^{q}b_k a_{m-k}=a_m+\sum_{k=1}^{q}b_k a_{m-k}=\delta(m) \tag{3.3.12}$$

其中，$b_0=1,a_0=1$，且当 $m<0$ 时有 $a_m=0$。

在实际应用中，AR 模型不可能是无穷阶的，而是有限阶的，如 p 阶，且 $p\gg q$。设 AR(p)模型的参数为$\hat{a}_1^{(p)},\hat{a}_2^{(p)},\cdots,\hat{a}_p^{(p)}$。用这一组参数逼近 MA 模型，于是式(3.3.12)中存在误差 $e(m)$，即

$$e(m)=\hat{a}_m^{(p)}+\sum_{k=1}^{q}b_k\,\hat{a}_{m-k}^{(p)},\quad m=1,\cdots,p \tag{3.3.13}$$

式(3.3.13)可以看作是一个 q 阶的 AR 模型[2]。$\hat{a}_m^{(p)}$ 是 AR(q)模型的输出，b_k 则相当于待求的 AR(q)模型的参数，$e(m)$相当于 AR 模型的输入。因此，可以用 AR 模型参数估计方法得到 MA 模型参数的估计$\hat{b}_k,k=1,2,\cdots,q$。

根据式(3.3.7)，并令 $m=0$，可进一步得到输入白噪声方差的估计为

$$\hat{\sigma}^2=\frac{r_u(0)}{\sum_{k=0}^{q}|\hat{b}_k|^2} \tag{3.3.14}$$

下面给出 MA 模型参数求解步骤。

算法 3.4(MA 模型参数求解方法)

步骤 1 由 N 点观测数据 $u_N(n),n=0,1,2,\cdots,N-1$ 估计自相关函数$\hat{r}_u(m)$，然后求出 p 阶的 AR 模型的系数$\hat{a}_m^{(p)},m=1,2,\cdots,p,p\gg q$。

步骤 2 估计$\hat{a}_m^{(p)},m=1,2,\cdots,p$ 的自相关函数值，即

$$\hat{r}_a(m)=\frac{1}{p}\sum_{n=0}^{p-1}\hat{a}_n^{(p)}\,\hat{a}_{n-m}^{(p)*},\quad m=0,1,2,\cdots,q$$

步骤 3 将$\hat{r}_a(m),m=0,1,2,\cdots,q$ 代入 Yule-Walker 方程式(3.2.4)，得到 MA 模型参数的估计$\hat{b}_k,k=1,2,\cdots,q$，根据式(3.3.14)得到输入噪声方差的估计。

由此可以看出，为求出 MA 模型的参数，需要两次计算 AR 模型的系数。一旦 MA 模型的参数求出，将其代入式(3.3.3)，即可得 MA 模型的谱估计。由于 MA 模型是全零点模型，其功率谱不易体现信号谱中的峰值，因此 MA 模型的谱估计的分辨率低。

3.3.2　ARMA 参数模型的正则方程

由 2.4.2 节，ARMA(p,q)模型可以表示为

$$u(n)=-\sum_{k=1}^{p}a_k u(n-k)+\sum_{l=0}^{q}b_l v(n-l) \tag{3.3.15}$$

将式(3.3.15)两边同乘以 $u^*(n-m)$(假设 $m\geqslant 0$)，并求数学期望，得

$$\begin{aligned}\mathrm{E}\{u(n)u^*(n-m)\}&=\mathrm{E}\left\{\left[-\sum_{k=1}^{p}a_k u(n-k)+\sum_{l=0}^{q}b_l v(n-l)\right]u^*(n-m)\right\}\\&=-\sum_{k=1}^{p}a_k\mathrm{E}\{u(n-k)u^*(n-m)\}+\sum_{l=0}^{q}b_l\mathrm{E}\{v(n-l)u^*(n-m)\}\end{aligned}$$

即

$$r_u(m)=-\sum_{k=1}^{p}a_k r_u(m-k)+\sum_{l=0}^{q}b_l r_{vu}(m-l) \tag{3.3.16}$$

其中，有

$$r_{vu}(m)=\mathrm{E}\{v(n)u^*(n-m)\} \tag{3.3.17}$$

由于模型的因果性，$u(n-m)$和 $v(n)$统计独立，且 $v(n)$的均值为零，所以有

$$r_{vu}(m)=0,\quad m>0$$

因此，有

$$r_u(m)=\begin{cases}-\sum_{k=1}^{p}a_k r_u(m-k)+\sum_{l=m}^{q}b_l r_{vu}(m-l), & 0\leqslant m\leqslant q\\ -\sum_{k=1}^{p}a_k r_u(m-k), & m>q\end{cases} \tag{3.3.18}$$

当 $m>q$ 时，分别取 $m=q+1,q+2,\cdots,q+p$，得到线性方程组

$$\begin{bmatrix} r_u(q) & r_u(q-1) & \cdots & r_u(q-p+1)\\ r_u(q+1) & r_u(q) & \cdots & r_u(q-p+2)\\ \vdots & \vdots & \ddots & \vdots\\ r_u(q+p-1) & r_u(q+p-2) & \cdots & r_u(q)\end{bmatrix}\begin{bmatrix}a_1\\a_2\\ \vdots\\ a_p\end{bmatrix}=-\begin{bmatrix}r_u(q+1)\\ r_u(q+2)\\ \vdots\\ r_u(q+p)\end{bmatrix} \tag{3.3.19}$$

这是一个 p 个方程 p 个未知数的线性方程组。式(3.3.19)称为修正的 Yule-Walker 方程。在实际中，修正的 Yule-Walker 方程中的相关函数 $r_u(m)$都是由 N 点的观测数据 $u_N(n)$估计的，且 $r_u(m)$的最大延迟为 $q+p$。前面已经讨论，对于有限长数据，延迟取得越大，$r_u(m)$的估计质量越差，对 AR 参数的估计质量也越差。

为了提高 AR 参数的估计质量，将修正的 Yule-Walker 方程扩展为如下的超定线性方程组(overdetermined equations)：

$$\begin{bmatrix} r_u(q) & r_u(q-1) & \cdots & r_u(q-p+1)\\ r_u(q+1) & r_u(q) & \cdots & r_u(q-p+2)\\ \vdots & \vdots & \ddots & \vdots\\ r_u(q+M-1) & r_u(q+M-2) & \cdots & r_u(q+M-p)\end{bmatrix}\begin{bmatrix}a_1\\a_2\\ \vdots\\ a_p\end{bmatrix}=-\begin{bmatrix}r_u(q+1)\\ r_u(q+2)\\ \vdots\\ r_u(q+M)\end{bmatrix} \tag{3.3.20}$$

注意到，方程个数 M 大于未知数个数 p。严格地讲，上述方程无解，但是可以利用最小二乘方法求得 AR 参数的最小二乘估计 $\hat{a}_1,\hat{a}_2,\cdots,\hat{a}_p$，具体的求解方法将在本书第 6 章讨论，也可参阅参考文献[2,3]。

得到 AR 参数后，现在来求解 MA 参数。注意到，ARMA(p,q)模型的系统函数

$$H(z)=\frac{B(z)}{A(z)}=\frac{1+\sum_{l=1}^{q}b_l z^{-l}}{1+\sum_{k=1}^{p}a_k z^{-k}} \tag{3.3.21}$$

可以看成系统函数为 $B(z)$ 的 MA(q) 模型与系统函数为 $1/A(z)$ 的 AR(p) 模型级联，所以，若用求得的 AR 模型的参数估计 $\hat{a}_1,\hat{a}_2,\cdots,\hat{a}_p$，构造滤波器 $\hat{A}(z)=1+\sum_{k=1}^{p}\hat{a}_k z^{-k}$，并将该滤波器 $\hat{A}(z)$ 与原 ARMA(p,q) 模型级联，如图 3.3.1 所示，则该级联系统将近似为一个 MA(q) 模型，根据级联系统的输出序列 $y(n)$，可用 MA(q) 模型的参数估计方法，得到 MA(q) 参数 $\hat{b}_1,\hat{b}_2,\cdots,\hat{b}_q$；并可根据式(3.3.14)得到输入噪声方差的估计 $\hat{\sigma}^2$。

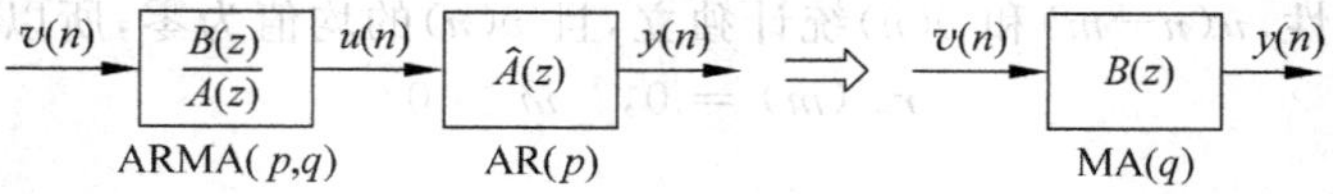

图 3.3.1　用 $\hat{A}(z)$ 和原 ARMA(p,q) 模型级联得到 MA(q) 模型

下面给出 ARMA 模型参数求解步骤。

算法 3.5(ARMA 模型参数求解方法)

步骤 1　由式(3.3.20)估计 AR 参数 $\hat{a}_1,\hat{a}_2,\cdots,\hat{a}_p$，并构造滤波器 $\hat{A}(z)=1+\sum_{k=1}^{p}\hat{a}_k z^{-k}$。

步骤 2　对已知数据 $u_N(n)$，用 FIR 滤波器 $\hat{A}(z)=1+\sum_{k=1}^{p}\hat{a}_k z^{-k}$ 滤波，滤波器的输出 $y(n)$ 将近似为一个 MA(q) 模型输出。

步骤 3　根据 $y(n)$，用 3.3.1 节 MA(q) 参数估计方法，求出 $\hat{b}_1,\hat{b}_2,\cdots,\hat{b}_q$ 和输入噪声方差的估计 $\hat{\sigma}^2$，从而实现 ARMA(p,q) 模型的参数估计。

步骤 4　将 $\hat{a}_1,\hat{a}_2,\cdots,\hat{a}_p$ 和 $\hat{b}_1,\hat{b}_2,\cdots,\hat{b}_q,\hat{\sigma}^2$ 代入下式，得到 ARMA(p,q) 模型的谱估计，即

$$\hat{S}_{\text{ARMA}}(\omega)=\hat{\sigma}^2\left|\frac{1+\sum_{l=1}^{q}\hat{b}_l \mathrm{e}^{-\mathrm{j}\omega l}}{1+\sum_{k=1}^{p}\hat{a}_k \mathrm{e}^{-\mathrm{j}\omega k}}\right|^2$$

3.4　MVDR 信号频率估计方法

最小方差无失真响应(MVDR，minimum variance distortionless response)算法，是有别于经典功率谱估计和参数模型估计的另一类信号频率估计方法。它最早于 1969 年

由 Capon 提出，用于多维地震阵列传感器的频率-波数分析[9]。其后，Lacoss 于 1971 年将其引入到一维时间序列分析中[10]。历史上，它还曾经被错当作一种 ML 算法，称为“最大似然谱估计”，这是一种名词的误用。

在介绍 MVDR 信号频率估计方法之前，下面先介绍一些必要的数学预备知识。

3.4.1　预备知识：标量函数关于向量的导数和梯度的概念

在高等数学微积分理论中，函数的导数是一个基本的概念，此时函数及自变量都是标量。如果函数的自变量是向量，而函数却是标量，如常数向量 $\boldsymbol{c}$ 和变向量 $\boldsymbol{w}$ 的内积 $J(\boldsymbol{w})=\boldsymbol{c}^{\mathrm{H}}\boldsymbol{w}$，便是自变量为向量 $\boldsymbol{w}$ 的标量函数，本小节将讨论标量函数关于向量 $\boldsymbol{w}$ 的导数和梯度[15]。

设一列向量 $\boldsymbol{w}=[w_1 \quad w_2 \quad \cdots \quad w_p]^{\mathrm{T}}$，其中 $w_i=\alpha_i+\mathrm{j}\beta_i$。$J=J(\boldsymbol{w})$ 是向量 $\boldsymbol{w}$ 的一标量函数。则 $J(\boldsymbol{w})$ 关于 $\boldsymbol{w}$ 的导数定义为向量

$$\frac{\partial J}{\partial \boldsymbol{w}} \triangleq \frac{1}{2}\begin{bmatrix} \dfrac{\partial J}{\partial \alpha_1}-\mathrm{j}\dfrac{\partial J}{\partial \beta_1} \\ \dfrac{\partial J}{\partial \alpha_2}-\mathrm{j}\dfrac{\partial J}{\partial \beta_2} \\ \vdots \\ \dfrac{\partial J}{\partial \alpha_p}-\mathrm{j}\dfrac{\partial J}{\partial \beta_p} \end{bmatrix} \tag{3.4.1}$$

$J(\boldsymbol{w})$ 关于 $\boldsymbol{w}$ 的共轭导数定义为向量

$$\frac{\partial J}{\partial \boldsymbol{w}^*} \triangleq \frac{1}{2}\begin{bmatrix} \dfrac{\partial J}{\partial \alpha_1}+\mathrm{j}\dfrac{\partial J}{\partial \beta_1} \\ \dfrac{\partial J}{\partial \alpha_2}+\mathrm{j}\dfrac{\partial J}{\partial \beta_2} \\ \vdots \\ \dfrac{\partial J}{\partial \alpha_p}+\mathrm{j}\dfrac{\partial J}{\partial \beta_p} \end{bmatrix} \tag{3.4.2}$$

$J(\boldsymbol{w})$ 关于 $\boldsymbol{w}$ 的梯度向量(gradient vector)定义为

$$\nabla J(\boldsymbol{w}) \triangleq 2\frac{\partial J}{\partial \boldsymbol{w}^*} = \begin{bmatrix} \dfrac{\partial J}{\partial \alpha_1}+\mathrm{j}\dfrac{\partial J}{\partial \beta_1} \\ \dfrac{\partial J}{\partial \alpha_2}+\mathrm{j}\dfrac{\partial J}{\partial \beta_2} \\ \vdots \\ \dfrac{\partial J}{\partial \alpha_p}+\mathrm{j}\dfrac{\partial J}{\partial \beta_p} \end{bmatrix} \tag{3.4.3}$$

标量函数的梯度是一个向量，它的方向指向该标量变化最快的方向，下面给出几个后文将用到的标量函数的梯度。

(1) $J=\boldsymbol{c}^{\mathrm{H}}\boldsymbol{w}$，其中 $\boldsymbol{c}\in\mathbb{C}^{p\times 1}$，$\boldsymbol{w}\in\mathbb{C}^{p\times 1}$，$\boldsymbol{c}=[c_1 \quad c_2 \quad \cdots \quad c_p]^{\mathrm{T}}$。

将 $J=\boldsymbol{c}^{\mathrm{H}}\boldsymbol{w}$ 展开，为

$$J = c_1^* w_1 + c_2^* w_2 + \cdots + c_p^* w_p$$

根据梯度的定义

$$\frac{\partial J}{\partial \alpha_i}=c_i^*,\quad \frac{\partial J}{\partial \beta_i}=\mathrm{j}c_i^* \tag{3.4.4}$$

有

$$\frac{\partial J}{\partial \alpha_i}+\mathrm{j}\frac{\partial J}{\partial \beta_i}=c_i^*-c_i^*=0$$

所以

$$\nabla J(\boldsymbol{w})=2\frac{\partial}{\partial \boldsymbol{w}^*}(\boldsymbol{c}^{\mathrm{H}}\boldsymbol{w})=\boldsymbol{0} \tag{3.4.5}$$

(2) $J=\boldsymbol{w}^{\mathrm{H}}\boldsymbol{c}$。

将 $J=\boldsymbol{w}^{\mathrm{H}}\boldsymbol{c}$ 展开，为

$$J=w_1^*c_1+w_2^*c_2+\cdots+w_p^*c_p$$

根据梯度的定义

$$\frac{\partial J}{\partial \alpha_i}=c_i,\quad \frac{\partial J}{\partial \beta_i}=-\mathrm{j}c_i \tag{3.4.6}$$

有

$$\frac{\partial J}{\partial \alpha_i}+\mathrm{j}\frac{\partial J}{\partial \beta_i}=c_i+c_i=2c_i$$

所以

$$\nabla J(\boldsymbol{w})=2\frac{\partial}{\partial \boldsymbol{w}^*}(\boldsymbol{w}^{\mathrm{H}}\boldsymbol{c})=2\boldsymbol{c} \tag{3.4.7}$$

(3) $J=\boldsymbol{w}^{\mathrm{H}}\boldsymbol{R}\boldsymbol{w}$，其中 $\boldsymbol{R}\in\mathbb{C}^{p\times p}$ 为常数矩阵。

设 $\boldsymbol{R}=[\boldsymbol{a}_1\quad \boldsymbol{a}_2\quad \cdots\quad \boldsymbol{a}_p]$，$\boldsymbol{a}_i=[a_{1i}\quad a_{2i}\quad \cdots\quad a_{pi}]^{\mathrm{T}}$，将 $J=\boldsymbol{w}^{\mathrm{H}}\boldsymbol{R}\boldsymbol{w}$ 展开，为

$$\begin{aligned}J&=\boldsymbol{w}^{\mathrm{H}}\Big[\sum_{i=1}^{p}\boldsymbol{a}_i w_i\Big]\\&=w_1^*\sum_{i=1}^{p}a_{1i}w_i+w_2^*\sum_{i=1}^{p}a_{2i}w_i+\cdots+w_p^*\sum_{i=1}^{p}a_{pi}w_i\end{aligned}$$

所以

$$\begin{aligned}\frac{\partial J}{\partial \alpha_1}&=\sum_{i=1}^{p}a_{1i}w_i+a_{11}w_1^*+a_{21}w_2^*+\cdots+a_{p1}w_p^*\\&=\sum_{i=1}^{p}a_{1i}w_i+\sum_{i=1}^{p}a_{i1}w_i^*\end{aligned} \tag{3.4.8}$$

$$\begin{aligned}\frac{\partial J}{\partial \beta_1}&=-\mathrm{j}\sum_{i=1}^{p}a_{1i}w_i+\mathrm{j}a_{11}w_1^*+\mathrm{j}a_{21}w_2^*+\cdots+\mathrm{j}a_{p1}w_p^*\\&=-\mathrm{j}\sum_{i=1}^{p}a_{1i}w_i+\mathrm{j}\sum_{i=1}^{p}a_{i1}w_i^*\end{aligned} \tag{3.4.9}$$

可以得到

$$\frac{\partial J}{\partial \alpha_1}+\mathrm{j}\frac{\partial J}{\partial \beta_1}=2\sum_{i=1}^{p}a_{1i}w_i$$

同理可得

$$\frac{\partial J}{\partial \alpha_2}+\mathrm{j}\,\frac{\partial J}{\partial \beta_2}=2\sum_{i=1}^{p}a_{2i}w_i$$

$$\vdots$$

$$\frac{\partial J}{\partial \alpha_p}+\mathrm{j}\,\frac{\partial J}{\partial \beta_p}=2\sum_{i=1}^{p}a_{pi}w_i$$

所以

$$\nabla J(\boldsymbol{w})=\begin{bmatrix}\frac{\partial J}{\partial \alpha_1}+\mathrm{j}\,\frac{\partial J}{\partial \beta_1}\\ \frac{\partial J}{\partial \alpha_2}+\mathrm{j}\,\frac{\partial J}{\partial \beta_2}\\ \vdots\\ \frac{\partial J}{\partial \alpha_p}+\mathrm{j}\,\frac{\partial J}{\partial \beta_p}\end{bmatrix}=2\begin{bmatrix}a_{11} & a_{12} & \cdots & a_{1p}\\ a_{21} & a_{22} & \cdots & a_{2p}\\ \vdots & \vdots & \ddots & \vdots\\ a_{p1} & a_{p2} & \cdots & a_{pp}\end{bmatrix}\cdot\begin{bmatrix}w_1\\ w_2\\ \vdots\\ w_p\end{bmatrix}\tag{3.4.10}$$

即有

$$\nabla J(\boldsymbol{w})=2\,\frac{\partial}{\partial \boldsymbol{w}^*}(\boldsymbol{w}^{\mathrm{H}}\boldsymbol{R}\boldsymbol{w})=2\boldsymbol{R}\boldsymbol{w}\tag{3.4.11}$$

最后，总结本节中推得的 3 个常用梯度，在后面的内容中将会被多次使用。

$$\nabla J(\boldsymbol{w})=2\,\frac{\partial}{\partial \boldsymbol{w}^*}(\boldsymbol{c}^{\mathrm{H}}\boldsymbol{w})=\boldsymbol{0}$$

$$\nabla J(\boldsymbol{w})=2\,\frac{\partial}{\partial \boldsymbol{w}^*}(\boldsymbol{w}^{\mathrm{H}}\boldsymbol{c})=2\boldsymbol{c}\tag{3.4.12}$$

$$\nabla J(\boldsymbol{w})=2\,\frac{\partial}{\partial \boldsymbol{w}^*}(\boldsymbol{w}^{\mathrm{H}}\boldsymbol{R}\boldsymbol{w})=2\boldsymbol{R}\boldsymbol{w}$$

3.4.2 MVDR 滤波器原理

考虑有 M 个权系数(抽头)的横向滤波器(transversal filter)(或称 FIR 滤波器)，如图 3.4.1 所示。滤波器的输入为随机过程 $x(n)$，输出为

$$y(n)=\sum_{i=0}^{M-1}w_i^*\,x(n-i)\tag{3.4.13}$$

其中，w_i 表示横向滤波器的权系数。定义输入信号向量和权向量分别为

$$\boldsymbol{x}(n)=[x(n)\quad x(n-1)\quad \cdots\quad x(n-M+1)]^{\mathrm{T}}\tag{3.4.14}$$

$$\boldsymbol{w}=[w_0\quad w_1\quad \cdots\quad w_{M-1}]^{\mathrm{T}}\tag{3.4.15}$$

则输出可表示为

$$y(n)=\boldsymbol{w}^{\mathrm{H}}\boldsymbol{x}(n)=\boldsymbol{x}^{\mathrm{T}}(n)\boldsymbol{w}^*\tag{3.4.16}$$

信号 $y(n)$ 的平均功率可以表示为

$$P=\mathrm{E}\{|\,y(n)\,|^2\}=\mathrm{E}\{\boldsymbol{w}^{\mathrm{H}}\boldsymbol{x}(n)\boldsymbol{x}^{\mathrm{H}}(n)\boldsymbol{w}\}=\boldsymbol{w}^{\mathrm{H}}\boldsymbol{R}\boldsymbol{w}\tag{3.4.17}$$

其中，矩阵 $\boldsymbol{R}\in\mathbb{C}^{M\times M}$ 为向量 $\boldsymbol{x}(n)$ 的 M 维自相关矩阵，即

$$\boldsymbol{R}=\mathrm{E}\{\boldsymbol{x}(n)\boldsymbol{x}^{\mathrm{H}}(n)\}=\begin{bmatrix}r(0) & r(1) & \cdots & r(M-1)\\ r(-1) & r(0) & \cdots & r(M-2)\\ \vdots & \vdots & \ddots & \vdots\\ r(1-M) & r(2-M) & \cdots & r(0)\end{bmatrix}$$

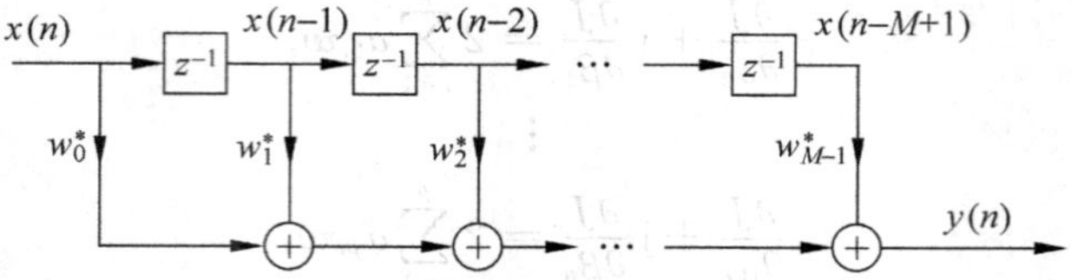

图 3.4.1 M 抽头的 FIR 滤波器

假设滤波器输入信号 $x(n)$ 是复正弦信号加白噪声，为

$$x(n) = \sum_{k=1}^{K} \alpha_k e^{j\omega_k n} + v(n) \tag{3.4.18}$$

其中，$v(n)$ 是加性白噪声，α_k 和 ω_k 分别是第 k 个信号复幅度和角频率。复幅度 $\alpha_k = |\alpha_k| e^{j\varphi_k}$ 包含了正弦信号的振幅 $|\alpha_k|$ 和初始相位 φ_k。

设感兴趣的期望信号是角频率为 ω_1 的复正弦信号，则选择滤波器权向量 $\boldsymbol{w}$ 应该遵循的原则是，使复正弦信号 $e^{j\omega_1 n}$ 无失真地通过滤波器，而尽量抑制其余频率的信号和噪声。

设信号 $\alpha_1 e^{j\omega_1 n}$ 通过滤波器的响应为 $y_1(n)$，则 $y_1(n)$ 应为

$$\begin{aligned} y_1(n) &= \alpha_1 e^{j\omega_1 n} w_0^* + \alpha_1 e^{j\omega_1 n} w_1^* e^{-j\omega_1} + \cdots + \alpha_1 e^{j\omega_1 n} w_{M-1}^* e^{-j\omega_1 (M-1)} \\ &= \alpha_1 e^{j\omega_1 n} (w_0^* + e^{-j\omega_1} w_1^* + \cdots + e^{-j\omega_1 (M-1)} w_{M-1}^*) \end{aligned} \tag{3.4.19}$$

定义向量

$$\boldsymbol{a}(\omega_1) = [1 \quad e^{-j\omega_1} \quad \cdots \quad e^{-j\omega_1 (M-1)}]^{\mathrm{T}}$$

则

$$y_1(n) = \boldsymbol{w}^{\mathrm{H}} \boldsymbol{a}(\omega_1) \alpha_1 e^{j\omega_1 n}$$

所以，当权向量满足 $\boldsymbol{w}^{\mathrm{H}} \boldsymbol{a}(\omega_1) = 1$ 时，可使复正弦信号 $\alpha_1 e^{j\omega_1 n}$ 无失真地通过滤波器。同时考虑到要使其他复正弦信号和噪声尽量被抑制，滤波器权向量 $\boldsymbol{w}$ 应满足：

(1) 约束 $\boldsymbol{w}^{\mathrm{H}} \boldsymbol{a}(\omega_1) = 1$，这是为了使 $\alpha_1 e^{j\omega_1 n}$ 无失真地通过滤波器。

(2) 输出平均功率 $P = \boldsymbol{w}^{\mathrm{H}} \boldsymbol{R} \boldsymbol{w}$ 最小，达到抑制其他频率信号和噪声的目的。

在上面的讨论中，假定了感兴趣的期望信号频率为 ω_1。考虑更一般的情况，设期望无失真通过系统的信号频率为 ω，且令 $\boldsymbol{a}(\omega) = [1 \quad e^{-j\omega} \quad \cdots \quad e^{-j\omega(M-1)}]^{\mathrm{T}}$，此时，滤波器权向量 $\boldsymbol{w}$ 应满足

$$\min_{\boldsymbol{w}} \boldsymbol{w}^{\mathrm{H}} \boldsymbol{R} \boldsymbol{w}, \quad \text{st.} \quad \boldsymbol{w}^{\mathrm{H}} \boldsymbol{a}(\omega) = 1 \tag{3.4.20}$$

这是一个条件极值问题，应用拉格朗日乘子法，构造代价函数为

$$J(\boldsymbol{w}) = \boldsymbol{w}^{\mathrm{H}} \boldsymbol{R} \boldsymbol{w} + \lambda(1 - \boldsymbol{w}^{\mathrm{H}} \boldsymbol{a}(\omega)) \tag{3.4.21}$$

求梯度并令梯度 $\nabla J(\boldsymbol{w}) = \boldsymbol{0}$，根据式(3.4.12)，可得

$$\nabla J(\boldsymbol{w}) = 2\boldsymbol{R}\boldsymbol{w} - 2\lambda \boldsymbol{a}(\omega) = \boldsymbol{0} \tag{3.4.22}$$

考虑到相关矩阵 $\boldsymbol{R}$ 是非奇异的，所以有

$$\boldsymbol{w} = \lambda \boldsymbol{R}^{-1} \boldsymbol{a}(\omega)$$

将上式代入到约束条件 $\boldsymbol{w}^{\mathrm{H}} \boldsymbol{a}(\omega) = 1$ 中，并考虑 $\boldsymbol{R}$ 的共轭对称性，可解得

$$\lambda = \frac{1}{\boldsymbol{a}^{\mathrm{H}}(\omega) \boldsymbol{R}^{-1} \boldsymbol{a}(\omega)} \tag{3.4.23}$$

于是，满足式(3.4.20)的最优权向量为

$$\boldsymbol{w}_{\mathrm{MVDR}} = \frac{\boldsymbol{R}^{-1}\boldsymbol{a}(\omega)}{\boldsymbol{a}^{\mathrm{H}}(\omega)\boldsymbol{R}^{-1}\boldsymbol{a}(\omega)} \tag{3.4.24}$$

此时，将式(3.4.24)代入式(3.4.17)，得滤波器的最小输出功率为

$$P_{\mathrm{MVDR}}(\omega) \triangleq P(\omega) = \frac{1}{\boldsymbol{a}^{\mathrm{H}}(\omega)\boldsymbol{R}^{-1}\boldsymbol{a}(\omega)} \tag{3.4.25}$$

注意，$\boldsymbol{a}^{\mathrm{H}}(\omega)\boldsymbol{R}^{-1}\boldsymbol{a}(\omega)$是正实数。

在上面的推导中，假设可以得到理想的信号相关矩阵 $\boldsymbol{R}$，而在工程实际中，通常采用 N 个观测样本值 $x(0),x(1),\cdots,x(N-1)$得到相关矩阵的估计$\hat{\boldsymbol{R}}$。因此，用$\hat{\boldsymbol{R}}$替换 $\boldsymbol{R}$，则最优权向量的估计可以表示为

$$\hat{\boldsymbol{w}}_{\mathrm{MVDR}} = \frac{\hat{\boldsymbol{R}}^{-1}\boldsymbol{a}(\omega)}{\boldsymbol{a}^{\mathrm{H}}(\omega)\hat{\boldsymbol{R}}^{-1}\boldsymbol{a}(\omega)} \tag{3.4.26}$$

而 MVDR 谱估计为

$$\hat{P}_{\mathrm{MVDR}}(\omega) = \frac{1}{\boldsymbol{a}^{\mathrm{H}}(\omega)\hat{\boldsymbol{R}}^{-1}\boldsymbol{a}(\omega)} \tag{3.4.27}$$

在$[-\pi,\pi]$内改变 ω，画出$\hat{P}_{\mathrm{MVDR}}(\omega)$曲线。在 $\omega\neq\omega_l(l=1,2,\cdots,K)$处，信号和噪声都被滤波器抑制，曲线会出现很低的幅度；而当 $\omega=\omega_l$ 时，频率为 $\omega=\omega_l$ 的信号可以无失真地通过，因此曲线呈现出一个峰值。

在上面 MVDR 信号频率估计方法的推导中，为了叙述方便，引入了图 3.4.1 的滤波器结构，在实际进行信号频率估计时，无需构建滤波器，而直接计算式(3.4.27)就可以了。

下面给出 MVDR 频率估计的步骤。

算法 3.6(MVDR 信号频率估计算法)

步骤 1　由 $x(n)$的 N 个观测样本 $x(0),x(1),\cdots,x(N-1)$估计样本相关矩阵$\hat{\boldsymbol{R}}$。

步骤 2　在$[-\pi,\pi]$内改变 ω，画出式(3.4.27)的曲线$\hat{P}_{\mathrm{MVDR}}(\omega)$，峰值位置对应的 ω 就是信号角频率的估计值。

应该指出，上面的$\hat{P}_{\mathrm{MVDR}}(\omega)$被称为最小方差谱估计(MVSE，minimum variance spectral estimation)，它并不是功率谱，因为$\hat{P}_{\mathrm{MVDR}}(\omega)$对 ω 的积分并不是信号功率，但它描述了信号功率的相对强度。

另外，由于历史的原因，MVDR 算法有时也被误称为最大似然估计方法，或 Capon 的 ML 算法。

Capon 提出 MVDR 算法时，称它为"高分辨率"谱估计方法，但实际上，它的分辨率并不高于 AR 模型。可以证明，MVDR 谱 $P_{\mathrm{MVDR}}(\omega)$和 AR 模型功率谱 $S_{\mathrm{AR}}(\omega)$之间的关系为[2]

$$\frac{1}{P_{\mathrm{MVDR}}(M,\omega)} = \sum_{i=0}^{M}\frac{1}{S_{\mathrm{AR}}(i,\omega)} \tag{3.4.28}$$

其中，$P_{\mathrm{MVDR}}(M,\omega)$中的 M 和 $S_{\mathrm{AR}}(i,\omega)$中的 i 表示模型阶数。

观察式(3.4.28)可以看出，M 阶的 MVDR 谱的倒数是 0 到 M 阶的 AR 模型谱的倒数和。倒数和起了一个求平均的作用，因此，MVDR 谱的分辨率较同阶的 AR 模型谱差[2]。

3.4.3 MVDR 频率估计算法仿真实例

例 3.4 设观测信号 $x(n)$ 为

$$x(n)=\sum_{k=1}^{3}A_k\exp(\mathrm{j}2\pi f_k n+\mathrm{j}\varphi_k)+v(n) \tag{3.4.29}$$

其中，归一化频率分别是 $f_1=0.1$，$f_2=0.25$ 和 $f_3=0.27$，φ_k 是相互独立并在$[0,2\pi]$上服从均匀分布的随机相位。$v(n)$是均值为 0、方差 $\sigma^2=0.001$ 的复高斯白噪声序列。3 个复正弦信号的信噪比分别为 $\mathrm{SNR}_1=30\mathrm{dB}$，$\mathrm{SNR}_2=30\mathrm{dB}$ 和 $\mathrm{SNR}_3=27\mathrm{dB}$。利用 $x(n)$ 的 $N=256$ 个观测样本，使用 MVDR 算法估计 $x(n)$的 MVDR 谱。

根据 MVDR 谱估计的步骤 1，利用样本估计自相关函数$\hat{r}(m)$，构造出 M 阶的自相关矩阵$\hat{\boldsymbol{R}}$。其中，$\hat{r}(m)$的估计由下式得到：

$$\hat{r}(m)=\frac{1}{N}\sum_{n=0}^{N-1}x(n)x^*(n-m)=\frac{1}{N}\sum_{n=m}^{N-1}x(n)x^*(n-m)\quad(m\geqslant 0)$$

然后，对角频率 ω 构造向量 $\boldsymbol{a}(\omega)$，得到 MVDR 的谱函数式(3.4.27)。

分别取滤波器权系数个数为 $M=8$ 和 16，在 $\omega=2\pi f$，$f\in[-0.5,0.5]$内均匀选取 2048 个频率点，画出估计的 MVDR 功率谱，如图 3.4.2 所示。可以看出，MVDR 谱分辨率随着抽头数 M 的增大而提高。

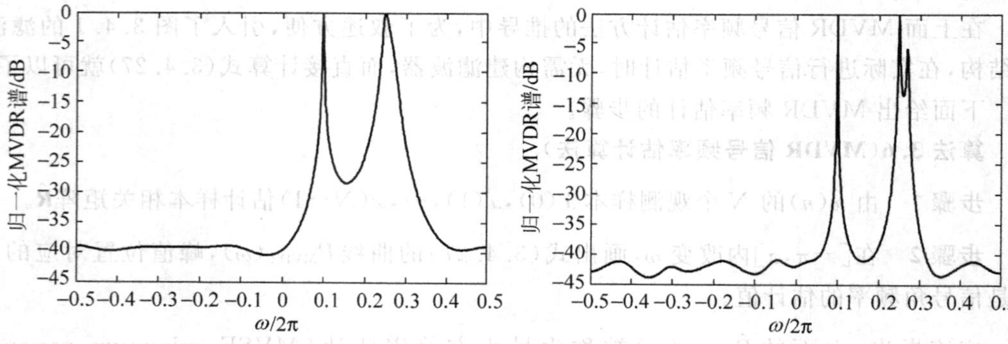

(a) M=8　　(b) M=16

图 3.4.2 不同抽头数时的信号 MVDR 谱

3.5 APES 算法

3.5.1 APES 算法原理

前文介绍 Capon 提出的 MVDR 滤波器时，指出了它的分辨率并不高于 AR 模型。针对这一点，20 世纪 90 年代，Li 等人提出了一种新的滤波器设计方法，用于信号的幅度和相位估计，称之为 APES(amplitude and phase estimation)滤波器[11]。这一设计方法也常被称作 APES 算法。

假设滤波器输入信号 $x(n)$仍是复正弦信号加白噪声，为

$$x(n) = \sum_{k=1}^{K} \alpha_k e^{j\omega_k n} + v(n) \tag{3.5.1}$$

其中，$v(n)$是加性白噪声，α_k 和 ω_k 分别是第 k 个信号复幅度和角频率。复幅度 $\alpha_k = |\alpha_k| e^{j\varphi_k}$ 包含了正弦信号的振幅$|\alpha_k|$和初始相位 φ_k。

如图 3.4.1 所示，考虑设计一个 M 抽头的 FIR 滤波器，使得期望频率为 ω_1 的信号无失真地通过滤波器，同时尽可能抑制信号 $x(n)$中的其他频率分量和噪声。与 3.4.2 节类似，分别定义向量

$$\boldsymbol{x}(n) = [x(n) \quad x(n-1) \quad \cdots \quad x(n-M+1)]^{T} \tag{3.5.2}$$

和滤波器权向量

$$\boldsymbol{w} = [w_0 \quad w_1 \quad \cdots \quad w_{M-1}]^{T} \tag{3.5.3}$$

信号 $x(n)$通过滤波器的输出为

$$y(n) = \boldsymbol{w}^{H} \boldsymbol{x}(n) = \boldsymbol{x}^{T}(n) \boldsymbol{w}^{*} \tag{3.5.4}$$

由式(3.5.1)和式(3.5.2)，有

$$\boldsymbol{x}(n) = \begin{bmatrix} 1 & 1 & \cdots & 1 \\ e^{-j\omega_1} & e^{-j\omega_2} & \cdots & e^{-j\omega_K} \\ \vdots & \vdots & \ddots & \vdots \\ e^{-j(M-1)\omega_1} & e^{-j(M-1)\omega_2} & \cdots & e^{-j(M-1)\omega_K} \end{bmatrix} \begin{bmatrix} \alpha_1 e^{j\omega_1 n} \\ \alpha_2 e^{j\omega_2 n} \\ \vdots \\ \alpha_K e^{j\omega_K n} \end{bmatrix} + \begin{bmatrix} v(n) \\ v(n-1) \\ \vdots \\ v(n-M+1) \end{bmatrix} \tag{3.5.5}$$

定义向量

$$\boldsymbol{a}(\omega) \triangleq \boldsymbol{a}_M(\omega) = \begin{bmatrix} 1 \\ e^{-j\omega} \\ \vdots \\ e^{-j(M-1)\omega} \end{bmatrix}, \quad \boldsymbol{s}(n) = \begin{bmatrix} \alpha_1 e^{j\omega_1 n} \\ \alpha_2 e^{j\omega_2 n} \\ \vdots \\ \alpha_K e^{j\omega_K n} \end{bmatrix}, \quad \boldsymbol{v}(n) = \begin{bmatrix} v(n) \\ v(n-1) \\ \vdots \\ v(n-M+1) \end{bmatrix} \tag{3.5.6}$$

和矩阵

$$\boldsymbol{A} = [\boldsymbol{a}(\omega_1) \quad \boldsymbol{a}(\omega_2) \quad \cdots \quad \boldsymbol{a}(\omega_K)] = \begin{bmatrix} 1 & 1 & \cdots & 1 \\ e^{-j\omega_1} & e^{-j\omega_2} & \cdots & e^{-j\omega_K} \\ \vdots & \vdots & \ddots & \vdots \\ e^{-j(M-1)\omega_1} & e^{-j(M-1)\omega_2} & \cdots & e^{-j(M-1)\omega_K} \end{bmatrix} \tag{3.5.7}$$

向量 $\boldsymbol{a}(\omega)$为信号频率向量，范德蒙德(Vandermonde)矩阵 $\boldsymbol{A} \in \mathbb{C}^{M\times K}$ 称为信号频率矩阵。于是，式(3.5.5)可以表示为

$$\boldsymbol{x}(n) = \boldsymbol{A}\boldsymbol{s}(n) + \boldsymbol{v}(n) \in \mathbb{C}^{M\times 1} \tag{3.5.8}$$

将式(3.5.8)代入式(3.5.4)，有

$$\begin{aligned} \boldsymbol{w}^{H}\boldsymbol{x}(n) &= \boldsymbol{w}^{H}[\boldsymbol{a}(\omega_1)\alpha_1 e^{j\omega_1 n} + \boldsymbol{a}(\omega_2)\alpha_2 e^{j\omega_2 n} + \cdots + \boldsymbol{a}(\omega_K)\alpha_K e^{j\omega_K n} + \boldsymbol{v}(n)] \\ &= \boldsymbol{w}^{H}[\boldsymbol{a}(\omega_1)\alpha_1 e^{j\omega_1 n} + \widetilde{\boldsymbol{A}}\,\widetilde{s}(n) + \boldsymbol{v}(n)] \\ &= \boldsymbol{w}^{H}[\boldsymbol{a}(\omega_1)\alpha_1 e^{j\omega_1 n} + z(n)] \end{aligned} \tag{3.5.9}$$

其中，向量 $\boldsymbol{z}(n)$ 定义为

$$\boldsymbol{z}(n)=\widetilde{\boldsymbol{A}}\,\widetilde{\boldsymbol{s}}(n)+\boldsymbol{v}(n) \tag{3.5.10}$$

而矩阵 $\widetilde{\boldsymbol{A}}$ 和向量 $\widetilde{\boldsymbol{s}}(n)$ 分别定义为

$$\begin{aligned}\widetilde{\boldsymbol{A}}&=[\boldsymbol{a}(\omega_2)\quad \boldsymbol{a}(\omega_3)\quad \cdots\quad \boldsymbol{a}(\omega_K)]\\ \widetilde{\boldsymbol{s}}(n)&=[\alpha_2\mathrm{e}^{\mathrm{j}\omega_2 n}\quad \alpha_3\mathrm{e}^{\mathrm{j}\omega_3 n}\quad \cdots\quad \alpha_K\mathrm{e}^{\mathrm{j}\omega_K n}]^{\mathrm{T}}\end{aligned} \tag{3.5.11}$$

要使频率为 ω_1 的信号无失真地通过滤波器，应有

$$\boldsymbol{w}^{\mathrm{H}}\boldsymbol{a}(\omega_1)=1 \tag{3.5.12}$$

于是，式(3.5.9)可以改写为

$$\boldsymbol{w}^{\mathrm{H}}\boldsymbol{x}(n)=\alpha_1\mathrm{e}^{\mathrm{j}\omega_1 n}+\boldsymbol{w}^{\mathrm{H}}\boldsymbol{z}(n) \tag{3.5.13}$$

根据式(3.5.12)和式(3.5.13)，选择滤波器权向量 $\boldsymbol{w}$ 应使 $\boldsymbol{w}^{\mathrm{H}}\boldsymbol{z}(n)$ 的平均功率最小，并使信号 $\mathrm{e}^{\mathrm{j}\omega_1 n}$ 的幅度尽量为 α_1，这可表示为下面的约束优化问题：

$$\min_{\boldsymbol{w},\alpha_1}\{J(\boldsymbol{w},\alpha_1)\triangleq \mathrm{E}\{|\boldsymbol{w}^{\mathrm{H}}\boldsymbol{x}(n)-\alpha_1\mathrm{e}^{\mathrm{j}\omega_1 n}|^2\}\},\quad \text{st.}\quad \boldsymbol{w}^{\mathrm{H}}\boldsymbol{a}(\omega_1)=1 \tag{3.5.14}$$

假设有 N 个连续的观测样本 $x(0),x(1),\cdots,x(N-1)$，那么可以得到 $N-M+1$ 个样本序列 $\boldsymbol{x}(M-1),\boldsymbol{x}(M),\cdots,\boldsymbol{x}(N-1)$。用样本序列的时间平均代替式(3.5.14)中的数学期望，并且考虑更一般的情况，用 ω 代替 ω_1，则可得

$$\min_{\boldsymbol{w},\alpha}\{J(\boldsymbol{w},\alpha)\triangleq\frac{1}{L}\sum_{n=M-1}^{N-1}|\boldsymbol{w}^{\mathrm{H}}\boldsymbol{x}(n)-\alpha\mathrm{e}^{\mathrm{j}\omega n}|^2\},\quad \text{st.}\quad \boldsymbol{w}^{\mathrm{H}}\boldsymbol{a}(\omega)=1 \tag{3.5.15}$$

其中，$L\triangleq N-M+1$，ω 表示任意给定的频率，α 是频率为 ω 的信号的复幅度。注意到，约束优化问题即式(3.5.15)不仅将抑制其他频率的信号，也将抑制噪声。

将式(3.5.15)中定义的目标函数 $J(\boldsymbol{w},\alpha)$ 展开，并注意式(3.5.4)，可得

$$J(\boldsymbol{w},\alpha)=\frac{1}{L}\sum_{n=M-1}^{N-1}[\boldsymbol{w}^{\mathrm{H}}\boldsymbol{x}(n)\boldsymbol{x}^{\mathrm{H}}(n)\boldsymbol{w}-\alpha^*\boldsymbol{w}^{\mathrm{H}}\boldsymbol{x}(n)\mathrm{e}^{-\mathrm{j}\omega n}-\alpha\boldsymbol{x}^{\mathrm{H}}(n)\mathrm{e}^{\mathrm{j}\omega n}\boldsymbol{w}+|\alpha|^2]$$

定义向量

$$\boldsymbol{g}(\omega)=\frac{1}{L}\sum_{n=M-1}^{N-1}\boldsymbol{x}(n)\mathrm{e}^{-\mathrm{j}\omega n} \tag{3.5.16}$$

利用关系 $\boldsymbol{w}^{\mathrm{H}}\boldsymbol{g}(\omega)=\boldsymbol{g}^{\mathrm{T}}(\omega)\boldsymbol{w}^*$，目标函数 $J(\boldsymbol{w},\alpha)$ 可表示为

$$\begin{aligned}J(\boldsymbol{w},\alpha)&=\boldsymbol{w}^{\mathrm{H}}\hat{\boldsymbol{R}}\boldsymbol{w}-\alpha^*\boldsymbol{w}^{\mathrm{H}}\boldsymbol{g}(\omega)-\alpha\boldsymbol{g}^{\mathrm{H}}(\omega)\boldsymbol{w}+|\alpha|^2\\&=|\alpha-\boldsymbol{w}^{\mathrm{H}}\boldsymbol{g}(\omega)|^2+\boldsymbol{w}^{\mathrm{H}}\hat{\boldsymbol{R}}\boldsymbol{w}-\boldsymbol{w}^{\mathrm{H}}\boldsymbol{g}(\omega)\boldsymbol{g}^{\mathrm{H}}(\omega)\boldsymbol{w}\end{aligned} \tag{3.5.17}$$

其中，$\hat{\boldsymbol{R}}$ 是向量 $\boldsymbol{x}(n)$ 的样本相关矩阵，为

$$\hat{\boldsymbol{R}}=\frac{1}{L}\sum_{n=M-1}^{N-1}\boldsymbol{x}(n)\boldsymbol{x}^{\mathrm{H}}(n) \tag{3.5.18}$$

由式(3.5.17)，可求得使目标函数最小的 α 为

$$\hat{\alpha}(\omega)=\boldsymbol{w}^{\mathrm{H}}\boldsymbol{g}(\omega) \tag{3.5.19}$$

将式(3.5.19)代入式(3.5.17)中，并且令

$$\hat{\boldsymbol{Q}}(\omega)=\hat{\boldsymbol{R}}-\boldsymbol{g}(\omega)\boldsymbol{g}^{\mathrm{H}}(\omega) \tag{3.5.20}$$

则约束优化问题即式(3.5.15)可转化为

$$\min_{w} \boldsymbol{w}^{\mathrm{H}} \hat{\boldsymbol{Q}} \boldsymbol{w}, \quad \text{st.} \quad \boldsymbol{w}^{\mathrm{H}} \boldsymbol{a}(\omega) = 1 \tag{3.5.21}$$

注意到，式(3.5.21)与 MVDR 算法即式(3.4.20)形式上完全一致，只是用$\hat{\boldsymbol{Q}}(\omega)$替换了$\boldsymbol{R}$。因此，可以类似得到 APES 算法的最优权向量

$$\hat{\boldsymbol{w}}_{\mathrm{APES}} = \frac{\hat{\boldsymbol{Q}}^{-1}(\omega)\boldsymbol{a}(\omega)}{\boldsymbol{a}^{\mathrm{H}}(\omega)\hat{\boldsymbol{Q}}^{-1}(\omega)\boldsymbol{a}(\omega)} \tag{3.5.22}$$

将$\hat{\boldsymbol{w}}_{\mathrm{APES}}$代入式(3.5.19)中，可得到信号复幅度 α 的估计为

$$\hat{\alpha}(\omega) = \frac{\boldsymbol{a}^{\mathrm{H}}(\omega)\hat{\boldsymbol{Q}}^{-1}(\omega)\boldsymbol{g}(\omega)}{\boldsymbol{a}^{\mathrm{H}}(\omega)\hat{\boldsymbol{Q}}^{-1}(\omega)\boldsymbol{a}(\omega)} \tag{3.5.23}$$

注意到，复幅度估计 $\hat{\alpha}(\omega)$是频率 ω 的函数。于是，由式(3.5.23)可以得到式(3.5.1)中信号的幅度谱，即

$$|\hat{\alpha}(\omega)| = \left|\frac{\boldsymbol{a}^{\mathrm{H}}(\omega)\hat{\boldsymbol{Q}}^{-1}(\omega)\boldsymbol{g}(\omega)}{\boldsymbol{a}^{\mathrm{H}}(\omega)\hat{\boldsymbol{Q}}^{-1}(\omega)\boldsymbol{a}(\omega)}\right|, \quad \omega \in [-\pi, \pi] \tag{3.5.24}$$

在频率 $\omega=\omega_k, k=1,2,\cdots,K$ 处，$|\hat{\alpha}(\omega)|$会呈现出一个峰值，而在其他频率，$|\hat{\alpha}(\omega)|$会接近零值。当然，也可以画出信号功率$|\hat{\alpha}(\omega)|^2$ 随角频率的变化曲线。

注意到，在得到信号的频率估计 $\hat{\omega}$ 后，利用式(3.5.23)，可以得到频率为 $\hat{\omega}$ 的信号的复幅度估计 $\hat{\alpha}(\hat{\omega})$(包括幅度和相位)，这就是 APES 算法得名的原因。

下面给出 APES 频率估计算法的步骤。

算法 3.7(APES 频率估计算法)

步骤 1 利用 $x(n)$的观测样本，由式(3.5.18)得到样本相关矩阵$\hat{\boldsymbol{R}}$。

步骤 2 利用式(3.5.16)构造 $\boldsymbol{g}(\omega)$，再利用式(3.5.20)得到矩阵$\hat{\boldsymbol{Q}}(\omega)$。

步骤 3 根据式(3.5.24)得到幅度谱曲线，谱峰位置对应的角频率就是信号角频率的估计 $\hat{\omega}_k$。

步骤 4 将 $\hat{\omega}_k$ 代入式(3.5.23)，得到相应的复幅度估计 $\hat{\alpha}(\hat{\omega}_k), k=1,2,\cdots,K$，$\hat{\alpha}(\hat{\omega}_k)$的幅度和相位分别是对应频率信号的幅度和相位估计。

3.5.2 APES 算法仿真实例

例 3.5 设观测信号 $x(n)$为

$$x(n) = \sum_{k=1}^{3} A_k \exp(\mathrm{j}2\pi f_k n + \mathrm{j}\varphi_k) + v(n)$$

其中，归一化频率分别是 $f_1=0.1, f_2=0.25$ 和 $f_3=0.27$，φ_k 是相互独立并在$[0,2\pi]$上服从均匀分布的随机相位。$v(n)$是均值为 0、方差 $\sigma^2=0.001$ 的复高斯白噪声序列。3 个复正弦信号的幅度分别为 $A_1=1, A_2=1$ 和 $A_3=0.5$，相应的信噪比分别为 $\mathrm{SNR}_1=30\mathrm{dB}$，$\mathrm{SNR}_2=30\mathrm{dB}$ 和 $\mathrm{SNR}_3=24\mathrm{dB}$。现用 $x(n)$的 N 个观测样本，利用 APES 算法估计出 $x(n)$中复正弦信号的频率并给出各频率信号的幅度。

首先，产生连续的 $N=256$ 个样本，估计样本相关矩阵$\hat{\boldsymbol{R}}$，并由式(3.5.16)和式(3.5.20)

分别得到 $\boldsymbol{g}(\omega)$ 和 $\hat{\boldsymbol{Q}}(\omega)$，最后根据式(3.5.24)，在 $\omega=2\pi f, f\in[-0.5, 0.5]$ 范围内均匀选取 2048 个频率点，绘制幅度谱曲线。

分别取 $M=4$ 和 8，得到的 APES 幅度谱如图 3.5.1 所示。可以看出，APES 幅度谱的峰值出现在归一化频率 $f_1=0.1$，$f_2=0.25$ 和 $f_3=0.27$ 附近，谱峰的高度分别给出了 A_1、A_2 和 A_3 的估计。

可以看出，APES 算法同 MVDR 算法相比，具有很高的分辨率，且能估计出信号幅度。

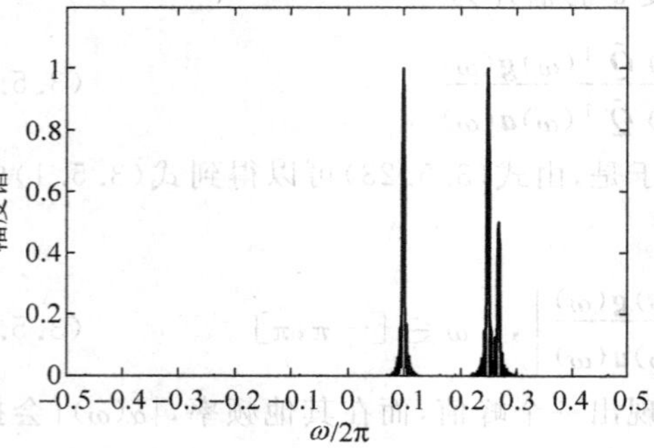

(a) M=4

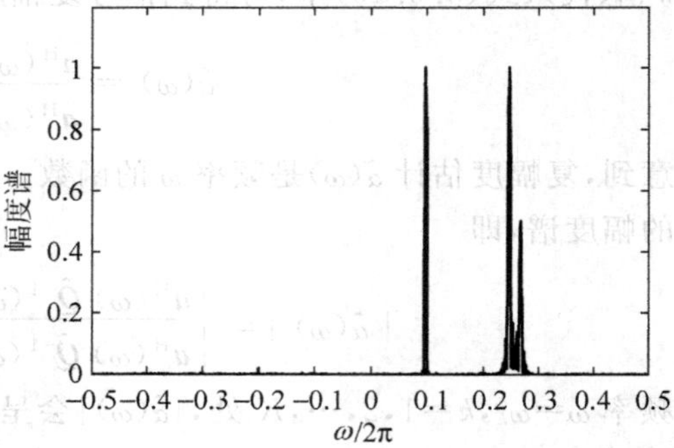

(b) M=8

图 3.5.1　不同抽头数时得到的 APES 谱

3.6　基于相关矩阵特征分解的信号频率估计

基于相关矩阵特征分解的信号频率估计方法，是现代功率谱估计(信号频率估计)的重要内容，其基本思想是，直接对估计的随机过程相关矩阵进行特征分解，利用复正弦信号与相关矩阵特征值和特征向量的关系，得到信号频率的估计。

3.6.1　信号子空间和噪声子空间的概念

假设信号 $x(n)$ 是复正弦信号加白噪声，同前两节一样，为

$$x(n)=\sum_{k=1}^{K}\alpha_k \mathrm{e}^{\mathrm{j}\omega_k n}+v(n) \tag{3.6.1}$$

其中，$\alpha_k=|\alpha_k|\mathrm{e}^{\mathrm{j}\varphi_k}$ 和 ω_k 分别是信号复幅度和角频率。初始相位 φ_k 是在$[0,2\pi]$均匀分布的随机变量，并且当 $i\neq k$ 时，φ_i 和 φ_k 相互独立；$v(n)$ 是零均值、方差为 σ_v^2 的白噪声，且与信号相互独立。

定义信号向量

$$\boldsymbol{x}(n)=[x(n)\quad x(n-1)\quad \cdots \quad x(n-M+1)]^{\mathrm{T}} \tag{3.6.2}$$

由式(3.5.8)，有

$$\boldsymbol{x}(n)=\boldsymbol{A}\boldsymbol{s}(n)+\boldsymbol{v}(n)\in\mathbb{C}^{M\times 1} \tag{3.6.3}$$

其中

$$\boldsymbol{A}=[\boldsymbol{a}(\omega_1)\quad \boldsymbol{a}(\omega_2)\quad \cdots\quad \boldsymbol{a}(\omega_K)]=\begin{bmatrix}1 & 1 & \cdots & 1\\ \mathrm{e}^{-\mathrm{j}\omega_1} & \mathrm{e}^{-\mathrm{j}\omega_2} & \cdots & \mathrm{e}^{-\mathrm{j}\omega_K}\\ \vdots & \vdots & \ddots & \vdots\\ \mathrm{e}^{-\mathrm{j}(M-1)\omega_1} & \mathrm{e}^{-\mathrm{j}(M-1)\omega_2} & \cdots & \mathrm{e}^{-\mathrm{j}(M-1)\omega_K}\end{bmatrix}\in\mathbb{C}^{M\times K} \tag{3.6.4}$$

向量 $\boldsymbol{a}(\omega)$、$\boldsymbol{s}(n)$ 和 $\boldsymbol{v}(n)$ 分别定义为

$$\boldsymbol{a}(\omega)=\begin{bmatrix}1\\ \mathrm{e}^{-\mathrm{j}\omega}\\ \vdots\\ \mathrm{e}^{-\mathrm{j}(M-1)\omega}\end{bmatrix},\quad \boldsymbol{s}(n)=\begin{bmatrix}\alpha_1\mathrm{e}^{\mathrm{j}\omega_1 n}\\ \alpha_2\mathrm{e}^{\mathrm{j}\omega_2 n}\\ \vdots\\ \alpha_K\mathrm{e}^{\mathrm{j}\omega_K n}\end{bmatrix},\quad \boldsymbol{v}(n)=\begin{bmatrix}v(n)\\ v(n-1)\\ \vdots\\ v(n-M+1)\end{bmatrix} \tag{3.6.5}$$

向量 $\boldsymbol{x}(n)$ 的自相关矩阵 $\boldsymbol{R}\in\mathbb{C}^{M\times M}$ 为

$$\begin{aligned}\boldsymbol{R}&=\mathrm{E}\{\boldsymbol{x}(n)\boldsymbol{x}^{\mathrm{H}}(n)\}\\ &=\mathrm{E}\{[\boldsymbol{A}\boldsymbol{s}(n)+\boldsymbol{v}(n)][\boldsymbol{s}^{\mathrm{H}}(n)\boldsymbol{A}^{\mathrm{H}}+\boldsymbol{v}^{\mathrm{H}}(n)]\}\\ &=\boldsymbol{A}\boldsymbol{P}\boldsymbol{A}^{\mathrm{H}}+\mathrm{E}\{\boldsymbol{v}(n)\boldsymbol{v}^{\mathrm{H}}(n)\}\end{aligned} \tag{3.6.6}$$

因为 $v(n)$ 是零均值、方差为 σ_v^2 的白噪声，所以有

$$\mathrm{E}\{\boldsymbol{v}(n)\boldsymbol{v}^{\mathrm{H}}(n)\}=\mathrm{diag}\{\sigma_v^2,\cdots,\sigma_v^2\}=\sigma_v^2\boldsymbol{I}$$

其中，$\boldsymbol{I}\in\mathbb{R}^{M\times M}$ 是单位矩阵。

又由于 φ_k 和 φ_l 相互独立 $(k\neq l)$，有

$$\begin{aligned}\mathrm{E}\{s_k(n)s_l^*(n)\}&=\mathrm{E}\{\alpha_k\mathrm{e}^{\mathrm{j}\omega_k n}\alpha_l^*\mathrm{e}^{-\mathrm{j}\omega_l n}\}\\ &=\mathrm{e}^{\mathrm{j}\omega_k n}\mathrm{e}^{-\mathrm{j}\omega_l n}\,|\alpha_k|\,|\alpha_l|\,\mathrm{E}\{\mathrm{e}^{\mathrm{j}\varphi_k-\mathrm{j}\varphi_l}\}\\ &=\begin{cases}|\alpha_k|^2, & k=l\\ 0, & k\neq l\end{cases}\end{aligned}$$

于是，矩阵 $\boldsymbol{P}$ 是正定的对角矩阵，即

$$\boldsymbol{P}\triangleq\mathrm{E}\{\boldsymbol{s}(n)\boldsymbol{s}^{\mathrm{H}}(n)\}=\mathrm{diag}\{|\alpha_1|^2,|\alpha_2|^2,\cdots,|\alpha_K|^2\}\in\mathbb{C}^{K\times K} \tag{3.6.7}$$

因此，$\boldsymbol{x}(n)$ 的自相关矩阵可表示为

$$\boldsymbol{R}=\boldsymbol{A}\boldsymbol{P}\boldsymbol{A}^{\mathrm{H}}+\sigma_v^2\boldsymbol{I}\in\mathbb{C}^{M\times M} \tag{3.6.8}$$

实际应用中，选取 $M>K$。由式(3.6.4)容易看出，矩阵 $\boldsymbol{A}$ 是列满秩的；因此，$\boldsymbol{A}^{\mathrm{H}}$ 是行满秩矩阵，即

$$\mathrm{rank}(\boldsymbol{A})=\mathrm{rank}(\boldsymbol{A}^{\mathrm{H}})=K \tag{3.6.9}$$

又根据定义式(3.6.7)知，$\boldsymbol{P}$ 是秩为 K 的满秩方阵。因此，矩阵乘积 $\boldsymbol{AP}$ 是对矩阵 $\boldsymbol{A}$ 作满秩变换，变换后的秩保持不变，即

$$\mathrm{rank}(\boldsymbol{AP})=K \tag{3.6.10}$$

同样，由式(3.6.9)和式(3.6.10)可知，$\boldsymbol{APA}^{\mathrm{H}}$ 也为对矩阵 $\boldsymbol{A}^{\mathrm{H}}$ 作满秩变换，即

$$\mathrm{rank}(\boldsymbol{APA}^{\mathrm{H}})=K \tag{3.6.11}$$

因此，矩阵 $\boldsymbol{APA}^{\mathrm{H}}$ 共有 K 个非零特征值。对 $\boldsymbol{APA}^{\mathrm{H}}$ 进行特征值分解，设 $\tilde{\lambda}_1,\tilde{\lambda}_2,\cdots,\tilde{\lambda}_M$ 为特征值；$\boldsymbol{u}_1,\boldsymbol{u}_2,\cdots,\boldsymbol{u}_M$ 为对应的正交归一化特征向量。不妨将其 K 个非零特征值设为 $\tilde{\lambda}_1,\tilde{\lambda}_2,\cdots,\tilde{\lambda}_K\neq 0$；其余特征值 $\tilde{\lambda}_{K+1}=\tilde{\lambda}_{K+2}=\cdots\tilde{\lambda}_M=0$，所以有

$$(\boldsymbol{APA}^{\mathrm{H}})\boldsymbol{u}_i = \tilde{\lambda}_i \boldsymbol{u}_i, \quad i = 1,2,\cdots,K \tag{3.6.12}$$

$$(\boldsymbol{APA}^{\mathrm{H}})\boldsymbol{u}_i = \tilde{\lambda}_i \boldsymbol{u}_i = \boldsymbol{0}, \quad i = K+1,K+2,\cdots,M \tag{3.6.13}$$

对式(3.6.12)和式(3.6.13)右乘 $\boldsymbol{u}_i^{\mathrm{H}}$,有

$$(\boldsymbol{APA}^{\mathrm{H}})\boldsymbol{u}_i\boldsymbol{u}_i^{\mathrm{H}} = \tilde{\lambda}_i \boldsymbol{u}_i\boldsymbol{u}_i^{\mathrm{H}}, \quad i = 1,\cdots,M$$

上式中分别取 $i=1,\cdots,M$,可得 M 个等式,将各等式两边分别相加,得

$$(\boldsymbol{APA}^{\mathrm{H}})\sum_{i=1}^{M}\boldsymbol{u}_i\boldsymbol{u}_i^{\mathrm{H}} = \sum_{i=1}^{M}\tilde{\lambda}_i \boldsymbol{u}_i\boldsymbol{u}_i^{\mathrm{H}} \tag{3.6.14}$$

考虑到 $\boldsymbol{u}_1,\boldsymbol{u}_2,\cdots,\boldsymbol{u}_M$ 是正交的归一化特征向量,由第 2.2.3 节有

$$\sum_{i=1}^{M}\boldsymbol{u}_i\boldsymbol{u}_i^{\mathrm{H}} = \boldsymbol{I} \tag{3.6.15}$$

将式(3.6.15)代入式(3.6.14),有

$$\boldsymbol{APA}^{\mathrm{H}} = \sum_{i=1}^{M}\tilde{\lambda}_i \boldsymbol{u}_i\boldsymbol{u}_i^{\mathrm{H}} = \sum_{i=1}^{K}\tilde{\lambda}_i \boldsymbol{u}_i\boldsymbol{u}_i^{\mathrm{H}} \tag{3.6.16}$$

因此,式(3.6.8)的自相关矩阵 $\boldsymbol{R}$ 可表示为

$$\begin{aligned}\boldsymbol{R} &= \sum_{i=1}^{K}\tilde{\lambda}_i \boldsymbol{u}_i\boldsymbol{u}_i^{\mathrm{H}} + \sigma_v^2\sum_{i=1}^{M}\boldsymbol{u}_i\boldsymbol{u}_i^{\mathrm{H}} \\ &= \sum_{i=1}^{K}(\tilde{\lambda}_i + \sigma_v^2)\boldsymbol{u}_i\boldsymbol{u}_i^{\mathrm{H}} + \sigma_v^2\sum_{i=K+1}^{M}\boldsymbol{u}_i\boldsymbol{u}_i^{\mathrm{H}} \\ &= \sum_{i=1}^{M}\lambda_i \boldsymbol{u}_i\boldsymbol{u}_i^{\mathrm{H}}\end{aligned} \tag{3.6.17}$$

其中

$$\begin{aligned}\lambda_i &= \tilde{\lambda}_i + \sigma_v^2, \quad i = 1,\cdots,K \\ \lambda_i &= \sigma_v^2, \quad i = K+1,\cdots,M\end{aligned} \tag{3.6.18}$$

$\boldsymbol{R}$ 的 M 个特征值中仅有 K 个特征值 $\lambda_1,\cdots,\lambda_K$ 与信号有关,其余 $M-K$ 个特征值 $\lambda_{K+1},\cdots,\lambda_M$ 仅与噪声有关。根据以上事实,有以下重要定义:

(1) 信号子空间 $\boldsymbol{E}_{\mathrm{S}}$(signal subspace):$\boldsymbol{E}_{\mathrm{S}}$ 是由 $\lambda_1,\cdots,\lambda_K$ 对应的特征向量 $\boldsymbol{u}_1,\cdots,\boldsymbol{u}_K$ 生成的子空间,记为

$$\boldsymbol{E}_{\mathrm{S}} = \mathrm{span}\{\boldsymbol{u}_1,\boldsymbol{u}_2,\cdots,\boldsymbol{u}_K\}$$

(2) 噪声子空间 $\boldsymbol{E}_{\mathrm{N}}$(noise subspace):$\boldsymbol{E}_{\mathrm{N}}$ 是由 $\lambda_{K+1},\cdots,\lambda_M$ 对应的特征向量 $\boldsymbol{u}_{K+1},\cdots,\boldsymbol{u}_M$ 生成的子空间,记为

$$\boldsymbol{E}_{\mathrm{N}} = \mathrm{span}\{\boldsymbol{u}_{K+1},\boldsymbol{u}_{K+2},\cdots,\boldsymbol{u}_M\}$$

$\boldsymbol{E}_{\mathrm{S}}$ 既与信号有关,又与噪声有关;而 $\boldsymbol{E}_{\mathrm{N}}$ 仅与噪声有关。

3.6.2 MUSIC 算法

利用前面信号子空间和噪声子空间的概念,下面介绍信号频率估计的多重信号分类(MUSIC,multiple signal classification)算法,该算法于 1979 年由 R. O. Schmidt 提出。MUSIC 算法利用了信号子空间和噪声子空间的正交性,构造空间谱函数,通过谱峰搜索,估计信号频率。

由式(3.6.13)有

$$\boldsymbol{APA}^{\mathrm{H}}\boldsymbol{u}_i=\boldsymbol{0},\quad i=K+1,\cdots,M \tag{3.6.19}$$

对上式两边同时左乘 $\boldsymbol{A}^{\mathrm{H}}$，得

$$\boldsymbol{A}^{\mathrm{H}}\boldsymbol{APA}^{\mathrm{H}}\boldsymbol{u}_i=\boldsymbol{0},\quad i=K+1,\cdots,M \tag{3.6.20}$$

由式(3.6.9)知，矩阵 $\mathrm{rank}(\boldsymbol{A}^{\mathrm{H}}\boldsymbol{A})=K$，即 $\boldsymbol{A}^{\mathrm{H}}\boldsymbol{A}$ 可逆。式(3.6.20)等号两边同时左乘 $(\boldsymbol{A}^{\mathrm{H}}\boldsymbol{A})^{-1}$，有

$$(\boldsymbol{A}^{\mathrm{H}}\boldsymbol{A})^{-1}\boldsymbol{A}^{\mathrm{H}}\boldsymbol{APA}^{\mathrm{H}}\boldsymbol{u}_i=\boldsymbol{PA}^{\mathrm{H}}\boldsymbol{u}_i=\boldsymbol{0},\quad i=K+1,\cdots,M \tag{3.6.21}$$

又由式(3.6.7)，矩阵 $\boldsymbol{P}$ 为正定的对角矩阵，式(3.6.21)两边可再同时左乘 $\boldsymbol{P}^{-1}$，有

$$\boldsymbol{P}^{-1}\boldsymbol{PA}^{\mathrm{H}}\boldsymbol{u}_i=\boldsymbol{A}^{\mathrm{H}}\boldsymbol{u}_i=\boldsymbol{0},\quad i=K+1,\cdots,M \tag{3.6.22}$$

由式(3.6.4)，则有

$$\boldsymbol{a}^{\mathrm{H}}(\omega_k)\boldsymbol{u}_i=0,\quad k=1,2,\cdots,K,\quad i=K+1,\cdots,M \tag{3.6.23}$$

式(3.6.23)表明，信号频率向量 $\boldsymbol{a}(\omega_k)$ 与噪声子空间的特征向量正交。对给定频率 ω_k，分别令 $i=K+1,\cdots,M$，可以得到

$$\begin{gathered}|\boldsymbol{a}^{\mathrm{H}}(\omega_k)\boldsymbol{u}_{K+1}|^2=0\\|\boldsymbol{a}^{\mathrm{H}}(\omega_k)\boldsymbol{u}_{K+2}|^2=0\\\vdots\\|\boldsymbol{a}^{\mathrm{H}}(\omega_k)\boldsymbol{u}_M|^2=0\end{gathered} \tag{3.6.24}$$

将上面各式两边相加，可得到

$$\sum_{i=K+1}^{M}|\boldsymbol{a}^{\mathrm{H}}(\omega_k)\boldsymbol{u}_i|^2=0,\quad k=1,2,\cdots,K \tag{3.6.25}$$

用噪声子空间的向量构成矩阵

$$\boldsymbol{G}=[\boldsymbol{u}_{K+1}\quad\boldsymbol{u}_{K+2}\quad\cdots\quad\boldsymbol{u}_M]\in\mathbb{C}^{M\times(M-K)} \tag{3.6.26}$$

可以得到式(3.6.25)的另一种表达形式为

$$\boldsymbol{a}^{\mathrm{H}}(\omega_k)\Big(\sum_{i=K+1}^{M}\boldsymbol{u}_i\boldsymbol{u}_i^{\mathrm{H}}\Big)\boldsymbol{a}(\omega_k)=\boldsymbol{a}^{\mathrm{H}}(\omega_k)\boldsymbol{GG}^{\mathrm{H}}\boldsymbol{a}(\omega_k)=0,\quad k=1,2,\cdots,K \tag{3.6.27}$$

在实际工程中，由于用相关矩阵的估计 $\hat{\boldsymbol{R}}$ 代替 $\boldsymbol{R}$ 进行特征分解，因此，在给定的频率 ω_k，信号频率向量 $\boldsymbol{a}(\omega_k)$ 与噪声子空间并不严格地满足正交条件方程式(3.6.23)。所以，式(3.6.25)和式(3.6.27)的左边并不严格等于零，而是一个很小的值。于是，可以构造如下的扫描函数：

$$\hat{P}_{\mathrm{MUSIC}}(\omega)=\frac{1}{\boldsymbol{a}^{\mathrm{H}}(\omega)\hat{\boldsymbol{G}}\hat{\boldsymbol{G}}^{\mathrm{H}}\boldsymbol{a}(\omega)}=\frac{1}{\sum\limits_{i=K+1}^{M}|\boldsymbol{a}^{\mathrm{H}}(\omega)\hat{\boldsymbol{u}}_i|^2},\quad\omega\in[-\pi,\pi] \tag{3.6.28}$$

信号角频率的估计可以由函数 $P_{\mathrm{MUSIC}}(\omega)$ 的 K 个峰值位置确定。

谱函数 $P_{\mathrm{MUSIC}}(\omega)$ 的峰值位置反映了信号的频率值，但它并不是信号的功率谱，通常将 $P_{\mathrm{MUSIC}}(\omega)$ 称为伪谱(pseudo spectrum)，或 MUSIC 谱。

下面给出 MUSIC 算法的计算步骤。

算法 3.8(MUSIC 频率估计算法)

步骤 1　根据 N 个观测样本值 $x(0),x(1),\cdots,x(N-1)$，估计自相关矩阵 $\hat{\boldsymbol{R}}\in\mathbb{C}^{M\times M}$。

步骤 2 对$\hat{\boldsymbol{R}}$进行特征分解，得到$M-K$个最小特征值对应的归一化特征向量，即得到噪声子空间的一组基向量，根据式(3.6.26)构造矩阵$\hat{\boldsymbol{G}}$。

步骤 3 在$[-\pi,\pi]$内改变ω，计算函数式(3.6.28)的值，$P_{\text{MUSIC}}(\omega)$的峰值位置就是信号频率的估计值。

下面举一个 MUSIC 谱估计的例子。

例 3.6 仿真条件与例 3.4 完全相同，现利用$x(n)$的$N=256$个观测样本，用 MUSIC 算法估计出$x(n)$的 MUSIC 谱。

根据 MUSIC 频率估计算法的步骤，首先，利用$N=256$个观测样本估计M阶的样本自相关矩阵$\hat{\boldsymbol{R}}$。然后，按照步骤 2，对$\hat{\boldsymbol{R}}$进行特征分解。注意到此例中信号子空间维数$K=3$，则噪声子空间的维数为$M-3$。找出$M-3$个最小特征值对应的特征向量$\hat{\boldsymbol{u}}_4$，$\hat{\boldsymbol{u}}_5,\cdots,\hat{\boldsymbol{u}}_M$，于是有$\hat{\boldsymbol{G}}=[\hat{\boldsymbol{u}}_4 \quad \hat{\boldsymbol{u}}_5 \quad \cdots \quad \hat{\boldsymbol{u}}_M]$。再根据步骤 3，在$\omega=2\pi f, f\in[-0.5,0.5]$内均匀选取 2048 个频率点，计算函数式(3.6.28)的值。

分别取$M=4$和 8，画出曲线如图 3.6.1 所示。可以看出，MUSIC 谱的峰值出现在归一化频率$f_1=0.1, f_2=0.25$和$f_3=0.27$附近，MUSIC 谱具有很高的分辨率。

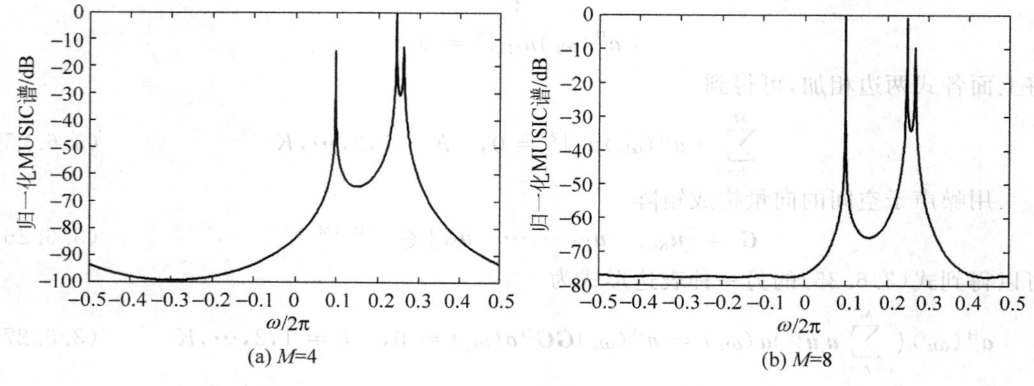

图 3.6.1 相关矩阵阶数分别为 4 和 8 时的 MUSIC 谱

3.6.3 Root-MUSIC 算法

3.6.2 节介绍的 MUSIC 算法，需通过搜索伪谱的峰值，得到信号频率的估计。本节将介绍具有多项式求根形式的 MUSIC 算法，称为 Root-MUSIC 算法。

设向量$\boldsymbol{u}_i$是相关矩阵$\boldsymbol{R}$的噪声子空间的第i个归一化特征向量，可表示为

$$\boldsymbol{u}_i = [u_{i0} \quad u_{i1} \quad \cdots \quad u_{i(M-1)}]^{\text{T}}, \quad i = K+1, K+2, \cdots, M$$

定义向量$\boldsymbol{a}(z)$为

$$\boldsymbol{a}(z) = [1 \quad z^{-1} \quad \cdots \quad z^{-(M-1)}]^{\text{T}} \tag{3.6.29}$$

构造如下函数：

$$\tilde{f}(z) = \boldsymbol{u}_i^{\text{H}}\boldsymbol{a}(z) = u_{i0}^* + u_{i1}^* z^{-1} + \cdots + u_{i(M-1)}^* z^{-(M-1)} \tag{3.6.30}$$

当$z=\text{e}^{\text{j}\omega}$时，向量$\boldsymbol{a}(z)$是频率为$\omega$的信号频率向量$\boldsymbol{a}(\omega)$。对式(3.6.23)共轭转置，有

$$\tilde{f}(e^{j\omega_k}) = \boldsymbol{u}_i^H \boldsymbol{a}(\omega_k) = 0, \quad k = 1,2,\cdots,K \tag{3.6.31}$$

式(3.6.30)左乘自身的共轭(转置),可得到

$$f_i(z) = \boldsymbol{a}^H(z)\boldsymbol{u}_i\boldsymbol{u}_i^H\boldsymbol{a}(z) = |\boldsymbol{a}^H(z)\boldsymbol{u}_i|^2, \quad i = K+1, K+2,\cdots,M \tag{3.6.32}$$

定义多项式

$$P_{\text{Root-MUSIC}}(z) = \sum_{i=K+1}^{M} |\boldsymbol{a}^H(z)\boldsymbol{u}_i|^2 \tag{3.6.33}$$

用噪声子空间的向量构成矩阵 $\boldsymbol{G}$,如式(3.6.26),式(3.6.33)可以表示为

$$P_{\text{Root-MUSIC}}(z) = \boldsymbol{a}^H(z)\left(\sum_{i=K+1}^{M}\boldsymbol{u}_i\boldsymbol{u}_i^H\right)\boldsymbol{a}(z) = \boldsymbol{a}^H(z)\boldsymbol{G}\boldsymbol{G}^H\boldsymbol{a}(z) \tag{3.6.34}$$

比较式(3.6.25)和式(3.6.33)可发现,$z_k = e^{j\omega_k}, k=1,\cdots,K$ 是方程

$$P_{\text{Root-MUSIC}}(z) = 0 \tag{3.6.35}$$

的根。

由于与复正弦信号频率有关的 K 个根 $z_k = e^{j\omega_k}, k=1,\cdots,K$ 都位于单位圆 $|z|=1$ 上,单位圆上的复数 $z=e^{j\omega}$ 应满足

$$z^* = z^{-1} \tag{3.6.36}$$

所以有

$$\boldsymbol{a}^H(z) = [1 \quad (z^{-1})^* \quad \cdots \quad (z^{-(M-1)})^*] = [1 \quad z \quad \cdots \quad z^{M-1}] = \boldsymbol{a}^T(z^{-1}) \tag{3.6.37}$$

将式(3.6.37)代入式(3.6.34)中,可得到修正后的方程为

$$\boldsymbol{a}^T(z^{-1})\boldsymbol{G}\boldsymbol{G}^H\boldsymbol{a}(z) = 0 \tag{3.6.38}$$

于是,信号频率估计问题转化成了一元高次方程的求根问题。因此,将这种方法称为 Root-MUSIC 算法。

需注意的是,方程式(3.6.38)是一个关于变量 z 的 $2(M-1)$ 次方程,共有 $2(M-1)$ 个根,但仅有 K 个位于单位圆上的根 $z_k = e^{j\omega_k}$ 才是需要的解,其余为增根。

在实际工程中,由于是由观测样本得到相关矩阵的估计 $\hat{\boldsymbol{R}}$,存在误差,使得求解方程所得到的根 $z_k = e^{j\omega_k}$ 并不准确地位于单位圆 $|z|=1$ 上 ,而是位于单位圆附近,因此,在实际求解时,需要在 $2(M-1)$ 个根中,找出其中位置最接近单位圆的 K 个根,这些根的相位就是信号频率的估计 $\hat{\omega}_k$。

下面给出 Root-MUSIC 算法的计算步骤。

算法 3.9(Root-MUSIC 频率估计算法)

步骤 1　根据 N 个观测样本值 $x(0), x(1),\cdots,x(N-1)$,得到样本相关矩阵 $\hat{\boldsymbol{R}} \in \mathbb{C}^{M\times M}$。

步骤 2　对 $\hat{\boldsymbol{R}}$ 进行特征分解,得到 $M-K$ 个噪声子空间的特征向量。

步骤 3　求解方程式(3.6.38),找出其中最接近单位圆的 K 个根,这些根的相位就是信号频率的估计。

最后,给一个 Root-MUSIC 算法估计信号频率的例子。

例 3.7　仿真条件与例 3.4 完全相同。现利用 $x(n)$ 的 N 个观测样本,用 Root-MUSIC 算法估计出 $x(n)$ 中的信号频率。

根据 Root-MUSIC 算法步骤，首先利用 $N=256$ 个观测样本得到样本相关矩阵 $\hat{\boldsymbol{R}}$。然后，对 $\hat{\boldsymbol{R}}$ 进行特征分解。注意到此例中信号子空间维数 $K=3$，则噪声子空间的维数为 $M-3$。找出 $M-3$ 个最小特征值对应的特征向量 $\hat{\boldsymbol{u}}_4,\hat{\boldsymbol{u}}_5,\cdots,\hat{\boldsymbol{u}}_M$，于是有 $\hat{\boldsymbol{G}}=[\hat{\boldsymbol{u}}_4 \quad \hat{\boldsymbol{u}}_5 \quad \cdots \quad \hat{\boldsymbol{u}}_M]$。这里取 $M=16$，则在一次典型实验中，信号归一化频率的估计值分别为 $\hat{f}_1=0.1000$，$\hat{f}_2=0.2490$ 和 $\hat{f}_3=0.2694$，与设定值十分接近。

3.6.4 Pisarenko 谐波提取方法

根据傅里叶级数理论，任何周期波形都可以分解为包括基波频率和一系列基波频率倍数的谐波(复正弦信号)之和。工程上，经常需要确定这些谐波的频率和功率，这被称为谐波恢复。本节中介绍的 Pisarenko 谐波提取方法是一种谐波频率估计方法，它为谐波恢复奠定了基础。

仍然考虑式(3.6.1)给出的正弦信号模型

$$x(n)=\sum_{k=1}^{K}\alpha_k \mathrm{e}^{\mathrm{j}\omega_k n}+v(n) \tag{3.6.39}$$

其自相关函数 $r(m)$ 可表示为

$$\begin{aligned} r(m) &= \mathrm{E}\{x(n)x^*(n-m)\} \\ &= \mathrm{E}\left\{\left[\sum_{k=1}^{K}\alpha_k \mathrm{e}^{\mathrm{j}\omega_k n}+v(n)\right]\left[\sum_{l=1}^{K}\alpha_l^* \mathrm{e}^{-\mathrm{j}\omega_l(n-m)}+v^*(n-m)\right]\right\} \\ &= \sum_{k=1}^{K}\sum_{l=1}^{K}\mathrm{e}^{\mathrm{j}\omega_k n}\mathrm{e}^{-\mathrm{j}\omega_l(n-m)}\mid\alpha_i\mid\mid\alpha_l\mid \mathrm{E}\{\mathrm{e}^{\mathrm{j}\varphi_k-\mathrm{j}\varphi_l}\}+\mathrm{E}\{v(n)v^*(n-m)\} \end{aligned} \tag{3.6.40}$$

其中

$$\mathrm{E}\{v(n)v^*(n-m)\}=\sigma_v^2\delta(m)$$

$$\mathrm{E}\{\mathrm{e}^{\mathrm{j}\varphi_k-\mathrm{j}\varphi_l}\}=\begin{cases}0, & k\neq l\\ 1, & k=l\end{cases}$$

因此，有

$$r(m)=\sum_{k=1}^{K}\mid\alpha_k\mid^2\mathrm{e}^{\mathrm{j}\omega_k m}+\sigma_v^2\delta(m) \tag{3.6.41}$$

前面已经讨论，$x(n)$ 的相关矩阵 $\boldsymbol{R}\in\mathbb{C}^{M\times M}$ 的特征向量满足式(3.6.23)，即

$$\boldsymbol{a}^{\mathrm{H}}(\omega_k)\boldsymbol{u}_i=0,\quad k=1,2,\cdots,K,i=K+1,\cdots,M \tag{3.6.42}$$

当 $M=K+1$ 时，噪声子空间仅有一个 $M\times 1$ 的向量 $\boldsymbol{u}_{K+1}$，于是式(3.6.42)可以简化为

$$\boldsymbol{a}^{\mathrm{H}}(\omega_k)\boldsymbol{u}_{K+1}=0,\quad k=1,2,\cdots,K \tag{3.6.43}$$

设向量 $\boldsymbol{u}_{K+1}$ 为

$$\boldsymbol{u}_{K+1}=[u_0 \quad u_1 \quad \cdots \quad u_K]^{\mathrm{T}}$$

构造 K 阶多项式

$$f(z)=u_0+u_1 z+\cdots+u_K z^K \tag{3.6.44}$$

求解方程 $f(z)=0$，得到 K 个根，且每个根的相位就是信号频率 ω_k 的估计。

算法 3.10（Pisarenko 谐波分解方法）

步骤 1　由 N 个观测样本 $x(0),x(1),\cdots,x(N-1)$，得到样本相关矩阵$\hat{\boldsymbol{R}}\in\mathbb{C}^{(K+1)\times(K+1)}$。

步骤 2　对$\hat{\boldsymbol{R}}$进行特征分解，得到最小特征值 $\hat{\lambda}_{K+1}$ 对应的特征向量$\hat{\boldsymbol{u}}_{K+1}$。

步骤 3　构造出特征多项式(3.6.44)，并求解方程 $f(z)=0$，得到 K 个根，其相位就是信号频率的估计 $\hat{\omega}_k$。

Pisarenko 谐波分解方法还可以估计出各频率信号和噪声的功率。

根据式(3.6.41)，分别取 $m=1,2,\cdots,K$，有

$$|\alpha_1|^2 e^{j\omega_1}+|\alpha_2|^2 e^{j\omega_2}+\cdots+|\alpha_K|^2 e^{j\omega_K}=r(1)$$
$$\vdots$$
$$|\alpha_1|^2 e^{jK\omega_1}+|\alpha_2|^2 e^{jK\omega_2}+\cdots+|\alpha_K|^2 e^{jK\omega_K}=r(K)$$

写成矩阵形式，有

$$\begin{bmatrix} e^{j\omega_1} & e^{j\omega_2} & \cdots & e^{j\omega_K} \\ e^{j2\omega_1} & e^{j2\omega_2} & \cdots & e^{j2\omega_K} \\ \vdots & \vdots & \ddots & \vdots \\ e^{jK\omega_1} & e^{jK\omega_2} & \cdots & e^{jK\omega_K} \end{bmatrix} \begin{bmatrix} |\alpha_1|^2 \\ |\alpha_2|^2 \\ \vdots \\ |\alpha_K|^2 \end{bmatrix} = \begin{bmatrix} r(1) \\ r(2) \\ \vdots \\ r(K) \end{bmatrix} \tag{3.6.45}$$

求解方程式(3.6.45)，可得到信号各频率分量的功率$|\alpha_k|^2$ 的估计。

又当 $m=0$ 时，有

$$\sigma_v^2=r(0)-\sum_{k=1}^{K}|\alpha_k|^2 \tag{3.6.46}$$

因此在得到信号各频率分量的功率$|\alpha_k|^2$ 的估计后，可进一步得到噪声方差 σ_v^2 的估计。

最后，对 Pisarenko 谐波提取方法可能遇到的问题做一些补充说明。从以上求解过程可以看出，Pisarenko 谐波提取方法是从 $M\times M$ 维的自相关矩阵 $\boldsymbol{R}$ 的特征分解出发，寻找它的最小特征值所对应的特征向量。如果该最小特征值是多重的，则特征多项式的根将多于信号个数。此时，只能对自相关矩阵进行降维处理，直到它的最小特征值只有一重。然而，这样的处理会导致估计精度的降低。

因此，Pisarenko 谐波分解方法并不是一种有效的信号频率估计方法，在实际中应用较少。尽管如此，Pisarenko 谐波分解在理论上的重要作用还是不能忽视的。

3.6.5　ESPRIT 算法

本节将介绍另一种基于子空间思想的信号频率估计算法——ESPRIT(estimating signal parameter via rotational invariance techniques)算法，即是“基于旋转不变技术的信号参数估计”。

同样考虑前面多次提到的复正弦加白噪声信号模型

$$x(n)=\sum_{k=1}^{K}\alpha_k e^{j\omega_k n}+v(n)$$

其中，$v(n)$是零均值、方差为 σ_v^2 的白噪声，且与信号相互独立。连续 M 个时刻的观测值可表示为式(3.5.8)给出的向量形式，即

$$\boldsymbol{x}(n)=\boldsymbol{A}\boldsymbol{s}(n)+\boldsymbol{v}(n) \tag{3.6.47}$$

其中

$$\boldsymbol{x}(n)=[x(n)\quad x(n-1)\quad \cdots\quad x(n-M+1)]^{\mathrm{T}}$$

定义随机过程 $y(n)\triangleq x(n+1)$，并分别定义向量 $\boldsymbol{y}(n)$ 和矩阵 $\boldsymbol{\Phi}$ 为

$$\boldsymbol{y}(n)=[y(n)\quad y(n-1)\quad \cdots\quad y(n-M+1)]^{\mathrm{T}} \tag{3.6.48}$$

$$\boldsymbol{\Phi}=\mathrm{diag}\{\mathrm{e}^{\mathrm{j}\omega_1},\mathrm{e}^{\mathrm{j}\omega_2},\cdots,\mathrm{e}^{\mathrm{j}\omega_K}\} \tag{3.6.49}$$

因此，由式(3.6.47)和式(3.6.48)有

$$\boldsymbol{y}(n)=\boldsymbol{x}(n+1)=\boldsymbol{A}\boldsymbol{s}(n+1)+\boldsymbol{v}(n+1) \tag{3.6.50}$$

由于 $\boldsymbol{s}(n+1)=\boldsymbol{\Phi}\boldsymbol{s}(n)$，所以式(3.6.50)可以表示为

$$\boldsymbol{y}(n)=\boldsymbol{A}\boldsymbol{\Phi}\boldsymbol{s}(n)+\boldsymbol{v}(n+1) \tag{3.6.51}$$

容易发现，$\boldsymbol{\Phi}$ 是一个酉矩阵，即 $\boldsymbol{\Phi}^{\mathrm{H}}\boldsymbol{\Phi}=\boldsymbol{\Phi}\boldsymbol{\Phi}^{\mathrm{H}}=\boldsymbol{I}$；由于 $\boldsymbol{y}(n)=\boldsymbol{x}(n+1)$，即 $\boldsymbol{y}(n)$ 是由 $\boldsymbol{x}(n)$ 平移得到的。矩阵 $\boldsymbol{\Phi}$ 被称为旋转算子。

由式(3.6.8)，观测向量 $\boldsymbol{x}(n)$ 的自相关矩阵为

$$\boldsymbol{R}_{xx}=\mathrm{E}\{\boldsymbol{x}(n)\boldsymbol{x}^{\mathrm{H}}(n)\}=\boldsymbol{A}\boldsymbol{P}\boldsymbol{A}^{\mathrm{H}}+\sigma_v^2\boldsymbol{I} \tag{3.6.52}$$

容易得到，向量 $\boldsymbol{x}(n)$ 和 $\boldsymbol{y}(n)$ 的互相关矩阵为

$$\boldsymbol{R}_{xy}=\mathrm{E}\{\boldsymbol{x}(n)\boldsymbol{y}^{\mathrm{H}}(n)\}=\boldsymbol{A}\boldsymbol{P}\boldsymbol{\Phi}^{\mathrm{H}}\boldsymbol{A}^{\mathrm{H}}+\sigma_v^2\boldsymbol{Z} \tag{3.6.53}$$

其中，$\sigma_v^2\boldsymbol{Z}=\mathrm{E}\{\boldsymbol{v}(n)\boldsymbol{v}^{\mathrm{H}}(n+1)\}$，且

$$\boldsymbol{Z}=\begin{bmatrix}0 & 1 & & 0\\ & 0 & \ddots & \\ & & \ddots & 1\\ 0 & & & 0\end{bmatrix}\in\mathbb{C}^{M\times M}$$

即矩阵 $\boldsymbol{Z}$ 中的元素 $[\boldsymbol{Z}]_{m,m+1}=1,1\leqslant m\leqslant M-1$，其余元素全为0。

考察互相关矩阵 $\boldsymbol{R}_{xy}$ 的元素为

$$\begin{aligned}[\boldsymbol{R}_{xy}]_{ik}&=\mathrm{E}[x(n-i+1)y^*(n-k+1)]\\&=\mathrm{E}[x(n-i+1)x^*(n-k+2)]\\&=r(k-i-1)\end{aligned} \tag{3.6.54}$$

用列举法写出矩阵为

$$\boldsymbol{R}_{xy}=\begin{bmatrix}r(-1) & r(0) & \cdots & r(M-2)\\ r(-2) & r(-1) & \cdots & r(M-3)\\ \vdots & \vdots & \ddots & \vdots\\ r(-M) & r(-M+1) & \cdots & r(-1)\end{bmatrix} \tag{3.6.55}$$

同时，注意到 $\boldsymbol{R}_{xx}=\mathrm{E}\{\boldsymbol{x}(n)\boldsymbol{x}^{\mathrm{H}}(n)\}$，$\boldsymbol{R}_{yy}\triangleq\mathrm{E}\{\boldsymbol{x}(n+1)\boldsymbol{x}^{\mathrm{H}}(n+1)\}$，且有

$$\boldsymbol{R}_{xx}=\boldsymbol{R}_{yy} \tag{3.6.56}$$

对 $\boldsymbol{R}_{xx}$ 进行特征分解，找出 $\boldsymbol{R}_{xx}$ 的最小特征值 $\lambda_{\min}=\lambda_M=\sigma_v^2(\lambda_1\geqslant\lambda_2\geqslant\cdots\geqslant\lambda_M)$，由式(3.6.52)和式(3.6.53)，定义下面两个矩阵：

$$\begin{aligned}\boldsymbol{C}_{xx}&=\boldsymbol{R}_{xx}-\sigma_v^2\boldsymbol{I}=\boldsymbol{R}_{xx}-\lambda_{\min}\boldsymbol{I}=\boldsymbol{A}\boldsymbol{P}\boldsymbol{A}^{\mathrm{H}}\\ \boldsymbol{C}_{xy}&=\boldsymbol{R}_{xy}-\sigma_v^2\boldsymbol{Z}=\boldsymbol{R}_{xy}-\lambda_{\min}\boldsymbol{Z}=\boldsymbol{A}\boldsymbol{P}\boldsymbol{\Phi}^{\mathrm{H}}\boldsymbol{A}^{\mathrm{H}}\end{aligned} \tag{3.6.57}$$

定义 $\{\boldsymbol{C}_{xx},\boldsymbol{C}_{xy}\}$ 为矩阵对(matrix pair)。若存在标量 λ 和非零向量 $\boldsymbol{u}$，使得方程

$$\boldsymbol{C}_{xx}\boldsymbol{u} = \lambda \boldsymbol{C}_{xy}\boldsymbol{u} \tag{3.6.58}$$

成立，则这样的标量 λ 和向量 $\boldsymbol{u}$ 分别称为矩阵对 $\{\boldsymbol{C}_{xx}, \boldsymbol{C}_{xy}\}$ 的广义特征值(generalized eigenvalue)和广义特征向量(generalized eigenvector)[12]。

这里只用到矩阵对的广义特征值，下面简述其求解方法。将式(3.6.58)变换为

$$(\boldsymbol{C}_{xx} - \lambda \boldsymbol{C}_{xy})\boldsymbol{u} = \boldsymbol{0} \tag{3.6.59}$$

根据矩阵理论，要使该方程中的向量 $\boldsymbol{u}$ 有非零解，则需要矩阵 $(\boldsymbol{C}_{xx} - \lambda \boldsymbol{C}_{xy})$ 是奇异的，也即行列式满足

$$|\boldsymbol{C}_{xx} - \lambda \boldsymbol{C}_{xy}| = 0 \tag{3.6.60}$$

因此，通过求解方程式(3.6.60)可以得到矩阵对 $\{\boldsymbol{C}_{xx}, \boldsymbol{C}_{xy}\}$ 的广义特征值。

另一方面，由式(3.6.57)有

$$\boldsymbol{C}_{xx} - \lambda \boldsymbol{C}_{xy} = \boldsymbol{A}\boldsymbol{P}(\boldsymbol{I} - \lambda \boldsymbol{\Phi}^{\mathrm{H}})\boldsymbol{A}^{\mathrm{H}} \tag{3.6.61}$$

又由式(3.6.9)知，矩阵 $\boldsymbol{A}$ 列满秩，而 $\boldsymbol{P}$ 为非奇异矩阵，因此有

$$\mathrm{rank}(\boldsymbol{C}_{xx} - \lambda \boldsymbol{C}_{xy}) = \mathrm{rank}(\boldsymbol{I} - \lambda \boldsymbol{\Phi}^{\mathrm{H}}) \tag{3.6.62}$$

注意到 $\boldsymbol{\Phi}^{\mathrm{H}} = \mathrm{diag}\{\mathrm{e}^{-\mathrm{j}\omega_1}, \mathrm{e}^{-\mathrm{j}\omega_2}, \cdots, \mathrm{e}^{-\mathrm{j}\omega_K}\}$，容易看出，当 $\lambda = \mathrm{e}^{\mathrm{j}\omega_k}, k=1,\cdots,K$ 时，会使 $\lambda \boldsymbol{\Phi}^{\mathrm{H}}$ 对角线上第 k 个元素等于 1，从而使矩阵 $(\boldsymbol{I} - \lambda \boldsymbol{\Phi}^{\mathrm{H}})$ 奇异，于是，$(\boldsymbol{C}_{xx} - \lambda \boldsymbol{C}_{xy})$ 也是奇异的；而当 $\lambda \neq \mathrm{e}^{\mathrm{j}\omega_k}, k=1,\cdots,K$ 时，$(\boldsymbol{I} - \lambda \boldsymbol{\Phi}^{\mathrm{H}})$ 一定满秩，因此 $(\boldsymbol{C}_{xx} - \lambda \boldsymbol{C}_{xy})$ 也是满秩的。

结合上述关于矩阵对 $(\boldsymbol{C}_{xx} - \lambda \boldsymbol{C}_{xy})$ 奇异性的讨论和广义特征值的定义，可以得出结论：矩阵对 $\{\boldsymbol{C}_{xx}, \boldsymbol{C}_{xy}\}$ 的广义特征值恰为 $\mathrm{e}^{\mathrm{j}\omega_1}, \mathrm{e}^{\mathrm{j}\omega_2}, \cdots, \mathrm{e}^{\mathrm{j}\omega_K}$。

下面给出 ESPRIT 算法的计算步骤。

算法 3.11(ESPRIT 频率估计算法)

步骤 1　由 $x(n)$ 的 N 个观测样本，构造样本相关矩阵 $\hat{\boldsymbol{R}}_{xx}$ 和 $\hat{\boldsymbol{R}}_{xy}$。

步骤 2　对 $\hat{\boldsymbol{R}}_{xx}$ 进行特征分解，得到最小特征值 $\hat{\lambda}_{\min} = \sigma_v^2$。

步骤 3　构造出矩阵对 $\{\hat{\boldsymbol{C}}_{xx}, \hat{\boldsymbol{C}}_{xy}\}$，其中

$$\hat{\boldsymbol{C}}_{xx} = \hat{\boldsymbol{R}}_{xx} - \hat{\lambda}_{\min}\boldsymbol{I}, \quad \hat{\boldsymbol{C}}_{xy} = \hat{\boldsymbol{R}}_{xy} - \hat{\lambda}_{\min}\boldsymbol{Z}$$

步骤 4　对矩阵对 $\{\hat{\boldsymbol{C}}_{xx}, \hat{\boldsymbol{C}}_{xy}\}$ 进行广义特征分解，即求解式(3.6.60)，最接近单位圆的 K 个广义特征值 $\mathrm{e}^{\mathrm{j}\hat{\omega}_1}, \mathrm{e}^{\mathrm{j}\hat{\omega}_2}, \cdots, \mathrm{e}^{\mathrm{j}\hat{\omega}_K}$ 的相位给出了信号频率的估计。

最后，举一个 ESPRIT 算法用于信号频率估计的例子。

例 3.8　仿真条件与例 3.4 完全相同。现利用 $x(n)$ 的 N 个观测样本，使用 ESPRIT 算法估计 $x(n)$ 中的信号频率。

根据 ESPRIT 算法步骤，首先利用 $N=256$ 个观测样本得到样本相关矩阵 $\hat{\boldsymbol{R}}_{xx}$ 和 $\hat{\boldsymbol{R}}_{xy}$。然后，对 $\hat{\boldsymbol{R}}_{xx}$ 进行特征分解，找出最小特征值 $\hat{\lambda}_{\min}$。将 $\hat{\boldsymbol{R}}_{xx}$、$\hat{\boldsymbol{R}}_{xy}$ 和 $\hat{\lambda}_{\min}$ 代入式(3.6.57)中，构造矩阵对 $\{\hat{\boldsymbol{C}}_{xx}, \hat{\boldsymbol{C}}_{xy}\}$。最后，对矩阵对 $\{\hat{\boldsymbol{C}}_{xx}, \hat{\boldsymbol{C}}_{xy}\}$ 进行广义特征值分解，即求解式(3.6.60)，找出其中最接近单位圆的 3 个广义特征值，它们的相位就给出了信号频率的估计。若取 $M=8$，则在一次典型实验中，信号归一化频率的估计值分别为 $\hat{f}_1 = 0.1000$，$\hat{f}_2 = 0.2499$ 和 $\hat{f}_3 = 0.2696$。

ESPRIT 算法具有较高的估计精度，并且无需像 MUSIC 算法一样进行谱峰搜索，而是直接解出频率估计。但 ESPRIT 算法需进行两次特征值分解，计算量较大。

3.6.6 信号源个数的确定方法

在前面几个小节中，介绍过这样的理论：对自相关矩阵 $\boldsymbol{R}$ 进行特征分解得到的 M 个特征值中仅有 K 个 $\lambda_1,\cdots,\lambda_K$ 与信号有关，其余仅与噪声有关，且 $\lambda_{K+1}=\lambda_{K+2}=\cdots=\lambda_M=\sigma_v^2$。那么，若是在信号源个数未知的时候，是否可以依据以上理论，从 $\boldsymbol{R}$ 的全部特征值中，找出若干个相同的最小特征值，从而确定出信号源的个数呢？

实际上，由于使用的 $\boldsymbol{R}$ 是一个估计值$\hat{\boldsymbol{R}}$，对它进行特征分解得到的特征值不会完全同理论分析中一样，恰好出现若干个仅与噪声有关的相同的最小特征值。因此，仅仅根据$\hat{\boldsymbol{R}}$的特征值大小，很难准确估计出信号源个数 K（在低信噪比情况下更是如此）。因此，在用相关矩阵特征分解方法进行信号频率估计时，往往需预先估计出信号源个数 K，再从$\hat{\boldsymbol{R}}$的特征值中取 K 个较大的特征值对应的特征向量构造信号子空间，其余特征向量构造噪声子空间。

常用的估计信号源个数 K 的方法有以下两种。

1. AIC 准则(akaike information criterion)

在 AR 模型阶数选择中，有这样一个信息论准则[13]：

$$\mathrm{AIC}(k)=N\ln(\rho_k)+2k \tag{3.6.63}$$

其中，ρ_k 表示当选择 AR 模型为 k 阶时的输入白噪声功率。当 k 从 1 开始增加时，AIC(k)将在某一个$\hat{K}$处取得极小值，此时的$\hat{K}$就是最合适的 AR 模型阶数，即

$$\hat{K}=\min\{\mathrm{AIC}(k),\quad k=1,2,\cdots\}$$

将以上准则加以扩展[14]，可以得出用于估计信源个数的 AIC 算法。

考虑式(3.6.1)给出的正弦信号模型，假设利用观测信号样本个数为 N，得到样本相关矩阵$\hat{\boldsymbol{R}}\in\mathbb{C}^{M\times M}$，将$\hat{\boldsymbol{R}}$的 M 个特征值按从大到小顺序排列，即

$$\lambda_1\geqslant\lambda_2\geqslant\cdots\geqslant\lambda_K\geqslant\lambda_{K+1}\geqslant\cdots\geqslant\lambda_M$$

定义

$$\mathrm{AIC}(k)=-2\ln\left[\left(\prod_{i=k+1}^{M}\lambda_i^{\frac{1}{M-k}}\right)\Big/\left(\frac{1}{M-k}\sum_{i=k+1}^{M}\lambda_i\right)\right]^{(M-k)N}+2k(2M-k) \tag{3.6.64}$$

在式(3.6.64)中，当 k 从 0 增加到 $M-1$ 时，找到使得 AIC(k)取得最小值的$\hat{K}$，此时的$\hat{K}$就是估计出的信号源个数，即

$$\hat{K}=\min\{\mathrm{AIC}(k),\quad k=0,1,\cdots,M-1\}$$

2. MDL(minimum description length)算法

参考文献[14]还给出了另一种信号源个数的估计方法，即 MDL 准则。与 AIC 算法类似，它也是通过寻求目标函数的最小值点来估计信源个数。

该算法的目标函数为

$$\mathrm{MDL}(k)=-\ln\left[\left(\prod_{i=k+1}^{M}\lambda_i^{\frac{1}{M-k}}\right)\Big/\left(\frac{1}{M-k}\sum_{i=k+1}^{M}\lambda_i\right)\right]^{(M-k)N}+\frac{k}{2}(2M-k)\ln N \qquad (3.6.65)$$

同样，当 MDL(k)取得最小值时对应的$\hat{K}$就是估计出的信号源个数。值得指出的是，MDL 算法给出的是对 K 的一致估计，而 AIC 算法往往给出的是对 K 的过估计(即估计值的数学期望大于理论值)[15]。但是在小样本数情况下，AIC 算法的估计性能优于 MDL 算法。

3.7 谱估计在电子侦察中的应用实例

考虑如图 3.7.1 所示的一个简单的电子侦察系统[16,17]，该系统的处理流程如下：

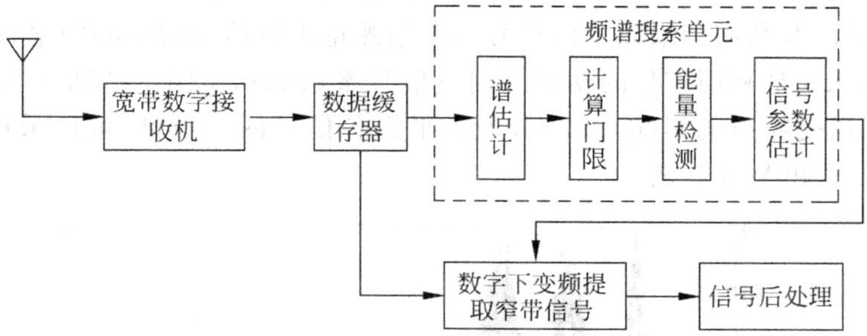

图 3.7.1　一个简单的电子侦察系统框图

(1) 宽带数字接收机将监测的某一射频段的数据接收下来，并送入数据缓存器中进行缓存。

(2) 将数据缓存器中的数据送入频谱搜索单元，估计功率谱。

(3) 根据一定的准则，由估计出的功率谱计算搜索门限，作为能量检测的阈值。

(4) 使用该阈值对功率谱进行检测，确定信号的位置。

(5) 根据信号区域内的功率谱对信号的中心频率、带宽、信噪比等参数进行测量。

(6) 利用测量出的各个信号的中心频率与带宽配置数字下变频，从数据缓存器中提取出窄带信号。

(7) 将窄带信号送入信号后处理单元，进行信号解调、测向等处理。

由此可见，在电子侦察系统中，信号处理的第一步就是对宽带数字接收机的输出信号进行功率谱估计。功率谱的估计既可以采用经典功率谱估计方法，也可以采用高分辨谱估计方法。下面结合具体的实例讨论如何利用功率谱估计常规通信信号(载波频率恒定)和跳频信号的参数。

3.7.1 常规通信信号的参数估计

首先通过例 3.9 讨论周期图法在电子侦察中的应用。

例 3.9　设宽带数字接收机的输出的采样频率为 200kHz，处理带宽为 100kHz，采样点数为 4000 个。接收机的输出数据中包含 3 个频谱互不重叠的复窄带通信信号：四进制相移键控(QPSK)信号、二进制相移键控(BPSK)信号和二进制频移键控(2FSK)信号，它们的参数设置如表 3.7.1 所示。信号中叠加的噪声为零均值高斯白噪声。

表 3.7.1　3 个窄带通信信号的参数设置

	QPSK	BPSK	2FSK
信噪比(dB)	10	10	10
载波频率(kHz)	70	50	30
码元速率(B)	8000	8000	8000
频率偏移(kHz)	—	—	2

图 3.7.2 是利用周期图法估计出的功率谱，计算周期图所用的 FFT 的长度为 4096 点。图中的虚线是采用参考文献[18]提出的方法设置的门限，通过该门限可以从周期图中检测出各信号，并利用门限以上的信号功率谱测量出各信号的中心频率、带宽和信噪比等参数。图 3.7.3 是利用信号的功率谱测量信号参数的示意图。从图 3.7.2 可以看出，各信号的功率谱受噪声的影响比较大，为了平滑各信号的功率谱，可以采用改进周期图法，如 Bartlett 法和 Welch 法。

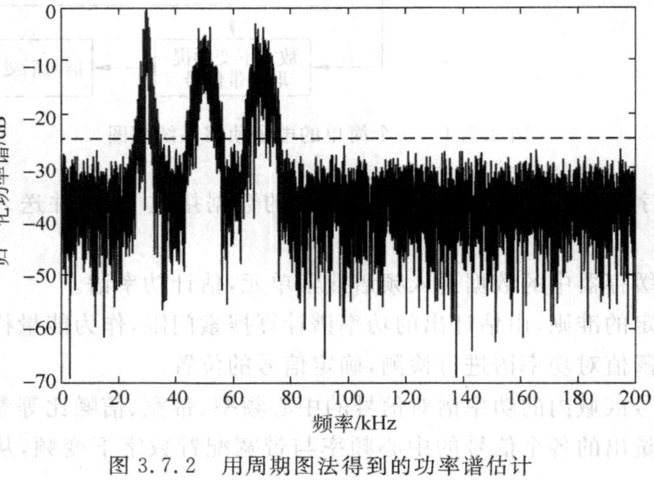

图 3.7.2　用周期图法得到的功率谱估计

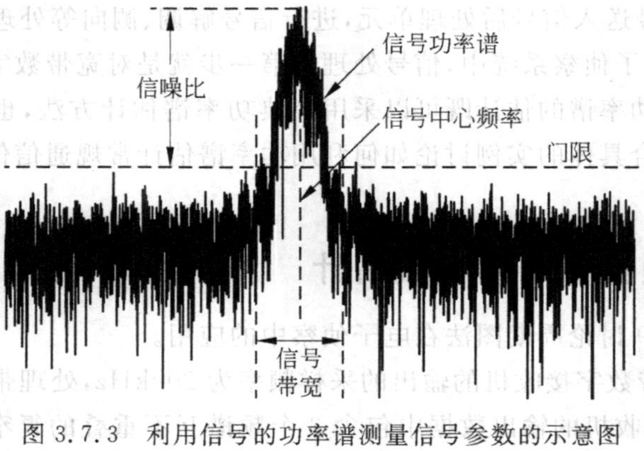

图 3.7.3　利用信号的功率谱测量信号参数的示意图

图 3.7.4 是未使用窗函数时利用 Bartlett 法求出的功率谱，长度为 $N=4000$ 的信号被分为 $L=4$ 段，每段的长度为 $M=1000$，计算每段的周期图所用的 FFT 的长度为 1024 点。图中的虚线是采用参考文献[18]提出的方法设置的门限。从图 3.7.4 可以看出，各信号的功率谱比图 3.7.2 中的周期图法要平滑，因而，它更有利于信号中心频率、带宽和信噪比等参数的测量。

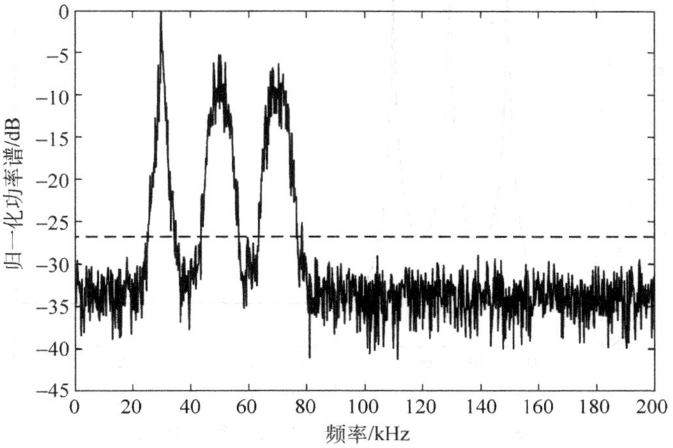

图 3.7.4　Bartlett 法得到的功率谱估计

下面通过例 3.10 讨论 AR 模型方法在电子侦察中的应用。

例 3.10　实验条件与例 3.9 相同，不同之处在于用 AR 模型法代替周期图法估计信号的功率谱。图 3.7.5(a)、(b)是 AR 模型阶数分别为 $p=10,50$ 时求出的功率谱曲线。当 $p=10$ 时，估计的功率谱并不能反映信号的实际功率谱；而当 $p=50$ 时，估计出的功率谱能够很好地拟合信号的实际功率谱。由此可见，AR 模型阶数的选择对信号功率谱估计的质量有很大影响。比较图 3.7.5(b)与图 3.7.4 可知，由 AR 模型得到的功率谱比 Bartlett 法更加平滑。

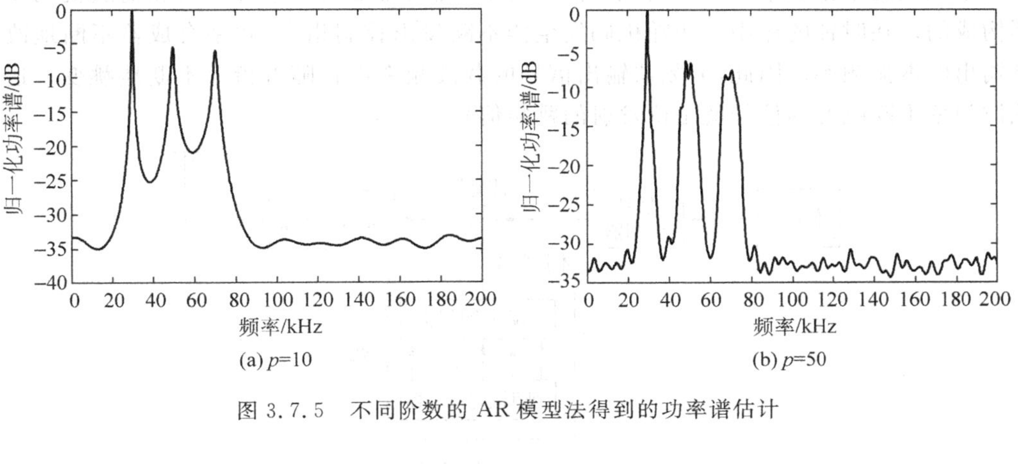

图 3.7.5　不同阶数的 AR 模型法得到的功率谱估计

最后通过例 3.11 讨论 MUSIC 方法在电子侦察中的应用。

例 3.11 实验条件与例 3.9 相同，并假设信号个数已知。MUSIC 方法仅能估计信号的载波频率，而不能像 AR 模型、周期图法那样估计出信号的功率谱。图 3.7.6 是用 MUSIC 方法估计出的伪谱曲线。

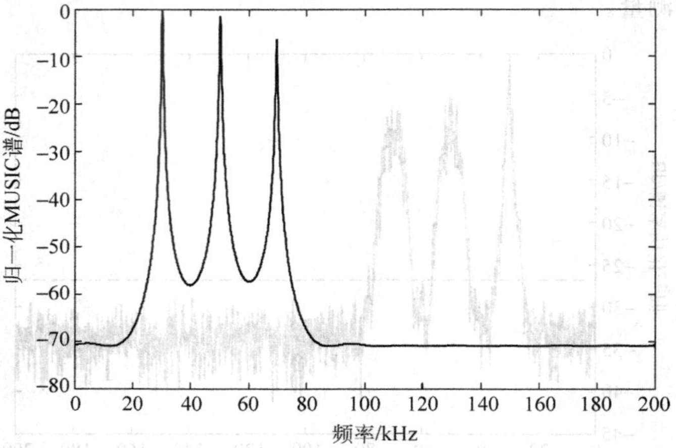

图 3.7.6 用 MUSIC 方法得到的伪谱

3.7.2 跳频信号的参数估计

下面首先介绍跳频通信的基本原理[19]，然后给出一种跳频信号的功率谱估计方法。

1. 跳频通信的基本原理

1) 跳频信号的发射

跳频信号的发射过程如图 3.7.7 所示。与常规的通信信号的发射过程不同，跳频信号发射所用的本振频率不是固定不变的，而是按照控制指令的要求而不断改变。这种能够产生跳变的本振频率的装置叫跳频器。通常，跳频器是由频率合成器和伪随机码发生器构成的。在时钟的作用下伪随机码发生器不断发出控制指令，频率合成器不断地改变其输出的本振频率。因此，混频器输出信号的载波频率也将随着指令不断地跳变。这个载波频率不断跳变的信号就是待发射的跳频信号。

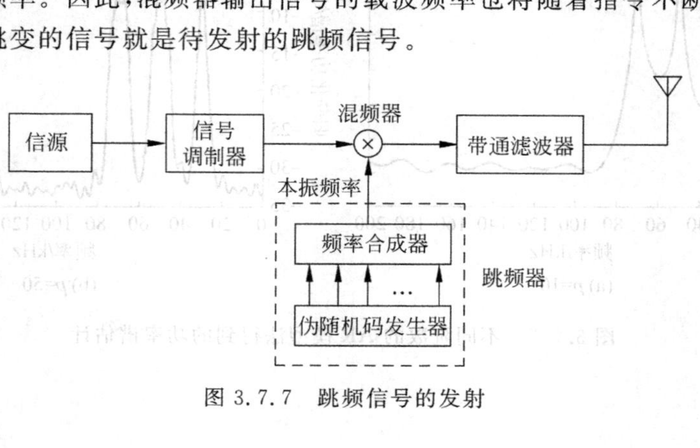

图 3.7.7 跳频信号的发射

2）跳频信号的接收

在跳频信号的接收设备中，一般都采用超外差式的接收方法，即接收本地振荡器的频率与接收到的外来信号的载波频率相差一个固定中频。因为外来信号载波频率是跳变的，这要求本地频率合成器输出的本振频率也随着外来信号的跳变规律而跳变，这样才能通过混频获得一个固定的中频信号。图 3.7.8 给出了跳频信号接收机的框图，图中的跳频器产生的本振跳频频率应当与发送端产生的频率相差一个中频，并且要求收、发跳频器完全同步。由此可以看出，跳频器是跳频系统的核心部件，而跳频同步则是跳频系统的关键技术。

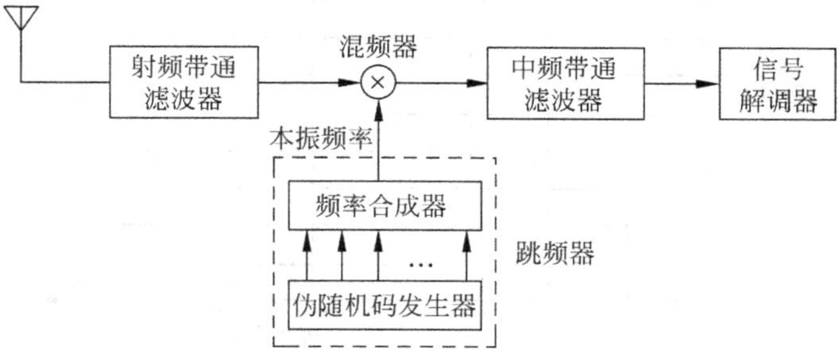

图 3.7.8　跳频信号的接收

3）跳频信号的波形

与常规的通信信号波形不同，跳频信号的波形是不连续的，这是因为跳频器产生的跳变载波信号之间是不连续的。频率合成器从接受控制指令开始到完成频率的跳变需要一定的切换时间。频率合成器从接受指令到处于稳定状态所用的时间叫做建立时间，稳定状态持续的时间叫做驻留时间，从稳定状态到振荡消失的时间叫做消退时间。从建立到消退的整个过程叫做跳频信号的一跳，其持续时间叫做一个跳频周期，跳频周期的倒数叫做跳频速率。建立时间加上消退时间叫做换频时间。跳频信号只有在频率的稳定时间内才能有效地传送信息。图 3.7.9 给出了频率合成器的换频过程和载波信号的波形。

跳频通信系统为了能有效地传送信息，要求频率切换占用的时间越短越好。通常，换频时间约为跳频周期的 1/10～1/8。

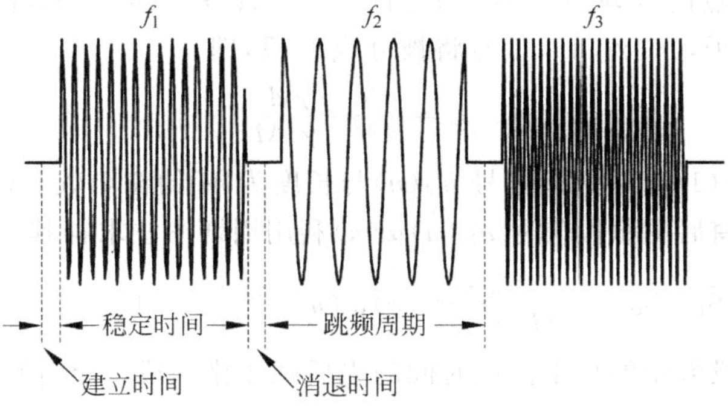

图 3.7.9　跳频信号的波形

4）跳频图案

跳频信号的载波频率变化规律叫做跳频图案。跳频图案通常用跳频时频矩阵图表示，如图 3.7.10 所示，图中横轴为时间，纵轴为频率。这个时间与频率的平面叫做时频域。黑线所表示的“棋子”分布图案就是跳频图案，它表示什么时间采用什么载波频率进行通信，时间不同频率也不同。每一载波的持续时间称为跳频周期。在时频域这个“棋盘”上的一种布子方案就是一个跳频图案。当通信收发双方的跳频图案完全一致时，就建立了跳频同步。

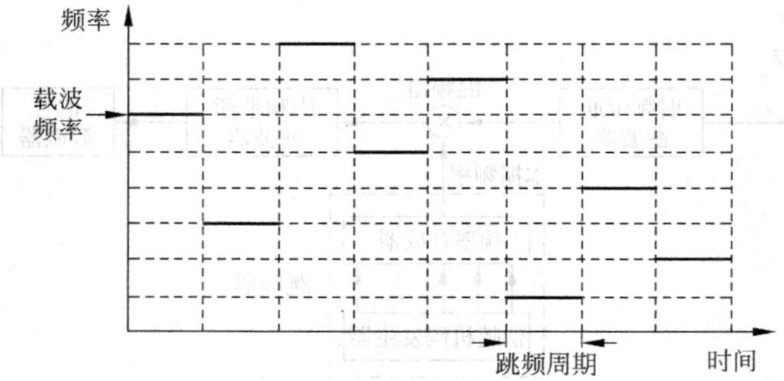

图 3.7.10　跳频图案

由上面的讨论可知，跳频通信的双方要想正常通信，必须建立跳频同步，也就是通信双方必须使用相同的跳频图案。所以，对通信侦察的第三方来说，要想截获跳频信号中所包含的信息，跳频图案的正确估计是非常关键的一步。

2. 跳频信号的参数估计

由上面的讨论可知，跳频信号的参数主要包括跳频周期、载频跳变时刻、载波频率、载波频率的数目等。这些参数可以从信号的跳频图案中获得，因此，如果估计出跳频信号的跳频图案就可以计算出信号的参数。跳频图案的估计可以通过估计跳频信号在各个不同时刻的功率谱获得。下面给出一种基于周期图的信号参数估计方法[17,20]，其计算步骤如下。

步骤 1　对 N 点的跳频信号 $u_N(n)$ 进行分段，每段的长度为 M，相邻的两段数据交叠 γM 点（γ 为重叠因子，$0\leqslant\gamma<1$），信号将被分成 L 段，即

$$L=\frac{N-\gamma M}{(1-\gamma)M}$$

步骤 2　将第 $i(1\leqslant i\leqslant L)$ 段信号 $u_N^i(n)$ 与长度为 M 的窗函数 $w(n)$ 相乘。

步骤 3　对加窗后的每段信号 $u_N^i(n)w(n)$ 利用周期图法求得其功率谱

$$\hat{S}_{\mathrm{PER}}^i(\omega)=\frac{1}{M}\left|\sum_{n=0}^{M-1}u_N^i(n)w(n)\mathrm{e}^{-\mathrm{j}\omega n}\right|^2,\quad 1\leqslant i\leqslant L$$

步骤 4　将各段数据的功率谱按时间的先后顺序排列成一个时频矩阵，即

$$\hat{S}_{\mathrm{PER}}(i,k)=\hat{S}_{\mathrm{PER}}^i(k)=\hat{S}_{\mathrm{PER}}^i(\omega)\big|_{\omega=\frac{2\pi}{K}k}\quad 1\leqslant i\leqslant L,0\leqslant k\leqslant K-1,M\leqslant K$$

例 3.12　本例中产生跳频信号的数学模型为

$$u(t)=A\sum_{k}w_{T_h}^{(R)}(t-kT_h)e^{j2\pi f_k(t-kT_h)}+v(t)\quad 0\leqslant t\leqslant T,1\leqslant k\leqslant T/T_h$$

其中，A 为信号的幅度，它由信噪比决定，这里取信噪比为 10dB。$w_{T_h}^{(R)}(t)$为宽度为 T_h 的矩形窗，T_h 为跳频周期，f_k 为跳频载波频率，T 为观测时间，$v(t)$是零均值、方差为 1 的加性高斯白噪声。假设跳频信号的采样频率为 1kHz，跳频周期 $T_h=32$ms，观测时间 $T=256$ms。跳频信号的归一化跳频载波频率集为{0.3，0.15，0.4，0.25，0.35，0.05，0.2，0.1}。根据上面所定义的数学模型，产生长度 $N=256$ 的跳频信号，其理想的跳频图案如图 3.7.11 所示。跳频信号实部的时域波形如图 3.7.12 所示。

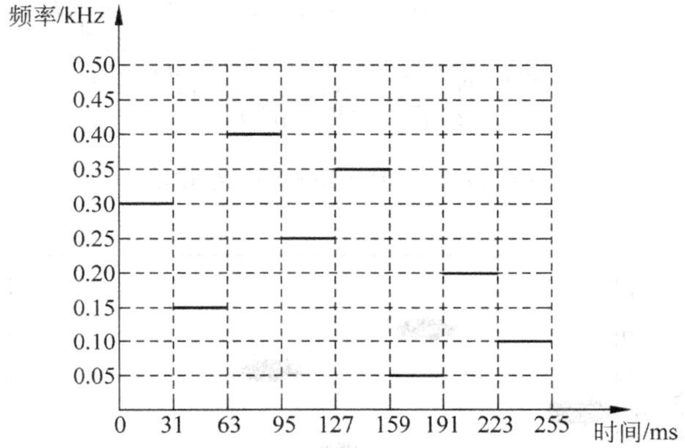

图 3.7.11　跳频信号的跳频图案

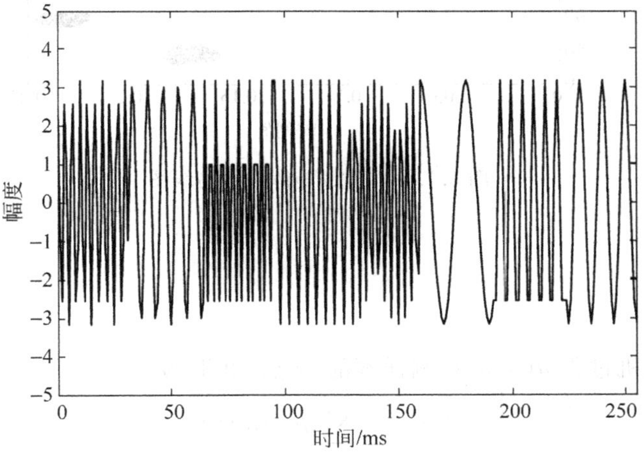

图 3.7.12　跳频信号的时域波形

将长度 $N=256$ 的跳频信号进行分段，每段的长度 $M=64$，相邻的两段数据交叠 $M-1=63$ 个点；窗函数采用海明窗；用于计算各段周期图的 FFT 的点数为 $K=512$(这里对每段补了 $K-M$ 个零)。根据上面给出的基于周期图的跳频图案的估计方法，可得到跳频信号的时频矩阵$\hat{S}_{\mathrm{PER}}(i,k)$，如图 3.7.13 所示。由图 3.7.13 可以估计出跳频信号的跳频周期、载波的跳变时刻、跳频频率及其数目等参数。图 3.7.14 是时频矩阵的等高线图，它反映出的跳频信号的跳频图案与图 3.7.11 所示的实际跳频图案吻合。

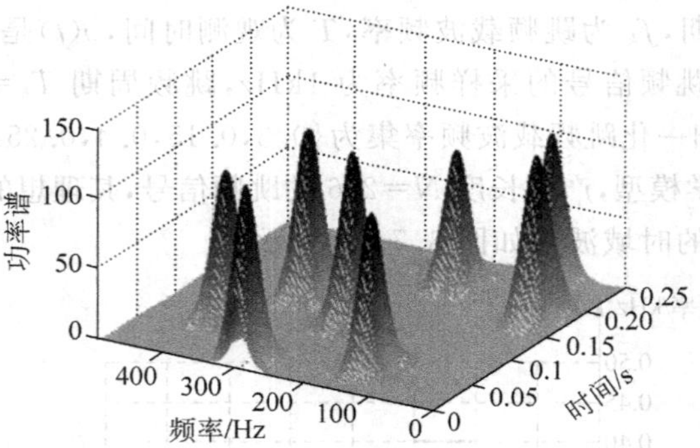

图 3.7.13 时频矩阵的三维显示

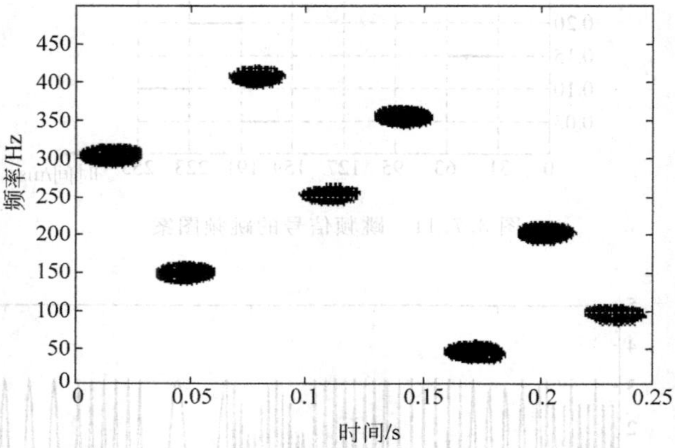

图 3.7.14 时频矩阵的等高线图

习题

3.1 设实随机过程 $u(n)$ 的观测样本的 N 点 DFT 为

$$U(k)=\sum_{n=0}^{N-1}u(n)\mathrm{e}^{-\mathrm{j}2\pi nk/N}$$

且已知 $\mathrm{E}\{u(n)\}=0$，$\mathrm{E}\{u(n)u(n-m)\}=\sigma^2\delta(m)$。

(1) 试求 $U(k)$ 的方差。

(2) 试求 $U(k)$ 的自相关函数。

3.2 试证明下式成立：

$$\sum_{m=-N+1}^{N-1}\hat{r}(m)\mathrm{e}^{-\mathrm{j}\omega m}=\frac{1}{N}\left|\sum_{n=0}^{N-1}u_N(n)\mathrm{e}^{-\mathrm{j}\omega n}\right|^2$$

其中，$\hat{r}(m)$ 为式(3.1.2)定义的 $u_N(n)$ 的自相关函数的估计。

3.3 对于零均值、联合高斯分布的实随机变量 X_1、X_2、X_3、X_4，有

$$\mathrm{E}\{X_1X_2X_3X_4\}=\mathrm{E}\{X_1X_2\}\mathrm{E}\{X_3X_4\}+\mathrm{E}\{X_1X_3\}\mathrm{E}\{X_2X_4\}+\mathrm{E}\{X_1X_4\}\mathrm{E}\{X_2X_3\}$$

利用这个结论，证明式(3.1.10)成立。

3.4 设实随机过程 $u(n)$ 为

$$u(n)=\sum_{k=1}^{M}A_k\cos(\omega_k n+\phi_k)+v(n)$$

其中，A_k、ω_k 是常数，ϕ_k 是相互独立并在$[0,2\pi]$上服从均匀分布的随机相位，$v(n)$是零均值、方差为 σ^2 的白噪声。

(1) 确定 $u(n)$的自相关函数。

(2) 确定 $u(n)$的功率谱。

3.5 设实随机过程 $u(n)$满足 $u(n)+au(n-1)=v(n)$，其中，$v(n)$是零均值、方差为1的白噪声，$|a|<1$。试计算：

(1) $u(n)$的自相关函数值 $r(0)$、$r(1)$。

(2) 求 $\dfrac{1}{2\pi}\displaystyle\int_{-\pi}^{\pi}\frac{1}{|1+a\mathrm{e}^{-\mathrm{j}\omega}|^2}\mathrm{d}\omega$。

3.6 考虑由如下差分方程描述的实二阶 AR(2)过程 $u(n)$：

$$u(n)=-0.81u(n-2)+v(n)$$

其中，$v(n)$是零均值、方差为1的白噪声。试用随机过程 $u(n)$的 Yule-Walker 方程式(3.2.3)外推出自相关函数值 $r(3)$和 $r(4)$。

3.7 考虑由如下差分方程描述的二阶 AR(2)过程 $u(n)$：

$$u(n)=u(n-1)-0.5u(n-2)+v(n)$$

其中，$v(n)$是零均值、方差为0.5的白噪声。

(1) 写出该随机过程的 Yule-Walker 方程。

(2) 求 $u(n)$的方差。

3.8 设平稳随机过程 $u(n)$是由零均值、方差为1的白噪声 $v(n)$，激励系统函数为 $H(z)$的最小相位滤波器产生的，其功率谱为

$$S(\omega)=\frac{1.25+\cos\omega}{1.0625+0.5\cos\omega}$$

试求系统函数 $H(z)$。

3.9 已知实平稳随机信号 $u(n)$的前4个自相关函数值是

$$\hat{r}_u(0)=1,\hat{r}_u(1)=-0.5,\hat{r}_u(2)=0.625,\hat{r}_u(3)=-0.6875$$

试用 Levinson-Durbin 迭代算法给出三阶 AR(3)模型的系数。

3.10 设平稳随机信号 $u(n)$的三阶 AR(3)模型的正则方程为

$$\begin{bmatrix} r_u(0) & r_u(-1) & r_u(-2) & r_u(-3) \\ r_u(1) & r_u(0) & r_u(-1) & r_u(-2) \\ r_u(2) & r_u(1) & r_u(0) & r_u(-1) \\ r_u(3) & r_u(2) & r_u(1) & r_u(0) \end{bmatrix}\begin{bmatrix} 1 \\ a_1 \\ a_2 \\ a_3 \end{bmatrix}=\begin{bmatrix} \sigma^2 \\ 0 \\ 0 \\ 0 \end{bmatrix}$$

试证明：

(1) 若 $u(n)$是实平稳随机过程，即 $r_u(m)=r_u(-m)$，则有下式成立：

$$\begin{bmatrix} r_u(0) & r_u(1) & r_u(2) & r_u(3) \\ r_u(1) & r_u(0) & r_u(1) & r_u(2) \\ r_u(2) & r_u(1) & r_u(0) & r_u(1) \\ r_u(3) & r_u(2) & r_u(1) & r_u(0) \end{bmatrix} \begin{bmatrix} a_3 \\ a_2 \\ a_1 \\ 1 \end{bmatrix} = \begin{bmatrix} 0 \\ 0 \\ 0 \\ \sigma^2 \end{bmatrix}$$

(2) 若 $u(n)$是复平稳随机过程，即 $r_u(m)=r_u^*(-m)$，则有下式成立：

$$\begin{bmatrix} r_u(0) & r_u^*(1) & r_u^*(2) & r_u^*(3) \\ r_u(1) & r_u(0) & r_u^*(1) & r_u^*(2) \\ r_u(2) & r_u(1) & r_u(0) & r_u^*(1) \\ r_u(3) & r_u(2) & r_u(1) & r_u(0) \end{bmatrix} \begin{bmatrix} a_3^* \\ a_2^* \\ a_1^* \\ 1 \end{bmatrix} = \begin{bmatrix} 0 \\ 0 \\ 0 \\ \sigma^2 \end{bmatrix}$$

3.11　假设 AR 模型的输入和输出信号 $v(n)$、$u(n)$都是平稳的实随机信号，重新推导 Levinson-Durbin 算法。

3.12　设参数为 $a_1^{(p)},a_2^{(p)},\cdots,a_p^{(p)},\sigma_p^2$ 的 p 阶 AR 模型的输出信号为 $u(n)$，现用一个 m 阶 AR 模型对信号 $u(n)$进行拟合，试求 $m>p$ 时的 m 阶 AR 模型的参数 $a_1^{(m)},a_2^{(m)},\cdots,a_m^{(m)}$ 和 σ_m^2。

3.13　设 FIR 滤波器的输出为

$$y(n) = \boldsymbol{w}^{\mathrm{H}}\boldsymbol{x}(n)$$

其中，$\boldsymbol{w}=[w_1\quad w_2\quad \cdots\quad w_M]^{\mathrm{T}}$ 为滤波器系数，$\boldsymbol{x}(n)=[x(n)\quad x(n-1)\quad \cdots\quad x(n-M+1)]^{\mathrm{T}}$。

(1) 计算滤波器的输出 $y(n)$的平均功率。

(2) 求在 $\boldsymbol{w}^{\mathrm{H}}\boldsymbol{a}=1$ 的约束条件下，使 $y(n)$的平均功率最小的滤波器系数，其中有 $\boldsymbol{a}=[1\quad 0\quad \cdots\quad 0]^{\mathrm{T}}$。

3.14　设 M 阶横向滤波器的输出可表示为

$$y(n) = \boldsymbol{a}^{\mathrm{T}}\boldsymbol{x}(n)$$

其中，$\boldsymbol{a}=[a_1\quad a_2\quad \cdots\quad a_M]^{\mathrm{T}}$ 为滤波器的实系数，$\boldsymbol{x}(n)=[x(n)\quad x(n-1)\quad \cdots\quad x(n-M+1)]^{\mathrm{T}}$ 为实输入信号向量。令 $\boldsymbol{x}(n)$的自相关矩阵为

$$\boldsymbol{R} = \mathrm{E}\{\boldsymbol{x}(n)\boldsymbol{x}^{\mathrm{T}}(n)\} = \boldsymbol{Q}\boldsymbol{\Lambda}\boldsymbol{Q}^{\mathrm{T}}$$

其中，$\boldsymbol{\Lambda}=\mathrm{diag}\{\lambda_1,\lambda_2,\cdots,\lambda_M\}$，$\boldsymbol{Q}$ 为正交矩阵，且 $\lambda_1\geqslant\lambda_2\geqslant\cdots\geqslant\lambda_M$。设输出信号 $y(n)$的平均功率为 $J_a=\mathrm{E}\{y^2(n)\}$。

(1) 令 $\boldsymbol{w}=\boldsymbol{Q}^{\mathrm{T}}\boldsymbol{a}$，其中，$\boldsymbol{w}=[w_1\quad w_2\quad \cdots\quad w_M]^{\mathrm{T}}$，试证明：在 $\boldsymbol{a}^{\mathrm{T}}\boldsymbol{a}=1$ 的约束条件下，使 J_a 最小等价于在 $\sum_{i=1}^{M} w_i^2=1$ 的约束条件下，使 $J_w=\sum_{i=1}^{M} w_i^2\lambda_i$ 最小。

(2) 设 $\boldsymbol{q}_M$ 是矩阵 $\boldsymbol{R}$ 对应最小特征值 λ_M 的特征向量，试证明：在 $\boldsymbol{a}^{\mathrm{T}}\boldsymbol{a}=1$ 的约束条件下，使 J_a 最小的最优滤波器系数可表示为 $\boldsymbol{a}=\boldsymbol{q}_M$。

3.15　设随机过程 $u(n)$是由加性白噪声和单一实正弦波组成，即

$$u(n) = A\cos(\omega_0 n + \phi) + v(n)$$

其中，A、ω_0 是常数且 $A>0$，ϕ 是相互独立并在$[0,2\pi]$上服从均匀分布的随机相位，$v(n)$是零均值、方差为 σ^2 的白噪声。已知 $u(n)$的自相关函数值为

$$r(0)=3,\quad r(1)=1,\quad r(2)=0$$

试用 Pisarenko 谐波分解方法确定正弦波的频率 ω_0、幅度 A 和白噪声的方差 σ^2。

3.16　设随机过程 $u(n)$ 是由加性白噪声和两个复正弦信号组成，其三阶自相关矩阵 $\boldsymbol{R}$ 的特征值分解可表示为

$$\boldsymbol{R}=\begin{bmatrix}3 & 0 & -2\\ 0 & 3 & 0\\ -2 & 0 & 3\end{bmatrix}=\begin{bmatrix}-\frac{1}{\sqrt{2}} & 0 & -\frac{1}{\sqrt{2}}\\ 0 & -1 & 0\\ \frac{1}{\sqrt{2}} & 0 & -\frac{1}{\sqrt{2}}\end{bmatrix}\begin{bmatrix}5 & 0 & 0\\ 0 & 3 & 0\\ 0 & 0 & 1\end{bmatrix}\begin{bmatrix}-\frac{1}{\sqrt{2}} & 0 & -\frac{1}{\sqrt{2}}\\ 0 & -1 & 0\\ \frac{1}{\sqrt{2}} & 0 & -\frac{1}{\sqrt{2}}\end{bmatrix}^{\mathrm{T}}$$

(1) 确定噪声的平均功率。

(2) 确定信号子空间和噪声子空间。

(3) 判断信号子空间与噪声子空间是否正交。

(4) 用 Pisarenko 谐波提取法估计信号角频率。

(5) 用 ROOT-MUSIC 方法估计信号角频率。

仿真题

3.17　在计算机上用如下方法产生随机信号 $u(n)$ 的观测样本：首先产生一段零均值、方差为 σ^2 的复高斯白噪声序列 $v(n)$；然后在 $v(n)$ 上叠加 3 个复正弦信号，它们的归一化频率分别是 $f_1=0.15$，$f_2=0.17$ 和 $f_3=0.26$。调整 σ^2 和正弦信号的幅度，使在 f_1、f_2 和 f_3 处的信噪比分别为 30dB、30dB 和 27dB。

(1) 令信号观测样本长度 $N=32$，试用 3.1.1 节讨论的基于 FFT 的自相关函数快速计算方法估计出自相关函数 $\hat{r}_0(m)$，并与式(3.1.2)估计出的自相关函数 $\hat{r}(m)$ 作比较。

(2) 令信号观测样本长度 $N=256$，试分别用 BT 法和周期图法估计 $u(n)$ 的功率谱，这里设 BT 法中所用自相关函数的单边长度 $M=64$。

(3) 令信号观测样本长度 $N=256$，试用 Levinson-Durbin 迭代算法求解 AR 模型的系数并估计 $u(n)$ 的功率谱，模型的阶数取为 $p=16$。

3.18　设随机过程 $u(n)$ 为

$$u(n)=\exp(\mathrm{j}0.5\pi n+\mathrm{j}\phi_1)+\exp(-\mathrm{j}0.3\pi n+\mathrm{j}\phi_2)+v(n)$$

其中，$v(n)$ 是零均值、方差为 1 的白噪声，ϕ_1 和 ϕ_2 是相互独立并在 $[0,2\pi]$ 上服从均匀分布的随机相位。请使用 MVDR 方法进行信号频率估计的仿真实验，画出频率估计谱线，并给出正弦信号频率的估计值。(要求：信号样本数取 1000，估计的自相关矩阵为 8 阶。)

3.19　复正弦加白噪声随机过程 $u(n)$ 同题 3.18 中所给。请使用 MUSIC 方法进行信号频率估计的仿真实验。(要求：信号样本数取 1000，估计的自相关矩阵为 8 阶。)

(1) 采用 AIC 和 MDL 准则估计信号源个数。

(2) 根据(1)中信源个数画出相应的 MUSIC 频率估计谱线。

3.20　复正弦加白噪声随机过程 $u(n)$ 同题 3.18 中所给。请使用 Root-MUSIC 方法进行信号频率估计的仿真实验。(要求：信号样本数取 1000，估计的自相关矩阵为 8 阶。)

(1) 计算正弦信号频率的估计值。

(2) 与 MUSIC 算法的估计结果比较。

3.21 复正弦加白噪声随机过程 $u(n)$ 同题 3.18 中所给。请使用 ESPRIT 算法进行信号频率估计的仿真实验，给出正弦信号频率的估计值。(要求：信号样本数取 1000，估计的自相关矩阵为 8 阶。)

参考文献

[1] 皇甫堪，陈建文，楼生强．现代数字信号处理[M]．北京：电子工业出版社，2003.

[2] Kay S M. Modern Spectral Estimation: Theory and Application [M]. Englewood Cliffs. NJ: Prentice Hall, 1988.

[3] 胡广书．数字信号处理——理论，算法与实现[M]．北京：清华大学出版社，1997.

[4] Tretter S A. Introduction to Discrete-Time Signal Processing [M]. New York: John Wiley and Sons, 1976.

[5] Proakis J G. Algorithm for Statistical Signal Processing [M]. NJ: Prentice Hall, 2002.

[6] Welch P D. The use of fast Fourier transform for the estimation of power spectra: a method based on time averaging over short modified periodograms [J]. IEEE Trans. Audio Electroacoustics, 1967, 15(2): 70-73.

[7] Burg J P. Maximum entropy spectral analysis [C]. In Proc, 37th Meeting of Society Exploration Geophysicists, Oklahoma City, Oct. 31. 1967.

[8] Kay S M, Marple S L. Spectrum analysis: a modern perspective [J]. Proc. IEEE, 1981, 69(11): 1380-1419.

[9] Capon J. High-resolution frequency-wavenumber spectrum analysis [J]. Proc. IEEE, 1969, 57(8): 1408-1418.

[10] Lacoss R T. Data adaptive spectral analysis methods [J]. Geophysics, 1971, 36(8): 661-675.

[11] Stoica P, Li H, Li J. A new derivation of the APES filter [J]. IEEE Signal Process. Lett. 6 (8) 1999, 205-206.

[12] 张贤达．矩阵分析与应用[M]．北京：清华大学出版社，2004.

[13] 张贤达．现代信号处理(第二版)[M]．北京：清华大学出版社，2002.

[14] Wax M, Kailath T. Detection of signals by information theoretic criteria [J]. IEEE Trans. ASSP, 1985, 33(2): 387-392.

[15] Haykin S. Adaptive Filter Theory [M], 4th Ed. Upper Saddle River, NJ: Prentice-Hall, 2002.

[16] 朱庆厚．无线电监测与通信侦察[M]．北京：人民邮电出版社，2005.

[17] 楼财义，陈鼎鼎．通信电子战系统目标获取．北京：电子工业出版社，2008.

[18] So H C, Chan Y T, Ma Q. Comparison of various periodograms for sinusoid detection and frequency estimation [J]. IEEE Tran. Aerospace and Electronic Systems, 1999, 35(3): 945-952.

[19] 查光明，熊贤祚．扩频通信[M]．西安：西安电子科技大学出版社，1988.

[20] Williams, Ricker G G. Signal detectability performance of optimum Fourier receivers [J]. IEEE Tran. Audio and Electroacoustics, 1972, 8(4): 264-270.

[21] Nuttall A H, Carter G C. Spectral estimation using combined time and lag weighting [J]. Proc. IEEE, 1982, 70(9): 1115-1125.

[22] Trac D T. Linear-phase perfect reconstruction filter bank: lattice structure, design, and application in image coding [J]. IEEE Trans. Signal Processing, 2000, 48(1): 133-147.

[23] 张旭东，陆明泉．离散随机信号处理[M]．北京：清华大学出版社，2005.
[24] Li J，Stoica P．An adaptive filtering approach to spectral estimation and SAR imaging [J]．IEEE Trans．Signal Processing，1996，44(6)：1469-1484.
[25] Stoica P，Jakobsson A，Li J．Matched-filter bank interpretation of some spectral estimators [J]．Signal Processing，1998，66(1)：45-59.
[26] 汪源源．现代信号处理理论和方法[M]．上海：复旦大学出版社，2003.

第 4 章　维纳滤波原理及自适应算法

自适应滤波理论是现代数字信号处理的重要内容，其基本思想是，滤波器的工作参数随输入信号统计特性的变化而自适应调整，使滤波器一直工作在某种最佳状态，而维纳滤波原理是自适应滤波的典型基本理论。

本章将从横向滤波器的最小均方误差估计出发，导出维纳滤波器的基本理论，然后介绍维纳滤波的递推求解方法——最陡下降法，以及一种得到广泛应用的随机梯度算法——LMS 算法；本章最后还将用较大篇幅介绍 20 世纪 90 年代末发展起来的多级维纳滤波器理论。

4.1　自适应横向滤波器及其学习过程

4.1.1　自适应横向滤波器结构

考虑如图 4.1.1 所示的有 M 个权系数(抽头)的有限冲激响应(FIR)横向滤波器，输入信号 $u(n)$ 是随机过程(实际中每一次处理的输入是随机过程的一个样本函数)，不难发现，滤波器 n 时刻的输出，不仅与 n 时刻的输入信号有关，还与 n 时刻之前的 $M-1$ 个时刻的输入信号有关。复数 w_i^* 是滤波器的权系数(为后文描述方便，这里用 w_i 的共轭)。

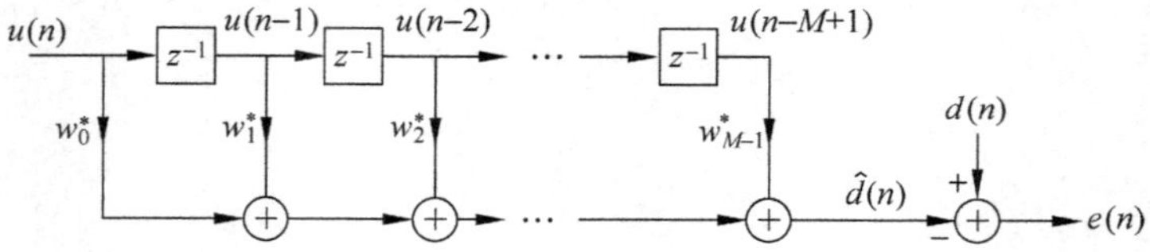

图 4.1.1　横向滤波器结构

在 n 时刻，输入信号为 $u(n)$，横向滤波器输出信号 $\hat{d}(n)$ 为

$$\hat{d}(n) = \sum_{i=0}^{M-1} w_i^* u(n-i) \tag{4.1.1}$$

如果将式(4.1.1)写成向量形式，有

$$\hat{d}(n) = \boldsymbol{w}^{\mathrm{H}}\boldsymbol{u}(n) = \boldsymbol{u}^{\mathrm{T}}(n)\boldsymbol{w}^* \tag{4.1.2}$$

其中，滤波器权向量 $\boldsymbol{w}$ 和第 n 时刻的输入信号向量 $\boldsymbol{u}(n)$ 分别为

$$\boldsymbol{w} = [w_0 \quad w_1 \quad \cdots \quad w_{M-1}]^{\mathrm{T}} \tag{4.1.3}$$

和

$$\boldsymbol{u}(n) = [u(n) \quad u(n-1) \quad \cdots \quad u(n-M+1)]^{\mathrm{T}} \tag{4.1.4}$$

在图 4.1.1 中，信号 $d(n)$ 称为期望响应(desired response)，滤波器输出 $\hat{d}(n)$ 经常被

称为对期望响应 $d(n)$的估计。定义估计误差 $e(n)$为

$$e(n) = d(n) - \hat{d}(n) \tag{4.1.5}$$

在自适应信号处理中，通过对横向滤波器权向量 $\boldsymbol{w}$ 的设计，使滤波器的输出$\hat{d}(n)$在某种意义下尽量逼近期望响应 $d(n)$，或使估计误差 $e(n)$在某种意义下最小。需指出的是，由于滤波器输入是随机过程，响应$\hat{d}(n)$和估计误差 $e(n)$也都是随机过程，所以在实际中要求估计误差 $e(n)$等于零是不现实的，故有“使估计误差 $e(n)$在某种意义下最小”之说，具体怎样使误差 $e(n)$最小并求得权向量 $\boldsymbol{w}$，这是下一节要回答的问题。

假设输入信号 $u(n)$由确定信号 $s(n)$与加性噪声 $v(n)$组成，即 $u(n)=s(n)+v(n)$。如果期望响应 $d(n)=s(n)$，则图 4.1.1 的系统称为对信号 $s(n)$的滤波；如果期望响应 $d(n)=s(n+n_0)$，$n_0>0$，则图 4.1.1 的系统称为对信号 $s(n)$的预测(prediction)；如果期望响应 $d(n)=s(n+n_0)$，$n_0<0$，则图 4.1.1 的系统称为对信号 $s(n)$的平滑(smoothing)。

4.1.2　自适应横向滤波器的学习过程和工作过程

对图 4.1.1 所示的横向滤波器系统，经常会有这样的问题，既然已知期望响应 $d(n)$，在进行系统设计时，为什么还需要获得对期望响应 $d(n)$的估计$\hat{d}(n)$呢？

其实图 4.1.1 的横向滤波器系统是滤波器的一种“训练模式”，实际的滤波器系统如图 4.1.2 所示，当系统工作在训练模式时，图 4.1.2 中的开关 K_1 打向 A_1，K_2 打向 A_2，图中的期望响应 $d(n)$已知，通过图中自适应算法对滤波器权向量 $\boldsymbol{w}$ 进行设计，使从训练输入信号 $u(n)$中得到的估计$\hat{d}(n)$逼近期望响应 $d(n)$，也即使滤波器在某种意义下工作在最佳状态，此过程称为滤波器的“学习过程”。图 4.1.1 的横向滤波器系统即是图 4.1.2 所示系统的“训练模式”。

通过学习过程，完成了滤波器在某种意义下的最优设计(求得最优权向量 $\boldsymbol{w}_o$)，并将该最优权向量固定在滤波器中，作为滤波器工作时的权向量。接下来，图 4.1.2 中的开关 K_1 打向 B_1，K_2 打向 B_2，对工作输入信号 $x(n)$进行滤波处理，得到事先未知的有用滤波器输出 $y(n)$，此时滤波器处于“工作模式”，是滤波器的“工作过程”。

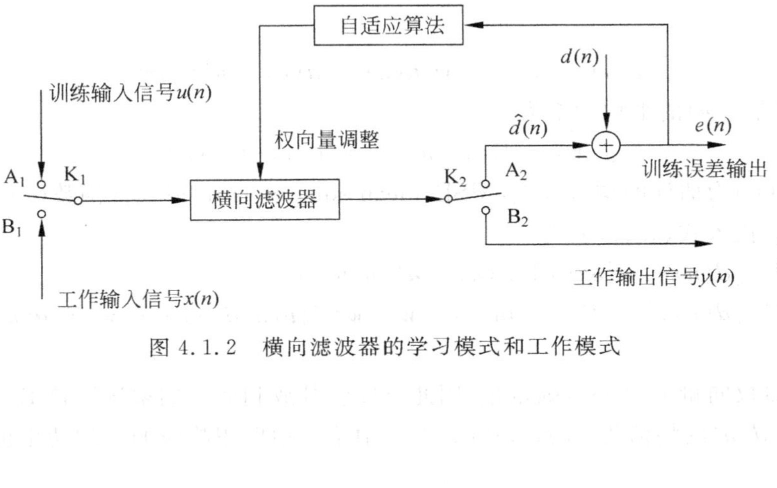

图 4.1.2　横向滤波器的学习模式和工作模式

滤波器的上述两种工作模式类似于警犬搜捕罪犯的过程。当警察带一条警犬去搜捕罪犯时，总是先让警犬去闻罪犯留下的衣物等，使警犬熟悉罪犯的气味特征，是为"学习过程"或工作在"训练模式"；接下来警犬用记下的气味特征去搜索罪犯，这便是"工作过程"。

通信系统中，在一个工作时隙内，首先发送事先约定的训练信号 $d(n)$，作为接收端的期望信号，在某种优化准则下，使滤波器输出信号 $\hat{d}(n)$ 与期望信号 $d(n)$ 差异尽量小，这一训练滤波器参数的过程就是学习过程。接下来就以在学习过程获得的滤波器权系数对输入信号进行滤波，即进入工作过程，在一个时隙内，可以认为信道是时不变的，滤波器的输出是对输入信号的最优滤波。实际应用中，学习过程和工作过程是不断交替进行的，这样可实现时变条件下对输入信号的最优滤波。

在学习过程中，要求利用训练信号在某种优化准则的意义下，快速准确地获得最优的滤波器参数。这一过程的快速性和准确性直接影响到最优滤波能否实现以及实现质量的好坏，所以相对于工作过程而言，求出滤波器权值的学习过程是最优滤波问题的关键，除非特别说明，下文在讨论自适应滤波问题时，总是针对图 4.1.1 的横向滤波器结构讨论滤波器的学习过程。

4.2 维纳滤波原理

20 世纪 40 年代，维纳奠定了最优滤波理论的基础。其思想是，假定横向滤波器的输入和期望响应均为广义平稳随机过程，且已知其二阶统计特性，维纳根据最小均方误差准则，求得了最优滤波器的参数。这种滤波器称为维纳滤波器，下面给出其原理。

4.2.1 均方误差准则及误差性能面

已知图 4.1.1 所示滤波器的估计误差(estimation error)为

$$e(n) = d(n) - \hat{d}(n) \tag{4.2.1}$$

其中，$d(n)$是期望响应信号，滤波器输出 $\hat{d}(n)$ 是对 $d(n)$ 的估计，且

$$\hat{d}(n) = \boldsymbol{w}^{\mathrm{H}}\boldsymbol{u}(n) = \boldsymbol{u}^{\mathrm{T}}(n)\boldsymbol{w}^*$$

于是有

$$e(n) = d(n) - \boldsymbol{w}^{\mathrm{H}}\boldsymbol{u}(n) = d(n) - \boldsymbol{u}^{\mathrm{T}}(n)\boldsymbol{w}^* \tag{4.2.2}$$

定义估计误差 $e(n)$ 的平均功率为

$$J(\boldsymbol{w}) = \mathrm{E}\{|e(n)|^2\} = \mathrm{E}\{e(n)e^*(n)\} \tag{4.2.3}$$

经常也称 $J(\boldsymbol{w})$ 为估计的均方误差(MSE, mean square error)或代价函数(cost function)。将式(4.2.2)代入式(4.2.3)，有

$$\begin{aligned} J(\boldsymbol{w}) &= \mathrm{E}\{[d(n) - \boldsymbol{w}^{\mathrm{H}}\boldsymbol{u}(n)][d(n) - \boldsymbol{u}^{\mathrm{T}}(n)\boldsymbol{w}^*]^*\} \\ &= \mathrm{E}\{|d(n)|^2\} - \mathrm{E}\{d(n)\boldsymbol{u}^{\mathrm{H}}(n)\}\boldsymbol{w} - \boldsymbol{w}^{\mathrm{H}}\mathrm{E}\{\boldsymbol{u}(n)d^*(n)\} + \boldsymbol{w}^{\mathrm{H}}\mathrm{E}\{\boldsymbol{u}(n)\boldsymbol{u}^{\mathrm{H}}(n)\}\boldsymbol{w} \end{aligned} \tag{4.2.4}$$

注意，滤波器权向量 $\boldsymbol{w}$ 是一个确定量，因此可以将其放到数学期望运算符 $\mathrm{E}\{\cdot\}$ 之外。假设期望响应 $d(n)$ 的均值为 0，那么式(4.2.4)中第一项期望响应的平均功率也是方差，令

$$\sigma_d^2 = \mathrm{E}\{|d(n)|^2\} \tag{4.2.5}$$

观察式(4.2.4)的第二项,定义互相关向量(cross correlation vector)$\boldsymbol{p}$ 为

$$\boldsymbol{p} = \mathrm{E}\{\boldsymbol{u}(n)d^*(n)\} = \begin{bmatrix} \mathrm{E}\{u(n)d^*(n)\} \\ \mathrm{E}\{u(n-1)d^*(n)\} \\ \vdots \\ \mathrm{E}\{u(n-M+1)d^*(n)\} \end{bmatrix} = \begin{bmatrix} p(0) \\ p(-1) \\ \vdots \\ p(-M+1) \end{bmatrix} \tag{4.2.6}$$

其中,$p(-m)$为输入 $u(n-m)$与期望响应 $d(n)$的互相关函数,为

$$p(-m) = \mathrm{E}\{u(n-m)d^*(n)\} \tag{4.2.7}$$

由式(4.1.4),式(4.2.4)的第四项中的数学期望就是输入信号向量 $\boldsymbol{u}(n)$的自相关矩阵,即

$$\boldsymbol{R} = \mathrm{E}\{\boldsymbol{u}(n)\boldsymbol{u}^{\mathrm{H}}(n)\} = \begin{bmatrix} r(0) & r(1) & \cdots & r(M-1) \\ r(-1) & r(0) & \cdots & r(M-2) \\ \vdots & \cdots & \ddots & \vdots \\ r(-M+1) & \cdots & \cdots & r(0) \end{bmatrix} \tag{4.2.8}$$

其中,自相关函数 $r(i-k)$的定义为

$$r(i-k) = \mathrm{E}\{u(n-k)u^*(n-i)\} \tag{4.2.9}$$

利用 σ_d^2、$\boldsymbol{p}$ 和 $\boldsymbol{R}$ 的定义式(4.2.5)～式(4.2.8),均方误差方程式(4.2.4)可以表示为

$$J(\boldsymbol{w}) = \sigma_d^2 - \boldsymbol{p}^{\mathrm{H}}\boldsymbol{w} - \boldsymbol{w}^{\mathrm{H}}\boldsymbol{p} + \boldsymbol{w}^{\mathrm{H}}\boldsymbol{R}\boldsymbol{w} \tag{4.2.10}$$

可以看出,$J(\boldsymbol{w})$是滤波器权向量 $\boldsymbol{w}$ 的二次函数。

对实系统,如果滤波器仅有一个抽头,即 $M=1$,有 $\boldsymbol{p}=p(0)$,$\boldsymbol{R}=r(0)$,则

$$\begin{aligned} J(\boldsymbol{w}) &= J(w_0) = \sigma_d^2 - p(0)w_0 - p(0)w_0 + r(0)w_0^2 \\ &= \sigma_d^2 - 2p(0)w_0 + r(0)w_0^2 \end{aligned}$$

这是在平面上的开口向上的抛物线方程。该抛物线开口向上,具有一个全局极小值点,在该极小值点处,估计误差的平均功率达到最小。如果滤波器有两个实值权系数,即 $M=2$,则 $J(\boldsymbol{w})$在三维空间中构成了一个开口向上抛物面(parabola surface),也称为碗形面。

事实上,可以把具有 M 个自变量 $w_0, w_1, \cdots, w_{M-1}$ 的函数 $J(\boldsymbol{w})$看成一个在 $M+1$ 维空间中,具有 M 个自由度的抛物面,而这个抛物面具有唯一的全局极小值点(估计误差的平均功率最小)。经常把 $J(\boldsymbol{w})$所构成的这样一个多维空间的曲面称为误差性能面(error performance surface)。下面将介绍误差性能面的极小值点的求解方法。

4.2.2 维纳-霍夫方程

根据矩阵理论,如果多元函数 $J(\boldsymbol{w})$在点 $\boldsymbol{w}=[w_0 \quad w_1 \quad \cdots \quad w_{M-1}]^{\mathrm{T}}$ 处的有偏导数可表示为$\partial J/\partial w_i^*$,那么 $J(\boldsymbol{w})$在点 $\boldsymbol{w}$ 处取得极值的必要条件是$\partial J/\partial w_i^*=0$,$i=0,1,\cdots,M-1$(称点 $\boldsymbol{w}$ 为函数 $J(\boldsymbol{w})$的驻点)。由 3.4.1 节可知,利用标量函数关于向量的微分运算,可以用标量函数关于向量的梯度来表示函数关于多个自变量的偏导数。利用 3.4.1 节的结论,式(4.2.10)的梯度应为

$$\nabla J(\boldsymbol{w}) = 2\frac{\partial}{\partial \boldsymbol{w}^*}[J(\boldsymbol{w})] = -2\boldsymbol{p} + 2\boldsymbol{R}\boldsymbol{w} \tag{4.2.11}$$

令$\nabla J(\boldsymbol{w})=\boldsymbol{0}$，有

$$\boldsymbol{R}\boldsymbol{w}_{\mathrm{o}}=\boldsymbol{p} \tag{4.2.12}$$

式(4.2.12)是著名的维纳-霍夫方程(Wiener-Hopf equations)。由第2章2.2.2节，$\boldsymbol{R}$几乎总是非奇异的，于是用$\boldsymbol{R}^{-1}$左乘方程式(4.2.12)的两边，得

$$\boldsymbol{w}_{\mathrm{o}}=\boldsymbol{R}^{-1}\boldsymbol{p} \tag{4.2.13}$$

要使均方误差$J(\boldsymbol{w})$最小，滤波器权向量$\boldsymbol{w}$应满足式(4.2.12)或式(4.2.13)，此时的权向量称为最优权向量(optimum weight vector)，记为$\boldsymbol{w}_{\mathrm{o}}$。

上述使误差的平均功率最小的思想，在信号处理中经常被称为最小均方误差(MMSE，minimum mean square error)准则。

4.2.3 正交原理

下面利用维纳-霍夫方程推导维纳滤波器的正交原理(orthogonality principle)。

将式(4.2.12)改写成

$$\boldsymbol{R}\boldsymbol{w}_{\mathrm{o}}-\boldsymbol{p}=\boldsymbol{0} \tag{4.2.14}$$

其中，$\boldsymbol{0}$是与向量$\boldsymbol{p}$具有相同维数的零向量，而$\boldsymbol{w}_{\mathrm{o}}$是使均方误差$J(\boldsymbol{w})$取得全局极小值的最优权向量。将自相关矩阵$\boldsymbol{R}$和互相关向量$\boldsymbol{p}$的定义式

$$\boldsymbol{R}=\mathrm{E}\{\boldsymbol{u}(n)\boldsymbol{u}^{\mathrm{H}}(n)\},\quad \boldsymbol{p}=\mathrm{E}\{\boldsymbol{u}(n)d^{*}(n)\}$$

代入式(4.2.14)中，有

$$\begin{aligned}\boldsymbol{R}\boldsymbol{w}_{\mathrm{o}}-\boldsymbol{p}&=\mathrm{E}\{\boldsymbol{u}(n)\boldsymbol{u}^{\mathrm{H}}(n)\}\boldsymbol{w}_{\mathrm{o}}-\mathrm{E}\{\boldsymbol{u}(n)d^{*}(n)\}\\&=\mathrm{E}\{\boldsymbol{u}(n)[\boldsymbol{u}^{\mathrm{H}}(n)\boldsymbol{w}_{\mathrm{o}}-d^{*}(n)]\}\\&=\boldsymbol{0}\end{aligned} \tag{4.2.15}$$

当$\boldsymbol{w}=\boldsymbol{w}_{\mathrm{o}}$时，假设估计误差信号为$e_{\mathrm{o}}(n)$，并注意到

$$e_{\mathrm{o}}^{*}(n)=d^{*}(n)-\boldsymbol{u}^{\mathrm{H}}(n)\boldsymbol{w}_{\mathrm{o}}$$

因此，式(4.2.15)可以简记为

$$\mathrm{E}\{\boldsymbol{u}(n)e_{\mathrm{o}}^{*}(n)\}=\boldsymbol{0} \tag{4.2.16}$$

式(4.2.16)意味着

$$\mathrm{E}\{u(n-i)e_{\mathrm{o}}^{*}(n)\}=0,\quad i=0,1,\cdots,M-1$$

这就是说，在统计意义下，当滤波器取得最优权向量时，估计误差与滤波器所有抽头的输入信号$u(n-i)$是相互正交的。事实上，从式(4.2.14)到式(4.2.16)的推导过程是一个可逆的过程。因此，使均方误差$J(\boldsymbol{w})$取得极小值的充分必要条件是，对应的估计误差$e_{\mathrm{o}}(n)$与n时刻的每个抽头的输入样本在统计意义下相互正交。

由于滤波器输出估计信号是权向量和输入向量的内积，即

$$\hat{d}_{\mathrm{o}}(n)=\boldsymbol{w}_{\mathrm{o}}^{\mathrm{H}}\boldsymbol{u}(n)$$

于是，由估计误差与输入信号的正交性方程式(4.2.16)可知，$\hat{d}_{\mathrm{o}}(n)$与$e_{\mathrm{o}}(n)$也相互正交，即

$$\mathrm{E}\{\hat{d}_{\mathrm{o}}(n)e_{\mathrm{o}}^{*}(n)\}=\boldsymbol{w}_{\mathrm{o}}^{\mathrm{H}}\mathrm{E}\{\boldsymbol{u}(n)e_{\mathrm{o}}^{*}(n)\}=0 \tag{4.2.17}$$

也可以从几何上来理解正交原理。滤波器输出信号$\hat{d}(n)=\boldsymbol{w}^{\mathrm{H}}\boldsymbol{u}(n)$位于由观测信号$\boldsymbol{u}(n)$

张成的信号空间(向量空间)$\mathcal{D}$中。由于噪声的存在(因此$|e(n)|\neq 0$),期望响应信号$d(n)$不在$\mathcal{D}$中。最优滤波器输出$\hat{d}_o(n)$实际上是$d(n)$在信号空间$\mathcal{D}$的正交投影,而$e_o(n)$是$d(n)$的投影误差,即

$$e_o(n) = d(n) - \hat{d}_o(n) = d(n) - \boldsymbol{w}_o^{\mathrm{H}}\boldsymbol{u}(n)$$

显然,$e_o(n)$与$\hat{d}_o(n)$正交,如图 4.2.1 所示。

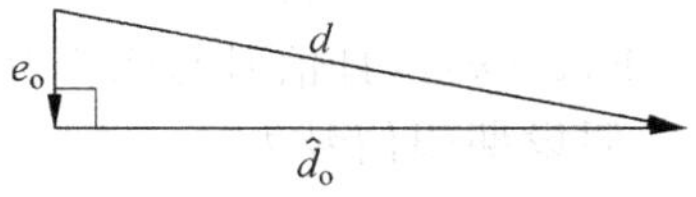

图 4.2.1　正交原理的几何解释

4.2.4　最小均方误差

将维纳-霍夫方程式

$$\boldsymbol{R}\boldsymbol{w}_o = \boldsymbol{p}$$

代入均方误差方程式

$$J(\boldsymbol{w}) = \sigma_d^2 - \boldsymbol{p}^{\mathrm{H}}\boldsymbol{w} - \boldsymbol{w}^{\mathrm{H}}\boldsymbol{p} + \boldsymbol{w}^{\mathrm{H}}\boldsymbol{R}\boldsymbol{w}$$

可得到均方误差的最小值

$$J_{\min} = J(\boldsymbol{w}_o) = \sigma_d^2 - \boldsymbol{p}^{\mathrm{H}}\boldsymbol{w}_o - \boldsymbol{w}_o^{\mathrm{H}}\boldsymbol{p} + \boldsymbol{w}_o^{\mathrm{H}}\boldsymbol{R}\boldsymbol{w}_o = \sigma_d^2 - \boldsymbol{p}^{\mathrm{H}}\boldsymbol{w}_o \tag{4.2.18}$$

其中,σ_d^2 是由式(4.2.5)给出的期望响应信号 $d(n)$的平均功率。

利用自相关矩阵的 Hermite 对称性 $\boldsymbol{R}^{\mathrm{H}}=\boldsymbol{R}$,结合维纳-霍夫方程,则式(4.2.18)可改写为

$$J_{\min} = \sigma_d^2 - \boldsymbol{w}_o^{\mathrm{H}}\boldsymbol{R}\boldsymbol{w}_o \tag{4.2.19}$$

由于

$$\boldsymbol{R} = \mathrm{E}\{\boldsymbol{u}(n)\boldsymbol{u}^{\mathrm{H}}(n)\}$$

所以,事实上式(4.2.19)的第二项可表示为

$$\begin{aligned}\boldsymbol{w}_o^{\mathrm{H}}\boldsymbol{R}\boldsymbol{w}_o &= \boldsymbol{w}_o^{\mathrm{H}}\mathrm{E}\{\boldsymbol{u}(n)\boldsymbol{u}^{\mathrm{H}}(n)\}\boldsymbol{w}_o \\ &= \mathrm{E}\{[\boldsymbol{w}_o^{\mathrm{H}}\boldsymbol{u}(n)][\boldsymbol{w}_o^{\mathrm{H}}\boldsymbol{u}(n)]^*\} \\ &= \mathrm{E}\{|\hat{d}(n)|^2\}\end{aligned}$$

上式为 $\boldsymbol{w}=\boldsymbol{w}_o$ 时,滤波器输出估计信号的平均功率,令

$$\sigma_{\hat{d}}^2 = \mathrm{E}\{|\hat{d}(n)|^2\}$$

于是式(4.2.19)可以记为

$$J_{\min} = \sigma_d^2 - \sigma_{\hat{d}}^2 \tag{4.2.20}$$

式(4.2.20)表明,最小均方误差 $J_{\min}$ 就是期望响应的平均功率与最优滤波时滤波器输出的估计信号的平均功率之差。

图 4.2.2 给出了最小均方误差与最优权向量的示意图。

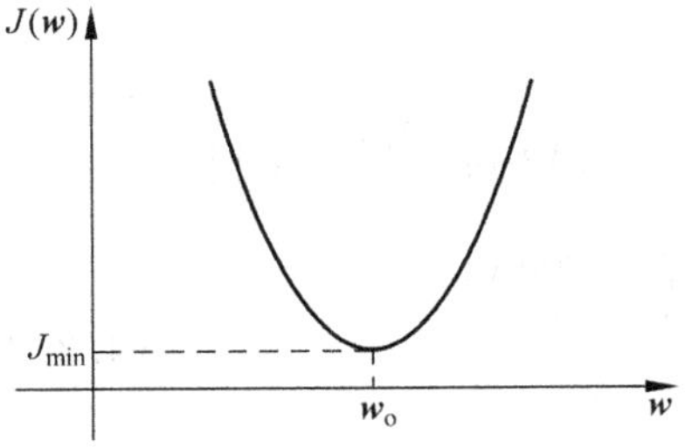

图 4.2.2　最小均方误差与最优权向量

4.2.5　计算实例 1:噪声中的单频信号估计

观测信号 $u(n)$为白噪声中的正弦信号,表示为

$$u(n) = s(n) + v(n) \tag{4.2.21}$$

其中，$s(n)=\sin\left(\frac{2\pi n}{N}+\varphi\right)$，$\varphi$ 是在$[0,2\pi]$上均匀分布的随机初始相位，噪声平均功率为$\sigma_v^2=\mathrm{E}\{v^2(n)\}$，且信号与噪声互不相关。

假设期望信号为

$$d(n)=-2s\left(n-\frac{N}{4}\right) \tag{4.2.22}$$

这里假设整数 $N=4m,m=1,2,\cdots$。显然，$d(n)$的平均功率为 $\sigma_d^2=\mathrm{E}\{d^2(n)\}=2$。

设计一个二抽头的维纳滤波器，使滤波器输出在最小均方误差意义下，逼近期望响应$d(n)$。

定义滤波器输入信号向量为

$$\boldsymbol{u}(n)=[u(n)\quad u(n-1)]^{\mathrm{T}} \tag{4.2.23}$$

由维纳-霍夫方程知，要获得维纳滤波器的权向量 $\boldsymbol{w}=[w_0\quad w_1]^{\mathrm{T}}$，需要计算自相关矩阵

$$\boldsymbol{R}=\mathrm{E}\{\boldsymbol{u}(n)\boldsymbol{u}^{\mathrm{H}}(n)\}=\begin{bmatrix} r(0) & r(1)\\ r(-1) & r(0)\end{bmatrix} \tag{4.2.24}$$

和互相关向量

$$\boldsymbol{p}=\mathrm{E}\{\boldsymbol{u}(n)d(n)\}=[p(0)\quad p(-1)]^{\mathrm{T}} \tag{4.2.25}$$

首先计算自相关函数，有

$$\begin{aligned} r(m)&=\mathrm{E}\left\{\left(\sin\left(\frac{2\pi n}{N}+\varphi\right)+v(n)\right)\left(\sin\left(\frac{2\pi(n-m)}{N}+\varphi\right)+v(n-m)\right)\right\}\\ &=\mathrm{E}\left\{\sin\left(\frac{2\pi n}{N}+\varphi\right)\sin\left(\frac{2\pi(n-m)}{N}+\varphi\right)\right\}+\mathrm{E}\{v(n)v(n-m)\} \qquad (4.2.26)\\ &=\frac{1}{2}\cos\left(\frac{2\pi m}{N}\right)+\mathrm{E}\{v(n)v(n-m)\}\end{aligned}$$

因此有

$$r(m)=\begin{cases}\frac{1}{2}\cos\left(\frac{2\pi\cdot 0}{N}\right)+\sigma_v^2=0.5+\sigma_v^2, & m=0\\ \frac{1}{2}\cos\left(\frac{2\pi}{N}\right), & m=1\end{cases} \tag{4.2.27}$$

根据 $d(n)=2\cos\left(\frac{2\pi n}{N}+\varphi\right)$，因此有

$$\begin{aligned} p(-m)&=\mathrm{E}\left\{\left(\sin\left(\frac{2\pi(n-m)}{N}+\varphi\right)+v(n-m)\right)2\cos\left(\frac{2\pi n}{N}+\varphi\right)\right\}\\ &=\mathrm{E}\left\{\sin\left(\frac{2\pi(2n-m)}{N}+2\varphi\right)+\sin\left(-\frac{2\pi m}{N}\right)\right\}\\ &\quad+2\mathrm{E}\left\{v(n-m)\cos\left(\frac{2\pi n}{N}+\varphi\right)\right\} \qquad (4.2.28)\\ &=-\sin\left(\frac{2\pi m}{N}\right),\quad m=0,1\end{aligned}$$

将式(4.2.27)和式(4.2.28)分别代入式(4.2.24)和式(4.2.25)，有

$$\boldsymbol{R}=\begin{bmatrix}\frac{1}{2}+\sigma_v^2 & \frac{1}{2}\cos\left(\frac{2\pi}{N}\right)\\ \frac{1}{2}\cos\left(\frac{2\pi}{N}\right) & \frac{1}{2}+\sigma_v^2\end{bmatrix}$$

$$\boldsymbol{p}=\left[0 \quad -\sin\left(\frac{2\pi}{N}\right)\right]^{\mathrm{T}} \tag{4.2.29}$$

于是，代价函数(误差性能面)方程式(4.2.10)可以表示为

$$\begin{aligned}J(\boldsymbol{w})&=\sigma_d^2-2\boldsymbol{p}^{\mathrm{T}}\boldsymbol{w}+\boldsymbol{w}^{\mathrm{T}}\boldsymbol{R}\boldsymbol{w}\\&=\left(\frac{1}{2}+\sigma_v^2\right)(w_0^2+w_1^2)+\cos\left(\frac{2\pi}{N}\right)w_0w_1+2w_1\sin\left(\frac{2\pi}{N}\right)+2\end{aligned} \tag{4.2.30}$$

由维纳-霍夫方程，得到维纳滤波器的权向量为

$$\boldsymbol{w}_{\mathrm{o}}=\left[w_0^{\mathrm{o}} \quad w_1^{\mathrm{o}}\right]^{\mathrm{T}} \tag{4.2.31}$$

其中

$$\begin{aligned}w_0^{\mathrm{o}}&=\frac{\sin\left(\frac{4\pi}{N}\right)}{\sin^2\left(\frac{2\pi}{N}\right)+4\sigma_v^2+4\sigma_v^4}\\w_1^{\mathrm{o}}&=-\frac{2\sin\left(\frac{2\pi}{N}\right)+4\sigma_v^2\sin\left(\frac{2\pi}{N}\right)}{\sin^2\left(\frac{2\pi}{N}\right)+4\sigma_v^2+4\sigma_v^4}\end{aligned} \tag{4.2.32}$$

将式(4.2.29)，式(4.2.31)和式(4.2.32)代入式(4.2.18)，得到估计的最小均方误差为

$$\begin{aligned}J_{\min}&=\sigma_d^2-\boldsymbol{p}^{\mathrm{T}}\boldsymbol{w}_{\mathrm{o}}\\&=2-\frac{2\sin^2\left(\frac{2\pi}{N}\right)+4\sigma_v^2\sin^2\left(\frac{2\pi}{N}\right)}{\sin^2\left(\frac{2\pi}{N}\right)+4\sigma_v^2+4\sigma_v^4}\end{aligned} \tag{4.2.33}$$

注意到，当 $\sigma_v^2=0$ 时，有

$$\boldsymbol{w}_{\mathrm{o}}=\left[2\cot\left(\frac{2\pi}{N}\right) \quad -2\csc\left(\frac{2\pi}{N}\right)\right]^{\mathrm{T}} \tag{4.2.34}$$

其中，cot(·)和 csc(·)分别表示余切函数和余割函数。此时有 $J_{\min}=0$。

图 4.2.3 分别给出了 $\sigma_v^2=0$ 和 $\sigma_v^2=0.5$ 时的误差性能面，其中，$N=4$。对于无噪声的情况($\sigma_v^2=0$)，维纳滤波器的权向量为 $\boldsymbol{w}_{\mathrm{o}}=[0 \quad -2]^{\mathrm{T}}$。对于 $\sigma_v^2=0.5$ 的情况，$\boldsymbol{w}_{\mathrm{o}}=\left[\sqrt{2}/7 \quad -6\sqrt{2}/7\right]^{\mathrm{T}}$，此时，$J_{\min}=1$。

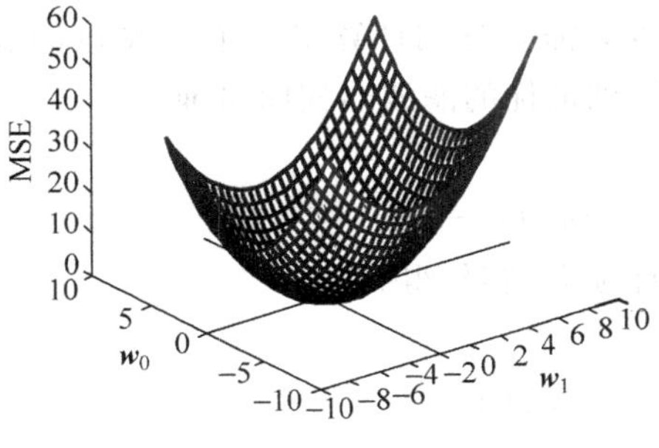

(a) $\sigma_v^2=0$

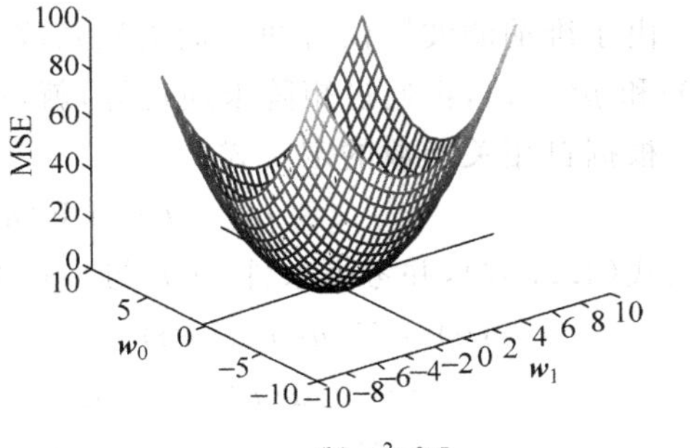

(b) $\sigma_v^2=0.5$

图 4.2.3　误差性能面

4.2.6 计算实例 2：信道传输信号的估计

考虑如图 4.2.4 所示的信号产生和传输信道模型。信号 $v_1(n)$ 和 $v_2(n)$ 分别是零均值、方差为 σ_1^2 和 σ_2^2 的白噪声过程，且二者相互独立。线性时不变系统 H_1 和 H_2 的差分方程分别为

$$H_1: d(n) = b_1 d(n-1) + v_1(n) \tag{4.2.35}$$

$$H_2: x(n) = b_2 x(n-1) + d(n) \tag{4.2.36}$$

信号 $u(n)$ 是子系统 H_2 的输出 $x(n)$ 与白噪声 $v_2(n)$ 之和，即

$$u(n) = x(n) + v_2(n) \tag{4.2.37}$$

且设 $x(n)$ 与 $v_2(n)$ 统计独立。

这里可以将 $d(n)$ 看作是子系统 H_1 受到 $v_1(n)$ 激励而产生的信号（比如，第 5 章将讨论的语音信号），而 H_2 与加性噪声 $v_2(n)$ 构成了加性白噪声传输信道。

若将信道输出信号 $u(n)$ 作为维纳滤波器的输入，且滤波器的期望响应为 $d(n)$，如图 4.2.5 所示。现在的问题是：如何设计维纳滤波器，使估计误差 $e(n)$ 在 MMSE 意义下最小。

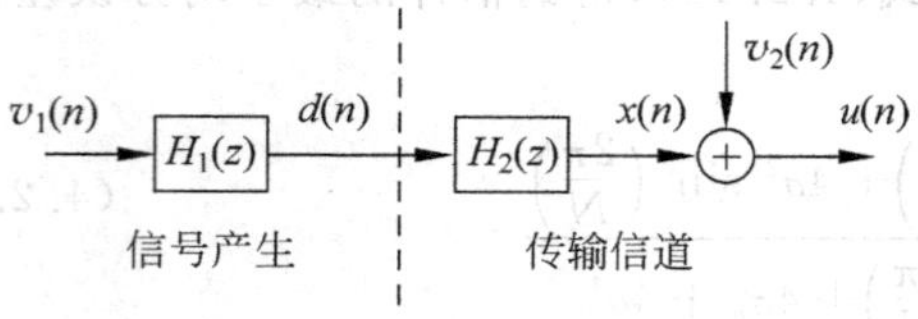

图 4.2.4 信号产生和传输信道模型

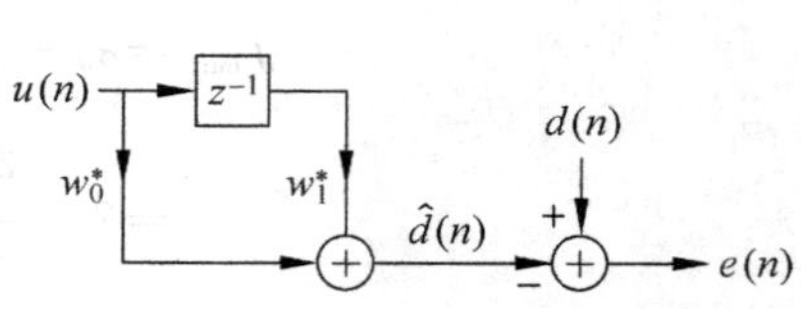

图 4.2.5 二抽头维纳滤波器

显然，这是一个典型的维纳滤波问题，期望响应为 $d(n)$，输入信号为 $u(n)$。权向量应满足维纳-霍夫方程

$$\boldsymbol{R}\boldsymbol{w}_o = \boldsymbol{p}$$

其中

$$\boldsymbol{R} = \begin{bmatrix} r(0) & r(1) \\ r^*(1) & r(0) \end{bmatrix}, \quad \boldsymbol{p} = \begin{bmatrix} p(0) \\ p(-1) \end{bmatrix}$$

由于维纳滤波器仅有两个抽头权系数，所以只需要分别计算出 4 个参数 $r(0)$、$r(1)$、$p(0)$ 和 $p(-1)$，再通过矩阵求逆运算，就可以得到最优的滤波器权向量 $\boldsymbol{w}_o$。

根据自相关函数的定义式

$$r(i-k) = \mathrm{E}\{u(n-k)u^*(n-i)\}$$

利用式(4.2.37)，并考虑条件 $x(n)$ 与 $v_2(n)$ 统计独立，容易得到

$$\begin{aligned} r(0) &= \mathrm{E}\{u(n)u^*(n)\} \\ &= \mathrm{E}\{[x(n)+v_2(n)][x(n)+v_2(n)]^*\} \\ &= \mathrm{E}\{|x(n)|^2 + x(n)v_2^*(n) + x^*(n)v_2(n) + |v_2(n)|^2\} \\ &= r_x(0) + \sigma_2^2 \end{aligned}$$

其中，$r_x(0)$ 是 $x(n)$ 的自相关函数。类似地，有

$$\begin{aligned} r(1) &= \mathrm{E}\{u(n)u^*(n-1)\} \\ &= \mathrm{E}\{[x(n)+v_2(n)][x(n-1)+v_2(n-1)]^*\} \\ &= r_x(1) \end{aligned}$$

再根据

$$p(-m) = \mathrm{E}\{u(n-m)d^*(n)\}$$

利用式(4.2.35)和式(4.2.36)，可以计算出向量 $\boldsymbol{p}$ 中的两个元素 $p(0)$ 和 $p(-1)$，为

$$\begin{aligned} p(0) &= \mathrm{E}\{u(n)d^*(n)\} \\ &= \mathrm{E}\{[x(n)+v_2(n)][x(n)-b_2x(n-1)]^*\} \\ &= r_x(0)-b_2r_x(1) \\ p(-1) &= \mathrm{E}\{u(n-1)d^*(n)\} \\ &= \mathrm{E}\{[x(n-1)+v_2(n-1)][x(n)-b_2x(n-1)]^*\} \\ &= r_x(1)-b_2r_x(0) \end{aligned}$$

可以看出，要计算 $r(0)$、$r(1)$、$p(0)$和 $p(-1)$，需要计算 $x(n)$的自相关函数 $r_x(0)$和 $r_x(1)$。为此，首先来推导 $v_1(n)$与 $x(n)$的输入输出关系。设 $v_1(n)$和 $x(n)$对应的 Z 变换分别是 $V_1(z)$和 $X(z)$，于是有

$$X(z) = H_1(z)H_2(z)V_1(z) \triangleq H(z)V_1(z) \tag{4.2.38}$$

其中，$H_1(z)$和 $H_2(z)$分别由差分方程式(4.2.35)和式(4.2.36)确定，为

$$H_1(z) = \frac{1}{1-b_1z^{-1}}, H_2(z) = \frac{1}{1-b_2z^{-1}}$$

因此，子系统 H_1 和 H_2 级联的系统函数为

$$H(z) = H_1(z)H_2(z) = \frac{1}{1-(b_1+b_2)z^{-1}+b_1b_2z^{-2}}$$

或

$$H(z) = \frac{X(z)}{V_1(z)} = \frac{1}{1+a_1z^{-1}+a_2z^{-2}} \tag{4.2.39}$$

其中，$a_1=-(b_1+b_2)$，$a_2=b_1b_2$。利用式(4.2.39)，可以写出 $v_1(n)$与 $x(n)$之间的差分方程关系为

$$x(n)+a_1x(n-1)+a_2x(n-2) = v_1(n)$$

上式表明，系统 H 实际上是一个二阶的 AR 模型。根据第 3 章 3.2.1 节，有

$$r_x(0) = \frac{1+a_2}{1-a_2}\,\frac{\sigma_1^2}{[(1+a_2)^2-a_1^2]}$$

$$r_x(1) = -\frac{a_1}{1+a_2}r_x(0)$$

假设

$$b_1 = -0.8458,\quad b_2 = 0.9458,\quad \sigma_1^2 = 0.27,\quad \sigma_2^2 = 0.1$$

利用上述结论，可得

$$r(0) = 1.0997,\quad r(1) = 0.4997,\quad p(0) = 0.5270,\quad p(-1) = -0.4458$$

利用维纳-霍夫方程，可以解得 $\boldsymbol{w}_o=[0.8361\quad -0.7853]^{\mathrm{T}}$。

为得到最小均方误差，需要计算期望信号 $d(n)$的平均功率，即

$$\begin{aligned}\sigma_d^2 &= \mathrm{E}\{|d(n)|^2\} = \mathrm{E}\{|x(n) - b_2 x(n-1)|^2\} \\ &= (1 + b_2^2) r_x(0) - 2b_2 r_x(1) = 0.9486\end{aligned}$$

将 σ_d^2、$\boldsymbol{w}_o$ 和 $\boldsymbol{p}$ 代入最小均方误差的表达式，有

$$J_{\min} = \sigma_d^2 - \boldsymbol{p}^{\mathrm{H}} \boldsymbol{w}_o = 0.1579$$

现在来观察，改用单个权系数的维纳滤波器根据输入 $u(n)$ 估计 $d(n)$ 的情况，如图 4.2.6 所示。

此时维纳-霍夫方程简化为一元方程 $r(0)w = p(0)$，只需要分别计算出两个参数 $r(0)$ 和 $p(0)$ 即可求解。利用维纳-霍夫方程，可以得到 $w_o = 0.4793$，此时 $J_{\min} = 0.6959$，可见最小均方误差明显增大。

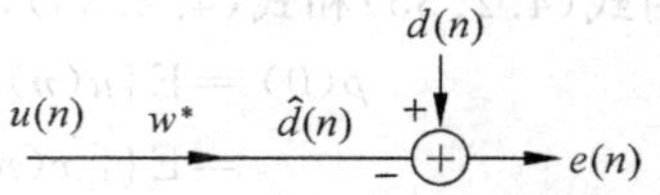

图 4.2.6 单个权系数的维纳滤波器

4.3 维纳滤波器的最陡下降求解方法

4.2 节介绍了维纳滤波器原理，并且得到了维纳滤波器的权向量所满足的维纳-霍夫方程。求解维纳-霍夫方程时，需要计算自相关矩阵的逆矩阵 $\boldsymbol{R}^{-1}$，矩阵求逆运算的运算量通常较大，稳定性差，难于硬件实时处理，不适宜工程实现；此外，在估计出最优滤波器权向量 $\boldsymbol{w}_o$ 后，滤波器的权向量将固定为 $\boldsymbol{w}_o$，因此系统不具有自适应性。本节将介绍维纳滤波递推求解方法——最陡下降算法，它可以避免直接矩阵求逆运算。这种方法是理解各种基于梯度的自适应算法的基础。

4.3.1 维纳滤波的最陡下降算法

如图 4.3.1 所示，在自适应滤波中，滤波器的权向量不是固定的，而是根据估计误差信号 $e(n)$，利用自适应算法自动修正滤波器权向量 $\boldsymbol{w}(n)$，使得 $e(n)$ 在某种意义下达到最小。假设在第 n 时刻，已得到滤波器权向量为 $\boldsymbol{w}(n)$，则 $n+1$ 时刻的权向量可表示为 $\boldsymbol{w}(n)$ 与某个微小修正量 $\Delta \boldsymbol{w}$ 之和，即

$$\boldsymbol{w}(n+1) = \boldsymbol{w}(n) + \Delta \boldsymbol{w} \tag{4.3.1}$$

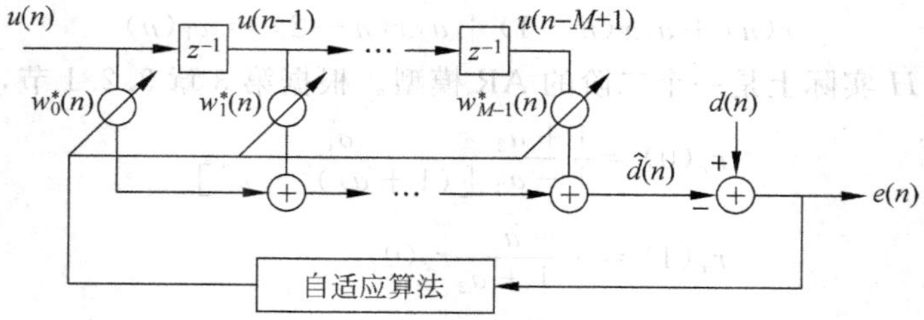

图 4.3.1 自适应横向滤波器

如图 4.3.2 所示，第 $n+1$ 时刻的权向量 $\boldsymbol{w}(n+1)$ 应较 $\boldsymbol{w}(n)$ 更接近均方误差 $J(\boldsymbol{w}(n))$ 的极小值点。由于沿曲面不同方向函数值下降的速度有快有慢，最陡的下降方向是负梯度方向，在这个方向上，在点 $\boldsymbol{w}(n)$ 的邻域内函数值 $J(\boldsymbol{w}(n))$ 下降最多。这样，式(4.3.1)中修正量 $\Delta \boldsymbol{w}$ 可表示为

$$\Delta \boldsymbol{w} = -\frac{1}{2}\mu \nabla J(\boldsymbol{w}(n)) \tag{4.3.2}$$

其中，$\nabla \boldsymbol{J}(\boldsymbol{w}(n))$是均方误差 $J(\boldsymbol{w}(n))$的梯度，正数 μ 被称为步长参数(step size parameter)或步长因子，它将控制自适应算法的迭代速度。所以有

$$\boldsymbol{w}(n+1) = \boldsymbol{w}(n) - \frac{1}{2}\mu \nabla J(\boldsymbol{w}(n)) \tag{4.3.3}$$

由于均方误差 $J(\boldsymbol{w}(n))$为

$$J(\boldsymbol{w}(n)) = \sigma_d^2 - \boldsymbol{p}^{\mathrm{H}}\boldsymbol{w}(n) - \boldsymbol{w}^{\mathrm{H}}(n)\boldsymbol{p} + \boldsymbol{w}^{\mathrm{H}}(n)\boldsymbol{R}\boldsymbol{w}(n)$$

梯度$\nabla J(\boldsymbol{w}(n))$为

$$\nabla J(\boldsymbol{w}(n)) = 2\frac{\partial}{\partial \boldsymbol{w}^*(n)}[J(\boldsymbol{w}(n))] = -2\boldsymbol{p} + 2\boldsymbol{R}\boldsymbol{w}(n) \tag{4.3.4}$$

将式(4.3.4)代入式(4.3.3)，有

$$\boldsymbol{w}(n+1) = \boldsymbol{w}(n) + \mu[\boldsymbol{p} - \boldsymbol{R}\boldsymbol{w}(n)] \tag{4.3.5}$$

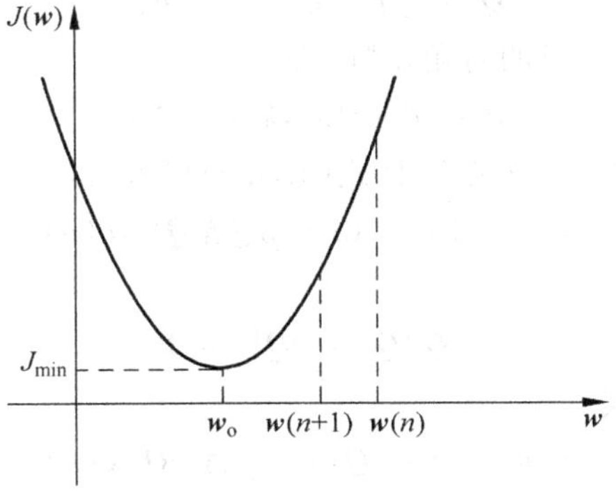

图 4.3.2　用迭代方法求最佳权向量

由于梯度向量$\nabla J(\boldsymbol{w})$是指向均方误差极小值点的最陡的方向，所以递推式(4.3.5)被称为最陡下降(SD，steepest descent)算法。注意，最陡下降算法只是维纳滤波的递归求解方法。

下面将证明，如果步长因子 μ 满足一定条件，当 $n\to\infty$时，$\boldsymbol{w}(n)$将逼近维纳-霍夫方程的解 $\boldsymbol{w}_o$。

4.3.2　最陡下降算法的收敛性

最陡下降算法使用递推的方法来求解维纳-霍夫方程。下面将证明，如果选取迭代步长 μ 为合适的正数，那么随着迭代次数 n 的增加，最陡下降算法将使均方误差 $J(\boldsymbol{w}(n))$逐渐减小；当 $n\to\infty$时，均方误差 $J(\boldsymbol{w}(n))$将逼近极小值 $J_{\min}$，$\boldsymbol{w}(n)$将逼近维纳-霍夫方程的解 $\boldsymbol{w}_o$。

定义向量 $\boldsymbol{c}(n)$为 $\boldsymbol{w}(n)$与 $\boldsymbol{w}_o$ 之差，即

$$\boldsymbol{c}(n) = \boldsymbol{w}(n) - \boldsymbol{w}_o \tag{4.3.6}$$

利用式(4.3.6)，式(4.3.5)两边减去 $\boldsymbol{w}_o$ 可得

$$\boldsymbol{c}(n+1)=\boldsymbol{c}(n)+\mu[\boldsymbol{p}-\boldsymbol{R}\boldsymbol{w}(n)] \tag{4.3.7}$$

由于 $\boldsymbol{w}_o$ 满足维纳-霍夫方程 $\boldsymbol{p}=\boldsymbol{R}\boldsymbol{w}_o$，所以式(4.3.7)可以写成

$$\begin{aligned}\boldsymbol{c}(n+1)&=\boldsymbol{c}(n)+\mu\boldsymbol{R}[\boldsymbol{w}_o-\boldsymbol{w}(n)]\\&=\boldsymbol{c}(n)-\mu\boldsymbol{R}\boldsymbol{c}(n)\end{aligned}$$

于是得到 $\boldsymbol{c}(n)$ 的递推式为

$$\boldsymbol{c}(n+1)=(\boldsymbol{I}-\mu\boldsymbol{R})\boldsymbol{c}(n) \tag{4.3.8}$$

式(4.3.8)中 $\boldsymbol{I}$ 为单位矩阵。

由第 2 章 2.2.3 节的自相关矩阵特征值分解，可以将自相关矩阵 $\boldsymbol{R}$ 表示为

$$\boldsymbol{R}=\boldsymbol{Q}\boldsymbol{\Lambda}\boldsymbol{Q}^{\mathrm{H}}=\sum_{i=1}^{M}\lambda_i\boldsymbol{q}_i\boldsymbol{q}_i^{\mathrm{H}} \tag{4.3.9}$$

其中，$\lambda_1,\lambda_2,\cdots,\lambda_M$ 是 $\boldsymbol{R}$ 的特征值，$\boldsymbol{q}_1,\boldsymbol{q}_2,\cdots,\boldsymbol{q}_M$ 是对应的归一化特征向量，$\boldsymbol{Q}$ 是由 $\boldsymbol{R}$ 的所有特征向量构成的酉矩阵，即

$$\boldsymbol{Q}=[\boldsymbol{q}_1\quad\boldsymbol{q}_2\quad\cdots\quad\boldsymbol{q}_M] \tag{4.3.10}$$

而 $\boldsymbol{\Lambda}$ 是由 $\boldsymbol{R}$ 的所有特征值组成的对角矩阵，即

$$\boldsymbol{\Lambda}=\mathrm{diag}\{\lambda_1,\lambda_2,\cdots,\lambda_M\} \tag{4.3.11}$$

注意矩阵 $\boldsymbol{Q}$ 和 $\boldsymbol{\Lambda}$ 中元素的对应关系。将式(4.3.9)代入式(4.3.8)，有

$$\boldsymbol{c}(n+1)=(\boldsymbol{I}-\mu\boldsymbol{Q}\boldsymbol{\Lambda}\boldsymbol{Q}^{\mathrm{H}})\boldsymbol{c}(n) \tag{4.3.12}$$

由于矩阵 $\boldsymbol{Q}$ 满足

$$\boldsymbol{Q}^{\mathrm{H}}\boldsymbol{Q}=\boldsymbol{Q}\boldsymbol{Q}^{\mathrm{H}}=\boldsymbol{I}$$

因此，式(4.3.12)可以写成

$$\boldsymbol{c}(n+1)=\boldsymbol{Q}(\boldsymbol{I}-\mu\boldsymbol{\Lambda})\boldsymbol{Q}^{\mathrm{H}}\boldsymbol{c}(n) \tag{4.3.13}$$

用 $\boldsymbol{Q}^{\mathrm{H}}$ 左乘式(4.3.13)的等号两边，并定义向量

$$\boldsymbol{b}(n)=\boldsymbol{Q}^{\mathrm{H}}\boldsymbol{c}(n) \tag{4.3.14}$$

于是有

$$\boldsymbol{b}(n+1)=(\boldsymbol{I}-\mu\boldsymbol{\Lambda})\boldsymbol{b}(n) \tag{4.3.15}$$

设向量

$$\boldsymbol{b}(n)=[b_1(n)\quad b_2(n)\quad\cdots\quad b_M(n)]^{\mathrm{T}} \tag{4.3.16}$$

利用矩阵 $\boldsymbol{\Lambda}$ 的定义式(4.3.11)，可将式(4.3.15)展开为

$$\begin{bmatrix}b_1(n+1)\\b_2(n+1)\\\vdots\\b_M(n+1)\end{bmatrix}=\begin{bmatrix}1-\mu\lambda_1&&&\\&1-\mu\lambda_2&&\\&&\ddots&\\&&&1-\mu\lambda_M\end{bmatrix}\begin{bmatrix}b_1(n)\\b_2(n)\\\vdots\\b_M(n)\end{bmatrix} \tag{4.3.17}$$

观察式(4.3.17)中的任意一行 $b_i(n+1)$，都有递推式

$$b_i(n+1)=(1-\mu\lambda_i)b_i(n) \tag{4.3.18}$$

设 $b_i(n)$ 的初始值为 $b_i(0)$，可递推求解得

$$b_i(n)=(1-\mu\lambda_i)^n b_i(0) \tag{4.3.19}$$

显然，如果 $|1-\mu\lambda_i|<1$，即 $-1<1-\mu\lambda_i<1$，亦即满足条件

$$0 < \mu < \frac{2}{\lambda_i} \tag{4.3.20}$$

时，有$\lim\limits_{n\to\infty} b_i(n)=0, i=1,2,\cdots,M$。

为使步长因子 μ 对全部特征值 $\lambda_i, i=1,2,\cdots,M$，式(4.3.20)均成立，则步长因子 μ 应满足

$$0 < \mu < \frac{2}{\lambda_{\max}} \tag{4.3.21}$$

其中 $\lambda_{\max}$ 为矩阵 $\boldsymbol{R}$ 的最大特征值。

因此，只要步长因子 μ 满足式(4.3.21)，向量$\lim\limits_{n\to\infty}\boldsymbol{b}(n)=\boldsymbol{0}$。

由于酉矩阵 $\boldsymbol{Q}^{\mathrm{H}}$ 是满秩矩阵，所以 $\boldsymbol{b}(n)=\boldsymbol{Q}^{\mathrm{H}}\boldsymbol{c}(n)$是利用酉矩阵实现的满秩变换，当$\lim\limits_{n\to\infty}\boldsymbol{b}(n)=\boldsymbol{0}$ 时，有$\lim\limits_{n\to\infty}\boldsymbol{c}(n)=\lim\limits_{n\to\infty}\boldsymbol{Q}\boldsymbol{b}(n)=\boldsymbol{0}$($\boldsymbol{b}(n)=\boldsymbol{0}$ 时，由于 $\boldsymbol{Q}^{\mathrm{H}}$ 是满秩矩阵，$\boldsymbol{c}(n)$有唯一零解)。

又因为

$$\boldsymbol{w}(n) = \boldsymbol{w}_{\mathrm{o}} + \boldsymbol{c}(n) \tag{4.3.22}$$

所以，$\lim\limits_{n\to\infty}\boldsymbol{w}(n)=\boldsymbol{w}_{\mathrm{o}}$。

下面推导 $\boldsymbol{w}(n)$与自相关矩阵 $\boldsymbol{R}$ 的特征值和特征向量之间的关系。将 $\boldsymbol{c}(n)=\boldsymbol{Q}\boldsymbol{b}(n)$代入式(4.3.22)，有

$$\boldsymbol{w}(n) = \boldsymbol{w}_{\mathrm{o}} + \boldsymbol{Q}\boldsymbol{b}(n) \tag{4.3.23}$$

将展开式(4.3.10)和式(4.3.16)代入上式，有

$$\boldsymbol{w}(n) = \boldsymbol{w}_{\mathrm{o}} + \sum_{i=1}^{M}\boldsymbol{q}_i b_i(n) \tag{4.3.24}$$

再将 $b_i(n)$的递推式(4.3.19)代入式(4.3.24)，则有

$$\boldsymbol{w}(n) = \boldsymbol{w}_{\mathrm{o}} + \sum_{i=1}^{M}\boldsymbol{q}_i\,(1-\mu\lambda_i)^n b_i(0) \tag{4.3.25}$$

可以看出，n 时刻的权向量 $\boldsymbol{w}(n)$，是在最佳权向量 $\boldsymbol{w}_{\mathrm{o}}$ 上加一修正量，这个修正量正好是自相关矩阵 $\boldsymbol{R}$ 特征向量的线性组合。如果步长 μ 满足条件方程式(4.3.21)，随着时刻 n 的增大，线性组合的加权系数趋于零，即$\lim\limits_{n\to\infty}\boldsymbol{w}(n)=\boldsymbol{w}_{\mathrm{o}}$。

4.3.3 最陡下降算法的学习曲线

最陡下降算法 n 时刻的均方误差为

$$J(n) \triangleq J(\boldsymbol{w}(n)) = \sigma_d^2 - \boldsymbol{p}^{\mathrm{H}}\boldsymbol{w}(n) - \boldsymbol{w}^{\mathrm{H}}(n)\boldsymbol{p} + \boldsymbol{w}^{\mathrm{H}}(n)\boldsymbol{R}\boldsymbol{w}(n) \tag{4.3.26}$$

权向量满足维纳-霍夫方程时的最小均方误差为

$$J_{\min} = \sigma_d^2 - \boldsymbol{p}^{\mathrm{H}}\boldsymbol{w}_{\mathrm{o}}$$

将上式和维纳-霍夫方程式$\boldsymbol{R}\boldsymbol{w}_{\mathrm{o}}=\boldsymbol{p}$ 代入式(4.3.26)可得

$$\begin{aligned} J(n) &= J_{\min} - \boldsymbol{p}^{\mathrm{H}}[\boldsymbol{w}(n)-\boldsymbol{w}_{\mathrm{o}}] + \boldsymbol{w}^{\mathrm{H}}\boldsymbol{R}[\boldsymbol{w}(n)-\boldsymbol{w}_{\mathrm{o}}] \\ &= J_{\min} + [\boldsymbol{w}(n)-\boldsymbol{w}_{\mathrm{o}}]^{\mathrm{H}}\boldsymbol{R}[\boldsymbol{w}(n)-\boldsymbol{w}_{\mathrm{o}}] \end{aligned} \tag{4.3.27}$$

利用自相关矩阵 $\boldsymbol{R}$ 的特征值分解式(4.3.9)，并且注意到 $\boldsymbol{c}(n)$的定义式(4.3.6)，于是式(4.3.27)可表示为

$$J(n) = J_{\min} + \boldsymbol{c}^{\mathrm{H}}(n)\boldsymbol{Q}\boldsymbol{\Lambda}\boldsymbol{Q}^{\mathrm{H}}\boldsymbol{c}(n) \tag{4.3.28}$$

利用式(4.3.14)，得

$$J(n) = J_{\min} + \boldsymbol{b}^{\mathrm{H}}(n)\boldsymbol{\Lambda}\boldsymbol{b}(n) \tag{4.3.29}$$

利用$\boldsymbol{\Lambda}$与$\boldsymbol{b}(n)$的表达式(4.3.11)和式(4.3.16)，式(4.3.29)可以表示为

$$J(n) = J_{\min} + \sum_{i=1}^{M} \lambda_i \left| b_i(n) \right|^2 \tag{4.3.30}$$

再将$b_i(n)$的递推式(4.3.19)代入式(4.3.30)，就得到均方误差与步长μ、迭代时刻n的关系为

$$J(n) = J_{\min} + \sum_{i=1}^{M} \lambda_i \left| 1 - \mu\lambda_i \right|^{2n} \left| b_i(0) \right|^2 \tag{4.3.31}$$

容易理解，如果步长μ满足条件

$$0 < \mu < \frac{2}{\lambda_{\max}} \tag{4.3.32}$$

那么，均方误差$J(n)$关于时间n是一个单调递减函数，且$\lim\limits_{n\to\infty} J(n) = J_{\min}$。

如图4.3.3所示，可以绘制出$J(n)$随n变化的曲线，经常称这条曲线是最陡下降算法的学习曲线(learning curve)。

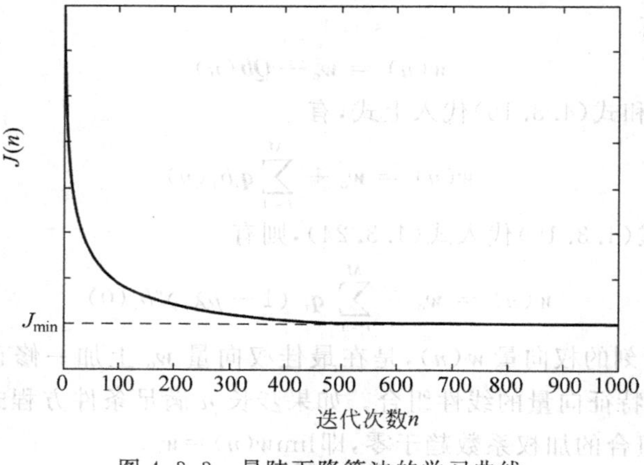

图4.3.3　最陡下降算法的学习曲线

4.3.4　最陡下降算法仿真实例

对4.2.6节中的实例，将$d(n)$看作是通信中的语音信号，子系统H_1是产生语音信号的模型，而H_2与加性噪声$v_2(n)$构成了传输信道，滤波器的输入信号是$u(n)$。现在的问题是，利用最陡下降法设计最小均方误差意义下的滤波器，由$u(n)$估计出$d(n)$。

利用最陡下降算法，可以得到仿真结果，如图4.3.4所示。最陡下降算法的仿真步骤如下。

步骤1　模拟产生输入随机序列$u(n)$

初始化，$n=0$，$\mu=0.02$，迭代次数$N=1000$，权向量

$$\boldsymbol{w}(0) = [0 \quad 0]^{\mathrm{T}}$$

求出自相关矩阵

$$\boldsymbol{R}=\begin{bmatrix}1.0997 & 0.4997\\0.4997 & 1.0997\end{bmatrix}$$

互相关向量

$$\boldsymbol{p}=[0.5270 \quad -0.4458]^{\mathrm{T}}$$

步骤 2　对 $n=1,2,\cdots$

权向量的更新：$\boldsymbol{w}(n+1)=\boldsymbol{w}(n)+\mu[\boldsymbol{p}-\boldsymbol{R}\boldsymbol{w}(n)]$

代价函数：$J(\boldsymbol{w}(n))=\sigma_d^2-\boldsymbol{p}^{\mathrm{H}}\boldsymbol{w}(n)$

步骤 3　令 $n=n+1$，转到步骤 2。

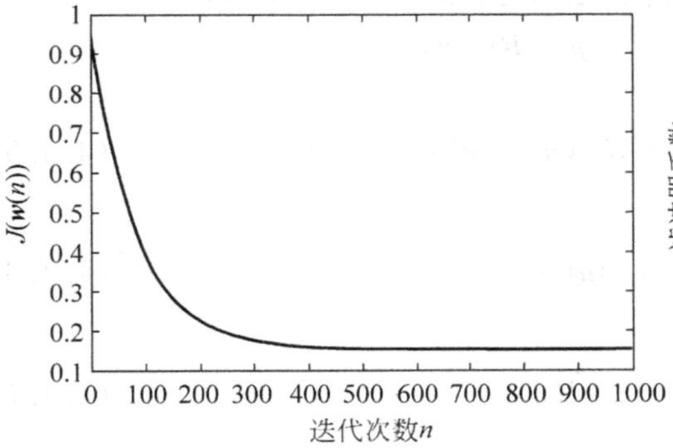

(a) 最陡下降法学习曲线

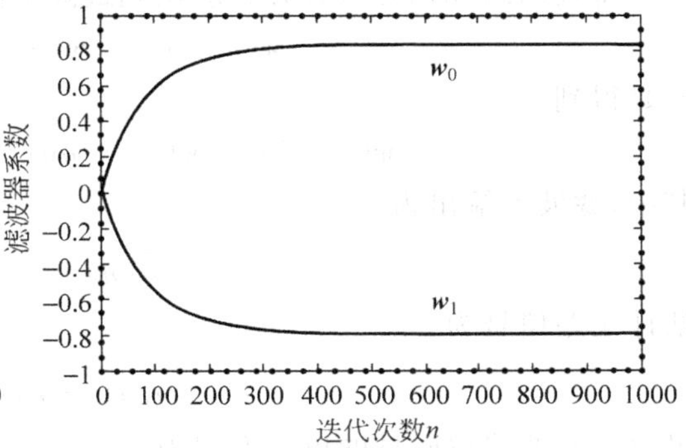

(b) 权值变化曲线

图 4.3.4　最陡下降算法仿真结果

如图 4.3.4 所示，当迭代次数超过 500 次时，权向量 $\boldsymbol{w}(n)$ 非常接近 4.2.6 节得到的最优权向量 $\boldsymbol{w}_o=[0.8361 \quad -0.7853]^{\mathrm{T}}$，而均方误差 $J(\boldsymbol{w}(n))$ 也非常接近理论上的最小均方误差 $J_{\min}=0.1579$。

4.4 LMS 算法

4.3 节介绍的最陡下降算法，可用迭代的方法求解维纳-霍夫方程，但要实现此算法，必须事先确知互相关向量 $\boldsymbol{p}$ 和自相关矩阵 $\boldsymbol{R}$；并且当 $\boldsymbol{p}$ 和 $\boldsymbol{R}$ 确定后，迭代过程和结果就完全确定了。换句话说，最陡下降算法在迭代计算过程中与输入信号的变化无关，不具有对输入信号统计特性变化的自适应性。下面介绍的 LMS 算法便是针对该问题提出的。

4.4.1 LMS 算法原理

在最陡下降算法中，必须事先估计出互相关向量 $\boldsymbol{p}$ 和自相关矩阵 $\boldsymbol{R}$，即

$$\boldsymbol{R}=\mathrm{E}\{\boldsymbol{u}(n)\boldsymbol{u}^{\mathrm{H}}(n)\}$$

$$\boldsymbol{p}=\mathrm{E}\{\boldsymbol{u}(n)d^{*}(n)\}$$

如果假设输入信号 $\boldsymbol{u}(n)$ 与期望响应信号 $d(n)$ 是联合各态历经的平稳过程，那么可以用有限观测样本的时间平均来逼近统计平均，即

$$\hat{\boldsymbol{R}} = \frac{1}{N}\sum_{i=1}^{N}\boldsymbol{u}(i)\boldsymbol{u}^{\mathrm{H}}(i) \tag{4.4.1}$$

$$\hat{\boldsymbol{p}} = \frac{1}{N}\sum_{i=1}^{N}\boldsymbol{u}(i)d^{*}(i) \tag{4.4.2}$$

其中，$\hat{\boldsymbol{R}}$和$\hat{\boldsymbol{p}}$分别是$\boldsymbol{R}$和$\boldsymbol{p}$的估计，N是观测样本数。

在式(4.4.1)和式(4.4.2)中，$\boldsymbol{R}$和$\boldsymbol{p}$在n时刻的瞬时估计值为

$$\hat{\boldsymbol{R}} = \boldsymbol{u}(n)\boldsymbol{u}^{\mathrm{H}}(n) \tag{4.4.3}$$

$$\hat{\boldsymbol{p}} = \boldsymbol{u}(n)d^{*}(n) \tag{4.4.4}$$

将式(4.4.3)和式(4.4.4)应用到最陡下降算法的迭代式(4.3.5)中，即

$$\boldsymbol{w}(n+1) = \boldsymbol{w}(n) + \mu[\boldsymbol{p} - \boldsymbol{R}\boldsymbol{w}(n)]$$

于是得到

$$\hat{\boldsymbol{w}}(n+1) = \hat{\boldsymbol{w}}(n) + \mu\boldsymbol{u}(n)[d^{*}(n) - \boldsymbol{u}^{\mathrm{H}}(n)\hat{\boldsymbol{w}}(n)] \tag{4.4.5}$$

其中，滤波器输出为

$$\hat{d}(n) = \hat{\boldsymbol{w}}^{\mathrm{H}}(n)\boldsymbol{u}(n) \tag{4.4.6}$$

估计误差信号为

$$e(n) = d(n) - \hat{d}(n) \tag{4.4.7}$$

可得到滤波器权向量的更新方程为

$$\hat{\boldsymbol{w}}(n+1) = \hat{\boldsymbol{w}}(n) + \mu\boldsymbol{u}(n)e^{*}(n) \tag{4.4.8}$$

式(4.4.6)和式(4.4.7)给出的估计误差的计算，是基于滤波器权向量当前时刻的估计$\hat{\boldsymbol{w}}(n)$。注意式(4.4.8)等号右边的第二项$\mu\boldsymbol{u}(n)e^{*}(n)$，表示的是对$n$时刻权向量的修正量。式(4.4.6)～式(4.4.8)给出的算法，被称为最小均方算法或LMS算法(least-mean-square algorithm)。这个著名的算法是Widrow等人在1975年提出的。

注意，在最陡下降算法中，由于互相关向量$\boldsymbol{p}$和自相关矩阵$\boldsymbol{R}$都是确定量，所以，根据最陡下降算法迭代式(4.3.5)得到的权向量$\boldsymbol{w}(n)$，是一个确定的向量序列(不是随机过程)。而在LMS算法中，由于$\boldsymbol{u}(n)$和$e(n)$都是随机过程，因此根据迭代式(4.4.8)得到的权向量$\hat{\boldsymbol{w}}(n)$，是一个随机过程向量。

LMS算法使用瞬时梯度估计值(随机梯度)

$$\begin{aligned}\hat{\nabla}J(n) &= -2\hat{\boldsymbol{p}} + 2\hat{\boldsymbol{R}}\boldsymbol{w}(n)\\ &= -2\boldsymbol{u}(n)d^{*}(n) + 2\boldsymbol{u}(n)\boldsymbol{u}^{\mathrm{H}}(n)\boldsymbol{w}(n)\\ &= -2\boldsymbol{u}(n)(d^{*}(n) - \boldsymbol{u}^{\mathrm{H}}(n)\boldsymbol{w}(n))\\ &= -2\boldsymbol{u}(n)e^{*}(n)\end{aligned}$$

代替最陡下降法中的梯度$\nabla J(n)$，实现权向量的自适应估计。LMS算法计算简单，在实际中得到广泛应用。

算法4.1(LMS算法)

步骤1 初始化，$n=0$

权向量：$\hat{\boldsymbol{w}}(0)=\boldsymbol{0}$

估计误差：$e(0)=d(0)-\hat{d}(0)=d(0)$

输入向量：$\boldsymbol{u}(0)=[u(0)\quad u(-1)\quad \cdots\quad u(-M+1)]^{\mathrm{T}}=[u(0)\quad 0\quad \cdots\quad 0]^{\mathrm{T}}$

步骤 2　对 $n=0,1,2,\cdots$

权向量的更新：$\hat{\boldsymbol{w}}(n+1)=\hat{\boldsymbol{w}}(n)+\mu\boldsymbol{u}(n)e^*(n)$

期望信号的估计：$\hat{d}(n+1)=\hat{\boldsymbol{w}}^{\mathrm{H}}(n+1)\boldsymbol{u}(n+1)$

估计误差：$e(n+1)=d(n+1)-\hat{d}(n+1)$

步骤 3　令 $n=n+1$，转到步骤 2。

4.4.2 LMS 算法权向量均值的收敛性

现在来讨论 LMS 算法的稳定性问题，即讨论当 $n\to\infty$ 时，权向量的均值 $\mathrm{E}\{\hat{\boldsymbol{w}}(n)\}$ 是否趋近最优权向量 $\boldsymbol{w}_{\mathrm{o}}$。

与最陡下降算法的收敛性证明类似，首先定义权向量误差

$$\boldsymbol{\varepsilon}(n)=\hat{\boldsymbol{w}}(n)-\boldsymbol{w}_{\mathrm{o}} \tag{4.4.9}$$

注意，$\boldsymbol{\varepsilon}(n)$ 也是一个随机过程向量。由 LMS 算法的迭代公式(4.4.8)，即

$$\hat{\boldsymbol{w}}(n+1)=\hat{\boldsymbol{w}}(n)+\mu\boldsymbol{u}(n)e^*(n)$$

两边减去最优权向量 $\boldsymbol{w}_{\mathrm{o}}$，可得权向量误差的迭代公式为

$$\boldsymbol{\varepsilon}(n+1)=\boldsymbol{\varepsilon}(n)+\mu\boldsymbol{u}(n)e^*(n) \tag{4.4.10}$$

利用误差信号 $e(n)$ 的定义，式(4.4.10)可以表示为

$$\boldsymbol{\varepsilon}(n+1)=\boldsymbol{\varepsilon}(n)+\mu\boldsymbol{u}(n)[d(n)-\boldsymbol{u}^{\mathrm{T}}(n)\hat{\boldsymbol{w}}^*(n)]^* \tag{4.4.11}$$

对式(4.4.11)两边同时求数学期望，有

$$\mathrm{E}\{\boldsymbol{\varepsilon}(n+1)\}=\mathrm{E}\{\boldsymbol{\varepsilon}(n)\}+\mu\mathrm{E}\{\boldsymbol{u}(n)d^*(n)\}-\mu\mathrm{E}\{\boldsymbol{u}(n)\boldsymbol{u}^{\mathrm{H}}(n)\}\mathrm{E}\{\hat{\boldsymbol{w}}(n)\} \tag{4.4.12}$$

注意，这里假设 $\boldsymbol{u}(n)$ 和 $\hat{\boldsymbol{w}}(n)$ 相互独立[1]。显然，利用互相关向量 $\boldsymbol{p}$ 和自相关矩阵 $\boldsymbol{R}$ 的定义，式(4.4.12)可以写成

$$\mathrm{E}\{\boldsymbol{\varepsilon}(n+1)\}=\mathrm{E}\{\boldsymbol{\varepsilon}(n)\}+\mu[\boldsymbol{p}-\boldsymbol{R}\mathrm{E}\{\hat{\boldsymbol{w}}(n)\}] \tag{4.4.13}$$

利用维纳-霍夫方程 $\boldsymbol{R}\boldsymbol{w}_{\mathrm{o}}=\boldsymbol{p}$ 可得

$$\begin{aligned}\mathrm{E}\{\boldsymbol{\varepsilon}(n+1)\}&=\mathrm{E}\{\boldsymbol{\varepsilon}(n)\}+\mu[\boldsymbol{R}\boldsymbol{w}_{\mathrm{o}}-\boldsymbol{R}\mathrm{E}\{\hat{\boldsymbol{w}}(n)\}]\\&=\mathrm{E}\{\boldsymbol{\varepsilon}(n)\}+\mu\boldsymbol{R}[\boldsymbol{w}_{\mathrm{o}}-\mathrm{E}\{\hat{\boldsymbol{w}}(n)\}]\\&=\mathrm{E}\{\boldsymbol{\varepsilon}(n)\}-\mu\boldsymbol{R}\mathrm{E}\{\boldsymbol{\varepsilon}(n)\}\end{aligned} \tag{4.4.14}$$

所以

$$\mathrm{E}\{\boldsymbol{\varepsilon}(n+1)\}=(\boldsymbol{I}-\mu\boldsymbol{R})\mathrm{E}\{\boldsymbol{\varepsilon}(n)\} \tag{4.4.15}$$

这是权向量误差的数学期望的递推公式，可以看出，式(4.4.15)与 4.3 节式(4.3.8)有完全相同的形式，采用 4.3.2 节完全相同的推导过程，可以证明，如果步长 μ 满足

$$0<\mu<\frac{2}{\lambda_{\max}} \tag{4.4.16}$$

那么，$\lim\limits_{n\to\infty}\mathrm{E}\{\boldsymbol{\varepsilon}(n)\}=\boldsymbol{0}$，即 $\lim\limits_{n\to\infty}\mathrm{E}\{\hat{\boldsymbol{w}}(n)\}=\boldsymbol{w}_{\mathrm{o}}$，也即 LMS 算法权向量的均值 $\mathrm{E}\{\hat{\boldsymbol{w}}(n)\}$ 趋近于最优权向量 $\boldsymbol{w}_{\mathrm{o}}$，其中，$\lambda_{\max}$ 是相关矩阵 $\boldsymbol{R}$ 的最大特征值。

4.4.3 LMS 算法均方误差的统计特性

LMS 算法的均方误差与最陡下降算法的均方误差表达式相似，为

$$\hat{J}(n) \triangleq J(\hat{\boldsymbol{w}}(n)) = \sigma_d^2 - \boldsymbol{p}^{\mathrm{H}}\hat{\boldsymbol{w}}(n) - \hat{\boldsymbol{w}}^{\mathrm{H}}(n)\boldsymbol{p} + \hat{\boldsymbol{w}}^{\mathrm{H}}(n)\boldsymbol{R}\hat{\boldsymbol{w}}(n) \tag{4.4.17}$$

由于均方误差的全局极小值是

$$J_{\min} = \sigma_d^2 - \boldsymbol{p}^{\mathrm{H}}\boldsymbol{w}_{\mathrm{o}}$$

其中，$\boldsymbol{w}_{\mathrm{o}}$ 是满足维纳-霍夫方程的最优权向量。于是，式(4.4.17)可以写成

$$\begin{aligned}\hat{J}(n) &= J_{\min} - \boldsymbol{p}^{\mathrm{H}}[\hat{\boldsymbol{w}}(n) - \boldsymbol{w}_{\mathrm{o}}] + \hat{\boldsymbol{w}}^{\mathrm{H}}(n)\boldsymbol{R}[\hat{\boldsymbol{w}}(n) - \boldsymbol{w}_{\mathrm{o}}] \\ &= J_{\min} + [\hat{\boldsymbol{w}}(n) - \boldsymbol{w}_{\mathrm{o}}]^{\mathrm{H}}\boldsymbol{R}[\hat{\boldsymbol{w}}(n) - \boldsymbol{w}_{\mathrm{o}}]\end{aligned} \tag{4.4.18}$$

因为$\hat{\boldsymbol{w}}(n)$是一个随机过程，所以，尽管其数学期望 $\mathrm{E}\{\hat{\boldsymbol{w}}(n)\}\to\boldsymbol{w}_{\mathrm{o}}$，但这并不意味着当 $n\to\infty$ 时，$\hat{\boldsymbol{w}}(n)$与 $\boldsymbol{w}_{\mathrm{o}}$ 的差异充分小，即不一定满足

$$\lim_{n\to\infty}\|\hat{\boldsymbol{w}}(n) - \boldsymbol{w}_{\mathrm{o}}\| = 0$$

其中，$\|\cdot\|$ 是范数。或者说，通常 $\lim\limits_{n\to\infty}[\hat{\boldsymbol{w}}(n) - \boldsymbol{w}_{\mathrm{o}}] \neq \boldsymbol{0}$。因此，一般来说，有

$$[\hat{\boldsymbol{w}}(n) - \boldsymbol{w}_{\mathrm{o}}]^{\mathrm{H}}\boldsymbol{R}[\hat{\boldsymbol{w}}(n) - \boldsymbol{w}_{\mathrm{o}}] > 0$$

因此，均方误差$\hat{J}(n)$几乎总是大于 $J_{\min}$。这就是说，由于$\hat{\boldsymbol{w}}(n)$是一个随机过程，所以$\hat{J}(n)$的变化过程也是随机的，也就是说，$\hat{J}(n)$是一个随机过程，所以，LMS 算法通常不会使随机过程$\hat{J}(n)$取得全局极小值 $J_{\min}$。

如图 4.4.1 所示，当 LMS 权向量$\hat{\boldsymbol{w}}(n)$在最优权向量 $\boldsymbol{w}_{\mathrm{o}}$ 附近变动时，均方误差$\hat{J}(n)$在全局极小值 $J_{\min}$之上变动。

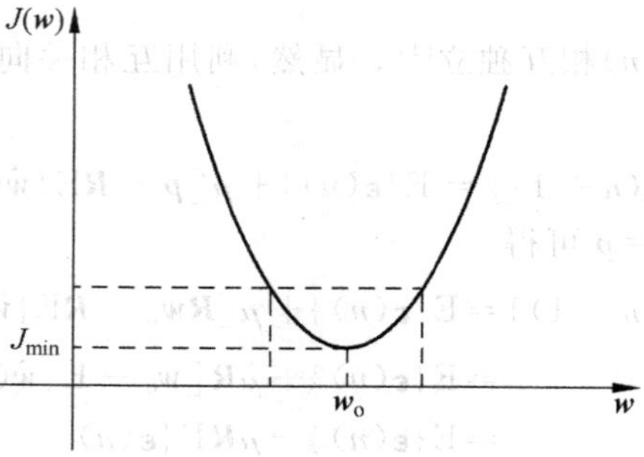

图 4.4.1　LMS 的权值和均方误差

下面研究 LMS 算法均方误差 $J(n)$的稳态统计性能。

首先定义剩余均方误差(excess mean square error)$J_{\mathrm{ex}}(n)$为 n 时刻的均方误差 $\mathrm{E}\{\hat{J}(n)\}$与维纳滤波给出的最小均方误差 $J_{\min}$之差，即

$$J_{\mathrm{ex}}(n) \triangleq \mathrm{E}\{\hat{J}(n)\} - J_{\min} \tag{4.4.19}$$

利用独立性假设，可以证明[1]

$$J_{ex}(\infty) \approx \mu J_{min} \frac{\sum_{i=1}^{M} \lambda_i}{2-\mu\sum_{i=1}^{M}\lambda_i} \tag{4.4.20}$$

其中，μ 是步长参数，$\lambda_i, i=1,2,\cdots,M$ 是自相关矩阵 $\boldsymbol{R}$ 的全部特征值。

由式(4.4.19)，令 $n\to\infty$，并利用式(4.4.20)，有

$$\mathrm{E}\{\hat{J}(\infty)\} = J_{min} + J_{ex}(\infty) = J_{min}\left(1+\frac{\mu\sum_{i=1}^{M}\lambda_i}{2-\mu\sum_{i=1}^{M}\lambda_i}\right) \tag{4.4.21}$$

因为均方误差总是大于 J_{min}，有 $2-\mu\sum_{i=1}^{M}\lambda_i>0$，所以有

$$0<\mu<\frac{2}{\sum_{i=1}^{M}\lambda_i} \tag{4.4.22}$$

由式(4.4.18)可以证明，LMS 算法均方误差 $\hat{J}(n)$ 的统计平均 $\mathrm{E}\{\hat{J}(n)\}$ 是呈指数衰减的；式(4.4.21)则表明，$\hat{J}(n)$ 的统计平均将最终衰减为一个确定常数，而这个常数不仅与最小代价 J_{min} 有关，还与步长因子 μ 和自相关矩阵 $\boldsymbol{R}$ 的全部特征值有关。下面将会看到，式(4.4.22)还可表示为更直观的形式。

对自相关矩阵 $\boldsymbol{R}$ 进行特征值分解，有

$$\boldsymbol{Q}^{\mathrm{H}}\boldsymbol{R}\boldsymbol{Q} = \boldsymbol{\Lambda} \tag{4.4.23}$$

由于

$$\sum_{i=1}^{M}\lambda_i = \mathrm{tr}\{\boldsymbol{\Lambda}\} = \mathrm{tr}\{\boldsymbol{Q}^{\mathrm{H}}\boldsymbol{R}\boldsymbol{Q}\}$$

其中，$\mathrm{tr}\{\cdot\}$ 表示求矩阵的迹。利用迹的性质

$$\mathrm{tr}\{\boldsymbol{AB}\} = \mathrm{tr}\{\boldsymbol{BA}\}$$

有

$$\sum_{i=1}^{M}\lambda_i = \mathrm{tr}\{\boldsymbol{R}\boldsymbol{Q}^{\mathrm{H}}\boldsymbol{Q}\} = \mathrm{tr}\{\boldsymbol{R}\} \tag{4.4.24}$$

这里用到了 $\boldsymbol{Q}^{\mathrm{H}}\boldsymbol{Q}=\boldsymbol{I}$。设滤波器抽头个数是 M，矩阵 $\boldsymbol{R}$ 主对角线元素为 $r(0)$，于是有

$$\sum_{i=1}^{M}\lambda_i = Mr(0) \tag{4.4.25}$$

事实上，$r(0)$ 就是输入信号 $\boldsymbol{u}(n)$ 的平均功率，因此，$Mr(0)$ 就是在滤波器中输入信号各节点的总功率，有

$$Mr(0) = \sum_{k=0}^{M-1}\mathrm{E}\{|u(n-k)|^2\} = \mathrm{E}\{\|\boldsymbol{u}(n)\|^2\}$$

其中，$\mathrm{E}\{\|\boldsymbol{u}(n)\|^2\}$ 是通过横向滤波器的信号的总功率。因此，步长参数所要满足的条件方程式(4.4.22)可以写成

$$0<\mu<\frac{2}{Mr(0)} = \frac{2}{\text{输入总功率}} \tag{4.4.26}$$

在确定 LMS 算法步长参数 μ 时，式(4.4.26)在工程中更有实际应用意义。因式(4.4.22)需要得到相关矩阵的特征值，即需先估计相关矩阵，再进行特征分解；而式(4.4.26)仅需知道信号的平均功率即可，这在实际中是容易得到的。

再引入一个新的参数来描述 LMS 算法。这个参数被称为失调参数(misadjustment)，即

$$\mathcal{M}=\frac{J_{\text{ex}}(\infty)}{J_{\min}} \tag{4.4.27}$$

也就是说，失调被定义为剩余均方误差在稳态时的取值 $J_{\text{ex}}(\infty)$ 与最小均方误差 $J_{\min}$ 的比值。注意，失调 $\mathcal{M}$ 是一个无量纲的值，用它来衡量在均方误差意义下，LMS 算法与最优情况的差距。如果 $\mathcal{M}$ 越接近 0，则 LMS 算法所实现的自适应滤波就越准确。利用自相关矩阵 $\boldsymbol{R}$ 的特征值分解，并且注意到式(4.4.20)，且当步长参数 μ 较小时，有

$$\mathcal{M}=\frac{\mu\sum_{i=1}^{M}\lambda_i}{2-\mu\sum_{i=1}^{M}\lambda_i}\approx\frac{\mu}{2}\sum_{i=1}^{M}\lambda_i=\frac{\mu}{2}Mr(0) \tag{4.4.28}$$

评价 LMS 算法的另一个重要指标是平均时间常数(average time constant)，它表征了算法的平均收敛速度。首先定义自相关矩阵 $\boldsymbol{R}$ 的平均特征值，即

$$\lambda_{\text{av}}=\frac{1}{M}\sum_{i=1}^{M}\lambda_i \tag{4.4.29}$$

于是，LMS 算法的平均时间常数定义为[1]

$$\tau_{\text{av}}=\frac{1}{2\mu\lambda_{\text{av}}} \tag{4.4.30}$$

利用式(4.4.29)和式(4.4.30)，失调参数可以近似地表示为

$$\mathcal{M}=\frac{\mu}{2}M\lambda_{\text{av}}=\frac{M}{4\tau_{\text{av}}} \tag{4.4.31}$$

下面简单分析一下步长参数 μ 对 LMS 算法的影响。

从失调和平均时间常数的表达式可以看出，如果步长 μ 较大，那么 $\hat{\boldsymbol{w}}(n)$ 的收敛速度更快(τ_{av}减小)；但是根据定义，失调 $\mathcal{M}$ 和剩余均方误差 $J_{\text{ex}}(\infty)$ 都会增加，从而使 LMS 算法的稳态性能变差。如果步长 μ 较小，那么 $\hat{\boldsymbol{w}}(n)$ 的收敛速度虽然较慢(τ_{av} 增大)，但是 $\mathcal{M}$ 和 $J_{\text{ex}}(\infty)$ 都会减小，从而改善 LMS 算法的稳态性能。

另外，LMS 算法的收敛速度不仅与步长参数 μ 有关，也与观测信号相关矩阵的特征值有关。定义

$$\chi(\boldsymbol{R})=\frac{\lambda_{\max}}{\lambda_{\min}} \tag{4.4.32}$$

其中，$\lambda_{\max}$ 和 $\lambda_{\min}$ 分别是相关矩阵 $\boldsymbol{R}$ 的最大和最小特征值，称 $\chi(\boldsymbol{R})$ 是矩阵 $\boldsymbol{R}$ 的特征值扩展(eigenvalue spread)或特征值比(eigenvalue ratio)。如果 $\chi(\boldsymbol{R})$ 非常大，则称矩阵 $\boldsymbol{R}$ 是病态的(ill conditioned)，此时逆矩阵 $\boldsymbol{R}^{-1}$ 将包含一些值很大的元素。随着相关矩阵 $\boldsymbol{R}$ 的特征值扩展 $\chi(\boldsymbol{R})$ 的增大，使用最陡下降算法或 LMS 算法时，其收敛速率将下降[1]。本书 5.3.4 节中将给出有关的仿真实验结果。

4.4.4　LMS 算法仿真实例

本节将考虑 4.2.6 节中信道传输信号估计的 LMS 算法仿真。

系统输入白噪声 $v_1(n)$ 的方差为 0.27，加性白噪声 $v_2(n)$ 的方差为 0.1，期望响应 $d(n)$ 由如下系统产生：

$$H_1(z) = \frac{1}{1 + 0.8458z^{-1}}$$

信号 $x(n)$ 由如下系统产生：

$$H(z) = \frac{1}{1 - 0.1z^{-1} - 0.8z^{-2}}$$

且

$$u(n) = x(n) + v_2(n)$$

使用具有 2 个抽头权系数的横向滤波器，横向滤波器的初始权向量为

$$\hat{\boldsymbol{w}} = [0 \quad 0]^{\mathrm{T}}$$

在仿真实验中，分别使用了 μ=0.075、0.025 和 0.015 这 3 种步长参数。

图 4.4.2 给出了 500 次独立实验结果得到的均方误差迭代结果。在每次独立实验中，独立产生观测信号 $u(n)$ 和期望信号 $d(n)$。仿真实验的结果表明，LMS 算法的收敛速度随着步长参数的减小而相应变慢。图 4.4.3 给出了步长为 μ=0.025 时，滤波器权向量的迭代结果，其中既包括一次典型实验中所得到的权向量估计 $\hat{\boldsymbol{w}}(n)$，也包括 500 次独立实验得到的平均权向量 $\mathrm{E}\{\hat{\boldsymbol{w}}(n)\}$ 的估计，即

$$\bar{\hat{\boldsymbol{w}}}(n) = \frac{1}{T}\sum_{t=1}^{T} \hat{\boldsymbol{w}}_t(n)$$

其中，$\hat{\boldsymbol{w}}_t(n)$ 表示第 t 次独立实验中第 n 次迭代得到的权向量，T 是独立实验次数。对比图 4.3.4 可以发现，多次独立实验得到的平均权向量 $\mathrm{E}\{\hat{\boldsymbol{w}}(n)\}$ 的估计平滑了随机梯度引入的梯度噪声，使得其结果与使用最陡下降法得到的权向量趋于一致，十分接近 4.2.6 节得到的理论最优权向量 $\boldsymbol{w}_o = [0.8361 \quad -0.7853]^{\mathrm{T}}$。

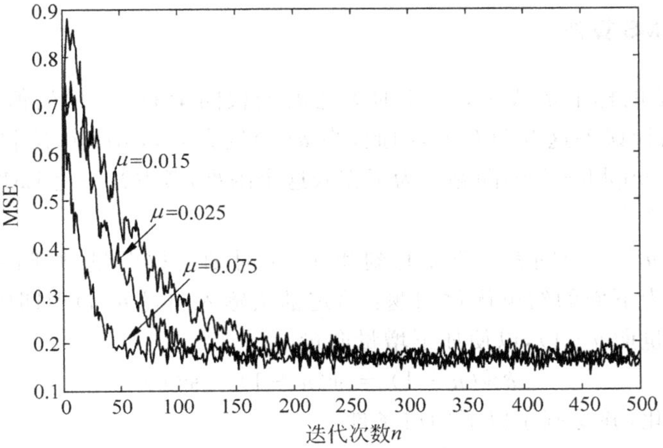

图 4.4.2　LMS 算法的学习曲线

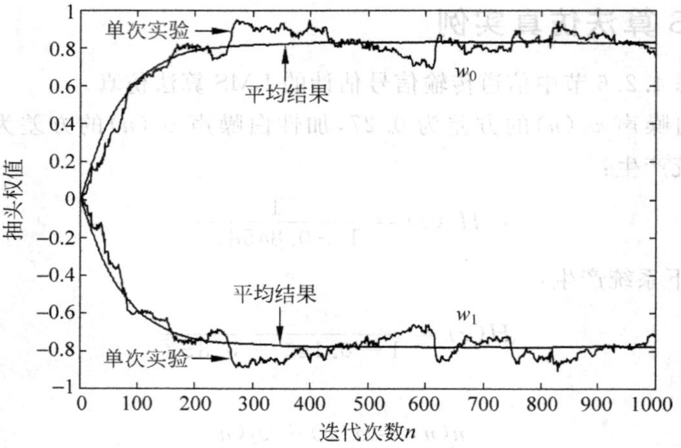

图 4.4.3　滤波器权系数的迭代更新过程(步长 $\mu=0.025$)

4.4.5　几种改进的 LMS 算法简介

1. 变步长 LMS 算法

如果选择步长 μ 是固定的取值，那么 LMS 算法不可能同时获得较快的收敛速度和良好的稳态性能。但是，如果在初始时使用较大的 μ，而当 LMS 算法接近收敛时，使用较小的 μ，这样既可以在滤波开始时获得较快的收敛速度，又可以在收敛时获得良好的稳态性能，这便是变步长 LMS 算法。为了适应环境的变化，变步长 LMS 算法(variable step size LMS algorithm)还能够根据实际的收敛情况进行调整。例如，可以将瞬时误差信号 $e(n)$ 的模 $|e(n)|$ 作为判断算法是否收敛的参数。在每一次 LMS 算法迭代中，步长 $\mu(n)$ 将随着 $e(n)$ 的变化而发生变化[8]，即

$$\mu(n+1)=\alpha\mu(n)+\gamma|e(n)|^2\quad 0<\alpha<1,\gamma>0 \tag{4.4.33}$$

其中，α 和 γ 是确定的常量，可以通过实验来确定。

2. 归一化 LMS 算法

在 LMS 算法的标准形式中，$n+1$ 时刻滤波器权向量 $\hat{\boldsymbol{w}}(n+1)$ 的值与步长参数 μ、输入向量 $\boldsymbol{u}(n)$ 和估计误差这 3 项有关，因此，当 $\boldsymbol{u}(n)$ 较大时，LMS 算法将会有梯度噪声放大(gradient noise amplification)问题。为了克服这个困难，考虑归一化 LMS 算法(normalized LMS algorithm)[9-12]。

令 $\hat{\boldsymbol{w}}(n)$ 和 $\hat{\boldsymbol{w}}(n+1)$ 分别表示第 n 时刻和 $n+1$ 时刻的权向量，则归一化 LMS 滤波器设计准则可表述为下面的约束优化问题：给定抽头输入向量 $\boldsymbol{u}(n)$ 和期望响应 $d(n)$，确定更新的抽头权向量 $\hat{\boldsymbol{w}}(n+1)$，以使如下增量向量

$$\delta\hat{\boldsymbol{w}}(n+1)=\hat{\boldsymbol{w}}(n+1)-\hat{\boldsymbol{w}}(n) \tag{4.4.34}$$

的欧氏范数最小化，并受制于以下约束条件：

$$\hat{\boldsymbol{w}}^{\mathrm{H}}(n+1)\boldsymbol{u}(n)=d(n) \tag{4.4.35}$$

使用拉格朗日乘数法，构建实值二次代价函数

$$J(n)=\|\delta\hat{\boldsymbol{w}}(n+1)\|^2+\mathrm{Re}\{\lambda^*[d(n)-\hat{\boldsymbol{w}}^{\mathrm{H}}(n+1)\boldsymbol{u}(n)]\} \tag{4.4.36}$$

可以证明，最优解为

$$\hat{\boldsymbol{w}}(n+1)=\hat{\boldsymbol{w}}(n)+\frac{\tilde{\mu}}{\|\boldsymbol{u}(n)\|^2}\boldsymbol{u}(n)e^*(n) \tag{4.4.37}$$

这个结论是计算归一化 LMS 算法 $M\times1$ 维抽头权向量所期望的结果，式(4.4.37)清楚地表明使用“归一化”的原因：乘积向量 $\boldsymbol{u}(n)e^*(n)$相对于抽头输入向量 $\boldsymbol{u}(n)$的欧氏范数平方进行了归一化。

3. 泄漏 LMS 算法

为了提高 LMS 算法计算时的数值稳定性，可以使用泄漏 LMS 算法(leaky LMS algorithm)。

泄漏 LMS 算法的代价函数可表示为[6,13]

$$J(n)=|e(n)|^2+\alpha\|\hat{\boldsymbol{w}}(n)\|^2 \tag{4.4.38}$$

其中，$\alpha>0$ 是控制参数。等式右边的第一项是估计误差的平方，第二项是抽头权向量 $\hat{\boldsymbol{w}}(n)$中包含的能量。可以证明，抽头权向量的更新表达式为

$$\hat{\boldsymbol{w}}(n+1)=(1-\mu\alpha)\hat{\boldsymbol{w}}(n)+\mu\boldsymbol{u}(n)e^*(n) \tag{4.4.39}$$

其中，常数 α 应满足

$$0\leqslant\alpha<\frac{1}{\mu}$$

除了式(4.4.39)中包含泄漏因子$(1-\mu\alpha)$外，该算法具有与典型 LMS 算法相同的数学表达式。此外，式(4.4.39)中的泄露因子$(1-\mu\alpha)$项，等效于在输入过程 $\boldsymbol{u}(n)$上叠加一个零均值、方差为 α 的白噪声序列[1]。

4.5 多级维纳滤波器理论

本章前几节介绍了传统的维纳滤波原理及其自适应算法。本节讨论的多级维纳滤波(multistage Wiener filtering)理论[5]，是将一个有 M 个权系数的维纳滤波器，利用递推的方法分解成 M 个单抽头的维纳滤波器。该方法的优点是只需估计互相关向量 $\boldsymbol{p}$，而不需要直接计算自相关矩阵的估计及其逆矩阵 $\boldsymbol{R}^{-1}$。

4.5.1 输入向量满秩变换的维纳滤波

图 4.1.1 所示的传统维纳滤波器可简化为如图 4.5.1 所示(为后文叙述方便，将各变量加脚标“0”)，其中，$d_0(n)$是期望响应信号，$\boldsymbol{u}_0(n)\in\mathbb{C}^{M\times1}$是输入的观测信号向量，$\boldsymbol{w}_0\in\mathbb{C}^{M\times1}$是横向滤波器的权向量，有

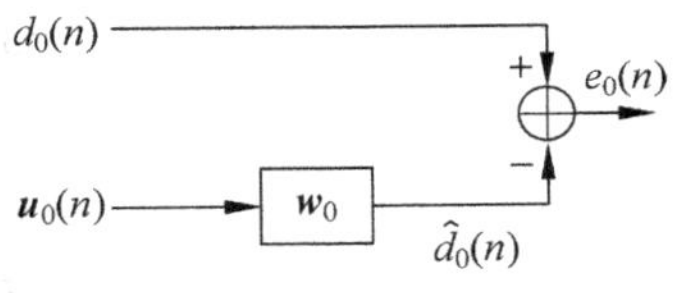

图 4.5.1　传统维纳滤波器简化结构

$$\boldsymbol{u}_0(n)=[u_0(n)\quad u_0(n-1)\quad\cdots\quad u_0(n-M+1)]^{\mathrm{T}} \tag{4.5.1}$$

$$\boldsymbol{w}_0 = [w_{00} \quad w_{01} \quad \cdots \quad w_{0(M-1)}]^{\mathrm{T}} \tag{4.5.2}$$

$e_0(n)$是滤波器的估计误差，有

$$\begin{aligned} e_0(n) &= d_0(n) - \hat{d}_0(n) \\ &= d_0(n) - \boldsymbol{w}_0^{\mathrm{H}} \boldsymbol{u}_0(n) \end{aligned} \tag{4.5.3}$$

假设观测信号向量$\boldsymbol{u}_0(n)$的自相关矩阵为

$$\boldsymbol{R}_0 = \mathrm{E}\{\boldsymbol{u}_0(n)\boldsymbol{u}_0^{\mathrm{H}}(n)\} \tag{4.5.4}$$

$\boldsymbol{u}_0(n)$与期望响应信号$d_0(n)$的互相关向量为

$$\boldsymbol{p}_0 = \mathrm{E}\{\boldsymbol{u}_0(n)d_0^*(n)\} \tag{4.5.5}$$

于是，根据最小均方误差准则，极小化均方误差

$$J(\boldsymbol{w}_0) = \mathrm{E}\{|e_0(n)|^2\} \tag{4.5.6}$$

将得到维纳-霍夫方程，且最优权向量为

$$\boldsymbol{w}_0 = \boldsymbol{R}_0^{-1}\boldsymbol{p}_0 \tag{4.5.7}$$

根据式(4.2.18)，相应的最小均方误差为

$$\xi_0 = J_{\min} = \sigma_{d0}^2 - \boldsymbol{p}_0^{\mathrm{H}}\boldsymbol{R}_0^{-1}\boldsymbol{p}_0 \tag{4.5.8}$$

其中，$\sigma_{d0}^2 = \mathrm{E}\{|d_0(n)|^2\}$是期望信号的平均功率。

下面讨论观测向量$\boldsymbol{u}_0(n)$经满秩的线性算子预处理后，再经维纳滤波得到的结果。

为不失一般性，考虑任意的非奇异变换矩阵$\boldsymbol{T}_1 \in \mathbb{C}^{M\times M}$作用于观测向量$\boldsymbol{u}_0(n)$，有

$$\boldsymbol{z}_1(n) = \boldsymbol{T}_1\boldsymbol{u}_0(n) \tag{4.5.9}$$

于是，向量$\boldsymbol{z}_1(n)$的自相关矩阵可以表示为

$$\boldsymbol{R}_{z1} = \mathrm{E}\{\boldsymbol{z}_1(n)\boldsymbol{z}_1^{\mathrm{H}}(n)\} = \boldsymbol{T}_1\boldsymbol{R}_0\boldsymbol{T}_1^{\mathrm{H}} \tag{4.5.10}$$

由于$\boldsymbol{T}_1$是可逆的，因此$\boldsymbol{R}_{z1}$的逆矩阵为

$$\boldsymbol{R}_{z1}^{-1} = (\boldsymbol{T}_1^{\mathrm{H}})^{-1}\boldsymbol{R}_0^{-1}\boldsymbol{T}_1^{-1} \tag{4.5.11}$$

向量$\boldsymbol{z}_1(n)$与期望响应信号$d_0(n)$的互相关向量为

$$\boldsymbol{p}_{z1} = \mathrm{E}\{\boldsymbol{z}_1(n)d_0^*(n)\} = \boldsymbol{T}_1\boldsymbol{p}_0 \tag{4.5.12}$$

于是，以向量$\boldsymbol{z}_1(n)$为输入信号向量，以$d_0(n)$为期望响应信号的维纳滤波器的权向量为

$$\boldsymbol{w}_{z0} = \boldsymbol{R}_{z1}^{-1}\boldsymbol{p}_{z1} = (\boldsymbol{T}_1^{\mathrm{H}})^{-1}\boldsymbol{R}_0^{-1}\boldsymbol{p}_0 \tag{4.5.13}$$

结合式(4.5.7)，有

$$\boldsymbol{w}_{z0} = (\boldsymbol{T}_1^{\mathrm{H}})^{-1}\boldsymbol{w}_0 \tag{4.5.14}$$

且以向量$\boldsymbol{z}_1(n)$为输入信号向量的估计输出为

$$\hat{d}_{z0}(n) = \boldsymbol{w}_{z0}^{\mathrm{H}}\boldsymbol{z}_1(n) = \boldsymbol{w}_0^{\mathrm{H}}\boldsymbol{u}_0(n) = \hat{d}_0(n) \tag{4.5.15}$$

最小均方误差ξ_1可表示为

$$\begin{aligned} \xi_1 &= \sigma_{d0}^2 - \boldsymbol{p}_{z1}^{\mathrm{H}}\boldsymbol{R}_{z1}^{-1}\boldsymbol{p}_{z1} \\ &= \sigma_{d0}^2 - \boldsymbol{p}_0^{\mathrm{H}}\boldsymbol{T}_1^{\mathrm{H}}((\boldsymbol{T}_1^{\mathrm{H}})^{-1}\boldsymbol{R}_0^{-1}\boldsymbol{T}_1^{-1})\boldsymbol{T}_1\boldsymbol{p}_0 \\ &= \sigma_{d0}^2 - \boldsymbol{p}_0^{\mathrm{H}}\boldsymbol{R}_0^{-1}\boldsymbol{p}_0 \\ &= \xi_0 \end{aligned} \tag{4.5.16}$$

从式(4.5.15)和式(4.5.16)可看出，对观测数据向量$\boldsymbol{u}_0(n)$进行可逆的满秩变换，不

会改变维纳滤波器的估计输出和最小均方误差。

4.5.2　维纳滤波器降阶分解原理

现在考虑具有下述结构的非奇异算子(非奇异变换矩阵)：

$$\boldsymbol{T}_1=\begin{bmatrix}\boldsymbol{h}_1^{\mathrm{H}}\\ \boldsymbol{B}_1\end{bmatrix}\tag{4.5.17}$$

其中，$\boldsymbol{h}_1$ 是归一化的互相关向量，即

$$\boldsymbol{h}_1\triangleq\frac{\boldsymbol{p}_0}{\|\boldsymbol{p}_0\|}=\frac{\boldsymbol{p}_0}{\sqrt{\boldsymbol{p}_0^{\mathrm{H}}\boldsymbol{p}_0}}\in\mathbb{C}^{M\times 1}\tag{4.5.18}$$

阻塞矩阵(blocking matrix)$\boldsymbol{B}_1\in\mathbb{C}^{(M-1)\times M}$张成向量 $\boldsymbol{p}_0$ 的零空间(null space)，即满足

$$\boldsymbol{B}_1\boldsymbol{h}_1=\boldsymbol{0}\tag{4.5.19}$$

因此，$\boldsymbol{B}_1$ 将消除 $\boldsymbol{p}_0$ 方向的信号分量。

如图 4.5.2，变换后的观测向量 $\boldsymbol{z}_1(n)$可以表示为

$$\boldsymbol{z}_1(n)=\boldsymbol{T}_1\boldsymbol{u}_0(n)=\begin{bmatrix}\boldsymbol{h}_1^{\mathrm{H}}\boldsymbol{u}_0(n)\\ \boldsymbol{B}_1\boldsymbol{u}_0(n)\end{bmatrix}\triangleq\begin{bmatrix}d_1(n)\\ \boldsymbol{u}_1(n)\end{bmatrix}\tag{4.5.20}$$

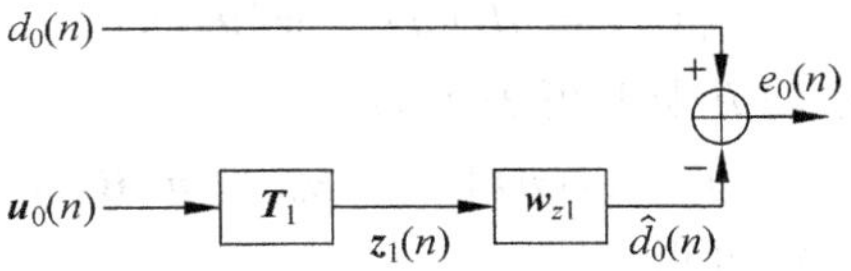

图 4.5.2　变换后维纳滤波器

随机过程 $\boldsymbol{z}_1(n)$的自相关矩阵为

$$\boldsymbol{R}_{z1}=\mathrm{E}\{\boldsymbol{z}_1(n)\boldsymbol{z}_1^{\mathrm{H}}(n)\}=\begin{bmatrix}\sigma_{d_1}^2 & \boldsymbol{p}_1^{\mathrm{H}}\\ \boldsymbol{p}_1 & \boldsymbol{R}_1\end{bmatrix}\tag{4.5.21}$$

其中，σ_{d1}^2是信号 $d_1(n)$的方差，即

$$\sigma_{d1}^2\triangleq\mathrm{E}\{|d_1(n)|^2\}=\boldsymbol{h}_1^{\mathrm{H}}\boldsymbol{R}_0\boldsymbol{h}_1\tag{4.5.22}$$

矩阵 $\boldsymbol{R}_1$ 是信号向量 $\boldsymbol{u}_1(n)$的自相关矩阵，即

$$\boldsymbol{R}_1\triangleq\mathrm{E}\{\boldsymbol{u}_1(n)\boldsymbol{u}_1^{\mathrm{H}}(n)\}=\boldsymbol{B}_1\boldsymbol{R}_0\boldsymbol{B}_1^{\mathrm{H}}\tag{4.5.23}$$

向量 $\boldsymbol{p}_1$ 是 $\boldsymbol{u}_1(n)$与 $d_1(n)$的互相关向量，即

$$\boldsymbol{p}_1=\mathrm{E}\{\boldsymbol{u}_1(n)d_1^*(n)\}=\boldsymbol{B}_1\boldsymbol{R}_0\boldsymbol{h}_1\tag{4.5.24}$$

预处理后的观测向量 $\boldsymbol{z}_1(n)$与期望响应信号 $d_0(n)$的互相关向量为

$$\boldsymbol{p}_{z1d0}=\mathrm{E}\{\boldsymbol{z}_1(n)d_0^*(n)\}=\boldsymbol{T}_1\boldsymbol{p}_0=[\delta_1\quad 0\quad\cdots\quad 0]^{\mathrm{T}}\tag{4.5.25}$$

注意，这里利用了式(4.5.19)；标量 δ_1 是向量 $\boldsymbol{h}_1$ 与 $\boldsymbol{p}_0$ 的内积，由式(4.5.18)，有

$$\delta_1=\boldsymbol{h}_1^{\mathrm{H}}\boldsymbol{p}_0=\|\boldsymbol{p}_0\|=\sqrt{\boldsymbol{p}_0^{\mathrm{H}}\boldsymbol{p}_0}\tag{4.5.26}$$

于是，如图 4.5.2 所示，变换后的维纳滤波器应满足维纳-霍夫方程

$$\boldsymbol{R}_{z1}\boldsymbol{w}_{z1}=\boldsymbol{p}_{z1d0}\tag{4.5.27}$$

设权向量 $\boldsymbol{w}_{z1}$分块为

$$\boldsymbol{w}_{z1}=\begin{bmatrix}w_1\\ \boldsymbol{w}_{02}\end{bmatrix} \tag{4.5.28}$$

其中，$w_1\in\mathbb{C}^{1\times 1}$为权向量$\boldsymbol{w}_{z1}$的第一个元素，$\boldsymbol{w}_{02}\in\mathbb{C}^{(M-1)\times 1}$为权向量$\boldsymbol{w}_{z1}$的其余$M-1$个元素。

将式(4.5.21)、式(4.5.25)和式(4.5.28)代入式(4.5.27)，可得

$$\begin{bmatrix}\sigma_{d1}^2 & \boldsymbol{p}_1^{\mathrm{H}}\\ \boldsymbol{p}_1 & \boldsymbol{R}_1\end{bmatrix}\begin{bmatrix}w_1\\ \boldsymbol{w}_{02}\end{bmatrix}=\begin{bmatrix}\delta_1\\ \boldsymbol{0}\end{bmatrix} \tag{4.5.29}$$

其中，$\boldsymbol{0}$为$M-1$维的零向量。由式(4.5.29)可得

$$\sigma_{d1}^2 w_1+\boldsymbol{p}_1^{\mathrm{H}}\boldsymbol{w}_{02}=\delta_1 \tag{4.5.30}$$

$$\boldsymbol{p}_1 w_1+\boldsymbol{R}_1\boldsymbol{w}_{02}=\boldsymbol{0} \tag{4.5.31}$$

由于矩阵$\boldsymbol{R}_1$是信号向量$\boldsymbol{u}_1(n)$的自相关矩阵，向量$\boldsymbol{p}_1$是$\boldsymbol{u}_1(n)$与$d_1(n)$的互相关向量。所以，若以$\boldsymbol{u}_1(n)$为输入信号向量，$d_1(n)$为期望响应构成维纳滤波器，则权向量$\boldsymbol{w}_2$应满足维纳-霍夫方程

$$\boldsymbol{R}_1\boldsymbol{w}_2=\boldsymbol{p}_1 \tag{4.5.32}$$

其对应的估计误差为

$$e_1(n)=d_1(n)-\boldsymbol{w}_2^{\mathrm{H}}\boldsymbol{u}_1(n) \tag{4.5.33}$$

类似式(4.5.8)，估计的最小均方误差可表示为

$$\xi_1=\mathrm{E}\{|e_1(n)|^2\}=\sigma_{d1}^2-\boldsymbol{p}_1^{\mathrm{H}}\boldsymbol{R}_1^{-1}\boldsymbol{p}_1 \tag{4.5.34}$$

比较式(4.5.31)和式(4.5.32)可得

$$\boldsymbol{w}_{02}=-\boldsymbol{R}_1^{-1}\boldsymbol{p}_1 w_1=-\boldsymbol{w}_2 w_1 \tag{4.5.35}$$

将式(4.5.35)代入式(4.5.30)，容易解得

$$w_1=(\sigma_{d1}^2-\boldsymbol{p}_1^{\mathrm{H}}\boldsymbol{R}_1^{-1}\boldsymbol{p}_1)^{-1}\delta_1=\xi_1^{-1}\delta_1 \tag{4.5.36}$$

将式(4.5.36)和式(4.5.35)代入式(4.5.28)，则图4.5.2所示的维纳滤波器权向量为

$$\boldsymbol{w}_{z1}=\begin{bmatrix}1\\ -\boldsymbol{w}_2\end{bmatrix}w_1=\begin{bmatrix}1\\ -\boldsymbol{w}_2\end{bmatrix}(\xi_1^{-1}\delta_1) \tag{4.5.37}$$

且估计输出为

$$\hat{d}_0(n)=\boldsymbol{w}_{z1}^{\mathrm{H}}\boldsymbol{z}_1(n)=w_1^*\begin{bmatrix}1\\ -\boldsymbol{w}_2\end{bmatrix}^{\mathrm{H}}\begin{bmatrix}d_1(n)\\ \boldsymbol{u}_1(n)\end{bmatrix}$$

结合式(4.5.33)，上式可表示为

$$\hat{d}_0(n)=[d_1(n)-\boldsymbol{w}_2^{\mathrm{H}}\boldsymbol{u}_1(n)]w_1^*=e_1(n)w_1^* \tag{4.5.38}$$

这样，图4.5.2所示的维纳滤波器可表示为图4.5.3的形式。图4.5.3表明，图4.5.2所示的M抽头维纳滤波器，被演化成了图4.5.3所示的形式，即被分解为一个$M-1$抽头的维纳滤波器$\boldsymbol{w}_2$和一个标量维纳滤波器w_1。

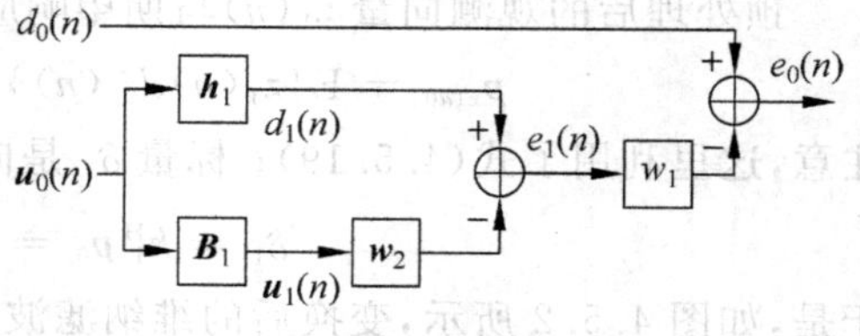

图4.5.3 维纳滤波器的分解

4.5.3 维纳滤波器的多级表示

在图 4.5.3 中，利用前面相同的方法，可将 $M-1$ 抽头的维纳滤波器 $\boldsymbol{w}_2$ 分解为一个 $M-2$ 抽头的维纳滤波器 $\boldsymbol{w}_3$ 和一个标量维纳滤波器 w_2 的形式，结构如图 4.5.4 所示。

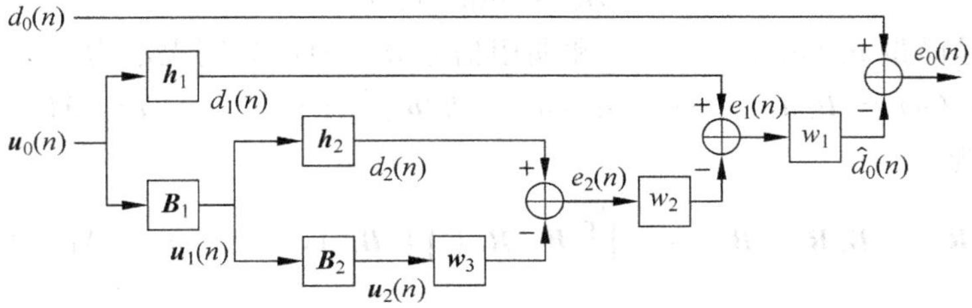

图 4.5.4　维纳滤波器的继续分解

可以看出，对维纳滤波器 $\boldsymbol{w}_3$ 而言，输入信号向量 $\boldsymbol{u}_2(n)\in\mathbb{C}^{(M-2)\times 1}$ 和期望响应 $d_2(n)$ 分别为

$$\boldsymbol{u}_2(n)=\boldsymbol{B}_2\boldsymbol{u}_1(n)=\boldsymbol{B}_2\boldsymbol{B}_1\boldsymbol{u}_0(n) \tag{4.5.39}$$

$$d_2(n)=\boldsymbol{h}_2^{\mathrm{H}}\boldsymbol{u}_1(n)=\boldsymbol{h}_2^{\mathrm{H}}\boldsymbol{B}_1\boldsymbol{u}_0(n) \tag{4.5.40}$$

其中，归一化互相关向量为

$$\boldsymbol{h}_2=\frac{\boldsymbol{p}_1}{\delta_2}\in\mathbb{C}^{(M-1)\times 1},\quad \delta_2\triangleq\|\boldsymbol{p}_1\|=\sqrt{\boldsymbol{p}_1^{\mathrm{H}}\boldsymbol{p}_1} \tag{4.5.41}$$

阻塞矩阵 $\boldsymbol{B}_2\in\mathbb{C}^{(M-2)\times(M-1)}$ 张成向量 $\boldsymbol{h}_2$ 的零空间，即

$$\boldsymbol{B}_2=\mathrm{null}(\boldsymbol{h}_2) \tag{4.5.42}$$

所以，相关矩阵 $\boldsymbol{R}_2$ 为

$$\boldsymbol{R}_2=\mathrm{E}\{\boldsymbol{u}_2(n)\boldsymbol{u}_2^{\mathrm{H}}(n)\}=(\boldsymbol{B}_2\boldsymbol{B}_1)\boldsymbol{R}_0(\boldsymbol{B}_1^{\mathrm{H}}\boldsymbol{B}_2^{\mathrm{H}}) \tag{4.5.43}$$

互相关向量 $\boldsymbol{p}_2$ 为

$$\boldsymbol{p}_2=\mathrm{E}\{\boldsymbol{u}_2(n)d_2^*(n)\}=(\boldsymbol{B}_2\boldsymbol{B}_1)\boldsymbol{R}_0(\boldsymbol{B}_1^{\mathrm{H}})\boldsymbol{h}_2 \tag{4.5.44}$$

期望信号 $d_2(n)$ 的方差为

$$\sigma_{d2}^2=\mathrm{E}\{|d_2(n)|^2\}=\boldsymbol{h}_2^{\mathrm{H}}\boldsymbol{R}_1\boldsymbol{h}_2 \tag{4.5.45}$$

估计的最小均方误差为

$$\xi_2=\mathrm{E}\{|e_2(n)|^2\}=\sigma_{d2}^2-\boldsymbol{p}_2^{\mathrm{H}}\boldsymbol{R}_2^{-1}\boldsymbol{p}_2 \tag{4.5.46}$$

类似式(4.5.36)，图 4.5.4 中的标量权值 w_2 为

$$w_2=(\sigma_{d2}^2-\boldsymbol{p}_2^{\mathrm{H}}\boldsymbol{R}_2^{-1}\boldsymbol{p}_2)^{-1}\delta_2=\xi_2^{-1}\delta_2 \tag{4.5.47}$$

从图 4.5.4 可看出，估计误差 $e_1(n)$ 可表示为

$$e_1(n)=d_1(n)-w_2^*e_2(n) \tag{4.5.48}$$

所以 $e_1(n)$ 的平均功率 ξ_1 为

$$\xi_1=\mathrm{E}\{|e_1(n)|^2\}=\sigma_{d1}^2-w_2^*\xi_2w_2$$

利用式(4.5.47)，ξ_1 可表示为

$$\xi_1=\mathrm{E}\{|e_1(n)|^2\}=\sigma_{d1}^2-w_2^*\delta_2 \tag{4.5.49}$$

按上述分解方法，在多级维纳滤波器的第 m 级，$1\leqslant m\leqslant M-1$，类似式(4.5.41)，归一

化互相关向量可以表示为

$$\boldsymbol{h}_m = \frac{\boldsymbol{p}_{m-1}}{\delta_m}, \quad \delta_m \triangleq \| \boldsymbol{p}_{m-1} \| = \sqrt{\boldsymbol{p}_{m-1}^{\mathrm{H}} \boldsymbol{p}_{m-1}} \tag{4.5.50}$$

阻塞矩阵 $\boldsymbol{B}_m \in \mathbb{C}^{(M-m)\times(M-m+1)}$ 张成向量 $\boldsymbol{h}_m \in \mathbb{C}^{(M-m+1)\times 1}$ 的零空间，即

$$\boldsymbol{B}_m = \mathrm{null}(\boldsymbol{h}_m) \tag{4.5.51}$$

于是，输入信号向量 $\boldsymbol{u}_m(n) \in \mathbb{C}^{(M-m)\times 1}$ 和期望信号 $d_m(n)$ 可分别表示为

$$\boldsymbol{u}_m(n) = \boldsymbol{B}_m \boldsymbol{u}_{m-1}(n), \quad d_m(n) = \boldsymbol{h}_m^{\mathrm{H}} \boldsymbol{u}_{m-1}(n), \quad 1 \leqslant m \leqslant M-1 \tag{4.5.52}$$

相关矩阵 $\boldsymbol{R}_m$ 为

$$\boldsymbol{R}_m = \boldsymbol{B}_m \boldsymbol{R}_{m-1} \boldsymbol{B}_m^{\mathrm{H}} = \Big(\prod_{i=m}^{1} \boldsymbol{B}_i\Big) \boldsymbol{R}_0 \Big(\prod_{i=1}^{m} \boldsymbol{B}_i^{\mathrm{H}}\Big), \quad 1 \leqslant m \leqslant M-1 \tag{4.5.53}$$

其中，$\prod_{i=m}^{1} \boldsymbol{B}_i = \boldsymbol{B}_m \boldsymbol{B}_{m-1} \cdots \boldsymbol{B}_1$。互相关向量 $\boldsymbol{p}_m$ 为

$$\boldsymbol{p}_m = \boldsymbol{B}_m \boldsymbol{R}_{m-1} \boldsymbol{h}_m = \Big(\prod_{k=m}^{1} \boldsymbol{B}_k\Big) \boldsymbol{R}_0 \Big(\prod_{k=1}^{m-1} \boldsymbol{B}_k^{\mathrm{H}}\Big) \boldsymbol{h}_m, \quad 1 \leqslant m \leqslant M-1 \tag{4.5.54}$$

期望信号 $d_m(n)$ 的方差为

$$\sigma_{dm}^2 \triangleq \mathrm{E}\{|d_m(n)|^2\} = \boldsymbol{h}_m^{\mathrm{H}} \boldsymbol{R}_{m-1} \boldsymbol{h}_m, \quad 1 \leqslant m \leqslant M-1 \tag{4.5.55}$$

估计的最小均方误差为

$$\xi_m = \mathrm{E}\{|e_m(n)|^2\} = \sigma_{dm}^2 - \boldsymbol{p}_m^{\mathrm{H}} \boldsymbol{R}_m^{-1} \boldsymbol{p}_m \tag{4.5.56}$$

标量维纳滤波器权值为

$$w_m = \xi_m^{-1} \delta_m \tag{4.5.57}$$

从图 4.5.4 可看出，估计误差 $e_m(n)$ 可表示为

$$e_m(n) = d_m(n) - w_{m+1}^* e_{m+1}(n) \tag{4.5.58}$$

且类似式(4.5.49)，ξ_m 可表示为

$$\xi_m = \mathrm{E}\{|e_m(n)|^2\} = \sigma_{dm}^2 - w_{m+1}^* \delta_{m+1} \tag{4.5.59}$$

分解到最后一级，$m=M-1$，为便于描述，以图 4.5.5 中 $M=4$ 为例进行讨论。可以看出，此时 $u_{M-1}(n)$(图 4.5.5 中 $u_3(n)$)为

$$u_{M-1}(n) = \boldsymbol{B}_{M-1} \boldsymbol{u}_{M-2}(n) \tag{4.5.60}$$

其中，$\boldsymbol{B}_{M-1}$ 的构造方法与式(4.5.51)相同。

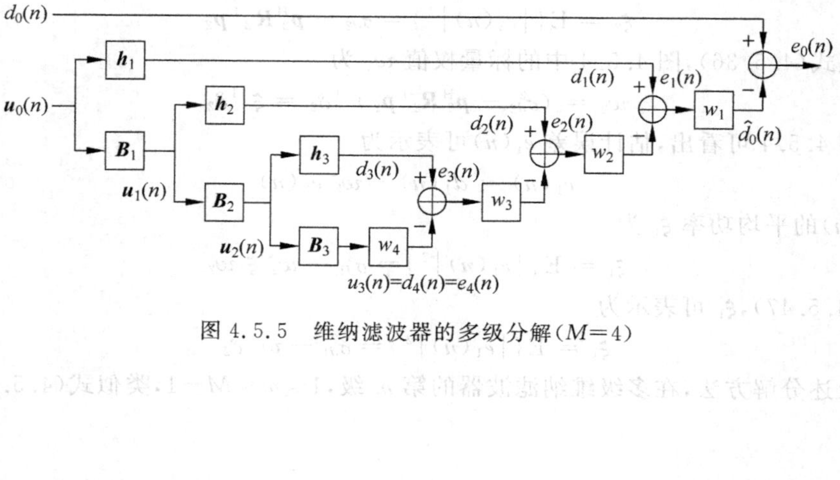

图 4.5.5 维纳滤波器的多级分解($M=4$)

应注意的是，此时 $u_{M-1}(n)$ 已是一维信号，不能进行再分解，有

$$u_{M-1}(n) = d_M(n) = e_M(n) \tag{4.5.61}$$

且第 M 个权值应类似式(4.5.57)，为

$$w_M = \xi_M^{-1}\delta_M \tag{4.5.62}$$

其中，类似式(4.5.50)，δ_M 为

$$\delta_M = \| \boldsymbol{p}_{M-1} \| = \sqrt{\boldsymbol{p}_{M-1}^{\mathrm{H}} \boldsymbol{p}_{M-1}} \tag{4.5.63}$$

最小均方误差 ξ_M 为

$$\begin{aligned}\xi_M &= \mathrm{E}\{|e_M(n)|^2\} = \mathrm{E}\{|u_{M-1}(n)|^2\} \\ &= \boldsymbol{B}_{M-1}\boldsymbol{R}_{M-2}\boldsymbol{B}_{M-1}^{\mathrm{H}} = \boldsymbol{R}_{M-1}\end{aligned} \tag{4.5.64}$$

至此，得到了多级维纳滤波器的全部 M 个权值。第一级标量维纳滤波器 w_1 的输出信号就是多级维纳滤波器的输出信号 $\hat{d}_0(n)$。

4.5.4 基于输入信号统计特性的权值计算步骤

根据前面的讨论，现将基于输入数据统计特性的多级维纳滤波器 M 个权值的计算步骤归纳如下。

算法 4.2(基于输入信号统计特性的多级维纳滤波算法)

设传统维纳滤波器的抽头数为 M，对应的多级维纳滤波器有 M 个权值；设输入观测信号 $u_0(n)$、期望响应信号 $d_0(n)$ 的统计特性已知(实际中可由 N 个观测数据用时间平均估计得到)，即已知自相关矩阵为

$$\boldsymbol{R}_0 = \mathrm{E}\{\boldsymbol{u}_0(n)\boldsymbol{u}_0^{\mathrm{H}}(n)\} \in \mathbb{C}^{M\times M}$$

互相关向量为

$$\boldsymbol{p}_0 = \mathrm{E}\{\boldsymbol{u}_0(n)d_0^*(n)\} \in \mathbb{C}^{M\times 1}$$

步骤 1 令 $m=1,2,\cdots,M-1$，按如下递推式得到多级维纳滤波器的 $M-1$ 个权值：

$$\delta_m = \| \boldsymbol{p}_{m-1} \| = \sqrt{\boldsymbol{p}_{m-1}^{\mathrm{H}} \boldsymbol{p}_{m-1}}$$

$$\boldsymbol{h}_m = \frac{\boldsymbol{p}_{m-1}}{\delta_m} \in \mathbb{C}^{(M-m+1)\times 1}$$

$$\boldsymbol{B}_m = \mathrm{null}(\boldsymbol{h}_m) \in \mathbb{C}^{(M-m)\times(M-m+1)}$$

$$\boldsymbol{R}_m = \boldsymbol{B}_m\boldsymbol{R}_{m-1}\boldsymbol{B}_m^{\mathrm{H}} = \Big(\prod_{i=m}^{1}\boldsymbol{B}_i\Big)\boldsymbol{R}_0\Big(\prod_{i=1}^{m}\boldsymbol{B}_i^{\mathrm{H}}\Big) \in \mathbb{C}^{(M-m)\times(M-m)}$$

$$\boldsymbol{p}_m = \boldsymbol{B}_m\boldsymbol{R}_{m-1}\boldsymbol{h}_m = \Big(\prod_{k=m}^{1}\boldsymbol{B}_k\Big)\boldsymbol{R}_0\Big(\prod_{k=1}^{m-1}\boldsymbol{B}_k^{\mathrm{H}}\Big)\boldsymbol{h}_m \in \mathbb{C}^{(M-m)\times 1}$$

$$\sigma_{dm}^2 = \mathrm{E}\{|d_m(n)|^2\} = \boldsymbol{h}_m^{\mathrm{H}}\boldsymbol{R}_{m-1}\boldsymbol{h}_m$$

$$\xi_m = \mathrm{E}\{|e_m(n)|^2\} = \sigma_{dm}^2 - \boldsymbol{p}_m^{\mathrm{H}}\boldsymbol{R}_m^{-1}\boldsymbol{p}_m$$

$$w_m = \xi_m^{-1}\delta_m$$

步骤 2 令 $m=m+1$，重复步骤 1，直到 $m=M-1$。

步骤 3 最后一级 $m=M$ 时的权值为

$$\delta_M = \| \boldsymbol{p}_{M-1} \| = \sqrt{\boldsymbol{p}_{M-1}^{\mathrm{H}} \boldsymbol{p}_{M-1}}$$

$$\xi_M = \boldsymbol{B}_{M-1}\boldsymbol{R}_{M-2}\boldsymbol{B}_{M-1}^{\mathrm{H}}$$

$$w_M = \xi_M^{-1}\delta_M$$

4.5.5 一种阻塞矩阵的构造方法

前面讨论了多级维纳滤波器中，满秩变换矩阵 $\boldsymbol{T}_m$ 的结构形式，并给出了 $\boldsymbol{h}_m$ 和阻塞矩阵 $\boldsymbol{B}_m$ 应满足的条件，即式(4.5.51)，但并未给出 $\boldsymbol{B}_m$ 的具体确定方法。

本节将给出满秩变换矩阵 $\boldsymbol{T}_m$ 的一种简单实用的构造方法。如图 4.5.6 所示的矩阵变换，可表示为如图 4.5.7 所示等价变换的形式，为使两者有相同的变换结果，应有

$$d_m(n) = \boldsymbol{a}_m^{\mathrm{H}}\boldsymbol{H}_m\boldsymbol{u}_{m-1}(n) = \boldsymbol{h}_m^{\mathrm{H}}\boldsymbol{u}_{m-1}(n) \tag{4.5.65}$$

$$\boldsymbol{u}_m(n) = \boldsymbol{D}_m\boldsymbol{H}_m\boldsymbol{u}_{m-1}(n) = \boldsymbol{B}_m\boldsymbol{u}_{m-1}(n) \tag{4.5.66}$$

所以，各向量和矩阵间应满足如下关系：

$$\boldsymbol{h}_m = \boldsymbol{H}_m^{\mathrm{H}}\boldsymbol{a}_m \tag{4.5.67}$$

$$\boldsymbol{B}_m = \boldsymbol{D}_m\boldsymbol{H}_m \tag{4.5.68}$$

并且，阻塞矩阵 $\boldsymbol{B}_m \in \mathbb{C}^{(M-m)\times(M-m+1)}$ 张成向量 $\boldsymbol{h}_m \in \mathbb{C}^{(M-m+1)\times 1}$ 的零空间，应有

$$\boldsymbol{B}_m\boldsymbol{h}_m = \boldsymbol{D}_m\boldsymbol{H}_m\boldsymbol{H}_m^{\mathrm{H}}\boldsymbol{a}_m = \boldsymbol{0} \tag{4.5.69}$$

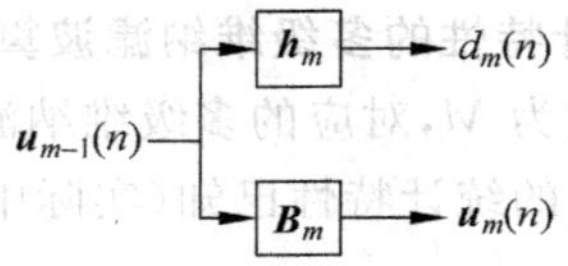

图 4.5.6 观测数据的满秩变换

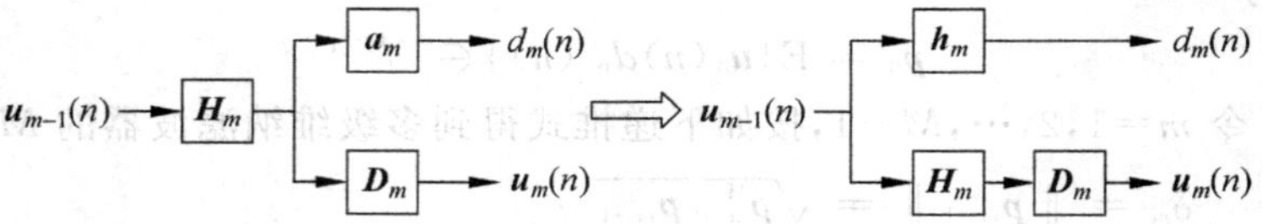

图 4.5.7 观测数据的等价变换

由于向量 $\boldsymbol{h}_m$ 为

$$\boldsymbol{h}_m = \frac{\boldsymbol{p}_{m-1}}{\delta_m},\quad \delta_m \triangleq \|\boldsymbol{p}_{m-1}\| = \sqrt{\boldsymbol{p}_{m-1}^{\mathrm{H}}\boldsymbol{p}_{m-1}}$$

设向量 $\boldsymbol{h}_m$ 的各元素可表示为

$$\boldsymbol{h}_m = [\theta_1 \quad \theta_2 \quad \cdots \quad \theta_{M-m+1}]^{\mathrm{T}} \tag{4.5.70}$$

定义矩阵为

$$\boldsymbol{D}_m = \begin{bmatrix} 1 & -1 & 0 & \cdots & 0 & 0 & 0 \\ 0 & 1 & -1 & \cdots & 0 & 0 & 0 \\ \vdots & & & \ddots & & & \\ 0 & 0 & 0 & \cdots & 1 & -1 & 0 \\ 0 & 0 & 0 & \cdots & 0 & 1 & -1 \end{bmatrix} \in \mathbb{R}^{(M-m)\times(M-m+1)} \tag{4.5.71}$$

当 $\boldsymbol{H}_m$ 为如下对角矩阵时：

$$\boldsymbol{H}_m = \operatorname{diag}\left\{\frac{1}{\theta_1}, \frac{1}{\theta_2}, \cdots, \frac{1}{\theta_{M-m+1}}\right\} \tag{4.5.72}$$

阻塞矩阵 $\boldsymbol{B}_m$ 可以表示为

$$\boldsymbol{B}_m = \begin{bmatrix} \frac{1}{\theta_1} & -\frac{1}{\theta_2} & 0 & \cdots & 0 & 0 & 0 \\ 0 & \frac{1}{\theta_2} & -\frac{1}{\theta_3} & \cdots & 0 & 0 & 0 \\ \vdots & & & \ddots & & & \\ 0 & 0 & 0 & \cdots & \frac{1}{\theta_{M-m-1}} & -\frac{1}{\theta_{M-m}} & 0 \\ 0 & 0 & 0 & \cdots & 0 & \frac{1}{\theta_{M-m}} & -\frac{1}{\theta_{M-m+1}} \end{bmatrix} \tag{4.5.73}$$

显然，此时 $\boldsymbol{B}_m$ 和 $\boldsymbol{h}_m$ 满足零空间约束，即式(4.5.69)成立。由式(4.5.67)可得向量 $\boldsymbol{a}_m$ 为

$$\boldsymbol{a}_m = [\,|\theta_1|^2 \quad |\theta_2|^2 \quad \cdots \quad |\theta_{M-m+1}|^2\,]^{\mathrm{T}} \tag{4.5.74}$$

于是，得到变换矩阵 $\boldsymbol{T}_m$ 为

$$\boldsymbol{T}_m = \begin{bmatrix} \boldsymbol{h}_m^{\mathrm{H}} \\ \boldsymbol{B}_m \end{bmatrix} = \begin{bmatrix} \boldsymbol{a}_m^{\mathrm{H}} \boldsymbol{H}_m \\ \boldsymbol{D}_m \boldsymbol{H}_m \end{bmatrix} \tag{4.5.75}$$

4.5.6 基于观测数据的权值递推算法

1. 基于前向递推的互相关向量和期望响应均方值估计

在 4.5.4 节中，给出了基于观测数据统计特性的多级维纳滤波器权值递推步骤，可以看出，第 m 个权值为

$$w_m = \xi_m^{-1} \delta_m$$

其中

$$\sigma_{dm}^2 = \mathrm{E}\{|d_m(n)|^2\} = \boldsymbol{h}_m^{\mathrm{H}} \boldsymbol{R}_{m-1} \boldsymbol{h}_m$$

$$\xi_m = \mathrm{E}\{|e_m(n)|^2\} = \sigma_{dm}^2 - \boldsymbol{p}_m^{\mathrm{H}} \boldsymbol{R}_m^{-1} \boldsymbol{p}_m$$

可以看出，为计算出 w_m，需计算逆矩阵 $\boldsymbol{R}_m^{-1}$，这样，为计算出 M 个权值，需计算 M 个逆矩阵 $\boldsymbol{R}_m^{-1}$，计算量很大。下面给出基于输入数据，仅需计算互相关向量便可求得多级维纳滤波器权值 w_m 的计算方法。

再次观察图 4.5.5 的多级维纳滤波器结构，设有输入信号 $u_0(n)$ 和期望响应信号 $d_0(n)$ 的 N 个观测值，首先可用时间平均估计出互相关向量 $\boldsymbol{p}_0$ 为

$$\hat{\boldsymbol{p}}_0 = \frac{1}{N} \sum_{n=1}^{N} \boldsymbol{u}_0(n) d_0^*(n) \in \mathbb{C}^{M \times 1} \tag{4.5.76}$$

当 $m=1$ 时，图 4.5.5 中的 $\boldsymbol{h}_1$ 和 $\boldsymbol{B}_1$ 的估计可由下式确定：

$$\hat{\delta}_1 = \|\hat{\boldsymbol{p}}_0\| = \sqrt{\hat{\boldsymbol{p}}_0^{\mathrm{H}} \hat{\boldsymbol{p}}_0} \tag{4.5.77}$$

$$\hat{\boldsymbol{h}}_1 = \frac{\hat{\boldsymbol{p}}_0}{\hat{\delta}_1} \in \mathbb{C}^{M \times 1} \tag{4.5.78}$$

$$\hat{\boldsymbol{B}}_1 = \text{null}(\hat{\boldsymbol{h}}_1) \in \mathbb{C}^{(M-1)\times M} \tag{4.5.79}$$

其中，矩阵$\hat{\boldsymbol{B}}_1$ 可根据 4.5.5 节式(4.5.73)求得。

将输入信号 $u_0(n)$的 N 个观测值以向量 $\boldsymbol{u}_0(n)$形式通过$\hat{\boldsymbol{h}}_1$ 和$\hat{\boldsymbol{B}}_1$，可得图 4.5.5 中信号向量 $\boldsymbol{u}_1(n)$和期望响应信号 $d_1(n)$的 N 个观测值，根据这 N 个观测值，可用时间平均估计出互相关向量 $\boldsymbol{p}_1$ 为

$$\hat{\boldsymbol{p}}_1 = \frac{1}{N}\sum_{n=1}^{N}\boldsymbol{u}_1(n)d_1^*(n) \in \mathbb{C}^{(M-1)\times 1} \tag{4.5.80}$$

同时可估计出期望响应信号 $d_1(n)$的均方值为

$$\hat{\sigma}_{d1}^2 = \frac{1}{N}\sum_{n=1}^{N}|d_1(n)|^2 \tag{4.5.81}$$

类似式(4.5.77)～式(4.5.81)，对任意 m，$1\leqslant m\leqslant M-1$，图 4.5.5 中的$\hat{\boldsymbol{h}}_m$ 和$\hat{\boldsymbol{B}}_m$ 可由以下 3 式确定：

$$\hat{\delta}_m = \|\hat{\boldsymbol{p}}_{m-1}\| = \sqrt{\hat{\boldsymbol{p}}_{m-1}^{\mathrm{H}}\hat{\boldsymbol{p}}_{m-1}} \tag{4.5.82}$$

$$\hat{\boldsymbol{h}}_m = \frac{\hat{\boldsymbol{p}}_{m-1}}{\hat{\delta}_m} \in \mathbb{C}^{(M-m+1)\times 1} \tag{4.5.83}$$

$$\hat{\boldsymbol{B}}_m = \text{null}(\hat{\boldsymbol{h}}_m) \in \mathbb{C}^{(M-m)\times(M-m+1)} \tag{4.5.84}$$

同样，矩阵$\hat{\boldsymbol{B}}_m$ 可根据 4.5.5 节式(4.5.73)求得。

将信号向量 $\boldsymbol{u}_{m-1}(n)$的 N 个观测值通过$\hat{\boldsymbol{h}}_m$ 和$\hat{\boldsymbol{B}}_m$，即完成下列运算：

$$d_m(n) = \boldsymbol{a}_m^{\mathrm{H}}\boldsymbol{H}_m\boldsymbol{u}_{m-1}(n) = \hat{\boldsymbol{h}}_m^{\mathrm{H}}\boldsymbol{u}_{m-1}(n)$$

$$\boldsymbol{u}_m(n) = \boldsymbol{D}_m\boldsymbol{H}_m\boldsymbol{u}_{m-1}(n) = \hat{\boldsymbol{B}}_m\boldsymbol{u}_{m-1}(n)$$

可得图 4.5.5 中 $\boldsymbol{u}_m(n)$和期望响应信号 $d_m(n)$的 N 个观测值，根据这 N 个观测值，可用时间平均估计出互相关向量 $\boldsymbol{p}_m$ 和期望响应信号 $d_m(n)$的均方值为

$$\hat{\boldsymbol{p}}_m = \frac{1}{N}\sum_{n=1}^{N}\boldsymbol{u}_m(n)d_m^*(n) \in \mathbb{C}^{(M-m)\times 1} \tag{4.5.85}$$

$$\hat{\sigma}_{dm}^2 = \frac{1}{N}\sum_{n=1}^{N}|d_m(n)|^2 \tag{4.5.86}$$

分别令 $m=1,2,\cdots,M-1$，按上述过程可得各级滤波器期望响应 $d_m(n)$均方值 σ_{dm}^2 的估计 $\hat{\sigma}_{dm}^2$，互相关向量 $\boldsymbol{p}_m$ 的估计$\hat{\boldsymbol{p}}_m$，以及各级滤波器输入信号向量 $\boldsymbol{u}_m(n)$的 N 个观测值。

2. 基于后向递推的权值估计

在最后一级，即 $m=M$，由式(4.5.63)，有

$$\hat{\delta}_M = \|\hat{\boldsymbol{p}}_{M-1}\| = \sqrt{\hat{\boldsymbol{p}}_{M-1}^{\mathrm{H}}\hat{\boldsymbol{p}}_{M-1}}$$

根据式(4.5.61)，有

$$u_{M-1}(n) = d_M(n) = e_M(n)$$

最小均方误差 $\xi_M = \mathrm{E}\{|e_M(n)|^2\}$ 的估计为

$$\hat{\xi}_M = \frac{1}{N}\sum_{n=1}^{N} |u_{M-1}(n)|^2 \tag{4.5.87}$$

由式(4.5.62),第 M 个权值的估计为

$$\hat{w}_M = \hat{\xi}_M^{-1}\hat{\delta}_M$$

根据式(4.5.59),第 $M-1$ 级的最小均方误差 ξ_{M-1} 的估计可表示为

$$\hat{\xi}_{M-1} = \hat{\sigma}_{d(M-1)}^2 - \hat{w}_M^*\hat{\delta}_M \tag{4.5.88}$$

式(4.5.88)中的均方值 $\hat{\sigma}_{d(M-1)}^2$,已由前向递推时的方程式(4.5.86)估计出。而 δ_{M-1} 的估计 $\hat{\delta}_{M-1}$ 也已由前向递推时的方程式(4.5.82)求出,所以,可得第 $M-1$ 个权值 $\hat{w}_{M-1}$ 为

$$\hat{w}_{M-1} = \hat{\xi}_{M-1}^{-1}\hat{\delta}_{M-1} \tag{4.5.89}$$

对任意 m,可按类似式(4.5.88)和式(4.5.89)求得第 m 个权值 $\hat{w}_m$ 为

$$\hat{\xi}_m = \hat{\sigma}_{dm}^2 - \hat{w}_{m+1}^*\hat{\delta}_{m+1} \tag{4.5.90}$$

$$\hat{w}_m = \hat{\xi}_m^{-1}\hat{\delta}_m \tag{4.5.91}$$

且各级的估计误差输出为

$$e_m(n) = d_m(n) - \hat{w}_{m+1}^* e_{m+1}(n), \quad n = 1,2,\cdots,N \tag{4.5.92}$$

分别令 $m=M-1,M-2,\cdots,2,1$,可得全部 M 个多级维纳滤波器权值 $\hat{w}_{M-1},\hat{w}_{M-2},\cdots,\hat{w}_2,\hat{w}_1$,同时得到各级估计误差输出 $e_m(n),n=1,2,\cdots,N$。

另外,将式(4.5.91)代入式(4.5.90),$\hat{\xi}_m$ 也可表示为

$$\hat{\xi}_m = \hat{\sigma}_{dm}^2 - \hat{\xi}_{m+1}^{-1}|\hat{\delta}_{m+1}|^2 \tag{4.5.93}$$

最后一级估计误差输出 $e_0(n)$ 为

$$e_0(n) = d_0(n) - \hat{d}_0(n), \quad n = 1,2,\cdots,N \tag{4.5.94}$$

即为 M 抽头多级维纳滤波器的估计误差输出信号。其中,$\hat{d}_0(n)$ 是多级维纳滤波器的估计输出信号,为

$$\hat{d}_0(n) = \hat{w}_1^* e_1(n) \tag{4.5.95}$$

最后,将基于观测数据的权值递推算法归纳如下。

算法 4.3(多级维纳滤波算法)

(1) 前向递推计算互相关向量和期望响应均值。

步骤 1.1　初始化:$m=0$,根据 $u_0(n)$ 和 $d_0(n)$ 的 N 个观测值,估计出互相关向量

$$\hat{\boldsymbol{p}}_0 = \frac{1}{N}\sum_{n=1}^{N}\boldsymbol{u}_0(n)d_0^*(n) \in \mathbb{C}^{M\times 1}$$

步骤 1.2　令 $m=1,2,\cdots,M-1$,完成下列运算:

$$\hat{\delta}_m = \|\hat{\boldsymbol{p}}_{m-1}\| = \sqrt{\hat{\boldsymbol{p}}_{m-1}^{\mathrm{H}}\hat{\boldsymbol{p}}_{m-1}}$$

$$\hat{\boldsymbol{h}}_m = \frac{\hat{\boldsymbol{p}}_{m-1}}{\hat{\delta}_m} \in \mathbb{C}^{(M-m+1)\times 1}$$

$$\hat{\boldsymbol{B}}_m = \text{null}(\hat{\boldsymbol{h}}_m) \in \mathbb{C}^{(M-m)\times(M-m+1)}$$

$$d_m(n) = \hat{\boldsymbol{h}}_m^{\text{H}} \boldsymbol{u}_{m-1}(n)$$

$$\boldsymbol{u}_m(n) = \hat{\boldsymbol{B}}_m \boldsymbol{u}_{m-1}(n)$$

$$\hat{\boldsymbol{p}}_m = \frac{1}{N}\sum_{n=1}^{N} \boldsymbol{u}_m(n) d_m^*(n) \in \mathbb{C}^{(M-m)\times 1}$$

$$\hat{\sigma}_{dm}^2 = \frac{1}{N}\sum_{n=1}^{N} |d_m(n)|^2$$

步骤 1.3 令 $m=m+1$，重复步骤 1.2，直到 $m=M-1$。

(2) 后向递推计算多级维纳滤波器权值。

步骤 2.1 初始化：$m=M$，计算权值 w_M 如下：

$$u_{M-1}(n) = d_M(n) = e_M(n)$$

$$\hat{\delta}_M = \| \hat{\boldsymbol{p}}_{M-1} \| = \sqrt{\hat{\boldsymbol{p}}_{M-1}^{\text{H}} \ \hat{\boldsymbol{p}}_{M-1}}$$

$$\hat{\xi}_M = \frac{1}{N}\sum_{n=1}^{N} |u_{M-1}(n)|^2$$

$$\hat{w}_M = \hat{\xi}_M^{-1} \hat{\delta}_M$$

步骤 2.2 $m=M-1, M-2, \cdots, 2, 1$，利用前向递推中求得的 $\hat{\sigma}_{dm}^2$ 和 $\hat{\delta}_m$，得到各级权值，即

$$\hat{\xi}_m = \hat{\sigma}_{dm}^2 - \hat{w}_{m+1}^* \hat{\delta}_{m+1}$$

$$\hat{w}_m = \hat{\xi}_m^{-1} \hat{\delta}_m$$

步骤 2.3 令时间 $n=1,2,\cdots,N$；得到第 m 级的估计误差输出为

$$e_m(n) = d_m(n) - \hat{w}_{m+1}^* e_{m+1}(n)$$

步骤 2.4 令 $m=m-1$，重复步骤 2.2，直到 $m=1$。

步骤 2.5 计算最后一级估计输出 $\hat{d}_0(n)$ 和估计误差输出 $e_0(n), n=1,2,\cdots,N$，即

$$\hat{d}_0(n) = \hat{w}_1^* e_1(n), \quad e_0(n) = d_0(n) - \hat{d}_0(n)$$

4.5.7 仿真计算实例

现在考虑用多级维纳滤波理论来处理 4.2.6 节中的有 $M=2$ 个抽头权系数的例子。由于此时传统维纳滤波器的抽头数 $M=2$，其对应的多级维纳滤波器应是二级的，如图 4.5.8 所示。

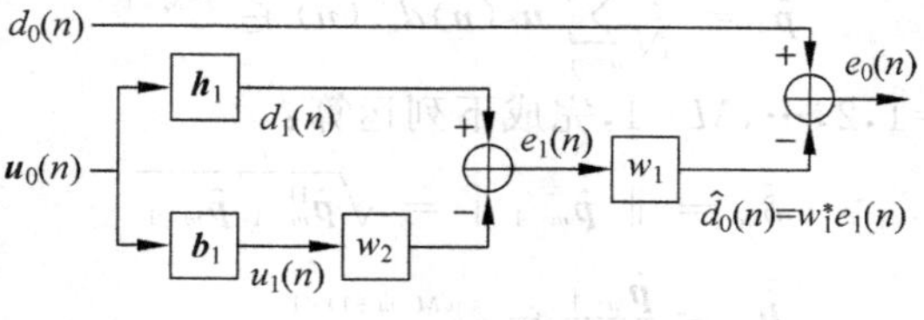

图 4.5.8 多级(二级)维纳滤波器

首先应用 4.5.4 节所给出的算法，由 4.2.6 节的结果，有

$$\boldsymbol{R}_0 = \begin{bmatrix} 1.0997 & 0.4997 \\ 0.4997 & 1.0997 \end{bmatrix}$$

$$\boldsymbol{p}_0 = [0.5270 \quad -0.4458]^{\mathrm{T}}$$

于是由式(4.5.50)，得

$$\delta_1 = \sqrt{\boldsymbol{p}_0^{\mathrm{H}} \boldsymbol{p}_0} = 0.6903, \quad \boldsymbol{h}_1 = \frac{\boldsymbol{p}_0}{\delta_1} = [0.7635 \quad -0.6458]^{\mathrm{T}}$$

而由 4.5.5 节，第一级阻塞矩阵 $\boldsymbol{B}_1$ 退化为阻塞向量，即

$$\boldsymbol{b}_1 = \mathrm{null}(\boldsymbol{h}_1) = [1.3098 \quad 1.5484]$$

于是，由式(4.5.53)和式(4.5.54)，第一级相关和互相关分别为

$$r_1 = \boldsymbol{b}_1 \boldsymbol{R}_0 \boldsymbol{b}_1^{\mathrm{H}} = 6.5500, \quad p_1 = \mathrm{E}\{u_1(n) d_1^*(n)\} = \boldsymbol{b}_1 \boldsymbol{R}_0 \boldsymbol{h}_1 = 0.168$$

再由式(4.5.55)，第一级期望响应信号的平均功率为

$$\sigma_{d1}^2 \triangleq \mathrm{E}\{|d_1(n)|^2\} = \boldsymbol{h}_1^{\mathrm{H}} \boldsymbol{R}_0 \boldsymbol{h}_1 = 0.6069$$

于是，由式(4.5.56)，第一级的输出均方误差为

$$\xi_1 = \sigma_{d1}^2 - p_1^* r_1^{-1} p_1 = 0.6026$$

由式(4.5.63)和式(4.5.64)，有 $\delta_2 = p_1 = 0.168$ 和 $\xi_2 = r_1 = 6.5500$。最后，根据式(4.5.57)，可分别得到两个标量维纳滤波器的权值为

$$w_1 = \xi_1^{-1} \delta_1 = 1.1455, \quad w_2 = \xi_2^{-1} \delta_2 = 0.0257$$

由式(4.5.93)，多级维纳滤波器输出的最小均方误差为

$$\xi_0 = \sigma_{d0}^2 - \xi_1^{-1} |\delta_1|^2 = 0.1579$$

其中，$\sigma_{d0}^2 = 0.9486$ 是期望信号 $d(n)$ 的平均功率。注意到，多级维纳滤波器输出的最小均方误差与 4.2.6 节用传统维纳滤波方法得到的最小均方误差相同。

下面考虑通过仿真实验来验证上文给出的基于观测数据的多级维纳滤波的前向和后向递推算法。

仍然考虑 4.2.6 节中的例子，并使用 4.4.4 节的仿真条件，得到输入信号 $u(n)$ 和期望响应 $d(n)$ 的观测数据。考虑使用 $N=2000$ 个观察样本实现多级维纳滤波器的权值估计。首先按照"算法 4.3"给出的前向递推过程计算出 $\hat{\delta}_m$ 和 σ_{dm}^2，$m=1,2$，以及 $u_1(n)$。然后按照后向递推过程计算出 $\hat{\xi}_2$ 和 $\hat{\xi}_1$，并进而得到多级维纳滤波器的权值估计 $\hat{w}_2$ 和 $\hat{w}_1$。

500 次独立实验得到的平均权值估计为

$$\hat{w}_1 = 1.1451, \quad \hat{w}_2 = 0.0259 \tag{4.5.96}$$

利用式(4.5.96)得到的权值，用该多级维纳滤波器对观测样本进行滤波，得到的最小均方误差约为 0.1581，仿真结果与最小均方误差的理论结果 0.1579 非常接近。

比较 4.2.6 节中图 4.2.5 的 2 抽头传统维纳滤波器，其最优权值向量为 $\boldsymbol{w}_o = [0.8361 \quad -0.7853]^{\mathrm{T}}$；而本节的多级维纳滤波器的两个权值由式(4.5.96)给出，可以看出，两者的取值明显不同，且其物理意义也是不同的，前者是图 4.2.5 的 2 抽头横向滤波器的两个加权值，而后者是图 4.5.8 中的多级(此处是二级)维纳滤波器的两个权值。

习题

4.1 在维纳滤波器中，既然期望响应 $d(n)$ 已知，为什么还要对其进行估计？

4.2 在 M 抽头维纳滤波器中，回答下列问题：

(1) 如果 $u(n)$ 与 $d(n)$ 统计独立，且 $u(n)$ 为零均值，$d(n)$ 的估计 $\hat{d}(n)$ 为多少？

(2) 如果期望响应 $d(n)=u(n)$，求最优权向量 $\boldsymbol{w}_o$，并结合滤波器结构说明为什么？

4.3 已知输入信号向量 $\boldsymbol{u}(n)$ 的相关矩阵及与期望响应信号 $d(n)$ 的互相关向量分别为

$$\boldsymbol{R}=\begin{bmatrix}2 & 1\\1 & 2\end{bmatrix},\quad \boldsymbol{p}=[5\quad 4]^{\mathrm{T}}$$

且已知期望响应 $d(n)$ 的平均功率为 $\mathrm{E}\{d^2(n)\}=30$。

(1) 计算维纳滤波器的权向量。

(2) 计算误差性能面的表达式和最小均方误差。

4.4 设 $\boldsymbol{q}_i$ 和 λ_i，$i=1,2,\cdots,M$ 是 M 抽头维纳滤波器输入信号的自相关矩阵 $\boldsymbol{R}$ 的特征向量和特征值，证明式(4.2.18)的最小均方误差可表示为

$$J_{\min}=\sigma_d^2-\sum_{i=1}^{M}(|\boldsymbol{q}_i^{\mathrm{H}}\boldsymbol{p}|^2/\lambda_i)$$

4.5 在 4.2.6 节图 4.2.5 的二抽头维纳滤波器中，如果期望响应为 $d(n-1)$，求维纳-霍夫方程的表达式。

4.6 对同样的输入信号 $u(n)$ 和期望响应 $d(n)$，设 M 抽头维纳滤波器的维纳-霍夫方程为 $\boldsymbol{R}_1\boldsymbol{w}_1=\boldsymbol{p}_1$，$M+1$ 抽头维纳滤波器的维纳-霍夫方程为 $\boldsymbol{R}_2\boldsymbol{w}_2=\boldsymbol{p}_2$；$\boldsymbol{R}_1$ 和 $\boldsymbol{R}_2$ 分别是两滤波器的自相关矩阵，$\boldsymbol{p}_1$ 和 $\boldsymbol{p}_2$ 分别是两滤波器的互相关向量。

(1) 求 $\boldsymbol{R}_1$ 和 $\boldsymbol{R}_2$，$\boldsymbol{p}_1$ 和 $\boldsymbol{p}_2$ 间的关系。

(2) 求 $\boldsymbol{w}_1$ 和 $\boldsymbol{w}_2$ 间的关系。

(3) 取 $M=1$，计算(2)中的 $\boldsymbol{w}_1$ 和 $\boldsymbol{w}_2$，并计算两滤波器的最小均方误差 $J_{\min}$。

4.7 在分析最陡下降法的学习过程时，为什么需要对角化相关矩阵 $\boldsymbol{R}$？$\boldsymbol{R}$ 一定能对角化吗？n 时刻的权向量 $\boldsymbol{w}(n)$ 与 $u(n)$ 和 $d(n)$ 有关吗？

4.8 在 M 抽头维纳滤波器中，如果 $u(n)$ 是均值为零、方差为 σ_v^2 的白噪声，且 $u(n)$ 与 $d(n)$ 统计独立。

(1) 根据维纳-霍夫方程，求最优权向量 $\boldsymbol{w}_o$。

(2) 确定最陡下降法中步长因子 μ 应满足的条件，并求 $\lim\limits_{n\to\infty}\boldsymbol{w}(n)$。

4.9 关于 LMS 算法，请回答下列问题：

(1) LMS 算法和最陡下降法有何关系和异同点？

(2) 在 LMS 算法中，权向量 $\hat{\boldsymbol{w}}(n)$ 是否随机过程，是否平稳随机过程，为什么？

(3) 影响 LMS 算法收敛速度的因素有哪些？

(4) 如果 $u(n)$ 是均值为零、方差为 σ_v^2 的白噪声，计算 LMS 算法的剩余均方误差、失调和平均时间常数。

4.10　证明归一化 LMS 算法的权向量更新表达式(4.4.37)。

4.11　关于泄露 LMS 算法，请回答下列问题：

(1) 证明泄露 LMS 算法的权向量更新表达式(4.4.39)。

(2) 确定权向量的均值 $\mathrm{E}\{\hat{\boldsymbol{w}}(n)\}$收敛的条件。

(3) 证明：当泄露 LMS 算法收敛时，有

$$\lim_{n\to\infty}\mathrm{E}\{\hat{\boldsymbol{w}}(n)\} = (\boldsymbol{R}+\alpha\boldsymbol{I})^{-1}\boldsymbol{p}$$

4.12　设作用于观测向量 $\boldsymbol{u}_0(n)$的线性变换矩阵 $\boldsymbol{T}_1\in\mathbb{C}^{L\times M}(L<M)$是行满秩矩阵，即 $\mathrm{rank}(\boldsymbol{T}_1)=L$，令 $\boldsymbol{z}_1(n)=\boldsymbol{T}_1\boldsymbol{u}_0(n)$。

(1) 求类似式(4.5.13)的以向量 $\boldsymbol{z}_1(n)$为输入信号向量的维纳滤波最优权向量。

(2) 式(4.5.15) 和式(4.5.16)仍成立否？

4.13　证明 4.5.2 节的式(4.5.25)成立。

4.14　结合图 4.5.8，对 $M=2$ 抽头的传统维纳滤波器，其自相关矩阵和互相关向量为

$$\boldsymbol{R}_0 = \begin{bmatrix} 3 & 1 \\ 1 & 2 \end{bmatrix},\quad \boldsymbol{p}_0 = [1\quad 2]^{\mathrm{T}}$$

且已知期望响应 $d(n)$的平均功率为 $\mathrm{E}\{d^2(n)\}=5$。

(1) 计算传统维纳滤波器的权向量 $\boldsymbol{w}_o$ 和最小均方误差 ξ_0。

(2) 计算多级维纳滤波器的权值 w_1 和 w_2，以及最小均方误差 ξ_0，并与(1)的结果比较。

4.15　假设信号 $u(n)$由两个正弦信号组成，即

$$u(n) = A_1\cos(\omega_1 n+\varphi_1)+A_2\cos(\omega_2 n+\varphi_2)$$

其中，A_1 和 A_2 分别是两个正弦信号的幅度，ω_1 和 ω_2 分别是两个正弦信号的角频率，φ_1 和 φ_2 分别是两个正弦信号的随机相位。

(1) 假设用两个抽头的横向滤波器对信号 $u(n)$实现维纳滤波。计算相关矩阵

$$\boldsymbol{R} = \mathrm{E}\{\boldsymbol{u}(n)\boldsymbol{u}^{\mathrm{T}}(n)\}$$

其中，$\boldsymbol{u}(n)=[u(n)\quad u(n-1)]^{\mathrm{T}}$。

(2) 计算相关矩阵 $\boldsymbol{R}$ 的特征向量和特征值。

(3) 分别计算 $\omega_1=1.2,\omega_2=0.2$ 时和 $\omega_1=0.5,\omega_2=0.3$ 时的特征值扩展$\chi(\boldsymbol{R})$，假设 $A_1=A_2=1$。

4.16　(分块 LMS 算法)在 n 时刻 FIR 滤波器输入信号向量为

$$\boldsymbol{u}(n) = [u(n)\quad u(n-1)\quad \cdots\quad u(n-M+1)]^{\mathrm{T}}$$

在 n 时刻滤波器权向量为

$$\hat{\boldsymbol{w}}(n) = [\hat{w}_0(n)\quad \hat{w}_1(n)\quad \cdots\quad \hat{w}_{M-1}(n)]^{\mathrm{T}}$$

用 k 表示分块(block)索引，有

$$n = kL+l,\quad l=0,1,\cdots,L-1,\quad k=1,2,\cdots$$

其中，L 是分块长度。用 L 个连续样本估计相关矩阵 $\boldsymbol{R}$ 和互相关向量

$$\hat{\boldsymbol{R}} = \frac{1}{L}\sum_{l=0}^{L-1}\boldsymbol{u}(kL+l)\boldsymbol{u}^{\mathrm{H}}(kL+l)$$

$$\hat{\boldsymbol{p}} = \frac{1}{L}\sum_{l=0}^{L-1}\boldsymbol{u}(kL+l)d^*(kL+l)$$

其中，$d(kL+l)$是期望响应信号。

将$\hat{\boldsymbol{R}}$和$\hat{\boldsymbol{p}}$代入最陡下降算法的迭代式(4.3.5)，试证明：分块 LMS 算法的权向量迭代公式可以表示为

$$\hat{\boldsymbol{w}}(k+1) = \hat{\boldsymbol{w}}(k) + \mu\sum_{l=0}^{L-1}\boldsymbol{u}(kL+l)e^*(kL+l)$$

$$= \hat{\boldsymbol{w}}(k) + \mu\boldsymbol{A}^{\mathrm{T}}(k)\boldsymbol{e}^*(k)$$

其中，$e(kL+l)$是误差信号，有

$$e(kL+l) = d(kL+l) - y(kL+l)$$

$y(kL+l)$是输入为$\boldsymbol{u}(kL+l)$时的滤波器输出信号，有

$$y(kL+l) = \hat{\boldsymbol{w}}^{\mathrm{H}}(k)\boldsymbol{u}(kL+l),\quad l = 0,1,\cdots,L-1$$

$\boldsymbol{A}^{\mathrm{T}}(k)$是第 k 块输入数据矩阵，有

$$\boldsymbol{A}^{\mathrm{T}}(k) = [\boldsymbol{u}(kL)\quad \boldsymbol{u}(kL+1)\quad \cdots\quad \boldsymbol{u}(kL+L-1)]$$

$\boldsymbol{e}(k)$是第 k 块输入数据的误差信号向量，有

$$\boldsymbol{e}(k) = [e(kL)\quad e(kL+1)\quad \cdots\quad e(kL+L-1)]^{\mathrm{T}}$$

仿真题

4.17　将权向量初始化为$\hat{\boldsymbol{w}}=[1\quad 0]^{\mathrm{T}}$，分别使用步长 0.015、0.025 和 0.05，完成 4.4.4 节的仿真实例。

4.18　考虑 AR 过程 $u(n)$，其差分方程为 $u(n) = -a_1u(n-1) - a_2u(n-2) + v(n)$，其中 $v(n)$是零均值、方差为 $\sigma_v^2 = 0.0731$ 的加性白噪声。AR 参数 $a_1 = -0.975$，$a_2 = 0.95$。

(1) 求产生 $N=512$ 点的 $u(n)$，$n=1,2,\cdots,N$ 的样本序列。

(2) 令 $u(n)$为二阶线性预测器 LP(2)的输入，在 $\mu=0.05$ 和 $\mu=0.005$ 的情况下用 LMS 滤波器来估计 w_1 和 w_2。

(3) 在(2)的参数条件下，滤波器进行 100 次独立实验。通过平均预测误差 $e(n) = u(n) - \hat{u}(n)$的平均值，计算剩余均方误差和失调参数，并画出学习曲线。

(4) 改变 $\mu=0.005$，其他参数不变，计算剩余均方误差和失调参数，并画出学习曲线。比较 $\mu=0.05$ 和 $\mu=0.005$ 时二者学习曲线的区别。

4.19　已知期望信号 $d(n)$和观测信号 $u(n)$分别由式(4.2.21)和式(4.2.22)给出，其中，$\sigma_v^2=0.5$，$N=4$。用 LMS 算法实现噪声中单频信号的估计。FIR 滤波器权系数个数为 $M=2$，选择适当的步长，给出单次实验和 100 次独立实验的学习曲线，以及权系数在单次实验和 100 次独立实验的变化曲线。

参考文献

[1]　Haykin S. Adaptive Filter Theory [M], 4th Ed. Upper Saddle River, NJ: Prentice-Hall, 2001.

[2]　Proakis J G. Digital Communications [M], 3rd Ed. New York: McGraw-Hill, 1995.

[3]　沈福民. 自适应信号处理[M]. 西安：西安电子科技大学出版社，2002.

[4] 龚耀寰. 自适应滤波[M],第 2 版. 北京：电子工业出版社,2003.

[5] Goldstein J S, Reed I S, Scharf L L. A multistage representation of the Wiener filter based on orthogonal projections [J]. IEEE Transactions on Signal Processing, 1998, 44(7): 2943-2959.

[6] Widrow B, Stearns S D. Adaptive Signal Processing [M]. Englewood Cliffs, NJ: Prentice-Hall, 1985.

[7] Cowan C F N, Grant P M. Adaptive Filters [M]. Englewood Cliffs, NJ: Prentice-Hall, 1985.

[8] Kwong R H, Johnston E W. A variable step size LMS algorithm [J]. IEEE Transactions on Signal Processing, 1992, 40(7): 1633-1642.

[9] Nagumo J I, Noda A. A learning method for system identification [J]. IEEE Transactions on Automatic Control, 1967, 12(3): 282-287.

[10] Albert A E, Gardner L S, Jr. Stochastic Approximation and Nonlinear Regression [M]. Cambrideg, MA: MIT Press, 1967.

[11] Bitmead R R, Anderson B D O. Lyapunov techniques for the exponential stability of linear difference equations with random coefficients [J]. IEEE Transactions on Automatic Control, 1980, 25(4): 782-787.

[12] Bitmead R R, Anderson B D O. Performance of adaptive estimation algorithms in dependent random environments [J]. IEEE Transactions on Automatic Control, 1980, 25(4): 788-794.

[13] Cioffi J M. Limited-precision effects in adaptive filtering [J]. IEEE Transactions on Circuits and Systems, 1987, 34(7): 821-833.

第5章 维纳滤波在信号处理中的应用

本章将讨论维纳滤波理论在信号处理中的典型应用。首先介绍预测离散时间平稳随机过程未来时刻取值的理论——线性预测器，讨论其与第3章介绍的AR模型的互为逆系统关系，给出前向线性预测和后向线性预测的概念，介绍其格型滤波器结构，并据此导出功率谱估计的重要算法——Burg算法。本章还将介绍维纳滤波理论在通信系统信道均衡中的实际应用，讨论基于线性预测的语音编码理论和方法。

5.1 维纳滤波在线性预测中的应用

5.1.1 线性预测器原理

考虑如图5.1.1所示的M抽头横向滤波器。滤波器各节点的输入数据为$u(n-1)$，$u(n-2),\cdots,u(n-M)$，期望响应信号为$d(n)=u(n)$，即用$u(n-1),u(n-2),\cdots,u(n-M)$来预测$u(n)$，称为$M$阶(一步)线性预测(linear prediction)(简记为LP(M))。

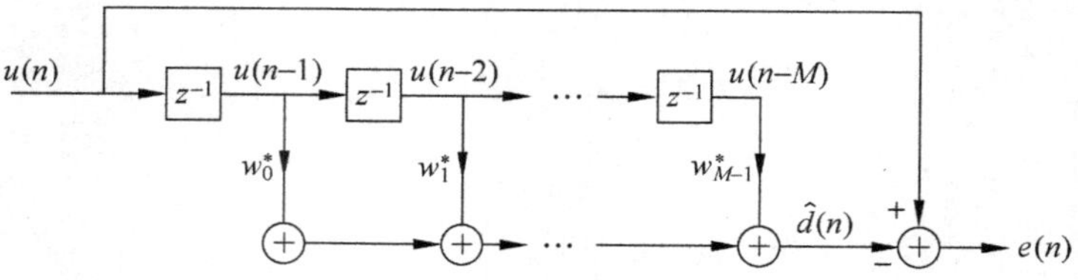

图5.1.1 M抽头横向滤波器

滤波器输入向量可表示为

$$\boldsymbol{u}(n)=[u(n-1)\quad u(n-2)\quad \cdots \quad u(n-M)]^{\mathrm{T}}$$

滤波器权向量为

$$\boldsymbol{w}=[w_0\quad w_1\quad \cdots \quad w_{M-1}]^{\mathrm{T}}$$

显然，这是一个典型的维纳滤波问题，输入信号向量$\boldsymbol{u}(n)$的自相关矩阵为

$$\boldsymbol{R}=\mathrm{E}\{\boldsymbol{u}(n)\boldsymbol{u}^{\mathrm{H}}(n)\}$$

将$\boldsymbol{u}(n)$的定义代入上式，有

$$\boldsymbol{R}=\mathrm{E}\left\{\begin{bmatrix} u(n-1)u^*(n-1) & u(n-1)u^*(n-2) & \cdots & u(n-1)u^*(n-M) \\ u(n-2)u^*(n-1) & u(n-2)u^*(n-2) & \cdots & u(n-2)u^*(n-M) \\ \vdots & \vdots & \ddots & \vdots \\ u(n-M)u^*(n-1) & u(n-M)u^*(n-2) & \cdots & u(n-M)u^*(n-M) \end{bmatrix}\right\}$$

所以

$$\boldsymbol{R}=\begin{bmatrix} r(0) & r(1) & \cdots & r(M-1) \\ r(-1) & r(0) & \cdots & r(M-2) \\ \vdots & \vdots & \ddots & \vdots \\ r(-M+1) & r(-M+2) & \cdots & r(0) \end{bmatrix} \tag{5.1.1}$$

而互相关向量为

$$\boldsymbol{p}=\mathrm{E}\{\boldsymbol{u}(n)d^*(n)\}=\mathrm{E}\left\{\begin{bmatrix} u(n-1) \\ u(n-2) \\ \vdots \\ u(n-M) \end{bmatrix} u^*(n)\right\}$$

于是有

$$\boldsymbol{p}=[r(-1) \quad r(-2) \quad \cdots \quad r(-M)]^{\mathrm{T}} \tag{5.1.2}$$

可得 M 阶线性预测器的维纳-霍夫方程为

$$\boldsymbol{R}\boldsymbol{w}_{\mathrm{o}}=\boldsymbol{p} \tag{5.1.3}$$

满足维纳-霍夫方程的线性预测称为最佳线性预测，简称线性预测。显然，对于 LP(M)，估计的最小均方误差为

$$J_{\min}=\sigma_d^2-\boldsymbol{p}^{\mathrm{H}}\boldsymbol{w}_{\mathrm{o}}=r(0)-w_0 r(1)-\cdots-w_{M-1}r(M) \tag{5.1.4}$$

5.1.2 线性预测与 AR 模型互为逆系统

将 LP(M)中维纳-霍夫方程 $\boldsymbol{R}\boldsymbol{w}_{\mathrm{o}}=\boldsymbol{p}$ 两边取共轭，有

$$\boldsymbol{R}^*\boldsymbol{w}_{\mathrm{o}}^*=\boldsymbol{p}^*$$

将式(5.1.1)和式(5.1.2)代入上式，有

$$\begin{bmatrix} r(0) & r(-1) & \cdots & r(-M+1) \\ r(1) & r(0) & \cdots & r(-M+2) \\ \vdots & \vdots & \ddots & \vdots \\ r(M-1) & r(M-2) & \cdots & r(0) \end{bmatrix}\begin{bmatrix} -w_0^* \\ -w_1^* \\ \vdots \\ -w_{M-1}^* \end{bmatrix}=\begin{bmatrix} -r(1) \\ -r(2) \\ \vdots \\ -r(M) \end{bmatrix} \tag{5.1.5}$$

注意，这里用到了自相关函数的共轭对称性 $r^*(-m)=r(m)$。

回忆 3.2.1 节 AR(M)模型的 Yule-Walker 方程可表示为

$$\begin{bmatrix} r(0) & r(-1) & \cdots & r(-M+1) \\ r(1) & r(0) & \cdots & r(-M+2) \\ \vdots & \vdots & \ddots & \vdots \\ r(M-1) & r(M-2) & \cdots & r(0) \end{bmatrix}\begin{bmatrix} a_1 \\ a_2 \\ \vdots \\ a_M \end{bmatrix}=\begin{bmatrix} -r(1) \\ -r(2) \\ \vdots \\ -r(M) \end{bmatrix} \tag{5.1.6}$$

比较式(5.1.5)和式(5.1.6)，有

$$a_i=-w_{i-1}^* \tag{5.1.7}$$

考虑在 AR(M)模型中，输入 $v(n)$和输出 $u(n)$间的关系为

$$u(n)=-\sum_{k=1}^{M}a_k u(n-k)+v(n) \tag{5.1.8}$$

系统函数可以写成

$$H_{AR}(z)=\frac{U(z)}{V(z)}=\frac{1}{1+a_1z^{-1}+a_2z^{-2}+\cdots+a_Mz^{-M}} \tag{5.1.9}$$

而在图 5.1.1 所示的线性预测器 LP(M)中，输入 $u(n)$和预测误差输出 $e(n)$间的关系为

$$e(n)=u(n)-\hat{d}(n)=u(n)-\boldsymbol{w}_o^H\boldsymbol{u}(n)$$

将 $\boldsymbol{w}_o$ 和 $\boldsymbol{u}(n)$的展开式代入上式，并注意式(5.1.7)，有

$$e(n)=u(n)+a_1u(n-1)+a_2u(n-2)+\cdots+a_Mu(n-M) \tag{5.1.10}$$

比较式(5.1.8)和式(5.1.10)可得，LP(M)的预测误差输出 $e(n)$就是原 AR(M)的输入白噪声 $v(n)$，即

$$e(n)=v(n) \tag{5.1.11}$$

另外，对式(5.1.10)取 Z 变换，可以得到线性预测器的系统函数为

$$H_{LP}(z)=\frac{E(z)}{U(z)}=1+a_1z^{-1}+a_2z^{-2}+\cdots+a_Mz^{-M} \tag{5.1.12}$$

式中，$E(z)$和 $U(z)$分别是 $e(n)$和 $u(n)$的 Z 变换。显然，系统函数 $H_{AR}(z)$和 $H_{LP}(z)$满足等式

$$H_{AR}(z)H_{LP}(z)=1 \tag{5.1.13}$$

根据第 1 章可逆 LTI 系统的系统函数关系可知，M 阶线性预测器 LP(M)与 M 阶 AR 模型 AR(M)互为逆系统，如图 5.1.2 所示，两系统级联后的响应 $e(n)$与输入 $v(n)$相同。下面将进一步证明二者有相同的方差。

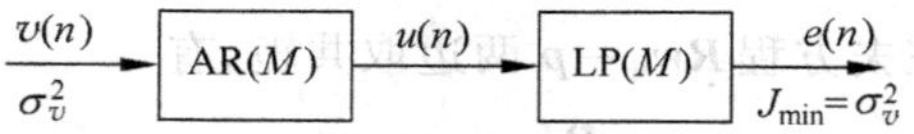

图 5.1.2　AR(M)与 LP(M)互为逆系统

若 $v(n)$是均值为零、方差为 σ_v^2 的白噪声过程，对于 AR(M)，方差 σ_v^2 满足

$$\sigma_v^2=r(0)+a_1r(-1)+\cdots+a_Mr(-M)$$

而对于 LP(M)，最小均方误差为

$$J_{\min}=\sigma_d^2-\boldsymbol{p}^H\boldsymbol{w}_o=r(0)-w_0r(1)-\cdots-w_{M-1}r(M)$$

由于 $J_{\min}$是实数，有

$$\begin{aligned}J_{\min}=J_{\min}^*&=r^*(0)-w_0^*r^*(1)-\cdots-w_{M-1}^*r^*(M)\\&=r(0)-w_0^*r(-1)-\cdots-w_{M-1}^*r(-M)\end{aligned}$$

由于式(5.1.7)和 $r(m)$的共轭对称性，有

$$J_{\min}=\sigma_v^2 \tag{5.1.14}$$

所以，LP(M)的输出 $e(n)$是均值为零、方差为 $J_{\min}=\sigma_v^2$ 的白噪声。线性预测器 LP(M)实际上是将一个 AR(M)过程 $u(n)$通过滤波变成了白噪声过程。因此，线性预测器通常也被称为白化滤波器(whitening filter)。

由式(5.1.12)，线性预测器的系统函数为

$$H_{LP}(z)=1-w_0^*z^{-1}-w_1^*z^{-2}-\cdots-w_{M-1}^*z^{-M} \tag{5.1.15}$$

由于预测估计输出信号$\hat{d}(n)$为

$$\hat{d}(n)=w_0^* u(n-1)+w_1^* u(n-2)+\cdots+w_{M-1}^* u(n-M)$$

而预测估计信号$\hat{d}(n)$的 z 域表达式为

$$\hat{D}(z)=(w_0^* z^{-1}+w_1^* z^{-2}+\cdots+w_{M-1}^* z^{-M})U(z) \tag{5.1.16}$$

于是，可以得到预测估计器的系统函数为

$$H_{\mathrm{PR}}(z)=\frac{\hat{D}(z)}{U(z)}=1-H_{\mathrm{LP}}(z) \tag{5.1.17}$$

预测估计器和线性预测器(白化滤波器)的关系可表示为如图 5.1.3 所示。其中，预测估计器输出是$\hat{d}(n)$，而白化滤波器输出是 $e(n)$。

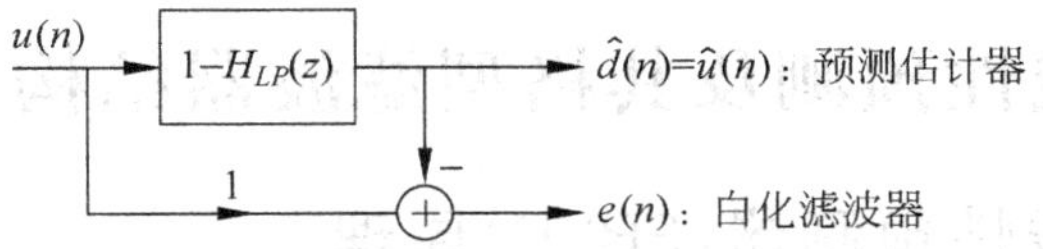

图 5.1.3　线性预测器与白化滤波器

既然 M 阶线性预测器 LP(M)与 M 阶 AR 模型 AR(M)互为逆系统，可将图 5.1.2 中的两个子系统交换级联顺序，得到如图 5.1.4 的系统结构。利用该系统结构，将某 AR 随机过程 $u(n)$作为线性预测器 LP(M)的输入信号，其输出为均值为零、方差为 $\sigma_v^2=J_{\min}$ 的白噪声 $e(n)$，并得到线性预测器 LP(M)的 M 个最优权值 w_i。

如果将该最优权值按关系 $a_i=-w_{i-1}^*$ 作为 AR 模型 AR(M)的模型参数，并以零均值、方差为 $\sigma_v^2=J_{\min}$的白噪声 $v(n)$作为 AR(M)的输入，则 AR(M)的输出便可恢复出线性预测器 LP(M)的输入信号 $u(n)$。

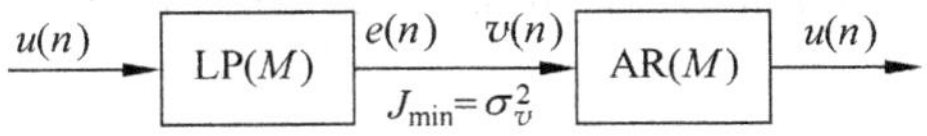

图 5.1.4　线性预测编码与语音恢复原理

图 5.1.4 的工作过程便是广泛应用的语音线性预测编码(LPC，linear predictive coding)的基本原理，将讲话者的声音信号 $u(n)$通过线性预测器 LP(M)，得到 M 个最优权值 w_i 和最小均方误差 $J_{\min}$，并将这 M 个最优权值 w_i 和 $J_{\min}$传送到通信系统的接收端，接收端以 $a_i=-w_{i-1}^*$ 作为 AR(M)模型的参数，并以零均值、方差为 $\sigma_v^2=J_{\min}$ 的白噪声 $v(n)$作为 AR 模型的输入，便可恢复出原讲话者的声音信号 $u(n)$。

本章 5.4 节将详细介绍 LPC 语音编码原理。

5.1.3　基于线性预测器的 AR 模型功率谱估计

根据 3.2.1 节，设随机过程 $u(n)$为平稳随机过程，那么，$u(n)$的 AR(M)模型功率谱为

$$S_{\mathrm{AR}}(\omega)=\frac{\sigma_v^2}{|1+a_1 \mathrm{e}^{-\mathrm{j}\omega}+a_2 \mathrm{e}^{-\mathrm{j}2\omega}+\cdots+a_M \mathrm{e}^{-\mathrm{j}M\omega}|^2} \tag{5.1.18}$$

利用 $u(n)$ 的 N 个观测样本，由AR模型功率谱估计方法(3.2节)知，应首先根据观测样本估计 $u(n)$ 的相关函数，然后求解 Yule-Walker 方程，得到模型参数 $a_i, i=1,\cdots,M$ 和输出白噪声方差 σ_v^2，然后画出功率谱。

根据5.1.2节的讨论知，线性预测器的权系数与AR模型参数之间满足关系

$$a_i = -w_{i-1}^*$$

因此，可以利用 $u(n)$ 的 N 个观测样本作为图5.1.1所示的线性预测器LP(M)的输入，应用维纳滤波器的LMS等自适应迭代算法，求出线性预测器LP(M)的权向量和最小均方误差 $J_{\min}$，利用关系 $a_i=-w_{i-1}^*$ 和 $J_{\min}=\sigma_v^2$，得到AR模型的参数 a_i 和输出白噪声方差 σ_v^2，画出如式(5.1.18)的AR模型功率谱。

5.2 前后向线性预测及其格型滤波器结构

5.2.1 前后向线性预测器(FBLP)原理

5.1节讨论了线性预测问题的维纳滤波求解方法。现在进一步探讨线性预测问题。首先介绍前向线性预测和后向线性预测的概念，以及相应的维纳-霍夫方程。

1. 前向线性预测(FLP)

考虑如图5.2.1所示的前向和后向线性预测器的原理框图。观察该图的下半部分，所谓(一步)前向线性预测(FLP，forward linear prediction)，就是使用第 n 时刻以前的 M 个时刻的输入数据 $u(n-1),u(n-2),\cdots,u(n-M)$ 来预测第 n 时刻的输入数据 $u(n)$。如图5.1.1所述，输入信号向量为

$$\boldsymbol{u}(n) = [u(n-1) \quad u(n-2) \quad \cdots \quad u(n-M)]^{\mathrm{T}} \tag{5.2.1}$$

滤波器权向量为

$$\boldsymbol{w}_{\mathrm{f}} = [w_0 \quad w_1 \quad \cdots \quad w_{M-1}]^{\mathrm{T}} \tag{5.2.2}$$

此时期望响应信号就是希望预测的第 n 时刻的输入数据 $u(n)$，所以

$$d_{\mathrm{f}}(n) = u(n) \tag{5.2.3}$$

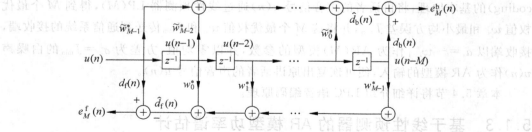

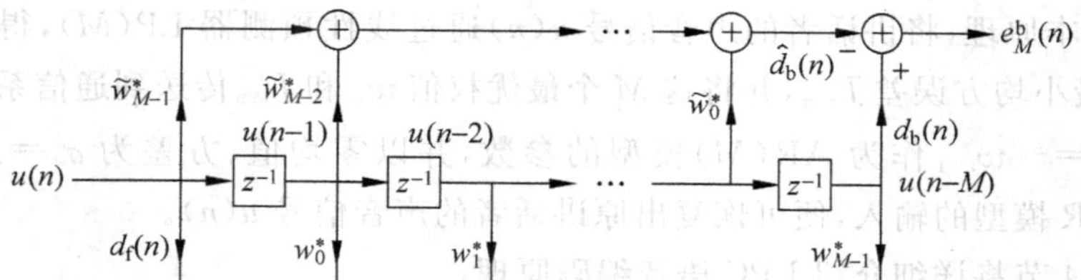

图5.2.1 前后向线性预测器原理

由5.1.1节得维纳-霍夫方程为

$$\boldsymbol{R}\boldsymbol{w}_{\mathrm{fo}} = \boldsymbol{p} \tag{5.2.4}$$

式中，$\boldsymbol{w}_{\mathrm{fo}}$ 是滤波器最优权向量，而自相关矩阵和互相关向量分别为

$$\boldsymbol{R}=\mathrm{E}\{\boldsymbol{u}(n)\boldsymbol{u}^{\mathrm{H}}(n)\}=\begin{bmatrix} r(0) & r(1) & \cdots & r(M-1) \\ r(-1) & r(0) & \cdots & r(M-2) \\ \vdots & \vdots & \ddots & \vdots \\ r(-M+1) & r(-M+2) & \cdots & r(0) \end{bmatrix}$$

$$\boldsymbol{p}=\mathrm{E}\{\boldsymbol{u}(n)d_{\mathrm{f}}^{*}(n)\}=[r(-1)\quad r(-2)\quad \cdots\quad r(-M)]^{\mathrm{T}}$$

2．后向线性预测(BLP)

观察图 5.2.1 的上半部分，所谓(一步)后向线性预测(BLP，backward linear prediction)，就是使用 n 时刻之前(含 n 时刻)的 M 个输入数据 $u(n-M+1),u(n-M+2),\cdots,u(n)$ 来估计第 $n-M$ 时刻的输入 $u(n-M)$，即使用从第 $n-M+1$ 到第 n 时刻的输入数据来“预测”过去第 $n-M$ 时刻的输入数据，称为后向线性预测。此时输入信号向量可表示为

$$\boldsymbol{u}_{\mathrm{b}}(n)=[u(n-M+1)\quad u(n-M+2)\quad \cdots\quad u(n)]^{\mathrm{T}} \tag{5.2.5}$$

令滤波器权向量为

$$\boldsymbol{w}_{\mathrm{b}}=[\tilde{w}_0\quad \tilde{w}_1\quad \cdots\quad \tilde{w}_{M-1}]^{\mathrm{T}} \tag{5.2.6}$$

而期望响应信号就是第 $n-M$ 时刻的输入数据 $u(n-M)$，即

$$d_{\mathrm{b}}(n)=u(n-M)$$

BLP 的维纳-霍夫方程为

$$\boldsymbol{R}_{\mathrm{b}}\boldsymbol{w}_{\mathrm{bo}}=\boldsymbol{p}_{\mathrm{b}} \tag{5.2.7}$$

式中，$\boldsymbol{w}_{\mathrm{bo}}$ 是 BLP 滤波器最优权向量，而 $\boldsymbol{R}_{\mathrm{b}}$ 和 $\boldsymbol{p}_{\mathrm{b}}$ 分别是自相关矩阵和互相关向量，有

$$\boldsymbol{R}_{\mathrm{b}}=\mathrm{E}\{\boldsymbol{u}_{\mathrm{b}}(n)\boldsymbol{u}_{\mathrm{b}}^{\mathrm{H}}(n)\}$$

将式(5.2.5)代入上式，利用自相关函数的定义式 $r(m)=\mathrm{E}\{u(n)u^{*}(n-m)\}$，有

$$\boldsymbol{R}_{\mathrm{b}}=\begin{bmatrix} r(0) & r(-1) & \cdots & r(-M+1) \\ r(1) & r(0) & \cdots & r(-M+2) \\ \vdots & \vdots & \ddots & \vdots \\ r(M-1) & r(M-2) & \cdots & r(0) \end{bmatrix}$$

BLP 滤波器的互相关向量 $\boldsymbol{p}_{\mathrm{b}}$ 为

$$\boldsymbol{p}_{\mathrm{b}}=\mathrm{E}\{\boldsymbol{u}_{\mathrm{b}}(n)d_{\mathrm{b}}^{*}(n)\}=[r(1)\quad r(2)\quad \cdots\quad r(M)]^{\mathrm{T}}$$

根据自相关函数的共轭对称性，比较 FLP 和 BLP 的自相关矩阵和互相关向量，有

$$\boldsymbol{R}_{\mathrm{b}}=\boldsymbol{R}^{*},\quad \boldsymbol{p}_{\mathrm{b}}=\boldsymbol{p}^{*} \tag{5.2.8}$$

将维纳-霍夫方程式(5.2.7)等号两边取共轭，并且利用式(5.2.8)，有

$$\boldsymbol{R}\boldsymbol{w}_{\mathrm{bo}}^{*}=\boldsymbol{p} \tag{5.2.9}$$

比较式(5.2.4)和式(5.2.9)，不难发现 FLP 与 BLP 的最优权向量之间满足关系

$$\boldsymbol{w}_{\mathrm{fo}}=\boldsymbol{w}_{\mathrm{bo}}^{*} \tag{5.2.10}$$

式(5.2.10)表明，BLP 的权向量正好是 FLP 的权向量的共轭。因此，从理论上讲，在最小均方误差意义下，用 FLP 和 BLP 估计权向量时，效果是相同的。

在有限观测样本的条件下，设前向和后向线性预测的最优权向量 $\boldsymbol{w}_{\mathrm{fo}}$ 和 $\boldsymbol{w}_{\mathrm{bo}}$ 的估计分别是 $\hat{\boldsymbol{w}}_{\mathrm{fo}}$ 和 $\hat{\boldsymbol{w}}_{\mathrm{bo}}$。显然，$\hat{\boldsymbol{w}}_{\mathrm{fo}}$ 和 $\hat{\boldsymbol{w}}_{\mathrm{bo}}$ 与理论最优权向量 $\boldsymbol{w}_{\mathrm{fo}}$ 和 $\boldsymbol{w}_{\mathrm{bo}}$ 之间存在估计误差。取 $\hat{\boldsymbol{w}}_{\mathrm{fo}}$ 和 $\hat{\boldsymbol{w}}_{\mathrm{bo}}^{*}$ 的算术平均

$$\hat{w}_{o} = \frac{1}{2}(\hat{w}_{fo} + \hat{w}_{bo}^{*}) \tag{5.2.11}$$

容易理解，在统计意义下，估计$\hat{w}_o$比单独的前向预测估计$\hat{w}_{fo}$，或后向预测估计$\hat{w}_{bo}$具有更小的估计误差。

因此，在实际应用中，通常同时使用FLP和BLP，以取得更好的估计性能。

5.2.2 FBLP的格型滤波器结构

如1.5节所述，由于格型滤波器有规则的结构，易于用超大规模集成电路(VLSI, very large scale integration)实现。本节考虑FBLP的格型滤波器实现。根据图5.2.1所示FBLP结构，对任意m阶的FLP，$m=1,2,\cdots,M$，令$w_{i-1}^{*}=-a_i^{(m)}$，$a_i^{(m)}$是对应的m阶AR模型参数。FLP预测误差$e_m^{f}(n)$可表示为

$$\begin{aligned} e_m^{f}(n) &= u(n) - \hat{u}(n) \\ &= u(n) - \sum_{i=1}^{m} w_{i-1}^{*} u(n-i) \\ &= u(n) + \sum_{i=1}^{m} a_i^{(m)} u(n-i) \end{aligned} \tag{5.2.12}$$

对任意m阶的BLP，$m=1,2,\cdots,M$，有$\tilde{w}=w^{*}$和$w_{i-1}^{*}=-a_i^{(m)}$，则预测误差$e_m^{b}(n)$为

$$\begin{aligned} e_m^{b}(n) &= u(n-m) - \hat{u}(n-m) \\ &= u(n-m) - \sum_{i=1}^{m} [-a_i^{(m)}]^{*} u(n-m+i) \\ &= u(n-m) + \sum_{i=1}^{m} a_i^{(m)*} u(n-m+i) \end{aligned} \tag{5.2.13}$$

同理，对$m-1$阶的FLP和BLP，有

$$\begin{aligned} e_{m-1}^{f}(n) &= u(n) + \sum_{i=1}^{m-1} a_i^{(m-1)} u(n-i) \\ e_{m-1}^{b}(n) &= u(n-m+1) + \sum_{i=1}^{m-1} a_i^{(m-1)*} u(n-m+1+i) \end{aligned} \tag{5.2.14}$$

且

$$e_{m-1}^{b}(n-1) = u(n-m) + \sum_{i=1}^{m-1} a_i^{(m-1)*} u(n-m+i) \tag{5.2.15}$$

故有

$$e_m^{f}(n) - e_{m-1}^{f}(n) = a_m^{(m)} u(n-m) + \sum_{i=1}^{m-1} [a_i^{(m)} - a_i^{(m-1)}] u(n-i) \tag{5.2.16}$$

由相关矩阵的Toeplitz性质，在3.2.2节已经证明

$$a_i^{(m)} = a_i^{(m-1)} + a_m^{(m)} a_{m-i}^{(m-1)*} \tag{5.2.17}$$

所以

$$e_m^{f}(n) - e_{m-1}^{f}(n) = a_m^{(m)} u(n-m) + \sum_{i=1}^{m-1} [a_m^{(m)} a_{m-i}^{(m-1)*}] u(n-i)$$

$$= a_m^{(m)}\left[u(n-m)+\sum_{i=1}^{m-1}a_{m-i}^{(m-1)*}u(n-i)\right]$$

上式中令 $k=m-i$，并注意式(5.2.15)，得

$$e_m^{\mathrm{f}}(n)-e_{m-1}^{\mathrm{f}}(n)=a_m^{(m)}\left[u(n-m)+\sum_{k=1}^{m-1}a_k^{(m-1)*}u(n-m+k)\right]$$

$$=a_m^{(m)}e_{m-1}^{\mathrm{b}}(n-1)$$

所以

$$e_m^{\mathrm{f}}(n)=e_{m-1}^{\mathrm{f}}(n)+\kappa_m e_{m-1}^{\mathrm{b}}(n-1) \tag{5.2.18}$$

与 3.2.2 节相同，反射系数 $\kappa_m \triangleq a_m^{(m)}$ 是 AR(m)模型的第 m 个参数(注意，κ_m 不是 AR(M)模型的第 m 个参数)。

同理可得

$$e_m^{\mathrm{b}}(n)=e_{m-1}^{\mathrm{b}}(n-1)+\kappa_m^* e_{m-1}^{\mathrm{f}}(n) \tag{5.2.19}$$

式(5.2.18)和式(5.2.19)给出了 FLP 预测误差 $e_m^{\mathrm{f}}(n)$ 和 BLP 预测误差 $e_m^{\mathrm{b}}(n)$ 按阶数更新的迭代公式。其对应的矩阵形式为

$$\begin{bmatrix} e_m^{\mathrm{f}}(n) \\ e_m^{\mathrm{b}}(n)\end{bmatrix}=\begin{bmatrix}1 & \kappa_m \\ \kappa_m^* & 1\end{bmatrix}\begin{bmatrix} e_{m-1}^{\mathrm{f}}(n) \\ e_{m-1}^{\mathrm{b}}(n-1)\end{bmatrix},\quad m=1,2,\cdots,M \tag{5.2.20}$$

当 $m=1$ 时，式(5.2.20)为

$$\begin{bmatrix} e_1^{\mathrm{f}}(n) \\ e_1^{\mathrm{b}}(n)\end{bmatrix}=\begin{bmatrix}1 & \kappa_1 \\ \kappa_1^* & 1\end{bmatrix}\begin{bmatrix} e_0^{\mathrm{f}}(n) \\ e_0^{\mathrm{b}}(n-1)\end{bmatrix}$$

由图 5.2.1，对 0 阶的线性预测，有 $e_0^{\mathrm{f}}(n)=e_0^{\mathrm{b}}(n)=u(n)$。

根据 1.5.1 节给出的格型滤波器结构，式(5.2.20)给出的恰是格型滤波器的递推公式。FBLP 的格型滤波器结构如图 5.2.2 所示。

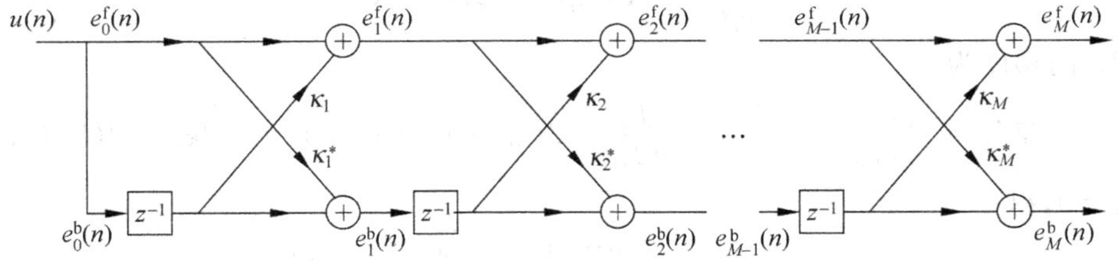

图 5.2.2　FBLP 的格型滤波器结构

将随机过程 $u(n)$ 输入格型滤波器，则可分别得到不同阶数的 FBLP 的最小前向预测误差 $e_m^{\mathrm{f}}(n)$ 和最小后向预测误差 $e_m^{\mathrm{b}}(n)$。

如果 $u(n)$ 为一 M 阶的 AR 过程，则 $e_M^{\mathrm{f}}(n)$ 和 $e_M^{\mathrm{b}}(n)$ 是白噪声序列。

5.2.3　Burg 算法及其在 AR 模型谱估计中的应用

前文已指出，FBLP 的格型滤波器结构具有规则的形式，但怎样有效地根据观测样本数据确定图 5.2.2 中滤波器的反射系数 κ_m，是本小节要回答的问题。

由 FBLP 的格型结构知，对 m 阶 FBLP，有

$$\begin{aligned} e_m^{\mathrm{f}}(n) &= e_{m-1}^{\mathrm{f}}(n) + \kappa_m e_{m-1}^{\mathrm{b}}(n-1) \\ e_m^{\mathrm{b}}(n) &= \kappa_m^* e_{m-1}^{\mathrm{f}}(n) + e_{m-1}^{\mathrm{b}}(n-1) \end{aligned} \tag{5.2.21}$$

前向和后向预测误差平均功率可分别表示为

$$\begin{aligned} \rho_m^{\mathrm{f}} &= \mathrm{E}\{|e_m^{\mathrm{f}}(n)|^2\} \\ &= \mathrm{E}\{[e_{m-1}^{\mathrm{f}}(n) + \kappa_m e_{m-1}^{\mathrm{b}}(n-1)][e_{m-1}^{\mathrm{f}}(n) + \kappa_m e_{m-1}^{\mathrm{b}}(n-1)]^*\} \\ &= \mathrm{E}\{|e_{m-1}^{\mathrm{f}}(n)|^2 + \kappa_m^* e_{m-1}^{\mathrm{f}}(n) e_{m-1}^{\mathrm{b}*}(n-1) \\ &\quad + \kappa_m e_{m-1}^{\mathrm{b}}(n-1) e_{m-1}^{\mathrm{f}*}(n) + |\kappa_m|^2 |e_{m-1}^{\mathrm{b}}(n-1)|^2\} \end{aligned} \tag{5.2.22}$$

$$\begin{aligned} \rho_m^{\mathrm{b}} &= \mathrm{E}\{|e_m^{\mathrm{b}}(n)|^2\} \\ &= \mathrm{E}\{|\kappa_m|^2 |e_{m-1}^{\mathrm{f}}(n)|^2 + \kappa_m^* e_{m-1}^{\mathrm{f}}(n) e_{m-1}^{\mathrm{b}*}(n-1) \\ &\quad + \kappa_m e_{m-1}^{\mathrm{b}}(n-1) e_{m-1}^{\mathrm{f}*}(n) + |e_{m-1}^{\mathrm{b}}(n-1)|^2\} \end{aligned} \tag{5.2.23}$$

定义代价函数为

$$J_m = \rho_m^{\mathrm{f}} + \rho_m^{\mathrm{b}}$$

将式(5.2.22)和式(5.2.23)代入上式,并整理得

$$J_m = (1 + |\kappa_m|^2) A + 2\kappa_m B + 2\kappa_m^* C \tag{5.2.24}$$

式中

$$\begin{aligned} A &\triangleq \mathrm{E}\{|e_{m-1}^{\mathrm{f}}(n)|^2\} + \mathrm{E}\{|e_{m-1}^{\mathrm{b}}(n-1)|^2\} \\ B &\triangleq E\{e_{m-1}^{\mathrm{b}}(n-1) e_{m-1}^{\mathrm{f}*}(n)\} \\ C &\triangleq E\{e_{m-1}^{\mathrm{f}}(n) e_{m-1}^{\mathrm{b}*}(n-1)\} \end{aligned}$$

设 $\kappa_m = \alpha_m + \mathrm{j}\beta_m$,容易证明

$$\frac{\partial J_m}{\partial \alpha_m} = A \cdot 2\alpha_m + 2B + 2C$$

$$\frac{\partial J_m}{\partial \beta_m} = A \cdot 2\beta_m + \mathrm{j}2B - \mathrm{j}2C$$

于是 J_m 的梯度为

$$\nabla J_m = 2\frac{\partial J_m}{\partial \kappa_m^*} = \frac{\partial J_m}{\partial \alpha_m} + \mathrm{j}\frac{\partial J_m}{\partial \beta_m} = 2(\alpha_m + \mathrm{j}\beta_m)A + 4C = 2A\kappa_m + 4C \tag{5.5.25}$$

令 $\nabla J_m = 0$,得

$$\kappa_m = -\frac{2C}{A} = -\frac{2\mathrm{E}\{e_{m-1}^{\mathrm{f}}(n) e_{m-1}^{\mathrm{b}*}(n-1)\}}{\mathrm{E}\{|e_{m-1}^{\mathrm{f}}(n)|^2 + |e_{m-1}^{\mathrm{b}}(n-1)|^2\}} \tag{5.2.26}$$

反射系数 κ_m 计算公式(5.2.26)就是 Burg 公式。通常认为 $u(n)$ 是具有遍历性的平稳随机过程,可用时间平均估计统计平均,即

$$\mathrm{E}\{e_{m-1}^{\mathrm{f}}(n) e_{m-1}^{\mathrm{b}*}(n-1)\} = \lim_{N\to\infty} \frac{1}{2N+1} \sum_{n=-N}^{N} e_{m-1}^{\mathrm{f}}(n) e_{m-1}^{\mathrm{b}*}(n-1) \tag{5.2.27}$$

考虑到实际中只有 N 个观察数据 $u(1), u(2), \cdots, u(N)$,所以近似地有

$$\mathrm{E}\{e_{m-1}^{\mathrm{f}}(n) e_{m-1}^{\mathrm{b}*}(n-1)\} \approx \frac{1}{N} \sum_{n=1}^{N} e_{m-1}^{\mathrm{f}}(n) e_{m-1}^{\mathrm{b}*}(n-1) \tag{5.2.28}$$

观察图 5.2.1 的线性预测器结构可知,对 m 阶的预测器,当数据个数少于 $m+1$ 时,滤波器仅部分节点上有数据,预测误差较大,将这些起始时刻的预测误差丢弃不要,故有

$$E\{e_{m-1}^{f}(n)e_{m-1}^{b*}(n-1)\} \approx \frac{1}{N-m}\sum_{n=m+1}^{N} e_{m-1}^{f}(n)e_{m-1}^{b*}(n-1) \tag{5.2.29}$$

同理有

$$\begin{aligned} E\{|e_{m-1}^{f}(n)|^2\} &\approx \frac{1}{N-m}\sum_{n=m+1}^{N}|e_{m-1}^{f}(n)|^2 \\ E\{|e_{m-1}^{b}(n-1)|^2\} &\approx \frac{1}{N-m}\sum_{n=m+1}^{N}|e_{m-1}^{b}(n-1)|^2 \end{aligned} \tag{5.2.30}$$

因此，反射系数的估计可以表示为

$$\hat{\kappa}_m = -\frac{2\sum_{n=m+1}^{N} e_{m-1}^{f}(n)e_{m-1}^{b*}(n-1)}{\sum_{n=m+1}^{N}|e_{m-1}^{f}(n)|^2 + \sum_{n=m+1}^{N}|e_{m-1}^{b}(n-1)|^2} \tag{5.2.31}$$

式(5.2.31)被称为反射系数 κ_m 的 Burg 估计，Burg 算法通过迭代计算，得到了各阶反射系数，并最终得到 M 阶 LP(M)系数。利用线性预测与 AR(M)模型互为逆系统的结论，可以得到相应的 AR(M)参数，并进而得到 AR(M)功率谱密度估计。

Burg 算法利用有限的观测样本数据，可直接得到 FBLP 参数的估计，而不需要估计相关函数，也不需要求解 Yule-Walker 方程组，其计算量小。此外，由于 Burg 算法同时利用了 FLP 和 BLP，进一步提高了参数估计的精度，因此，Burg 算法在谱估计等信号处理领域得到广泛应用。

下面给出基于 Burg 算法的谱估计计算步骤。

算法 5.1(Burg 算法用于谱估计)

步骤 1　$m=0$ 时，有

$$e_0^{f}(n) = e_0^{b}(n) = u(n)$$

步骤 2　$m=1$ 时，有

$$\hat{a}_1^{(1)} = \hat{\kappa}_1 = -\frac{2\sum_{n=2}^{N} e_0^{f}(n)e_0^{b*}(n-1)}{\sum_{n=2}^{N}|e_0^{f}(n)|^2 + \sum_{n=2}^{N}|e_0^{b}(n-1)|^2}$$

$$e_1^{f}(n) = e_0^{f}(n) + \hat{\kappa}_1 e_0^{b}(n-1)$$

$$e_1^{b}(n) = \hat{\kappa}_1^{*} e_0^{f}(n) + e_0^{b}(n-1)$$

步骤 3　$m=2,3,\cdots,M$ 时，有

$$\hat{a}_m^{(m)} = \hat{\kappa}_m = -\frac{2\sum_{n=m+1}^{N} e_{m-1}^{f}(n)e_{m-1}^{b*}(n-1)}{\sum_{n=m+1}^{N}|e_{m-1}^{f}(n)|^2 + \sum_{n=m+1}^{N}|e_{m-1}^{b}(n-1)|^2}$$

$$e_m^{f}(n) = e_{m-1}^{f}(n) + \hat{\kappa}_m e_{m-1}^{b}(n-1)$$

$$e_m^{b}(n) = \hat{\kappa}_m^{*} e_{m-1}^{f}(n) + e_{m-1}^{b}(n-1)$$

$$\hat{a}_i^{(m)} = \hat{a}_i^{(m-1)} + \hat{\kappa}_m \hat{a}_{m-i}^{(m-1)*},\quad i = 1,2,\cdots,m-1$$

步骤 4 令 $m=m+1$，重复步骤 3，直到 $m=M$。

步骤 5 利用 $\hat{a}_i^{(M)}, i=1,\cdots,M$，得到功率谱密度的估计为

$$\hat{S}_{\mathrm{AR}}(\omega)=\frac{\sigma^2}{\left|1+\sum_{i=1}^{M}\hat{a}_i^{(M)}\mathrm{e}^{-\mathrm{j}\omega i}\right|^2}$$，其中 σ^2 为方差

5.2.4 Burg 算法功率谱估计仿真实验

设观测信号 $x(n)$ 为

$$x(n)=\sum_{k=1}^{3}A_k\exp(\mathrm{j}2\pi f_k n+\mathrm{j}\varphi_k)+v(n) \tag{5.2.32}$$

式中，幅度分别为 $A_1=1, A_2=1$ 和 $A_3=0.5$，归一化频率分别是 $f_1=0.1, f_2=0.25$ 和 $f_3=0.27$，φ_k 是相互独立并服从[0,2π]均匀分布的随机相位。$v(n)$ 是均值为 0、方差 $\sigma^2=0.001$ 的高斯白噪声序列，相应的信噪比分别为 $\mathrm{SNR}_1=30\mathrm{dB}$，$\mathrm{SNR}_2=30\mathrm{dB}$ 和 $\mathrm{SNR}_3=24\mathrm{dB}$。利用 $x(n)$ 的 N 个观测样本，使用 Burg 算法估计 $x(n)$ 的功率谱。

首先，利用式(5.2.32)产生 $N=256$ 个观测样本数据，并根据算法 5.1(Burg 算法)的计算步骤，分别得到如图 5.2.3 所示的 $M=8$ 和 16 两种条件下，AR 功率谱估计的结果。

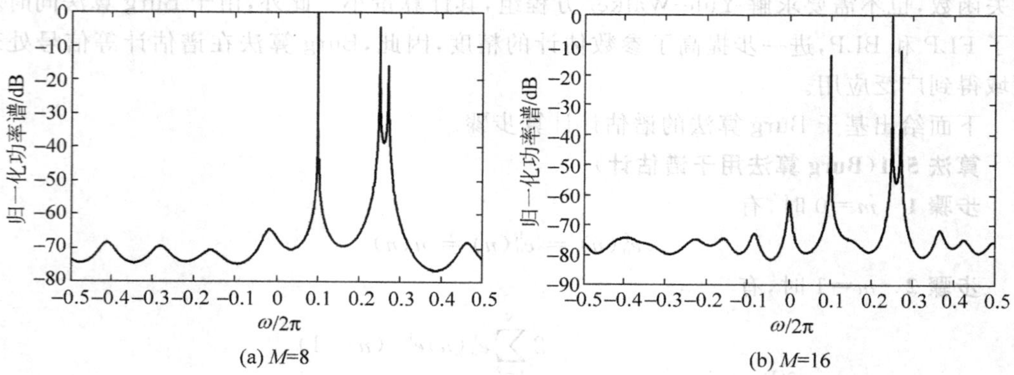

图 5.2.3 基于 Burg 算法的 AR 模型功率谱估计

5.3 信道均衡

在高速率数字通信系统中，接收信号通常会受到加性噪声、码间干扰(ISI，inter symbol interference)、衰落等因素的影响。码间干扰通常是由信号在带限信道中传输或信号的多径传播现象引起的。要获得发射符号的可靠估计，通常需要在接收机中对接收信号进行均衡(equalization)[1,6]。

5.3.1 离散时间通信信道模型

考虑如图 5.3.1 所示的带宽有限的基带数字通信系统。假设发射的信息符号为 $s(n)$，连续时间发射信号通常可以表示为

$$\tilde{s}(t) = \sum_{l=-\infty}^{\infty} s(l)g(t-lT) \tag{5.3.1}$$

式中，$g(t)$是发射端脉冲成形滤波器的单位冲激响应，通常 $g(t)$是一个有限持续时间的因果滤波器，T 表示符号间的时间间隔(符号周期)，即符号速率为 $1/T$ 样本/s。$c(t)$是传输信道的单位冲激响应，包括无线传输时的多径效应等，传输信道在一段时间内可看成是线性时不变的，且是带限的，设其带宽为 W。

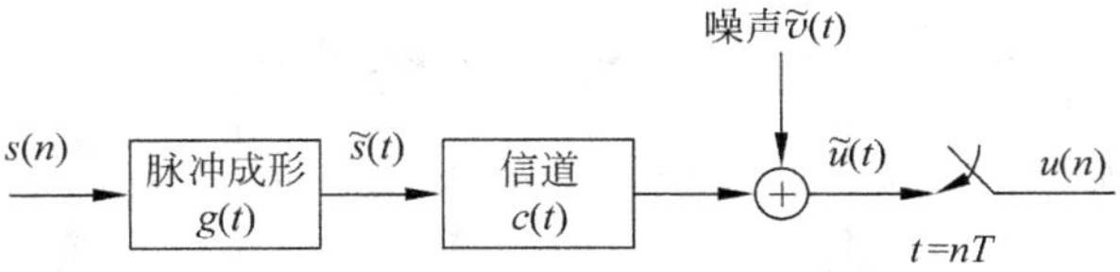

图 5.3.1　数字通信系统模型

于是，连续时间接收信号可以表示为

$$\tilde{u}(t) = \tilde{s}(t) * c(t) + \tilde{v}(t) = \sum_{l=-\infty}^{\infty} s(l)\,\tilde{h}(t-lT) + \tilde{v}(t) \tag{5.3.2}$$

式中，$\tilde{v}(t)$是信道的加性高斯白噪声，$\tilde{h}(t)$是脉冲成形滤波器 $g(t)$与信道 $c(t)$的卷积，表示为

$$\tilde{h}(t) = g(t) * c(t) = \int_{-\infty}^{\infty} g(\tau)c(t-\tau)\mathrm{d}\tau \tag{5.3.3}$$

注意到，这里没有考虑信号在实际传输过程中所必需的调制和解调，因此，$c(t)$实际上是物理带通信道的等效低通信道(复包络)。此外，式(5.3.2)并未考虑信号到达接收机的延迟。事实上，在通信系统设计中，相对于发射机的参考时钟，接收机的参考时钟通常存在一个固定的延迟，该延迟包括在物理信道上的传输时延以及在发射机和接收机中的滤波时延。通过调整接收机的参考时钟，可以将接收信号表示成如式(5.3.2)所示的无时延的形式。

以 $1/T$ 的速率对信号$\tilde{u}(t)$采样，得到离散时间信号为

$$u(n) = \tilde{u}(nT) = \sum_{l=-\infty}^{\infty} s(l)h(n-l) + v(n) \tag{5.3.4}$$

式中，$h(n)$为等效的离散时间信道单位冲激响应，为

$$h(n) \triangleq \tilde{h}(nT) = \int_{-\infty}^{\infty} g(\tau)c(nT-\tau)\mathrm{d}\tau \tag{5.3.5}$$

式(5.3.4)第一项的卷积也可表示为

$$u(n) = \sum_{l=-\infty}^{\infty} h(l)s(n-l) + v(n) \tag{5.3.6}$$

通常可认为$\tilde{h}(t)$是因果、有限持续时间的，所以离散时间信道冲激响应 $h(n)$也是因果、有限持续时间的，设信道长度为 $L+1$，$h(n)$可表示为序列

$$h(n) = \{h_0, h_1, \cdots, h_L\}, \quad n = 0,1,2,\cdots,L \tag{5.3.7}$$

式(5.3.6)可表示为

$$u(n) = \sum_{l=0}^{L} h_l s(n-l) + v(n) \tag{5.3.8}$$

或

$$u(n)=h_0 s(n)+\sum_{l=1}^{L} h_l s(n-l)+v(n) \tag{5.3.9}$$

式(5.3.9)中，第一项表示在第 n 个采样时刻携带信息的符号，标量因子 h_0 不影响信息的传递，而第二项则表示引入的码间干扰。

式(5.3.8)的离散时间信道模型可表示为如图 5.3.2 所示。

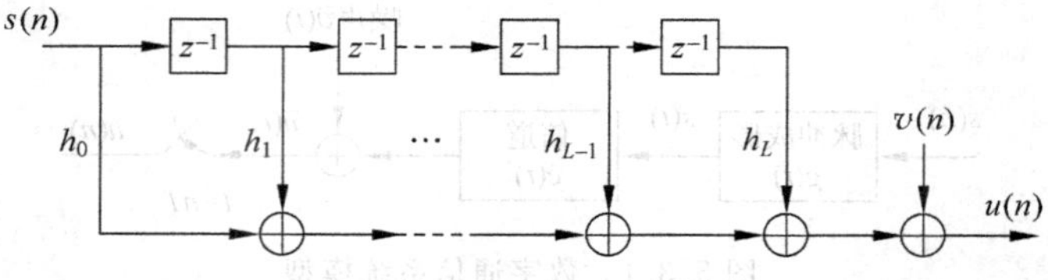

图 5.3.2 加性高斯白噪声离散时间信道模型

实际系统中，成形滤波器 $g(t)$ 通常为升余弦滚降函数，可表示为两个根升余弦函数 $g_1(t)$ 的卷积，即

$$g(t)=g_1(t)*g_1(t) \tag{5.3.10}$$

这样，可将发射端的成形滤波器 $g(t)$ 拆分成两个滤波器 $g_1(t)$ 的级联，并将一个移到接收端，作为接收时的匹配滤波器，系统结构如图 5.3.3 所示。与图 5.3.1 的系统结构比较可以看出，两种结构对信号 $s(n)$ 的作用相同，但对噪声影响不同：图 5.3.1 中是对白噪声 $\tilde{v}(t)$ 以符号周期 T 直接采样，得到离散白噪声 $v(n)$；而图 5.3.3 中白噪声 $\tilde{v}(t)$ 先通过滤波器 $g_1(t)$，再以符号周期 T 采样得到离散噪声 $v(n)$。

图 5.3.3 的系统结构对应的离散信道模型仍为图 5.3.2 所示的形式，图 5.3.3 所示的通信系统结构在实际中得到广泛应用。

参考文献[1]从匹配滤波和白化滤波器的角度出发，得到了与图 5.3.2 相同的离散时间信道模型。

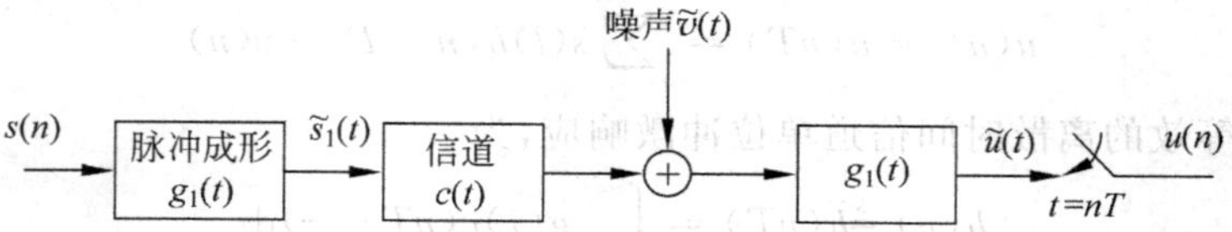

图 5.3.3 实际数字通信系统结构

5.3.2 迫零均衡滤波器

1. 理想的逆滤波器

考虑如图 5.3.4 所示的离散时间信道和线性均衡滤波器框图，假设均衡滤波器有无限多个抽头权系数。由式(5.3.8)知，FIR 离散时间信道的单位冲激响应可以表示为

$$h(n)=\sum_{k=0}^{L} h_k \delta(n-k) \tag{5.3.11}$$

类似地，均衡器的单位冲激响应可以表示为

$$w(n)=\sum_{k=-\infty}^{\infty}w_k^*\delta(n-k) \tag{5.3.12}$$

信道与均衡器的级联的单位冲激响应 $f(n)$是 $h(n)$与 $w(n)$的线性卷积和，注意到 $h(n)$是因果的，因此有

$$f(n)=w(n)*h(n)=\sum_{k=-\infty}^{\infty}w_k^*h_{n-k}=\sum_{l=0}^{L}w_{n-l}^*h_l \tag{5.3.13}$$

且

$$f(0)=\sum_{l=0}^{L}w_{-l}^*h_l \tag{5.3.14}$$

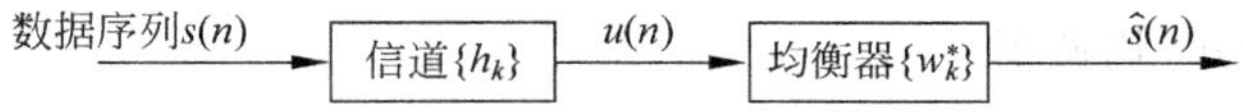

图 5.3.4　信道均衡器

设均衡器第 n 个采样时刻的输出为

$$\hat{s}(n)=\sum_{k=-\infty}^{\infty}w_k^*u(n-k) \tag{5.3.15}$$

将式(5.3.8)代入式(5.3.15)，有

$$\hat{s}(n)=\sum_{k=-\infty}^{\infty}\sum_{i=0}^{L}w_k^*h_is(n-k-i)+\sum_{k=-\infty}^{\infty}w_k^*v(n-k) \tag{5.3.16}$$

经过变量代换 $l=k+i$，有

$$\begin{aligned}\hat{s}(n)&=\sum_{i=0}^{L}\sum_{l=-\infty}^{+\infty}w_{l-i}^*h_is(n-l)+\sum_{k=-\infty}^{\infty}w_k^*v(n-k)\\&=\sum_{i=0}^{L}w_{-i}^*h_is(n)+\sum_{i=0}^{L}\sum_{l=-\infty,l\neq0}^{+\infty}w_{l-i}^*h_is(n-l)+\sum_{k=-\infty}^{\infty}w_k^*v(n-k)\\&=s(n)\sum_{i=0}^{L}w_{-i}^*h_i+\sum_{l=-\infty,l\neq0}^{+\infty}\Big[\sum_{i=0}^{L}w_{l-i}^*h_i\Big]s(n-l)+\sum_{k=-\infty}^{\infty}w_k^*v(n-k)\\&=f(0)s(n)+\sum_{l=-\infty,l\neq0}^{+\infty}s(n-l)f(l)+\sum_{k=-\infty}^{\infty}w_k^*v(n-k)\end{aligned} \tag{5.3.17}$$

式中，第一项与期望信号 $s(n)$成比例，是期望输出；第二项是码间干扰；第三项是噪声通过均衡滤波器的输出。

定义码间干扰的峰值为峰值失真(peak distortion)，其定义为

$$D(\boldsymbol{w})=\sum_{n=-\infty,n\neq0}^{\infty}|f(n)|=\sum_{n=-\infty,n\neq0}^{\infty}\left|\sum_{l=0}^{L}w_{n-l}^*h_l\right| \tag{5.3.18}$$

峰值失真是均衡器权系数的函数。

通过选择均衡器抽头权系数可完全消除码间干扰，即使得 $D(\boldsymbol{w})=0$，此时均衡滤波器 $w(n)$应满足条件

$$f(n)=\sum_{k=-\infty}^{\infty}w_k^*h_{n-k}=\delta(n)=\begin{cases}1, & n=0\\0, & n\neq 0\end{cases} \tag{5.3.19}$$

对式(5.3.19)取 Z 变换,有

$$F(z)=W(z)H(z)=1 \tag{5.3.20}$$

式中,系统函数 $W(z)$ 和 $H(z)$ 分别是均衡滤波器单位冲激响应 $w(n)$ 和离散时间信道单位冲激响应 $h(n)$ 的 Z 变换,为

$$W(z)=\sum_{k=-\infty}^{\infty}w_k^*z^{-k}$$
$$H(z)=\sum_{k=0}^{L}h_kz^{-k} \tag{5.3.21}$$

由式(5.3.20)知,均衡器

$$W(z)=\frac{1}{H(z)} \tag{5.3.22}$$

是信道滤波器 $H(z)$ 的逆滤波器。换句话说,若要完全消除码间干扰,均衡器 $W(z)$ 应是 $H(z)$ 的理想逆滤波器。称满足条件方程式(5.3.19)或式(5.3.22)的均衡器 $\{w_k^*\}$ 是迫零均衡器。

2. FIR 迫零均衡器

理想的迫零(ZF,zero forcing)均衡器有无限多个抽头权系数,现在考虑如图 5.3.5 所示的有 $2M+1$ 个复值抽头权系数均衡滤波器。均衡器的输入序列 $u(n)$ 由式(5.3.8)给出,输出序列中第 n 个符号 $\hat{s}(n)$ 是信道输入 $s(n)$ 的估计,有

$$\hat{s}(n)=\sum_{m=-M}^{M}\hat{w}_m^*u(n-m)=\hat{\boldsymbol{w}}^{\mathrm{H}}\boldsymbol{u}(n) \tag{5.3.23}$$

式中,$\boldsymbol{u}(n)$ 是观测信号向量,有

$$\boldsymbol{u}(n)=[u(n+M)\quad u(n+M-1)\quad \cdots\quad u(n)\quad \cdots\quad u(n-M)]^{\mathrm{T}} \tag{5.3.24}$$

$\hat{\boldsymbol{w}}$ 是 FIR 均衡器的权向量,有

$$\hat{\boldsymbol{w}}=[\hat{w}_{-M}\quad \hat{w}_{-M+1}\quad \cdots\quad \hat{w}_M]^{\mathrm{T}} \tag{5.3.25}$$

均衡器的单位冲激响应可以表示为

$$\hat{w}(n)=\sum_{k=-M}^{M}\hat{w}_k^*\delta(n-k) \tag{5.3.26}$$

由式(5.3.13),信道与均衡器的级联的单位冲激响应可以表示为

$$f(n)=\sum_{k=-M}^{M}\hat{w}_k^*h_{n-k}=\sum_{k=-M}^{M+L}f_k\delta(n-k) \tag{5.3.27}$$

式(5.3.27)中分别取 $n=-M,-M+1,\cdots,0,\cdots,M+L-1,M+L$,并定义单位冲激响应向量

$$\boldsymbol{f}=[f_{-M}\quad f_{-M+1}\quad \cdots\quad f_0\quad \cdots\quad f_{M+L-1}\quad f_{M+L}]^{\mathrm{T}} \tag{5.3.28}$$

于是,式(5.3.27)可以表示为矩阵形式,即

$$\boldsymbol{f}=\boldsymbol{C}\hat{\boldsymbol{w}}^* \tag{5.3.29}$$

由于有

$$h_k = 0, \quad k < 0 \text{ 或 } k > L \tag{5.3.30}$$

当 $L>2M$ 时，信道冲激响应矩阵 $\boldsymbol{C}$ 可以表示为

$$\boldsymbol{C} = \begin{bmatrix} h_0 & 0 & 0 & \cdots & 0 & 0 \\ h_1 & h_0 & 0 & \cdots & 0 & 0 \\ \vdots & \vdots & \vdots & & \vdots & \vdots \\ h_{2M-1} & h_{2M-2} & h_{2M-3} & \cdots & h_0 & 0 \\ h_{2M} & h_{2M-1} & h_{2M-2} & \cdots & h_1 & h_0 \\ h_{2M+1} & h_{2M} & h_{2M-1} & \cdots & h_2 & h_1 \\ \vdots & \vdots & \vdots & & \vdots & \vdots \\ h_{L-1} & h_{L-2} & h_{L-3} & \cdots & h_{L-2M} & h_{L-2M-1} \\ h_L & h_{L-1} & h_{L-2} & \cdots & h_{L-2M+1} & h_{L-2M} \\ 0 & h_L & h_{L-1} & \cdots & h_{L-2M+2} & h_{L-2M+1} \\ \vdots & \vdots & \vdots & & \vdots & \vdots \\ 0 & 0 & 0 & \cdots & h_L & h_{L-1} \\ 0 & 0 & 0 & \cdots & 0 & h_L \end{bmatrix} \in \mathbb{C}^{(L+2M+1)\times(2M+1)} \tag{5.3.31}$$

注意到 Toeplitz 矩阵 $\boldsymbol{C}$ 的第一列由信道系数 $h_l, l=0,\cdots,L$ 和 $2M$ 个零构成，第一行则由 h_0 和 $2M$ 个零构成。

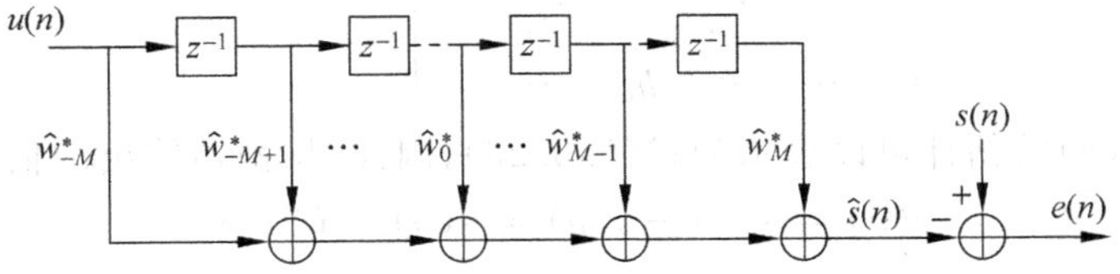

图 5.3.5　线性均衡器

定义发射符号向量为

$$\boldsymbol{s}(n) = [s(n+M) \quad \cdots \quad s(n) \quad \cdots \quad s(n-M-L)]^{\mathrm{T}} \in \mathbb{C}^{(2M+L+1)\times 1} \tag{5.3.32}$$

不考虑噪声，均衡器输出可表示为

$$\hat{s}(n) = \sum_{m=-M}^{M+L} f_m s(n-m) = \boldsymbol{f}^{\mathrm{T}} \boldsymbol{s}(n) \tag{5.3.33}$$

假设均衡器输出满足

$$\hat{s}(n) = s(n) \tag{5.3.34}$$

于是，期望的信道-均衡器的单位冲激响应向量满足

$$\boldsymbol{f}_{\mathrm{d}} = [0 \quad \cdots \quad 0 \quad 1 \quad 0 \quad \cdots \quad 0]^{\mathrm{T}} \tag{5.3.35}$$

式中，只有第 $M+1$ 项是非零项。

所以，根据式(5.3.35)的 $\boldsymbol{f}_{\mathrm{d}}$，由式(5.3.29)可以求解出均衡滤波器的权向量 $\hat{\boldsymbol{w}}$，前提是需预先得到(或估计出)离散时间信道冲激响应 $h(n)$，即得到式(5.3.31)的矩阵 $\boldsymbol{C}$。

5.3.3　基于 MMSE 准则的 FIR 均衡滤波器

5.3.2 节讨论了在峰值失真准则下的迫零均衡器，实现迫零均衡器条件是需估计出信道冲激响应 $h(n)$。现在考虑在最小均方误差(MMSE)意义下的均衡器。在训练阶段，利用已知的训练信号，接收机可获得在 MMSE 意义下的最优均衡滤波器权向量$\hat{\boldsymbol{w}}_o$；在工作阶段，接收机利用均衡滤波器向量$\hat{\boldsymbol{w}}_o$就可实现对接收信号的最优滤波，减小码间干扰。

同样考虑如图 5.3.5 所示的有 $2M+1$ 个复值抽头权系数均衡滤波器，定义发射符号向量如式(5.3.32)所示，为

$$\boldsymbol{s}(n)=[s(n+M)\quad\cdots\quad s(n)\quad\cdots\quad s(n-M-L)]^{\mathrm{T}}\in\mathbb{C}^{(2M+L+1)\times 1}$$

观测信号向量 $\boldsymbol{u}(n)$ 如式(5.3.24)所示，为

$$\boldsymbol{u}(n)=[u(n+M)\quad u(n+M-1)\quad\cdots\quad u(n)\quad\cdots\quad u(n-M)]^{\mathrm{T}}$$

定义噪声信号向量为

$$\boldsymbol{v}(n)=[v(n+M)\quad v(n+M-1)\quad\cdots\quad v(n-M)]^{\mathrm{T}}\tag{5.3.36}$$

于是，均衡器输入信号向量 $\boldsymbol{u}(n)$ 可以表示为

$$\boldsymbol{u}(n)=\boldsymbol{H}\boldsymbol{s}(n)+\boldsymbol{v}(n)\tag{5.3.37}$$

式中，$\boldsymbol{H}$ 是 Toeplitz 结构的信道矩阵，即

$$\boldsymbol{H}=\begin{bmatrix}h_0 & \cdots & h_L & 0 & \cdots & 0\\ 0 & h_0 & \cdots & h_L & \cdots & 0\\ & & \ddots & & \ddots & \\ 0 & \cdots & 0 & h_0 & \cdots & h_L\end{bmatrix}\in\mathbb{C}^{(2M+1)\times(2M+L+1)}\tag{5.3.38}$$

信道输入 $s(n)$ 的估计可以表示为式(5.3.23)，因此，均衡器输出的估计误差为

$$e(n)=s(n)-\hat{s}(n)=s(n)-\hat{\boldsymbol{w}}^{\mathrm{H}}\boldsymbol{u}(n)\tag{5.3.39}$$

均方误差为

$$J(\hat{\boldsymbol{w}})\triangleq\mathrm{E}\{|e(n)|^2\}=\mathrm{E}\{|s(n)-\hat{s}(n)|^2\}=\mathrm{E}\{|s(n)-\hat{\boldsymbol{w}}^{\mathrm{H}}\boldsymbol{u}(n)|^2\}\tag{5.3.40}$$

利用最小均方误差准则，MMSE 均衡器应是维纳-霍夫方程的解，即

$$\hat{\boldsymbol{w}}_o=[\hat{w}_{o,-M}\quad\hat{w}_{o,-M+1}\quad\cdots\quad\hat{w}_{o,M}]^{\mathrm{T}}=\boldsymbol{R}^{-1}\boldsymbol{p}\tag{5.3.41}$$

式中，$\boldsymbol{R}$ 是 $\boldsymbol{u}(n)$ 的自相关矩阵，$\boldsymbol{p}$ 是 $\boldsymbol{u}(n)$ 与 $s(n)$ 的互相关向量。由式(5.3.37)，有

$$\begin{aligned}\boldsymbol{R}&=\mathrm{E}\{\boldsymbol{u}(n)\boldsymbol{u}^{\mathrm{H}}(n)\}\\&=\mathrm{E}\{(\boldsymbol{H}\boldsymbol{s}(n)+\boldsymbol{v}(n))(\boldsymbol{H}\boldsymbol{s}(n)+\boldsymbol{v}(n))^{\mathrm{H}}\}\end{aligned}\tag{5.3.42}$$

假设不同时刻发射符号 $s(n)$ 间相互独立，并且平均功率相等，为 $\mathrm{E}\{|s(n)|^2\}=\sigma_s^2$，所以

$$\mathrm{E}\{\boldsymbol{s}(n)\boldsymbol{s}^{\mathrm{H}}(n)\}=\sigma_s^2\boldsymbol{I}\tag{5.3.43}$$

且发射符号 $s(n)$ 与噪声 $v(n)$ 不相关。于是有

$$\begin{aligned}\boldsymbol{R}&=\boldsymbol{H}\mathrm{E}\{\boldsymbol{s}(n)\boldsymbol{s}^{\mathrm{H}}(n)\}\boldsymbol{H}^{\mathrm{H}}+\mathrm{E}\{\boldsymbol{v}(n)\boldsymbol{v}^{\mathrm{H}}(n)\}\\&=\sigma_s^2\boldsymbol{H}\boldsymbol{H}^{\mathrm{H}}+\sigma_v^2\boldsymbol{I}\in\mathbb{C}^{(2M+1)\times(2M+1)}\end{aligned}\tag{5.3.44}$$

式中，σ_v^2 是高斯白噪声 $v(n)$ 的平均功率。注意到信道矩阵 $\boldsymbol{H}$ 的 Toeplitz 结构，互相关向量 $\boldsymbol{p}$ 满足(设 $L\geqslant M$)

$$\begin{aligned} \boldsymbol{p} &= \mathrm{E}\{\boldsymbol{u}(n)s^*(n)\} \\ &= \sigma_s^2[\boldsymbol{H}]_{M+1} = \sigma_s^2[h_M \quad h_{M-1} \quad \cdots \quad h_0 \quad \cdots \quad 0]^{\mathrm{T}} \end{aligned} \tag{5.3.45}$$

式中，$[\boldsymbol{H}]_n$ 表示矩阵 $\boldsymbol{H}$ 的第 n 列。

由式(5.3.45)，均衡滤波器输出的最小均方误差为

$$\begin{aligned} J_{\min} &= J(\hat{w}_o) = \sigma_s^2 - \boldsymbol{w}^{\mathrm{H}}\boldsymbol{R}\boldsymbol{w} \\ &= \sigma_s^2 - \hat{\boldsymbol{w}}_o^{\mathrm{H}}\boldsymbol{p} \\ &= \sigma_s^2 - \sigma_s^2\sum_{m=-M}^{0}\hat{w}_{o,m}^*h_{-m} \end{aligned} \tag{5.3.46}$$

从上面的讨论可以看出，如果已知信道系数$\{h_l\}_{l=0}^L$，则可按式(5.3.41)的维纳-霍夫方程解出均衡滤波器的权向量，并按式(5.3.46)得到均衡器的最小均方误差。

通常的情况是信道系数未知，这时可用信道估计器得到离散时间信道的估计值$\{\hat{h}_l\}_{l=0}^L$，而实际上，应用更多的是，通过发送已知的训练信号，利用 LMS 等自适应算法直接获得均衡器权向量$\hat{\boldsymbol{w}}$的估计。下一节将通过一个实例来说明自适应均衡的具体应用。

5.3.4　自适应均衡及仿真实例

本节将研究 LMS 自适应均衡算法及仿真实验。系统框图如图 5.3.6 所示。噪声发生器是一个伯努利序列(Bernoulli sequence)发生器，它所产生的离散时间序列 $s(n)$作为均衡器的训练序列。注意到，$s(n)$等概率地取+1 和−1(双极性信号)，因此，$s(n)$的均值为 0，且平均功率为 1。加性噪声 $v(n)$是方差为 $\sigma_v^2=10^{-3}$ 的零均值高斯白噪声。

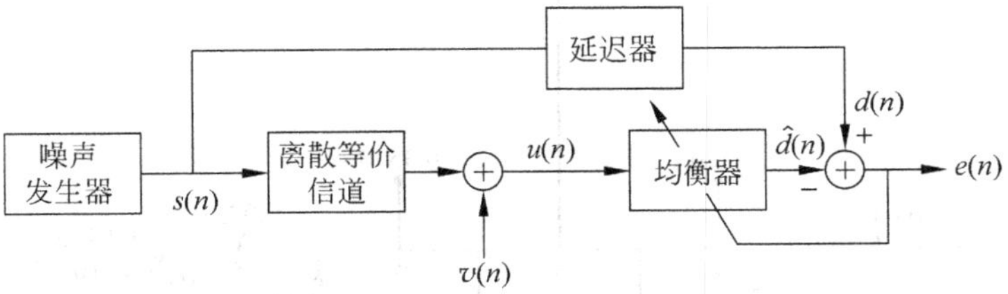

图 5.3.6　自适应均衡系统框图

实验中分别使用了如图 5.3.7 所示的 3 个离散时间信道。信道(a)是一个升余弦(raised cosine)信道，有

$$h(n) = \begin{cases} \dfrac{1}{2}\left\{1 + \cos\left[\dfrac{2\pi}{W}(n-1)\right]\right\}, & n = 0,1,2 \\ 0, & \text{其他} \end{cases} \tag{5.3.47}$$

式中，参数 W 控制信道所引入的幅度失真量，在实验中取 $W=3.5$。根据 4.4.3 节特征值扩展的定义，矩阵 $\boldsymbol{R}$ 的特征值扩展为

$$\chi(\boldsymbol{R}) = \frac{\lambda_{\max}}{\lambda_{\min}} \tag{5.3.48}$$

式中，$\lambda_{\max}$和 $\lambda_{\min}$分别是矩阵 $\boldsymbol{R}$ 的最大和最小特征值。随着自相关矩阵 $\boldsymbol{R}$ 的特征值扩展

$\chi(\boldsymbol{R})$的增大，若使用最陡下降算法或 LMS 算法，其收敛速率将下降。由式(5.3.44)知，对于信道均衡问题，相关矩阵及其特征值扩展，不仅与信道有关，还与均衡滤波器的阶数有关。

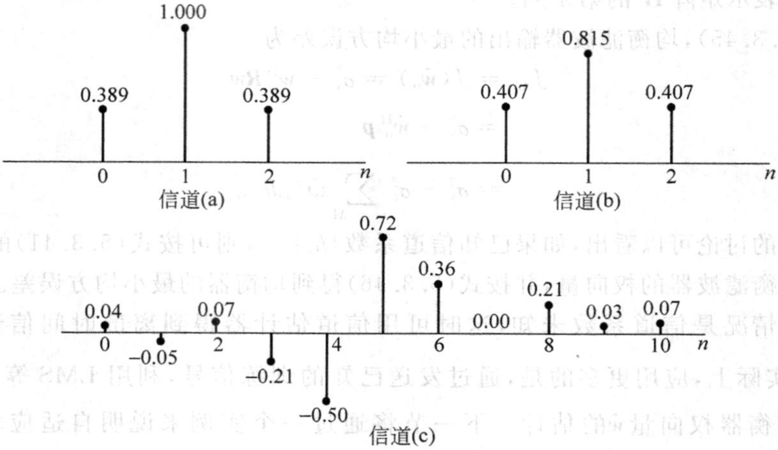

图 5.3.7　3 种离散时间信道冲激响应

对于图 5.3.7 所示的信道(a)，使用 11 阶的均衡滤波器，由式(5.3.38)和式(5.3.44)，在这种情况下，特征值扩展为 $\chi(\boldsymbol{R})=46.8216$。在已知信道冲激响应的情况下，利用式(5.3.46)可以计算出 $J_{\min}=0.0044$，而均衡滤波器的最优权向量如图 5.3.8 所示。

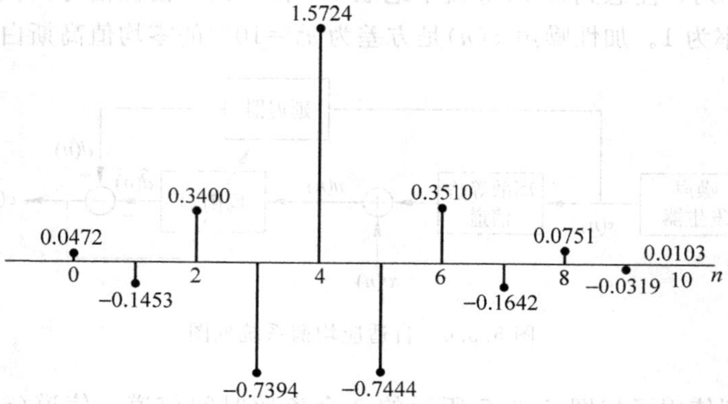

图 5.3.8　信道(a)均衡器最优权向量

对信道(a)，选择 LMS 算法的步长参数分别为 $\mu=0.050$、0.025 和 0.010。在 LMS 算法中，均衡滤波器初始化为 $\hat{\boldsymbol{w}}(0)=[0\ \cdots\ 0\ 1\ 0\ \cdots\ 0]^{\mathrm{T}}$，即除了第 0 个抽头权系数非零外，所有其他抽头权系数都等于零。图 5.3.9 给出了仿真实验的结果。纵坐标是 $T=500$ 次独立实验获得的平均瞬时误差，即

$$\mathrm{MSE}(n)=\frac{1}{T}\sum_{k=1}^{T}e_k^2(n) \tag{5.3.49}$$

式中，$e_k(n)$是第 k 次独立实验中第 n 次迭代得到的瞬时误差。

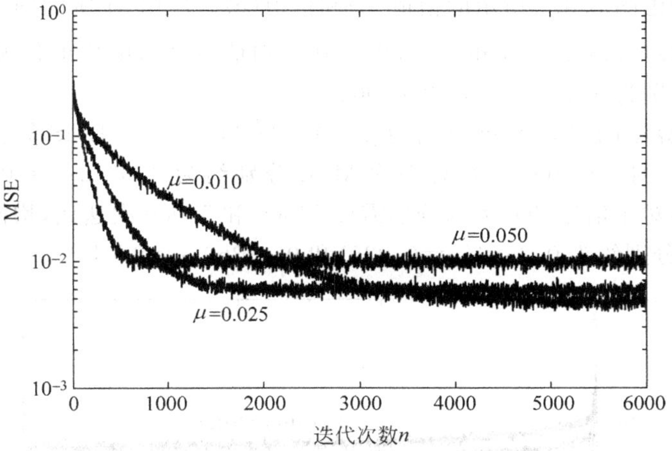

图 5.3.9　信道(a)自适应均衡器 LMS 算法学习曲线

仿真结果表明，步长参数较小时算法收敛速率明显较慢，在仿真实验中，使用步长 $\mu=0.050$ 时，经过约 600 次迭代，均衡器即进入稳态；而使用步长 $\mu=0.010$ 时，经过约 4000 次迭代，LMS 算法方才收敛，这与第 4 章 4.4.3 节的结论吻合一致。

另一方面，稳态的平均误差也将随着步长参数的增加而增大。在仿真实验中，使用步长 $\mu=0.050$ 时，稳态平均均方误差(MSE)约为 0.0099；而使用步长 $\mu=0.010$ 时，稳态平均 MSE 约为 0.0047，这与利用维纳-霍夫方程得到的结果($J_{\min}=0.0044$)非常接近。

对信道(a)，图 5.3.10 比较了最陡下降法和 LMS 算法的学习曲线。可以看出，步长参数仅影响最陡下降算法的收敛速度，对稳态性能没有影响，事实上，如果不考虑计算精度的影响，在两种步长参数($\mu=0.050$ 和 0.010)情况下，稳态均方误差都等于最小均方误差($J_{\min}=0.0044$)。

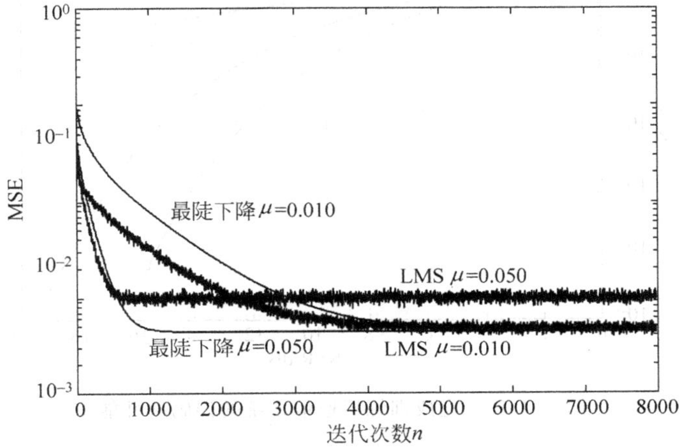

图 5.3.10　信道(a)使用最陡下降法和 LMS 算法的均衡器学习曲线

现在分别考虑图 5.3.7 所示的信道(b)和信道(c)。使用 31 阶的均衡滤波器，特征值扩展分别为 $\chi(\boldsymbol{R})=2445.9556$ 和 20.7303。在已知信道冲激响应的情况下，两种信道的最小均方误差分别为 $J_{\min}=0.0988$ 和 0.002。

选择 LMS 算法的步长参数分别为 $\mu=0.025$ 和 0.010。LMS 算法的学习曲线如图 5.3.11 所示。对于信道(c)，稳态平均 MSE 分别约为 0.0042($\mu=0.025$)和 0.0026($\mu=0.010$)。而对于信道(b)，大约分别需要 20000 和 50000 次迭代，均衡器才进入稳态，稳态平均 MSE 分别约为 0.2586($\mu=0.025$)和 0.01369($\mu=0.010$)。

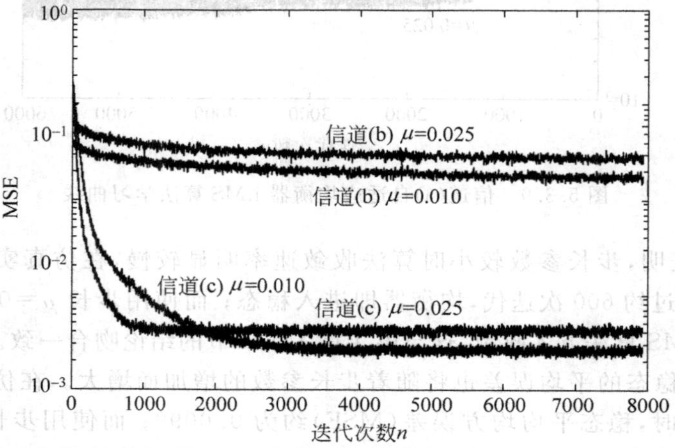

图 5.3.11　信道(b)和(c)自适应均衡器 LMS 算法学习曲线

最后，图 5.3.12 给出了图 5.3.7 中 3 种不同的信道，在不同信噪比条件下，LMS 自适应均衡器的权向量收敛后，传输双极性信号时的误码率(SER, symbol error rate)①。

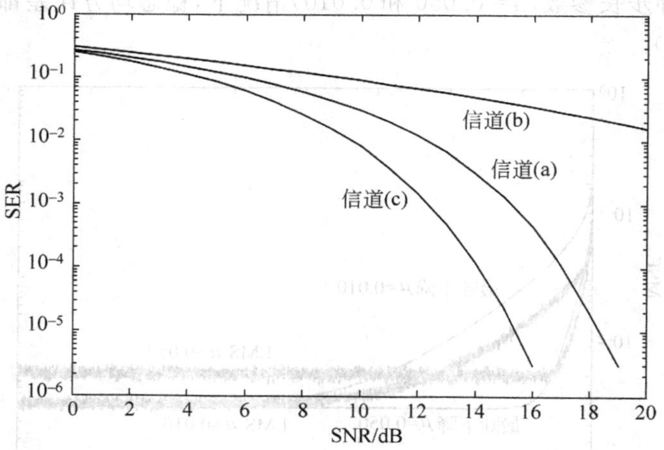

图 5.3.12　完成训练后通信系统的误码率性能

① 均衡滤波器输出信号经过符号检测后用于误码率的计算。

5.4　语音信号的线性预测编码

语言是人类交流的主要方式之一，语音是人类说话的声音，是语言信息的声学表现。在通信系统中，语音信号通常需要转变成另一种形式（如电信号）以便传输。在过去的几十年里，人们研究和使用了大量语音信号的编码技术。例如，在固定电话系统中，语音信号的常见编码方法包括脉冲编码调制（PCM，pulse code modulation）、差分脉冲编码调制（DPCM，differential PCM）、增量调制（delta modulation）和自适应 DPCM 等，PCM 方法还包括均匀量化 PCM 和非均匀量化 PCM。这些方法直接对原始语音信号的样本进行量化，并利用量化后的语音信号样本，重构语音信号的波形。因此，这些方法通常被称为波形编码（waveform coding）方法。波形编码方法通常可得到良好的语音音质，但需要较高的传输比特率，其范围为 16～64kbps[①]。

较低比特率的语音编码信号，通常更有利于传输和存储。基于语音信号模型的参数编码（也称为声码器）技术，通常可以实现 1.2～4.8kbps 的比特率。与波形编码技术相比，声码器技术获得的语音音质通常略差。

本节将介绍一种被称为线性预测编码的语音参数编码与语音恢复技术。

5.4.1　语音信号的产生

语音是由人体发声器官（包括肺、喉和声道）产生的。肺将气流送至喉部，而喉部将气流调制为准周期的脉冲串或类似噪声的激励源，声道（vocal tract）对声源信号进行滤波，在嘴唇处的气压变化形成声波，从而产生不同音色的语音。

喉部控制声带，声带是两片带有肌肉和韧带的组织，两片声带之间的裂缝称为声门。当人呼吸时，声带肌肉放松，声门较宽，来自肺部的气流可以顺畅地通过声门。当人发声时，声带会阻碍气流的通过。当发浊音（voiced speech）时，声带紧绷，声门狭窄，从而引起声带的自激振动。发清音（unvoiced speech）时，声带不振动，声带与呼吸时状态类似，但更为紧绷，从而在声带处产生湍流，发出送气音。清音也成为"耳语音"，耳语时声带不振动，而不是简单地降低音量。发浊音时，激励信号近似为准周期的脉冲串，每个脉冲有一定的宽度和形状；而发清音时，激励信号近似为白噪声。

声道包括口腔和鼻腔，口腔从喉部一直延伸至嘴唇。在某些情况下，声门气流流入与声道气流流出的关系可以近似地用一个具有谐振特性的线性滤波器来描述。当一个物体（或空腔）作受迫振动，所加驱动（或称激励）频率等于振动体的固有频率时，便以最大的振幅来振荡，这种现象称为共振。共振作用通常不仅仅在一个固定频率起作用，共振体可能有多个响应强度不同的共振频率。声道的共振频率被称为共振峰（formant）频率，或简称为共振峰。共振峰也常用于指在声音的频谱中能量相对集中的一些区域。在 0～5000Hz

---

① bps 表示比特每秒（bit per second）。以早期的均匀量化 PCM 技术为例，通常语音信号的频率范围为 300～4000Hz，根据奈奎斯特采样定理，采样频率为 8000Hz，使用 8 比特表示每个样本，于是每秒需传输的比特数为 $8000\times8=64000$bps$=64$kbps。

范围内的语音信号，在 500Hz、1500Hz、2500Hz、3500Hz 和 4500Hz 附近共有 5 个共振峰（间隔约 1000Hz）。共振峰会随声道状态改变而发生变化。通常假设声道是一个线性时不变系统。

声学理论表明，声道的系统函数 $V(z)$ 是一个全极点函数，即

$$V(z)=\frac{G}{1+\sum_{k=1}^{p}a_k z^{-k}}=\frac{Gz^p}{\prod_{i=1}^{p}(z-b_i)} \tag{5.4.1}$$

其中，G 表示滤波器增益，b_i 是 $V(z)$ 的极点，$i=1,\cdots,p$。注意，对于实值的语音数据，滤波器系数 a_k 是实值的。因此，除极点位于实轴的情况外，实系统 $V(z)$ 的极点通常以复共轭对的形式出现，也就是说如果 $b=re^{j\phi}$ 是 $V(z)$ 的极点，那么 $b=re^{-j\phi}$ 是 $V(z)$ 的极点。模型的阶数 p 与共振峰个数有关，通常每一对极点大致对应声道的一个共振峰。不过，共振峰频率是由正频率定义的。对于 8kHz 采样的语音信号通常有 4 个共振峰，可取 $p=8$；对于 10kHz 采样的语音信号通常有 5 个共振峰，可取 $p=10$。为了弥补鼻音中存在的零点，以及其他因素引起的偏差，通常分别取 $p=10$（8kHz 采样）和 $p=12$（10kHz 采样）。假设声道 $V(z)$ 是稳定系统，因此所有极点都位于单位圆内。

由于嘴唇辐射(lip-radiation)的影响，语音信号的高频衰减将增大语音信号频谱的动态范围。辐射阻抗 $R(z)$ 可以表示为一个一阶高通滤波器，即

$$R(z)=1-\alpha z^{-1} \tag{5.4.2}$$

式中，$\alpha<1$。对于 10kHz 采样的语音信号，取 $\alpha=0.95$。

图 5.4.1 给出了语音信号的产生模型，系统 $H(z)$ 由声道共振 $V(z)$ 和嘴唇辐射 $R(z)$ 级联而成，即

$$H(z)=R(z)V(z) \tag{5.4.3}$$

浊音是由白噪声发生器的输出激励系统产生的，而清音是周期脉冲串激励 $H(z)$ 产生的。事实上，真实的语音不仅包括浊音和清音，还包括摩擦音、爆破音等。尽管所有的声源可能并不是简单的线性组合，但这里假设在某一段短时间内，语音信号是单纯的浊音或清音。

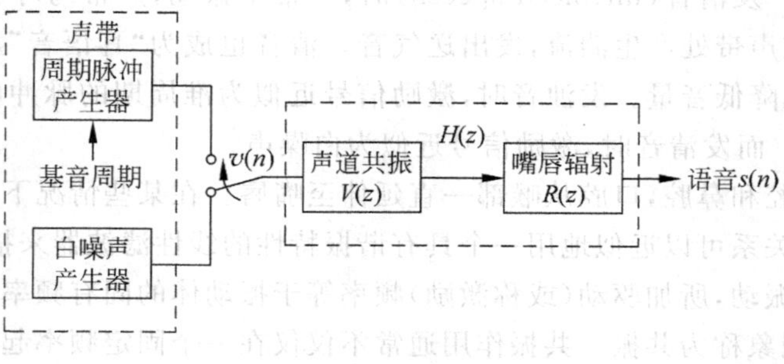

图 5.4.1 语音信号产生模型

5.4.2 基于线性预测的语音信号处理

语音信号是非平稳信号，真实的语音是随激励源和声道时变的，而且这种变化可能很快。语音分析技术通常假设语音的特征变化缓慢，并假设语音信号是短时(20～40ms)平

稳信号，即在 20～40ms 内，语音信号的频谱特性和某些物理特征参数近似不变。“平稳”意味着在这个短时间隔内的每个声门周期、声道形状及其转移函数是固定不变的(或近似固定的)。在这个短时间隔内，周期性激励源可以表示为一个固定的基音周期和声门气流函数。噪声激励源在这段时间内也具有固定的统计特性。

通常使用一个长度有限的窗函数序列截取语音信号的一段进行分析，并通过窗函数的滑动实现对整段语音信号的分析。滑动窗时长的选择要保证短时平稳假设基本正确。使用足够短时的窗可获得足够的“时间分辨率”；而使用长时窗可以得到语音频谱的精细结构，可获得足够的“频率分辨率”。根据海森堡测不准(Heisenberg uncertainty)原理，不可能同时达到高的时-频分辨率。因此，窗函数的典型长度为 20～40ms。对于 8kHz 采样的语音信号，20ms 的短时信号对应 160 个样本(一帧)。每帧可能包含几个基音周期，相邻两帧之间的参数可能存在较大差异，合成的频谱就不是平滑的过渡。窗函数以“帧间隔”进行滑动，帧间隔的典型值为 5～10ms，因此相邻的滑动窗会在时间上重叠。

考虑如图 5.4.2 所示的使用 LPC 技术实现语音信号处理的示意图。在实现参数估计之前，通过对语音样本的预加重，可去除嘴唇辐射的影响。而在接收端，用合成语音信号后，通过去加重以恢复存在嘴唇辐射影响的语音信号。对语音信号的每一帧，在发射端的语音编码器需要确定：①LPC 分析得到的 10 个滤波器系数 $\{\hat{a}_k\}$；②基音周期；③滤波器增益 $\hat{G}$(均方误差)；④清-浊音判决参数(指示是清音还是浊音)。然后在量化和编码这 13 个参数后，将其发送出去。接收机则通过译码得到上述参数，并利用这些参数合成语音信号，语音合成的框图如图 5.4.1 所示。

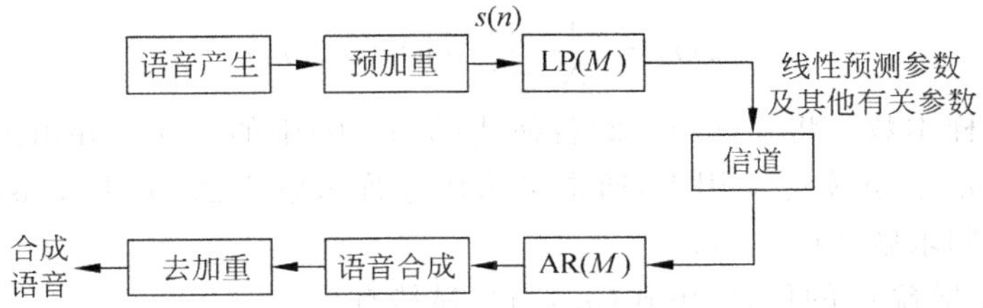

图 5.4.2　语音信号在发射和接收端处理示意图

1. 线性预测参数估计

现在考虑清音的线性预测参数估计。清音是白噪声 $v(n)$ 激励全极点声道产生的，清音信号可以表示为

$$s(n) = -\sum_{k=1}^{p} a_k s(n-k) + Gv(n) \tag{5.4.4}$$

式中，$s(n)$ 和 $v(n)$ 是随机过程的样本函数，$s(n)$ 是经过预加重处理的清音信号，假设 $E\{v(n)\}=0$ 和 $E\{v^2(n)\}=1$。由 5.1.1 节，FIR 线性预测器的输出为

$$\hat{s}(n) = -\sum_{k=1}^{p} a_k s(n-k) \tag{5.4.5}$$

于是，观测的语音信号样本 $s(n)$ 与预测估计 $\hat{s}(n)$ 的误差为

$$e(n)=s(n)-\hat{s}(n)=s(n)+\sum_{k=1}^{p}a_k s(n-k) \tag{5.4.6}$$

应用维纳滤波理论，则模型参数 $\{a_k\}$ 满足

$$\sum_{k=1}^{p}a_k r(m-k)=-r(m),\quad m=1,2,\cdots,p \tag{5.4.7}$$

式中

$$r(m)=\mathrm{E}\{s(n)s(n+m)\} \tag{5.4.8}$$

是信号 $s(n)$ 的相关函数。注意，$r(m)$ 是一个偶函数，即 $r(-m)=r(m)$。将式(5.4.7)表示为矩阵形式，有

$$\boldsymbol{Ra}=-\boldsymbol{r} \tag{5.4.9}$$

式中

$$\boldsymbol{R}=\begin{bmatrix} r(0) & r(-1) & \cdots & r(1-p)\\ r(1) & r(0) & \cdots & r(2-p)\\ \vdots & \vdots & \ddots & \vdots\\ r(p-1) & r(p-2) & \cdots & r(0)\end{bmatrix} \tag{5.4.10}$$

$$\boldsymbol{a}=[a_1\quad a_2\quad \cdots\quad a_p]^{\mathrm{T}}$$

$$\boldsymbol{r}=[r(1)\quad r(2)\quad \cdots\quad r(p)]^{\mathrm{T}}$$

于是，线性预测器参数的估计为

$$\boldsymbol{a}=-\boldsymbol{R}^{-1}\boldsymbol{r} \tag{5.4.11}$$

利用随机过程的样本函数，$r(m)$ 的时间平均估计为

$$\hat{r}(m)=\frac{1}{N}\sum_{n=0}^{N-1-m}s(n)s(n+m) \tag{5.4.12}$$

式中，N 是信号样本数。将式(5.4.12)替换式(5.4.10)中的 $r(m)$，并由式(5.4.11)即可得到参数估计 $\{\hat{a}_k\}$。在实际应用中，通常可采用递推求解方法，如 Levinson-Durbin 算法和 Burg 算法递归求解式(5.4.11)。

考虑滤波器增益 G 的估计，由式(5.4.4)，显然有

$$Gv(n)=s(n)+\sum_{k=1}^{p}a_k s(n-k)=e(n) \tag{5.4.13}$$

于是有

$$G^2\sum_{n=0}^{N-1}v^2(n)=\sum_{n=0}^{N-1}e^2(n) \tag{5.4.14}$$

如果设计激励信号 $v(n)$ 为单位能量的，即 $\sum_{n=0}^{N-1}v^2(n)=1$，那么有

$$\hat{G}^2=\sum_{n=0}^{N-1}e^2(n) \tag{5.4.15}$$

因此，$\hat{G}^2$ 等于预测误差 $e(n)$ 的能量。

浊音的线性预测参数估计[①]也可以类似得到。

2. 线性预测编码

发射机应用线性预测方法分析输入语音信号的每一帧，将得到以下 13 个参数：

(1) LPC 分析得到的 10 个滤波器系数 $\{\hat{a}_k\}$。

(2) 基音周期。

(3) 滤波器增益 $\hat{G}$(均方误差)。

(4) 清-浊音判决参数(指示是清音还是浊音)。

而在通信信道中传输的是上述参数量化和编码后的结果。接收机通过译码恢复上述参数，并利用这些参数合成语音信号，如图 5.3.1 所示。对于 4000Hz 的语音信号，假设 10ms 一帧，每帧提取 13 个参数，于是按帧编码的速率为 1300 个参数/s，这远小于波形编码 8000 样本/s 的速率。

由于线性预测系数的动态范围很大(因此方差很大)，其特性难以描述；此外，在合成语音信号时，量化的预测系数可能使系统函数的极点位于单位圆外，从而导致系统的不稳定。因此，实际的 LPC 语音编码器通常并不直接使用量化和编码的线性预测滤波器系数 $\{\hat{a}_k\}$，而是使用相应的极点 $\hat{b}_i$ 和部分相关(PARCOR)系数 $\hat{\kappa}_i$(反射系数)。由于 $|\hat{b}_i|<1$ 和 $|\hat{\kappa}_i|<1$，$\hat{b}_i$ 和 $\hat{\kappa}_i$ 的动态范围有限，因此可强制稳定。一个早期的编码方案采用了如下的比特分配方案：

(1) 每个极点 $\hat{b}_i$ 使用 10bit(非均匀量化)，其中 5bit 表示带宽，5bit 表示中心频率。每帧 6 个极点共需 60bit。

(2) 基音周期：6bit(均匀量化)。

(3) 滤波器增益 $\hat{G}$：5bit(非均匀量化)。

(4) 清-浊音判决参数：1bit。

于是，每帧 60+6+5+1=72(bit)，如果 100 帧/s(10ms/帧)，该编码方案的比特率为 7200bps。可以通过改变量化方法改进上述方案。

另一种改进方法是使用 PARCOR 系数 $\hat{\kappa}_i$。PARCOR 系数的频谱灵敏度优于极点，即频谱随 $\hat{\kappa}_i$ 的变化比随 $\hat{b}_i$ 的变化要小，因此，$\hat{\kappa}_i$ 比极点更适于编码。然而，高阶 PARCOR 系数的概率分布更接近于均值为零的高斯分布；对于浊音，前两阶 PARCOR 系数 κ_1 和 κ_2 通常具有不对称的概率分布，$\hat{\kappa}_1$ 接近 −1 而 $\hat{\kappa}_2$ 接近 +1。因此，对 PARCOR 系数，通常采用非均匀的量化方法。然而，PARCOR 系数的频谱灵敏度仍不是最优的。

事实上，与 PARCOR 系数有关的另一组重要参数——对数声道面积比系数

$$\hat{g}_i=\ln\left(\frac{A_{i+1}}{A_i}\right)=\ln\left(\frac{1-\hat{\kappa}_i}{1+\hat{\kappa}_i}\right) \tag{5.4.16}$$

---

① 严格地讲，浊音信号的线性预测参数估计实际上是最小二乘优化的结果(第 7 章)。

接近均匀分布，并且其谱敏感度比反射系数小，即频谱随 $\hat{g}_i$ 的变化比随 κ_i 的变化要小。假设声道由多个较短的无损均匀声管连接而成，A_i 是第 i 级声管的面积，如图 5.4.3 所示。此外，与编码每个极点所需的 10b 相比，每个 $\hat{g}_i$ 通常只需 5～6b。于是，对于 100 帧/s 的语音信号，如果采用 $p=12$ 阶线性预测（6 个极点），LPC 语音编码器的速率为 $(6\times6+6+5+1)\times100=4.8$kbps。进一步地，如果将帧速率减半为 50 帧/s（20ms/帧），那么可以得到 2.4kbps 的 LPC 语音编码方案。美国政府利用这种基本结构实现了 2.4kbps 的保密通信标准 LPC-10。完整的 LPC 编码和译码器结构如图 5.4.4 和图 5.4.5 所示。注意，这里不再进一步讨论清浊音的判断和基音周期的估计，这里也没有明确标示出量化运算。

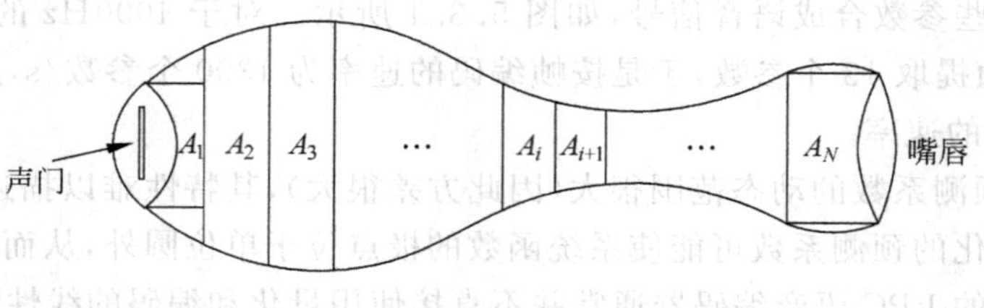

图 5.4.3　声道的级联声管模型

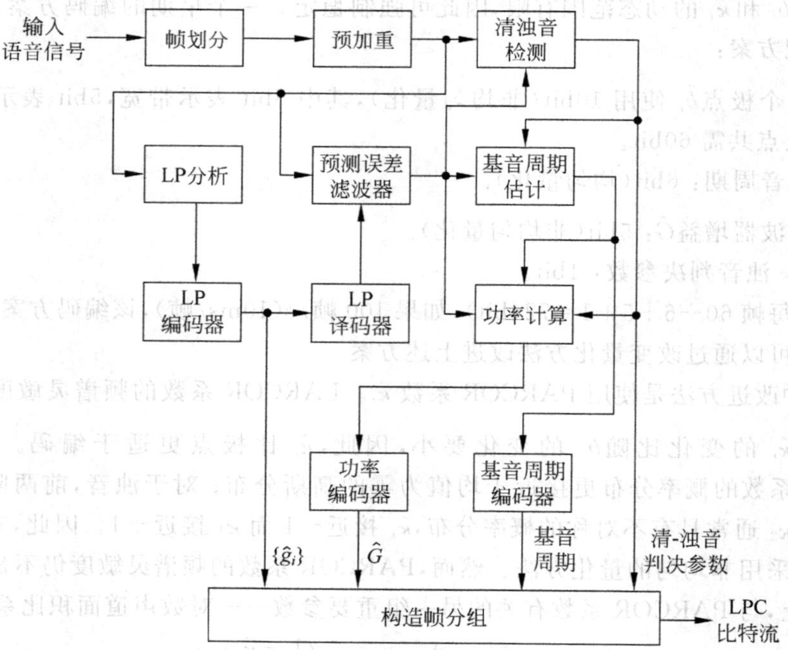

图 5.4.4　LPC 编码器

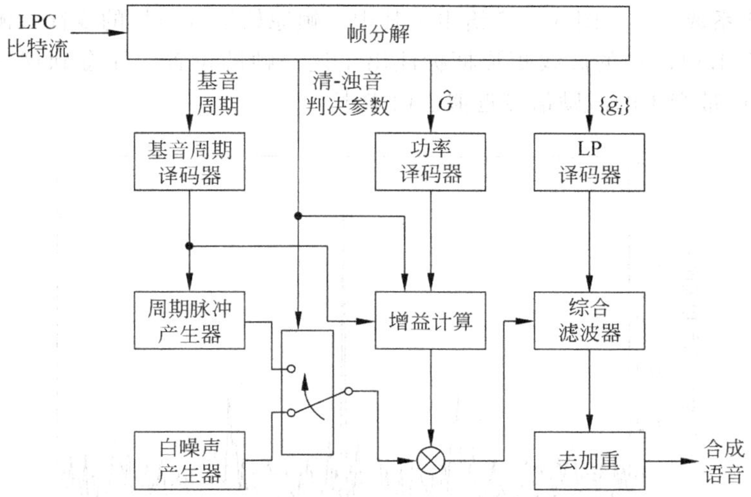

图 5.4.5　LPC 的译码器

5.4.3　仿真实验

本节给出语音信号 LPC 仿真实验。

在仿真实验中，语音信号是 MATLAB 自带的 mtlb. mat 文件，如图 5.4.6(a)所示，其采样频率为 7418Hz，共 4001 个样本。使用滑动的 Hamming 窗截取 160 样本/帧，每一帧约对应 20ms 的短时语音信号，相邻两帧有 80 样本(约 10ms)重叠。发射端使用 11 阶线性预测滤波器分析语音信号的每一帧，得到预测误差和滤波器系数$\{\hat{a}_k\}$。

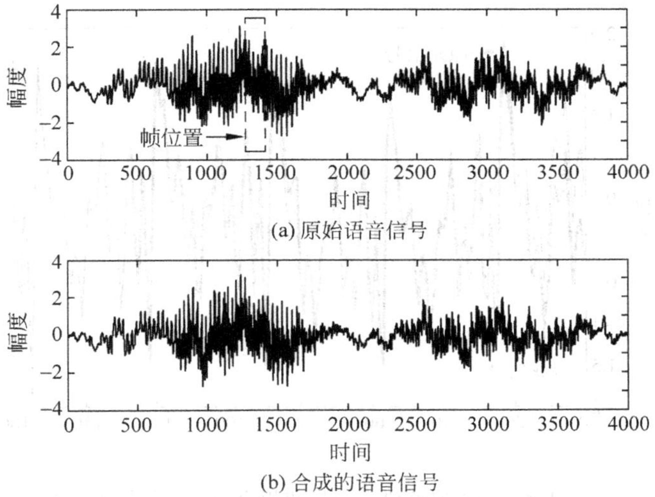

图 5.4.6　原始语音和合成语音信号波形

利用预测误差和滤波器系数$\{\hat{a}_k\}$，接收端使用 11 阶 AR 模型合成语音信号。注意到这里没有涉及参数的量化，因此也没有将滤波器系数$\{\hat{a}_k\}$转换为 PARCOR 系数$\{\hat{\kappa}_i\}$或对数声道面积比系数$\{\hat{g}_i\}$。图 5.4.7 给出了其中一帧原始语音信号的线性预测误差的自相关函数。图 5.4.6(a)中的虚线矩形框标注出了这一帧的位置。注意到这一帧的位置发出的是浊音，声带产生的激励信号近似于白噪声。

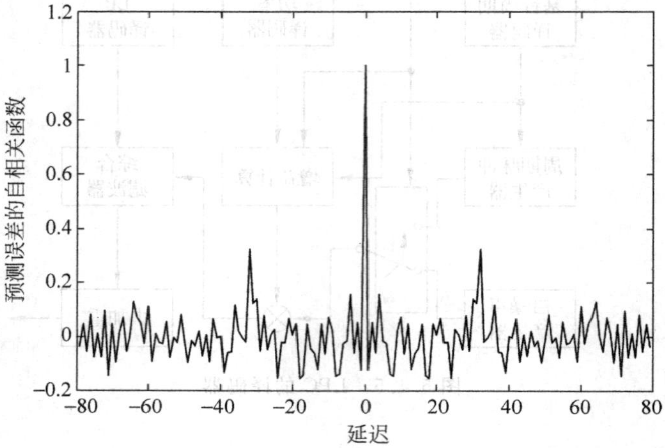

图 5.4.7　一帧语音信号的估计误差的自相关函数

图 5.4.8 给出了这一帧原始语音信号和接收端 AR 模型合成输出的波形，而图 5.4.9 给出了相应的功率谱密度。合成的语音信号经过了相应的去加重处理。由于声带产生的激励信号近似于白噪声，因此功率谱密度反映了在这段约 20ms 的短时间内声道的频率响应特性。将每一帧合成的语音信号连接起来，即可得到完整的合成语音信号，如图 5.4.6(b)所示。

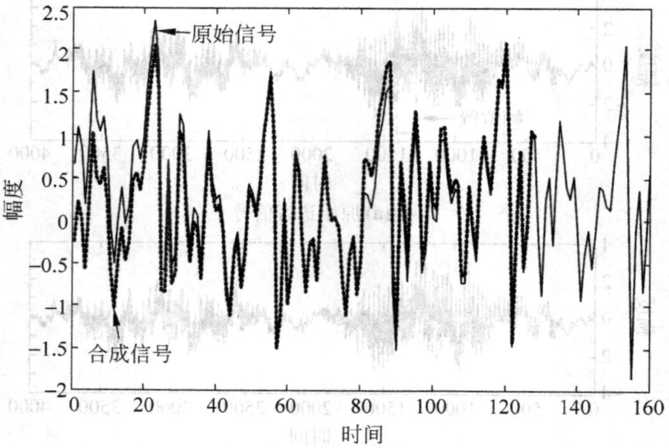

图 5.4.8　一帧原始语音信号和相应的合成信号的波形

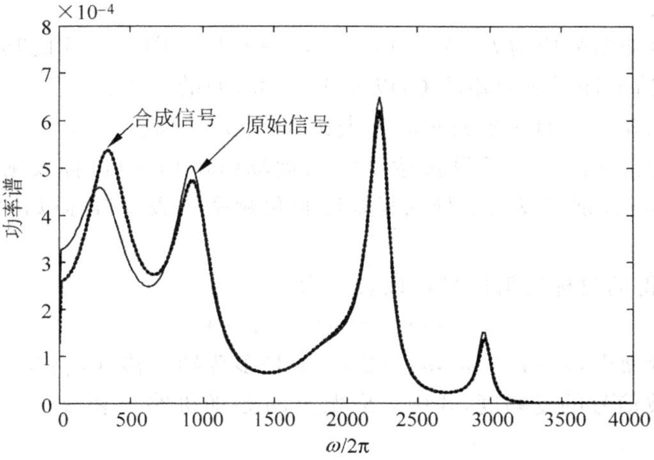

图 5.4.9　一帧原始语音信号和相应的合成信号的功率谱密度

习题

5.1　对 M 抽头横向滤波器，用 M 个输入数据 $u(n),\cdots,u(n-M+1)$ 来估计 $d(n)=u(n+k)$，称为 M 阶（k 步）线性预测，求 k 步预测器的维纳-霍夫方程。

5.2　对 M 抽头横向滤波器，完成下列问题：

(1) 用 M 个输入数据 $u(n-2),\cdots,u(n-M),u(n-M-1)$ 来预测 $d(n)=u(n)$，称为 M 阶（二步）前向线性预测，求二步前向预测器的维纳-霍夫方程。

(2) 用 M 个输入数据 $u(n-M+1),u(n-M+2),\cdots,u(n)$ 来预测 $d(n)=u(n-M-1)$，称为 M 阶（二步）后向线性预测，求二步后向预测器的维纳-霍夫方程。

(3) 画出类似图 5.2.1 所示的二步前后向线性预测结构图，推导二步前向和后向线性预测的权向量间的关系。

5.3　对图 P5.3 所示的 AR 模型与线性预测器级联系统，已知 $v(n)$ 是均值为零、方差为 σ_v^2 的白噪声过程，5.1.2 节已介绍，当 LP 的阶数 P 与 AR 模型的阶数相等（即 $P=M$）时，二者互为逆系统关系，请讨论当 $P\neq M$ 时，输出 $e(n)$ 是否可能为均值为零、方差为 σ_v^2 的白噪声过程。

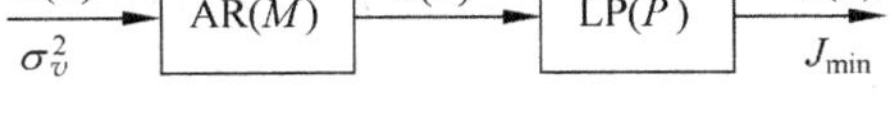

图　P5.3

5.4　关于 Burg 算法，请回答下列问题：

(1) 比较 Burg 算法与第 3 章 3.2.2 节 Levinson-Durbin 算法的区别和联系。

(2) 在 5.2 节 Burg 算法的推导中，是针对 $u(n)$ 为一 M 阶的 AR 过程讨论的，请问 Burg 算法对任意平稳随机过程 $u(n)$ 是否仍有效，此时图 5.2.2 的输出 $e_M^f(n)$ 和 $e_M^b(n)$ 是否为白噪声过程？

5.5 设信道冲激响应为 $h(n)=\{1,2,3\}, n=0,1,2$，图 5.3.5 的均衡器参数 $M=2$，求式(5.3.31)的信道冲激响应矩阵 $\boldsymbol{C}$，以及式(5.3.29)的方程。

5.6 证明 5.3.3 节的互相关向量 $\boldsymbol{p}$ 表达式(5.3.45)成立。

5.7 多普勒雷达测速。假设雷达系统向远场(far field)目标发射一正弦探测信号 $\alpha e^{j\omega_0 n}$，其中，α 和 ω_0 分别是发射信号的复幅度和角频率。假设目标以恒定径向(radial)速度 v 运动。

雷达系统测得的目标反射信号可以表示为

$$u(n)=\beta e^{j\omega n}+v(n)$$

式中，$v(n)$ 是测量噪声，$\omega=\omega_0-\omega_D$，$\omega_D=2\omega_0 v/c$ 是多普勒频移(Doppler frequency shift)；$\beta=\rho\alpha e^{j2\omega_0 r/c}$ 是回波信号的复幅度，式中 c 是光速，ρ 是随机路径衰减，r 是雷达系统与目标的距离。

(1) 已知接收信号样本 $u(n), n=0,1,\cdots,N-1$，用 MVDR 频率估计算法求得目标的速度 v 的估计。

(2) 利用维纳滤波理论估计目标的速度 v。假设使用 M 个抽头权系数的 FIR 横向滤波器，并且假设测量噪声 $v(n)$ 是白噪声。试证明：FIR 滤波器输入信号的相关矩阵为

$$\boldsymbol{R}=\sigma_s^2\boldsymbol{a}(\omega)\boldsymbol{a}^{\mathrm{H}}(\omega)+\sigma_v^2\boldsymbol{I}$$

式中，$\sigma_s^2=\mathrm{E}\{|\beta|^2\}$ 和 $\sigma_v^2=\mathrm{E}\{|v(n)|^2\}$ 分别是信号分量和噪声分量的平均功率，$\boldsymbol{a}(\omega)=[1\quad e^{-j\omega}\quad\cdots\quad e^{-j(M-1)\omega}]^{\mathrm{T}}$。

(3) 设期望信号为 $d(n)=\beta e^{j\omega n}$，试证明：互相关向量可以表示为

$$\boldsymbol{p}=\sigma_s^2\boldsymbol{a}(\omega)$$

(4) 试给出维纳滤波的最优权向量 $\boldsymbol{w}_o$ 的表达式。

5.8 考虑格型结构线性预测器第 m 级的优化问题。设代价函数为

$$J_m(\kappa_m)=\lambda\mathrm{E}\{|e_m^{\mathrm{f}}(n)|^2\}+(1-\lambda)\mathrm{E}\{|e_m^{\mathrm{b}}(n)|^2\}$$

式中，$0\leqslant\lambda\leqslant1$，$e_m^{\mathrm{f}}(n)$ 和 $e_m^{\mathrm{b}}(n)$ 分别是第 m 级的前向和后向预测误差，如式(5.2.20)。

(1) 试证明：使得 $J_m(\kappa_m)$ 取得极小值的 κ_m 为

$$\kappa_{m,o}(\lambda)=-\frac{\mathrm{E}\{e_{m-1}^{\mathrm{b}}(n)e_{m-1}^{\mathrm{f}*}(n)\}}{(1-\lambda)\mathrm{E}\{|e_{m-1}^{\mathrm{f}}(n-1)|^2\}+\lambda\mathrm{E}\{|e_{m-1}^{\mathrm{b}}(n-1)|^2\}}$$

(2) 分别给出 $\lambda=1,2,1/2$ 时 $\kappa_{m,o}(\lambda)$ 的表达式。

(3) 试证明：

$$\frac{2}{\kappa_{m,o}(1/2)}=\frac{1}{\kappa_{m,o}(1)}+\frac{1}{\kappa_{m,o}(0)}$$

(4) 试证明：$|\kappa_{m,o}(1/2)|\leqslant1$。

5.9 (1) 试证明前向预测误差的平均功率 $P_M=\mathrm{E}\{|e_m^{\mathrm{f}}(n)|^2\}$ 可以表示为

$$P_M=r(0)-\boldsymbol{p}^{\mathrm{H}}\boldsymbol{w}_{\mathrm{fo}}$$

式中，$\boldsymbol{p}$ 和 $\boldsymbol{w}_{\mathrm{fo}}$ 分别在式(5.2.4)中定义。

(2) 利用上式与式(5.2.4)，则有

$$\begin{bmatrix} r(0) & \boldsymbol{p}^{\mathrm{H}} \\ \boldsymbol{p} & \boldsymbol{R} \end{bmatrix}\begin{bmatrix} 1 \\ -\boldsymbol{w}_{\mathrm{fo}} \end{bmatrix}=\begin{bmatrix} P_M \\ \boldsymbol{0} \end{bmatrix}$$

或者写成更紧凑的形式，为

$$\boldsymbol{R}_{M+1}\boldsymbol{a}_M = P_M\boldsymbol{i}_{M+1}$$

式中，$\boldsymbol{i}_{M+1}=[1\quad 0\quad \cdots\quad 0]^{\mathrm{T}}$。试证明：

$$\boldsymbol{a}_M = P_M\sum_{m=0}^{M}\left(\frac{q_{m0}^*}{\lambda_m}\right)\boldsymbol{q}_m$$

式中，$\lambda_m, m=0,1,2,\cdots,M$ 是 $\boldsymbol{R}_{M+1}$ 的特征值，$\boldsymbol{q}_m, m=0,1,2,\cdots,M$ 是对应的归一化特征向量，q_{m0} 是 $\boldsymbol{q}_m$ 的第 1 个元素。

(3) 证明：

$$P_M = \frac{1}{\sum_{m=0}^{M}(|q_{m0}|^2\lambda_m^{-1})}$$

仿真题

5.10　考虑一阶 AR 模型

$$u(n) = 0.99u(n-1) + v(n)$$

假设白噪声 $v(n)$ 的方差为 $\sigma_v^2=0.93627$。

(1) 计算滤波器权系数个数为 $M=2$ 时的相关矩阵。

(2) 计算滤波器权系数个数为 $M=3$ 时的相关矩阵。

(3) 计算 $M=2$ 和 $M=3$ 两种情况下的特征值扩展。

(4) 用 LMS 算法实现 $u(n)$ 的线性预测估计，分别使用 $M=2$ 和 $M=3$ 抽头的两种滤波器，选择步长 $\mu=0.05$。

5.11　仿真重现如图 5.3.9 所示的学习曲线。

参考文献

[1] Proakis J G. Digital Communications[M], 3rd Ed. New York: McGraw-Hill, 1995.

[2] Haykin S. Adaptive Filter Theory[M], 4th Ed. Upper Saddle River, NJ: Prentice-Hall, 2001.

[3] Johnson, C R Jr. On the interaction of adaptive filtering, identification, and control[J]. IEEE Signal Processing Magazine, 1995, 12(2): 22-37.

[4] Quatieri T F. Discrete-Time Speech Signal Processing: Principles and Practice[M].（中译本《离散时间语音信号处理——原理与应用》）. 北京：电子工业出版社，2004.

[5] Stoica P, Moses R L. Introduction to Spectral Analysis[M]. Upper Saddle River, NJ: Prentice-Hall, 1997.

[6] Forney G D Jr. Maximum-likelihood sequence estimation of digital sequences in the presence of intersymbol interference[J]. IEEE Transactions on Information Theory, 1972, 18(3): 363-378.

第 6 章　最小二乘估计理论及算法

第4章介绍的维纳滤波器是建立在最小均方误差准则之上，即通过使滤波器的估计误差信号的平均功率最小，得到权向量需满足的维纳-霍夫方程。这个准则需要输入信号的统计特性来寻求最优滤波。然而在实际工程中，通常只能获得有限个的观测数据，本章将要介绍的最小二乘估计及算法，就是讨论怎样根据有限个的观测数据来寻求滤波器的最优解。最小二乘估计使用确定性思想，而维纳滤波使用统计思想。对具有遍历性的平稳随机过程，当观察样本数趋于无穷大时，两种方法得到的估计结果将趋于一致。

本章将首先介绍最小二乘估计原理及其特性，给出基于奇异值分解的最小二乘求解算法，介绍基于最小二乘的FBLP谱估计原理，最后详细介绍最小二乘求解的两种递归算法——RLS算法和QR-RLS算法。

6.1　预备知识：线性方程组解的形式

6.1.1　线性方程组的唯一解

具有 N 个方程 M 个未知量的线性方程组可表示为

$$\begin{cases} a_{11}x_1 + a_{12}x_2 + \cdots + a_{1M}x_M = b_1 \\ a_{21}x_1 + a_{22}x_2 + \cdots + a_{2M}x_M = b_2 \\ \qquad \vdots \\ a_{N1}x_1 + a_{N2}x_2 + \cdots + a_{NM}x_M = b_N \end{cases} \tag{6.1.1}$$

写成矩阵形式为

$$\boldsymbol{A}\boldsymbol{x} = \boldsymbol{b} \tag{6.1.2}$$

其中，$\boldsymbol{x}$ 和 $\boldsymbol{b}$ 分别为 M 维未知向量和 N 维常数向量，$\boldsymbol{A}$ 是系数矩阵，有

$$\boldsymbol{A} = \begin{bmatrix} a_{11} & a_{12} & \cdots & a_{1M} \\ a_{21} & a_{22} & \cdots & a_{2M} \\ \vdots & \vdots & \ddots & \vdots \\ a_{N1} & a_{N2} & \cdots & a_{NM} \end{bmatrix} \tag{6.1.3}$$

如果 $M=N$，且矩阵 $\boldsymbol{A}$ 可逆，则称线性方程组(6.1.1)为适定方程组(well-determined equations)，即独立方程数与未知量的数目相等，由该线性方程组刚好可以确定一个满足方程的唯一解：

$$\boldsymbol{x} = \boldsymbol{A}^{-1}\boldsymbol{b} \tag{6.1.4}$$

6.1.2　线性方程组的最小二乘解

对于线性方程组(6.1.1)，倘若 $M<N$，$\boldsymbol{A}$ 是一"高矩阵"，且设矩阵 $\boldsymbol{A}$ 是列满秩的，则称线性方程组(6.1.2)为超定线性方程组，即独立方程数大于未知量的数目。在这种情况下，该线性方程组不能确定出一个解 $\boldsymbol{x}$ 满足全部方程，换言之，线性方程组无解。

尽管不能找到一个解 $\boldsymbol{x}$，使得方程 $\boldsymbol{A}\boldsymbol{x}=\boldsymbol{b}$ 成立，但可以找到一个 $\hat{\boldsymbol{x}}$，使得误差向量

$$\boldsymbol{e} = \boldsymbol{A}\hat{\boldsymbol{x}} - \boldsymbol{b} \tag{6.1.5}$$

在某种意义下取得极小值。

在最小二乘(LS，least squares)意义下，使估计误差的模的平方和

$$J = \boldsymbol{e}^{\mathrm{H}}\boldsymbol{e} = (\boldsymbol{A}\hat{\boldsymbol{x}} - \boldsymbol{b})^{\mathrm{H}}(\boldsymbol{A}\hat{\boldsymbol{x}} - \boldsymbol{b}) \tag{6.1.6}$$

取得极小值，所得到的解称为最小二乘解，记作 $\hat{\boldsymbol{x}}_{\mathrm{LS}}$。在最小二乘意义下，方程式(6.1.2)的唯一解为

$$\hat{\boldsymbol{x}}_{\mathrm{LS}} = (\boldsymbol{A}^{\mathrm{H}}\boldsymbol{A})^{-1}\boldsymbol{A}^{\mathrm{H}}\boldsymbol{b} \tag{6.1.7}$$

本章 6.2 节将详细介绍最小二乘准则下求解方程的理论。

6.1.3　线性方程组的最小范数解

倘若线性方程组的 $M>N$，$\boldsymbol{A}$ 是一"扁矩阵"，且设矩阵 $\boldsymbol{A}$ 是行满秩的，则称线性方程组(6.1.1)为欠定方程组(under-determined equations)，即未知量的数目大于独立方程数目。在这种情况下，线性方程组(6.1.1)有无穷多组解。但在最小范数(minimum norm)意义下，可以确定唯一解为

$$\hat{\boldsymbol{x}}_{\mathrm{F}} = \boldsymbol{A}^{\mathrm{H}}(\boldsymbol{A}\boldsymbol{A}^{\mathrm{H}})^{-1}\boldsymbol{b} \tag{6.1.8}$$

其中，下标 F 表示使用 Frobenius 范数。

在方程组的无穷多个解中，选择范数最小的解作为方程组的唯一解，这个解称为最小范数解。一个解的 Frobenius 范数表示这个解对应的向量端点到坐标原点的距离。因此，最小范数解也就是距离原点最近的解。例如，直线方程 $x_1+x_2=1$ 有无穷多组解，其最小范数解(1/2，1/2)是在直线 $x_1+x_2=1$ 上距离原点最近的点。

6.2　最小二乘估计原理

6.2.1　最小二乘估计的确定性正则方程

考虑一具有 M 个抽头(M 个权系数)的横向滤波器，如图 6.2.1 所示。滤波器输入信号 $u(n)$ 仅有 N 个输入数据 $u(1),u(2),\cdots,u(N)$，期望响应也仅有 N 个数据 $d(1),d(2),\cdots,d(N)$。

定义 n 时刻的输入信号向量为

$$\boldsymbol{u}(n) = [u(n) \quad u(n-1) \quad \cdots \quad u(n-M+1)]^{\mathrm{T}}$$

滤波器权向量为

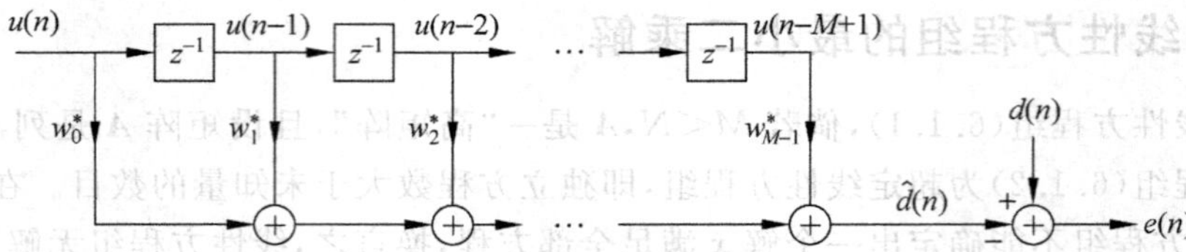

图 6.2.1 M 抽头权系数的横向滤波器

$$\boldsymbol{w}=[w_0 \quad w_1 \quad \cdots \quad w_{M-1}]^{\mathrm{T}}$$

于是滤波器的估计输出为

$$\hat{d}(n)=\boldsymbol{w}^{\mathrm{H}}\boldsymbol{u}(n)=\boldsymbol{u}^{\mathrm{T}}(n)\boldsymbol{w}^{*} \tag{6.2.1}$$

估计误差信号为

$$e(n)=d(n)-\hat{d}(n)=d(n)-\boldsymbol{w}^{\mathrm{H}}\boldsymbol{u}(n)=d(n)-\boldsymbol{u}^{\mathrm{T}}(n)\boldsymbol{w}^{*} \tag{6.2.2}$$

如果仅考虑当输入信号 $u(n)$完全进入滤波器各节点的情况，即 $n\geqslant M$，各时刻的滤波估计误差分别为：

当 $n=M$ 时，有

$$e(M)=d(M)-\hat{d}(M)=d(M)-\boldsymbol{u}^{\mathrm{T}}(M)\boldsymbol{w}^{*}$$

当 $n=M+1$ 时，有

$$e(M+1)=d(M+1)-\hat{d}(M+1)=d(M+1)-\boldsymbol{u}^{\mathrm{T}}(M+1)\boldsymbol{w}^{*}$$

……

当 $n=N$ 时，有

$$e(N)=d(N)-\hat{d}(N)=d(N)-\boldsymbol{u}^{\mathrm{T}}(N)\boldsymbol{w}^{*}$$

将以上各式写成方程组形式，并取共轭，有

$$\begin{bmatrix} e(M) \\ e(M+1) \\ \vdots \\ e(N) \end{bmatrix}^{*}=\begin{bmatrix} d(M) \\ d(M+1) \\ \vdots \\ d(N) \end{bmatrix}^{*}-\begin{bmatrix} u(M) & u(M-1) & \cdots & u(1) \\ u(M+1) & u(M) & \cdots & u(2) \\ \vdots & \vdots & \ddots & \vdots \\ u(N) & u(N-1) & \cdots & u(N-M+1) \end{bmatrix}^{*}\begin{bmatrix} w_0 \\ w_1 \\ \vdots \\ w_{M-1} \end{bmatrix} \tag{6.2.3}$$

定义误差向量 $\boldsymbol{e}$ 和期望响应向量 $\boldsymbol{b}$ 分别为

$$\boldsymbol{e}=[e(M) \quad e(M+1) \quad \cdots \quad e(N)]^{\mathrm{H}} \tag{6.2.4}$$

$$\boldsymbol{b}=[d(M) \quad d(M+1) \quad \cdots \quad d(N)]^{\mathrm{H}} \tag{6.2.5}$$

定义数据矩阵

$$\begin{aligned}\boldsymbol{A}^{\mathrm{H}}&=[\boldsymbol{u}(M) \quad \boldsymbol{u}(M+1) \quad \cdots \quad \boldsymbol{u}(N)] \\ &=\begin{bmatrix} u(M) & u(M+1) & \cdots & u(N) \\ u(M-1) & u(M) & \cdots & u(N-1) \\ \vdots & \vdots & \ddots & \vdots \\ u(1) & u(2) & \cdots & u(N-M+1) \end{bmatrix}\end{aligned} \tag{6.2.6}$$

由式(6.2.1)，定义期望响应向量的估计向量$\hat{\boldsymbol{b}}$为

$$\hat{\boldsymbol{b}}^{\mathrm{H}} = \begin{bmatrix}\hat{d}(M) & \hat{d}(M+1) & \cdots & \hat{d}(N)\end{bmatrix} = \boldsymbol{w}^{\mathrm{H}}\boldsymbol{A}^{\mathrm{H}} \tag{6.2.7}$$

所以式(6.2.3)可表示为

$$\boldsymbol{e} = \boldsymbol{b} - \hat{\boldsymbol{b}} = \boldsymbol{b} - \boldsymbol{A}\boldsymbol{w} \tag{6.2.8}$$

取共轭转置有

$$\boldsymbol{e}^{\mathrm{H}} = \boldsymbol{b}^{\mathrm{H}} - \boldsymbol{w}^{\mathrm{H}}\boldsymbol{A}^{\mathrm{H}} \tag{6.2.9}$$

横向滤波器的设计原则是，寻找权向量 $\boldsymbol{w}$ 使得误差信号 $e(n)$ 在某种意义下取得极小值。注意到式(6.2.3)或式(6.2.9)实际上是由 $N-M+1$ 个方程所构成的线性方程组，未知量 $w_m, m=0,\cdots,M-1$ 的个数是滤波器的抽头个数 M。根据方程个数与未知量个数的大小关系，有：

(1) 当 $M>N-M+1$ 时，令 $\boldsymbol{e}=\boldsymbol{0}$，方程组有无穷多组解。

(2) 当 $M=N-M+1$ 时，令 $\boldsymbol{e}=\boldsymbol{0}$，方程组有唯一解。

(3) 当 $M<N-M+1$ 时，令 $\boldsymbol{e}=\boldsymbol{0}$，方程组无解。

根据上面的讨论，容易给人造成一种错觉，好像方程数越少，即输入数据数 N 越小，越有利于求解滤波器权向量，如 $M>N-M+1$ 时方程组有无穷多组解，$M=N-M+1$ 时方程组有唯一解，而 $M<N-M+1$ 时方程组无解。其实这是不对的，因为输入到滤波器的数据都是随机过程的观测值，观测值越少，获得的统计信息越不准。方程数少时，尽管能解出滤波器权向量，但该权向量仅满足随机过程的这几个观测值，对随机过程来讲并不是统计最佳的。

一般来说，输入数据的个数总是比滤波器权值的维数大得多，即 $M<N-M+1$。此时方程在一般意义下无解，即找不到一个向量 $\boldsymbol{w}$ 满足全部 $N-M+1$ 个方程。但如 6.1.2 节所述，可利用所有的观测数据来求最小二乘解，且该最小二乘解在统计意义下，随着 N 的增大更接近满足输入随机过程的最佳解。

下面给出求解最小二乘解的方法。

为寻找使误差信号 $e(n)$ 在某种意义下取得极小值的 $\boldsymbol{w}$，首先定义代价函数为误差信号的模的平方和，即

$$J = \sum_{n=M}^{N} |\, e(n) \,|^2 \tag{6.2.10}$$

选择权向量 $\boldsymbol{w}$ 的原则是，使得代价函数 J 取得极小值。利用误差向量定义式(6.2.4)，式(6.2.10)也可表示为

$$J = \|\boldsymbol{e}\|^2 = \boldsymbol{e}^{\mathrm{H}}\boldsymbol{e} \tag{6.2.11}$$

将误差信号的向量表达式(6.2.9)代入代价函数式(6.2.11)，有

$$\begin{aligned} J &= \boldsymbol{e}^{\mathrm{H}}\boldsymbol{e} \\ &= (\boldsymbol{b}^{\mathrm{H}} - \boldsymbol{w}^{\mathrm{H}}\boldsymbol{A}^{\mathrm{H}})(\boldsymbol{b} - \boldsymbol{A}\boldsymbol{w}) \\ &= \boldsymbol{b}^{\mathrm{H}}\boldsymbol{b} - \boldsymbol{b}^{\mathrm{H}}\boldsymbol{A}\boldsymbol{w} - \boldsymbol{w}^{\mathrm{H}}\boldsymbol{A}^{\mathrm{H}}\boldsymbol{b} + \boldsymbol{w}^{\mathrm{H}}\boldsymbol{A}^{\mathrm{H}}\boldsymbol{A}\boldsymbol{w} \end{aligned} \tag{6.2.12}$$

要得到 J 的极小值，首先求 J 关于 $\boldsymbol{w}$ 的梯度

$$\nabla J = 2\frac{\partial J}{\partial \boldsymbol{w}^*} = -2\boldsymbol{A}^{\mathrm{H}}\boldsymbol{b} + 2\boldsymbol{A}^{\mathrm{H}}\boldsymbol{A}\boldsymbol{w} \tag{6.2.13}$$

令$\boldsymbol{\nabla} J=\mathbf{0}$,得

$$\boldsymbol{A}^{\mathrm{H}}\boldsymbol{A}\hat{\boldsymbol{w}} = \boldsymbol{A}^{\mathrm{H}}\boldsymbol{b} \tag{6.2.14}$$

式(6.2.14)是使J取得极小值时,$\boldsymbol{w}$必须满足的条件,称为确定性正则方程(deterministic normal equations)。

当$M<N-M+1$时,如果方阵$\boldsymbol{A}^{\mathrm{H}}\boldsymbol{A}$是非奇异的,那么用$(\boldsymbol{A}^{\mathrm{H}}\boldsymbol{A})^{-1}$左乘式(6.2.14),就得到了确定性正则方程的解,即

$$\hat{\boldsymbol{w}} = (\boldsymbol{A}^{\mathrm{H}}\boldsymbol{A})^{-1}\boldsymbol{A}^{\mathrm{H}}\boldsymbol{b} \tag{6.2.15}$$

式(6.2.15)也称为最小二乘(least squares)解,所谓二乘,是指式(6.2.11)中向量$\boldsymbol{e}$的范数平方,最小二乘解$\hat{\boldsymbol{w}}$使得该范数平方(误差平方和)取得极小值。

经常将估计向量$\hat{\boldsymbol{b}}=\boldsymbol{A}\hat{\boldsymbol{w}}$称为对期望响应向量$\boldsymbol{b}$的最小二乘估计(least-square estimation),简称LS估计。

6.2.2 LS估计的正交原理

与第4章类似,下面来推导最小二乘估计的正交原理,即当滤波器权向量$\boldsymbol{w}$满足确定性正则方程时,数据矩阵$\boldsymbol{A}$、估计向量$\hat{\boldsymbol{b}}$与误差向量$\boldsymbol{e}$之间的关系。当向量$\hat{\boldsymbol{w}}$满足式(6.2.14)中的确定性正则方程,即满足

$$\boldsymbol{A}^{\mathrm{H}}\boldsymbol{A}\hat{\boldsymbol{w}} = \boldsymbol{A}^{\mathrm{H}}\boldsymbol{b} \tag{6.2.16}$$

设此时的误差向量为$\boldsymbol{e}_{\min}$,利用误差向量的定义式(6.2.8),有

$$\boldsymbol{e}_{\min} = \boldsymbol{b} - \boldsymbol{A}\hat{\boldsymbol{w}} \tag{6.2.17}$$

将式(6.2.17)左乘$\boldsymbol{A}^{\mathrm{H}}$,得到

$$\boldsymbol{A}^{\mathrm{H}}\boldsymbol{e}_{\min} = \boldsymbol{A}^{\mathrm{H}}\boldsymbol{b} - \boldsymbol{A}^{\mathrm{H}}\boldsymbol{A}\hat{\boldsymbol{w}} = 0 \tag{6.2.18}$$

式(6.2.18)表明,矩阵$\boldsymbol{A}$与$\boldsymbol{e}_{\min}$相互正交。注意,这里的正交是确定信号向量的正交,即矩阵$\boldsymbol{A}$中的每一列向量与向量$\boldsymbol{e}_{\min}$相互正交。

将式(6.2.18)左乘$\hat{\boldsymbol{w}}^{\mathrm{H}}$,有

$$\hat{\boldsymbol{w}}^{\mathrm{H}}\boldsymbol{A}^{\mathrm{H}}\boldsymbol{e}_{\min} = 0 \tag{6.2.19}$$

注意到$\hat{\boldsymbol{b}}^{\mathrm{H}}=\hat{\boldsymbol{w}}^{\mathrm{H}}\boldsymbol{A}^{\mathrm{H}}$,于是有

$$\hat{\boldsymbol{b}}^{\mathrm{H}}\boldsymbol{e}_{\min} = 0 \tag{6.2.20}$$

这就是说,估计向量$\hat{\boldsymbol{b}}$与$\boldsymbol{e}_{\min}$也是相互正交的。由于

$$\boldsymbol{e}_{\min} = \boldsymbol{b} - \hat{\boldsymbol{b}}$$

所以,估计向量$\hat{\boldsymbol{b}}$实际是$\boldsymbol{b}$在数据矩阵$\boldsymbol{A}$生成空间上的投影,而$\boldsymbol{e}_{\min}$正是投影误差向量,3个向量间的关系可形象地表示为如图6.2.2所示。

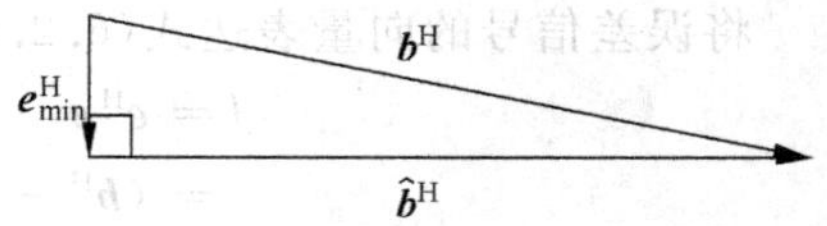

图6.2.2 正交原理的几何解释

6.2.3 投影矩阵的概念

下面引入投影矩阵来进一步阐述最小二乘问题的求解。

由确定性正则方程

$$\boldsymbol{A}^{\mathrm{H}}\boldsymbol{A}\hat{\boldsymbol{w}} = \boldsymbol{A}^{\mathrm{H}}\boldsymbol{b}$$

若 $\boldsymbol{A}^{\mathrm{H}}\boldsymbol{A}$ 非奇异，那么用 $(\boldsymbol{A}^{\mathrm{H}}\boldsymbol{A})^{-1}$ 左乘上式，有

$$\hat{\boldsymbol{w}} = (\boldsymbol{A}^{\mathrm{H}}\boldsymbol{A})^{-1}\boldsymbol{A}^{\mathrm{H}}\boldsymbol{b} \tag{6.2.21}$$

同时可以得到估计向量

$$\hat{\boldsymbol{b}} = \boldsymbol{A}\hat{\boldsymbol{w}} = \boldsymbol{A}(\boldsymbol{A}^{\mathrm{H}}\boldsymbol{A})^{-1}\boldsymbol{A}^{\mathrm{H}}\boldsymbol{b} \tag{6.2.22}$$

定义投影矩阵(projection matrix)

$$\boldsymbol{P}_A = \boldsymbol{A}(\boldsymbol{A}^{\mathrm{H}}\boldsymbol{A})^{-1}\boldsymbol{A}^{\mathrm{H}} \tag{6.2.23}$$

其中 $\boldsymbol{P}_A$ 的下标 $\boldsymbol{A}$ 表示由数据矩阵 $\boldsymbol{A}$ 的线性独立列向量所生成的空间 $\mathcal{A}$。于是，利用 $\boldsymbol{P}_A$ 的定义，式(6.2.22)可以表示为

$$\hat{\boldsymbol{b}} = \boldsymbol{P}_A\boldsymbol{b} \tag{6.2.24}$$

如果将 $\boldsymbol{P}_A\boldsymbol{b}$ 看作是一个线性变换，那么式(6.2.24)表示向量 $\boldsymbol{b}$ 经过投影矩阵 $\boldsymbol{P}_A$ 的变换而得到向量 $\hat{\boldsymbol{b}}$，或者说，将向量 $\boldsymbol{b}$ 投影到空间 $\mathcal{A}$ 上，得到的投影向量就是 $\hat{\boldsymbol{b}}$。

由于

$$\boldsymbol{e}_{\min} = \boldsymbol{b} - \hat{\boldsymbol{b}} = \boldsymbol{b} - \boldsymbol{P}_A\boldsymbol{b} = (\boldsymbol{I} - \boldsymbol{P}_A)\boldsymbol{b}$$

矩阵

$$\boldsymbol{P}_A^{\perp} = \boldsymbol{I} - \boldsymbol{P}_A \tag{6.2.25}$$

称为正交补投影矩阵(orthogonal complement projection matrix)。利用定义式(6.2.23)和式(6.2.25)，容易验证，投影矩阵 $\boldsymbol{P}_A$ 与正交补投影矩阵 $\boldsymbol{P}_A^{\perp}$ 满足下面一些性质：

(1) 矩阵 $\boldsymbol{P}_A$ 与 $\boldsymbol{P}_A^{\perp}$ 都是幂等矩阵(idempotent matrix)，即

$$\boldsymbol{P}_A\boldsymbol{P}_A = \boldsymbol{P}_A, \quad \boldsymbol{P}_A^{\perp}\boldsymbol{P}_A^{\perp} = \boldsymbol{P}_A^{\perp}$$

(2) 矩阵 $\boldsymbol{P}_A$ 与 $\boldsymbol{P}_A^{\perp}$ 相互正交，即

$$\boldsymbol{P}_A\boldsymbol{P}_A^{\perp} = \boldsymbol{0}$$

(3) 矩阵 $\boldsymbol{P}_A$ 与 $\boldsymbol{P}_A^{\perp}$ 都是 Hermite 矩阵，即

$$\boldsymbol{P}_A^{\mathrm{H}} = \boldsymbol{P}_A, \quad (\boldsymbol{P}_A^{\perp})^{\mathrm{H}} = \boldsymbol{P}_A^{\perp}$$

根据投影矩阵与正交补投影矩阵的概念，可以利用向量空间理论来解释最小二乘估计。由于

$$\boldsymbol{b} = \hat{\boldsymbol{b}} + \boldsymbol{e}_{\min} = \boldsymbol{P}_A\boldsymbol{b} + \boldsymbol{P}_A^{\perp}\boldsymbol{b} \tag{6.2.26}$$

其中，$\boldsymbol{P}_A\boldsymbol{b}$ 和 $\boldsymbol{P}_A^{\perp}\boldsymbol{b}$ 分别是 $\boldsymbol{b}$ 在空间 $\mathcal{A}$ 和它的正交补空间 $\mathcal{A}^{\perp}$ 的投影，也就是说 $\boldsymbol{P}_A\boldsymbol{b}$ 和 $\boldsymbol{P}_A^{\perp}\boldsymbol{b}$ 相互正交，即

$$(\boldsymbol{P}_A\boldsymbol{b})^{\mathrm{H}}(\boldsymbol{P}_A^{\perp}\boldsymbol{b}) = 0 \tag{6.2.27}$$

6.2.4 LS 估计的误差平方和

现在来推导最小二乘估计的代价函数极小值的表达式。

因为代价函数为

$$J = \boldsymbol{b}^{\mathrm{H}}\boldsymbol{b} - \boldsymbol{b}^{\mathrm{H}}\boldsymbol{A}\boldsymbol{w} - \boldsymbol{w}^{\mathrm{H}}\boldsymbol{A}^{\mathrm{H}}\boldsymbol{b} + \boldsymbol{w}^{\mathrm{H}}\boldsymbol{A}^{\mathrm{H}}\boldsymbol{A}\boldsymbol{w} \tag{6.2.28}$$

使其取得极小值的$\hat{\boldsymbol{w}}$满足确定性正则方程

$$\boldsymbol{A}^{\mathrm{H}}\boldsymbol{A}\hat{\boldsymbol{w}} = \boldsymbol{A}^{\mathrm{H}}\boldsymbol{b}$$

用$\hat{\boldsymbol{w}}^{\mathrm{H}}$ 左乘上式，有

$$\hat{\boldsymbol{w}}^{\mathrm{H}}\boldsymbol{A}^{\mathrm{H}}\boldsymbol{b} = \hat{\boldsymbol{w}}^{\mathrm{H}}\boldsymbol{A}^{\mathrm{H}}\boldsymbol{A}\hat{\boldsymbol{w}} \tag{6.2.29}$$

将式(6.2.29)代入式(6.2.28)，并且令 $\boldsymbol{w}=\hat{\boldsymbol{w}}$，代价函数极小值的表达式为

$$J_{\min} = \boldsymbol{b}^{\mathrm{H}}\boldsymbol{b} - \boldsymbol{b}^{\mathrm{H}}\boldsymbol{A}\hat{\boldsymbol{w}} \tag{6.2.30}$$

利用估计向量与数据矩阵的关系$\hat{\boldsymbol{b}}=\boldsymbol{A}\hat{\boldsymbol{w}}$，式(6.2.30)可以表示为

$$J_{\min} = \boldsymbol{b}^{\mathrm{H}}\boldsymbol{b} - \boldsymbol{b}^{\mathrm{H}}\hat{\boldsymbol{b}} = \boldsymbol{b}^{\mathrm{H}}(\boldsymbol{b}-\hat{\boldsymbol{b}}) = \boldsymbol{b}^{\mathrm{H}}\boldsymbol{e}_{\min} \tag{6.2.31}$$

其中，最小误差向量 $\boldsymbol{e}_{\min}$由式(6.2.17)给出。另一方面，根据代价函数的定义式 $J=\boldsymbol{e}^{\mathrm{H}}\boldsymbol{e}$，所以代价函数极小值的表达式也可以表示为

$$J_{\min} = \boldsymbol{e}_{\min}^{\mathrm{H}}\boldsymbol{e}_{\min} \tag{6.2.32}$$

利用正交原理不难证明式(6.2.31)和式(6.2.32)是等价的。事实上，因为

$$\boldsymbol{b} = \boldsymbol{e}_{\min} + \hat{\boldsymbol{b}} \tag{6.2.33}$$

且$\hat{\boldsymbol{b}}$与 $\boldsymbol{e}_{\min}$正交。因此，将式(6.2.33)代入式(6.2.31)，有

$$\boldsymbol{b}^{\mathrm{H}}\boldsymbol{e}_{\min} = (\boldsymbol{e}_{\min}^{\mathrm{H}} + \hat{\boldsymbol{b}}^{\mathrm{H}})\boldsymbol{e}_{\min} = \boldsymbol{e}_{\min}^{\mathrm{H}}\boldsymbol{e}_{\min}$$

6.2.5 最小二乘方法与维纳滤波的关系

第 4 章推导了在最小均方误差意义下，滤波器权向量所满足的条件，即维纳-霍夫方程。而本章介绍的 LS 估计中，滤波器权向量应满足确定性正则方程。下面将讨论最小二乘估计与维纳滤波之间的关系，并借此理解统计思想和确定性思想在数字信号处理中的应用。

1. 代价函数

在维纳滤波中，代价函数是均方误差信号

$$J(\boldsymbol{w}) = \mathrm{E}\{|e(n)|^2\} \tag{6.2.34}$$

注意，式(6.2.34)中误差信号 $e(n)$是一个随机过程，而代价函数则是误差信号的平均功率。

在最小二乘估计中，代价函数定义为误差信号有限个样本的模的平方和，即

$$J = \sum_{n=M}^{N} |e(n)|^2 \tag{6.2.35}$$

事实上，将代价函数(6.2.35)除以时间区间长度 $N-M+1$，并不会影响滤波器权向量的求解。于是，得到新的代价函数为

$$\widetilde{J} = \frac{1}{N-M+1}\sum_{n=M}^{N} |e(n)|^2 \tag{6.2.36}$$

注意到在式(6.2.36)中，代价函数是误差信号样本数据的平均功率。如果 $e(n)$是各态历经的平稳随机过程，那么，式(6.2.36)所定义的代价函数正是式(6.2.34)所定义的代价函数的估计。

2. 维纳-霍夫方程与确定性正则方程

注意到维纳-霍夫方程

$$\boldsymbol{R}\boldsymbol{w}_{\mathrm{o}} = \boldsymbol{p} \tag{6.2.37}$$

其中，$\boldsymbol{R}$ 和 $\boldsymbol{p}$ 分别是输入向量的自相关矩阵和互相关向量，为

$$\boldsymbol{R} = \mathrm{E}\{\boldsymbol{u}(n)\boldsymbol{u}^{\mathrm{H}}(n)\}, \quad \boldsymbol{p} = \mathrm{E}\{\boldsymbol{u}(n)d^*(n)\}$$

另一方面，最小二乘估计中的确定性正则方程为

$$\boldsymbol{A}^{\mathrm{H}}\boldsymbol{A}\,\hat{\boldsymbol{w}} = \boldsymbol{A}^{\mathrm{H}}\boldsymbol{b}$$

上式等号两边除以时间区间长度 $N-M+1$，则有

$$\left(\frac{1}{N-M+1}\boldsymbol{A}^{\mathrm{H}}\boldsymbol{A}\right)\boldsymbol{w} = \frac{1}{N-M+1}\boldsymbol{A}^{\mathrm{H}}\boldsymbol{b} \tag{6.2.38}$$

考虑数据矩阵的表示式(6.2.6)、随机过程 $u(n)$的自相关矩阵 $\boldsymbol{R}$，以及 $u(n)$和期望响应 $d(n)$的互相关向量 $\boldsymbol{p}$，在有限个观测样本时的时间平均估计值可表示为

$$\hat{\boldsymbol{R}} = \frac{1}{N-M+1}\boldsymbol{A}^{\mathrm{H}}\boldsymbol{A} = \frac{1}{N-M+1}\sum_{n=M}^{N}\boldsymbol{u}(n)\boldsymbol{u}^{\mathrm{H}}(n)$$

和

$$\hat{\boldsymbol{p}} = \frac{1}{N-M+1}\boldsymbol{A}^{\mathrm{H}}\boldsymbol{b} = \frac{1}{N-M+1}\sum_{n=M}^{N}\boldsymbol{u}(n)d^*(n)$$

如果随机过程 $u(n)$是各态历经的平稳随机过程，那么，当观测样本数趋于无穷大时，有

$$\lim_{N-M+1\to\infty}\hat{\boldsymbol{R}} = \boldsymbol{R}, \qquad \lim_{N-M+1\to\infty}\hat{\boldsymbol{p}} = \boldsymbol{p}$$

也即当观测样本数趋于无穷大时，确定性正则方程逼近维纳-霍夫方程，或者最小二乘方法逼近维纳滤波。

因此，可以这样认为，最小二乘方法(LS 估计)是维纳滤波(MMSE 估计)在有限个观测值时的时间平均近似；或者说，当观测样本数趋于无穷大时，LS 估计将逼近 MMSE 估计。

6.2.6 应用实例：基于 LS 估计的信道均衡原理

考虑数字通信系统的均衡问题，传输信道与均衡器的简化框图如图 6.2.3 所示。设均衡滤波器采用图 5.3.5 所示的 $2M+1$ 抽头的 FIR 横向滤波器。均衡器工作在训练模式，$d(n)$为训练信号，也即均衡器的期望响应。均衡器的输入信号可以表示为

$$u(n) = h(n) * d(n) + v(n) \tag{6.2.39}$$

其中，$v(n)$是加性白噪声过程。

现有输入信号 $u(n)$的 N 个输入数据 $u(1),u(2),\cdots,u(N)$，期望响应 $d(n)$的 N 个样本 $d(1),d(2),\cdots,d(N)$。在 LS 意义下，调整 FIR 均衡滤波器的 $2M+1$ 个抽头权向量

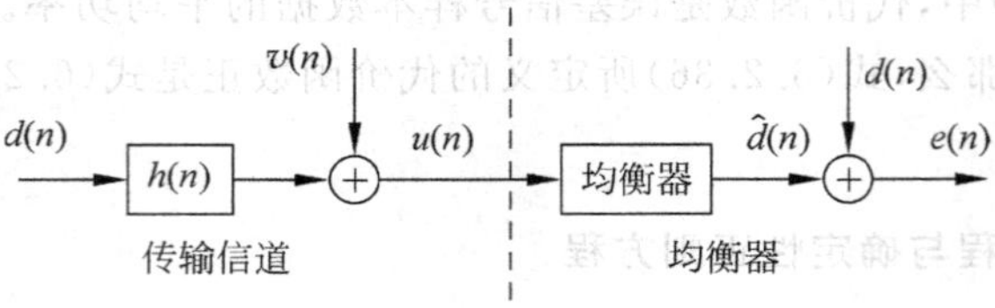

图 6.2.3 基于 LS 估计的信道均衡

$$\boldsymbol{w} = [w_{-M} \quad \cdots \quad w_{-1} \quad w_0 \quad w_1 \quad \cdots \quad w_M]^{\mathrm{T}}$$

使得代价函数

$$J = \sum_{n=M+1}^{N-M} | e(n) |^2$$

取得极小值，$e(n)=d(n)-\hat{d}(n)$是期望响应信号与均衡器输出的估计信号

$$\hat{d}(n) = \boldsymbol{w}^{\mathrm{H}} \tilde{\boldsymbol{u}}(n) = \sum_{k=-M}^{M} w_k^* u(n-k) \tag{6.2.40}$$

之间的误差。输入向量$\tilde{\boldsymbol{u}}(n)$是存在码间干扰的接收信号向量，即

$$\tilde{\boldsymbol{u}}(n) = [u(n+M) \quad \cdots \quad u(n+1) \quad u(n) \quad u(n-1) \quad \cdots \quad u(n-M)]^{\mathrm{T}}$$

分别定义数据矩阵和期望响应向量为

$$\tilde{\boldsymbol{A}}^{\mathrm{H}} = [\tilde{\boldsymbol{u}}(M+1) \quad \tilde{\boldsymbol{u}}(M+2) \quad \cdots \quad \tilde{\boldsymbol{u}}(N-M)]$$

$$= \begin{bmatrix} u(2M+1) & u(2M+2) & \cdots & u(N) \\ u(2M) & u(2M+1) & \cdots & u(N-1) \\ \vdots & \vdots & \ddots & \vdots \\ u(1) & u(2) & \cdots & u(N-2M) \end{bmatrix}$$

$$\tilde{\boldsymbol{b}} = [d(M+1) \quad d(M+2) \quad \cdots \quad d(N-M)]^{\mathrm{H}}$$

利用与 6.2.1 节类似的推导，在 LS 意义下，均衡滤波器 $\boldsymbol{w}$ 满足确定性正则方程

$$\tilde{\boldsymbol{A}}^{\mathrm{H}} \tilde{\boldsymbol{A}} \hat{\boldsymbol{w}} = \tilde{\boldsymbol{A}}^{\mathrm{H}} \tilde{\boldsymbol{b}}$$

于是，有

$$\hat{\boldsymbol{w}} = (\tilde{\boldsymbol{A}}^{\mathrm{H}} \tilde{\boldsymbol{A}})^{-1} \tilde{\boldsymbol{A}}^{\mathrm{H}} \tilde{\boldsymbol{b}}$$

求解均衡器权向量的方法除直接求解确定性正则方程外，在实际中更多是采用后文将要介绍的诸如奇异值分解方法、RLS 算法、QR-RLS 算法等。

均衡器通过训练模式得到权向量的估计后，将转入工作模式，对实际输入信号进行均衡处理。

6.3 用奇异值分解求解最小二乘问题

在工程实际中，如果直接求解确定性正则方程 $\boldsymbol{A}^{\mathrm{H}}\boldsymbol{A}\hat{\boldsymbol{w}}=\boldsymbol{A}^{\mathrm{H}}\boldsymbol{b}$，需要进行矩阵求逆运算，因此必须考虑 $\boldsymbol{A}^{\mathrm{H}}\boldsymbol{A}$ 的奇异性。如果 $\boldsymbol{A}^{\mathrm{H}}\boldsymbol{A}$ 是非奇异的，矩阵求逆运算不仅计算量大，还有可能发散，工程上也不易实现。本节将使用矩阵的奇异值分解来求解确定性正则方

程。奇异值分解具有良好的数值稳定性，非常适合最小二乘问题的数值求解。此外，利用奇异值分解，可以回避 $\boldsymbol{A}^{\mathrm{H}}\boldsymbol{A}$ 是否非奇异的问题，从而获得最小二乘问题的统一解。

6.3.1　矩阵的奇异值分解

对任意复矩阵 $\boldsymbol{A}\in\mathbb{C}^{L\times M}$，$L=N-M+1$，秩为 K，那么存在酉矩阵 $\boldsymbol{X}\in\mathbb{C}^{M\times M}$ 和酉矩阵 $\boldsymbol{Y}\in\mathbb{C}^{L\times L}$，使得

$$\boldsymbol{Y}^{\mathrm{H}}\boldsymbol{A}\boldsymbol{X}=\begin{bmatrix}\boldsymbol{\Sigma} & \boldsymbol{0}_3\\ \boldsymbol{0}_2 & \boldsymbol{0}_1\end{bmatrix}\tag{6.3.1}$$

其中

$$\boldsymbol{\Sigma}=\mathrm{diag}\{\sigma_1,\sigma_2,\cdots,\sigma_K\}\tag{6.3.2}$$

$\sigma_1\geqslant\sigma_2\geqslant\cdots\geqslant\sigma_K>0$ 是 $\boldsymbol{A}$ 的全部非零奇异值，而 $\boldsymbol{0}_1$、$\boldsymbol{0}_2$、$\boldsymbol{0}_3$ 分别是 $(L-K)\times(M-K)$，$(L-K)\times K$，$K\times(M-K)$ 的零矩阵。式(6.3.1)称为矩阵 $\boldsymbol{A}$ 的奇异值分解(SVD，singular value decomposition)。将酉矩阵 $\boldsymbol{X}$ 和 $\boldsymbol{Y}$ 分别表示为列向量形式，有

$$\begin{aligned}\boldsymbol{X}&=[\boldsymbol{x}_1\quad \boldsymbol{x}_2\quad \cdots\quad \boldsymbol{x}_M]\in\mathbb{C}^{M\times M}\\ \boldsymbol{Y}&=[\boldsymbol{y}_1\quad \boldsymbol{y}_2\quad \cdots\quad \boldsymbol{y}_L]\in\mathbb{C}^{L\times L}\end{aligned}\tag{6.3.3}$$

其中，$\boldsymbol{X}$ 的第 i 列 $\boldsymbol{x}_i$，$i=1,2,\cdots,M$ 称为矩阵 $\boldsymbol{A}$ 的单位右奇异向量，$\boldsymbol{Y}$ 的第 i 列 $\boldsymbol{y}_i$，$i=1,2,\cdots,L$ 称为矩阵 $\boldsymbol{A}$ 的单位左奇异向量。将矩阵 $\boldsymbol{X}$ 和 $\boldsymbol{Y}$ 分块得

$$\begin{aligned}\boldsymbol{X}&=[\boldsymbol{X}_1\quad \boldsymbol{X}_2]\\ \boldsymbol{Y}&=[\boldsymbol{Y}_1\quad \boldsymbol{Y}_2]\end{aligned}\tag{6.3.4}$$

其中

$$\begin{aligned}\boldsymbol{X}_1&=[\boldsymbol{x}_1\quad \boldsymbol{x}_2\quad \cdots\quad \boldsymbol{x}_K],\quad \boldsymbol{X}_2=[\boldsymbol{x}_{K+1}\quad \boldsymbol{x}_{K+2}\quad \cdots\quad \boldsymbol{x}_M]\\ \boldsymbol{Y}_1&=[\boldsymbol{y}_1\quad \boldsymbol{y}_2\quad \cdots\quad \boldsymbol{y}_K],\quad \boldsymbol{Y}_2=[\boldsymbol{y}_{K+1}\quad \boldsymbol{y}_{K+2}\quad \cdots\quad \boldsymbol{y}_L]\end{aligned}\tag{6.3.5}$$

由于 $\boldsymbol{Y}\boldsymbol{Y}^{\mathrm{H}}=\boldsymbol{I}$，用 $\boldsymbol{Y}$ 左乘式(6.3.1)得

$$\boldsymbol{A}\boldsymbol{X}=\boldsymbol{Y}\begin{bmatrix}\boldsymbol{\Sigma} & \boldsymbol{0}_3\\ \boldsymbol{0}_2 & \boldsymbol{0}_1\end{bmatrix}$$

将式(6.3.4)代入上式，有

$$\boldsymbol{A}[\boldsymbol{X}_1\quad \boldsymbol{X}_2]=[\boldsymbol{Y}_1\quad \boldsymbol{Y}_2]\begin{bmatrix}\boldsymbol{\Sigma} & \boldsymbol{0}_3\\ \boldsymbol{0}_2 & \boldsymbol{0}_1\end{bmatrix}$$

展开后，有

$$\boldsymbol{A}\boldsymbol{X}_1=\boldsymbol{Y}_1\boldsymbol{\Sigma}\tag{6.3.6}$$

和

$$\boldsymbol{A}\boldsymbol{X}_2=\boldsymbol{0}$$

将式(6.3.6)写成向量形式，则

$$\boldsymbol{A}\boldsymbol{x}_i=\sigma_i\boldsymbol{y}_i,\quad i=1,2,\cdots,K\tag{6.3.7}$$

由于 $\boldsymbol{X}\boldsymbol{X}^{\mathrm{H}}=\boldsymbol{I}$，用 $\boldsymbol{X}^{\mathrm{H}}$ 右乘式(6.3.1)，得

$$\boldsymbol{Y}^{\mathrm{H}}\boldsymbol{A}=\begin{bmatrix}\boldsymbol{\Sigma} & \boldsymbol{0}_3\\ \boldsymbol{0}_2 & \boldsymbol{0}_1\end{bmatrix}\boldsymbol{X}^{\mathrm{H}}\tag{6.3.8}$$

利用式(6.3.4),不难证明

$$\boldsymbol{A}^{\mathrm{H}}\boldsymbol{Y}_1 = \boldsymbol{X}_1\boldsymbol{\Sigma} \tag{6.3.9}$$

类似地,其向量形式为

$$\boldsymbol{A}^{\mathrm{H}}\boldsymbol{y}_i = \sigma_i\boldsymbol{x}_i, \quad i = 1,2,\cdots,K \tag{6.3.10}$$

6.3.2　奇异值分解与特征值分解的关系

由于$\boldsymbol{Y}^{\mathrm{H}}\boldsymbol{Y}=\boldsymbol{Y}\boldsymbol{Y}^{\mathrm{H}}=\boldsymbol{I}$,式(6.3.1)可以改写为

$$\boldsymbol{A} = \boldsymbol{Y}\begin{bmatrix}\boldsymbol{\Sigma} & \boldsymbol{0}_3 \\ \boldsymbol{0}_2 & \boldsymbol{0}_1\end{bmatrix}\boldsymbol{X}^{\mathrm{H}} \tag{6.3.11}$$

和

$$\boldsymbol{A}^{\mathrm{H}} = \boldsymbol{X}\begin{bmatrix}\boldsymbol{\Sigma} & \boldsymbol{0}_2^{\mathrm{T}} \\ \boldsymbol{0}_3^{\mathrm{T}} & \boldsymbol{0}_1^{\mathrm{T}}\end{bmatrix}\boldsymbol{Y}^{\mathrm{H}} \tag{6.3.12}$$

利用式(6.3.11)和式(6.3.12),有

$$\boldsymbol{A}^{\mathrm{H}}\boldsymbol{A} = \boldsymbol{X}\begin{bmatrix}\boldsymbol{\Sigma} & \boldsymbol{0}_2^{\mathrm{T}} \\ \boldsymbol{0}_3^{\mathrm{T}} & \boldsymbol{0}_1^{\mathrm{T}}\end{bmatrix}\boldsymbol{Y}^{\mathrm{H}}\boldsymbol{Y}\begin{bmatrix}\boldsymbol{\Sigma} & \boldsymbol{0}_3 \\ \boldsymbol{0}_2 & \boldsymbol{0}_1\end{bmatrix}\boldsymbol{X}^{\mathrm{H}} \tag{6.3.13}$$

由于$\boldsymbol{Y}$是酉矩阵,并且注意到$\boldsymbol{\Sigma}$是由矩阵$\boldsymbol{A}$的非零奇异值构成的对角矩阵,于是有

$$\boldsymbol{A}^{\mathrm{H}}\boldsymbol{A} = \boldsymbol{X}\begin{bmatrix}\boldsymbol{\Sigma}^2 & \boldsymbol{0}_3 \\ \boldsymbol{0}_3^{\mathrm{T}} & \boldsymbol{0}_4\end{bmatrix}\boldsymbol{X}^{\mathrm{H}} \tag{6.3.14}$$

其中,$\boldsymbol{0}_4$是$(M-K)\times(M-K)$的零矩阵。由于$\boldsymbol{A}^{\mathrm{H}}\boldsymbol{A}\in\mathbb{C}^{M\times M}$,因此,式(6.3.14)就是方阵$\boldsymbol{A}^{\mathrm{H}}\boldsymbol{A}$的特征值分解。式(6.3.14)表明,$L\times M$复数矩阵$\boldsymbol{A}$的非零奇异值的平方$\sigma_i^2,i=1,2,\cdots,K$,正是矩阵$\boldsymbol{A}^{\mathrm{H}}\boldsymbol{A}$的非零特征值,而矩阵$\boldsymbol{A}$的右奇异向量$\boldsymbol{x}_i$是对应的特征向量。同样道理,由于

$$\boldsymbol{A}\boldsymbol{A}^{\mathrm{H}} = \boldsymbol{Y}\begin{bmatrix}\boldsymbol{\Sigma} & \boldsymbol{0}_3 \\ \boldsymbol{0}_2 & \boldsymbol{0}_1\end{bmatrix}\boldsymbol{X}^{\mathrm{H}}\boldsymbol{X}\begin{bmatrix}\boldsymbol{\Sigma} & \boldsymbol{0}_2^{\mathrm{T}} \\ \boldsymbol{0}_3^{\mathrm{T}} & \boldsymbol{0}_1^{\mathrm{T}}\end{bmatrix}\boldsymbol{Y}^{\mathrm{H}} = \boldsymbol{Y}\begin{bmatrix}\boldsymbol{\Sigma}^2 & \boldsymbol{0}_2^{\mathrm{T}} \\ \boldsymbol{0}_2 & \boldsymbol{0}_5\end{bmatrix}\boldsymbol{Y}^{\mathrm{H}}$$

其中,$\boldsymbol{0}_5$是$(L-K)\times(L-K)$的零矩阵。于是,$L\times M$复数矩阵$\boldsymbol{A}$的非零奇异值的平方$\sigma_i^2,i=1,2,\cdots,K$,是矩阵$\boldsymbol{A}\boldsymbol{A}^{\mathrm{H}}$的非零特征值,而矩阵$\boldsymbol{A}$的左奇异向量$\boldsymbol{y}_i$是对应的特征向量。

因此,$\boldsymbol{A}^{\mathrm{H}}\boldsymbol{A}$与$\boldsymbol{A}\boldsymbol{A}^{\mathrm{H}}$有相同的非零特征值$\sigma_i^2,i=1,2,\cdots,K$。

6.3.3　用奇异值分解求解确定性正则方程

对于确定性正则方程$\boldsymbol{A}^{\mathrm{H}}\boldsymbol{A}\hat{\boldsymbol{w}}=\boldsymbol{A}^{\mathrm{H}}\boldsymbol{b}$,若$\boldsymbol{A}^{\mathrm{H}}\boldsymbol{A}$是非奇异的,那么利用矩阵求逆,可以直接得到唯一解$\hat{\boldsymbol{w}}=(\boldsymbol{A}^{\mathrm{H}}\boldsymbol{A})^{-1}\boldsymbol{A}^{\mathrm{H}}\boldsymbol{b}$;若$\boldsymbol{A}^{\mathrm{H}}\boldsymbol{A}$是奇异的,则$\hat{\boldsymbol{w}}$的解不是唯一的。

下面分别讨论这两种情况下,利用奇异值分解方法求解确定性正则方程。

1. $A^{\mathrm{H}}A$ 是非奇异的

由于$\boldsymbol{A}^{\mathrm{H}}\boldsymbol{A}\in\mathbb{C}^{M\times M}$是非奇异的,即$\boldsymbol{A}^{\mathrm{H}}\boldsymbol{A}$的秩$K=M$,则$\boldsymbol{A}^{\mathrm{H}}\boldsymbol{A}$有$M$个非零特征值,或矩阵$\boldsymbol{A}$有$M$个非零奇异值。此时式(6.3.11)可表示为

$$\mathbf{A}=\mathbf{Y}\begin{bmatrix}\mathbf{\Sigma}\\ \mathbf{0}\end{bmatrix}\mathbf{X}^{\mathrm{H}}$$

其中,$\mathbf{0}$ 是$(L-M)\times M$ 的零矩阵,$\Sigma=\mathrm{diag}\{\sigma_1,\sigma_2,\cdots,\sigma_M\}$,而 $\sigma_1\geqslant\sigma_2\geqslant\cdots\geqslant\sigma_M>0$ 是 $\mathbf{A}$ 的 M 个奇异值。与式(6.3.14)的推导类似,有

$$\mathbf{A}^{\mathrm{H}}\mathbf{A}=\mathbf{X}\mathbf{\Sigma}^2\mathbf{X}^{\mathrm{H}} \tag{6.3.15}$$

由于 $\mathbf{X}$ 是酉矩阵,所以用 $\mathbf{X}\mathbf{\Sigma}^{-2}\mathbf{X}^{\mathrm{H}}$ 左乘式(6.3.15),得

$$(\mathbf{X}\mathbf{\Sigma}^{-2}\mathbf{X}^{\mathrm{H}})(\mathbf{A}^{\mathrm{H}}\mathbf{A})=\mathbf{I}$$

用$(\mathbf{A}^{\mathrm{H}}\mathbf{A})^{-1}$右乘上式,得

$$(\mathbf{A}^{\mathrm{H}}\mathbf{A})^{-1}=\mathbf{X}\mathbf{\Sigma}^{-2}\mathbf{X}^{\mathrm{H}} \tag{6.3.16}$$

利用式(6.3.3),将式(6.3.16)等号的右边展开,得

$$(\mathbf{A}^{\mathrm{H}}\mathbf{A})^{-1}=[\mathbf{x}_1\quad \mathbf{x}_2\quad \cdots\quad \mathbf{x}_M]\begin{bmatrix}\sigma_1^{-2} & & \\ & \ddots & \\ & & \sigma_M^{-2}\end{bmatrix}\begin{bmatrix}\mathbf{x}_1^{\mathrm{H}}\\ \vdots\\ \mathbf{x}_M^{\mathrm{H}}\end{bmatrix}=\sum_{i=1}^{M}\frac{\mathbf{x}_i\mathbf{x}_i^{\mathrm{H}}}{\sigma_i^2} \tag{6.3.17}$$

将式(6.3.17)代入$\hat{\mathbf{w}}=(\mathbf{A}^{\mathrm{H}}\mathbf{A})^{-1}\mathbf{A}^{\mathrm{H}}\mathbf{b}$,得

$$\hat{\mathbf{w}}=\sum_{i=1}^{M}\frac{\mathbf{x}_i\mathbf{x}_i^{\mathrm{H}}}{\sigma_i^2}\mathbf{A}^{\mathrm{H}}\mathbf{b} \tag{6.3.18}$$

令$\boldsymbol{\theta}=\mathbf{A}^{\mathrm{H}}\mathbf{b}$,于是式(6.3.18)可表示为

$$\hat{\mathbf{w}}=\sum_{i=1}^{M}\left(\frac{\mathbf{x}_i^{\mathrm{H}}\boldsymbol{\theta}}{\sigma_i^2}\right)\mathbf{x}_i \tag{6.3.19}$$

由于式(6.3.19)中括号内的项为标量,因此,当 $\mathbf{A}^{\mathrm{H}}\mathbf{A}$ 非奇异时,确定性正则方程的唯一解$\hat{\mathbf{w}}$是 $\mathbf{A}$ 的右奇异向量 $\mathbf{x}_i$ 的线性组合。换句话说,通过对矩阵 $\mathbf{A}$ 进行奇异值分解,得到非零奇异值和右奇异向量 $\mathbf{x}_i$ 后,就可以方便地得到 LS 权向量$\hat{\mathbf{w}}$,并且这个解是唯一的。

2. $A^{\mathrm{H}}A$ 是奇异的

$\mathbf{A}^{\mathrm{H}}\mathbf{A}$ 奇异,意味着 $\mathbf{A}^{\mathrm{H}}\mathbf{A}$ 是降秩的。设 $\mathbf{A}^{\mathrm{H}}\mathbf{A}$ 有 K 个非零特征值,并且 $K<M$。设 $\mathbf{A}$ 的奇异值分解为

$$\mathbf{A}=\mathbf{Y}\begin{bmatrix}\mathbf{\Sigma} & \mathbf{0}\\ \mathbf{0} & \mathbf{0}\end{bmatrix}\mathbf{X}^{\mathrm{H}}$$

利用奇异值分解的定义式(6.3.1),容易推知上述全零矩阵的准确维数,因此,这里为了简化表示,将用 $\mathbf{0}$ 泛指各种维数的零矩阵。将上式代入确定性正则方程

$$\mathbf{A}^{\mathrm{H}}\mathbf{A}\,\hat{\mathbf{w}}=\mathbf{A}^{\mathrm{H}}\mathbf{b}$$

有

$$\mathbf{X}\begin{bmatrix}\mathbf{\Sigma} & \mathbf{0}\\ \mathbf{0} & \mathbf{0}\end{bmatrix}\mathbf{Y}^{\mathrm{H}}\mathbf{Y}\begin{bmatrix}\mathbf{\Sigma} & \mathbf{0}\\ \mathbf{0} & \mathbf{0}\end{bmatrix}\mathbf{X}^{\mathrm{H}}\,\hat{\mathbf{w}}=\mathbf{X}\begin{bmatrix}\mathbf{\Sigma} & \mathbf{0}\\ \mathbf{0} & \mathbf{0}\end{bmatrix}\mathbf{Y}^{\mathrm{H}}\mathbf{b}$$

化简后为

$$\mathbf{X}\begin{bmatrix}\mathbf{\Sigma}^2 & \mathbf{0}\\ \mathbf{0} & \mathbf{0}\end{bmatrix}\mathbf{X}^{\mathrm{H}}\,\hat{\mathbf{w}}=\mathbf{X}\begin{bmatrix}\mathbf{\Sigma} & \mathbf{0}\\ \mathbf{0} & \mathbf{0}\end{bmatrix}\mathbf{Y}^{\mathrm{H}}\mathbf{b} \tag{6.3.20}$$

由于 $\boldsymbol{X}$ 是酉矩阵，用 $\boldsymbol{X}^{\mathrm{H}}$ 左乘式(6.3.20)得

$$\begin{bmatrix}\boldsymbol{\Sigma}^2 & \boldsymbol{0}\\ \boldsymbol{0} & \boldsymbol{0}\end{bmatrix}\boldsymbol{X}^{\mathrm{H}}\hat{\boldsymbol{w}}=\begin{bmatrix}\boldsymbol{\Sigma} & \boldsymbol{0}\\ \boldsymbol{0} & \boldsymbol{0}\end{bmatrix}\boldsymbol{Y}^{\mathrm{H}}\boldsymbol{b} \tag{6.3.21}$$

利用向量 $\boldsymbol{X}$ 和 $\boldsymbol{Y}$ 的分块表达式(6.3.4)，则式(6.3.21)可以重写为

$$\begin{bmatrix}\boldsymbol{\Sigma}^2 & \boldsymbol{0}\\ \boldsymbol{0} & \boldsymbol{0}\end{bmatrix}\begin{bmatrix}\boldsymbol{X}_1^{\mathrm{H}}\\ \boldsymbol{X}_2^{\mathrm{H}}\end{bmatrix}\hat{\boldsymbol{w}}=\begin{bmatrix}\boldsymbol{\Sigma} & \boldsymbol{0}\\ \boldsymbol{0} & \boldsymbol{0}\end{bmatrix}\begin{bmatrix}\boldsymbol{Y}_1^{\mathrm{H}}\\ \boldsymbol{Y}_2^{\mathrm{H}}\end{bmatrix}\boldsymbol{b} \tag{6.3.22}$$

其中，$\boldsymbol{X}_1$、$\boldsymbol{X}_2$、$\boldsymbol{Y}_1$ 和 $\boldsymbol{Y}_2$ 分别如式(6.3.5)。

为了简化符号表示，令 $\boldsymbol{z}_1=\boldsymbol{X}_1^{\mathrm{H}}\hat{\boldsymbol{w}}$，$\boldsymbol{z}_2=\boldsymbol{X}_2^{\mathrm{H}}\hat{\boldsymbol{w}}$，$\boldsymbol{c}_1=\boldsymbol{Y}_1^{\mathrm{H}}\boldsymbol{b}$，$\boldsymbol{c}_2=\boldsymbol{Y}_2^{\mathrm{H}}\boldsymbol{b}$，于是有

$$\boldsymbol{z}=\begin{bmatrix}\boldsymbol{z}_1\\ \boldsymbol{z}_2\end{bmatrix}=\boldsymbol{X}^{\mathrm{H}}\hat{\boldsymbol{w}} \tag{6.3.23}$$

$$\boldsymbol{c}=\begin{bmatrix}\boldsymbol{c}_1\\ \boldsymbol{c}_2\end{bmatrix}=\boldsymbol{Y}^{\mathrm{H}}\boldsymbol{b} \tag{6.3.24}$$

将式(6.3.23)和式(6.3.24)代入式(6.3.22)，有

$$\begin{bmatrix}\boldsymbol{\Sigma}^2 & \boldsymbol{0}\\ \boldsymbol{0} & \boldsymbol{0}\end{bmatrix}\begin{bmatrix}\boldsymbol{z}_1\\ \boldsymbol{z}_2\end{bmatrix}=\begin{bmatrix}\boldsymbol{\Sigma} & \boldsymbol{0}\\ \boldsymbol{0} & \boldsymbol{0}\end{bmatrix}\begin{bmatrix}\boldsymbol{c}_1\\ \boldsymbol{c}_2\end{bmatrix} \tag{6.3.25}$$

将式(6.3.25)展开后，不难发现，$\boldsymbol{z}_1$ 与 $\boldsymbol{c}_1$ 必须满足

$$\boldsymbol{\Sigma}^2\boldsymbol{z}_1=\boldsymbol{\Sigma}\boldsymbol{c}_1 \tag{6.3.26}$$

容易理解，向量 $\boldsymbol{z}_2$ 与 $\boldsymbol{c}_2$ 取任意值都是方程式(6.3.25)的解，即 $\boldsymbol{z}_2$ 与 $\boldsymbol{c}_2$ 的取值是任意的。由于$\boldsymbol{\Sigma}^2$非奇异，于是用$\boldsymbol{\Sigma}^{-2}$左乘式(6.3.26)，解出 $\boldsymbol{z}_1$ 为

$$\boldsymbol{z}_1=\boldsymbol{\Sigma}^{-1}\boldsymbol{c}_1=\boldsymbol{\Sigma}^{-1}\boldsymbol{Y}_1^{\mathrm{H}}\boldsymbol{b} \tag{6.3.27}$$

于是由式(6.3.23)，可以将确定性正则方程的解表示为

$$\hat{\boldsymbol{w}}=\boldsymbol{X}\boldsymbol{z}=\boldsymbol{X}\begin{bmatrix}\boldsymbol{z}_1\\ \boldsymbol{z}_2\end{bmatrix} \tag{6.3.28}$$

其中，$\boldsymbol{z}_1$ 由式(6.3.27)给出，而 $\boldsymbol{z}_2$ 的取值是任意的。

因此，如果 $\boldsymbol{A}^{\mathrm{H}}\boldsymbol{A}$ 是奇异的，利用确定性正则方程求解最小二乘解时，有无穷多组解。显然，这是由于在线性方程组中，独立方程个数小于未知数个数所带来的必然结果。

如果希望在 $\boldsymbol{A}^{\mathrm{H}}\boldsymbol{A}$ 奇异时，最小二乘估计有唯一确定的解，那么必须增加某种约束条件，求出在满足该约束条件下的唯一解。如 6.1 节所述，$\hat{\boldsymbol{w}}$的最小范数解是唯一的。

观察$\hat{\boldsymbol{w}}$的范数平方 $\|\hat{\boldsymbol{w}}\|^2$，由$\hat{\boldsymbol{w}}=\boldsymbol{X}\boldsymbol{z}$，并且考虑到 $\boldsymbol{X}$ 是酉矩阵，有

$$\|\hat{\boldsymbol{w}}\|^2=\hat{\boldsymbol{w}}^{\mathrm{H}}\hat{\boldsymbol{w}}=\boldsymbol{z}^{\mathrm{H}}\boldsymbol{X}^{\mathrm{H}}\boldsymbol{X}\boldsymbol{z}=\boldsymbol{z}^{\mathrm{H}}\boldsymbol{z}=\|\boldsymbol{z}\|^2 \tag{6.3.29}$$

这就是说，要使$\hat{\boldsymbol{w}}$的范数最小，等价于使 $\boldsymbol{z}$ 的范数最小。由于 $\boldsymbol{z}$ 是由确定的向量 $\boldsymbol{z}_1$ 和任意的向量 $\boldsymbol{z}_2$ 构成的，如式(6.3.23)所示，所以，当且仅当分量 $\boldsymbol{z}_2=\boldsymbol{0}$ 时，向量 $\boldsymbol{z}$ 的范数最小，此时$\hat{\boldsymbol{w}}$的范数也将取得最小值。

令 $\boldsymbol{z}_2=\boldsymbol{0}$，由式(6.3.27)和式(6.3.28)得方程的解为

$$\hat{\boldsymbol{w}}=\boldsymbol{X}\begin{bmatrix}\boldsymbol{\Sigma}^{-1}\boldsymbol{Y}_1^{\mathrm{H}}\boldsymbol{b}\\ \boldsymbol{0}\end{bmatrix}=\boldsymbol{X}_1\boldsymbol{\Sigma}^{-1}\boldsymbol{Y}_1^{\mathrm{H}}\boldsymbol{b} \tag{6.3.30}$$

利用 $\boldsymbol{X}_1$ 与 $\boldsymbol{Y}_1$ 满足的关系式(6.3.6)，得

$$\boldsymbol{Y}_1^{\mathrm{H}} = \boldsymbol{\Sigma}^{-1}\boldsymbol{X}_1^{\mathrm{H}}\boldsymbol{A}^{\mathrm{H}}$$

代入式(6.3.30)，有

$$\begin{aligned}\hat{\boldsymbol{w}} &= \boldsymbol{X}_1\boldsymbol{\Sigma}^{-1}\boldsymbol{\Sigma}^{-1}\boldsymbol{X}_1^{\mathrm{H}}\boldsymbol{A}^{\mathrm{H}}\boldsymbol{b} \\ &= \boldsymbol{X}_1\boldsymbol{\Sigma}^{-2}\boldsymbol{X}_1^{\mathrm{H}}\boldsymbol{A}^{\mathrm{H}}\boldsymbol{b} \\ &= \sum_{i=1}^{K}\frac{\boldsymbol{x}_i}{\sigma_i^2}\boldsymbol{x}_i^{\mathrm{H}}\boldsymbol{A}^{\mathrm{H}}\boldsymbol{b}\end{aligned} \tag{6.3.31}$$

令 $\boldsymbol{\theta}=\boldsymbol{A}^{\mathrm{H}}\boldsymbol{b}$，则有

$$\hat{\boldsymbol{w}} = \sum_{i=1}^{K}\left(\frac{\boldsymbol{x}_i^{\mathrm{H}}\boldsymbol{\theta}}{\sigma_i^2}\right)\boldsymbol{x}_i \tag{6.3.32}$$

当 $\boldsymbol{A}^{\mathrm{H}}\boldsymbol{A}$ 奇异时，最小二乘估计的最小范数解由式(6.3.32)唯一确定。该式同样表明，这个唯一的解是 $\boldsymbol{A}$ 的右奇异向量 $\boldsymbol{x}_i$ 的线性组合。

比较式(6.3.19)和式(6.3.32)不难发现，$\hat{\boldsymbol{w}}$的表达形式本质上是完全一致的。区别仅在于，当 $\boldsymbol{A}^{\mathrm{H}}\boldsymbol{A}$ 非奇异时，$\boldsymbol{A}$ 有 M 个非零奇异值对应的右奇异向量 $\boldsymbol{x}_i$，$i=1,2,\cdots,M$，所以有 M 项求和；而当 $\boldsymbol{A}^{\mathrm{H}}\boldsymbol{A}$ 奇异时，$\boldsymbol{A}$ 有 K 个非零奇异值对应的右奇异向量 $\boldsymbol{x}_i$，$i=1,2,\cdots,K$，且 $K<M$，所以只有 K 个求和项。

因此，矩阵的奇异值分解为求解确定性正则方程提供了一个统一的途径，即直接计算 $\boldsymbol{A}$ 的奇异值分解，而不用考虑 $\boldsymbol{A}^{\mathrm{H}}\boldsymbol{A}$ 是否非奇异，得到右奇异向量 $\boldsymbol{x}_i$ 后，再按式(6.3.32)进行线性组合即可得到方程的解$\hat{\boldsymbol{w}}$，其中求和项数 K 等于矩阵 $\boldsymbol{A}$ 的非零奇异值对应的右奇异向量的个数。

由矩阵的奇异值分解求解 LS 问题的步骤如下。

算法 6.1(基于 SVD 的 LS 算法)

步骤 1　由 N 个观测数据 $u(1),u(2),\cdots,u(N)$，构造数据矩阵 $\boldsymbol{A}^{\mathrm{H}}$，用 $d(M),d(M+1),\cdots,d(N)$ 构造向量 $\boldsymbol{b}^{\mathrm{H}}$。

步骤 2　计算 $\boldsymbol{A}$ 的奇异值分解，得到 K 个非零奇异值 $\sigma_1,\sigma_2,\cdots,\sigma_K$，以及对应的右奇异向量 $\boldsymbol{x}_1,\boldsymbol{x}_2,\cdots,\boldsymbol{x}_K$。

步骤 3　计算 $\hat{\boldsymbol{w}}=\sum_{i=1}^{K}\frac{\boldsymbol{x}_i}{\sigma_i^2}(\boldsymbol{x}_i^{\mathrm{H}}\boldsymbol{\theta})$，其中 $\boldsymbol{\theta}=\boldsymbol{A}^{\mathrm{H}}\boldsymbol{b}$。

6.3.4　奇异值分解迭代计算简介

给定矩阵 $\boldsymbol{A}$，如何实现高精度奇异值分解，即得到矩阵的奇异值，以及对应的右奇异向量与左奇异向量，这是奇异值分解的数值计算问题。在实际工程中，通常需要实时地对矩阵 $\boldsymbol{A}$ 进行奇异值分解，这里简要介绍一种常用的奇异值分解迭代算法——Hestense SVD 算法。

根据

$$\boldsymbol{Y}^{\mathrm{H}}\boldsymbol{A}\boldsymbol{X} = \begin{bmatrix}\boldsymbol{\Sigma} & \boldsymbol{0}\\ \boldsymbol{0} & \boldsymbol{0}\end{bmatrix} \triangleq \boldsymbol{\Sigma}_0$$

由于$\boldsymbol{Y}$是酉矩阵，于是用$\boldsymbol{Y}$左乘上式，有

$$\boldsymbol{AX}=\boldsymbol{Y\Sigma}_0=\boldsymbol{B}\in\mathbb{C}^{L\times M}\tag{6.3.33}$$

考虑$\boldsymbol{Y}^{\mathrm{H}}\boldsymbol{Y}=\boldsymbol{I}$，而$\boldsymbol{\Sigma}$是对角矩阵，所以矩阵

$$\boldsymbol{B}^{\mathrm{H}}\boldsymbol{B}=\boldsymbol{\Sigma}_0^{\mathrm{H}}\boldsymbol{Y}^{\mathrm{H}}\boldsymbol{Y\Sigma}_0=\begin{bmatrix}\boldsymbol{\Sigma}^2 & \boldsymbol{0}\\ \boldsymbol{0} & \boldsymbol{0}\end{bmatrix}\tag{6.3.34}$$

是$M\times M$的实对角阵。因此，矩阵$\boldsymbol{B}$的列向量相互正交。设

$$\boldsymbol{B}=[\boldsymbol{b}_1\quad \boldsymbol{b}_2\quad\cdots\quad \boldsymbol{b}_M]$$

其中$\boldsymbol{b}_i,i=1,2,\cdots,M$是$\boldsymbol{B}$的列向量。于是由式(6.3.34)，有

$$\begin{aligned}&\|\boldsymbol{b}_i\|^2=\sigma_i^2,\quad i=1,2,\cdots,M\\ &\boldsymbol{b}_i^{\mathrm{H}}\boldsymbol{b}_j=0,\quad i,j=1,2,\cdots,M,i\neq j\end{aligned}\tag{6.3.35}$$

根据式(6.3.33)，对$\boldsymbol{A}$右乘一系列的酉矩阵$\boldsymbol{Q}_1,\boldsymbol{Q}_2,\cdots,\boldsymbol{Q}_n$，使得到的矩阵的任意列向量相互正交，即

$$\boldsymbol{AQ}_1\boldsymbol{Q}_2\cdots\boldsymbol{Q}_n=\boldsymbol{B}\tag{6.3.36}$$

比较式(6.3.33)和式(6.3.36)，显然有

$$\boldsymbol{X}=\prod_{i=1}^{n}\boldsymbol{Q}_i=\boldsymbol{Q}_1\boldsymbol{Q}_2\cdots\boldsymbol{Q}_n\tag{6.3.37}$$

这就是说，可以用酉矩阵的乘积来逼近矩阵$\boldsymbol{A}$的右奇异向量构成的矩阵$\boldsymbol{X}$。因此，对矩阵$\boldsymbol{A}$奇异值分解的过程，就是寻求一系列的酉矩阵$\boldsymbol{Q}_1,\boldsymbol{Q}_2,\cdots,\boldsymbol{Q}_n$，使得矩阵$\boldsymbol{AQ}_1\boldsymbol{Q}_2\cdots\boldsymbol{Q}_n=\boldsymbol{B}$列向量间相互正交，且右奇异向量构成的矩阵$\boldsymbol{X}$为式(6.3.37)，而奇异值的平方为式(6.3.35)。

实际工程中的具体实现过程请参阅参考文献[1]、[6]和[7]。

6.4　基于LS估计的FBLP原理及功率谱估计

第5章讨论了线性预测问题的维纳滤波求解方法，本节进一步探讨线性预测问题，推导出前后向线性预测的确定性正则方程。本节最后将利用奇异值分解的方法实现FBLP功率谱的估计。

6.4.1　FBLP的确定性正则方程

1. 前向线性预测

如第5章图5.2.1所示，这里仍然设M抽头前向线性预测器(FLP)在第n时刻的输入向量为

$$\boldsymbol{u}(n)=[u(n-1)\quad u(n-2)\quad\cdots\quad u(n-M)]^{\mathrm{T}}$$

期望响应为

$$d(n)=u(n)$$

设共有N个输入数据，取$n=M+1,M+2,\cdots,N$，分别构造数据矩阵期望响应向量为

$$\boldsymbol{A}_f^H = \begin{bmatrix} u(M) & u(M+1) & \cdots & u(N-1) \\ u(M-1) & u(M) & \cdots & u(N-2) \\ \vdots & \vdots & \ddots & \vdots \\ u(1) & u(2) & \cdots & u(N-M) \end{bmatrix} \tag{6.4.1}$$

$$\boldsymbol{b}_f^H = [u(M+1) \quad u(M+2) \quad \cdots \quad u(N)] \tag{6.4.2}$$

设 $\boldsymbol{w}_f$ 是 FLP 滤波器的权向量，为

$$\boldsymbol{w}_f = [w_0 \quad w_1 \quad \cdots \quad w_{M-1}]^T$$

类似 6.2.1 节，FLP 预测估计向量 $\hat{\boldsymbol{b}}_f$ 和误差向量 $\boldsymbol{e}_f$ 分别为

$$\hat{\boldsymbol{b}}_f^H = [\hat{u}(M+1) \quad \hat{u}(M+2) \quad \cdots \quad \hat{u}(N)] = \boldsymbol{w}_f^H \boldsymbol{A}_f^H \tag{6.4.3}$$

$$\boldsymbol{e}_f^H = \boldsymbol{b}_f^H - \hat{\boldsymbol{b}}_f^H = \boldsymbol{b}_f^H - \boldsymbol{w}_f^H \boldsymbol{A}_f^H \tag{6.4.4}$$

于是，FLP 的代价函数为

$$J_f = \boldsymbol{e}_f^H \boldsymbol{e}_f = \boldsymbol{b}_f^H \boldsymbol{b}_f - \boldsymbol{b}_f^H \boldsymbol{A}_f \boldsymbol{w}_f - \boldsymbol{w}_f^H \boldsymbol{A}_f^H \boldsymbol{b}_f + \boldsymbol{w}_f^H \boldsymbol{A}_f^H \boldsymbol{A}_f \boldsymbol{w}_f \tag{6.4.5}$$

显然，代价函数式(6.4.5)与前面推导的最小二乘估计的代价函数式(6.2.12)在形式上完全一致。

2. 后向线性预测

同样利用图 5.2.1，设后向线性预测(BLP)在第 n 时刻的输入向量为

$$\boldsymbol{u}_b(n) = [u(n-M+1) \quad u(n-M+2) \quad \cdots \quad u(n)]^T$$

而 BLP 期望响应为

$$d(n) = u(n-M)$$

令 $n=M+1,\cdots,N$，构造数据矩阵和期望响应向量为

$$\boldsymbol{A}_b^H = \begin{bmatrix} u(2) & u(3) & \cdots & u(N-M+1) \\ u(3) & u(4) & \cdots & u(N-M+2) \\ \vdots & \vdots & \ddots & \vdots \\ u(M+1) & u(M+2) & \cdots & u(N) \end{bmatrix}$$

$$\boldsymbol{b}_b^H = [u(1) \quad u(2) \quad \cdots \quad u(N-M)]$$

设 BLP 权向量为

$$\boldsymbol{w}_b = [\tilde{w}_0 \quad \tilde{w}_1 \quad \cdots \quad \tilde{w}_{M-1}]^T \tag{6.4.6}$$

与 FLP 类似，BLP 期望响应的估计向量可以用下式表示：

$$\hat{\boldsymbol{b}}_b^H = [\hat{u}(1) \quad \hat{u}(2) \quad \cdots \quad \hat{u}(N-M)] = \boldsymbol{w}_b^H \boldsymbol{A}_b^H \tag{6.4.7}$$

定义 BLP 预测误差向量为

$$\boldsymbol{e}_b^H = \boldsymbol{b}_b^H - \hat{\boldsymbol{b}}_b^H = \boldsymbol{b}_b^H - \boldsymbol{w}_b^H \boldsymbol{A}_b^H \tag{6.4.8}$$

于是，BLP 的代价函数 J_b 定义为

$$J_b = \boldsymbol{e}_b^H \boldsymbol{e}_b = \boldsymbol{b}_b^H \boldsymbol{b}_b - \boldsymbol{b}_b^H \boldsymbol{A}_b \boldsymbol{w}_b - \boldsymbol{w}_b^H \boldsymbol{A}_b^H \boldsymbol{b}_b + \boldsymbol{w}_b^H \boldsymbol{A}_b^H \boldsymbol{A}_b \boldsymbol{w}_b \tag{6.4.9}$$

在 5.2.1 节已经证明，在最小均方误差意义下，$\boldsymbol{w}_f$ 与 $\boldsymbol{w}_b$ 之间满足关系

$$\boldsymbol{w}_f = \boldsymbol{w}_b^* \tag{6.4.10}$$

由于代价函数 J_b 是实数，利用式(6.4.10)，有

$$J_b = J_b^* = \boldsymbol{b}_b^T \boldsymbol{b}_b^* - \boldsymbol{b}_b^T \boldsymbol{A}_b^* \boldsymbol{w}_f - \boldsymbol{w}_f^H \boldsymbol{A}_b^T \boldsymbol{b}_b^* + \boldsymbol{w}_f^H \boldsymbol{A}_b^T \boldsymbol{A}_b^* \boldsymbol{w}_f \tag{6.4.11}$$

现在同时使用 FLP 和 BLP，以期获得更好的估计性能。令 FBLP 的代价函数为 FLP 和 BLP 代价函数之和，即

$$J = J_f + J_b \tag{6.4.12}$$

将式(6.4.5)和式(6.4.11)代入式(6.4.12)，有

$$\begin{aligned} J = &(\boldsymbol{b}_f^H \boldsymbol{b}_f + \boldsymbol{b}_b^T \boldsymbol{b}_b^*) - (\boldsymbol{b}_f^H \boldsymbol{A}_f \boldsymbol{w}_f + \boldsymbol{b}_b^T \boldsymbol{A}_b^* \boldsymbol{w}_f) \\ &- (\boldsymbol{w}_f^H \boldsymbol{A}_f^H \boldsymbol{b}_f + \boldsymbol{w}_f^H \boldsymbol{A}_b^T \boldsymbol{b}_b^*) + (\boldsymbol{w}_f^H \boldsymbol{A}_f^H \boldsymbol{A}_f \boldsymbol{w}_f + \boldsymbol{w}_f^H \boldsymbol{A}_b^T \boldsymbol{A}_b^* \boldsymbol{w}_f) \end{aligned} \tag{6.4.13}$$

将 $\boldsymbol{w}_f$ 表示为 $\boldsymbol{w}$，式(6.4.13)可表示为

$$\begin{aligned} J = &(\boldsymbol{b}_f^H \boldsymbol{b}_f + \boldsymbol{b}_b^T \boldsymbol{b}_b^*) - (\boldsymbol{b}_f^H \boldsymbol{A}_f + \boldsymbol{b}_b^T \boldsymbol{A}_b^*)\boldsymbol{w} \\ &- \boldsymbol{w}^H (\boldsymbol{A}_f^H \boldsymbol{b}_f + \boldsymbol{A}_b^T \boldsymbol{b}_b^*) + \boldsymbol{w}^H (\boldsymbol{A}_f^H \boldsymbol{A}_f + \boldsymbol{A}_b^T \boldsymbol{A}_b^*)\boldsymbol{w} \end{aligned} \tag{6.4.14}$$

如果定义向量

$$\boldsymbol{b}^H = [\boldsymbol{b}_f^H \quad \boldsymbol{b}_b^T] \tag{6.4.15}$$

定义矩阵

$$\boldsymbol{A}^H = [\boldsymbol{A}_f^H \quad \boldsymbol{A}_b^T] \tag{6.4.16}$$

那么，FBLP 的代价函数式(6.4.14)可以表示为更为紧凑的形式，即

$$J = \boldsymbol{b}^H \boldsymbol{b} - \boldsymbol{b}^H \boldsymbol{A} \boldsymbol{w} - \boldsymbol{w}^H \boldsymbol{A}^H \boldsymbol{b} + \boldsymbol{w}^H \boldsymbol{A}^H \boldsymbol{A} \boldsymbol{w} \tag{6.4.17}$$

式(6.4.17)与式(6.2.12)在形式上一致，可以利用前面介绍的最小二乘估计的全部方法来求解 FBLP 问题。只要解出了 $\boldsymbol{w}$，利用 $\boldsymbol{w}_f$ 与 $\boldsymbol{w}_b$ 之间的关系，就可以容易求出 $\boldsymbol{w}_b$。

事实上，要使代价函数式(6.4.17)取得极小值，只需求出式(6.4.17)的梯度 ∇J 并令其为零，即

$$\nabla J = -2\boldsymbol{A}^H \boldsymbol{b} + 2\boldsymbol{A}^H \boldsymbol{A} \boldsymbol{w} = \boldsymbol{0} \tag{6.4.18}$$

可以得到 FBLP 使 J 取得极小值的 $\boldsymbol{w}$ 所满足的确定性正则方程为

$$\boldsymbol{A}^H \boldsymbol{A} \boldsymbol{w} = \boldsymbol{A}^H \boldsymbol{b} \tag{6.4.19}$$

其中，$\boldsymbol{A}^H$ 和 $\boldsymbol{b}$ 分别由式(6.4.16)和式(6.4.15)给出。

同前面 6.2.5 节的讨论一样，本章的 FBLP 使用的是基于有限个输入数据的确定性的思想方法，而第 5 章的 FBLP 使用的是统计的思想方法。

6.4.2 用奇异值分解实现 AR 模型功率谱估计

第 5 章介绍了基于维纳滤波的 FBLP 方法，并将其用于 AR 模型的功率谱估计。本节将讨论利用基于最小二乘的思想来实现 AR 模型的功率谱估计，并且使用奇异值分解的方法来求解。

现有随机过程 $u(n)$ 的 N 个样本 $u(1), u(2), \cdots, u(N)$。随机过程 $u(n)$ 的 M 阶 AR(M)模型功率谱为

$$P_{AR}(\omega) = \frac{1}{|1 + a_1 e^{-j\omega} + a_2 e^{-j2\omega} + \cdots + a_M e^{-jM\omega}|^2} \tag{6.4.20}$$

将观测数据 $u(n), n=1,2,\cdots,N$，通过一个 M 抽头的 FBLP 滤波器。首先使用最小二乘方法求出 FBLP 的滤波器权向量，然后利用 AR 模型的参数 a_i 与线性预测器权值 w_i

之间所满足的关系

$$a_i = -w_i^*, \quad i = 1,2,\cdots,M$$

得到 a_i，再将 a_i 代入功率谱表达式(6.4.20)，就可以计算出 AR 模型的功率谱，并可以使用奇异值分解的方法来求出最小二乘解。

算法 6.2(用奇异值分解方法实现 FBLP 功率谱估计)

步骤 1　使用 N 个样本值 $u(1),u(2),\cdots,u(N)$ 构造期望响应向量 $\boldsymbol{b}^{\mathrm{H}}$ 和数据矩阵 $\boldsymbol{A}^{\mathrm{H}}$，即

$$\begin{aligned}\boldsymbol{b}^{\mathrm{H}} &= [\boldsymbol{b}_{\mathrm{f}}^{\mathrm{H}} \quad \boldsymbol{b}_{\mathrm{b}}^{\mathrm{T}}] \\ &= [u(M+1) \quad u(M+2) \quad \cdots \quad u(N) \mid u^*(1) \quad u^*(2) \quad \cdots \quad u^*(N-M)]\end{aligned}$$

$$\begin{aligned}\boldsymbol{A}^{\mathrm{H}} &= [\boldsymbol{A}_{\mathrm{f}}^{\mathrm{H}} \quad \boldsymbol{A}_{\mathrm{b}}^{\mathrm{T}}] \\ &= \left[\begin{array}{ccc|cccc} u(M) & \cdots & u(N-1) & u^*(2) & u^*(3) & \cdots & u^*(N-M+1) \\ u(M-1) & \cdots & u(N-2) & u^*(3) & u^*(4) & \cdots & u^*(N-M+2) \\ \vdots & \ddots & \vdots & \vdots & \vdots & \ddots & \vdots \\ u(1) & \cdots & u(N-M) & u^*(M+1) & u^*(M+2) & \cdots & u^*(N) \end{array}\right]\end{aligned}$$

步骤 2　计算 $\boldsymbol{A}$ 的奇异值分解。设 $\sigma_1,\cdots,\sigma_K$ 是 $\boldsymbol{A}$ 的全部非零奇异值，而 $\boldsymbol{x}_1,\boldsymbol{x}_2,\cdots,\boldsymbol{x}_K$ 分别是对应的右奇异向量。

步骤 3　估计 FBLP 的权向量 $\hat{\boldsymbol{w}} = \sum_{i=1}^{K} \frac{\boldsymbol{x}_i}{\sigma_i^2}(\boldsymbol{x}_i^{\mathrm{H}}\boldsymbol{\theta})$，其中 $\boldsymbol{\theta} = \boldsymbol{A}^{\mathrm{H}}\boldsymbol{b}$。

步骤 4　求出 AR(M)模型的参数 $a_i = -\hat{w}_i^*$，$i=1,2,\cdots,M$。

步骤 5　利用式(6.4.20)计算功率谱。

6.5　递归最小二乘(RLS)算法

第 4 章介绍的 LMS 算法，采用迭代的方法求解维纳-霍夫方程。本节将讨论递归最小二乘(RLS，recursive least squares)算法，该算法使用迭代的方法求解最小二乘的确定性正则方程，其基本思路是，已知 $n-1$ 时刻的滤波器权向量的最小二乘估计 $\hat{\boldsymbol{w}}(n-1)$，利用当前 n 时刻新得到的观测数据，用迭代的方法计算出 n 时刻的滤波器权向量的最小二乘估计 $\hat{\boldsymbol{w}}(n)$。

在研究 RLS 算法之前，先介绍一个重要的引理——矩阵求逆引理。

6.5.1　矩阵求逆引理

设矩阵 $\boldsymbol{A} \in \mathbb{C}^{M\times M}$、$\boldsymbol{B} \in \mathbb{C}^{M\times M}$ 和 $\boldsymbol{D} \in \mathbb{C}^{N\times N}$ 是正定矩阵，且满足关系

$$\boldsymbol{A} = \boldsymbol{B}^{-1} + \boldsymbol{C}\boldsymbol{D}^{-1}\boldsymbol{C}^{\mathrm{H}} \tag{6.5.1}$$

其中，$\boldsymbol{C} \in \mathbb{C}^{M\times N}$。由正定性，矩阵 $\boldsymbol{A}$、$\boldsymbol{B}$ 和 $\boldsymbol{D}$ 是非奇异的。

根据矩阵求逆引理，矩阵 $\boldsymbol{A}$ 的逆为

$$\boldsymbol{A}^{-1} = \boldsymbol{B} - \boldsymbol{B}\boldsymbol{C}(\boldsymbol{D} + \boldsymbol{C}^{\mathrm{H}}\boldsymbol{B}\boldsymbol{C})^{-1}\boldsymbol{C}^{\mathrm{H}}\boldsymbol{B} \tag{6.5.2}$$

矩阵求逆引理的证明非常容易，事实上，只要验证 $\boldsymbol{A}\boldsymbol{A}^{-1}$ 和 $\boldsymbol{A}^{-1}\boldsymbol{A}$ 均为单位矩阵即可。

矩阵求逆引理表明，如果将矩阵 $\boldsymbol{A}$ 表示成式(6.5.1)的形式，就可以利用式(6.5.2)得到其逆矩阵 $\boldsymbol{A}^{-1}$。

下面将应用矩阵求逆引理，得到最小二乘解 $\hat{\boldsymbol{w}}$ 的递归表达式。

6.5.2 RLS 算法原理

根据最小二乘估计原理，M 抽头 FIR 滤波器的权向量应满足的确定性正则方程为

$$\boldsymbol{A}^{\mathrm{H}}\boldsymbol{A}\,\hat{\boldsymbol{w}} = \boldsymbol{A}^{\mathrm{H}}\boldsymbol{b} \tag{6.5.3}$$

其中，$\boldsymbol{A}^{\mathrm{H}}$ 和 $\boldsymbol{b}$ 分别是数据矩阵和期望响应向量，有

$$\boldsymbol{A}^{\mathrm{H}} = \begin{bmatrix} u(M) & u(M+1) & \cdots & u(N) \\ u(M-1) & u(M) & \cdots & u(N-1) \\ \vdots & \vdots & \ddots & \vdots \\ u(1) & u(2) & \cdots & u(N-M+1) \end{bmatrix} \in \mathbb{C}^{M\times(N-M+1)} \tag{6.5.4}$$

$$\boldsymbol{b}^{\mathrm{H}} = [d(M) \quad d(M+1) \quad \cdots \quad d(N)] \in \mathbb{C}^{1\times(N-M+1)} \tag{6.5.5}$$

$\hat{\boldsymbol{w}}$ 是滤波器权向量，有

$$\hat{\boldsymbol{w}} = [w_0 \quad w_1 \quad \cdots \quad w_{M-1}]^{\mathrm{T}} \tag{6.5.6}$$

为了充分利用观测数据，将 $\boldsymbol{A}^{\mathrm{H}}$、$\boldsymbol{b}$ 扩展为

$$\boldsymbol{A}^{\mathrm{H}} = \begin{bmatrix} u(1) & u(2) & \cdots & u(M) & \cdots & u(N) \\ 0 & u(1) & & \vdots & & \vdots \\ \vdots & 0 & & & & \\ 0 & 0 & \cdots & u(1) & \cdots & u(N-M+1) \end{bmatrix} \in \mathbb{C}^{M\times N} \tag{6.5.7}$$

$$\boldsymbol{b}^{\mathrm{H}} = [d(1) \quad d(2) \quad \cdots \quad d(M) \quad \cdots \quad d(N)] \in \mathbb{C}^{1\times N} \tag{6.5.8}$$

容易理解，扩展后的数据矩阵和期望响应向量仍然满足确定性正则方程。

将 $\boldsymbol{A}^{\mathrm{H}}$ 表示为列向量的形式，即

$$\boldsymbol{A}^{\mathrm{H}} = [\boldsymbol{u}(1) \quad \boldsymbol{u}(2) \quad \cdots \quad \boldsymbol{u}(N)] \tag{6.5.9}$$

其中

$$\boldsymbol{u}(n) = [u(n) \quad u(n-1) \quad \cdots \quad u(n-M+1)]^{\mathrm{T}}, \quad n = 1,2,\cdots,N$$

是矩阵 $\boldsymbol{A}^{\mathrm{H}}$ 的第 n 列向量。这里假设当 $n\leqslant 0$ 时，$u(n)=0$。

定义输入数据的时间相关矩阵 $\boldsymbol{\Phi}(N)$ 和时间互相关向量 $\boldsymbol{z}(N)$ 分别为

$$\boldsymbol{\Phi}(N) = \boldsymbol{A}^{\mathrm{H}}\boldsymbol{A} = \sum_{i=1}^{N}\boldsymbol{u}(i)\boldsymbol{u}^{\mathrm{H}}(i) \tag{6.5.10}$$

$$\boldsymbol{z}(N) = \boldsymbol{A}^{\mathrm{H}}\boldsymbol{b} = \sum_{i=1}^{N}\boldsymbol{u}(i)d^{*}(i) \tag{6.5.11}$$

于是，确定性正则方程式(6.5.3)可以表示为

$$\boldsymbol{\Phi}(N)\,\hat{\boldsymbol{w}} = \boldsymbol{z}(N) \tag{6.5.12}$$

式(6.5.12)利用 $1\sim N$ 时刻的数据构造了确定性正则方程。那么在任意时刻 $n(1<n\leqslant N)$，权向量 $\hat{\boldsymbol{w}}(n)$ 满足的确定性正则方程为

$$\boldsymbol{\Phi}(n)\,\hat{\boldsymbol{w}}(n) = \boldsymbol{z}(n) \tag{6.5.13}$$

其中

$$\boldsymbol{\Phi}(n)=\sum_{i=1}^{n}\boldsymbol{u}(i)\boldsymbol{u}^{\mathrm{H}}(i) \tag{6.5.14}$$

$$\boldsymbol{z}(n)=\sum_{i=1}^{n}\boldsymbol{u}(i)d^{*}(i) \tag{6.5.15}$$

为使算法在非平稳环境下,也能合理地跟踪输入数据统计特性的变化,在$\boldsymbol{\Phi}(n)$和$\boldsymbol{z}(n)$中引入遗忘因子 λ(forgetting factor),$0<\lambda\leqslant 1$,有

$$\boldsymbol{\Phi}(n)=\sum_{i=1}^{n}\lambda^{n-i}\boldsymbol{u}(i)\boldsymbol{u}^{\mathrm{H}}(i) \tag{6.5.16}$$

$$\boldsymbol{z}(n)=\sum_{i=1}^{n}\lambda^{n-i}\boldsymbol{u}(i)d^{*}(i) \tag{6.5.17}$$

显然,遗忘因子使得离当前时刻近的观测值,对相关矩阵和互相关向量的影响较大,而较久远的值则影响较小。

由式(6.5.13),在 n 时刻,若$\boldsymbol{\Phi}(n)$非奇异,则滤波器权向量的最小二乘估计为

$$\hat{\boldsymbol{w}}(n)=\boldsymbol{\Phi}^{-1}(n)\boldsymbol{z}(n) \tag{6.5.18}$$

在实际应用中,为避免$\boldsymbol{\Phi}(n)$是奇异的(尤其当 $n<M$ 时),需要对$\boldsymbol{\Phi}(n)$进行调整,即

$$\boldsymbol{\Phi}(n)=\sum_{i=1}^{n}\lambda^{n-i}\boldsymbol{u}(i)\boldsymbol{u}^{\mathrm{H}}(i)+\delta\lambda^{n}\boldsymbol{I} \tag{6.5.19}$$

式(6.5.19)称为对时间相关矩阵$\boldsymbol{\Phi}(n)$的对角加载(diagonally loaded)。其中,$\boldsymbol{I}$ 是$M\times M$的单位矩阵,通过添加加载项 $\delta\lambda^{n}\boldsymbol{I}$,可以保证$\boldsymbol{\Phi}(n)$在迭代的每一步都是非奇异的。$\delta$ 是一个正实数,称为调整参数。

由于遗忘因子 $0<\lambda\leqslant 1$,所以,随着 n 的增大,$\delta\lambda^{n}\boldsymbol{I}$ 将趋于 $\mathbf{0}$,这意味着,$\delta\lambda^{n}\boldsymbol{I}$ 对于相关矩阵影响随时间流逝逐渐减小。本节以后提到的$\boldsymbol{\Phi}(n)$都是指包括对角加载项后的$\boldsymbol{\Phi}(n)$。

观察式(6.5.19),将$\boldsymbol{\Phi}(n)$中 $i=n$ 时刻项分离出来,有

$$\boldsymbol{\Phi}(n)=\lambda\left[\sum_{i=1}^{n-1}\lambda^{n-1-i}\boldsymbol{u}(i)\boldsymbol{u}^{\mathrm{H}}(i)+\delta\lambda^{n-1}\boldsymbol{I}\right]+\boldsymbol{u}(n)\boldsymbol{u}^{\mathrm{H}}(n) \tag{6.5.20}$$

根据$\boldsymbol{\Phi}(n)$的定义,不难看出,式(6.5.20)中第一项方括号中的表达式就是第 $n-1$ 时刻的时间相关矩阵$\boldsymbol{\Phi}(n-1)$,因此,式(6.5.20)可以写成从 $n-1$ 时刻到 n 时刻的递推公式,即

$$\boldsymbol{\Phi}(n)=\lambda\boldsymbol{\Phi}(n-1)+\boldsymbol{u}(n)\boldsymbol{u}^{\mathrm{H}}(n) \tag{6.5.21}$$

可以对式(6.5.17)中的 $\boldsymbol{z}(n)$进行类似的变形,有

$$\boldsymbol{z}(n)=\sum_{i=1}^{n-1}\lambda^{n-i}\boldsymbol{u}(i)d^{*}(i)+\boldsymbol{u}(n)d^{*}(n)$$

其中,上式的第一项就是第 $n-1$ 时刻的时间互相关向量 $\boldsymbol{z}(n-1)$,因此有递推公式

$$\boldsymbol{z}(n)=\lambda\boldsymbol{z}(n-1)+\boldsymbol{u}(n)d^{*}(n) \tag{6.5.22}$$

下面将利用矩阵求逆引理,实现式(6.5.18)的递推求解。在 6.5.1 节的矩阵求逆引理公式中,令

$$\begin{aligned} \boldsymbol{A} &= \boldsymbol{\Phi}(n) \\ \boldsymbol{B}^{-1} &= \lambda\boldsymbol{\Phi}(n-1) \\ \boldsymbol{C} &= \boldsymbol{u}(n) \\ \boldsymbol{D} &= 1 \end{aligned} \tag{6.5.23}$$

则式(6.5.21)可以写为

$$\boldsymbol{A} = \boldsymbol{B}^{-1} + \boldsymbol{C}\boldsymbol{D}^{-1}\boldsymbol{C}^{\mathrm{H}}$$

由矩阵求逆引理,可以得到矩阵 $\boldsymbol{A}$ 的逆为

$$\boldsymbol{A}^{-1} = \boldsymbol{B} - \boldsymbol{B}\boldsymbol{C}(\boldsymbol{D} + \boldsymbol{C}^{\mathrm{H}}\boldsymbol{B}\boldsymbol{C})^{-1}\boldsymbol{C}^{\mathrm{H}}\boldsymbol{B}$$

将式(6.5.23)代入上式,可得

$$\boldsymbol{\Phi}^{-1}(n) = \lambda^{-1}\boldsymbol{\Phi}^{-1}(n-1) - \frac{\lambda^{-2}\boldsymbol{\Phi}^{-1}(n-1)\boldsymbol{u}(n)\boldsymbol{u}^{\mathrm{H}}(n)\boldsymbol{\Phi}^{-1}(n-1)}{1 + \boldsymbol{u}^{\mathrm{H}}(n)\lambda^{-1}\boldsymbol{\Phi}^{-1}(n-1)\boldsymbol{u}(n)} \tag{6.5.24}$$

令

$$\boldsymbol{P}(n) = \boldsymbol{\Phi}^{-1}(n) \tag{6.5.25}$$

$$\boldsymbol{k}(n) = \frac{\lambda^{-1}\boldsymbol{P}(n-1)\boldsymbol{u}(n)}{1 + \lambda^{-1}\boldsymbol{u}^{\mathrm{H}}(n)\boldsymbol{P}(n-1)\boldsymbol{u}(n)} \tag{6.5.26}$$

利用 $\boldsymbol{P}(n)$ 和 $\boldsymbol{k}(n)$ 的定义,式(6.5.24)可以表示为

$$\boldsymbol{P}(n) = \lambda^{-1}\boldsymbol{P}(n-1) - \lambda^{-1}\boldsymbol{k}(n)\boldsymbol{u}^{\mathrm{H}}(n)\boldsymbol{P}(n-1) \tag{6.5.27}$$

对式(6.5.26)进行整理,有

$$\begin{aligned} \boldsymbol{k}(n) &= \lambda^{-1}\boldsymbol{P}(n-1)\boldsymbol{u}(n) - \lambda^{-1}\boldsymbol{k}(n)\boldsymbol{u}^{\mathrm{H}}(n)\boldsymbol{P}(n-1)\boldsymbol{u}(n) \\ &= [\lambda^{-1}\boldsymbol{P}(n-1) - \lambda^{-1}\boldsymbol{k}(n)\boldsymbol{u}^{\mathrm{H}}(n)\boldsymbol{P}(n-1)]\boldsymbol{u}(n) \end{aligned} \tag{6.5.28}$$

不难发现,式(6.5.28)中方括号内的表达式就是 $\boldsymbol{P}(n)$。于是,式(6.5.28)可以简单地表示为

$$\boldsymbol{k}(n) = \boldsymbol{P}(n)\boldsymbol{u}(n) \tag{6.5.29}$$

向量 $\boldsymbol{k}(n)$ 常被称为增益向量,它是相关矩阵的逆 $\boldsymbol{P}(n)=\boldsymbol{\Phi}^{-1}(n)$ 对输入向量 $\boldsymbol{u}(n)$ 的线性变换。

有了上面的准备,下面来推导如何从 $n-1$ 时刻的权向量 $\hat{\boldsymbol{w}}(n-1)$,通过迭代得到 n 时刻的权向量 $\hat{\boldsymbol{w}}(n)$。利用式(6.5.18)、式(6.5.22)和式(6.5.25),可以得到 n 时刻权向量的最小二乘估计为

$$\begin{aligned} \hat{\boldsymbol{w}}(n) &= \boldsymbol{P}(n)\boldsymbol{z}(n) \\ &= \lambda\boldsymbol{P}(n)\boldsymbol{z}(n-1) + \boldsymbol{P}(n)\boldsymbol{u}(n)d^{*}(n) \end{aligned} \tag{6.5.30}$$

用式(6.5.27)代换式(6.5.30)第一项中的 $\boldsymbol{P}(n)$,有

$$\begin{aligned} \hat{\boldsymbol{w}}(n) &= \lambda[\lambda^{-1}\boldsymbol{P}(n-1) - \lambda^{-1}\boldsymbol{k}(n)\boldsymbol{u}^{\mathrm{H}}(n)\boldsymbol{P}(n-1)]\boldsymbol{z}(n-1) + \boldsymbol{P}(n)\boldsymbol{u}(n)d^{*}(n) \\ &= \boldsymbol{P}(n-1)\boldsymbol{z}(n-1) - \boldsymbol{k}(n)\boldsymbol{u}^{\mathrm{H}}(n)\boldsymbol{P}(n-1)\boldsymbol{z}(n-1) + \boldsymbol{P}(n)\boldsymbol{u}(n)d^{*}(n) \end{aligned} \tag{6.5.31}$$

因为 $n-1$ 时刻的权向量 $\hat{\boldsymbol{w}}(n-1)$ 为

$$\hat{\boldsymbol{w}}(n-1) = \boldsymbol{P}(n-1)\boldsymbol{z}(n-1)$$

所以

$$\hat{\boldsymbol{w}}(n)=\hat{\boldsymbol{w}}(n-1)-\boldsymbol{k}(n)\boldsymbol{u}^{\mathrm{H}}(n)\hat{\boldsymbol{w}}(n-1)+\boldsymbol{P}(n)\boldsymbol{u}(n)d^{*}(n) \tag{6.5.32}$$

又因为 $\boldsymbol{k}(n)=\boldsymbol{P}(n)\boldsymbol{u}(n)$，于是权向量$\hat{\boldsymbol{w}}(n)$的递推公式为

$$\hat{\boldsymbol{w}}(n)=\hat{\boldsymbol{w}}(n-1)+\boldsymbol{k}(n)[d^{*}(n)-\boldsymbol{u}^{\mathrm{H}}(n)\hat{\boldsymbol{w}}(n-1)] \tag{6.5.33}$$

这里，定义先验估计误差(*a priori* estimation error)$\xi(n)$为

$$\xi(n)=d(n)-\boldsymbol{u}^{\mathrm{T}}(n)\hat{\boldsymbol{w}}^{*}(n-1)=d(n)-\hat{\boldsymbol{w}}^{\mathrm{H}}(n-1)\boldsymbol{u}(n) \tag{6.5.34}$$

于是，权向量$\hat{\boldsymbol{w}}(n)$的递推公式(6.5.33)可以简单地表示成

$$\hat{\boldsymbol{w}}(n)=\hat{\boldsymbol{w}}(n-1)+\boldsymbol{k}(n)\xi^{*}(n) \tag{6.5.35}$$

注意，n 时刻的估计误差为

$$e(n)=d(n)-\boldsymbol{u}^{\mathrm{T}}(n)\hat{\boldsymbol{w}}^{*}(n) \tag{6.5.36}$$

比较 $e(n)$和先验估计误差 $\xi(n)$不难发现，计算先验估计误差时，第 n 时刻期望响应 $d(n)$的估计值$\hat{\boldsymbol{w}}^{\mathrm{H}}(n-1)\boldsymbol{u}(n)$是利用第 $n-1$ 时刻的权向量进行计算的；而计算估计误差时，第 n 时刻的估计值$\hat{\boldsymbol{w}}^{\mathrm{H}}(n)\boldsymbol{u}(n)$是利用第 n 时刻的权向量。因此，$e(n)$也被称为后验估计误差(*a posteriori* estimation error)。

算法 6.3(RLS 算法)

步骤 1 初始化：$\boldsymbol{P}(0)=\delta^{-1}\boldsymbol{I}\in\mathbb{C}^{M\times M}$，$\delta$ 是小的正数，$\hat{\boldsymbol{w}}(0)=\boldsymbol{0}$，遗忘因子一般取接近于 1，如 $\lambda=1$ 或 $\lambda=0.98$ 等。

步骤 2 当 $n=1,2,\cdots,N$ 时，完成如下迭代运算：

$$\boldsymbol{k}(n)=\frac{\lambda^{-1}\boldsymbol{P}(n-1)\boldsymbol{u}(n)}{1+\lambda^{-1}\boldsymbol{u}^{\mathrm{H}}(n)\boldsymbol{P}(n-1)\boldsymbol{u}(n)}$$

$$\xi(n)=d(n)-\hat{\boldsymbol{w}}^{\mathrm{H}}(n-1)\boldsymbol{u}(n)$$

$$\hat{\boldsymbol{w}}(n)=\hat{\boldsymbol{w}}(n-1)+\boldsymbol{k}(n)\xi^{*}(n)$$

$$\boldsymbol{P}(n)=\lambda^{-1}\boldsymbol{P}(n-1)-\lambda^{-1}\boldsymbol{k}(n)\boldsymbol{u}^{\mathrm{H}}(n)\boldsymbol{P}(n-1)$$

步骤 3 令 $n=n+1$，转步骤 2。

6.5.3 自适应均衡仿真实验

本节将研究 RLS 自适应均衡算法的仿真实验。系统框图如图 6.5.1 所示。噪声发生器产生用于均衡器训练的离散时间序列 $s(n)$，$s(n)$等概率地取$+1$ 和-1。加性噪声 $v(n)$是平均功率为 σ_v^2 的零均值白高斯信号。这里使用了图 5.3.8 所示的 3 种离散时间信道来验证 RLS 自适应均衡算法的性能。

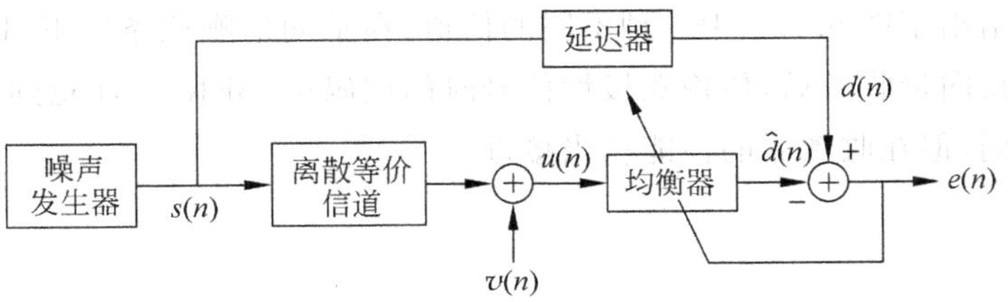

图 6.5.1 自适应均衡系统框图

这里使用的均衡滤波器有 31 个抽头权系数。根据 6.2.6 节的推导和算法 6.3，矩阵 $\boldsymbol{P}(n)$初始化为 $\boldsymbol{P}(0)=\delta^{-1}\boldsymbol{I}\in\mathbb{R}^{31\times31}$。在 LMS 算法和 RLS 算法中均衡滤波器初始化为 $\hat{w}(0)=[0\ \cdots\ 0\ 1\ 0\ \cdots\ 0]^{\mathrm{T}}$，即除了第 0 个抽头权系数非零外，所有其他抽头权系数都等于零。

图 6.5.2 给出了噪声平均功率为 $\sigma_v^2=10^{-3}$（对应的信噪比为 30dB）时，对信道(b)和信道(c)分别应用 LMS 算法和 RLS 算法得到的学习曲线。MSE 是 $T=500$ 次独立实验获得的平均瞬时误差。LMS 算法的步长参数都取 $\mu=0.025$，而 RLS 算法的遗忘因子为 $\lambda=0.990$，$\delta=0.004$。

观察仿真结果，可以发现，无论是对特征值扩展为 $\chi(\boldsymbol{R})=2445.9556$ 的信道(b)，还是对 $\chi(\boldsymbol{R})=20.7303$ 的信道(c)，RLS 算法的收敛速率都比 LMS 算法的收敛速率快。而且特征值扩展对 RLS 算法收敛速度的影响不大，RLS 算法都在 100 次迭代内收敛，趋近于第 5 章 5.3.4 节给出的最小均方误差 $J_{\min}=0.0988$ 和 0.002。对于信道(b)，根据 5.3.4 节的仿真结果，大约需要 20000 次迭代，使用步长为 $\mu=0.025$ 的 LMS 算法才能收敛，因此在图 6.5.2 中，该学习曲线的变化不太明显。

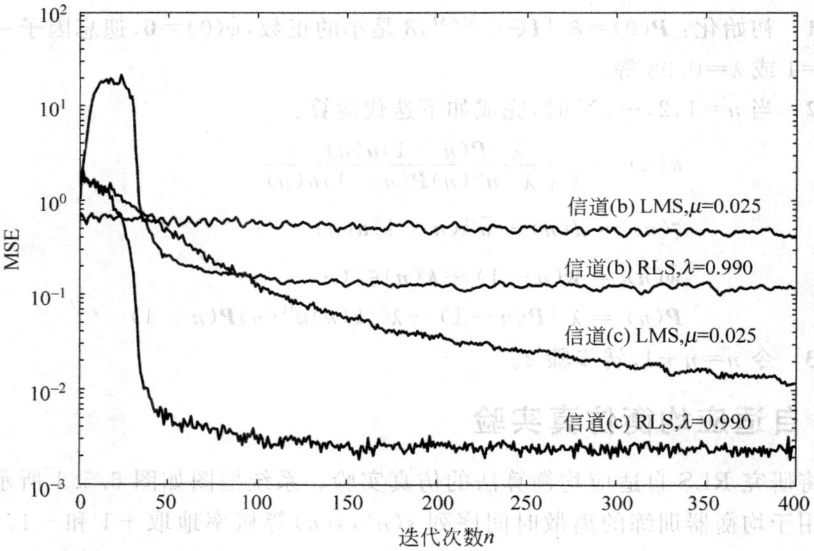

图 6.5.2　RLS 算法和 LMS 算法的学习曲线

图 6.5.3 给出了图 5.3.8 中 3 种不同的信道，在不同信噪比条件下，LMS 和 RLS 自适应均衡器的权向量收敛后，传输双极性信号时的误码率(SER)。注意到，两种训练尽管所需的时间不同，但在收敛后的性能相当接近。

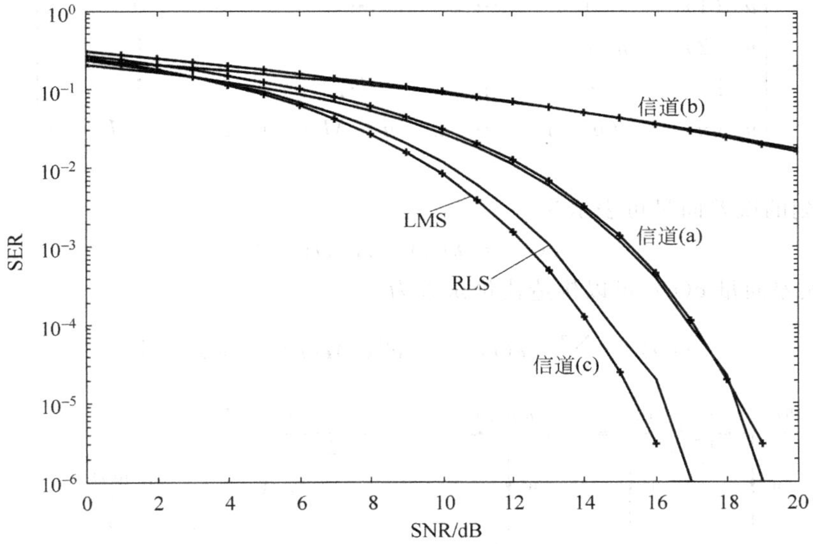

图 6.5.3 完成训练后的符号差错率性能

6.6 基于 QR 分解的递归最小二乘(QR-RLS)算法原理

本节将介绍一种递归的 QR 分解最小二乘算法(被称为 QR-RLS),由于这种算法直接对输入数据矩阵进行 QR 分解,因此比 6.5 节的标准 RLS 算法具有更好的数值稳定性。本节的最后还将讨论利用 Givens 旋转来实现 QR 分解。

6.6.1 矩阵的 QR 分解

矩阵的 QR 分解是找到一个酉矩阵,左乘数据矩阵后将该矩阵变换为上三角矩阵。设矩阵 $\boldsymbol{A}\in\mathbb{C}^{m\times n}$, $m\geqslant n$ 的 QR 分解可以表示为

$$\boldsymbol{QA}=\begin{bmatrix}\boldsymbol{R}\\\boldsymbol{0}\end{bmatrix}\tag{6.6.1}$$

其中,$\boldsymbol{Q}\in\mathbb{C}^{m\times m}$是酉矩阵,$\boldsymbol{R}\in\mathbb{C}^{n\times n}$是上三角矩阵,$\boldsymbol{0}$ 是零矩阵。

6.6.2 QR-RLS 算法

考虑 M 抽头的横向滤波器,如图 6.6.1 所示。定义 n 时刻的估计误差向量和期望响应向量分别为

$$\boldsymbol{e}(n)=[e(1)\quad e(2)\quad\cdots\quad e(n)]^{\mathrm{H}}\tag{6.6.2}$$

$$\boldsymbol{b}(n)=[d(1)\quad d(2)\quad\cdots\quad d(n)]^{\mathrm{H}}\tag{6.6.3}$$

且 n 时刻的滤波器权向量为

$$\boldsymbol{w}(n)=[w_0(n)\quad w_1(n)\quad\cdots\quad w_{M-1}(n)]^{\mathrm{T}}\tag{6.6.4}$$

在式(6.5.7)中用任意时刻 n 代替 N,并取共轭转置得 n 时刻的数据矩阵为

$$\boldsymbol{A}(n)=\begin{bmatrix} u^*(1) & 0 & \cdots & \cdots & 0 \\ u^*(2) & u^*(1) & 0 & \cdots & \vdots \\ \vdots & \vdots & \vdots & \ddots & \vdots \\ u^*(n) & u^*(n-1) & \cdots & u^*(n-M+2) & u^*(n-M+1) \end{bmatrix} \in \mathbb{C}^{n\times M}$$

(6.6.5)

因此,n 时刻的误差向量可表示为

$$\boldsymbol{e}(n)=\boldsymbol{b}(n)-\boldsymbol{A}(n)\boldsymbol{w}(n) \tag{6.6.6}$$

利用误差向量 $\boldsymbol{e}(n)$,可以构造代价函数为

$$J(n)=\sum_{i=1}^{n}|e(i)|^2=\boldsymbol{e}^{\mathrm{H}}(n)\boldsymbol{e}(n)=\|\boldsymbol{e}(n)\|^2 \tag{6.6.7}$$

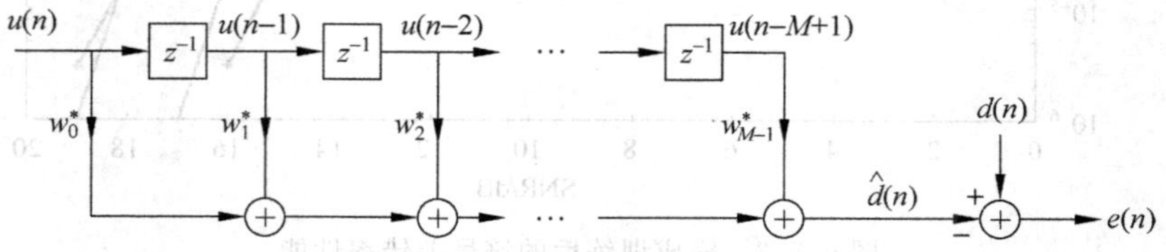

图 6.6.1 M 抽头横向滤波器结构

与 6.5 节的 RLS 算法类似,在代价函数中引入遗忘因子 $\lambda(0<\lambda\leqslant 1)$,以便在非平稳环境下跟踪输入数据的统计特性,即

$$J(n)=\sum_{i=1}^{n}\lambda^{n-i}|e(i)|^2 \tag{6.6.8}$$

其中,遗忘因子 λ 的作用与 6.5 节中相同,n 时刻以前的误差信号在代价函数中的作用,将随着时间的流逝而逐渐减小;而距离当前时刻 n 更近的误差信号在代价函数中则具有更大的作用。由于 $\lambda>0$,可以令

$$\lambda=\beta^2$$

且 $\beta>0$。将上式代入式(6.6.8),有

$$J(n)=\sum_{i=1}^{n}\beta^{n-i}e(i)\beta^{n-i}e^*(i) \tag{6.6.9}$$

式(6.6.9)也可以表示为向量形式,即

$$J(n)=(\boldsymbol{B}(n)\boldsymbol{e}(n))^{\mathrm{H}}(\boldsymbol{B}(n)\boldsymbol{e}(n))=\|\boldsymbol{B}(n)\boldsymbol{e}(n)\|^2 \tag{6.6.10}$$

其中,$\boldsymbol{B}(n)$是由 β 构造的 $n\times n$ 的对角矩阵,有

$$\boldsymbol{B}(n)=\operatorname{diag}\{\beta^{n-1},\beta^{n-2},\cdots,\beta,1\} \tag{6.6.11}$$

下面介绍用矩阵 QR 分解方法求解滤波器权向量的 LS 解。首先在式(6.6.10)中,用酉矩阵 $\boldsymbol{Q}(n)\in\mathbb{C}^{n\times n}$左乘 $\boldsymbol{B}(n)e(n)$。由于 $\boldsymbol{Q}(n)\boldsymbol{Q}^{\mathrm{H}}(n)=\boldsymbol{Q}^{\mathrm{H}}(n)\boldsymbol{Q}(n)=\boldsymbol{I}_n$,显然,这不会影响代价函数的值,即

$$J(n)=\|\boldsymbol{B}(n)\boldsymbol{e}(n)\|^2=\|\boldsymbol{Q}(n)\boldsymbol{B}(n)\boldsymbol{e}(n)\|^2$$

将误差向量的定义式(6.6.6)代入上式,有

$$\begin{aligned} J(n)&=\|\boldsymbol{Q}(n)\boldsymbol{B}(n)(\boldsymbol{b}(n)-\boldsymbol{A}(n)\boldsymbol{w})\|^2 \\ &=\|\boldsymbol{Q}(n)\boldsymbol{B}(n)\boldsymbol{b}(n)-\boldsymbol{Q}(n)\boldsymbol{B}(n)\boldsymbol{A}(n)\boldsymbol{w}\|^2 \end{aligned} \tag{6.6.12}$$

选择矩阵 $\boldsymbol{Q}(n)$，以实现对矩阵 $\boldsymbol{B}(n)\boldsymbol{A}(n)$ 的 QR 分解，也就是说，酉矩阵 $\boldsymbol{Q}(n)$ 满足

$$\boldsymbol{Q}(n)\boldsymbol{B}(n)\boldsymbol{A}(n)=\begin{bmatrix}\boldsymbol{R}(n)\\ \boldsymbol{0}\end{bmatrix}\in\mathbb{C}^{n\times M} \tag{6.6.13}$$

其中，$\boldsymbol{0}\in\mathbb{C}^{(n-M)\times M}$ 是全零矩阵，$\boldsymbol{R}(n)\in\mathbb{C}^{M\times M}$ 为上三角矩阵，表示为

$$\boldsymbol{R}(n)=\begin{bmatrix}r_{11}(n) & r_{12}(n) & \cdots & r_{1M}(n)\\ 0 & r_{22}(n) & \cdots & r_{2M}(n)\\ \vdots & \vdots & \ddots & \vdots\\ 0 & \cdots & \cdots & r_{MM}(n)\end{bmatrix} \tag{6.6.14}$$

另一方面，酉矩阵 $\boldsymbol{Q}(n)$ 同时将向量 $\boldsymbol{B}(n)\boldsymbol{b}(n)$ 变换成了另一个向量。设

$$\boldsymbol{Q}(n)\boldsymbol{B}(n)\boldsymbol{b}(n)=\begin{bmatrix}\boldsymbol{p}(n)\\ \boldsymbol{v}(n)\end{bmatrix} \tag{6.6.15}$$

其中，$\boldsymbol{p}(n)\in\mathbb{C}^{M\times 1}$，$\boldsymbol{v}(n)\in\mathbb{C}^{(n-M)\times 1}$。注意，$\boldsymbol{R}(n)$ 和 $\boldsymbol{p}(n)$ 中元素的个数与滤波器抽头个数 M 有关，而与时刻 n 无关；$\boldsymbol{v}(n)$ 与时刻 n 有关，其元素个数为 $n-M$。

将式(6.6.13)和式(6.6.15)代入式(6.6.12)，则有

$$J(n)=\left\|\begin{bmatrix}\boldsymbol{p}(n)\\ \boldsymbol{v}(n)\end{bmatrix}-\begin{bmatrix}\boldsymbol{R}(n)\\ \boldsymbol{0}\end{bmatrix}\boldsymbol{w}\right\|^2=\left\|\begin{bmatrix}\boldsymbol{p}(n)-\boldsymbol{R}(n)\boldsymbol{w}\\ \boldsymbol{v}(n)\end{bmatrix}\right\|^2 \tag{6.6.16}$$

注意到式(6.6.16)中，向量 $\boldsymbol{v}(n)$ 与 $\boldsymbol{w}$ 无关，所以，如果 $\boldsymbol{w}$ 是方程

$$\boldsymbol{R}(n)\boldsymbol{w}=\boldsymbol{p}(n) \tag{6.6.17}$$

的解，那么 n 时刻的代价函数式(6.6.16)将取得最小值，即

$$J(n)=J_{\min}=\left\|\begin{bmatrix}\boldsymbol{0}\\ \boldsymbol{v}(n)\end{bmatrix}\right\|^2=\|\boldsymbol{v}(n)\|^2 \tag{6.6.18}$$

设向量 $\boldsymbol{p}(n)$ 为

$$\boldsymbol{p}(n)=[p_1(n)\quad p_2(n)\quad \cdots\quad p_M(n)]^{\mathrm{T}}$$

由于 $\boldsymbol{R}(n)$ 是上三角矩阵，根据式(6.6.17)容易解出

$$\begin{aligned}w_M&=p_M(n)/r_{MM}(n)\\ w_{M-1}&=(p_{M-1}(n)-r_{(M-1)M}(n)w_M)/r_{(M-1)(M-1)}(n)\\ &\vdots\end{aligned} \tag{6.6.19}$$

于是，利用矩阵的 QR 分解，根据式(6.6.19)可以求解出第 n 时刻使代价函数极小化的滤波器权向量，即得到滤波器的 LS 解。

下面将介绍，怎样根据 $n-1$ 时刻的酉矩阵 $\boldsymbol{Q}(n-1)$，通过某种迭代算法获得 n 时刻的酉矩阵 $\boldsymbol{Q}(n)$，进而计算 n 时刻的权向量 $\hat{\boldsymbol{w}}(n)$。

6.6.3 基于 Givens 旋转的 QR-RLS 算法

本节将讨论，如果已经知道 $n-1$ 时刻的酉矩阵 $\boldsymbol{Q}(n-1)$，如何计算出 n 时刻的酉矩阵 $\boldsymbol{Q}(n)$。

假设在 $n-1$ 时刻已经实现了矩阵 $\boldsymbol{B}(n-1)\boldsymbol{A}(n-1)$ 的 QR 分解，即已得到酉矩阵 $\boldsymbol{Q}(n-1)$，使得

$$\boldsymbol{Q}(n-1)\boldsymbol{B}(n-1)\boldsymbol{A}(n-1)=\begin{bmatrix}\boldsymbol{R}(n-1)\\ \boldsymbol{0}\end{bmatrix} \tag{6.6.20}$$

其中，$\boldsymbol{R}(n-1)\in\mathbb{C}^{M\times M}$是上三角矩阵，而$\boldsymbol{0}\in\mathbb{C}^{(n-1-M)\times M}$是全零矩阵。同时有

$$\boldsymbol{Q}(n-1)\boldsymbol{B}(n-1)\boldsymbol{b}(n-1)=\begin{bmatrix}\boldsymbol{p}(n-1)\\ \boldsymbol{v}(n-1)\end{bmatrix} \tag{6.6.21}$$

其中，$\boldsymbol{p}(n-1)\in\mathbb{C}^{M\times 1}$，$\boldsymbol{v}(n-1)\in\mathbb{C}^{(n-1-M)\times 1}$。

在推导$\boldsymbol{Q}(n)$之前，首先需要构造出n时刻的数据矩阵$\boldsymbol{A}(n)$、期望响应向量$\boldsymbol{b}(n)$和矩阵$\boldsymbol{B}(n)$。显然，如果$\boldsymbol{u}(n)$是n时刻的输入向量，即

$$\boldsymbol{u}(n)=[u(n)\quad u(n-1)\quad\cdots\quad u(n-M+1)]^{\mathrm{T}} \tag{6.6.22}$$

那么，由式(6.6.5)可看出，n时刻的数据矩阵$\boldsymbol{A}(n)$很容易由$n-1$时刻的数据矩阵$\boldsymbol{A}(n-1)$扩充而成，为

$$\boldsymbol{A}(n)=\begin{bmatrix}\boldsymbol{A}(n-1)\\ \boldsymbol{u}^{\mathrm{H}}(n)\end{bmatrix} \tag{6.6.23}$$

由式(6.6.3)，n时刻的期望响应向量$\boldsymbol{b}(n)$可以由$n-1$时刻的期望响应向量$\boldsymbol{b}(n-1)$扩充得到，为

$$\boldsymbol{b}(n)=\begin{bmatrix}\boldsymbol{b}(n-1)\\ d^*(n)\end{bmatrix} \tag{6.6.24}$$

利用对角矩阵$\boldsymbol{B}(n-1)$的定义

$$\boldsymbol{B}(n-1)=\mathrm{diag}\{\beta^{n-2},\beta^{n-3},\cdots,\beta,1\} \tag{6.6.25}$$

容易得到

$$\boldsymbol{B}(n)=\begin{bmatrix}\beta\boldsymbol{B}(n-1) & \boldsymbol{0}_{(n-1)\times 1}\\ \boldsymbol{0}_{1\times(n-1)} & 1\end{bmatrix} \tag{6.6.26}$$

其中，$\boldsymbol{0}_{n\times 1}$和$\boldsymbol{0}_{1\times n}$分别是列零向量和行零向量。

由于$\boldsymbol{Q}(n-1)$是$n-1$时刻的酉矩阵，定义矩阵

$$\bar{\boldsymbol{Q}}(n)=\begin{bmatrix}\boldsymbol{Q}(n-1) & \boldsymbol{0}_{(n-1)\times 1}\\ \boldsymbol{0}_{1\times(n-1)} & 1\end{bmatrix} \tag{6.6.27}$$

容易验证$\bar{\boldsymbol{Q}}^{\mathrm{H}}(n)\bar{\boldsymbol{Q}}(n)=\bar{\boldsymbol{Q}}(n)\bar{\boldsymbol{Q}}^{\mathrm{H}}(n)=\boldsymbol{I}_{n\times n}$，即$\bar{\boldsymbol{Q}}(n)$是酉矩阵。

利用$\bar{\boldsymbol{Q}}(n)$对$\boldsymbol{B}(n)\boldsymbol{A}(n)$进行酉变换，并且注意到式(6.6.26)和式(6.6.23)，有

$$\bar{\boldsymbol{Q}}(n)\boldsymbol{B}(n)\boldsymbol{A}(n)=\begin{bmatrix}\boldsymbol{Q}(n-1) & \boldsymbol{0}_{(n-1)\times 1}\\ \boldsymbol{0}_{1\times(n-1)} & 1\end{bmatrix}\begin{bmatrix}\beta\boldsymbol{B}(n-1) & \boldsymbol{0}_{(n-1)\times 1}\\ \boldsymbol{0}_{1\times(n-1)} & 1\end{bmatrix}\begin{bmatrix}\boldsymbol{A}(n-1)\\ \boldsymbol{u}^{\mathrm{H}}(n)\end{bmatrix} \tag{6.6.28}$$

整理后，有

$$\bar{\boldsymbol{Q}}(n)\boldsymbol{B}(n)\boldsymbol{A}(n)=\begin{bmatrix}\beta\boldsymbol{Q}(n-1)\boldsymbol{B}(n-1)\boldsymbol{A}(n-1)\\ \boldsymbol{u}^{\mathrm{H}}(n)\end{bmatrix}\in\mathbb{C}^{n\times M} \tag{6.6.29}$$

由$n-1$时刻的QR分解式(6.6.20)，有

$$\bar{\boldsymbol{Q}}(n)\boldsymbol{B}(n)\boldsymbol{A}(n)=\begin{bmatrix}\beta\boldsymbol{R}(n-1)\\ \boldsymbol{0}\\ \boldsymbol{u}^{\mathrm{H}}(n)\end{bmatrix} \tag{6.6.30}$$

其中，$\boldsymbol{0}\in\mathbb{C}^{(n-M-1)\times M}$。设上三角矩阵$\boldsymbol{R}(n-1)\in\mathbb{C}^{M\times M}$可表示为

$$
\boldsymbol{R}(n-1)=\begin{bmatrix} r_{11}(n-1) & r_{12}(n-1) & \cdots & r_{1M}(n-1) \\ 0 & r_{22}(n-1) & \cdots & r_{2M}(n-1) \\ \vdots & \vdots & \ddots & \vdots \\ 0 & \cdots & \cdots & r_{MM}(n-1) \end{bmatrix}
$$

于是，矩阵 $\bar{\boldsymbol{Q}}(n)\boldsymbol{B}(n)\boldsymbol{A}(n)$ 可以展开表示为

$$
\bar{\boldsymbol{Q}}(n)\boldsymbol{B}(n)\boldsymbol{A}(n)=\begin{bmatrix} \beta r_{11}(n-1) & \beta r_{12}(n-1) & \cdots & \beta r_{1M}(n-1) \\ 0 & \beta r_{22}(n-1) & \cdots & \beta r_{2M}(n-1) \\ \vdots & \vdots & \ddots & \vdots \\ 0 & \vdots & \cdots & \beta r_{MM}(n-1) \\ \hdashline 0 & \vdots & \cdots & 0 \\ \vdots & \vdots & \ddots & \vdots \\ 0 & \vdots & \ddots & 0 \\ u^*(n) & u^*(n-1) & \cdots & u^*(n-M+1) \end{bmatrix} \tag{6.6.31}
$$

注意在式(6.6.31)中，虚线之下还有最后一行元素不为零，因此使用 $\bar{\boldsymbol{Q}}(n)$ 对矩阵 $\boldsymbol{B}(n)\boldsymbol{A}(n)$ 进行酉变换还没有实现 QR 分解。下面将使用 Givens 旋转矩阵来进一步将式(6.6.31)的最后一行元素变换成零，即将矩阵 $\bar{\boldsymbol{Q}}(n)\boldsymbol{B}(n)\boldsymbol{A}(n)$ 变换成一个上三角矩阵，从而实现 $\boldsymbol{B}(n)\boldsymbol{A}(n)$ 的 QR 分解。

首先，定义 Givens 旋转矩阵为[1,5]

$$
\boldsymbol{G}(i,k,\theta)=\begin{bmatrix}
1 & 0 & \cdots & \cdots & \cdots & \cdots & \cdots & \cdots & \cdots & \cdots & 0 \\
0 & \ddots & \ddots & & & & & & & & \vdots \\
\vdots & \ddots & 1 & 0 & \cdots & \cdots & \cdots & \cdots & 0 & & \vdots \\
\vdots & & 0 & c & 0 & \cdots & 0 & s^* & \vdots & & \vdots \\
\vdots & & \vdots & 0 & 1 & \ddots & & 0 & \vdots & & \vdots \\
\vdots & & \vdots & \vdots & \ddots & \ddots & \ddots & \vdots & \vdots & & \vdots \\
\vdots & & \vdots & 0 & & \ddots & 1 & 0 & \vdots & & \vdots \\
\vdots & & \vdots & -s & 0 & \cdots & 0 & c & 0 & & \vdots \\
\vdots & & 0 & \cdots & \cdots & \cdots & \cdots & 0 & 1 & \ddots & \vdots \\
\vdots & & & & & & & & \ddots & \ddots & 0 \\
0 & \cdots & \cdots & \cdots & \cdots & \cdots & \cdots & \cdots & \cdots & 0 & 1
\end{bmatrix}\begin{matrix} \\ \\ \\ i \\ \\ \\ \\ k \\ \\ \\ \\ \end{matrix} \tag{6.6.32}
$$

$$
\qquad\qquad\qquad i \qquad\qquad\qquad k
$$

其中，余弦旋转参数 c 是实数，正弦旋转参数 s 是复数，并且满足

$$
\begin{vmatrix} c & s^* \\ -s & c \end{vmatrix} = c^2+|s|^2=1 \tag{6.6.33}
$$

显然，$\boldsymbol{G}(i,k,\theta)\in\mathbb{C}^{n\times n}$ 是一个酉矩阵。矩阵 $\boldsymbol{G}(i,k,\theta)$ 除了第 i,k 行和第 i,k 列元素不为零外，与 $n\times n$ 单位矩阵相同，所以 $\boldsymbol{G}(i,k,\theta)$ 称为单位矩阵的秩 2 修正矩阵。对于实数情况，余弦旋转参数和正弦旋转参数可分别表示为 $c=\cos\theta$ 和 $s=\sin\theta$。在几何上，对于任意向量 $\boldsymbol{u}\in\mathbb{R}^{n\times 1}$，Givens 变换 $\boldsymbol{G}(i,k,\theta)\boldsymbol{u}$ 相当于将 $\boldsymbol{u}$ 在 (i,k) 坐标平面内旋转角度 θ，因此，Givens 变换也称为平面旋转变换。

下面将利用 Givens 变换将矩阵 $\bar{\boldsymbol{Q}}(n)\boldsymbol{B}(n)\boldsymbol{A}(n)$ 上三角化。

为了简化表达，令 $y_{ij}=\beta r_{ij}(n-1)$，$u_i=u^*(n-i+1)$，于是，式(6.6.31)可以表示为

$$\bar{\boldsymbol{Q}}(n)\boldsymbol{B}(n)\boldsymbol{A}(n)=\begin{bmatrix} y_{11} & y_{12} & \cdots & y_{1M} \\ 0 & y_{22} & \cdots & y_{2M} \\ \vdots & \vdots & \ddots & \vdots \\ 0 & \vdots & \cdots & y_{MM} \\ \hline 0 & \vdots & \cdots & 0 \\ \vdots & \vdots & \ddots & \vdots \\ 0 & \vdots & \ddots & 0 \\ u_1 & u_2 & \cdots & u_M \end{bmatrix} \tag{6.6.34}$$

定义第一次 Givens 变换矩阵为

$$\boldsymbol{G}_1(n)=\begin{bmatrix} c_1 & 0 & \cdots & \cdots & s_1^* \\ 0 & 1 & 0 & \cdots & 0 \\ \vdots & \vdots & \ddots & \ddots & \vdots \\ \vdots & \vdots & \vdots & \vdots & \vdots \\ -s_1 & 0 & \cdots & \cdots & c_1 \end{bmatrix}\in\mathbb{C}^{n\times n} \tag{6.6.35}$$

要使元素 u_1 变换成 0，则必须满足条件

$$-s_1y_{11}+c_1u_1=0$$

为保证矩阵 $\boldsymbol{G}_1(n)$ 是酉矩阵，旋转参数 c_1 和 s_1 应满足

$$c_1^2+|s_1|^2=1$$

使上两式均成立的一种解为

$$c_1=\frac{y_{11}}{\sqrt{|u_1|^2+|y_{11}|^2}},\quad s_1=\frac{u_1}{\sqrt{|u_1|^2+|y_{11}|^2}}$$

于是，经过第一次 Givens 旋转变换后，矩阵 $\bar{\boldsymbol{Q}}_n\boldsymbol{B}_n\boldsymbol{A}_n$ 最后一行的第一个元素被置零，即

$$\boldsymbol{G}_1(n)\bar{\boldsymbol{Q}}(n)\boldsymbol{B}(n)\boldsymbol{A}(n)=\begin{bmatrix} y'_{11} & y'_{12} & \cdots & y'_{1M} \\ 0 & y_{22} & \cdots & y_{2M} \\ \vdots & \vdots & \ddots & \vdots \\ 0 & \vdots & \cdots & y_{MM} \\ \hline 0 & \vdots & \cdots & 0 \\ \vdots & \vdots & \ddots & \vdots \\ 0 & \vdots & \ddots & 0 \\ 0 & u'_2 & \cdots & u'_M \end{bmatrix} \tag{6.6.36}$$

注意，这里只将第一行和最后一行的元素变为

$$y'_{1i}=c_1y_{1i}+s_1^*u_i,\quad i=1,2,\cdots,M$$
$$u'_i=-s_1y_{1i}+c_1u_i,\quad i=2,3,\cdots,M$$

类似地，定义第二次 Givens 旋转矩阵为

$$\boldsymbol{G}_2(n)=\begin{bmatrix} 1 & 0 & \cdots & \cdots & 0 \\ 0 & c_2 & 0 & \cdots & s_2^* \\ \vdots & \vdots & \ddots & \ddots & \vdots \\ \vdots & \vdots & \vdots & \vdots & \vdots \\ 0 & -s_2 & \cdots & \cdots & c_2 \end{bmatrix}\in\mathbb{C}^{n\times n} \tag{6.6.37}$$

选择参数 c_2 和 s_2 的原则是，经过第二次 Givens 变换后，将矩阵 $\boldsymbol{G}_1(n)\bar{\boldsymbol{Q}}(n)\boldsymbol{B}(n)\boldsymbol{A}(n)$ 的最后一行的第二个元素置零。要使元素 u_2' 变换成 0，则必须满足条件

$$-s_2 y_{22}+c_2 u_2'=0$$

为使 $\boldsymbol{G}_2(n)$ 为酉矩阵，应有

$$c_2^2+|s_2|^2=1$$

所以，使以上两式同时成立的一种解为

$$c_2=\frac{y_{22}}{\sqrt{|u_1'|^2+|y_{22}|^2}},\quad s_2=\frac{u_2'}{\sqrt{|u_2'|^2+|y_{22}|^2}}$$

则有

$$\boldsymbol{G}_2(n)\boldsymbol{G}_1(n)\bar{\boldsymbol{Q}}(n)\boldsymbol{B}(n)\boldsymbol{A}(n)=\begin{bmatrix} y_{11}' & y_{12}' & \cdots & y_{1M}' \\ 0 & y_{22}' & \cdots & y_{2M}' \\ \vdots & \vdots & \ddots & \vdots \\ 0 & \vdots & \cdots & y_{MM} \\ \hdashline 0 & \vdots & \cdots & 0 \\ \vdots & \vdots & \cdots & \vdots \\ 0 & \vdots & \cdots & 0 \\ 0 & 0 & \cdots & u_M'' \end{bmatrix} \tag{6.6.38}$$

其中，只有第二行和最后一行的元素发生了变化：

$$y_{2i}'=c_2 y_{2i}+s_2^* u_i',\quad i=2,3,\cdots,M$$
$$u_i''=-s_2 y_{2i}+c_2 u_i',\quad i=3,4,\cdots,M$$

第一次 Givens 变换使得矩阵 $\bar{\boldsymbol{Q}}(n)\boldsymbol{B}(n)\boldsymbol{A}(n)$ 最后一行的第一个元素被置零；第二次 Givens 变换使得最后一行的第二个元素被置零；依此类推，第 M 次 Givens 旋转矩阵为

$$\boldsymbol{G}_M(n)=\begin{bmatrix} 1 & 0 & \cdots & 0 & 0 & 0 & \cdots & 0 & 0 \\ 0 & 1 & \cdots & 0 & 0 & 0 & \ddots & 0 & 0 \\ 0 & 0 & \ddots & \vdots & \vdots & \vdots & \ddots & \vdots & \vdots \\ \vdots & \vdots & \ddots & 1 & 0 & 0 & \cdots & 0 & 0 \\ 0 & 0 & \ddots & 0 & c_M & 0 & \cdots & 0 & s_M^* \\ \vdots & \vdots & \ddots & \vdots & 0 & 1 & \ddots & \vdots & 0 \\ \vdots & \vdots & \ddots & \vdots & \vdots & \vdots & \ddots & \vdots & \vdots \\ 0 & 0 & \cdots & 0 & 0 & 0 & \cdots & 1 & 0 \\ 0 & 0 & \cdots & 0 & -s_M & 0 & \cdots & 0 & c_M \end{bmatrix}\in\mathbb{C}^{n\times n} \tag{6.6.39}$$

经过 M 次 Givens 旋转，矩阵 $\bar{\boldsymbol{Q}}(n)\boldsymbol{B}(n)\boldsymbol{A}(n)$ 的最后一行将变成全 0，即

$$\boldsymbol{G}_M(n)\boldsymbol{G}_{M-1}(n)\cdots\boldsymbol{G}_1(n)\bar{\boldsymbol{Q}}(n)\boldsymbol{B}(n)\boldsymbol{A}(n)=\begin{bmatrix} y_{11}' & y_{12}' & \cdots & y_{1M}' \\ 0 & y_{22}' & \cdots & y_{2M}' \\ \vdots & \vdots & \ddots & \vdots \\ 0 & \vdots & \cdots & y_{MM}' \\ \hdashline 0 & \vdots & \cdots & 0 \\ \vdots & \vdots & \ddots & \vdots \\ 0 & \vdots & \ddots & 0 \\ 0 & 0 & \cdots & 0 \end{bmatrix} \tag{6.6.40}$$

于是，经过 M 次 Givens 旋转，实现了矩阵 $\bar{\boldsymbol{Q}}(n)\boldsymbol{B}(n)\boldsymbol{A}(n)$ 的上三角化。

为了简化符号，定义矩阵

$$\boldsymbol{T}(n) = \boldsymbol{G}_M(n)\boldsymbol{G}_{M-1}(n)\cdots\boldsymbol{G}_1(n) \tag{6.6.41}$$

由于 Givens 旋转矩阵 $\boldsymbol{G}_i(n), i=1,2,\cdots,M$ 都是酉矩阵，所以 $\boldsymbol{T}(n)$ 也是酉矩阵。于是，式(6.6.40)可表示为

$$\boldsymbol{T}(n)\bar{\boldsymbol{Q}}(n)\boldsymbol{B}(n)\boldsymbol{A}(n) = \begin{bmatrix}\boldsymbol{R}(n)\\ \boldsymbol{0}\end{bmatrix} \tag{6.6.42}$$

其中，$\boldsymbol{R}(n)\in\mathbb{C}^{M\times M}$ 为上三角矩阵，$\boldsymbol{0}\in\mathbb{C}^{(n-M)\times M}$ 为零矩阵。显然，n 时刻的变换酉矩阵 $\boldsymbol{Q}(n)$ 为

$$\boldsymbol{Q}(n) = \boldsymbol{T}(n)\bar{\boldsymbol{Q}}(n) \tag{6.6.43}$$

于是，利用 n 时刻的输入数据，借助一系列的 Givens 变换，从 $n-1$ 时刻的酉矩阵 $\boldsymbol{Q}(n-1)$，得到了 n 时刻的酉矩阵 $\boldsymbol{Q}(n)$。

需注意，在用酉矩阵 $\boldsymbol{Q}(n)$ 完成式(6.6.42)的上三角化的同时，也应完成 $\boldsymbol{Q}(n)$ 对式(6.6.15)的向量的酉变换，所以有

$$\boldsymbol{Q}(n)\boldsymbol{B}(n)\boldsymbol{b}(n) = \boldsymbol{T}(n)\bar{\boldsymbol{Q}}(n)\boldsymbol{B}(n)\boldsymbol{b}(n) \tag{6.6.44}$$

将式(6.6.24)、式(6.6.26)和式(6.6.27)代入式(6.6.44)，有

$$\boldsymbol{Q}(n)\boldsymbol{B}(n)\boldsymbol{b}(n) = \boldsymbol{T}(n)\begin{bmatrix}\boldsymbol{Q}(n-1) & \boldsymbol{0}_{(n-1)\times 1}\\ \boldsymbol{0}_{1\times(n-1)} & 1\end{bmatrix}\begin{bmatrix}\beta\boldsymbol{B}(n-1) & \boldsymbol{0}_{(n-1)\times 1}\\ \boldsymbol{0}_{1\times(n-1)} & 1\end{bmatrix}\begin{bmatrix}\boldsymbol{b}(n-1)\\ d^*(n)\end{bmatrix} \tag{6.6.45}$$

整理得

$$\boldsymbol{Q}(n)\boldsymbol{B}(n)\boldsymbol{b}(n) = \boldsymbol{T}(n)\begin{bmatrix}\beta\boldsymbol{Q}(n-1)\boldsymbol{B}(n-1)\boldsymbol{b}(n-1)\\ d^*(n)\end{bmatrix} \tag{6.6.46}$$

将式(6.6.21)代入式(6.6.46)，有

$$\boldsymbol{Q}(n)\boldsymbol{B}(n)\boldsymbol{b}(n) = \boldsymbol{T}(n)\begin{bmatrix}\beta\boldsymbol{p}(n-1)\\ \beta\boldsymbol{v}(n-1)\\ d^*(n)\end{bmatrix}\begin{matrix}M\text{ 行}\\ n-M-1\text{ 行}\\ 1\text{ 行}\end{matrix} \tag{6.6.47}$$

比较

$$\boldsymbol{Q}(n)\boldsymbol{B}(n)\boldsymbol{b}(n) = \begin{bmatrix}\boldsymbol{p}(n)\\ \boldsymbol{v}(n)\end{bmatrix} \tag{6.6.48}$$

显然有

$$\begin{bmatrix}\boldsymbol{p}(n)\\ \boldsymbol{v}(n)\end{bmatrix} = \boldsymbol{T}(n)\begin{bmatrix}\beta\boldsymbol{p}(n-1)\\ \beta\boldsymbol{v}(n-1)\\ d^*(n)\end{bmatrix} \tag{6.6.49}$$

注意 $\boldsymbol{p}(n-1)$ 与 $\boldsymbol{p}(n)$ 都是 $M\times 1$ 的向量。于是经过酉变换 $\boldsymbol{T}(n)$ 后，列向量 $\bar{\boldsymbol{Q}}(n)\boldsymbol{B}(n)\boldsymbol{b}(n)$ 的前 M 个元素变换成了 $\boldsymbol{p}(n)$，而剩下的 $n-M$ 个元素将构成向量 $\boldsymbol{v}(n)$。将向量 $\boldsymbol{v}(n)$ 记为

$$\boldsymbol{v}(n) = \begin{bmatrix}\boldsymbol{q}(n-1)\\ \alpha(n)\end{bmatrix} \tag{6.6.50}$$

其中，$\boldsymbol{q}(n-1)\in\mathbb{C}^{(n-M-1)\times 1}$，而 $\alpha(n)$ 是一个与 n 时刻输入信号有关的标量。由于由 Givens 旋转矩阵构成的酉变换矩阵 $\boldsymbol{T}(n)$ 仅改变式(6.6.49)的前 M 行和最后一行，故 $\boldsymbol{q}(n-1)=$

$\beta \boldsymbol{v}(n-1)$。

根据 n 时刻的 $\boldsymbol{R}(n)$ 和 $\boldsymbol{p}(n)$，由方程

$$\boldsymbol{R}(n)\hat{\boldsymbol{w}}(n)=\boldsymbol{p}(n)$$

可以容易地求得 n 时刻的滤波器权向量 $\hat{\boldsymbol{w}}(n)$。根据 $\hat{\boldsymbol{w}}(n)$，可以计算 n 时刻的估计误差为

$$e(n)=d(n)-\hat{\boldsymbol{w}}^{\mathrm{H}}(n)\boldsymbol{u}(n) \tag{6.6.51}$$

6.6.4 利用 Givens 旋转直接得到估计误差信号

下面将介绍借助 Givens 旋转变换直接得到估计误差 $e(n)$ 的原理。

在 n 时刻，由式(6.6.6)得

$$\boldsymbol{Q}(n)\boldsymbol{B}(n)\boldsymbol{e}(n)=\boldsymbol{Q}(n)\boldsymbol{B}(n)[\boldsymbol{b}(n)-\boldsymbol{A}(n)\boldsymbol{w}(n)] \tag{6.6.52}$$

利用式(6.6.42)和式(6.6.48)，式(6.6.52)可以表示为

$$\boldsymbol{Q}(n)\boldsymbol{B}(n)\boldsymbol{e}(n)=\begin{bmatrix}\boldsymbol{p}(n)\\ \boldsymbol{v}(n)\end{bmatrix}-\begin{bmatrix}\boldsymbol{R}(n)\\ \boldsymbol{0}\end{bmatrix}\boldsymbol{w}(n) \tag{6.6.53}$$

因此，当 $\boldsymbol{w}(n)$ 满足方程

$$\boldsymbol{R}(n)\hat{\boldsymbol{w}}(n)=\boldsymbol{p}(n)$$

时，有

$$\boldsymbol{Q}(n)\boldsymbol{B}(n)\boldsymbol{e}(n)=\begin{bmatrix}\boldsymbol{0}\\ \boldsymbol{v}(n)\end{bmatrix} \tag{6.6.54}$$

其中，$\boldsymbol{0}\in\mathbb{C}^{M\times 1}$。利用 $\boldsymbol{Q}(n)=\boldsymbol{T}(n)\bar{\boldsymbol{Q}}(n)$ 和式(6.6.27)，式(6.6.54)可以表示为

$$\begin{aligned}\boldsymbol{Q}(n)\boldsymbol{B}(n)\boldsymbol{e}(n)&=\boldsymbol{T}(n)\bar{\boldsymbol{Q}}(n)\boldsymbol{B}(n)\boldsymbol{e}(n)\\ &=\boldsymbol{T}(n)\begin{bmatrix}\boldsymbol{Q}(n-1) & \boldsymbol{0}_{(n-1)\times 1}\\ \boldsymbol{0}_{1\times(n-1)} & 1\end{bmatrix}\begin{bmatrix}\beta^{n-1}e^{*}(1)\\ \beta^{n-2}e^{*}(2)\\ \vdots\\ e^{*}(n)\end{bmatrix}\\ &=\begin{bmatrix}\boldsymbol{0}\\ \boldsymbol{v}(n)\end{bmatrix}\end{aligned} \tag{6.6.55}$$

再由式(6.6.50)，并考虑 $\boldsymbol{T}(n)$ 是酉矩阵，式(6.6.55)又可以表示为

$$\begin{bmatrix}\boldsymbol{Q}(n-1) & \boldsymbol{0}_{(n-1)\times 1}\\ \boldsymbol{0}_{1\times(n-1)} & 1\end{bmatrix}\begin{bmatrix}\beta^{n-1}e^{*}(1)\\ \beta^{n-2}e^{*}(2)\\ \vdots\\ e^{*}(n)\end{bmatrix}=\boldsymbol{T}^{\mathrm{H}}(n)\begin{bmatrix}\boldsymbol{0}\\ \boldsymbol{q}(n-1)\\ \alpha(n)\end{bmatrix} \tag{6.6.56}$$

其中，$\boldsymbol{T}^{\mathrm{H}}(n)=\boldsymbol{G}_1^{\mathrm{H}}(n)\boldsymbol{G}_2^{\mathrm{H}}(n)\cdots\boldsymbol{G}_M^{\mathrm{H}}(n)$。观察式(6.6.56)等号两边，左边为一列向量，且该列向量最后一个元素为 $e^{*}(n)$；右边列向量最后一个元素为矩阵 $\boldsymbol{T}^{\mathrm{H}}(n)$ 的最后一行元素与列向量的积。事实上，利用 Givens 旋转矩阵的定义，容易证明，$\boldsymbol{T}^{\mathrm{H}}(n)$ 的最后一行元素为

$$\begin{bmatrix} \boldsymbol{\eta} & \mathbf{0} & \prod_{i=1}^{M} c_i \end{bmatrix}$$

其中，$\boldsymbol{\eta}$ 和 $\mathbf{0}$ 的元素个数分别是 M 和 $n-M-1$，且有

$$\begin{bmatrix} \boldsymbol{\eta} & \mathbf{0} & \prod_{i=1}^{M} c_i \end{bmatrix} \begin{bmatrix} \mathbf{0} \\ \boldsymbol{q}(n-1) \\ \alpha(n) \end{bmatrix} = \alpha(n) \prod_{i=1}^{M} c_i$$

考虑到 c_i 为实数，所以，n 时刻的误差信号 $e(n)$ 为

$$e(n) = \alpha^*(n) \prod_{i=1}^{M} c_i \tag{6.6.57}$$

式(6.6.57)表明，通过 Givens 旋转变换可直接得到 n 时刻的估计误差信号 $e(n)$，而不必通过求解滤波器的权向量 $\hat{\boldsymbol{w}}(n)$，再由式(6.6.51)计算得到。这在一些仅对估计误差信号 $e(n)$ 感兴趣的场合十分有用。

6.6.5　QR-RLS 算法的 systolic 多处理器实现原理

前面详细推导了 QR-RLS 算法的原理。这里将讨论一种基于 QR-RLS 算法的多处理器硬件实现形式，称为 systolic 处理器[1,8,9]。根据前面的讨论，在 n 时刻，由得到的酉矩阵 $\boldsymbol{Q}(n)$，有

$$\begin{aligned} \boldsymbol{Q}(n)\boldsymbol{B}(n)\boldsymbol{e}(n) &= \boldsymbol{Q}(n)(\boldsymbol{B}(n)\boldsymbol{b}(n) - \boldsymbol{B}(n)\boldsymbol{A}(n)\boldsymbol{w}(n)) \\ &= \boldsymbol{T}(n)\bar{\boldsymbol{Q}}(n)(\boldsymbol{B}(n)\boldsymbol{b}(n) - \boldsymbol{B}(n)\boldsymbol{A}(n)\boldsymbol{w}(n)) \end{aligned} \tag{6.6.58}$$

由式(6.6.30)和式(6.6.47)，有

$$\boldsymbol{Q}(n)\boldsymbol{B}(n)\boldsymbol{e}(n) = \boldsymbol{T}(n)\left\{\begin{bmatrix} \beta\boldsymbol{p}(n-1) \\ \beta\boldsymbol{v}(n-1) \\ d^*(n) \end{bmatrix} - \begin{bmatrix} \beta\boldsymbol{R}(n-1) \\ \mathbf{0} \\ \boldsymbol{u}^{\mathrm{H}}(n) \end{bmatrix}\boldsymbol{w}(n)\right\}$$

构造一类似线性方程组增广矩阵的新矩阵为

$$\boldsymbol{T}(n)\begin{bmatrix} \beta\boldsymbol{R}(n-1) & \beta\boldsymbol{p}(n-1) \\ \mathbf{0} & \beta\boldsymbol{v}(n-1) \\ \boldsymbol{u}^{\mathrm{H}}(n) & d^*(n) \end{bmatrix} = \boldsymbol{T}(n)\begin{bmatrix} y_{11} & y_{12} & \cdots & y_{1M} & p_1(n-1) \\ 0 & y_{22} & \cdots & y_{2M} & p_2(n-1) \\ \vdots & & \ddots & & \vdots \\ 0 & & & y_{MM} & p_M(n-1) \\ & & \mathbf{0} & & \beta\boldsymbol{v}(n-1) \\ u_1 & u_2 & \cdots & u_M & d^*(n) \end{bmatrix} \tag{6.6.59}$$

由于 $\boldsymbol{T}(n)$ 仅影响前 M 行和最后一行，进一步简化矩阵得

$$\boldsymbol{T}(n)\begin{bmatrix} y_{11} & y_{12} & \cdots & y_{1M} & P_1 \\ 0 & y_{22} & \cdots & y_{2M} & P_2 \\ \vdots & \vdots & \ddots & \vdots & \vdots \\ \vdots & \vdots & \cdots & y_{MM} & P_M \\ u_1 & u_2 & \cdots & u_M & d^*(n) \end{bmatrix} \tag{6.6.60}$$

回顾 Givens 旋转的计算过程可知，第一次 Givens 旋转实现的运算包括：根据 y_{11}、u_1 确定旋转矩阵 $\boldsymbol{G}_1(n)$ 中的 c_1、s_1，并计算和更新式(6.6.60)中的第一行和最后一行元素；第二次 Givens 旋转实现的运算包括：根据 y_{22}、u_2' 确定旋转矩阵 $\boldsymbol{G}_2(n)$ 中的 c_2、s_2，并计算和更新式(6.6.60)中的第二行和最后一行元素；……；第 M 次 Givens 旋转实现的运算包括：根据 y_{MM}、$u_M^{(M-1)}$ 确定旋转矩阵 $\boldsymbol{G}_M(n)$ 中的 c_M、s_M，并计算和更新式(6.6.60)中的第 M 行和最后一行元素。

如果将式(6.6.60)中前 M 行每个元素看成一个计算单元，最后一行看成输入，以 $M=3$ 为例，可得到图 6.6.2 所示的处理器结构。

在全局时钟的同步下，数据流通过该处理器时，所有处理单元有节奏地同步工作，非常类似心脏有节拍地收缩使全身血液流动。因此，如图 6.6.2 所示的处理器结构被称为脉动(systolic)处理器。

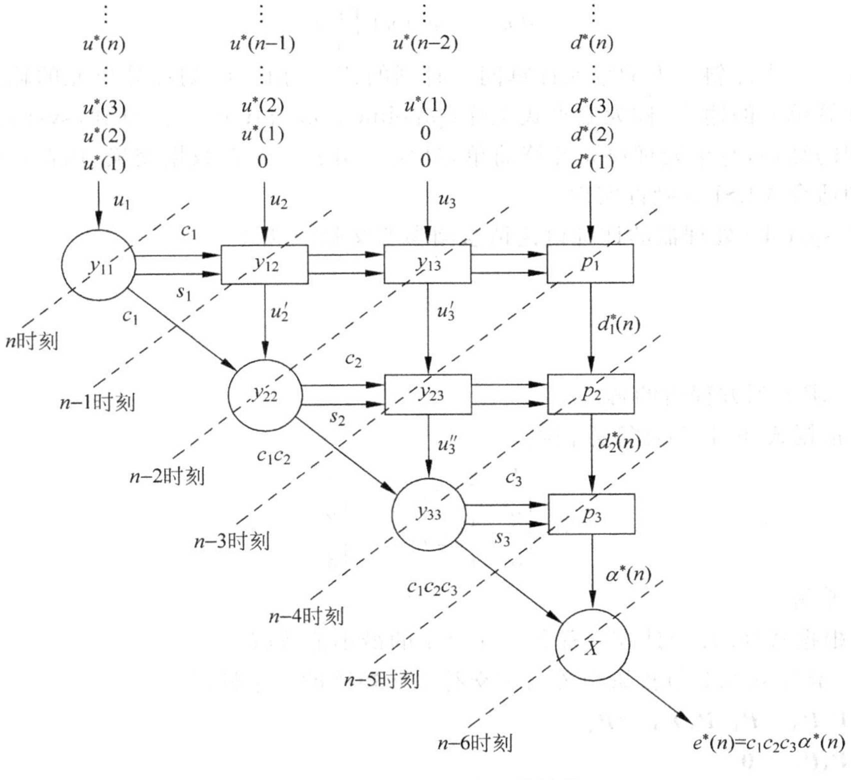

图 6.6.2　systolic 处理器结构

根据前面介绍的 Givens 旋转的计算过程，图 6.6.2 中各处理单元完成的计算分别为：

处理单元 y_{11}：

$$c_1=\frac{y_{11}}{\sqrt{|u_1|^2+|y_{11}|^2}},\quad s_1=\frac{u_1}{\sqrt{|u_1|^2+|y_{11}|^2}}$$

处理单元 y_{1i}：

$$y_{1i}'=c_1y_{1i}+s_1^*u_i,\quad u_i'=-s_1y_{1i}+c_1u_i,\quad i=1,2,\cdots,M$$

处理单元 p_1：

$$p_1' = c_1 p_1 + s_1^* d^*(n), \quad d_1^*(n) = -s_1 p_1 + c_1 d^*(n)$$

处理单元 y_{22}：

$$c_2 = \frac{y_{22}}{\sqrt{|u_2'|^2 + |y_{22}|^2}}, \quad s_2 = \frac{u_2'}{\sqrt{|u_2'|^2 + |y_{22}|^2}}$$

处理单元 y_{2i}：

$$y_{2i}' = c_2 y_{2i} + s_2^* u_i', \quad u_i'' = -s_2 y_{2i} + c_2 u_i', \quad i = 2,3,\cdots,M$$

处理单元 p_2：

$$p_2' = c_2 p_2 + s_2^* d_1^*(n), \quad d_2^*(n) = -s_2 p_2 + c_2 d_1^*(n)$$

……

最末单元 X：

$$e(n) = \alpha^*(n) \prod_{i=1}^{M} c_i$$

图 6.6.2 中虚斜线上的单元计算同一时刻的值，且前一时刻计算单元的输出作为下一时刻计算单元的输入，称为流水式工作(pipelined operation)。注意到，systolic 处理器具有规则的结构，每个处理单元计算简单，且仅与相邻单元有数据交换，因此，systolic 处理器特别适合 VLSI 等硬件实现。

关于 systolic 处理器的详细讨论请参阅参考文献[1,8,9]。

习题

6.1 求下列方程组的解：

(1) 根据式(6.1.7)计算方程组

$$\begin{bmatrix} 1 & 2 \\ 2 & 1 \\ 3 & 1 \end{bmatrix} \begin{bmatrix} x_1 \\ x_2 \end{bmatrix} = \begin{bmatrix} 1 \\ 2 \\ 3 \end{bmatrix}$$

的最小二乘解。

(2) 根据式(6.1.8)计算方程 $x_1 + x_2 = 1$ 的最小范数解。

6.2 验证 6.2.3 节投影矩阵与正交补投影矩阵的 3 个性质：

(1) $\boldsymbol{P}_A \boldsymbol{P}_A = \boldsymbol{P}_A, \boldsymbol{P}_A^{\perp} \boldsymbol{P}_A^{\perp} = \boldsymbol{P}_A^{\perp}$

(2) $\boldsymbol{P}_A \boldsymbol{P}_A^{\perp} = \mathbf{0}$

(3) $\boldsymbol{P}_A^{\mathrm{H}} = \boldsymbol{P}_A, (\boldsymbol{P}_A^{\perp})^{\mathrm{H}} = \boldsymbol{P}_A^{\perp}$

6.3 对 $M=2$ 抽头横向滤波器，已知

$$\boldsymbol{A}^{\mathrm{H}} = \begin{bmatrix} u(2) & u(3) & u(4) \\ u(1) & u(2) & u(3) \end{bmatrix} = \begin{bmatrix} 3 & 4 & 1 \\ 2 & 3 & 4 \end{bmatrix}$$

$$\boldsymbol{b}^{\mathrm{H}} = [d(2) \quad d(3) \quad d(4)] = [1 \quad 2 \quad 3]$$

(1) 根据式(6.2.15)和式(6.2.17)分别计算最小二乘权向量估计$\hat{\boldsymbol{w}}$和期望信号估计$\hat{\boldsymbol{b}}$。

(2) 根据式(6.2.15)计算误差向量 $\boldsymbol{e}_{\min}$。

(3) 分别计算投影矩阵和正交补投影矩阵 $\boldsymbol{P}_A$ 和 $\boldsymbol{P}_A^{\perp}$。

(4) 验证 $\hat{\boldsymbol{b}}=\boldsymbol{P}_A\boldsymbol{b}$ 和 $\boldsymbol{e}_{\min}=\boldsymbol{P}_A^{\perp}\boldsymbol{b}$。

(5) 验证正交原理：$\boldsymbol{A}^{\mathrm{H}}\boldsymbol{e}_{\min}=\boldsymbol{0}$ 和 $\hat{\boldsymbol{b}}^{\mathrm{H}}\boldsymbol{e}_{\min}=0$。

6.4 对二阶矩阵

$$\boldsymbol{A}=\begin{bmatrix}1 & 3\\ 1 & 2\end{bmatrix}$$

(1) 求矩阵 $\boldsymbol{A}^{\mathrm{H}}\boldsymbol{A}$ 的特征值和特征向量。

(2) 求矩阵 $\boldsymbol{A}\boldsymbol{A}^{\mathrm{H}}$ 的特征值和特征向量。

(3) 根据(1)、(2)确定矩阵 $\boldsymbol{A}$ 的奇异值和左、右奇异向量。

(4) 验证式(6.3.1)的正确性。

6.5 根据式(6.5.1)和式(6.5.2)，验证矩阵求逆引理，即 $\boldsymbol{A}\boldsymbol{A}^{-1}=\boldsymbol{A}^{-1}\boldsymbol{A}=\boldsymbol{I}$。

6.6 考虑相关矩阵 $\boldsymbol{R}(n)=\boldsymbol{u}(n)\boldsymbol{u}^{\mathrm{H}}(n)+\delta\boldsymbol{I}$，其中 $\boldsymbol{u}(n)$ 是 M 抽头滤波器输入向量，δ 是一个小的正常数。用矩阵求逆引理计算 $\boldsymbol{R}^{-1}(n)$。

6.7 根据式(6.5.34)定义的先验估计误差 $\xi(n)$，式(6.5.36) 定义的后验估计误差 $e(n)$，证明：

(1) $\xi(n)e^*(n)=|\xi(n)|^2(1-\boldsymbol{u}^{\mathrm{H}}(n)\boldsymbol{k}(n))$

(2) $\xi(n)e^*(n)$ 是实数，即 $\xi(n)e^*(n)=\xi^*(n)e(n)$。

6.8 设横向滤波器的最优权向量为 $\boldsymbol{w}_{\mathrm{o}}$，$n$ 时刻的 RLS 权向量为 $\hat{\boldsymbol{w}}(n)$，先验估计误差为 $\xi(n)$，定义 n 时刻的权向量误差为 $\boldsymbol{\varepsilon}(n)=\boldsymbol{w}_{\mathrm{o}}-\hat{\boldsymbol{w}}(n)$，证明：

$$\boldsymbol{\varepsilon}(n)=\boldsymbol{w}_{\mathrm{o}}-\hat{\boldsymbol{w}}(n)=\boldsymbol{\varepsilon}(0)-\sum_{i=1}^{n}\boldsymbol{k}(i)\xi^*(i)$$

6.9 根据图 6.6.2，画出 $M=4$ 时的 systolic 处理器结构；指出共有多少个处理单元；给出各单元的计算公式；输出 $e(n)$ 相对于输入延时多少？

6.10 线性系统

$$\boldsymbol{A}\boldsymbol{X}=\boldsymbol{B},\quad \boldsymbol{A}\in\mathbb{C}^{L\times M},\quad \boldsymbol{B}\in\mathbb{C}^{L\times N},\quad \boldsymbol{X}\in\mathbb{C}^{M\times N}$$

是一致的(consistent)，当且仅当 $\mathrm{rank}([\boldsymbol{A}\quad\boldsymbol{B}])=\mathrm{rank}(\boldsymbol{A})$。

(1) 如果 $\boldsymbol{X}_0$ 是上述线性系统的一个特解，则上述线性系统的通解为

$$\boldsymbol{X}=\boldsymbol{X}_0+\boldsymbol{\Delta}$$

其中，矩阵 $\boldsymbol{\Delta}$ 的列在矩阵 $\boldsymbol{A}$ 的零空间 $\mathrm{null}(\boldsymbol{A})$ 中。

(2) 设矩阵 $\boldsymbol{A}$ 的奇异值分解为 $\boldsymbol{A}=\boldsymbol{U}\boldsymbol{\Sigma}\boldsymbol{V}^{\mathrm{H}}$，对角矩阵 $\boldsymbol{\Sigma}$ 的主对角线元素是 $K=\mathrm{rank}(\boldsymbol{A})$ 个非零奇异值。试证明：线性系统的最小 Frobenious 范数解为

$$\boldsymbol{X}_0=\boldsymbol{V}\boldsymbol{\Sigma}^{-1}\boldsymbol{U}^{\mathrm{H}}\boldsymbol{B}$$

且 $\boldsymbol{X}_0$ 满足

$$\|\boldsymbol{X}_0\|^2<\|\boldsymbol{X}\|^2,\quad \boldsymbol{X}\neq\boldsymbol{X}_0$$

6.11 利用 $u(n)$，$n=1,\cdots,N$ 的 N 个样本得到 MVDR 频率估计器的最优权向量。假设 FIR 滤波器的抽头权系数个数为 M，则优化目标是在约束条件

$$\boldsymbol{w}^{\mathrm{H}}\boldsymbol{a}(\omega_0)=\sum_{m=0}^{M-1}w_m^*\,\mathrm{e}^{-\mathrm{j}m\omega_0}=1$$

下，极小化 FIR 滤波器的输出信号能量

$$\varepsilon = \sum_{n=M}^{N} |y(n)|^2$$

其中，$y(n)$是 FIR 滤波器的输出信号

$$y(n) = \boldsymbol{w}^{\mathrm{H}}\boldsymbol{u}(n) = \sum_{m=0}^{M-1} w_m^* u(n-m)$$

向量 $\boldsymbol{a}(\omega)$、$\boldsymbol{u}(n)$和滤波器权向量 $\boldsymbol{w}$ 分别定义为

$$\boldsymbol{a}(\omega) = [1 \quad \mathrm{e}^{-\mathrm{j}\omega} \quad \cdots \quad \mathrm{e}^{-\mathrm{j}\omega(M-1)}]^{\mathrm{T}}$$
$$\boldsymbol{u}(n) = [u(n) \quad u(n-1) \quad \cdots \quad u(n-M+1)]^{\mathrm{T}}$$
$$\boldsymbol{w} = [w_0 \quad w_1 \quad \cdots \quad w_{M-1}]^{\mathrm{T}}$$

(1) 试证明：最优权向量$\hat{\boldsymbol{w}}$满足

$$\hat{\boldsymbol{w}} = \frac{\boldsymbol{\Phi}^{-1}\boldsymbol{a}(\omega_0)}{\boldsymbol{a}^{\mathrm{H}}(\omega_0)\boldsymbol{\Phi}^{-1}\boldsymbol{a}(\omega_0)}$$

其中，矩阵$\boldsymbol{\Phi}$ 满足$\boldsymbol{\Phi} = \boldsymbol{A}^{\mathrm{H}}\boldsymbol{A}$，$\boldsymbol{A}$ 是数据矩阵，满足 $\boldsymbol{A}^{\mathrm{H}} = [\boldsymbol{u}(M) \quad \boldsymbol{u}(M+1) \quad \cdots \quad \boldsymbol{u}(N)]$；并证明 MVDR 功率谱估计可以表示为

$$P_{\mathrm{MVDR}}(\omega) = \frac{1}{\boldsymbol{a}^{\mathrm{H}}(\omega)\boldsymbol{\Phi}^{-1}\boldsymbol{a}(\omega)}$$

(2) 已知数据矩阵 $\boldsymbol{A}$ 的奇异值分解为

$$\boldsymbol{A} = \sum_{i=1}^{K} \sigma_i \boldsymbol{u}_i \boldsymbol{v}_i^{\mathrm{H}}$$

其中，σ_i、$\boldsymbol{u}_i$ 和$\boldsymbol{v}_i$，$i=1,\cdots,K$ 分别是 $\boldsymbol{A}$ 的非零奇异值、左奇异向量和右奇异向量。试利用矩阵 $\boldsymbol{A}$ 的奇异值分解得到权向量$\hat{\boldsymbol{w}}$和 $P_{\mathrm{MVDR}}(\omega)$的计算公式。

仿真题

6.12 仿真再现图 6.5.2 所示的学习曲线。

6.13 假设观测信号为

$$x(n) = \sum_{k=1}^{3} A_k \exp(\mathrm{j}2\pi f_k n + \mathrm{j}\varphi_k) + v(n)$$

其中，$v(n)$为零均值、方差 $\sigma_v^2 = 1$ 的高斯白噪声，归一化频率分别是 $f_1 = 0.1$，$f_2 = 0.25$ 和 $f_3 = 0.27$，φ_k 是相互独立并服从$[0, 2\pi]$均匀分布的随机相位。3 个复正弦信号的信噪比分别为$\mathrm{SNR}_1 = 30\mathrm{dB}$，$\mathrm{SNR}_2 = 30\mathrm{dB}$ 和$\mathrm{SNR}_3 = 27\mathrm{dB}$。假设信号样本数为 1000，FIR 滤波器的抽头个数为 4。请使用习题 6.11 介绍的基于奇异值分解的 MVDR 方法进行信号频率估计的仿真实验，获得功率谱密度函数的估计。

6.14 使用 RLS 算法完成习题 6.13 中的仿真实验，选择遗忘因子 $\lambda = 0.98$。

6.15 考虑一阶 AR 模型

$$u(n) = -0.99u(n-1) + v(n)$$

的线性预测。假设白噪声 $v(n)$的方差为 $\sigma_v^2 = 0.995$。使用抽头数为 $M=2$ 的 FIR 滤波器，用 RLS 算法实现 $u(n)$的线性预测，选择遗忘因子 $\lambda = 0.98$。

参考文献

[1] Haykin S. Adaptive Filter Theory [M],4th Ed. Upper Saddle River,NJ：Prentice-Hall,2001.

[2] Proakis J G. Digital Communications [M],3rd Ed. New York：McGraw-Hill,1995.

[3] 沈福民. 自适应信号处理 [M]. 西安：西安电子科技大学出版社,2002.

[4] 龚耀寰. 自适应滤波 [M],第 2 版. 北京：电子工业出版社,2003.

[5] 陈景良,陈向晖. 特殊矩阵 [M],北京：清华大学出版社,2000.

[6] Hestenes M. Conjugate Direction Methods in Optimization. New York：Springer-Verlag,1980.

[7] Golub G H, Van Loan C F. Matrix Computation [M], 2nd Ed. Balimore: The John Hopkins University Press,1989.

[8] Kung H T, Leiserson C E. Systolic arrays (for VLSI). Sparse Matrix Proc. 1978, SIAM: 256-282.

[9] Kung H T. Why systolic architectures? Computer,51：37-46.

第 7 章　卡尔曼滤波

前面介绍的自适应滤波器理论，都是将观测数据输入一个具有 M 个权值的横向滤波器，通过自适应算法调整滤波器的权值，使滤波器工作在最佳状态。本章将要介绍的卡尔曼滤波，不用横向滤波器对观测数据进行滤波，而是将观测数据看成是某个用状态变量方法描述的系统的输出，通过引入新息过程的概念，采用迭代方法直接利用观测数据进行运算，可得到原系统状态向量的估计。且该算法具有收敛速度快、存储量小等优点。另外，卡尔曼滤波不仅适用于平稳随机过程，同样也适用于非平稳随机过程。

本章将首先介绍新息过程的概念；然后导出卡尔曼滤波算法，讨论其统计性能和推广；最后介绍卡尔曼滤波在目标跟踪等方面的应用。

7.1　基于新息过程的递归最小均方误差估计

7.1.1　标量新息过程及其性质

如图 7.1.1 所示，有一个 $n-1$ 抽头的前向线性预测器 LP$(n-1)$，其 n 时刻输入为随机过程 $z(n)$，且设随机过程 $z(n)$ 在 $n\leqslant 0$ 时为零，即有 $z(n)=0, n\leqslant 0$。

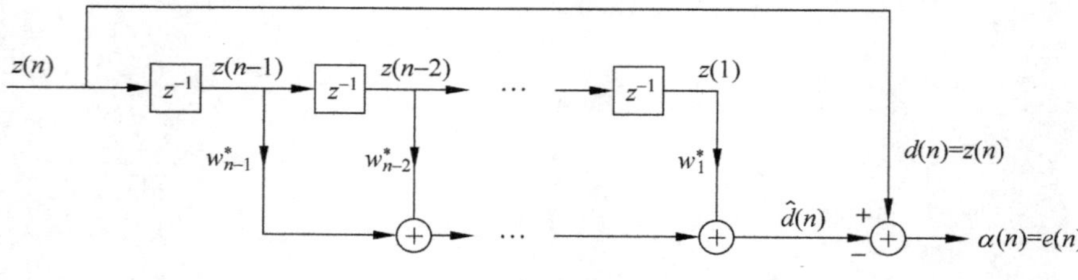

图 7.1.1　$n-1$ 抽头线性预测器结构

预测器 $n-1$ 时刻的输入信号向量 $\boldsymbol{z}_{n-1}$ 可表示为

$$\boldsymbol{z}_{n-1}=[z(1)\quad z(2)\quad \cdots\quad z(n-1)]^{\mathrm{T}}\in\mathbb{C}^{(n-1)\times 1} \tag{7.1.1}$$

预测器权向量 $\boldsymbol{w}$ 表示为

$$\boldsymbol{w}=[w_1\quad w_2\quad \cdots\quad w_{n-1}]^{\mathrm{T}}\in\mathbb{C}^{(n-1)\times 1} \tag{7.1.2}$$

因此，预测输出 $\hat{d}(n)$ 为

$$\hat{d}(n)=\boldsymbol{w}^{\mathrm{H}}\boldsymbol{z}_{n-1}=\boldsymbol{z}_{n-1}^{\mathrm{T}}\boldsymbol{w}^{*} \tag{7.1.3}$$

由此获得的预测误差为

$$e(n)=d(n)-\hat{d}(n)=z(n)-\boldsymbol{w}^{\mathrm{H}}\boldsymbol{z}_{n-1} \tag{7.1.4}$$

根据第 5 章中最佳线性预测的讨论，在最小均方误差意义下，当式(7.1.4)中的权向

量 $\boldsymbol{w}$ 满足维纳-霍夫方程时，预测的均方误差最小，为最佳线性预测。

线性预测器在最小均方误差意义下的预测误差 $e(n)$ 称为新息过程(innovation process)，表示为 $\alpha(n)$，新息过程有时也称为残差(residual)，即

$$\alpha(n) = z(n) - \hat{d}(n) = z(n) - \hat{z}(n \mid \mathscr{Z}_{n-1}) = z(n) - \boldsymbol{w}^{\mathrm{H}}\boldsymbol{z}_{n-1} \qquad (7.1.5)$$

其中，$\hat{d}(n)=\hat{z}(n|\mathscr{Z}_{n-1})$。符号 $\hat{z}(n|\mathscr{Z}_{n-1})$ 表示用观测量 $z(1),z(2),\cdots,z(n-1)$，对信号 $z(n)$ 的最小均方误差(MMSE)估计，且符号 $\mathscr{Z}_{n-1}$ 代表观测量集合 $\{z(1),z(2),\cdots,z(n-1)\}$；又如符号 $\hat{x}(n-2|\mathscr{Z}_n)$，表示利用观测量集合 $\mathscr{Z}_n=\{z(1),z(2),\cdots,z(n)\}$，对信号 $x(n-2)$ 的最小均方误差估计，本章后文将反复用到该类符号。

从新息过程定义可知，$\alpha(n)$ 就是 $z(n)$ 在最小均方意义下的一步预测误差，根据第 4 章维纳滤波的正交原理(估计误差与输入信号向量正交)，$\alpha(n)$ 与输入信号向量 $\boldsymbol{z}_{n-1}$ 正交，因此，$\alpha(n)$ 包含了存在于当前观测样本 $z(n)$ 中的新的信息，“新息”的含义即在于此。

根据维纳滤波的正交原理，新息过程具有如下的统计特性：

(1) $\mathrm{E}[\alpha(n)z^*(k)]=0,k=1,2,\cdots,n-1$；

(2) $\mathrm{E}[\alpha(n)\alpha^*(k)]=0,k=1,2,\cdots,n-1$；

(3) 序列 $\{\alpha(1),\alpha(2),\cdots,\alpha(n)\}$ 和 $\{z(1),z(2),\cdots,z(n)\}$ 包含了相同的信息，即二者等价，可表示为

$$\{z(1),z(2),\cdots,z(n)\} \xrightleftharpoons{\text{等价}} \{\alpha(1),\alpha(2),\cdots,\alpha(n)\} \qquad (7.1.6)$$

性质(1)就是第 4 章维纳滤波的正交原理。

对于性质(2)，根据式(7.1.5)，$\alpha(k)$ 可表示为

$$\alpha(k) = z(k) - \boldsymbol{w}^{\mathrm{H}}\boldsymbol{z}_{k-1} = z(k) - \sum_{i=1}^{k-1} w_i^* z(i), \quad k = 1,2,\cdots,n-1$$

再由性质(1)，有结论 $\mathrm{E}[\alpha(n)\alpha^*(k)]=0$。

下面对性质(3)进行推导。

由于 $z(0)=0$，所以 $\hat{z}(1|\mathscr{Z}_0)=0$，由式(7.1.5)，有 $\alpha(1)=z(1)$。令

$$\alpha(2) = z(2) + l_{11}z(1)$$

上式两边乘 $\alpha^*(1)$，并取数学期望，根据新息过程的性质(2)有

$$\mathrm{E}[\alpha(2)\alpha^*(1)] = \mathrm{E}[z(2)\alpha^*(1)] + l_{11}\mathrm{E}[z(1)\alpha^*(1)] = 0$$

因此

$$l_{11} = -\frac{\mathrm{E}[z(2)\alpha^*(1)]}{\mathrm{E}[z(1)\alpha^*(1)]} = -\frac{\mathrm{E}[z(2)\alpha^*(1)]}{\mathrm{E}[|z(1)|^2]}$$

再令

$$\alpha(3) = z(3) + l_{21}z(2) + l_{22}z(1)$$

上式两边分别乘 $\alpha^*(1)$、$\alpha^*(2)$，并取数学期望，根据 $\mathrm{E}[\alpha(3)\alpha^*(2)]=\mathrm{E}[\alpha(3)\alpha^*(1)]=0$，得方程组

$$\begin{cases}\mathrm{E}[\alpha(3)\alpha^*(1)] = \mathrm{E}[z(3)\alpha^*(1) + l_{21}z(2)\alpha^*(1) + l_{22}z(1)\alpha^*(1)] = 0 \\ \mathrm{E}[\alpha(3)\alpha^*(2)] = \mathrm{E}[z(3)\alpha^*(2) + l_{21}z(2)\alpha^*(2) + l_{22}z(1)\alpha^*(2)] = 0\end{cases}$$

可解得 l_{21} 和 l_{22} 的值。依此类推，可以将 $\alpha(n)$ 表示为

$$\alpha(n)=z(n)+l_{(n-1)1}z(n-1)+l_{(n-1)2}z(n-2)+\cdots+l_{(n-1)(n-1)}z(1),\quad n\geqslant 2$$

用前面类似方法，可解得常数 $l_{(n-1)1}, l_{(n-1)2}, \cdots, l_{(n-1)(n-1)}$ 的值。将各时刻的值写在一起，有

$$\begin{aligned}
\alpha(1)&=z(1)\\
\alpha(2)&=z(2)+l_{11}z(1)\\
\alpha(3)&=z(3)+l_{21}z(2)+l_{22}z(1)\\
\alpha(4)&=z(4)+l_{31}z(3)+l_{32}z(2)+l_{33}z(1)\\
&\vdots\\
\alpha(n)&=z(n)+l_{(n-1)1}z(n-1)+l_{(n-1)2}z(n-2)+\cdots+l_{(n-1)(n-1)}z(1)
\end{aligned}$$

将上式改写成矩阵的形式，有

$$\boldsymbol{\alpha}_n=\boldsymbol{L}_n\boldsymbol{z}_n \tag{7.1.7}$$

其中

$$\boldsymbol{\alpha}_n=[\alpha(1)\quad \alpha(2)\quad \cdots\quad \alpha(n)]^{\mathrm{T}}\in\mathbb{C}^{n\times 1}$$

$$\boldsymbol{z}_n=[z(1)\quad z(2)\quad \cdots\quad z(n)]^{\mathrm{T}}\in\mathbb{C}^{n\times 1}$$

$$\boldsymbol{L}_n=\begin{bmatrix}1 & 0 & 0 & \cdots & 0\\ l_{11} & 1 & 0 & \cdots & 0\\ l_{22} & l_{21} & 1 & \cdots & 0\\ \vdots & \vdots & \vdots & \ddots & \vdots\\ l_{(n-1)(n-1)} & l_{(n-1)(n-2)} & l_{(n-1)(n-3)} & \cdots & 1\end{bmatrix}\in\mathbb{C}^{n\times n}$$

由式(7.1.7)可知，序列$\{\alpha(1)\quad \alpha(2)\quad \cdots\quad \alpha(n)\}$可由$\{z(1)\quad z(2)\quad \cdots\quad z(n)\}$线性表示，由于 $\boldsymbol{L}_n$ 为满秩矩阵，因而变换为可逆变换，所以$\boldsymbol{\alpha}_n$ 和 $\boldsymbol{z}_n$ 二者包含了相同的信息，由此性质(3)得证。

7.1.2 最小均方误差估计的新息过程表示

若将 $\boldsymbol{z}_n=[z(1)\quad z(2)\quad \cdots\quad z(n)]^{\mathrm{T}}\in\mathbb{C}^{n\times 1}$ 作为 n 抽头维纳滤波器的输入，某信号 $x(n)$作为期望响应，并假设满足维纳-霍夫方程的最优权向量为 $\boldsymbol{w}(n)$，则对信号 $x(n)$的最小均方误差估计可表示为

$$\hat{x}(n\mid\mathscr{Z}_n)=\boldsymbol{w}^{\mathrm{H}}(n)\boldsymbol{z}_n$$

根据新息过程性质(3)，即式(7.1.7)，上式可表示为

$$\hat{x}(n\mid\mathscr{Z}_n)=\boldsymbol{w}^{\mathrm{H}}(n)\boldsymbol{L}_n^{-1}\boldsymbol{\alpha}_n=\boldsymbol{b}^{\mathrm{H}}(n)\,\boldsymbol{\alpha}_n \tag{7.1.8}$$

其中，$\boldsymbol{b}^{\mathrm{H}}(n)=\boldsymbol{w}^{\mathrm{H}}(n)\boldsymbol{L}_n^{-1}$ 是输入为 $\boldsymbol{\alpha}_n$ 时的权向量，可表示为

$$\boldsymbol{b}(n)=[b(1)\quad b(2)\quad \cdots\quad b(n)]^{\mathrm{T}}\in\mathbb{C}^{n\times 1} \tag{7.1.9}$$

可以证明，若 $\boldsymbol{w}(n)$是输入为 $\boldsymbol{z}_n$ 时，满足维纳-霍夫方程的最优权向量，则 $\boldsymbol{b}(n)$是输入为$\boldsymbol{\alpha}_n$ 时，最小均方误差准则下的最优权向量，即满足维纳-霍夫方程

$$\boldsymbol{A}(n)\boldsymbol{b}(n)=\boldsymbol{p}_{\alpha}(n)$$

其中矩阵 $\boldsymbol{A}(n)=\mathrm{E}[\boldsymbol{\alpha}_n\boldsymbol{\alpha}_n^{\mathrm{H}}]$为$\boldsymbol{\alpha}_n$ 的自相关矩阵，$\boldsymbol{p}_{\alpha}(n)=\mathrm{E}[\boldsymbol{\alpha}_n x^*(n)]$为互相关向量。

根据新息过程的正交性有

$$\mathrm{E}[\alpha(i)\alpha^*(j)] = \mathrm{E}[|\alpha(i)|^2]\delta(i-j)$$

因此 $\boldsymbol{A}(n)$为对角矩阵，即

$$\boldsymbol{A}(n) = \mathrm{diag}\{\mathrm{E}[|\alpha(1)|^2],\mathrm{E}[|\alpha(2)|^2],\cdots,\mathrm{E}[|\alpha(n)|^2]\}$$

容易解出权向量 $\boldsymbol{b}(n)$的各元素为

$$b(i) = \frac{p_\alpha(i)}{\mathrm{E}[|\alpha(i)|^2]},\quad i = 1,2,\cdots,n$$

其中，$p_\alpha(i)=\mathrm{E}[\alpha(i)x^*(n)]$为互相关向量 $\boldsymbol{p}_\alpha(n)$的第 i 个元素。

将式(7.1.8)展开，可进一步表示为

$$\begin{aligned}\hat{x}(n \mid \mathscr{Z}_n) &= \boldsymbol{b}^{\mathrm{H}}(n)\,\boldsymbol{\alpha}_n \\ &= \sum_{i=1}^{n} b^*(i)\alpha(i) \\ &= \sum_{i=1}^{n-1} b^*(i)\alpha(i) + b^*(n)\alpha(n) \\ &= \hat{x}(n-1 \mid \mathscr{Z}_{n-1}) + b^*(n)\alpha(n)\end{aligned} \tag{7.1.10}$$

于是有迭代关系

$$\hat{x}(n \mid \mathscr{Z}_n) = \hat{x}(n-1 \mid \mathscr{Z}_{n-1}) + b^*(n)\alpha(n) \tag{7.1.11}$$

式(7.1.11)表明，以新息过程作为维纳滤波器的输入，若 $n-1$ 时刻期望响应 $x(n-1)$ 的估计值$\hat{x}(n-1|\mathscr{Z}_{n-1})$已获得，则可按式(7.1.11)的迭代方法计算出 n 时刻期望响应 $x(n)$的估计值$\hat{x}(n|\mathscr{Z}_n)$，这种方法带来计算上的极大方便。

以上关于新息过程的讨论，都是针对 $z(n)$和 $\alpha(n)$为标量进行的。下面介绍新息过程为向量形式的情况，向量新息过程也具有 7.1.1 节所列的 3 个性质。

7.1.3 向量新息过程及其性质

基于图 7.1.1 的线性预测器，7.1.1 节介绍了标量新息过程的概念，如果同时有 N 个图 7.1.1 的线性预测器存在，各预测器 n 时刻的输入信号分别为 $z_1(n)$，$z_2(n)$，…，$z_N(n)$，各预测器在最小均方误差意义下的权向量分别为 $\boldsymbol{w}_1,\boldsymbol{w}_2,\cdots,\boldsymbol{w}_N$，各预测器的新息过程(预测误差)分别为 $\alpha_1(n),\alpha_2(n),\cdots,\alpha_N(n)$，将这 N 个线性预测器的输入信号、新息过程等组合在一起，表示为向量的形式。有下面一些概念：

输入信号向量

$$\boldsymbol{z}(n) = [z_1(n) \quad z_2(n) \quad \cdots \quad z_N(n)]^{\mathrm{T}} \in \mathbb{C}^{N\times 1} \tag{7.1.12}$$

新息过程向量

$$\boldsymbol{\alpha}(n) = [\alpha_1(n) \quad \alpha_2(n) \quad \cdots \quad \alpha_N(n)]^{\mathrm{T}} \in \mathbb{C}^{N\times 1} \tag{7.1.13}$$

在 n 时刻，对输入向量 $\boldsymbol{z}(n)$的最佳线性预测向量$\hat{\boldsymbol{z}}(n|\mathscr{Z}_{n-1})$可表示为

$$\hat{\boldsymbol{z}}(n \mid \mathscr{Z}_{n-1}) = [\boldsymbol{w}_1^{\mathrm{H}}\boldsymbol{z}_{1(n-1)} \quad \boldsymbol{w}_2^{\mathrm{H}}\boldsymbol{z}_{2(n-1)} \quad \cdots \quad \boldsymbol{w}_N^{\mathrm{H}}\boldsymbol{z}_{N(n-1)}]^{\mathrm{T}}$$

其中，符号 $\boldsymbol{z}_{i(n-1)}\in\mathbb{C}^{(n-1)\times 1}$的定义类似式(7.1.1)，为第 i 个预测器 $n-1$ 时刻的输入信号向量。由此，可以得到新息过程向量为

$$\boldsymbol{\alpha}(n) = \boldsymbol{z}(n) - \hat{\boldsymbol{z}}(n \mid \mathscr{Z}_{n-1}) \in \mathbb{C}^{N\times 1} \tag{7.1.14}$$

与 7.1.1 节类似，向量$\boldsymbol{\alpha}(n)$表示观测数据向量 $\boldsymbol{z}(n)$中新的信息。用向量符号$\hat{\boldsymbol{z}}(n|\mathscr{Z}_{n-1})$表示根据观测向量集合 $\mathscr{Z}_{n-1}=\{\boldsymbol{z}(1),\boldsymbol{z}(2),\cdots,\boldsymbol{z}(n-1)\}$对向量 $\boldsymbol{z}(n)$的最小均方误差估计。

7.1.1 节中标量新息过程的性质，可推广到向量新息过程，有如下性质：

(1) n 时刻的新息过程向量$\boldsymbol{\alpha}(n)$和过去所有观测向量 $\boldsymbol{z}(1),\boldsymbol{z}(2),\cdots,\boldsymbol{z}(n-1)$正交，即

$$\mathrm{E}[\boldsymbol{\alpha}(n)\boldsymbol{z}^{\mathrm{H}}(k)]=\boldsymbol{0},\quad k=1,2,\cdots,n-1 \tag{7.1.15}$$

(2) n 时刻的新息过程向量$\boldsymbol{\alpha}(n)$和过去所有新息过程向量$\boldsymbol{\alpha}(k)$相互正交，即

$$\mathrm{E}[\boldsymbol{\alpha}(n)\boldsymbol{\alpha}^{\mathrm{H}}(k)]=\boldsymbol{0},\quad k=1,2,\cdots,n-1 \tag{7.1.16}$$

(3) 观测数据向量序列$\{\boldsymbol{z}(1),\boldsymbol{z}(2),\cdots,\boldsymbol{z}(n)\}$和新息过程向量序列$\{\boldsymbol{\alpha}(1),\boldsymbol{\alpha}(2),\cdots,\boldsymbol{\alpha}(n)\}$之间存在着一一对应关系，可以借助可逆线性变换从其中一个序列得到另一个序列，而不丢失任何信息，即

$$\{\boldsymbol{z}(1),\boldsymbol{z}(2),\cdots,\boldsymbol{z}(n)\}\xrightleftharpoons{\text{等价}}\{\boldsymbol{\alpha}(1),\boldsymbol{\alpha}(2),\cdots,\boldsymbol{\alpha}(n)\} \tag{7.1.17}$$

7.2 系统状态方程和观测方程的概念

根据信号与系统理论[1]，一个多输入多输出的离散时间 LTI 系统，可用状态方程和输出方程进行描述。设系统有 N 个状态变量，表示为 $x_1(n),x_2(n),\cdots,x_N(n)$；有 S 个输入，表示为 $f_1(n),f_2(n),\cdots,f_S(n)$；有 M 个输出，表示为 $z_1(n),z_2(n),\cdots,z_M(n)$；则系统状态方程为

$$\begin{bmatrix}x_1(n)\\x_2(n)\\\vdots\\x_N(n)\end{bmatrix}=\begin{bmatrix}a_{11}&a_{12}&\cdots&a_{1N}\\a_{21}&a_{22}&\cdots&a_{2N}\\\vdots&\vdots&\ddots&\vdots\\a_{N1}&a_{N2}&\cdots&a_{NN}\end{bmatrix}\begin{bmatrix}x_1(n-1)\\x_2(n-1)\\\vdots\\x_N(n-1)\end{bmatrix}+\begin{bmatrix}b_{11}&b_{12}&\cdots&b_{1S}\\b_{21}&b_{22}&\cdots&b_{2S}\\\vdots&\vdots&\ddots&\vdots\\b_{N1}&b_{N2}&\cdots&b_{NS}\end{bmatrix}\begin{bmatrix}f_1(n-1)\\f_2(n-1)\\\vdots\\f_S(n-1)\end{bmatrix} \tag{7.2.1}$$

将其表示为向量形式，有

$$\boldsymbol{x}(n)=\boldsymbol{A}\boldsymbol{x}(n-1)+\boldsymbol{B}\boldsymbol{f}(n-1) \tag{7.2.2}$$

其中，$\boldsymbol{x}(n)\in\mathbb{C}^{N\times1}$ 为状态变量，$\boldsymbol{f}(n)\in\mathbb{C}^{S\times1}$ 为输入向量，$\boldsymbol{A}\in\mathbb{C}^{N\times N}$ 为状态转移矩阵，$\boldsymbol{B}\in\mathbb{C}^{N\times S}$为输入控制矩阵。

系统输出方程为

$$\begin{bmatrix}z_1(n)\\z_2(n)\\\vdots\\z_M(n)\end{bmatrix}=\begin{bmatrix}c_{11}&c_{12}&\cdots&c_{1N}\\c_{21}&c_{22}&\cdots&c_{2N}\\\vdots&\vdots&\ddots&\vdots\\c_{M1}&c_{M2}&\cdots&c_{MN}\end{bmatrix}\begin{bmatrix}x_1(n)\\x_2(n)\\\vdots\\x_N(n)\end{bmatrix}+\begin{bmatrix}d_{11}&d_{12}&\cdots&d_{1S}\\d_{21}&c_{22}&\cdots&d_{2S}\\\vdots&\vdots&\ddots&\vdots\\d_{M1}&d_{M2}&\cdots&d_{MS}\end{bmatrix}\begin{bmatrix}f_1(n)\\f_2(n)\\\vdots\\f_S(n)\end{bmatrix} \tag{7.2.3}$$

表示为向量形式，有

$$\boldsymbol{z}(n)=\boldsymbol{C}\boldsymbol{x}(n)+\boldsymbol{D}\boldsymbol{f}(n) \tag{7.2.4}$$

其中，$\boldsymbol{z}(n)\in\mathbb{C}^{M\times 1}$为输出向量，$\boldsymbol{C}\in\mathbb{C}^{M\times N}$为状态输出矩阵，$\boldsymbol{D}\in\mathbb{C}^{M\times S}$为输出控制矩阵。

对于一个受到随机干扰的系统，系统状态方程和输出方程可分别表示为

$$\boldsymbol{x}(n)=\boldsymbol{A}\boldsymbol{x}(n-1)+\boldsymbol{B}\boldsymbol{f}(n-1)+\boldsymbol{\Gamma}\boldsymbol{v}_1(n-1) \tag{7.2.5}$$

$$\boldsymbol{z}(n)=\boldsymbol{C}\boldsymbol{x}(n)+\boldsymbol{D}\boldsymbol{f}(n)+\boldsymbol{v}_2(n) \tag{7.2.6}$$

其中，$\boldsymbol{v}_1(n)\in\mathbb{C}^{S\times 1}$、$\boldsymbol{v}_2(n)\in\mathbb{C}^{M\times 1}$分别为系统状态噪声和输出噪声，$\boldsymbol{\Gamma}\in\mathbb{C}^{N\times S}$为状态噪声输入矩阵。

由于系统输出方程中的输出信号是可直接观测的量，所以，常将系统的输出方程称为系统的观测方程。

式(7.2.5)和式(7.2.6)是在控制理论中常用的系统状态和观测方程，其中，$\boldsymbol{f}(n)$表示输入控制量。通过选择适当的状态变量形式，控制量的作用可以在系统状态转移过程中进行描述。例如，对于一个受外力作用进行匀加速运动的物体，可通过在状态变量中引入加速度参量来描述该外力的作用。采用这种方式，对于一般的时变系统，系统状态方程和观测方程可表示为下面的形式。

1. **状态方程**(state equation)

$$\boldsymbol{x}(n)=\boldsymbol{F}(n,n-1)\boldsymbol{x}(n-1)+\boldsymbol{\Gamma}(n,n-1)\boldsymbol{v}_1(n-1) \tag{7.2.7}$$

系统状态方程有时也称为系统的过程方程(process equation)，有下面一些术语：

- 状态向量：$\boldsymbol{x}(n)\in\mathbb{C}^{N\times 1}$；
- 状态转移矩阵：$\boldsymbol{F}(n,n-1)\in\mathbb{C}^{N\times N}$；
- 状态噪声输入矩阵：$\boldsymbol{\Gamma}(n,n-1)\in\mathbb{C}^{N\times S}$；
- 系统状态噪声：$\boldsymbol{v}_1(n-1)\in\mathbb{C}^{S\times 1}$。

其中，系统的状态转移矩阵$\boldsymbol{F}(n,n-1)$描述了系统状态从$n-1$时刻到n时刻的变化规律，它有如下特点：

(1) 乘积律

$$\boldsymbol{F}(n+1,n)\boldsymbol{F}(n,n-1)=\boldsymbol{F}(n+1,n-1)$$

即系统从$n-1$时刻状态转移到n时刻状态，再从n时刻状态转移到$n+1$时刻状态，可表示为直接从$n-1$时刻状态转移到$n+1$时刻状态，并可类推为

$$\boldsymbol{F}(m,n)\boldsymbol{F}(n,l)=\boldsymbol{F}(m,l) \tag{7.2.8}$$

(2) 求逆律

$$\boldsymbol{F}^{-1}(m,n)=\boldsymbol{F}(n,m) \tag{7.2.9}$$

求逆律表明，逆矩阵$\boldsymbol{F}^{-1}(m,n)$表示从m时刻状态转移到n时刻状态。

根据式(7.2.8)和式(7.2.9)易得

$$\boldsymbol{F}(n,n)=\boldsymbol{I} \tag{7.2.10}$$

系统状态噪声$\boldsymbol{v}_1(n)$通常为随机过程向量，并假定为零均值白噪声，其相关矩阵满足

$$\mathrm{E}[\boldsymbol{v}_1(n)\boldsymbol{v}_1^{\mathrm{H}}(k)]=\boldsymbol{Q}_1(n)\delta(n-k)=\begin{cases}\boldsymbol{Q}_1(n), & k=n\\ \boldsymbol{0}, & k\neq n\end{cases} \tag{7.2.11}$$

式(7.2.11)表明，不同时刻间的状态噪声是统计独立的(即白噪声)；但并未强调同时刻

不同状态噪声间的统计独立性，若同时刻不同状态噪声间也是统计独立的，则矩阵 $\boldsymbol{Q}_1(n)$ 是对角阵。

实际应用中，也可将噪声输入矩阵与状态噪声的乘积 $\boldsymbol{\Gamma}(n,n-1)\boldsymbol{v}_1(n-1)$ 看成一个向量，若仍用 $\boldsymbol{v}_1(n-1)$ 表示，此时状态方程可表示为

$$\boldsymbol{x}(n)=\boldsymbol{F}(n,n-1)\boldsymbol{x}(n-1)+\boldsymbol{v}_1(n-1) \tag{7.2.12}$$

2. **观测方程**(measurement equation)

$$\boldsymbol{z}(n)=\boldsymbol{C}(n)\boldsymbol{x}(n)+\boldsymbol{v}_2(n) \tag{7.2.13}$$

观测方程有时也称为量测方程。针对观测方程，有下面一些术语：

- 观测向量：$\boldsymbol{z}(n)\in\mathbb{C}^{M\times 1}$；
- 观测矩阵：$\boldsymbol{C}(n)\in\mathbb{C}^{M\times N}$；
- 观测噪声：$\boldsymbol{v}_2(n)\in\mathbb{C}^{M\times 1}$。

与状态方程类似，观测噪声 $\boldsymbol{v}_2(n)$ 通常也假定为零均值白噪声，其相关矩阵为

$$\mathrm{E}[\boldsymbol{v}_2(n)\boldsymbol{v}_2^{\mathrm{H}}(k)]=\boldsymbol{Q}_2(n)\delta(n-k)=\begin{cases}\boldsymbol{Q}_2(n), & k=n\\ \boldsymbol{0}, & k\neq n\end{cases} \tag{7.2.14}$$

同样，不同时刻间的观测噪声是统计独立的；若同时刻不同观测噪声间也是统计独立的，则矩阵 $\boldsymbol{Q}_2(n)$ 是对角阵。由于系统状态噪声和观测噪声是在系统的不同阶段引入的，它们之间是统计独立的，即有

$$\mathrm{E}[\boldsymbol{v}_1(n)\boldsymbol{v}_2^{\mathrm{H}}(k)]=\boldsymbol{0},\ \forall n,k \tag{7.2.15}$$

由式(7.2.11)和式(7.2.14)给出的相关矩阵都是与时间有关的量，因此，可以用来描述非平稳的系统状态噪声和测量噪声。图 7.2.1 给出了系统状态方程和观测方程的结构。

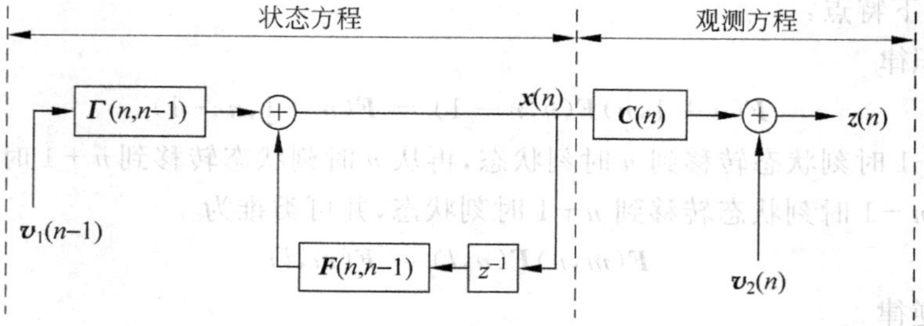

图 7.2.1 系统状态方程与观测方程结构图

系统的状态方程描述了物理系统内部状态自身的变化规律，比如，一枚飞行中的火箭，其运动方向、距离、速度、姿态等运动状态，都是按设计的运动规律变化，是火箭这一系统的内部状态，用状态变量表示为 $\boldsymbol{x}(n)$。但是，通常情况下，人们对系统本身的内在规律和运动状态往往不能直接得到，而是通过另外的物理量进行间接测量，系统的观测方程便是对系统的状态 $\boldsymbol{x}(n)$ 进行测量并输出。比如，对飞行中的火箭运动方向的观测是通过雷达波束的指向得到的，对距离的观测是用雷达电磁波的传播延时测量的，用多普勒频移可测量径向速度，等等，这些测量值构成的向量便是系统的观测向量 $\boldsymbol{z}(n)$。

当系统状态方程中无系统状态噪声$\boldsymbol{v}_1(n-1)$时，式(7.2.12)为仅包含状态向量的递推公式，理论上，在已知状态向量初始值后，便可推算出各时刻的系统状态。然而，实际系统在工作过程中，都会受到不同程度的干扰，例如，火箭在飞行过程中会受到不稳气流等的扰动。状态噪声就是用来描述这些随机干扰的，由于干扰的随机性，仅通过系统状态方程是无法准确提取系统状态信息的，而需根据观察向量进行滤波处理，得到系统状态向量的估计。

现在的问题是，怎样利用系统的观测向量$\boldsymbol{z}(n)$，有效地估计出系统的状态向量$\boldsymbol{x}(n)$，这便是下文介绍的卡尔曼滤波要回答的问题。

利用观测量集合$\{\boldsymbol{z}(1),\boldsymbol{z}(2),\cdots,\boldsymbol{z}(m)\}$对系统状态变量$\boldsymbol{x}(n)$进行最优估计。与4.1.1节类似，根据$m$和$n$之间的关系，可将问题分为以下3类：

(1) $m<n$称为预测问题。

(2) $m=n$称为滤波或者估计问题。

(3) $m>n$称为平滑问题。

下面的讨论将集中在卡尔曼滤波问题上，关于卡尔曼预测和平滑问题的详细讨论可参见参考文献[2]。

7.3 卡尔曼滤波原理

7.3.1 状态向量的最小均方误差估计

由7.1节中新息过程的讨论可知，基于观测向量集合$\{\boldsymbol{z}(1),\boldsymbol{z}(2),\cdots,\boldsymbol{z}(n-1)\}$对$i$时刻的状态向量$\boldsymbol{x}(i)$的最小均方误差估计，可表示为新息过程的线性组合

$$\hat{\boldsymbol{x}}(i\mid\mathscr{Z}_{n-1})=\sum_{k=1}^{n-1}\boldsymbol{B}_i(k)\,\boldsymbol{\alpha}(k) \tag{7.3.1}$$

其中，$\boldsymbol{\alpha}(k)\in\mathbb{C}^{N\times1}$是新息过程向量，如式(7.1.14)。对比式(7.1.10)可见，这里的系统状态已经由标量拓展到N维向量，所以$\boldsymbol{B}_i(k)\in\mathbb{C}^{N\times N}$为待求的最佳权矩阵。$\hat{\boldsymbol{x}}(i|\mathscr{Z}_{n-1})$表示根据观测向量集合$\{\boldsymbol{z}(1),\boldsymbol{z}(2),\cdots,\boldsymbol{z}(n-1)\}$对向量$\boldsymbol{x}(i)$的最小均方误差估计。

按式(7.3.1)的定义，可将i时刻的状态误差向量(state error vector)记为

$$\boldsymbol{\varepsilon}(i,n-1)=\boldsymbol{x}(i)-\hat{\boldsymbol{x}}(i\mid\mathscr{Z}_{n-1})$$

因此，对i时刻的状态误差向量和l时刻的新息向量，可得互相关矩阵

$$\mathrm{E}[\boldsymbol{\varepsilon}(i,n-1)\,\boldsymbol{\alpha}^{\mathrm{H}}(l)]=\mathrm{E}[\boldsymbol{x}(i)\,\boldsymbol{\alpha}^{\mathrm{H}}(l)]-\sum_{k=1}^{n-1}\boldsymbol{B}_i(k)\mathrm{E}[\boldsymbol{\alpha}(k)\,\boldsymbol{\alpha}^{\mathrm{H}}(l)] \tag{7.3.2}$$

由正交原理可知，在MMSE意义下，状态向量估计误差和新息向量是正交的，因而有

$$\mathrm{E}[\boldsymbol{\varepsilon}(i,n-1)\,\boldsymbol{\alpha}^{\mathrm{H}}(l)]=\boldsymbol{0}$$

由前面所述新息过程的统计特性可知

$$\mathrm{E}[\boldsymbol{\alpha}(n)\,\boldsymbol{\alpha}^{\mathrm{H}}(l)]=\mathrm{E}[\boldsymbol{\alpha}(n)\,\boldsymbol{\alpha}^{\mathrm{H}}(n)]\delta(n-l)$$

由此可得

$$\boldsymbol{B}_i(k)=\mathrm{E}[\boldsymbol{x}(i)\,\boldsymbol{\alpha}^{\mathrm{H}}(k)]\{\mathrm{E}[\boldsymbol{\alpha}(k)\,\boldsymbol{\alpha}^{\mathrm{H}}(k)]\}^{-1}=\mathrm{E}[\boldsymbol{x}(i)\,\boldsymbol{\alpha}^{\mathrm{H}}(k)]\boldsymbol{A}^{-1}(k) \tag{7.3.3}$$

其中

$$\boldsymbol{A}(k)=\mathrm{E}[\boldsymbol{\alpha}(k)\,\boldsymbol{\alpha}^{\mathrm{H}}(k)]\in\mathbb{C}^{N\times N} \tag{7.3.4}$$

为新息过程的自相关矩阵。式(7.3.3)表明，$\boldsymbol{B}_i(k)$仅与k时刻的新息$\boldsymbol{\alpha}(k)$有关。另外，根据式(7.3.1)有

$$\begin{aligned}\hat{\boldsymbol{x}}(i \mid \mathscr{Z}_{n-1}) &= \sum_{k=1}^{n-2} \boldsymbol{B}_i(k)\,\boldsymbol{\alpha}(k) + \boldsymbol{B}_i(n-1)\,\boldsymbol{\alpha}(n-1) \\ &= \hat{\boldsymbol{x}}(i \mid \mathscr{Z}_{n-2}) + \boldsymbol{B}_i(n-1)\,\boldsymbol{\alpha}(n-1)\end{aligned} \tag{7.3.5}$$

令$i=n-1$，可得

$$\begin{aligned}\hat{\boldsymbol{x}}(n-1 \mid \mathscr{Z}_{n-1}) &= \hat{\boldsymbol{x}}(n-1 \mid \mathscr{Z}_{n-2}) + \boldsymbol{B}_{n-1}(n-1)\,\boldsymbol{\alpha}(n-1) \\ &= \hat{\boldsymbol{x}}(n-1 \mid \mathscr{Z}_{n-2}) + \mathrm{E}[\boldsymbol{x}(n-1)\,\boldsymbol{\alpha}^{\mathrm{H}}(n-1)]\boldsymbol{A}^{-1}(n-1)\,\boldsymbol{\alpha}(n-1)\end{aligned}$$

进一步将上式表示为

$$\hat{\boldsymbol{x}}(n-1 \mid \mathscr{Z}_{n-1}) = \hat{\boldsymbol{x}}(n-1 \mid \mathscr{Z}_{n-2}) + \boldsymbol{K}(n-1)\,\boldsymbol{\alpha}(n-1) \tag{7.3.6}$$

其中

$$\boldsymbol{K}(n-1) = \mathrm{E}[\boldsymbol{x}(n-1)\,\boldsymbol{\alpha}^{\mathrm{H}}(n-1)]\boldsymbol{A}^{-1}(n-1) \in \mathbb{C}^{N\times N} \tag{7.3.7}$$

式(7.3.6)表明，基于观测向量集合$\{\boldsymbol{z}(1),\boldsymbol{z}(2),\cdots,\boldsymbol{z}(n-1)\}$对系统状态$\boldsymbol{x}(n-1)$的估计，可在基于观测向量集合$\{\boldsymbol{z}(1),\boldsymbol{z}(2),\cdots,\boldsymbol{z}(n-2)\}$对$\boldsymbol{x}(n-1)$的预测$\hat{\boldsymbol{x}}(n-1|\mathscr{Z}_{n-2})$的基础上，利用$n-1$时刻的新息向量$\boldsymbol{\alpha}(n-1)$进行修正。其中，矩阵$\boldsymbol{K}(n-1)$称为卡尔曼增益矩阵(Kalman gain matrix)。

下面将讨论卡尔曼增益矩阵$\boldsymbol{K}(n-1)$和新息过程自相关矩阵$\boldsymbol{A}(n-1)$的计算方法。

7.3.2 新息过程的自相关矩阵

卡尔曼滤波的目的是利用各时刻的观测向量集合$\{\boldsymbol{z}(1),\boldsymbol{z}(2),\cdots,\boldsymbol{z}(n)\}$对状态向量$\boldsymbol{x}(n)$进行估计。设观测序列的新息过程向量为

$$\boldsymbol{\alpha}(n) = \boldsymbol{z}(n) - \hat{\boldsymbol{z}}(n \mid \mathscr{Z}_{n-1}) \tag{7.3.8}$$

其中，$\hat{\boldsymbol{z}}(n|\mathscr{Z}_{n-1})$表示在已知$n-1$时刻以前所有观测向量$\boldsymbol{z}(1),\boldsymbol{z}(2),\cdots,\boldsymbol{z}(n-1)$的情况下，对$n$时刻观测向量的预测值($n\geqslant 1$)。

同样，利用观测向量集合$\{\boldsymbol{z}(1),\boldsymbol{z}(2),\cdots,\boldsymbol{z}(n-1)\}$，对$n$时刻系统状态$\boldsymbol{x}(n)$和观测噪声$\boldsymbol{v}_2(n)$的预测值可表示为$\hat{\boldsymbol{x}}(n|\mathscr{Z}_{n-1})$和$\hat{\boldsymbol{v}}_2(n|\mathscr{Z}_{n-1})$，根据观测方程式(7.2.13)，预测值间也应满足观测方程

$$\hat{\boldsymbol{z}}(n \mid \mathscr{Z}_{n-1}) = \boldsymbol{C}(n)\,\hat{\boldsymbol{x}}(n \mid \mathscr{Z}_{n-1}) + \hat{\boldsymbol{v}}_2(n \mid \mathscr{Z}_{n-1}) \tag{7.3.9}$$

由于n时刻的观测噪声与以前的观测向量之间是独立的，有

$$\mathrm{E}[\boldsymbol{v}_2(n)\boldsymbol{z}^{\mathrm{H}}(k)] = \boldsymbol{0},\quad k = 1,2,\cdots,n-1 \tag{7.3.10}$$

即维纳-霍夫方程中的互相关向量为零，权向量仅有零解，所以预测向量

$$\hat{\boldsymbol{v}}_2(n \mid \mathscr{Z}_{n-1}) = \boldsymbol{0}$$

于是有

$$\hat{\boldsymbol{z}}(n \mid \mathscr{Z}_{n-1}) = \boldsymbol{C}(n)\,\hat{\boldsymbol{x}}(n \mid \mathscr{Z}_{n-1}) \tag{7.3.11}$$

将式(7.3.11)代入式(7.3.8)可得

$$\begin{aligned}\boldsymbol{\alpha}(n) &= \boldsymbol{z}(n) - \boldsymbol{C}(n)\,\hat{\boldsymbol{x}}(n \mid \mathscr{Z}_{n-1}) \\ &= \boldsymbol{C}(n)\boldsymbol{x}(n) + \boldsymbol{v}_2(n) - \boldsymbol{C}(n)\,\hat{\boldsymbol{x}}(n \mid \mathscr{Z}_{n-1})\end{aligned} \tag{7.3.12}$$

所以

$$\boldsymbol{\alpha}(n)=\boldsymbol{C}(n)[\boldsymbol{x}(n)-\hat{\boldsymbol{x}}(n\mid\mathscr{Y}_{n-1})]+\boldsymbol{v}_2(n)$$

在此定义预测状态误差向量(predicted state error vector)$\boldsymbol{\varepsilon}(n,n-1)$为

$$\boldsymbol{\varepsilon}(n,n-1)\triangleq\boldsymbol{x}(n)-\hat{\boldsymbol{x}}(n\mid\mathscr{Y}_{n-1})\tag{7.3.13}$$

则新息过程又可表示为

$$\boldsymbol{\alpha}(n)=\boldsymbol{C}(n)\boldsymbol{\varepsilon}(n,n-1)+\boldsymbol{v}_2(n)\tag{7.3.14}$$

由于$\boldsymbol{\varepsilon}(n,n-1)$与$\boldsymbol{v}_2(n)$相互独立，于是新息过程自相关矩阵$\boldsymbol{A}(n)$为

$$\boldsymbol{A}(n)=\boldsymbol{C}(n)\mathrm{E}[\boldsymbol{\varepsilon}(n,n-1)\boldsymbol{\varepsilon}^{\mathrm{H}}(n,n-1)]\boldsymbol{C}^{\mathrm{H}}(n)+\boldsymbol{Q}_2(n)\tag{7.3.15}$$

定义一步预测状态误差自相关矩阵(predicted state error correlation matrix) $\boldsymbol{P}(n,n-1)$为

$$\boldsymbol{P}(n,n-1)\triangleq\mathrm{E}[\boldsymbol{\varepsilon}(n,n-1)\boldsymbol{\varepsilon}^{\mathrm{H}}(n,n-1)]\in\mathbb{C}^{N\times N}\tag{7.3.16}$$

则$\boldsymbol{A}(n)$又可表示为

$$\boldsymbol{A}(n)=\boldsymbol{C}(n)\boldsymbol{P}(n,n-1)\boldsymbol{C}^{\mathrm{H}}(n)+\boldsymbol{Q}_2(n)\tag{7.3.17}$$

式(7.3.17)给出了新息过程自相关矩阵的表示式，但矩阵$\boldsymbol{P}(n,n-1)$待确定。

7.3.3 卡尔曼滤波增益矩阵

从式(7.3.6)可以看出，新的状态估计值是对相应状态预测值进行修正的结果，修正值$\boldsymbol{K}(n-1)\boldsymbol{\alpha}(n-1)$通过对新息过程加权得到。但在式(7.3.7)给出的卡尔曼增益矩阵$\boldsymbol{K}(n-1)$的表达式中，含有未知的系统状态$\boldsymbol{x}(n-1)$，因而并不能直接使用，下面来推导$\boldsymbol{K}(n-1)$的递推求解方法。

首先，根据式(7.3.14)有

$$\mathrm{E}[\boldsymbol{x}(n-1)\boldsymbol{\alpha}^{\mathrm{H}}(n-1)]=\mathrm{E}\{\boldsymbol{x}(n-1)[\boldsymbol{C}(n-1)\boldsymbol{\varepsilon}(n-1,n-2)+\boldsymbol{v}_2(n-1)]^{\mathrm{H}}\}\tag{7.3.18}$$

又由式(7.3.13)得

$$\boldsymbol{x}(n-1)=\boldsymbol{\varepsilon}(n-1,n-2)+\hat{\boldsymbol{x}}(n-1\mid\mathscr{Y}_{n-2})\tag{7.3.19}$$

因此有

$$\begin{aligned}&\mathrm{E}[\boldsymbol{x}(n-1)\boldsymbol{\alpha}^{\mathrm{H}}(n-1)]\\&=\mathrm{E}\{[\boldsymbol{\varepsilon}(n-1,n-2)+\hat{\boldsymbol{x}}(n-1\mid\mathscr{Y}_{n-2})][\boldsymbol{\varepsilon}^{\mathrm{H}}(n-1,n-2)\boldsymbol{C}^{\mathrm{H}}(n-1)+\boldsymbol{v}_2^{\mathrm{H}}(n-1)]\}\end{aligned}$$

由于$\boldsymbol{\varepsilon}(n-1,n-2)$是根据$n-2$时刻前的观测信息，对$n-1$时刻的状态的预测估计误差，而$\boldsymbol{v}_2(n-1)$是$n-1$时刻的观测噪声，所以$\boldsymbol{v}_2(n-1)$与$\boldsymbol{\varepsilon}(n-1,n-2)$和$\hat{\boldsymbol{x}}(n-1\mid\mathscr{Y}_{n-2})$相互独立。另外，由式(7.3.16)有

$$\mathrm{E}[\boldsymbol{\varepsilon}(n-1,n-2)\boldsymbol{\varepsilon}^{\mathrm{H}}(n-1,n-2)]=\boldsymbol{P}(n-1,n-2)$$

于是有

$$\begin{aligned}\mathrm{E}[\boldsymbol{x}(n-1)\boldsymbol{\alpha}^{\mathrm{H}}(n-1)]=&\boldsymbol{P}(n-1,n-2)\boldsymbol{C}^{\mathrm{H}}(n-1)\\&+\mathrm{E}[\hat{\boldsymbol{x}}(n-1\mid\mathscr{Y}_{n-2})\boldsymbol{\varepsilon}^{\mathrm{H}}(n-1,n-2)]\boldsymbol{C}^{\mathrm{H}}(n-1)\end{aligned}$$

此外，由正交原理可知

$$\mathrm{E}[\hat{\boldsymbol{x}}(n-1\mid\mathscr{Y}_{n-2})\boldsymbol{\varepsilon}^{\mathrm{H}}(n-1,n-2)]=\boldsymbol{0}$$

故有

$$\mathrm{E}[\boldsymbol{x}(n-1)\boldsymbol{\alpha}^{\mathrm{H}}(n-1)]=\boldsymbol{P}(n-1,n-2)\boldsymbol{C}^{\mathrm{H}}(n-1) \tag{7.3.20}$$

将式(7.3.20)代入式(7.3.7)，得卡尔曼滤波增益矩阵为

$$\boldsymbol{K}(n-1)=\boldsymbol{P}(n-1,n-2)\boldsymbol{C}^{\mathrm{H}}(n-1)\boldsymbol{A}^{-1}(n-1)$$

对于 n 时刻，可以得到

$$\boldsymbol{K}(n)=\boldsymbol{P}(n,n-1)\boldsymbol{C}^{\mathrm{H}}(n)\boldsymbol{A}^{-1}(n) \tag{7.3.21}$$

结合式(7.3.17)，可以得到如图 7.3.1 所示的卡尔曼增益矩阵计算框图。

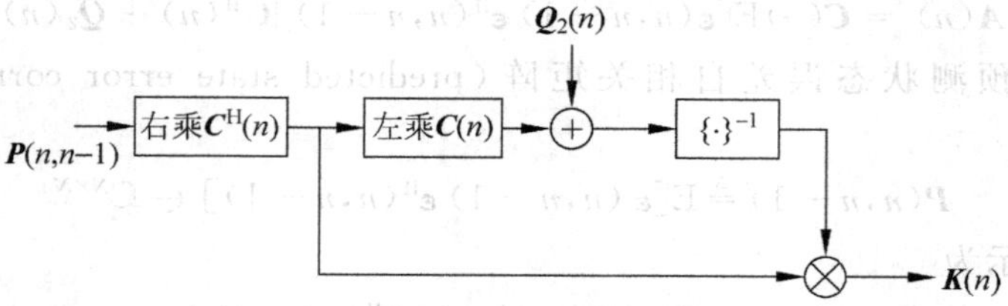

图 7.3.1 计算卡尔曼增益的结构图

7.3.4 卡尔曼滤波的黎卡蒂方程

由式(7.3.17)和式(7.3.21)可见，尽管卡尔曼增益的表达式已得到，但还需得到预测状态误差的自相关矩阵 $\boldsymbol{P}(n,n-1)$。本节将介绍利用递推的方法计算 $\boldsymbol{P}(n,n-1)$。

首先，$n-1$ 时刻的状态估计误差向量 $\boldsymbol{\varepsilon}(n-1)$ 为

$$\boldsymbol{\varepsilon}(n-1)=\boldsymbol{x}(n-1)-\hat{\boldsymbol{x}}(n-1\mid\mathscr{Y}_{n-1}) \tag{7.3.22}$$

定义状态误差自相关矩阵(state error correlation matrix) $\boldsymbol{P}(n-1)$ 为

$$\boldsymbol{P}(n-1)\triangleq\mathrm{E}[\boldsymbol{\varepsilon}(n-1)\boldsymbol{\varepsilon}^{\mathrm{H}}(n-1)]\in\mathbb{C}^{N\times N} \tag{7.3.23}$$

由于 $n-1$ 时刻的状态噪声 $\boldsymbol{v}_1(n-1)$ 与 $n-1$ 时刻及以前的观测向量之间是独立的，基于式(7.3.10)相同的原理，所以有 $\hat{\boldsymbol{v}}_1(n-1|\mathscr{Y}_{n-1})=\boldsymbol{0}$。在状态估计值 $\hat{\boldsymbol{x}}(n-1|\mathscr{Y}_{n-1})$ 与状态预测值 $\hat{\boldsymbol{x}}(n|\mathscr{Y}_{n-1})$ 得到后，代入到状态方程式(7.2.7)，可得状态预测方程为

$$\hat{\boldsymbol{x}}(n\mid\mathscr{Y}_{n-1})=\boldsymbol{F}(n,n-1)\hat{\boldsymbol{x}}(n-1\mid\mathscr{Y}_{n-1}) \tag{7.3.24}$$

因此，预测状态误差可表示为

$$\begin{aligned}\boldsymbol{\varepsilon}(n,n-1)&=\boldsymbol{x}(n)-\hat{\boldsymbol{x}}(n\mid\mathscr{Y}_{n-1})\\&=\boldsymbol{F}(n,n-1)\boldsymbol{x}(n-1)+\boldsymbol{\Gamma}(n,n-1)\boldsymbol{v}_1(n-1)-\boldsymbol{F}(n,n-1)\hat{\boldsymbol{x}}(n-1\mid\mathscr{Y}_{n-1})\\&=\boldsymbol{F}(n,n-1)\boldsymbol{\varepsilon}(n-1)+\boldsymbol{\Gamma}(n,n-1)\boldsymbol{v}_1(n-1)\end{aligned}$$

由于 $\boldsymbol{\varepsilon}(n-1)$ 与 $\boldsymbol{v}_1(n-1)$ 相互独立，于是求上式的自相关矩阵可得

$$\begin{aligned}\boldsymbol{P}(n,n-1)=&\boldsymbol{F}(n,n-1)\boldsymbol{P}(n-1)\boldsymbol{F}^{\mathrm{H}}(n,n-1)\\&+\boldsymbol{\Gamma}(n,n-1)\boldsymbol{Q}_1(n-1)\boldsymbol{\Gamma}^{\mathrm{H}}(n,n-1)\end{aligned} \tag{7.3.25}$$

式(7.3.25)给出了由 $n-1$ 时刻估计状态误差自相关矩阵 $\boldsymbol{P}(n-1)$ 到 n 时刻一步预测误差自相关矩阵 $\boldsymbol{P}(n,n-1)$ 的递推方法，它被称为黎卡蒂差分方程(Riccati difference equation)，也常简称为黎卡蒂方程。

另外，由式(7.3.6)和式(7.3.14)得

$$\hat{\boldsymbol{x}}(n \mid \mathscr{Z}_n) = \hat{\boldsymbol{x}}(n \mid \mathscr{Z}_{n-1}) + \boldsymbol{K}(n)\boldsymbol{\alpha}(n)$$
$$= \hat{\boldsymbol{x}}(n \mid \mathscr{Z}_{n-1}) + \boldsymbol{K}(n)[\boldsymbol{C}(n)\boldsymbol{\varepsilon}(n,n-1) + \boldsymbol{v}_2(n)]$$

因此有

$$\boldsymbol{\varepsilon}(n) = \boldsymbol{x}(n) - \hat{\boldsymbol{x}}(n \mid \mathscr{Z}_n) = \boldsymbol{\varepsilon}(n,n-1) - \boldsymbol{K}(n)\boldsymbol{C}(n)\boldsymbol{\varepsilon}(n,n-1) - \boldsymbol{K}(n)\boldsymbol{v}_2(n)$$

由于$\boldsymbol{\varepsilon}(n,n-1)$与$\boldsymbol{v}_2(n)$相互独立，对上式求相关矩阵可得

$$\boldsymbol{P}(n) = [\boldsymbol{I} - \boldsymbol{K}(n)\boldsymbol{C}(n)]\boldsymbol{P}(n,n-1)[\boldsymbol{I} - \boldsymbol{K}(n)\boldsymbol{C}(n)]^{\mathrm{H}} + \boldsymbol{K}(n)\boldsymbol{Q}_2(n)\boldsymbol{K}^{\mathrm{H}}(n) \tag{7.3.26}$$

式(7.3.25)和式(7.3.26)分别给出了预测状态误差自相关矩阵$\boldsymbol{P}(n,n-1)$和估计状态误差自相关矩阵$\boldsymbol{P}(n)$的递推求解方程。

至此，得到了卡尔曼滤波递推算法的所有方程。在已知状态变量初始统计特性的情况下，从$\hat{\boldsymbol{x}}(0 \mid \mathscr{Z}_0)$和$\boldsymbol{P}(0)$出发，卡尔曼滤波递推的计算公式归纳如下：

(1) 由式(7.3.24)和式(7.3.25)可获得下一时刻状态的预测值及预测状态误差自相关矩阵，即

$$\hat{\boldsymbol{x}}(n \mid \mathscr{Z}_{n-1}) = \boldsymbol{F}(n,n-1)\hat{\boldsymbol{x}}(n-1 \mid \mathscr{Z}_{n-1})$$
$$\boldsymbol{P}(n,n-1) = \boldsymbol{F}(n,n-1)\boldsymbol{P}(n-1)\boldsymbol{F}^{\mathrm{H}}(n,n-1) + \boldsymbol{\Gamma}(n,n-1)\boldsymbol{Q}_1(n-1)\boldsymbol{\Gamma}^{\mathrm{H}}(n,n-1)$$

(2) 利用式(7.3.12)和式(7.3.17)算出新息过程和新息自相关矩阵，再利用式(7.3.21)计算卡尔曼增益，即

$$\boldsymbol{\alpha}(n) = \boldsymbol{z}(n) - \boldsymbol{C}(n)\hat{\boldsymbol{x}}(n \mid \mathscr{Z}_{n-1})$$
$$\boldsymbol{A}(n) = \boldsymbol{C}(n)\boldsymbol{P}(n,n-1)\boldsymbol{C}^{\mathrm{H}}(n) + \boldsymbol{Q}_2(n)$$
$$\boldsymbol{K}(n) = \boldsymbol{P}(n,n-1)\boldsymbol{C}^{\mathrm{H}}(n)\boldsymbol{A}^{-1}(n)$$

(3) 通过式(7.3.6)计算下一时刻状态估计值，利用式(7.3.26)计算估计误差自相关矩阵的更新，即

$$\hat{\boldsymbol{x}}(n \mid \mathscr{Z}_n) = \hat{\boldsymbol{x}}(n \mid \mathscr{Z}_{n-1}) + \boldsymbol{K}(n)\boldsymbol{\alpha}(n)$$
$$\boldsymbol{P}(n) = [\boldsymbol{I} - \boldsymbol{K}(n)\boldsymbol{C}(n)]\boldsymbol{P}(n,n-1)[\boldsymbol{I} - \boldsymbol{K}(n)\boldsymbol{C}(n)]^{\mathrm{H}} + \boldsymbol{K}(n)\boldsymbol{Q}_2(n)\boldsymbol{K}^{\mathrm{H}}(n)$$

(4) 令$n=n+1$，返回(1)再次循环。

另外，对式(7.3.21)的卡尔曼增益和式(7.3.26)的状态估计误差自相关矩阵进行变量代换，还可得到其他的表达形式为

$$\boldsymbol{K}(n) = \boldsymbol{P}(n)\boldsymbol{C}^{\mathrm{H}}(n)\boldsymbol{Q}_2^{-1}(n) \tag{7.3.27}$$
$$\boldsymbol{P}(n) = [\boldsymbol{I} - \boldsymbol{K}(n)\boldsymbol{C}(n)]\boldsymbol{P}(n,n-1) \tag{7.3.28}$$

首先证明式(7.3.28)和式(7.3.26)的状态估计误差自相关矩阵的表达式是等价的。

由于

$$\boldsymbol{K}(n) = \boldsymbol{P}(n,n-1)\boldsymbol{C}^{\mathrm{H}}(n)\boldsymbol{A}^{-1}(n)$$

右乘$\boldsymbol{A}(n)$，显然有

$$\boldsymbol{K}(n)\boldsymbol{A}(n) = \boldsymbol{P}(n,n-1)\boldsymbol{C}^{\mathrm{H}}(n) \tag{7.3.29}$$

将式(7.3.17)代入式(7.3.29)，整理得

$$[\boldsymbol{I} - \boldsymbol{K}(n)\boldsymbol{C}(n)]\boldsymbol{P}(n,n-1)\boldsymbol{C}^{\mathrm{H}}(n) = \boldsymbol{K}(n)\boldsymbol{Q}_2(n) \tag{7.3.30}$$

在式(7.3.30)两端右乘$\boldsymbol{K}^{\mathrm{H}}(n)$，整理后可得

$$-[\boldsymbol{I}-\boldsymbol{K}(n)\boldsymbol{C}(n)]\boldsymbol{P}(n,n-1)\boldsymbol{C}^{\mathrm{H}}(n)\boldsymbol{K}^{\mathrm{H}}(n)+\boldsymbol{K}(n)\boldsymbol{Q}_2(n)\boldsymbol{K}^{\mathrm{H}}(n)=\boldsymbol{0}$$

在上式两端加上$[\boldsymbol{I}-\boldsymbol{K}(n)\boldsymbol{C}(n)]\boldsymbol{P}(n,n-1)$，整理后可得

$$\begin{aligned}&[\boldsymbol{I}-\boldsymbol{K}(n)\boldsymbol{C}(n)]\boldsymbol{P}(n,n-1)[\boldsymbol{I}-\boldsymbol{K}(n)\boldsymbol{C}(n)]^{\mathrm{H}}+\boldsymbol{K}(n)\boldsymbol{Q}_2(n)\boldsymbol{K}^{\mathrm{H}}(n)\\&=[\boldsymbol{I}-\boldsymbol{K}(n)\boldsymbol{C}(n)]\boldsymbol{P}(n,n-1)\end{aligned}$$

根据式(7.3.26)易得

$$\boldsymbol{P}(n)=[\boldsymbol{I}-\boldsymbol{K}(n)\boldsymbol{C}(n)]\boldsymbol{P}(n,n-1)$$

下面再证明式(7.3.27)和式(7.3.21)的卡尔曼增益表达式是等价的。

将式(7.3.28)代入式(7.3.30)，得

$$\boldsymbol{P}(n)\boldsymbol{C}^{\mathrm{H}}(n)=\boldsymbol{K}(n)\boldsymbol{Q}_2(n)$$

且$\boldsymbol{Q}_2(n)$为正定可逆矩阵，则有

$$\boldsymbol{K}(n)=\boldsymbol{P}(n)\boldsymbol{C}^{\mathrm{H}}(n)\boldsymbol{Q}_2^{-1}(n)$$

最后，将式(7.3.28)代入式(7.3.25)，同时将卡尔曼增益展开，可得

$$\begin{aligned}\boldsymbol{P}(n,n-1)=\boldsymbol{F}(n,n-1)\{&\boldsymbol{P}(n-1,n-2)-\boldsymbol{P}(n-1,n-2)\boldsymbol{C}^{\mathrm{H}}(n-1)\\&[\boldsymbol{C}(n-1)\boldsymbol{P}(n-1,n-2)\boldsymbol{C}^{\mathrm{H}}(n-1)+\boldsymbol{Q}_2(n-1)]^{-1}\\&\boldsymbol{C}(n-1)\boldsymbol{P}(n-1,n-2)\}\boldsymbol{F}^{\mathrm{H}}(n,n-1)\\&+\boldsymbol{\Gamma}(n,n-1)\boldsymbol{Q}_1(n-1)\boldsymbol{\Gamma}^{\mathrm{H}}(n,n-1)\end{aligned}\tag{7.3.31}$$

由式(7.3.31)可以看到n时刻的一步预测误差自相关矩阵$\boldsymbol{P}(n,n-1)$只与前一时刻的预测误差自相关矩阵$\boldsymbol{P}(n-1,n-2)$、过程噪声自相关矩阵$\boldsymbol{Q}_1(n-1)$及观测噪声自相关矩阵$\boldsymbol{Q}_2(n-1)$有关，因此，在给定估计状态误差自相关矩阵的初值时，通过式(7.3.25)获得预测误差自相关矩阵初值后，利用式(7.3.31)可以在观测之前对预测误差自相关矩阵进行递推。据此可以确定相应卡尔曼滤波的预测误差自相关矩阵是否存在确定的极限值，即滤波能否进入稳定状态。

7.3.5 卡尔曼滤波计算步骤

下面将卡尔曼滤波的状态方程、初始条件，以及具体计算方法和步骤进行归纳。

算法 7.1(卡尔曼滤波算法)

已知条件：

状态方程　$\boldsymbol{x}(n)=\boldsymbol{F}(n,n-1)\boldsymbol{x}(n-1)+\boldsymbol{\Gamma}(n,n-1)\boldsymbol{v}_1(n-1)$

观测方程　$\boldsymbol{z}(n)=\boldsymbol{C}(n)\boldsymbol{x}(n)+\boldsymbol{v}_2(n)$

$$\mathrm{E}[\boldsymbol{v}_1(n)\boldsymbol{v}_1^{\mathrm{H}}(n)]=\boldsymbol{Q}_1(n),\quad \mathrm{E}[\boldsymbol{v}_2(n)\boldsymbol{v}_2^{\mathrm{H}}(n)]=\boldsymbol{Q}_2(n)$$

初始条件：

在初始时刻，由于不能精确知道过程方程的初始状态，而通常用均值和相关矩阵对它进行描述。为保证估计的无偏性，可选取如下值作为滤波初值①：

① 在实际工程中，状态估计值常利用前期的几个观测值进行初始化，形式上为它们的线性组合；而估计误差自相关矩阵的初值是根据观测噪声相关矩阵进行设定的。例如，目标跟踪问题中，状态估计及估计误差自相关矩阵的初值可按照7.6.2节的方法设置。

$$\hat{\boldsymbol{x}}(0 \mid \mathscr{Z}_0) = \mathrm{E}[\boldsymbol{x}(0)]$$

$$\boldsymbol{P}(0) = \mathrm{E}\{[\boldsymbol{x}(0) - \mathrm{E}[\boldsymbol{x}(0)]][\boldsymbol{x}(0) - \mathrm{E}[\boldsymbol{x}(0)]]^{\mathrm{H}}\}$$

卡尔曼滤波算法的递推步骤如下：

步骤 1　状态一步预测，即

$$\hat{\boldsymbol{x}}(n \mid \mathscr{Z}_{n-1}) = \boldsymbol{F}(n,n-1)\,\hat{\boldsymbol{x}}(n-1 \mid \mathscr{Z}_{n-1}) \in \mathbb{C}^{N\times 1}$$

步骤 2　由观测信号 $\boldsymbol{z}(n)$ 计算新息过程，即

$$\boldsymbol{\alpha}(n) = \boldsymbol{z}(n) - \hat{\boldsymbol{z}}(n \mid \mathscr{Z}_{n-1}) = \boldsymbol{z}(n) - \boldsymbol{C}(n)\,\hat{\boldsymbol{x}}(n \mid \mathscr{Z}_{n-1}) \in \mathbb{C}^{M\times 1}$$

步骤 3　一步预测误差自相关矩阵

$$\boldsymbol{P}(n,n-1) = \boldsymbol{F}(n,n-1)\boldsymbol{P}(n-1)\boldsymbol{F}^{\mathrm{H}}(n,n-1) + \boldsymbol{\Gamma}(n,n-1)\boldsymbol{Q}_1(n-1)\,\boldsymbol{\Gamma}^{\mathrm{H}}(n,n-1) \in \mathbb{C}^{N\times N}$$

步骤 4　新息过程自相关矩阵

$$\boldsymbol{A}(n) = \boldsymbol{C}(n)\boldsymbol{P}(n,n-1)\boldsymbol{C}^{\mathrm{H}}(n) + \boldsymbol{Q}_2(n) \in \mathbb{C}^{M\times M}$$

步骤 5　卡尔曼增益

$$\boldsymbol{K}(n) = \boldsymbol{P}(n,n-1)\boldsymbol{C}^{\mathrm{H}}(n)\boldsymbol{A}^{-1}(n) \in \mathbb{C}^{N\times M}$$

或

$$\boldsymbol{K}(n) = \boldsymbol{P}(n)\boldsymbol{C}^{\mathrm{H}}(n)\boldsymbol{Q}_2^{-1}(n)$$

步骤 6　状态估计

$$\hat{\boldsymbol{x}}(n \mid \mathscr{Z}_n) = \hat{\boldsymbol{x}}(n \mid \mathscr{Z}_{n-1}) + \boldsymbol{K}(n)\,\boldsymbol{\alpha}(n) \in \mathbb{C}^{N\times 1}$$

步骤 7　状态估计误差自相关矩阵

$$\boldsymbol{P}(n) = [\boldsymbol{I} - \boldsymbol{K}(n)\boldsymbol{C}(n)]\boldsymbol{P}(n,n-1) \in \mathbb{C}^{N\times N}$$

或

$$\boldsymbol{P}(n) = [\boldsymbol{I} - \boldsymbol{K}(n)\boldsymbol{C}(n)]\boldsymbol{P}(n,n-1)[\boldsymbol{I} - \boldsymbol{K}(n)\boldsymbol{C}(n)]^{\mathrm{H}} + \boldsymbol{K}(n)\boldsymbol{Q}_2(n)\boldsymbol{K}^{\mathrm{H}}(n)$$

步骤 8　重复步骤 1～7，进行递推滤波计算。

可以看出，只要给定初值 $\hat{\boldsymbol{x}}(0 \mid \mathscr{Z}_0)$ 和 $\boldsymbol{P}(0)$，根据 n 时刻获得的观测向量集合 $\{\boldsymbol{z}(1), \boldsymbol{z}(2), \cdots, \boldsymbol{z}(n-1)\}$，就可递推计算 n 时刻的状态估计 $\hat{\boldsymbol{x}}(n \mid \mathscr{Z}_n)$。由于系统状态噪声相关矩阵 $\boldsymbol{Q}_1(n)$、测量噪声相关矩阵 $\boldsymbol{Q}_2(n)$ 和状态估计误差自相关矩阵 $\boldsymbol{P}(n)$ 均为与时间有关的量，因此，卡尔曼滤波既可以处理平稳信号，也可以处理非平稳信号。图 7.3.2 所示为算法的递推流程框图。

从图 7.3.2 中可以看出，在一个滤波周期内，算法可以拆分为增益矩阵 $\boldsymbol{K}(n)$、估计误差自相关矩阵 $\boldsymbol{P}(n)$ 计算流程和状态预测 $\hat{\boldsymbol{x}}(n \mid \mathscr{Z}_{n-1})$、状态估计 $\hat{\boldsymbol{x}}(n \mid \mathscr{Z}_n)$ 递推运算流程，两个流程相对独立。

此外，算法的每个递推周期中，包含对状态估计量的时间更新和观测更新两个过程。时间更新过程的结果由上一时刻的状态估计值及所设计卡尔曼滤波器的状态方程参数所确定，观测更新的结果则是在时间更新的基础上由实时获得的观测值及观测方程参数所确定。因此，观测值可以视为卡尔曼滤波器的输入，状态估计值可看作输出，滤波器的输入和输出之间由时间更新和观测更新两个环节相联系。

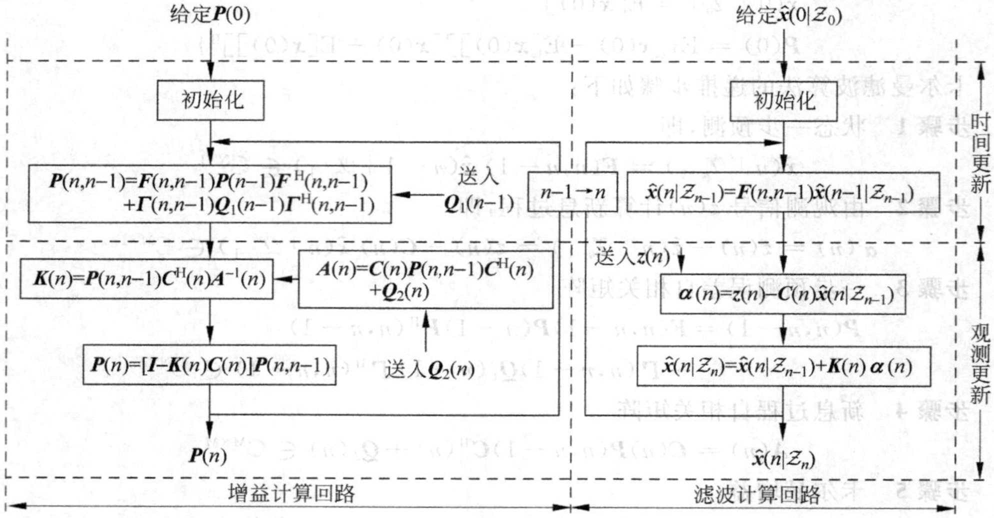

图 7.3.2 卡尔曼滤波算法递推流程框图

7.4 卡尔曼滤波的统计性能

上一节从新息过程出发推导得出了卡尔曼滤波算法，但并未讨论算法的估计结果是否满足最小均方误差准则。本节将验证卡尔曼滤波算法满足最小均方误差准则，并将看到，从新息过程出发正是基于最小均方误差准则，两者只是解决问题的出发点不同，其结论是一致的。

7.4.1 卡尔曼滤波的无偏性

估计的无偏性是指 $\mathrm{E}[\boldsymbol{x}(n)]=\mathrm{E}[\hat{\boldsymbol{x}}(n|\mathcal{Z}_n)]$，即

$$\mathrm{E}[\boldsymbol{\varepsilon}(n)]=\mathrm{E}[\boldsymbol{x}(n)-\hat{\boldsymbol{x}}(n\mid\mathcal{Z}_n)]=\boldsymbol{0} \tag{7.4.1}$$

由

$$\boldsymbol{x}(n)=\boldsymbol{F}(n,n-1)\boldsymbol{x}(n-1)+\boldsymbol{\Gamma}(n,n-1)\boldsymbol{v}_1(n-1)$$

$$\hat{\boldsymbol{x}}(n\mid\mathcal{Z}_n)=\hat{\boldsymbol{x}}(n\mid\mathcal{Z}_{n-1})+\boldsymbol{K}(n)\boldsymbol{\alpha}(n)$$

可得

$$\begin{aligned}\mathrm{E}[\boldsymbol{\varepsilon}(n)]&=\mathrm{E}[\boldsymbol{x}(n)-\hat{\boldsymbol{x}}(n\mid\mathcal{Z}_n)]\\&=\mathrm{E}[\boldsymbol{F}(n,n-1)\boldsymbol{x}(n-1)+\boldsymbol{\Gamma}(n,n-1)\boldsymbol{v}_1(n-1)-\hat{\boldsymbol{x}}(n\mid\mathcal{Z}_{n-1})-\boldsymbol{K}(n)\boldsymbol{\alpha}(n)]\end{aligned}$$

根据 $\mathrm{E}[\boldsymbol{v}_1(n-1)]=\boldsymbol{0}$，且 $\hat{\boldsymbol{x}}(n|\mathcal{Z}_{n-1})=\boldsymbol{F}(n,n-1)\hat{\boldsymbol{x}}(n-1|\mathcal{Z}_{n-1})$，可得

$$\mathrm{E}[\boldsymbol{\varepsilon}(n)]=\boldsymbol{F}(n,n-1)\mathrm{E}[\boldsymbol{\varepsilon}(n-1)]-\boldsymbol{K}(n)\mathrm{E}[\boldsymbol{\alpha}(n)] \tag{7.4.2}$$

由式(7.3.12)可知

$$\mathrm{E}[\boldsymbol{\alpha}(n)]=\mathrm{E}[\boldsymbol{z}(n)-\hat{\boldsymbol{z}}(n\mid\mathcal{Z}_{n-1})]=\mathrm{E}[\boldsymbol{C}(n)\boldsymbol{x}(n)+\boldsymbol{v}_2(n)-\boldsymbol{C}(n)\hat{\boldsymbol{x}}(n\mid\mathcal{Z}_{n-1})]$$

由于 $\mathrm{E}[\boldsymbol{v}_2(n)]=\boldsymbol{0}$，并由状态预测方程式(7.3.24)，有

$$\mathrm{E}[\boldsymbol{\alpha}(n)] = \boldsymbol{C}(n)\boldsymbol{F}(n,n-1)\mathrm{E}[\boldsymbol{\varepsilon}(n-1)] \tag{7.4.3}$$

将式(7.4.3)代入式(7.4.2)，有

$$\begin{aligned}\mathrm{E}[\boldsymbol{\varepsilon}(n)] &= \boldsymbol{F}(n,n-1)\mathrm{E}[\boldsymbol{\varepsilon}(n-1)] - \boldsymbol{K}(n)\boldsymbol{C}(n)\boldsymbol{F}(n,n-1)\mathrm{E}[\boldsymbol{\varepsilon}(n-1)] \\ &= [\boldsymbol{I} - \boldsymbol{K}(n)\boldsymbol{C}(n)]\boldsymbol{F}(n,n-1)\mathrm{E}[\boldsymbol{\varepsilon}(n-1)]\end{aligned} \tag{7.4.4}$$

由以上递推方程可知，为使估计误差的均值 $\mathrm{E}[\boldsymbol{\varepsilon}(n)]$ 为零，除了满足卡尔曼滤波算法基本方程以外，还需使 $\mathrm{E}[\boldsymbol{\varepsilon}(0)]=\boldsymbol{0}$，即

$$\mathrm{E}[\boldsymbol{\varepsilon}(0)] = \mathrm{E}[\boldsymbol{x}(0) - \hat{\boldsymbol{x}}(0 \mid \mathscr{Z}_0)] = \boldsymbol{0} \tag{7.4.5}$$

所以，只要初始时刻的状态均值 $\mathrm{E}[\boldsymbol{x}(0)]$ 和 $\mathrm{E}[\hat{\boldsymbol{x}}(0 \mid \mathscr{Z}_0)]$ 相等，卡尔曼滤波算法所得的估计值就是无偏的。因此，在卡尔曼滤波算法中状态估计的初值常设为

$$\hat{\boldsymbol{x}}(0 \mid \mathscr{Z}_0) = \mathrm{E}[\boldsymbol{x}(0)] \tag{7.4.6}$$

7.4.2 卡尔曼滤波的最小均方误差估计特性

根据最小均方误差准则，在 n 时刻，算法获得的状态估计应使如下估计均方误差取得极小值：

$$J(n) = \mathrm{tr}\{\boldsymbol{P}(n)\} = \mathrm{tr}\{\mathrm{E}[\boldsymbol{\varepsilon}(n)\boldsymbol{\varepsilon}^{\mathrm{H}}(n)]\}$$

其中，tr{ · }为矩阵求迹符号。首先展开式(7.3.26)，有

$$\begin{aligned}\boldsymbol{P}(n) =& \boldsymbol{P}(n,n-1) + \boldsymbol{K}(n)\boldsymbol{C}(n)\boldsymbol{P}(n,n-1)\boldsymbol{C}^{\mathrm{H}}(n)\boldsymbol{K}^{\mathrm{H}}(n) - \boldsymbol{K}(n)\boldsymbol{C}(n)\boldsymbol{P}(n,n-1) \\ &- \boldsymbol{P}(n,n-1)\boldsymbol{C}^{\mathrm{H}}(n)\boldsymbol{K}^{\mathrm{H}}(n) + \boldsymbol{K}(n)\boldsymbol{Q}_2(n)\boldsymbol{K}^{\mathrm{H}}(n)\end{aligned} \tag{7.4.7}$$

在卡尔曼滤波过程中，状态估计值是对状态预测值进行修正的结果，其中的修正量由新息和增益矩阵决定。为验证卡尔曼滤波是否为最小均方误差估计，将式(7.4.7)看成 $\boldsymbol{K}(n)$ 的函数，计算使均方误差 $\mathrm{tr}\{\boldsymbol{P}(n)\}$ 最小的 $\boldsymbol{K}(n)$，考察其是否与卡尔曼增益矩阵具有相同的形式。

由定义可得

$$\boldsymbol{P}(n) = \boldsymbol{P}^{\mathrm{H}}(n), \quad \boldsymbol{P}(n,n-1) = \boldsymbol{P}^{\mathrm{H}}(n,n-1)$$

所以由式(7.4.7)有

$$\begin{aligned}\boldsymbol{P}(n) =& \boldsymbol{P}(n,n-1) + \boldsymbol{K}(n)[\boldsymbol{C}(n)\boldsymbol{P}(n,n-1)\boldsymbol{C}^{\mathrm{H}}(n) + \boldsymbol{Q}_2(n)]\boldsymbol{K}^{\mathrm{H}}(n) \\ &- \boldsymbol{K}(n)[\boldsymbol{C}(n)\boldsymbol{P}(n,n-1)] - [\boldsymbol{C}(n)\boldsymbol{P}(n,n-1)]^{\mathrm{H}}\boldsymbol{K}^{\mathrm{H}}(n) \\ =& \boldsymbol{P}(n,n-1) + \boldsymbol{K}(n)\boldsymbol{A}(n)\boldsymbol{K}^{\mathrm{H}}(n) - \boldsymbol{K}(n)[\boldsymbol{C}(n)\boldsymbol{P}(n,n-1)] \\ &- [\boldsymbol{C}(n)\boldsymbol{P}(n,n-1)]^{\mathrm{H}}\boldsymbol{K}^{\mathrm{H}}(n)\end{aligned} \tag{7.4.8}$$

对新息过程自相关矩阵 $\boldsymbol{A}(n)$ 进行 Cholesky 分解，得

$$\boldsymbol{A}(n) = \boldsymbol{L}(n)\boldsymbol{L}^{\mathrm{H}}(n) \tag{7.4.9}$$

其中，$\boldsymbol{L}(n)$ 为一下三角矩阵，它是可逆的。同时，选取矩阵 $\boldsymbol{V}(n)$ 满足

$$\boldsymbol{V}^{\mathrm{H}}(n) = \boldsymbol{L}^{-1}(n)\boldsymbol{C}(n)\boldsymbol{P}(n,n-1)$$

即

$$\boldsymbol{L}(n)\boldsymbol{V}^{\mathrm{H}}(n) = \boldsymbol{C}(n)\boldsymbol{P}(n,n-1) \tag{7.4.10}$$

根据数学中常用的“配方法”思想，有

$$\begin{aligned}&[\boldsymbol{K}(n)\boldsymbol{L}(n)-\boldsymbol{V}(n)][\boldsymbol{K}(n)\boldsymbol{L}(n)-\boldsymbol{V}(n)]^{\mathrm{H}}\\&=\boldsymbol{K}(n)[\boldsymbol{L}(n)\boldsymbol{L}^{\mathrm{H}}(n)]\boldsymbol{K}^{\mathrm{H}}(n)-\boldsymbol{K}(n)[\boldsymbol{L}(n)\boldsymbol{V}^{\mathrm{H}}(n)]\\&\quad-[\boldsymbol{L}(n)\boldsymbol{V}^{\mathrm{H}}(n)]^{\mathrm{H}}\boldsymbol{K}^{\mathrm{H}}(n)+\boldsymbol{V}(n)\boldsymbol{V}^{\mathrm{H}}(n)\end{aligned}$$

利用式(7.4.9)和式(7.4.10)进行变量替换后，有

$$\begin{aligned}[\boldsymbol{K}(n)\boldsymbol{L}(n)-\boldsymbol{V}(n)][\boldsymbol{K}(n)\boldsymbol{L}(n)-\boldsymbol{V}(n)]^{\mathrm{H}}&=\boldsymbol{K}(n)\boldsymbol{A}(n)\boldsymbol{K}^{\mathrm{H}}(n)-\boldsymbol{K}(n)[\boldsymbol{C}(n)\boldsymbol{P}(n,n-1)]\\&\quad-[\boldsymbol{C}(n)\boldsymbol{P}(n,n-1)]^{\mathrm{H}}\boldsymbol{K}^{\mathrm{H}}(n)+\boldsymbol{V}(n)\boldsymbol{V}^{\mathrm{H}}(n)\end{aligned}\tag{7.4.11}$$

由矩阵理论知识可知

$$\begin{aligned}\boldsymbol{V}(n)\boldsymbol{V}^{\mathrm{H}}(n)&=\boldsymbol{V}(n)\{\boldsymbol{L}^{\mathrm{H}}(n)[\boldsymbol{L}^{\mathrm{H}}(n)]^{-1}\}[\boldsymbol{L}^{-1}(n)\boldsymbol{L}(n)]\boldsymbol{V}^{\mathrm{H}}(n)\\&=\boldsymbol{V}(n)\{\boldsymbol{L}^{\mathrm{H}}(n)[\boldsymbol{L}(n)\boldsymbol{L}^{\mathrm{H}}(n)]^{-1}\boldsymbol{L}(n)\}\boldsymbol{V}^{\mathrm{H}}(n)\\&=\boldsymbol{V}(n)\boldsymbol{L}^{\mathrm{H}}(n)[\boldsymbol{L}(n)\boldsymbol{L}^{\mathrm{H}}(n)]^{-1}\boldsymbol{L}(n)\boldsymbol{V}^{\mathrm{H}}(n)\\&=[\boldsymbol{L}(n)\boldsymbol{V}^{\mathrm{H}}(n)]^{\mathrm{H}}[\boldsymbol{L}(n)\boldsymbol{L}^{\mathrm{H}}(n)]^{-1}\boldsymbol{L}(n)\boldsymbol{V}^{\mathrm{H}}(n)\end{aligned}$$

将式(7.4.9)和式(7.4.10)代入上式，得

$$\boldsymbol{V}(n)\boldsymbol{V}^{\mathrm{H}}(n)=\boldsymbol{P}(n,n-1)\boldsymbol{C}^{\mathrm{H}}(n)\boldsymbol{A}^{-1}(n)\boldsymbol{C}(n)\boldsymbol{P}(n,n-1)$$

进一步，将(7.4.11)式和上式分别代入式(7.4.8)，可得

$$\begin{aligned}\boldsymbol{P}(n)&=\boldsymbol{P}(n,n-1)+[\boldsymbol{K}(n)\boldsymbol{L}(n)-\boldsymbol{V}(n)][\boldsymbol{K}(n)\boldsymbol{L}(n)-\boldsymbol{V}(n)]^{\mathrm{H}}-\boldsymbol{V}(n)\boldsymbol{V}^{\mathrm{H}}(n)\\&=\boldsymbol{P}(n,n-1)+[\boldsymbol{K}(n)\boldsymbol{L}(n)-\boldsymbol{V}(n)][\boldsymbol{K}(n)\boldsymbol{L}(n)-\boldsymbol{V}(n)]^{\mathrm{H}}\\&\quad-\boldsymbol{P}(n,n-1)\boldsymbol{C}^{\mathrm{H}}(n)\boldsymbol{A}^{-1}(n)\boldsymbol{C}(n)\boldsymbol{P}(n,n-1)\end{aligned}$$

利用矩阵迹的性质 $\mathrm{tr}\{\boldsymbol{A}\pm\boldsymbol{B}\}=\mathrm{tr}\{\boldsymbol{A}\}\pm\mathrm{tr}\{\boldsymbol{B}\}$，有

$$\begin{aligned}\mathrm{tr}\{\boldsymbol{P}(n)\}&=\mathrm{tr}\{\boldsymbol{P}(n,n-1)\}+\mathrm{tr}\{[\boldsymbol{K}(n)\boldsymbol{L}(n)-\boldsymbol{V}(n)][\boldsymbol{K}(n)\boldsymbol{L}(n)-\boldsymbol{V}(n)]^{\mathrm{H}}\}\\&\quad-\mathrm{tr}\{\boldsymbol{P}(n,n-1)\boldsymbol{C}^{\mathrm{H}}(n)\boldsymbol{A}^{-1}(n)\boldsymbol{C}(n)\boldsymbol{P}(n,n-1)\}\end{aligned}$$

由上式可见，$\mathrm{tr}\{\boldsymbol{P}(n)\}$计算式中与卡尔曼增益矩阵有关的只有第二项。该项中，求迹矩阵的各对角线元素均为非负的，选取 $\boldsymbol{K}(n)$使之为零矩阵，就可以使 $\mathrm{tr}\{\boldsymbol{P}(n)\}$最小。因此有

$$\boldsymbol{K}(n)\boldsymbol{L}(n)-\boldsymbol{V}(n)=\boldsymbol{0}$$

即

$$\boldsymbol{K}(n)=\boldsymbol{V}(n)\boldsymbol{L}^{-1}(n)$$

由于

$$\begin{aligned}\boldsymbol{K}(n)&=\boldsymbol{V}(n)\boldsymbol{L}^{-1}(n)\\&=\boldsymbol{V}(n)\{\boldsymbol{L}^{\mathrm{H}}(n)[\boldsymbol{L}^{\mathrm{H}}(n)]^{-1}\}\boldsymbol{L}^{-1}(n)\\&=[\boldsymbol{L}(n)\boldsymbol{V}^{\mathrm{H}}(n)]^{\mathrm{H}}[\boldsymbol{L}(n)\boldsymbol{L}^{\mathrm{H}}(n)]^{-1}\end{aligned}$$

将式(7.4.9)和式(7.4.10)代入上式，可得

$$\boldsymbol{K}(n)=\boldsymbol{P}(n,n-1)\boldsymbol{C}^{\mathrm{H}}(n)\boldsymbol{A}^{-1}(n)$$

当增益满足上式时，代价函数取得最小值。对比式(7.3.21)发现，该式与通过新息过程推导出来的卡尔曼增益矩阵是一致的，因此，卡尔曼滤波算法是满足最小均方误差准则的。

7.5 卡尔曼滤波的推广

以上讨论的是线性系统的卡尔曼滤波问题(状态方程和观测方程都是线性方程)，然而，许多工程系统，例如导弹的制导系统、卫星导航系统及大量工业控制系统等，往往不能

用简单的线性方程进行准确描述，此时需要采用非线性数学模型，于是相应产生非线性系统的卡尔曼滤波问题。本节将介绍两种常用的非线性滤波方法，即标称状态线性化滤波[2]和扩展卡尔曼滤波[3]方法。

7.5.1 标称状态线性化滤波

考虑如下的非线性系统：

$$\boldsymbol{x}(n)=\boldsymbol{f}[\boldsymbol{x}(n-1),n-1]+\boldsymbol{\Gamma}[\boldsymbol{x}(n-1),n-1]\boldsymbol{v}_1(n-1) \tag{7.5.1}$$

$$\boldsymbol{z}(n)=\boldsymbol{h}[\boldsymbol{x}(n),n]+\boldsymbol{v}_2(n) \tag{7.5.2}$$

其中，式(7.5.1)为该系统的状态方程，式(7.5.2)为观测方程，$\boldsymbol{f}[\cdot]$和$\boldsymbol{h}[\cdot]$分别为非线性系统状态转移函数和观测函数，$\boldsymbol{v}_1(n)$和$\boldsymbol{v}_2(n)$为零均值白噪声序列，其统计特性分别满足式(7.2.11)和式(7.2.14)。

标称轨迹(nominal trace)是指在不考虑系统状态噪声的情况下，系统方程的解

$$\tilde{\boldsymbol{x}}(n)=\boldsymbol{f}[\tilde{\boldsymbol{x}}(n-1),n-1],\quad \tilde{\boldsymbol{x}}(0)=\mathrm{E}[\boldsymbol{x}(0)]$$

其中，$\tilde{\boldsymbol{x}}(n)$称为标称状态变量(nominal state)。在给定状态估计初值时，各时刻的标称状态可由上式递推计算获得。定义真实状态与标称状态之差为状态偏差(state bias)，即

$$\Delta\boldsymbol{x}(n)\triangleq\boldsymbol{x}(n)-\tilde{\boldsymbol{x}}(n) \tag{7.5.3}$$

如果状态偏差足够小，则将系统状态方程中的非线性函数$\boldsymbol{f}[\cdot]$在标称状态变量$\tilde{\boldsymbol{x}}(n)$处展开成泰勒级数(Taylor's series)，略去高阶项可得

$$\begin{aligned}\boldsymbol{x}(n)=&\boldsymbol{f}[\tilde{\boldsymbol{x}}(n-1),n-1]+\frac{\partial \boldsymbol{f}}{\partial\,\tilde{\boldsymbol{x}}(n-1)}[\boldsymbol{x}(n-1)-\tilde{\boldsymbol{x}}(n-1)]\\&+\boldsymbol{\Gamma}[\boldsymbol{x}(n-1),n-1]\boldsymbol{v}_1(n-1)\end{aligned}$$

即

$$\boldsymbol{x}(n)=\tilde{\boldsymbol{x}}(n)+\frac{\partial \boldsymbol{f}}{\partial\,\tilde{\boldsymbol{x}}(n-1)}[\boldsymbol{x}(n-1)-\tilde{\boldsymbol{x}}(n-1)]+\boldsymbol{\Gamma}[\boldsymbol{x}(n-1),n-1]\boldsymbol{v}_1(n-1) \tag{7.5.4}$$

其中

$$\frac{\partial \boldsymbol{f}}{\partial\,\tilde{\boldsymbol{x}}(n-1)}\triangleq\left.\frac{\partial \boldsymbol{f}[\boldsymbol{x}(n-1),n-1]}{\partial \boldsymbol{x}(n-1)}\right|_{\boldsymbol{x}(n-1)=\tilde{\boldsymbol{x}}(n-1)}=\left.\begin{bmatrix}\dfrac{\partial f_1[\boldsymbol{x}(n-1),n-1]}{\partial x_1(n-1)} & \cdots & \dfrac{\partial f_1[\boldsymbol{x}(n-1),n-1]}{\partial x_N(n-1)}\\ \vdots & \ddots & \vdots\\ \dfrac{\partial f_N[\boldsymbol{x}(n-1),n-1]}{\partial x_1(n-1)} & \cdots & \dfrac{\partial f_N[\boldsymbol{x}(n-1),n-1]}{\partial x_N(n-1)}\end{bmatrix}\right|_{\boldsymbol{x}(n-1)=\tilde{\boldsymbol{x}}(n-1)}$$

它为向量函数$\boldsymbol{f}[\cdot]\in\mathbb{C}^{N\times1}$的雅可比(Jacobi)矩阵，其中，$f_i[\boldsymbol{x}(n-1),n-1]$代表$\boldsymbol{f}[\boldsymbol{x}(n-1),n-1]$的第$i$个元素，$x_i(n-1)$代表$\boldsymbol{x}(n-1)$的第$i$个元素。后文中，其他函数的雅可比矩阵也可类似地表示。将式(7.5.4)中的$\tilde{\boldsymbol{x}}(n)$移至等号左边，并用$\boldsymbol{\Gamma}[\tilde{\boldsymbol{x}}(n-1),n-1]$代替$\boldsymbol{\Gamma}[\boldsymbol{x}(n-1),n-1]$，可得如下状态偏差的近似线性化方程：

$$\Delta\boldsymbol{x}(n)=\frac{\partial \boldsymbol{f}}{\partial\,\tilde{\boldsymbol{x}}(n-1)}\Delta\boldsymbol{x}(n-1)+\boldsymbol{\Gamma}[\tilde{\boldsymbol{x}}(n-1),n-1]\boldsymbol{v}_1(n-1) \tag{7.5.5}$$

类似地，将观测方程的非线性函数 $\boldsymbol{h}[\cdot]$ 也在标称状态 $\tilde{\boldsymbol{x}}(n)$ 处展开成泰勒级数，略去高阶项，可得

$$\boldsymbol{z}(n)=\boldsymbol{h}[\tilde{\boldsymbol{x}}(n),n]+\frac{\partial \boldsymbol{h}}{\partial \tilde{\boldsymbol{x}}(n)}[\boldsymbol{x}(n)-\tilde{\boldsymbol{x}}(n)]+\boldsymbol{v}_2(n)$$

令 $\Delta\boldsymbol{z}(n)\triangleq\boldsymbol{z}(n)-\tilde{\boldsymbol{z}}(n)$，其中，$\tilde{\boldsymbol{z}}(n)=\boldsymbol{h}[\tilde{\boldsymbol{x}}(n),n]$，于是可以得到观测方程的线性化方程为

$$\Delta\boldsymbol{z}(n)=\frac{\partial \boldsymbol{h}}{\partial \tilde{\boldsymbol{x}}(n)}\Delta\boldsymbol{x}(n)+\boldsymbol{v}_2(n) \tag{7.5.6}$$

线性化方程式(7.5.5)和式(7.5.6)构成了新的状态方程和观测方程。根据卡尔曼滤波的基本方程，可以得到状态偏差的递推方程。

算法 7.2(标称状态线性化滤波算法)

步骤 1 标称状态偏差一步预测，即

$$\Delta\hat{\boldsymbol{x}}(n\mid\mathscr{Z}_{n-1})=\frac{\partial \boldsymbol{f}}{\partial \tilde{\boldsymbol{x}}(n-1)}\Delta\hat{\boldsymbol{x}}(n-1\mid\mathscr{Z}_{n-1})$$

步骤 2 标称状态偏差一步预测误差自相关矩阵，即

$$\begin{aligned}\boldsymbol{P}(n,n-1)=&\frac{\partial \boldsymbol{f}}{\partial \tilde{\boldsymbol{x}}(n-1)}\boldsymbol{P}(n-1)\left[\frac{\partial \boldsymbol{f}}{\partial \tilde{\boldsymbol{x}}(n-1)}\right]^{\mathrm{H}}\\&+\boldsymbol{\Gamma}[\tilde{\boldsymbol{x}}(n-1),n-1]\boldsymbol{Q}_1(n-1)\boldsymbol{\Gamma}^{\mathrm{H}}[\tilde{\boldsymbol{x}}(n-1),n-1]\end{aligned}$$

步骤 3 卡尔曼增益

$$\boldsymbol{K}(n)=\boldsymbol{P}(n,n-1)\left[\frac{\partial \boldsymbol{h}}{\partial \tilde{\boldsymbol{x}}(n)}\right]^{\mathrm{H}}\left\{\frac{\partial \boldsymbol{h}}{\partial \tilde{\boldsymbol{x}}(n)}\boldsymbol{P}(n,n-1)\left[\frac{\partial \boldsymbol{h}}{\partial \tilde{\boldsymbol{x}}(n)}\right]^{\mathrm{H}}+\boldsymbol{Q}_2(n)\right\}^{-1}$$

步骤 4 标称状态偏差估计

$$\Delta\hat{\boldsymbol{x}}(n\mid\mathscr{Z}_n)=\Delta\hat{\boldsymbol{x}}(n\mid\mathscr{Z}_{n-1})+\boldsymbol{K}(n)\left[\Delta\boldsymbol{z}(n)-\frac{\partial \boldsymbol{h}}{\partial \tilde{\boldsymbol{x}}(n)}\Delta\hat{\boldsymbol{x}}(n\mid\mathscr{Z}_{n-1})\right]$$

步骤 5 标称状态偏差估计误差自相关矩阵

$$\boldsymbol{P}(n)=\left[\boldsymbol{I}-\boldsymbol{K}(n)\frac{\partial \boldsymbol{h}}{\partial \tilde{\boldsymbol{x}}(n)}\right]\boldsymbol{P}(n,n-1)$$

步骤 6 重复步骤 1～5，进行递推滤波计算。

在得到状态偏差的估计值后，系统状态的估计结果可由下式获得：

$$\hat{\boldsymbol{x}}(n\mid\mathscr{Z}_n)=\tilde{\boldsymbol{x}}(n)+\Delta\hat{\boldsymbol{x}}(n\mid\mathscr{Z}_n)$$

其中，$\tilde{\boldsymbol{x}}(n)=\boldsymbol{f}[\tilde{\boldsymbol{x}}(n-1),n-1]$。

7.5.2 扩展卡尔曼滤波

扩展卡尔曼滤波(EKF，extended Kalman filtering)的基本思想也是首先对非线性函数进行线性近似，再利用线性系统卡尔曼滤波的基本方程实现状态估计。与 7.5.1 节方法所不同的是，在 EKF 中非线性函数是在状态估计值处进行泰勒级数展开的。

首先，将系统状态方程中的非线性函数 $\boldsymbol{f}[\cdot]$ 在状态估计值 $\hat{\boldsymbol{x}}(n-1\mid\mathscr{Z}_{n-1})$ 处展开成泰勒级数，略去高阶项后可得

$$\boldsymbol{x}(n)=\boldsymbol{f}[\hat{\boldsymbol{x}}(n-1\mid\mathscr{Z}_{n-1}),n-1]+\frac{\partial \boldsymbol{f}}{\partial \hat{\boldsymbol{x}}(n-1\mid\mathscr{Z}_{n-1})}[\boldsymbol{x}(n-1)-\hat{\boldsymbol{x}}(n-1\mid\mathscr{Z}_{n-1})]$$

$$+\boldsymbol{\Gamma}[\hat{\boldsymbol{x}}(n-1 \mid \mathscr{Z}_{n-1}), n-1]\,\boldsymbol{v}_1(n-1)$$

若令

$$\boldsymbol{F}(n,n-1)=\frac{\partial \boldsymbol{f}}{\partial\, \hat{\boldsymbol{x}}(n-1 \mid \mathscr{Z}_{n-1})}$$

$$\boldsymbol{\phi}(n-1)=\boldsymbol{f}[\hat{\boldsymbol{x}}(n-1 \mid \mathscr{Z}_{n-1}), n-1]-\frac{\partial \boldsymbol{f}}{\partial\, \hat{\boldsymbol{x}}(n-1 \mid \mathscr{Z}_{n-1})}\hat{\boldsymbol{x}}(n-1 \mid \mathscr{Z}_{n-1})$$

则可以得到状态方程为

$$\boldsymbol{x}(n)=\boldsymbol{F}(n,n-1)\boldsymbol{x}(n-1)+\boldsymbol{\Gamma}[\hat{\boldsymbol{x}}(n-1 \mid \mathscr{Z}_{n-1}), n-1]\,\boldsymbol{v}_1(n-1)+\boldsymbol{\phi}(n-1) \tag{7.5.7}$$

对比式(7.5.7)和基本卡尔曼滤波模型，可见，在已求得前一步状态估计值$\hat{\boldsymbol{x}}(n-1 \mid \mathscr{Z}_{n-1})$的条件下，以上状态方程中增加了一个非随机作用项$\boldsymbol{\phi}(n-1)$。

类似地，将观测方程的非线性函数$\boldsymbol{h}[\cdot]$在状态预测值$\hat{\boldsymbol{x}}(n \mid \mathscr{Z}_{n-1})$处展开成泰勒级数，略去高阶项，可得

$$\boldsymbol{z}(n)=\boldsymbol{h}[\hat{\boldsymbol{x}}(n \mid \mathscr{Z}_{n-1}), n]+\frac{\partial \boldsymbol{h}}{\partial\, \hat{\boldsymbol{x}}(n \mid \mathscr{Z}_{n-1})}[\boldsymbol{x}(n)-\hat{\boldsymbol{x}}(n \mid \mathscr{Z}_{n-1})]+\boldsymbol{v}_2(n)$$

若令

$$\boldsymbol{C}(n)=\frac{\partial \boldsymbol{h}}{\partial\, \hat{\boldsymbol{x}}(n \mid \mathscr{Z}_{n-1})}$$

$$\boldsymbol{y}(n)=\boldsymbol{h}[\hat{\boldsymbol{x}}(n \mid \mathscr{Z}_{n-1}), n]-\frac{\partial \boldsymbol{h}}{\partial\, \hat{\boldsymbol{x}}(n \mid \mathscr{Z}_{n-1})}\hat{\boldsymbol{x}}(n \mid \mathscr{Z}_{n-1})$$

则可以得到观测方程为

$$\boldsymbol{z}(n)=\boldsymbol{C}(n)\boldsymbol{x}(n)+\boldsymbol{y}(n)+\boldsymbol{v}_2(n) \tag{7.5.8}$$

对比式(7.5.8)和基本卡尔曼滤波模型，可见，在已求得一步状态预测值$\hat{\boldsymbol{x}}(n \mid \mathscr{Z}_{n-1})$的条件下，以上观测方程中也增加了一个非随机作用项$\boldsymbol{y}(n)$。由式(7.5.8)易得

$$\hat{\boldsymbol{z}}(n \mid \mathscr{Z}_{n-1})=\boldsymbol{C}(n)\,\hat{\boldsymbol{x}}(n \mid \mathscr{Z}_{n-1})+\boldsymbol{y}(n) \tag{7.5.9}$$

根据式(7.5.7)～式(7.5.9)及卡尔曼滤波基本方程，可得扩展卡尔曼滤波方程。

算法 7.3(扩展卡尔曼滤波算法)

步骤 1　状态一步预测，即

$$\hat{\boldsymbol{x}}(n \mid \mathscr{Z}_{n-1})=\boldsymbol{f}[\hat{\boldsymbol{x}}(n-1 \mid \mathscr{Z}_{n-1}), n-1]$$

步骤 2　一步预测误差自相关矩阵

$$\begin{aligned}\boldsymbol{P}(n,n-1)=&\boldsymbol{F}(n,n-1)\boldsymbol{P}(n-1)\boldsymbol{F}^{\mathrm{H}}(n,n-1)\\&+\boldsymbol{\Gamma}[\hat{\boldsymbol{x}}(n-1 \mid \mathscr{Z}_{n-1}), n-1]\boldsymbol{Q}_1(n-1)\,\boldsymbol{\Gamma}^{\mathrm{H}}[\hat{\boldsymbol{x}}(n-1 \mid \mathscr{Z}_{n-1}), n-1]\end{aligned}$$

步骤 3　卡尔曼增益

$$\boldsymbol{K}(n)=\boldsymbol{P}(n,n-1)\boldsymbol{C}^{\mathrm{H}}(n)[\boldsymbol{C}(n)\boldsymbol{P}(n,n-1)\boldsymbol{C}^{\mathrm{H}}(n)+\boldsymbol{Q}_2(n)]^{-1}$$

步骤 4　状态估计

$$\hat{\boldsymbol{x}}(n \mid \mathscr{Z}_{n})=\hat{\boldsymbol{x}}(n \mid \mathscr{Z}_{n-1})+\boldsymbol{K}(n)\{\boldsymbol{z}(n)-\boldsymbol{h}[\hat{\boldsymbol{x}}(n \mid \mathscr{Z}_{n-1}), n]\}$$

步骤 5　状态估计误差自相关矩阵

$$\boldsymbol{P}(n)=[\boldsymbol{I}-\boldsymbol{K}(n)\boldsymbol{C}(n)]\boldsymbol{P}(n,n-1)$$

步骤 6 重复步骤 1～5，进行递推滤波计算。

在扩展卡尔曼滤波方法中，不需要预先计算标称轨迹，但是需要注意的是，该方法中涉及非线性函数 $\boldsymbol{f}[\cdot]$ 和 $\boldsymbol{h}[\cdot]$ 分别在 $\hat{\boldsymbol{x}}(n-1|\mathscr{Y}_{n-1})$ 和 $\hat{\boldsymbol{x}}(n|\mathscr{Y}_{n-1})$ 处的泰勒级数展开，因此，它只能在估计误差及一步预测误差较小时才适用。

上述两种非线性滤波方法均通过对系统模型线性化进行状态估计。对于一些实际系统，一方面，模型线性化的过程比较复杂；另一方面，线性化过程中忽略泰勒级数高阶项所引入的误差也会严重影响最终的滤波精度，甚至导致滤波发散。不敏卡尔曼滤波(UKF，unscented Kalman filtering)是一种不需要对非线性系统进行线性化就能实现非线性系统状态估计的方法，它采用 sigma 采样点对状态向量的概率密度分布函数进行近似[4,5]，并利用这些采样点经过非线性变换后的结果来获得最终状态估计值。此外，粒子滤波(PF，particle filtering)是近年来兴起的一种非线性滤波算法[6,7]，它是一种基于蒙特卡罗仿真的近似贝叶斯滤波算法。当粒子数足够大时，这种滤波方法就可以接近最优贝叶斯估计。与 EKF 和 UKF 相比，粒子滤波算法不受线性化误差和高斯噪声的限制，因此，被广泛应用于视觉跟踪、语音识别和故障诊断分析等各个领域。

7.6 卡尔曼滤波的应用

卡尔曼滤波不仅可以处理平稳的一维随机过程，还可以处理非平稳的、多维的随机过程，同时，滤波算法具有递推形式，数据存储量小。由于这些优点，它一经提出便受到普遍重视，被广泛地用于全球定位、惯性导航、目标跟踪等系统中。除航空航天技术外，它在通信工程、随机最优控制、故障诊断及金融等其他领域也得到了广泛应用。下面给出卡尔曼滤波的几个应用实例。

7.6.1 卡尔曼滤波在维纳滤波中的应用

在维纳滤波中，由维纳-霍夫方程可知，均方误差最小意义下的最优权值满足

$$\boldsymbol{R}\boldsymbol{w}_{\text{o}} = \boldsymbol{p}$$

其中，$\boldsymbol{R}=\mathrm{E}[\boldsymbol{u}(n)\boldsymbol{u}^{\mathrm{H}}(n)]$，$\boldsymbol{p}=\mathrm{E}[\boldsymbol{u}(n)d^*(n)]$，$\boldsymbol{u}(n)$ 为 n 时刻的输入信号向量，$d(n)$ 为该时刻的期望信号。对于维纳-霍夫方程，第 4 章中采用 LMS 算法进行求解，该算法虽然运算量较小，但收敛速度慢。下面将采用卡尔曼滤波算法求解维纳滤波的最优权值。当输入信号与期望信号均平稳时，最优权值为一个常值向量，因此有

$$\boldsymbol{w}_{\text{o}}(n) = \boldsymbol{w}_{\text{o}}(n-1) \tag{7.6.1}$$

其中，$\boldsymbol{w}_{\text{o}}(n)$ 代表 n 时刻的最优权向量。此时，最优滤波误差可表示为

$$e_{\text{o}}(n) = d(n) - \hat{d}_{\text{o}}(n)$$

其中

$$\hat{d}_{\text{o}}(n) = \boldsymbol{u}^{\mathrm{T}}(n)\boldsymbol{w}_{\text{o}}^*(n)$$

因此有

$$d(n) = \boldsymbol{u}^{\mathrm{T}}(n)\boldsymbol{w}_{\text{o}}^*(n) + e_{\text{o}}(n)$$

或

$$d^*(n) = \boldsymbol{u}^{\mathrm{H}}(n)\boldsymbol{w}_{\mathrm{o}}(n) + e_{\mathrm{o}}^*(n) \tag{7.6.2}$$

此时，若将式(7.6.1)和式(7.6.2)分别作为系统的状态方程和观测方程，就可以采用卡尔曼滤波算法求得最优加权向量，以实现维纳滤波。其中，状态向量为 $\boldsymbol{w}_{\mathrm{o}}(n)$，状态转移矩阵为单位矩阵，状态噪声为零序列，观测矩阵为 $\boldsymbol{u}^{\mathrm{H}}(n)$，观测噪声为 $e_{\mathrm{o}}^*(n)$，观测值为 $d^*(n)$。给定状态向量的初始统计特性后，就可以对最优加权向量进行递推求解。

例 7.1　设 $u(n)$ 序列由一个二阶 AR 模型 $u(n)-0.975u(n-1)+0.95u(n-2)=v(n)$ 产生，其中，$v(n)$ 为零均值的高斯白噪声过程，噪声方差为 $\sigma_v^2=0.0731$。图 7.6.1 为以该序列作为输入的二阶线性预测模型，试用卡尔曼滤波算法估计该模型中的最优权值。

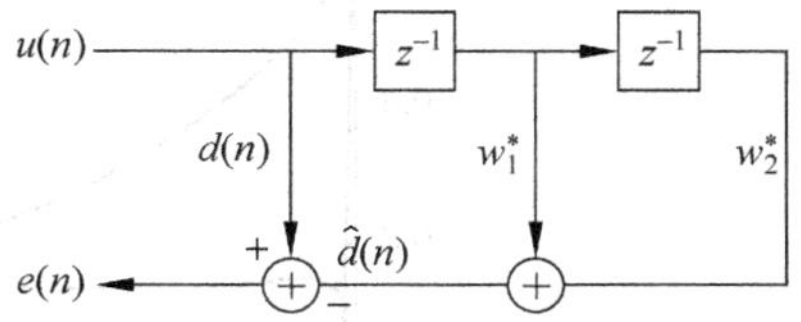

图 7.6.1　二阶线性预测模型

为采用卡尔曼滤波算法，首先需要建立系统的状态方程和观测方程。这里，n 时刻的最优权值向量为 $\boldsymbol{w}_{\mathrm{o}}(n)=[w_1(n)\quad w_2(n)]^{\mathrm{T}}$，状态转移矩阵为 $\boldsymbol{I}$，$d(n)=u(n)$，$\boldsymbol{u}(n)=[u(n-1)\quad u(n-2)]^{\mathrm{T}}$。所以，系统状态方程为

$$\boldsymbol{x}(n) = \boldsymbol{F}(n,n-1)\boldsymbol{x}(n-1) + \boldsymbol{v}_1(n-1)$$

其中的各参数分别为：

- 状态向量：$\boldsymbol{x}(n-1)=\boldsymbol{w}_{\mathrm{o}}(n-1)\in\mathbb{C}^{2\times1}$；
- 状态转移矩阵：$\boldsymbol{F}(n,n-1)=\boldsymbol{I}\in\mathbb{C}^{2\times2}$；
- 系统状态噪声：$\boldsymbol{v}_1(n-1)=\boldsymbol{0}\in\mathbb{C}^{2\times1}$。

系统观测方程为

$$z(n) = \boldsymbol{C}(n)\boldsymbol{x}(n) + v_2(n)$$

其中的各参数分别为：

- 观测向量：$z(n)=d^*(n)$；
- 观测矩阵：$C(n)=\boldsymbol{u}^{\mathrm{H}}(n)\in\mathbb{C}^{1\times2}$；
- 观测噪声：$v_2(n)=e_{\mathrm{o}}^*(n)$。

仿真中，权向量的初始值为 $[0\quad 0]^{\mathrm{T}}$，估计误差相关矩阵的初始值设为 $\boldsymbol{I}$，观测噪声 $e_{\mathrm{o}}^*(n)$ 的方差为 0.005，即

$$\boldsymbol{p}_1(n) = \boldsymbol{I},\quad Q_2(n) = 0.005$$

下面分别采用卡尔曼滤波算法和 LMS 算法求解该预测模型的最优权值，以下给出的是 100 次蒙特卡罗仿真的平均结果。图 7.6.2 分别给出了两种算法获得的权值和均方误差的变化曲线，其中，LMS 算法中的步长设为 0.05。

从图 7.6.2 可见，两种算法均能获得较好的权值估计结果，但卡尔曼滤波算法的收敛速度比 LMS 算法更快，前者在 20 次迭代后，权值和均方误差即到达稳定状态，而后者在 150 次迭代后才逐渐平稳。卡尔曼滤波算法进入稳定状态后均方误差约为 0.0734，而 LMS 算法进入稳定状态后均方误差约为 0.0765。LMS 算法的收敛性能受算法步长的影响，将步长改为 0.01 后，LMS 算法的稳态均方误差约为 0.0733。可见，两种算法均能获得与理想均方误差 0.0731 接近的稳态均方误差。

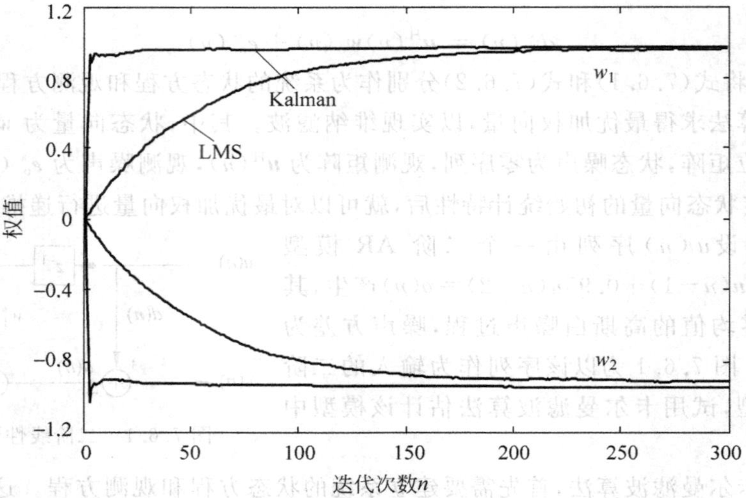

(a) 卡尔曼算法和LMS算法的权值变化曲线

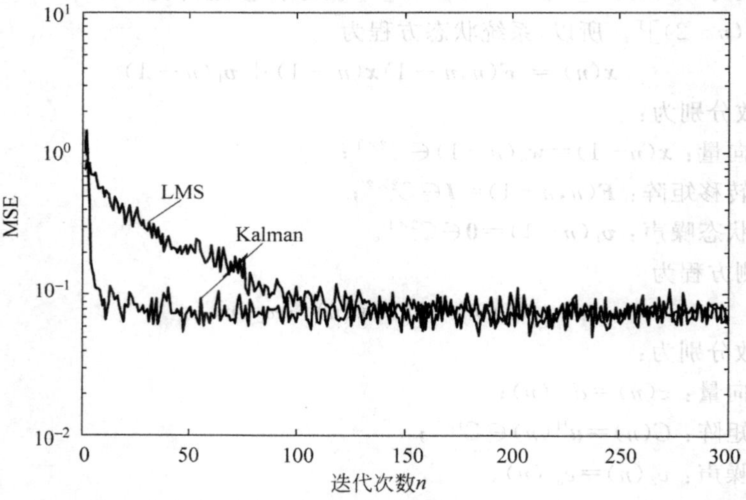

(b) 卡尔曼算法和LMS算法的均方误差变化曲线

图 7.6.2　卡尔曼滤波和 LMS 算法权值及均方误差变化曲线

7.6.2　卡尔曼滤波在雷达目标跟踪中的应用

当卡尔曼滤波应用于目标跟踪时，用系统状态方程来描述目标的运动特性，其中的状态向量通常由目标的位置、速度和(或)加速度参量构成；观测方程中的观测向量则由雷达测得的目标运动参量构成。

例 7.2　假设被跟踪目标在二维空间中运动，它从初始位置(100m，100m)出发，在 x 和 y 方向分别以 25m/s 和 20m/s 的速度进行匀速直线运动。观测噪声的统计特性由 x 和 y 方向的观测噪声标准差描述，分别为 $\sigma_x=30\text{m}$、$\sigma_y=20\text{m}$。试用卡尔曼滤波算法实现对该目标的跟踪，给出目标预测和估计的位置和速度方差。其中的系统过程噪声假设为零均值的高斯白噪声，自相关矩阵取为 $2.5^2\boldsymbol{I}$。

将目标 n 时刻在两方向的位置分别记为 $x(n)$ 和 $y(n)$，速度分别记为 $v_x(n)$ 和 $v_y(n)$。对于匀速直线运动目标，在没有任何扰动的情况下，满足

$$x(n)=x(n-1)+T\cdot v_x(n-1)$$
$$v_x(n)=v_x(n-1)$$
$$y(n)=y(n-1)+T\cdot v_y(n-1)$$
$$v_y(n)=v_y(n-1)$$

其中，T 为采样周期。若将两方向的干扰分别记为 $\delta_x(n)$ 和 $\delta_y(n)$，对于匀速直线运动目标，各方向的干扰可视为相应方向的加速度[8]，因此有

$$x(n)=x(n-1)+T\cdot v_x(n-1)+\frac{T^2}{2}\cdot\delta_x(n-1) \tag{7.6.3}$$

$$v_x(n)=v_x(n-1)+T\cdot\delta_x(n-1) \tag{7.6.4}$$

$$y(n)=y(n-1)+T\cdot v_y(n-1)+\frac{T^2}{2}\cdot\delta_y(n-1) \tag{7.6.5}$$

$$v_y(n)=v_y(n-1)+T\cdot\delta_y(n-1) \tag{7.6.6}$$

根据式(7.6.3)～式(7.6.6)，可以获得如下系统状态方程：

$$\boldsymbol{x}(n)=\boldsymbol{F}(n,n-1)\boldsymbol{x}(n-1)+\boldsymbol{\Gamma}(n,n-1)\boldsymbol{v}_1(n-1) \tag{7.6.7}$$

其中各参数分别为：

- 状态向量：$\boldsymbol{x}(n)=[x(n)\quad v_x(n)\quad y(n)\quad v_y(n)]^{\mathrm{T}}$；
- 状态转移矩阵：$\boldsymbol{F}(n,n-1)=\begin{bmatrix}1 & T & 0 & 0\\ 0 & 1 & 0 & 0\\ 0 & 0 & 1 & T\\ 0 & 0 & 0 & 1\end{bmatrix}$；
- 系统过程噪声输入矩阵：$\boldsymbol{\Gamma}(n,n-1)=\begin{bmatrix}T^2/2 & 0\\ T & 0\\ 0 & T^2/2\\ 0 & T\end{bmatrix}$；
- 系统过程噪声：$\boldsymbol{v}_1(n-1)=[\delta_x(n-1)\quad \delta_y(n-1)]^{\mathrm{T}}$。

观测过程中，可测量获得目标的位置信息，因此，观测方程为

$$\boldsymbol{z}(n)=\boldsymbol{C}(n)\boldsymbol{x}(n)+\boldsymbol{v}_2(n)$$

其中各参数分别为：

- 观测向量：$\boldsymbol{z}(n)=[z_x(n)\quad z_y(n)]^{\mathrm{T}}$；
- 观测矩阵：$\boldsymbol{C}(n)=\begin{bmatrix}1 & 0 & 0 & 0\\ 0 & 0 & 1 & 0\end{bmatrix}$。

其中，$z_x(n)$ 和 $z_y(n)$ 为 n 时刻目标两方向的位置 $x(n)$ 和 $y(n)$ 的测量值。

根据已给条件，过程噪声和观测噪声的自相关矩阵分别为

$$\boldsymbol{Q}_1(n)=2.5^2\begin{bmatrix}1 & 0\\ 0 & 1\end{bmatrix},\quad \boldsymbol{Q}_2(n)=\begin{bmatrix}30^2 & 0\\ 0 & 20^2\end{bmatrix}$$

在给定系统状态方程和观测方程下，为进行卡尔曼滤波，需给出状态估计和估计误差自相关矩阵的初始值。下面给出目标跟踪时，工程上常用的状态向量估计初始化方法[9]。

两坐标雷达中，状态向量由目标的位置和速度分量构成，即 $\boldsymbol{x}(n)=[x(n) \quad v_x(n) \quad y(n) \quad v_y(n)]^{\mathrm{T}}$。可利用前两个时刻的观测值 $\boldsymbol{z}(1)$ 和 $\boldsymbol{z}(2)$ 来确定该向量估计的初始状态，即

$$\hat{\boldsymbol{x}}(2 \mid \mathscr{Z}_2)=\left[z_x(2) \quad \frac{z_x(2)-z_x(1)}{T} \quad z_y(2) \quad \frac{z_y(2)-z_y(1)}{T}\right]^{\mathrm{T}}$$

状态误差自相关矩阵按下式进行初始化：

$$\boldsymbol{P}(2)=\begin{bmatrix} q_{xx}(2) & q_{xx}(2)/T & q_{xy}(2) & q_{xy}(2)/T \\ q_{xx}(2)/T & 2q_{xx}(2)/T^2 & q_{xy}(2)/T & 2q_{xy}(2)/T^2 \\ q_{xy}(2) & q_{xy}(2)/T & q_{yy}(2) & q_{yy}(2)/T \\ q_{xy}(2)/T & 2q_{xy}(2)/T^2 & q_{yy}(2)/T & 2q_{yy}(2)/T^2 \end{bmatrix}$$

其中，$q_{xx}(n)$、$q_{xy}(n)$ 和 $q_{yy}(n)$ 为观测噪声自相关矩阵的元素，即

$$\boldsymbol{Q}_2(n)=\begin{bmatrix} q_{xx}(n) & q_{xy}(n) \\ q_{xy}(n) & q_{yy}(n) \end{bmatrix}$$

例如，在本例中，$q_{xx}(n)=30^2$，$q_{xy}(n)=0$，$q_{yy}(n)=20^2$。

若状态向量由目标的位置、速度和加速度分量构成，即 $\boldsymbol{x}(n)=[x(n) \quad v_x(n) \quad a_x(n) \quad y(n) \quad v_y(n) \quad a_y(n)]^{\mathrm{T}}$，其中，$a_x(n)$ 和 $a_y(n)$ 分别表示 n 时刻目标在两个方向上的加速度，该向量估计的初始状态需要利用前 3 个时刻的观测值来确定，即

$$\hat{\boldsymbol{x}}(3 \mid \mathscr{Z}_3)=\begin{bmatrix} z_x(3) \\ \dfrac{z_x(3)-z_x(2)}{T} \\ \dfrac{\dfrac{z_x(3)-z_x(2)}{T}-\dfrac{z_x(2)-z_x(1)}{T}}{T} \\ z_y(3) \\ \dfrac{z_y(3)-z_y(2)}{T} \\ \dfrac{\dfrac{z_y(3)-z_y(2)}{T}-\dfrac{z_y(2)-z_y(1)}{T}}{T} \end{bmatrix}$$

估计误差自相关矩阵按下式进行初始化：

$$\boldsymbol{P}(3)=\begin{bmatrix} \boldsymbol{P}_{xx} & \boldsymbol{P}_{xy} \\ \boldsymbol{P}_{xy} & \boldsymbol{P}_{yy} \end{bmatrix}$$

其中

$$\boldsymbol{P}_{kl}=\begin{bmatrix} q_{kl}(3) & \dfrac{q_{kl}(3)}{T} & \dfrac{q_{kl}(3)}{T^2} \\ \dfrac{q_{kl}(3)}{T} & \dfrac{q_{kl}(3)+q_{kl}(2)}{T^2} & \dfrac{q_{kl}(3)+2q_{kl}(2)}{T^3} \\ \dfrac{q_{kl}(3)}{T^2} & \dfrac{q_{kl}(3)+2q_{kl}(2)}{T^3} & \dfrac{q_{kl}(3)+4q_{kl}(2)+q_{kl}(1)}{T^4} \end{bmatrix}$$

同样，$q_{xx}(n)$、$q_{xy}(n)$和 $q_{yy}(n)$为观测噪声自相关矩阵 $\boldsymbol{Q}_2(n)$的元素。在上述两种情况下，滤波的迭代过程分别从 $n=3$ 和 $n=4$ 时刻开始。

本例中状态向量由目标的位置和速度分量构成，因此，利用前两个时刻的观测值便可初始化状态估计，迭代过程从 $n=3$ 开始，以下给出的是 100 次蒙特卡罗仿真的平均结果。图 7.6.3 给出了两个方向上目标的位置预测方差、位置估计方差、速度预测方差和速度估计方差的变化曲线。从图中可见，估计方差均小于预测方差；另外，随着滤波迭代次数的增加，方差均逐渐变小并趋于一个固定值，此时滤波进入稳定状态。

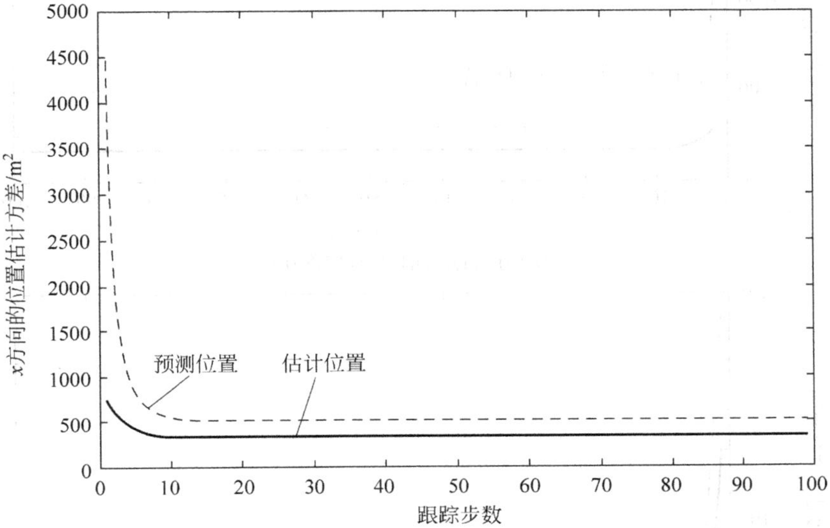

(a) x方向的预测和估计位置方差

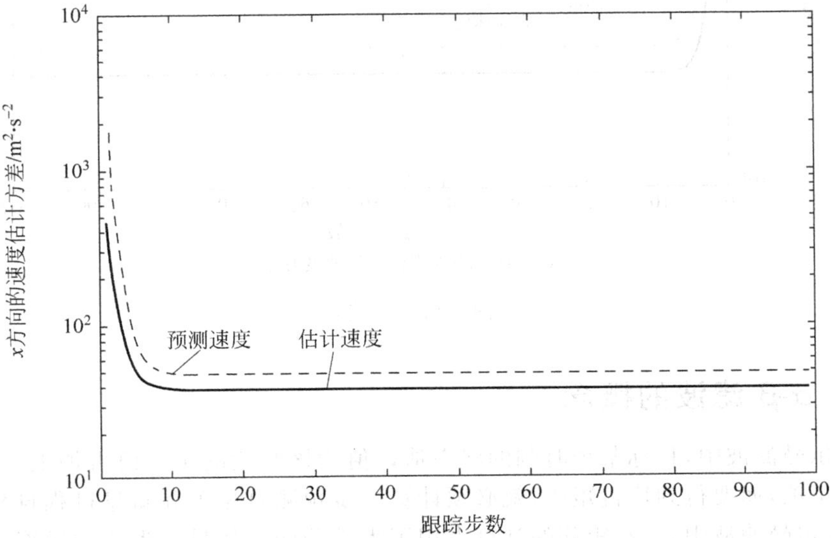

(b) x方向的预测和估计速度方差

图 7.6.3　目标两方向预测和估计的位置及速度方差曲线

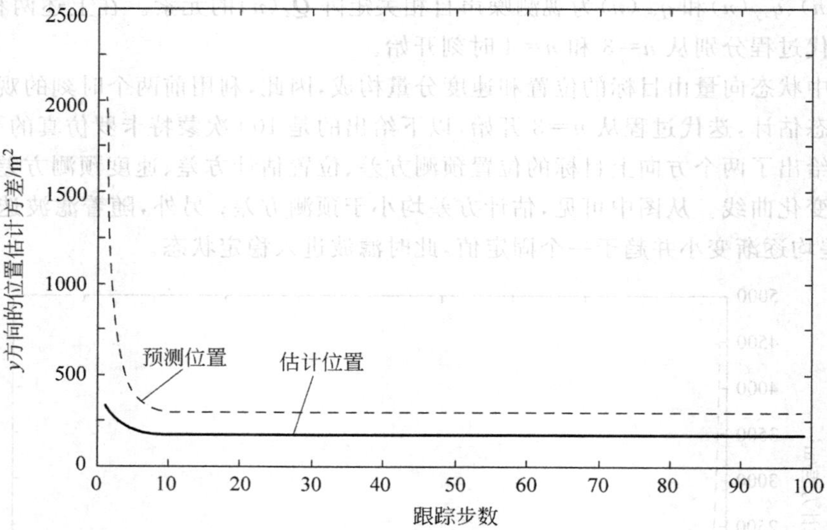

(c) y方向的预测和估计位置方差

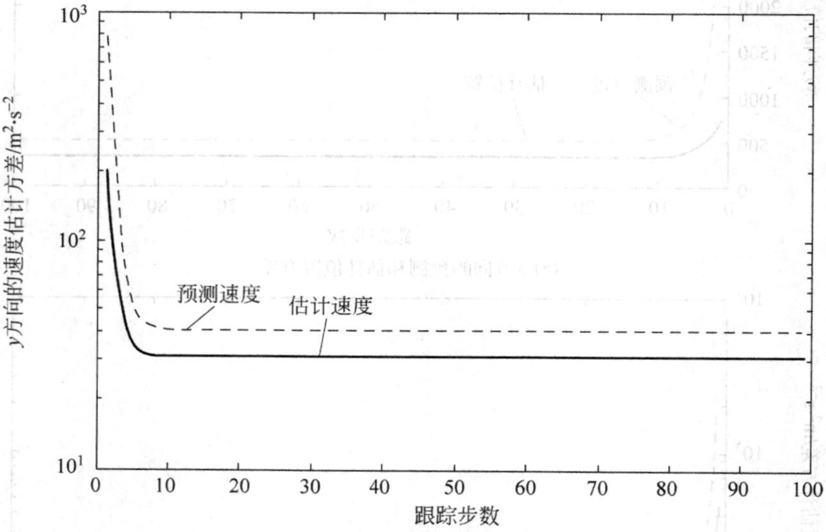

(d) y方向的预测和估计速度方差

图 7.6.3 （续）

7.6.3　α-β 滤波的概念

在卡尔曼滤波中，目标某个时刻的状态估计值为该时刻的预测值再加上一个与增益有关的修正项，而要得到增益矩阵，就必须计算一步预测自相关和新息过程自相关矩阵，因此，在卡尔曼滤波中，增益矩阵的计算占用了大部分的工作量。为减少运算量，人们提出了常增益滤波器，其中的增益不再与自相关矩阵有关，因此，增益矩阵可以离线计算，易于工程实现。

α-β 滤波器是一种针对匀速运动目标模型的常增益滤波器。对于进行一维匀速运动的目标，状态向量中只包含位置和速度两项，其中的增益矩阵具有如下形式：

$$\boldsymbol{K}(n)=\begin{bmatrix}\alpha\\ \beta/T\end{bmatrix} \tag{7.6.8}$$

其中，α 和 β 分别为目标状态的位置和速度分量的常滤波增益，T 为采样周期。α 和 β 的确定是 α-β 滤波中的关键问题，它们一旦给定，增益矩阵就是个确定的量。定义机动指标 λ 为

$$\lambda \triangleq \frac{T^2\sigma_1}{\sigma_2} \tag{7.6.9}$$

其中，σ_1 和 σ_2 分别为过程噪声和观测噪声的标准差。位置和速度分量的常滤波增益分别为[10]

$$\alpha=-\frac{\lambda^2+8\lambda-(4+\lambda)\sqrt{\lambda^2+8\lambda}}{8} \tag{7.6.10}$$

$$\beta=\frac{\lambda^2+4\lambda-\lambda\sqrt{\lambda^2+8\lambda}}{4} \tag{7.6.11}$$

由式(7.6.10)和式(7.6.11)可见，α 和 β 是机动指标 λ 的函数，而 λ 由式(7.6.9)计算得到。通常情况下，观测噪声的标准差 σ_2 是已知的，过程噪声的标准差 σ_1 较难获得，因此，机动指标 λ 便无法确定。此时，工程上常采用如下与采样时刻 n 有关的确定方法[9]：

$$\alpha=\frac{2(2n-1)}{n(n+1)} \tag{7.6.12}$$

$$\beta=\frac{6}{n(n+1)} \tag{7.6.13}$$

其中，对于 α，n 从 1 开始计算；对于 β，n 从 2 开始计算。

α-β-γ 滤波器是一种针对匀加速运动目标模型的常增益滤波器。对于进行一维匀加速运动的目标，目标的状态向量中包含位置、速度和加速度，其中的增益矩阵具有如下形式：

$$\boldsymbol{K}(n)=\begin{bmatrix}\alpha\\ \beta/T\\ \gamma/T^2\end{bmatrix} \tag{7.6.14}$$

其中，α、β 和 γ 分别为目标状态的位置、速度和加速度分量的常滤波增益，它们与机动指标 λ 的关系为[10]

$$\frac{\gamma^2}{4(1-\alpha)}=\lambda^2 \tag{7.6.15}$$

$$\beta=2(2-\alpha)-4\sqrt{1-\alpha} \tag{7.6.16}$$

$$\gamma=\beta^2/\alpha \tag{7.6.17}$$

与 α-β 滤波器类似，如果过程噪声标准差 σ_1 较难获得，那么，机动指标 λ 就无法确定。此时，工程上常采用如下方法[9]：

$$\alpha=\frac{3(3n^2-3n+2)}{n(n+1)(n+2)} \tag{7.6.18}$$

$$\beta=\frac{8(2n-1)}{n(n+1)(n+2)} \tag{7.6.19}$$

$$\gamma = \frac{60}{n(n+1)(n+2)} \tag{7.6.20}$$

其中，对于 α，n 从 1 开始计算；对于 β，n 从 2 开始计算；对于 γ，n 从 3 开始计算。

对于一维运动的目标，α-β 滤波器中的状态转移矩阵为

$$\boldsymbol{F}(n,n-1) = \begin{bmatrix} 1 & T \\ 0 & 1 \end{bmatrix}$$

α-β-γ 滤波器中的状态转移矩阵为

$$\boldsymbol{F}(n,n-1) = \begin{bmatrix} 1 & T & T^2/2 \\ 0 & 1 & T \\ 0 & 0 & 1 \end{bmatrix}$$

由于 α-β 和 α-β-γ 滤波过程中，增益矩阵固定或由式(7.6.12)、式(7.6.13)和式(7.6.18)～式(7.6.20)递推计算，因此，与标准卡尔曼滤波过程相比，不需要计算一步预测误差自相关矩阵、新息过程自相关矩阵及状态估计误差自相关矩阵，下面给出工程上常用的 α-β 和 α-β-γ 滤波算法步骤。

算法 7.4($\boldsymbol{\alpha}$-$\boldsymbol{\beta}$、$\boldsymbol{\alpha}$-$\boldsymbol{\beta}$-$\boldsymbol{\gamma}$ 滤波算法)

步骤 1 状态一步预测，即

$$\hat{\boldsymbol{x}}(n \mid \mathscr{Z}_{n-1}) = \boldsymbol{F}(n,n-1)\,\hat{\boldsymbol{x}}(n-1 \mid \mathscr{Z}_{n-1})$$

步骤 2 由观测信号 $\boldsymbol{z}(n)$ 计算新息过程，即

$$\boldsymbol{\alpha}(n) = \boldsymbol{z}(n) - \hat{\boldsymbol{z}}(n \mid \mathscr{Z}_{n-1}) = \boldsymbol{z}(n) - \boldsymbol{C}(n)\,\hat{\boldsymbol{x}}(n \mid \mathscr{Z}_{n-1})$$

步骤 3 对于 α-β 滤波，利用式(7.6.12)和式(7.6.13)计算卡尔曼增益；对于 α-β-γ 滤波，利用式(7.6.18)～式(7.6.20)计算卡尔曼增益。

步骤 4 状态估计，即

$$\hat{\boldsymbol{x}}(n \mid \mathscr{Z}_n) = \hat{\boldsymbol{x}}(n \mid \mathscr{Z}_{n-1}) + \boldsymbol{K}(n)\,\boldsymbol{\alpha}(n)$$

步骤 5 重复步骤 1～4，进行递推滤波计算。

7.6.4 卡尔曼滤波在交互多模型算法中的应用

采用基本卡尔曼滤波算法实现目标跟踪时，系统状态方程描述了目标的运动特征，如进行匀速或匀加速运动等。然而，随着飞行器机动性能的提高，或是由于驾驶员的人为控制，目标随时会出现转弯、躲闪或是其他特殊的攻击姿态等机动现象。因此，一般情况下，目标不会保持同一种运动状态，采用固定的系统状态方程无法描述机动目标的运动特性。

交互多模型(IMM，interacting multiple model)算法是一种有效的机动目标跟踪方法[11~17]。IMM 算法中，包含了多个滤波器、一个模型概率估计器、一个交互式作用器和一个估计混合器。其中的多个滤波器对应于不同的模型，各模型描述不同的机动运动特性，图 7.6.4 给出了包含 N 个模型的 IMM 算法示意图。图中 $\hat{\boldsymbol{x}}^{(j)}(n-1 \mid \mathscr{Z}_{n-1})$ 为模型 j($j=1,2,\cdots,N$)在 $n-1$ 时刻的状态估计，$\hat{\boldsymbol{x}}^{(0j)}(n-1 \mid \mathscr{Z}_{n-1})$ 为 $\hat{\boldsymbol{x}}^{(j)}(n-1 \mid \mathscr{Z}_{n-1})$ 交互作用的结果，它是 n 时刻滤波器 j 的输入，$\boldsymbol{z}(n)$ 为 n 时刻的观测向量，$\boldsymbol{\Lambda}(n)$ 为 n 时刻的模型可能性向量，$\boldsymbol{\mu}(n)$ 为 n 时刻的模型概率向量，$\hat{\boldsymbol{x}}(n \mid \mathscr{Z}_n)$ 为 n 时刻的最终状态估计。

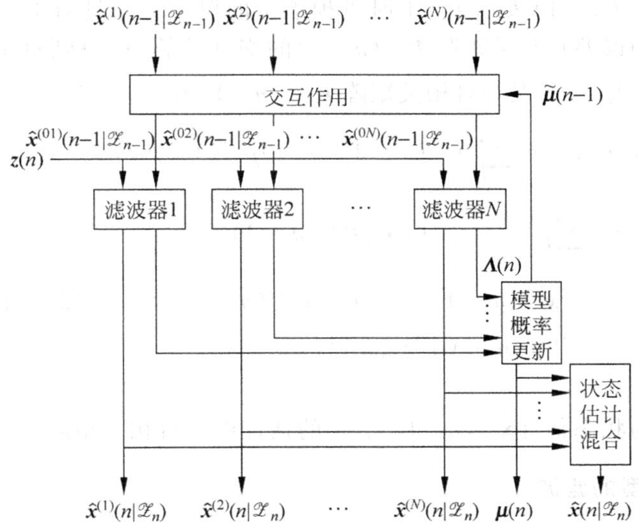

图 7.6.4　交互多模型算法示意图

对于一个包含 N 个滤波器的交互多模型算法，将各滤波器对应的模型记为 $M^{(j)}$，$j=1,2,\cdots,N$。假设目标在 n 时刻的运动特性可表示为 $M(n)$，且 IMM 算法中的 N 个模型能描述任何可能的目标运动特征，则

$$M(n) \in \{M^{(j)}\}_{j=1}^{N} \tag{7.6.21}$$

模型之间的转换规律假设服从已知转移概率的马尔可夫过程，即

$$P\{M(n)=M^{(j)} \mid M(n-1)=M^{(i)}\}=\pi_{ij} \tag{7.6.22}$$

其中，π_{ij} 是根据马尔可夫链，系统由模型 i 转移到模型 j 的转移概率。基于此，计算出各模型为正确的后验概率（模型概率）之后，就可以通过对各模型正确时的状态估计加权求和来给出最终的目标状态估计，其中的加权因子为模型正确的后验概率。

IMM 算法主要包括以下 4 个部分[13]。

1. 输入估计的交互

记 n 时刻的观测集合 $\{z(1),z(2),\cdots,z(n)\}$ 为 $\mathscr{Z}_n$。已知观测集合 $\mathscr{Z}_{n-1}$ 且 n 时刻模型为 j 的条件下，$n-1$ 时刻模型为 i 的概率 $\tilde{\mu}^{(i|j)}(n-1)$ 为

$$\begin{aligned}\tilde{\mu}^{(i|j)}(n-1) &= P\{M(n-1)=M^{(i)} \mid M(n)=M^{(i)},\mathscr{Z}_{n-1}\} \\ &= \frac{P\{M(n)=M^{(j)} \mid M(n-1)=M^{(i)},\mathscr{Z}_{n-1}\}P\{M(n-1)=M^{(i)} \mid \mathscr{Z}_{n-1}\}}{P\{M(n)=M^{(j)} \mid \mathscr{Z}_{n-1}\}}\end{aligned}$$

因此有

$$\tilde{\mu}^{(i|j)}(n-1)=\frac{1}{C_j}\pi_{ij}\mu^{(i)}(n-1) \tag{7.6.23}$$

其中，C_j 为一归一化常数，有

$$C_j=\sum_{i=1}^{N}\pi_{ij}\mu^{(i)}(n-1) \tag{7.6.24}$$

式(7.6.24)中，$\mu^{(i)}(n-1)$表示$n-1$时刻模型i的概率。通过对上一时刻状态估计值$\hat{\boldsymbol{x}}^{(j)}(n-1|\mathscr{Z}_{n-1})$和误差自相关矩阵$\boldsymbol{P}^{(j)}(n-1)$的交互计算，可得到每个滤波器输入的状态估计$\hat{\boldsymbol{x}}^{(0j)}(n-1|\mathscr{Z}_{n-1})$及误差自相关矩阵$\boldsymbol{P}^{(0j)}(n-1)$为

$$\hat{\boldsymbol{x}}^{(0j)}(n-1\mid\mathscr{Z}_{n-1})=\sum_{i=1}^{N}\hat{\boldsymbol{x}}^{(i)}(n-1\mid\mathscr{Z}_{n-1})\tilde{\mu}^{(i|j)}(n-1) \tag{7.6.25}$$

$$\begin{aligned}\boldsymbol{P}^{(0j)}(n-1)=\sum_{i=1}^{N}\tilde{\mu}^{(i|j)}(n-1)\cdot\{&\boldsymbol{P}^{(i)}(n-1)\\&+[\hat{\boldsymbol{x}}^{(i)}(n-1\mid\mathscr{Z}_{n-1})-\hat{\boldsymbol{x}}^{(0j)}(n-1\mid\mathscr{Z}_{n-1})][\hat{\boldsymbol{x}}^{(i)}(n-1\mid\mathscr{Z}_{n-1})\\&-\hat{\boldsymbol{x}}^{(0j)}(n-1\mid\mathscr{Z}_{n-1})]^{\mathrm{H}}\}\end{aligned} \tag{7.6.26}$$

其中，$\boldsymbol{P}^{(i)}(n-1)$为状态估计$\hat{\boldsymbol{x}}^{(i)}(n-1|\mathscr{Z}_{n-1})$的估计误差自相关矩阵。

2. 各目标模型的滤波

将当前的观测$z(n)$作为每个滤波器的输入，按照标准卡尔曼滤波的过程，产生当前状态估计$\hat{\boldsymbol{x}}^{(j)}(n|\mathscr{Z}_n)$和估计误差自相关矩阵$\boldsymbol{P}^{(j)}(n)$。滤波过程中，滤波器$j$在$n-1$时刻的估计值和估计误差自相关矩阵分别由式(7.6.25)和式(7.6.26)计算获得。各滤波器的似然函数$\Lambda^{(j)}(n)$假设是高斯型的，可表示为

$$\Lambda^{(j)}(n)=\frac{1}{\sqrt{2\pi\mid\boldsymbol{A}^{(j)}(n)\mid}}\cdot\exp\left\{-\frac{1}{2}[\boldsymbol{z}(n)-\hat{\boldsymbol{z}}^{(j)}(n\mid\mathscr{Z}_{n-1})]^{\mathrm{H}}[\boldsymbol{A}^{(j)}(n)]^{-1}[\boldsymbol{z}(n)-\hat{\boldsymbol{z}}^{(j)}(n\mid\mathscr{Z}_{n-1})]\right\} \tag{7.6.27}$$

其中，$\boldsymbol{A}^{(j)}(n)$为j模型输出的新息过程自相关矩阵，$\hat{z}^{(j)}(n|\mathscr{Z}_{n-1})$为$j$模型输出的观测预测值。

3. 模型概率的更新

对N个模型，分别计算模型更新概率

$$\begin{aligned}\mu^{(j)}(n)&=P\{M(n)=M^{(j)}\mid\mathscr{Z}_n\}\\&=\frac{P\{M(n)=M^{(j)},\boldsymbol{z}(n)\mid\mathscr{Z}_{n-1}\}}{P\{\boldsymbol{z}(n)\mid\mathscr{Z}_{n-1}\}}\\&=\frac{P\{M(n)=M^{(j)}\mid\mathscr{Z}_{n-1}\}P\{\boldsymbol{z}(n)\mid M(n)=M^{(j)},\mathscr{Z}_{n-1}\}}{\sum_{i=1}^{N}P\{M(n)=M^{(i)}\mid\mathscr{Z}_{n-1}\}P\{\boldsymbol{z}(n)\mid M(n)=M^{(i)},\mathscr{Z}_{n-1}\}}\end{aligned}$$

因此有

$$\mu^{(j)}(n)=\frac{1}{c}\Lambda^{(j)}(n)C_j \tag{7.6.28}$$

其中

$$c=\sum_{j=1}^{N}\Lambda^{(j)}(k)C_j \tag{7.6.29}$$

4. 状态估计和估计误差自相关矩阵的组合

IMM 算法最终输出的状态估计和估计误差自相关矩阵组合为

$$\hat{\boldsymbol{x}}(n \mid \mathscr{Z}_n) = \sum_{j=1}^{N} \hat{\boldsymbol{x}}^{(j)}(n \mid \mathscr{Z}_n)\mu^{(j)}(n) \tag{7.6.30}$$

$$\boldsymbol{P}(n) = \sum_{j=1}^{N} \mu^{(j)}(n)\{\boldsymbol{P}^{(j)}(n) + [\hat{\boldsymbol{x}}^{(j)}(n \mid \mathscr{Z}_n) - \hat{\boldsymbol{x}}(n \mid \mathscr{Z}_n)][\hat{\boldsymbol{x}}^{(j)}(n \mid \mathscr{Z}_n) - \hat{\boldsymbol{x}}(n \mid \mathscr{Z}_n)]^{\mathrm{H}}\} \tag{7.6.31}$$

由算法过程可见，IMM 算法采用多个基本卡尔曼滤波器并行滤波以覆盖目标可能的运动特性，因此能实现机动目标跟踪。在实际应用该算法时，需要确定模型数目以及各模型的具体形式。

例 7.3　假设目标在二维平面内运动，从(10000m，2000m)处出发，分别在 0～40s、80～120s 和 160～200s 间进行匀速运动，在 40～80s 和 120～160s 间进行匀加速运动。该目标的初始速度为(−200m/s，100m/s)，40～80s 时，两个方向的加速度分别为 10m/s^2 和 20m/s^2，120～160s 时，加速度为 10m/s^2 和 -30m/s^2。观测噪声的统计特性由 x 和 y 方向的观测噪声标准差描述，为 $\sigma_x=\sigma_y=100\text{m}$。采用 IMM 算法实现对该目标的跟踪，其中，模型集合由匀速运动和匀加速运动模型构成，各模型中的过程噪声方差分别为 5 和 20。各模型初始概率均为 0.5，转移概率矩阵为

$$\begin{bmatrix} 0.95 & 0.05 \\ 0.05 & 0.95 \end{bmatrix}$$

试给出：

(1) 目标的真实运动轨迹。

(2) 目标在两个方向的跟踪均方根误差变化曲线。

(3) 匀速和匀加速模型的模型概率变化曲线。

本例中，交互多模型算法包含两个滤波器，即 $N=2$。它们分别对应于匀速运动和匀加速运动模型。匀速模型由式(7.6.7)描述，匀加速运动模型可由下式描述[8]：

$$\boldsymbol{x}(n) = \boldsymbol{F}(n,n-1)\boldsymbol{x}(n-1) + \boldsymbol{\Gamma}(n,n-1)\boldsymbol{v}_1(n-1)$$

其中各参数分别为：

- 状态向量：$\boldsymbol{x}(n)=[x(n) \quad v_x(n) \quad a_x(n) \quad y(n) \quad v_y(n) \quad a_y(n)]^{\mathrm{T}}$；
- 状态转移矩阵：$\boldsymbol{F}(n,n-1)=\begin{bmatrix} 1 & T & T^2/2 & 0 & 0 & 0 \\ 0 & 1 & T & 0 & 0 & 0 \\ 0 & 0 & 1 & 0 & 0 & 0 \\ 0 & 0 & 0 & 1 & T & T^2/2 \\ 0 & 0 & 0 & 0 & 1 & T \\ 0 & 0 & 0 & 0 & 0 & 1 \end{bmatrix}$；
- 系统过程噪声输入矩阵：$\boldsymbol{\Gamma}(n,n-1)=\begin{bmatrix} T^2/2 & 0 \\ T & 0 \\ 1 & 0 \\ 0 & T^2/2 \\ 0 & T \\ 0 & 1 \end{bmatrix}$。

利用前3个时刻的观测值，根据7.6.2节中介绍的初始化方法设定状态估计及估计误差自相关矩阵的初始值。随后，采用IMM算法的滤波方程式(7.6.23)～式(7.6.31)，即可实现该目标的跟踪滤波。以下给出的是100次蒙特卡罗仿真的平均结果，仿真中，采样周期取为1s。

图7.6.5为目标的真实运动轨迹。图7.6.6和7.6.7分别给出了目标在两个方向的跟踪均方根误差曲线，从中可见，在目标匀加速运动期间即40～80s和120～160s中，跟踪误差较大。另外，由于目标在y方向的加速度更大，在目标从匀速运动转为匀加速运动时刻，y方向均方根误差曲线出现的峰值较x方向上的更大。图7.6.8给出了两个模型的模型概率变化曲线。可以看出，随着目标运动特征的变化，模型集合中的模型概率也自适应改变。在匀速运动期间即0～40s、80～120s和160～200s中，匀速运动模型概率较大；在匀加速运动期间，匀加速度运动模型概率较大。模型概率的变化使得IMM算法中的模型集合能保持与目标的真实运动特性的"匹配"，从而实现对它的跟踪。

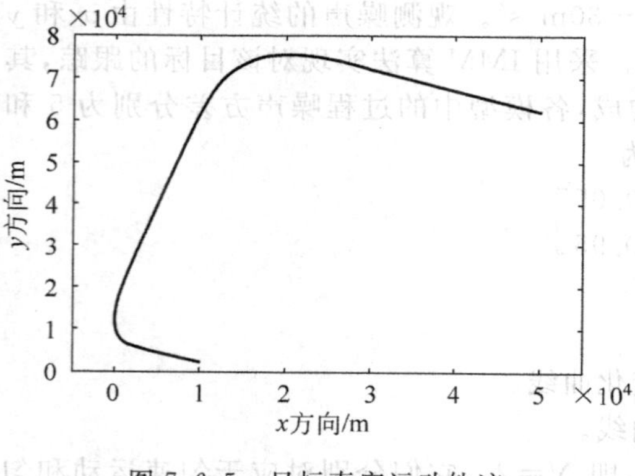

图7.6.5 目标真实运动轨迹

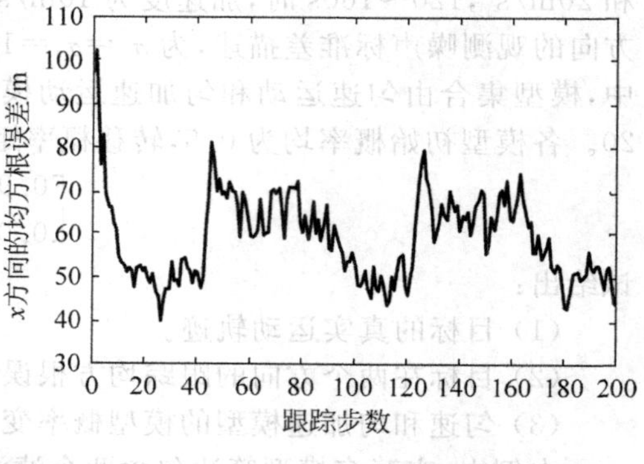

图7.6.6 目标在x方向的均方根误差曲线

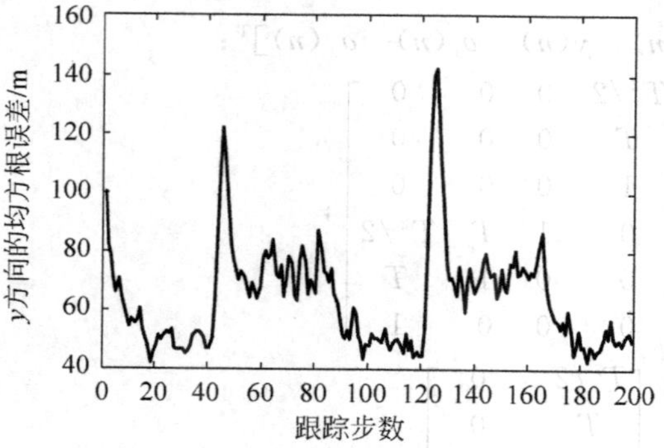

图7.6.7 目标在y方向的均方根误差曲线

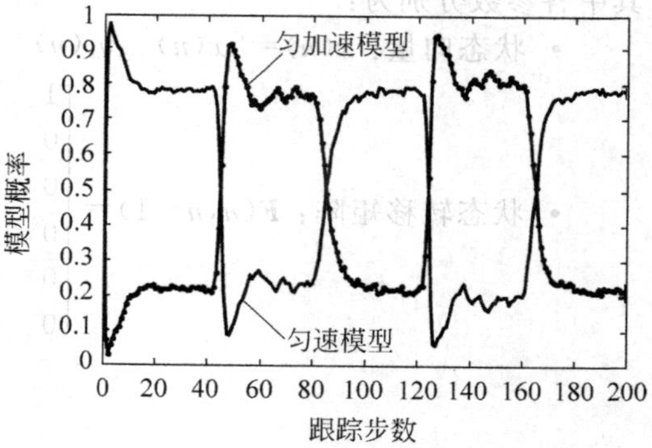

图7.6.8 模型概率变化曲线

7.6.5　卡尔曼滤波在数据融合中的应用

数据融合(data fusion)是针对使用多个或多类传感器的系统而开展的一种信息处理新方法。在多传感器系统中，各种传感器提供的信息具有不同的特征，数据融合通过对各种传感器及其观测信息的合理支配与使用，把在空间和时间上互补与冗余的信息依据某种优化准则组合起来，以获得更多有效的信息[18~20]。按照信息提取的层次，融合可以分成 5 级，包括检测级融合、位置级融合、属性级融合、态势评估与威胁估计。卡尔曼滤波算法是实现多传感器位置融合的主要技术手段之一，根据位置融合系统结构的不同，利用卡尔曼滤波理论对多传感器数据进行最优融合有两种途径：集中式滤波和分布式滤波。

对于如图 7.6.9 所示的集中式融合系统，融合单元可以利用所有传感器的观测信息进行状态估计。假设目标运动规律可由式(7.6.7)描述，且第 i 个传感器的观测方程为

$$\boldsymbol{z}^{(i)}(n) = \boldsymbol{C}^{(i)}(n)\boldsymbol{x}(n) + \boldsymbol{v}_2^{(i)}(n), \quad i = 1,2,\cdots,L$$

其中各参数分别为：

- 传感器 i 的观测向量：$\boldsymbol{z}^{(i)}(n) \in \mathbb{C}^{M_i \times 1}$；
- 传感器 i 的观测矩阵：$\boldsymbol{C}^{(i)}(n) \in \mathbb{C}^{M_i \times N}$；
- 传感器 i 的观测噪声：$\boldsymbol{v}_2^{(i)}(n) \in \mathbb{C}^{M_i \times 1}$。

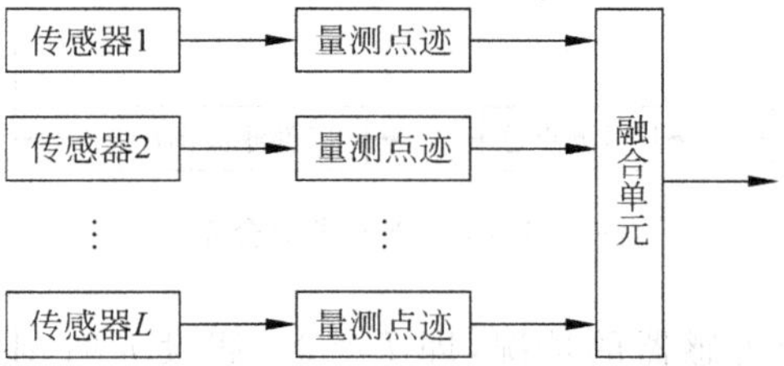

图 7.6.9　集中式融合系统

传感器观测噪声是与系统过程噪声相互独立的零均值白噪声，传感器 i 的观测噪声自相关矩阵为 $\boldsymbol{Q}_2^{(i)}(n)$，$L$ 为传感器个数。将各传感器的观测向量组合在一起，写成一个向量，该向量定义为融合单元的广义观测向量，即

$$\boldsymbol{z}(n) \triangleq [[\boldsymbol{z}^{(1)}(n)]^{\mathrm{T}} \quad [\boldsymbol{z}^{(2)}(n)]^{\mathrm{T}} \quad \cdots \quad [\boldsymbol{z}^{(L)}(n)]^{\mathrm{T}}]^{\mathrm{T}} \in \mathbb{C}^{(M_1+M_2+\cdots+M_L)\times 1}$$

同时，将各传感器的观测方程组合在一起，用一个方程表示，可以得到如下的广义观测方程：

$$\boldsymbol{z}(n) = \boldsymbol{C}(n)\boldsymbol{x}(n) + \boldsymbol{v}_2(n) \tag{7.6.32}$$

其中

$$\boldsymbol{C}(n) = [[\boldsymbol{C}^{(1)}(n)]^{\mathrm{T}} \quad [\boldsymbol{C}^{(2)}(n)]^{\mathrm{T}} \quad \cdots \quad [\boldsymbol{C}^{(L)}(n)]^{\mathrm{T}}]^{\mathrm{T}} \in \mathbb{C}^{(M_1+M_2+\cdots+M_L)\times N}$$

$$\boldsymbol{v}_2(n) = [[\boldsymbol{v}_2^{(1)}(n)]^{\mathrm{T}} \quad [\boldsymbol{v}_2^{(2)}(n)]^{\mathrm{T}} \quad \cdots \quad [\boldsymbol{v}_2^{(L)}(n)]^{\mathrm{T}}]^{\mathrm{T}} \in \mathbb{C}^{(M_1+M_2+\cdots+M_L)\times 1}$$

$\boldsymbol{C}(n)$和$\boldsymbol{v}_2(n)$分别被称为广义观测矩阵和广义观测噪声。$\boldsymbol{v}_2(n)$为零均值白噪声，它的自相关矩阵 $\boldsymbol{Q}_2(n)$满足

$$\boldsymbol{Q}_2(n)=\begin{bmatrix}\boldsymbol{Q}_2^{(1)}(n) & & & \\ & \boldsymbol{Q}_2^{(2)}(n) & & \\ & & \ddots & \\ & & & \boldsymbol{Q}_2^{(L)}(n)\end{bmatrix}$$

对由式(7.6.7)和式(7.6.32)构成的线性系统进行基本卡尔曼滤波，便可以得到集中式卡尔曼滤波方程，这里不具体给出。该方法利用一个滤波器集中处理所有观测数据，无任何信息损失，因此，可以获得最优估计。但其中的状态向量维数随着传感器数目的增多而提高，运算量也会相应增大，当传感器数目达到一定时，将无法保证滤波器的实时性。

图 7.6.10 所示的分布式融合系统中，各个传感器首先要进行局部滤波(与融合单元的滤波相比，各分布传感器的滤波称为局部滤波)，并将当前的状态估计结果送至融合单元，融合单元对各传感器提供的局部估计进行融合给出最终的全局估计。局部滤波实质为分布传感器的卡尔曼滤波过程，而融合单元输出的全局估计是局部估计的线性组合，可见，融合单元在此的作用与其在集中式融合系统中的不同，它不进行卡尔曼滤波而仅实现局部估计的优化组合。

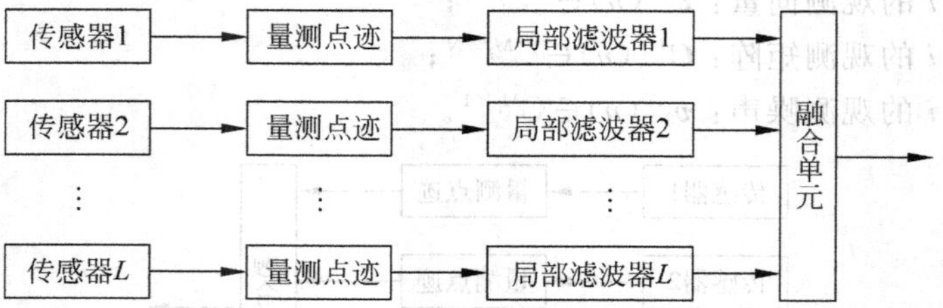

图 7.6.10　分布式融合系统

首先，考虑仅有两个传感器的情况，即 $L=2$。假设 n 时刻的局部状态估计分别为 $\hat{\boldsymbol{x}}^{(1)}(n|\mathscr{Z}_n^{(1)})$ 和 $\hat{\boldsymbol{x}}^{(2)}(n|\mathscr{Z}_n^{(2)})$，其中，$\mathscr{Z}_n^{(i)}=\{\boldsymbol{z}^{(i)}(1),\boldsymbol{z}^{(i)}(2),\cdots,\boldsymbol{z}^{(i)}(n)\}$，$i=1,2$，相应的估计误差自相关矩阵为 $\boldsymbol{P}^{(1)}(n)$ 和 $\boldsymbol{P}^{(2)}(n)$。局部状态估计是卡尔曼滤波的结果，融合后的全局状态估计 $\hat{\boldsymbol{x}}_{\mathrm{F}}(n|\mathscr{Z}_n)$ 为局部状态估计的线性组合，因此有

$$\hat{\boldsymbol{x}}_{\mathrm{F}}(n\mid\mathscr{Z}_n)=\boldsymbol{W}^{(1)}(n)\,\hat{\boldsymbol{x}}^{(1)}(n\mid\mathscr{Z}_n^{(1)})+\boldsymbol{W}^{(2)}(n)\,\hat{\boldsymbol{x}}^{(2)}(n\mid\mathscr{Z}_n^{(2)})\tag{7.6.33}$$

其中，$\mathscr{Z}_n=\{\mathscr{Z}_n^{(1)},\mathscr{Z}_n^{(2)}\}$，$\boldsymbol{W}^{(1)}(n)$ 和 $\boldsymbol{W}^{(2)}(n)$ 为待定加权矩阵。最优全局状态估计首先应满足估计无偏性，由此不难得到

$$\boldsymbol{W}^{(1)}(n)=\boldsymbol{I}-\boldsymbol{W}^{(2)}(n)\in\mathbb{C}^{N\times N}\tag{7.6.34}$$

将式(7.6.34)代入式(7.6.33)后，求 $\hat{\boldsymbol{x}}_{\mathrm{F}}(n|\mathscr{Z}_n)$ 的估计误差的自相关矩阵 $\boldsymbol{P}_{\mathrm{F}}(n)$，得

$$\begin{aligned}\boldsymbol{P}_{\mathrm{F}}(n)=&\ \mathrm{E}\{[\boldsymbol{x}(n)-\hat{\boldsymbol{x}}_{\mathrm{F}}(n\mid\mathscr{Z}_n)][\boldsymbol{x}(n)-\hat{\boldsymbol{x}}_{\mathrm{F}}(n\mid\mathscr{Z}_n)]^{\mathrm{H}}\}\\=&\ \boldsymbol{P}^{(1)}(n)-\boldsymbol{W}^{(2)}(n)[\boldsymbol{P}^{(1)}(n)-\boldsymbol{P}^{(2)}(n)]^{\mathrm{H}}-[\boldsymbol{P}^{(1)}(n)-\boldsymbol{P}^{(2)}(n)][\boldsymbol{W}^{(2)}(n)]^{\mathrm{H}}\\&+\boldsymbol{W}^{(2)}(n)[\boldsymbol{P}^{(1)}(n)-\boldsymbol{P}^{(12)}(n)-\boldsymbol{P}^{(21)}(n)+\boldsymbol{P}^{(2)}(n)][\boldsymbol{W}^{(2)}(n)]^{\mathrm{H}}\end{aligned}\tag{7.6.35}$$

其中，$\boldsymbol{P}^{(ij)}(n)$ 代表传感器 i 和 j 状态估计误差的互相关矩阵，为

$$\boldsymbol{P}^{(ij)}(n)=\mathrm{E}\{[\boldsymbol{x}(n)-\hat{\boldsymbol{x}}^{(i)}(n\mid\mathscr{Z}_n^{(i)})][\boldsymbol{x}(n)-\hat{\boldsymbol{x}}^{(j)}(n\mid\mathscr{Z}_n^{(j)})]^{\mathrm{H}}\}$$

根据最优全局状态估计应使得估计误差平方和最小，即估计误差自相关矩阵的迹最小，可推导出[20]

$$\boldsymbol{W}^{(2)}(n)=[\boldsymbol{P}^{(1)}(n)-\boldsymbol{P}^{(12)}(n)][\boldsymbol{P}^{(1)}(n)-\boldsymbol{P}^{(12)}(n)-\boldsymbol{P}^{(21)}(n)+\boldsymbol{P}^{(2)}(n)]^{-1} \tag{7.6.36}$$

将式(7.6.34)和式(7.6.36)分别代入式(7.6.33)和式(7.6.35)，可得

$$\begin{aligned}\hat{\boldsymbol{x}}_{\mathrm{F}}(n\mid\mathscr{Z}_n)=&\hat{\boldsymbol{x}}^{(1)}(n\mid\mathscr{Z}_n^{(1)})+[\boldsymbol{P}^{(1)}(n)-\boldsymbol{P}^{(12)}(n)]\\&\cdot[\boldsymbol{P}^{(1)}(n)-\boldsymbol{P}^{(12)}(n)-\boldsymbol{P}^{(21)}(n)+\boldsymbol{P}^{(2)}(n)]^{-1}[\hat{\boldsymbol{x}}^{(2)}(n\mid\mathscr{Z}_n^{(2)})-\hat{\boldsymbol{x}}^{(1)}(n\mid\mathscr{Z}_n^{(1)})]\end{aligned} \tag{7.6.37}$$

$$\begin{aligned}\boldsymbol{P}_{\mathrm{F}}(n)=&\boldsymbol{P}^{(1)}(n)-[\boldsymbol{P}^{(1)}(n)-\boldsymbol{P}^{(12)}(n)]\\&\cdot[\boldsymbol{P}^{(1)}(n)-\boldsymbol{P}^{(12)}(n)-\boldsymbol{P}^{(21)}(n)+\boldsymbol{P}^{(2)}(n)]^{-1}\cdot[\boldsymbol{P}^{(1)}(n)-\boldsymbol{P}^{(12)}(n)]^{\mathrm{H}}\end{aligned} \tag{7.6.38}$$

若$\hat{\boldsymbol{x}}^{(1)}(n|\mathscr{Z}_n^{(1)})$和$\hat{\boldsymbol{x}}^{(2)}(n|\mathscr{Z}_n^{(2)})$不相关，则有

$$\boldsymbol{P}^{(12)}(n)=[\boldsymbol{P}^{(21)}(n)]^{\mathrm{H}}=\boldsymbol{0}$$

此时，式(7.6.37)和式(7.6.38)可简化为[20]

$$\begin{aligned}\hat{\boldsymbol{x}}_{\mathrm{F}}(n\mid\mathscr{Z}_n)=&[[\boldsymbol{P}^{(1)}(n)]^{-1}+[\boldsymbol{P}^{(2)}(n)]^{-1}]^{-1}\\&\cdot[[\boldsymbol{P}^{(1)}(n)]^{-1}\hat{\boldsymbol{x}}^{(1)}(n\mid\mathscr{Z}_n^{(1)})+[\boldsymbol{P}^{(2)}(n)]^{-1}\hat{\boldsymbol{x}}^{(2)}(n\mid\mathscr{Z}_n^{(2)})]\end{aligned} \tag{7.6.39}$$

$$\boldsymbol{P}_{\mathrm{F}}(n)=[[\boldsymbol{P}^{(1)}(n)]^{-1}+[\boldsymbol{P}^{(2)}(n)]^{-1}]^{-1} \tag{7.6.40}$$

利用数学归纳法，可以将上面的结果推广到 L 个局部状态估计的情况：若有 L 个局部状态估计$\hat{\boldsymbol{x}}^{(1)}(n|\mathscr{Z}_n^{(1)}),\hat{\boldsymbol{x}}^{(2)}(n|\mathscr{Z}_n^{(2)}),\cdots,\hat{\boldsymbol{x}}^{(L)}(n|\mathscr{Z}_n^{(L)})$和相应的估计误差自相关矩阵$\boldsymbol{P}^{(1)}(n),\boldsymbol{P}^{(2)}(n),\cdots,\boldsymbol{P}^{(L)}(n)$，且各局部估计互不相关，即 $i\neq j$ 时 $\boldsymbol{P}^{(ij)}(n)=\boldsymbol{0}$，则全局最优估计为

$$\hat{\boldsymbol{x}}_{\mathrm{F}}(n\mid\mathscr{Z}_n)=\boldsymbol{P}_{\mathrm{F}}(n)\sum_{i=1}^{L}[\boldsymbol{P}^{(i)}(n)]^{-1}\hat{\boldsymbol{x}}^{(i)}(n\mid\mathscr{Z}_n^{(i)}) \tag{7.6.41}$$

$$\boldsymbol{P}_{\mathrm{F}}(n)=\left[\sum_{i=1}^{L}[\boldsymbol{P}^{(i)}(n)]^{-1}\right]^{-1} \tag{7.6.42}$$

由式(7.6.41)可见，若第 i 个传感器估计精度差，则它对全局估计的贡献$[\boldsymbol{P}^{(i)}(n)]^{-1}\hat{\boldsymbol{x}}^{(i)}(n|\mathscr{Z}_n^{(i)})$就比较小。

例 7.4 考虑采用由两部雷达构成的分布式融合系统，对例 7.2 中的运动目标进行跟踪。观测噪声的统计特性由 x 和 y 方向的观测噪声标准差描述，雷达 1 在两方向的观测噪声标准差为 $\sigma_x=\sigma_y=40\mathrm{m}$，雷达 2 在两个方向的观测噪声标准差为 $\sigma_x=\sigma_y=30\mathrm{m}$。试给出融合单元对目标位置和速度的估计方差，并将其与相应的局部估计方差进行比较。(假设两雷达的局部估计互不相关)

根据已知条件，建立系统状态方程如式(7.6.7)，雷达 1 和 2 的观测方程为

$$\boldsymbol{z}^{(i)}(n)=\boldsymbol{C}^{(i)}(n)\boldsymbol{x}(n)+\boldsymbol{v}_2^{(i)}(n),\quad i=1,2$$

其中各参数分别为：

- 观测向量：$\boldsymbol{z}^{(i)}(n)=[z_x^{(i)}(n)\quad z_y^{(i)}(n)]^{\mathrm{T}},\quad i=1,2$；
- 观测矩阵：$\boldsymbol{C}^{(i)}(n)=\begin{bmatrix}1&0&0&0\\0&0&1&0\end{bmatrix},\quad i=1,2$。

其中，$z_x^{(i)}(n)$和$z_y^{(i)}(n)$为雷达i在n时刻测得的目标两方向的位置值。两雷达测量噪声的自相关矩阵分别为

$$\boldsymbol{Q}_2^{(1)}(n)=\begin{bmatrix}40^2 & 0\\ 0 & 40^2\end{bmatrix},\quad \boldsymbol{Q}_2^{(2)}(n)=\begin{bmatrix}30^2 & 0\\ 0 & 30^2\end{bmatrix}$$

利用前两个时刻的观测值，根据7.6.2节中介绍的初始化方法设定状态估计及估计误差自相关矩阵的初始值。在获得n时刻观测向量后，首先将此观测值输入，在雷达1和2中进行标准卡尔曼滤波，并得到两个局部状态估计$\hat{\boldsymbol{x}}^{(1)}(n|\mathscr{L}_n^{(1)})$和$\hat{\boldsymbol{x}}^{(2)}(n|\mathscr{L}_n^{(2)})$，然后利用式(7.6.41)和式(7.6.42)，即可得到全局最优估计及相应的估计误差自相关矩阵。以下是100次蒙特卡罗仿真的平均结果。

图7.6.11(a)给出了融合单元、雷达1和雷达2对目标在x方向上位置的估计方差，图7.6.11(b)是相应的速度估计方差。y方向的结果与此类似，不再重复给出。从中可见，由于雷达2的观测精度比雷达1高，利用它的观测结果得到的目标位置和速度估计方

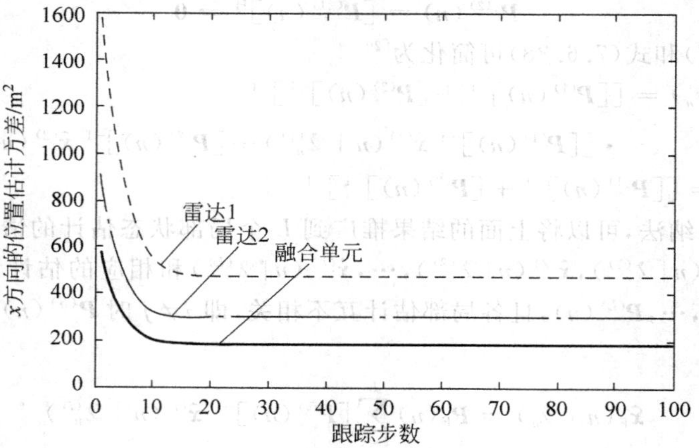

(a) x方向的位置估计方差

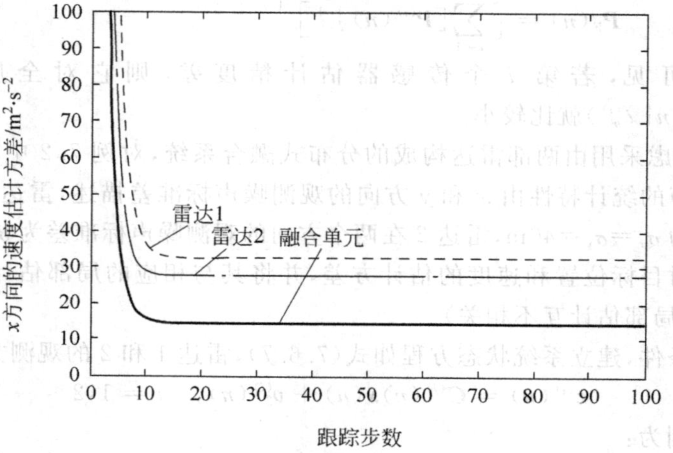

(b) x方向的速度估计方差

图7.6.11　x方向的位置和速度估计方差比较

差比雷达 1 的小。其中，雷达 1 在 x 方向上的稳态位置估计方差约为 $475.963\mathrm{m}^2$，稳态速度估计方差约为 $32.368\mathrm{m}^2\cdot\mathrm{s}^{-2}$；雷达 2 在 x 方向上的稳态位置估计方差约为 $301.245\mathrm{m}^2$，稳态速度估计方差约为 $27.653\mathrm{m}^2\cdot\mathrm{s}^{-2}$。融合单元综合利用了两部雷达的估计信息，目标位置和速度估计方差最小，融合单元在 x 方向上的稳态位置估计方差约为 $183.7346\mathrm{m}^2$，稳态速度估计方差约为 $14.838\mathrm{m}^2\cdot\mathrm{s}^{-2}$，可见，全局估计精度高于任何单部雷达的局部估计精度。

习题

7.1 假设 n 阶维纳滤波器输入为 $\boldsymbol{z}_n=[z(1)\quad z(2)\quad\cdots\quad z(n)]^{\mathrm{T}}\in\mathbb{C}^{n\times 1}$，且信号 $x(n)$ 为期望响应。若满足维纳-霍夫方程的最优权向量为 $\boldsymbol{w}(n)$，那么对信号 $x(n)$ 的最小均方误差估计为

$$\hat{x}(n\mid\mathscr{Z}_n)=\boldsymbol{w}^{\mathrm{H}}(n)\boldsymbol{z}_n$$

新息过程为

$$\alpha(n)=x(n)-\hat{x}(n\mid\mathscr{Z}_n)$$

定义 $\boldsymbol{\alpha}_n=[\alpha(1)\quad\alpha(2)\quad\cdots\quad\alpha(n)]^{\mathrm{T}}$，根据新息过程的性质有

$$\boldsymbol{\alpha}_n=\boldsymbol{L}_n\boldsymbol{z}_n$$

其中，$\boldsymbol{L}_n$ 为一满秩矩阵。因此，$x(n)$ 的最小均方误差估计可进一步表示为

$$\hat{x}(n\mid\mathscr{Z}_n)=\boldsymbol{b}^{\mathrm{H}}(n)\,\boldsymbol{\alpha}_n$$

其中，$\boldsymbol{b}^{\mathrm{H}}(n)=\boldsymbol{w}^{\mathrm{H}}(n)\boldsymbol{L}_n^{-1}$。证明 $\boldsymbol{b}(n)$ 是滤波器输入为 $\boldsymbol{\alpha}_n$ 时，最小均方误差准则下的最优权向量。

7.2 在卡尔曼滤波中，当系统的状态噪声和观测噪声的自相关矩阵 $\boldsymbol{Q}_1(n)$、$\boldsymbol{Q}_2(n)$ 以及状态估计误差自相关矩阵的初始值 $\boldsymbol{P}(0)$ 同时增大 β 倍时，试分析 Kalman 增益矩阵的变化情况。

7.3 试证明卡尔曼滤波中的状态估计误差自相关矩阵满足

$$\boldsymbol{P}^{-1}(n)=\boldsymbol{C}^{\mathrm{H}}(n)\boldsymbol{Q}_2^{-1}(n)\boldsymbol{K}^{-1}(n)$$

$$\boldsymbol{P}^{-1}(n)=\boldsymbol{C}^{\mathrm{H}}(n)\boldsymbol{Q}_2^{-1}(n)\boldsymbol{C}(n)+\boldsymbol{P}^{-1}(n,n-1)$$

7.4 假设 $x(n)$ 是一个时不变的标量随机变量，在观测它的过程中，受到零均值、方差为 σ_v^2 的加性高斯白噪声 $v(n)$ 的影响。现采用卡尔曼滤波器对 $x(n)$ 进行估计，其中，$P(0)=p_0$。试构造系统的状态方程和观测方程，并给出状态变量 $x(n)$ 的更新公式。

7.5 考虑题 7.4 中的两种特殊情况：

(1) 加性白噪声 $v(n)$ 的方差无穷大。

(2) 状态变量 $x(n)$ 的方差无穷大。

讨论在上述情况下状态变量估计 $\hat{x}(n\mid\mathscr{Z}_n)$ 的状况。

7.6 设某系统状态方程和观测方程为

$$\begin{cases}x(n)=Fx(n-1)+v_1(n-1)\\ z(n)=x(n)+v_2(n)\end{cases}$$

式中 $x(n)$ 和 $z(n)$ 均为标量，F 为常数。$v_1(n)$ 和 $v_2(n)$ 为零均值白噪声，且满足

$$\mathrm{E}[v_1(n)v_1(j)] = Q_1 \cdot \delta(n-j), \quad \mathrm{E}[v_2(n)v_2(j)] = Q_2 \cdot \delta(n+j)$$

其中，Q_1 和 Q_2 为常数。$v_1(n)$、$v_2(n)$ 和 $x(0)$ 三者互不相关。求 $\hat{x}(n|\mathscr{Z}_n)$ 的递推方程。

7.7　假设状态变量服从如下一阶 AR 模型：

$$x(n) = 0.6x(n-1) + w(n)$$

其中，$w(n)$ 为均值为 0、方差为 0.4 的白噪声。观测方程为

$$z(n) = x(n) + v(n)$$

其中，$v(n)$ 是一个与 $w(n)$ 不相关的白噪声，均值为 0、方差为 1。试用卡尔曼滤波器估计状态变量，给出 $\hat{x}(n|\mathscr{Z}_n)$ 的具体表达式。

7.8　在许多情况下，目标状态的预测误差自相关矩阵 $\boldsymbol{P}(n,n-1)$ 随着迭代次数 n 的增大，将趋于一个稳定值 $\boldsymbol{P}$。证明当状态转移矩阵 $\boldsymbol{F}(n,n-1)$ 和状态噪声输入矩阵 $\boldsymbol{\Gamma}(n,n-1)$ 均为单位矩阵时，下式成立：

$$\boldsymbol{P}\boldsymbol{C}^{\mathrm{H}}(\boldsymbol{C}\boldsymbol{P}\boldsymbol{C}^{\mathrm{H}} + \boldsymbol{Q}_2)^{-1}\boldsymbol{C}\boldsymbol{P} - \boldsymbol{Q}_1 = \boldsymbol{0}$$

其中，$\boldsymbol{C}$、$\boldsymbol{Q}_1$ 和 $\boldsymbol{Q}_2$ 分别为观测矩阵 $\boldsymbol{C}(n)$、系统状态噪声自相关矩阵 $\boldsymbol{Q}_1(n)$ 和观测噪声自相关矩阵 $\boldsymbol{Q}_2(n)$ 在 n 趋于无穷大时的极限值。

7.9　一个时变的实 ARMA 过程由下列差分方程描述：

$$y(n) + \sum_{k=1}^{p} a_k(n)y(n-k) = \sum_{k=1}^{q} a_{p+k}(n)v(n-k) + v(n)$$

其中，$a_1(n),\cdots,a_p(n),a_{p+1}(n),\cdots,a_{p+q}(n)$ 为 ARMA 模型参数，输入过程 $v(n)$ 是一个高斯白噪声，方差为 σ_v^2。ARMA 模型的参数服从如下随机扰动模型：

$$a_k(n+1) = a_k(n) + w_k(n), \quad k = 1,2,\cdots,p+q$$

其中，$w_k(n)$ 是与 $w_j(n)$，$j \neq k$ 和 $v(n)$ 相互独立的零均值高斯白噪声过程，且 $w_k(n)$，$k=1,2,\cdots,p+q$ 的方差均为 σ_w^2。根据上述条件，建立时变 ARMA 过程的状态方程，其中的状态向量和观测矩阵（在此为向量形式）分别为

$$\boldsymbol{x}(n) = [a_1(n) \quad \cdots \quad a_p(n) \quad a_{p+1}(n) \quad \cdots \quad a_{p+q}(n)]^{\mathrm{T}}$$

$$\boldsymbol{c}(n) = [-y(n-1) \quad \cdots \quad -y(n-p) \quad v(n-1) \quad \cdots \quad v(n-q)]$$

在此基础上，给出更新状态向量 $\boldsymbol{x}(n)$ 的卡尔曼滤波算法。

7.10　假设系统的状态方程和观测方程分别为

$$\begin{cases} x(n) = 2x(n-1) + v_1(n-1) \\ z(n) = x(n) + v_2(n) \end{cases}$$

其中，$x(n)$、$z(n)$ 均为标量，$v_1(n)$、$v_2(n)$ 为零均值白噪声序列，且满足

$$\mathrm{E}[v_1(n)v_1(j)] = 3 \cdot \delta(n-j), \quad \mathrm{E}[v_2(n)v_2(j)] = 1 \cdot \delta(n-j)$$

$v_1(n)$、$v_2(n)$ 和 $x(0)$ 三者互不相关，$\mathrm{E}[x(0)]=0$，观测序列为 $\{1,-2,2,-1\}$。在 $P(0)=0$ 的情况下，计算 $n=3$ 时的状态预测值 $\hat{x}(4|\mathscr{Z}_3)$ 及一步预测误差自相关矩阵值 $P(4,3)$。

7.11　对状态向量的估计可以写成

$$\hat{\boldsymbol{x}}(n \mid \mathscr{Z}_n) = \boldsymbol{E}(n-1)\,\hat{\boldsymbol{x}}(n-1 \mid \mathscr{Z}_{n-1}) + \boldsymbol{K}(n)z(n)$$

其中，对 n 时刻的状态向量的估计 $\hat{\boldsymbol{x}}(n|\mathscr{Z}_n)$ 运用了 $n-1$ 时刻的状态估计值 $\hat{\boldsymbol{x}}(n-1|\mathscr{Z}_{n-1})$

和 n 时刻得到的观测向量 $\boldsymbol{z}(n)$ 的信息，因此，它是线性估计的最一般形式。在给定卡尔曼滤波的状态转移矩阵 $\boldsymbol{F}(n,n-1)$ 和观测矩阵 $\boldsymbol{C}(n)$ 的条件下，请给出 $\boldsymbol{E}(n-1)$ 和 $\boldsymbol{K}(n)$ 满足什么关系时，估计为无偏的。

7.12 考虑采用雷达对在三维空间中运动的一目标进行跟踪，雷达观测参数包括目标距离 r、方位角 θ 和俯仰角 φ，如图 P7.12 所示。

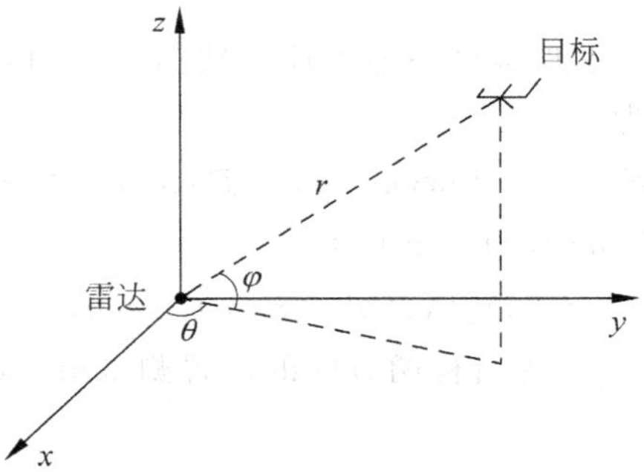

图 P7.12

定义状态向量由目标在各方向上的位置、速度及加速度分量构成，为

$$\boldsymbol{x}(n) = [x(n) \quad v_x(n) \quad a_x(n) \quad y(n) \quad v_y(n) \quad a_y(n) \quad z(n) \quad v_z(n) \quad a_z(n)]^{\mathrm{T}}$$

系统的观测向量为

$$\boldsymbol{z}(n) = [r(n) \quad \theta(n) \quad \varphi(n)]^{\mathrm{T}}$$

它是目标状态向量的非线性函数，即

$$\boldsymbol{z}(n) = \boldsymbol{h}[\boldsymbol{x}(n), n] + \boldsymbol{v}(n)$$

其中，$\boldsymbol{v}(n)$ 为观测噪声。现分别采用标称状态线性化滤波方法和扩展卡尔曼滤波方法实现目标跟踪，请给出两种方法中近似线性化的系统观测方程。

7.13 设有如下标量非线性系统：

$$\begin{cases} x(n) = [4 + u(n-1)]x(n-1) + v_1(n-1) \\ z(n) = x^2(n) + v_2(n) \end{cases}$$

其中，$u(n)$ 是一确定序列，$v_1(n)$ 和 $v_2(n)$ 为零均值高斯白噪声，且满足

$$\mathrm{E}[v_1(n)v_1(j)] = q \cdot \delta(n-j), \quad \mathrm{E}[v_2(n)v_2(j)] = r \cdot \delta(n-j)$$

其中，q 和 r 均为常数。$v_1(n)$、$v_2(n)$ 及 $x(0)$ 相互独立，求该非线性系统的标称状态线性化滤波和扩展卡尔曼滤波方程。

仿真题

7.14 设信号 $u(n)$ 由一个四阶 AR 模型

$$u(n) - 1.6u(n-1) + 1.46u(n-2) - 0.616u(n-3) + 0.1525u(n-4) = v(n)$$

产生，其中，$v(n)$ 为零均值的高斯白噪声过程，噪声方差为 $\sigma_v^2 = 0.0332$。图 P7.14 为以该序列作为输入的四阶线性预测模型，试用卡尔曼滤波算法估计该模型中的最优权值，并与原模型参数比较。

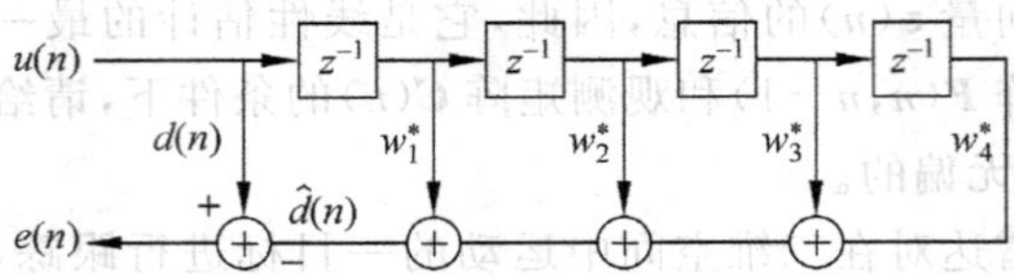

图 P7.14

7.15 考虑采用 α-β-γ 滤波器对一匀加速直线运动的目标进行跟踪。此时，系统的状态方程和观测方程分别为

$$\boldsymbol{x}(n)=\boldsymbol{F}(n,n-1)\boldsymbol{x}(n-1)+\boldsymbol{\Gamma}(n,n-1)\boldsymbol{v}_1(n-1)$$
$$z(n)=\boldsymbol{C}(n)\boldsymbol{x}(n)+v_2(n)$$

其中，$\boldsymbol{x}(n)=[x(n)\quad v_x(n)\quad a_x(n)]^{\mathrm{T}}$，$z(n)=z_x(n)$。$x(n)$、$v_x(n)$和 $a_x(n)$分别为目标的位置、速度和加速度参量，$z_x(n)$为目标两方向的位置测量值。状态转移矩阵、状态噪声输入矩阵和观测矩阵分别为

$$\boldsymbol{F}(n,n-1)=\begin{bmatrix}1 & T & T^2/2\\ 0 & 1 & T\\ 0 & 0 & 1\end{bmatrix},\quad \boldsymbol{\Gamma}(n,n-1)=\begin{bmatrix}T^2/2\\ T\\ 1\end{bmatrix},\quad \boldsymbol{C}(n)=\begin{bmatrix}1\\ 0\\ 0\end{bmatrix}^{\mathrm{T}}$$

其中，T 为采样周期。α-β-γ 滤波增益为$\boldsymbol{K}(n)=[\alpha\quad \beta/T\quad \gamma/T^2]^{\mathrm{T}}$，其中的 α、β、γ 按下式计算

$$\alpha=\frac{3(3n^2-3n+2)}{n(n+1)(n+2)}$$
$$\beta=\frac{8(2n-1)}{n(n+1)(n+2)}$$
$$\gamma=\frac{60}{n(n+1)(n+2)}$$

假设目标运动的真实初始状态为 $\boldsymbol{x}(n)=[10\quad 20\quad 5]^{\mathrm{T}}$，系统状态噪声$\boldsymbol{v}_1(n)$和观测噪声 $v_2(n)$的方差分别为 $9\mathrm{m}^2$ 和 $100\mathrm{m}^2$，请给出滤波器估计的目标位置、速度和加速度方差。

7.16 假设目标在二维空间中运动，它从初始位置(100m，100m)出发，在 x 和 y 方向分别以 25m/s 和 20m/s 的速度进行匀速直线运动。考虑采用图 P7.16 所示的具有反馈信息的分布式融合系统对该目标进行跟踪。对于不具有反馈信息的分布式融合系统，融合单元的最优状态估计直接输出；而在具有反馈信息的分布式融合系统中，最优状态估计在输出的同时，也输入至各局部滤波器，因此，滤波器 i 在进行标准卡尔曼滤波时，利用最优状态估计计算状态预测值$\hat{\boldsymbol{x}}^{(i)}(n|\mathscr{Z}_{n-1}^{(i)})$和预测误差自相关矩阵 $\boldsymbol{P}^{(i)}(n,n-1)$如下：

$$\hat{\boldsymbol{x}}^{(i)}(n\mid\mathscr{Z}_{n-1}^{(i)})=\boldsymbol{F}(n,n-1)\,\hat{\boldsymbol{x}}_{\mathrm{F}}(n-1\mid\mathscr{Z}_{n-1})$$
$$\boldsymbol{P}^{(i)}(n,n-1)=\boldsymbol{F}(n,n-1)\boldsymbol{P}_{\mathrm{F}}(n-1)\boldsymbol{F}^{\mathrm{H}}(n,n-1)+\boldsymbol{\Gamma}(n,n-1)\boldsymbol{Q}_1(n-1)\,\boldsymbol{\Gamma}^{\mathrm{H}}(n,n-1)$$

除此以外，其余滤波过程与不具有反馈信息的分布式融合系统的相同。观测噪声的统计特性由 x 和 y 方向的观测噪声标准差来描述，雷达 1 在两方向的观测噪声标准差为 $\sigma_x=\sigma_y=40\mathrm{m}$，雷达 2 在两个方向的观测噪声标准差为 $\sigma_x=\sigma_y=30\mathrm{m}$。试给出融合单元对目标

位置和速度的估计方差。其中的系统状态噪声假设为零均值的高斯白噪声，自相关矩阵取为 $6.25\boldsymbol{I}$。

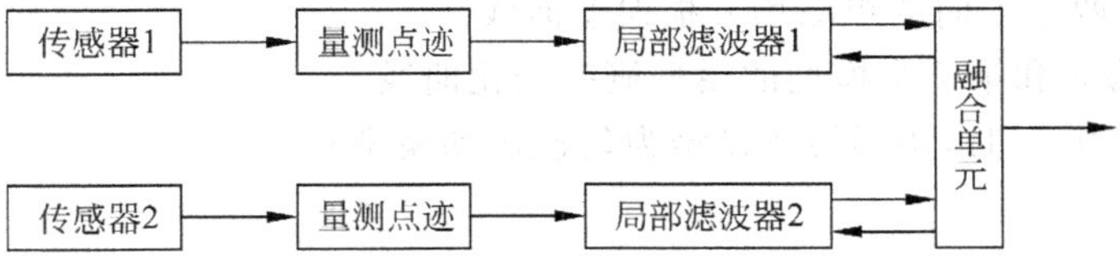

图　P7.16

7.17　现有一个在二维平面内运动的目标，它从(60000m,40000m)处，以(−172m/s,246m/s)的速度出发。在400s的运动过程中，目标运动速率保持为300m/s，并在56～105s、182～245s、285～314s和348～379s期间分别以1g、−1.5g、3g和−2.5g($g=9.8\text{m/s}^2$)的转弯速率进行机动，其余时间段则进行匀速运动。系统在两个方向的观测噪声标准差为 $\sigma_x=\sigma_y=100\text{m}$。采用IMM算法实现对该目标的跟踪，其中的模型集合由具有不同转弯速率的协同转弯模型构成。定义状态向量由目标在各方向的位置和速度分量构成，即

$$\boldsymbol{x}(n)=[x(n)\quad v_x(n)\quad y(n)\quad v_y(n)]^{\mathrm{T}}$$

在协同转弯模型中，状态转移矩阵及状态噪声输入矩阵分别为

$$\boldsymbol{F}_\omega(n,n-1)=\begin{bmatrix}1 & \dfrac{\sin(\omega T)}{\omega} & 0 & -\dfrac{1-\cos(\omega T)}{\omega}\\ 0 & \cos(\omega T) & 0 & -\sin(\omega T)\\ 0 & \dfrac{1-\cos(\omega T)}{\omega} & 1 & \dfrac{\sin(\omega T)}{\omega}\\ 0 & \sin(\omega T) & 0 & \cos(\omega T)\end{bmatrix}$$

$$\boldsymbol{\Gamma}(n,n-1)=\begin{bmatrix}T^2/2 & 0\\ T & 0\\ 0 & T^2/2\\ 0 & T\end{bmatrix}$$

其中，ω 为转弯速率，T 为采样周期。模型集合由7个协同转弯模型组成，转弯速率分别为 $\omega_1=-5.6°/\text{s}$、$\omega_2=-3.74°/\text{s}$、$\omega_3=-1.87°/\text{s}$、$\omega_4=0°/\text{s}$、$\omega_5=1.87°/\text{s}$、$\omega_6=3.74°/\text{s}$ 和 $\omega_7=5.6°/\text{s}$。转速 ω_0 对应模型的系统状态噪声标准差为 1.8m/s^2，其余模型的系统状态噪声标准差为 2.5m/s^2。模型初始概率为{0.03,0.03,0.03,0.92,0.03,0.03,0.03}，转移概率矩阵为

$$\boldsymbol{\pi}=\begin{bmatrix}0.9 & 0.1 & 0 & 0 & 0 & 0 & 0\\ 0.1 & 0.8 & 0.1 & 0 & 0 & 0 & 0\\ 0 & 0.1 & 0.8 & 0.1 & 0 & 0 & 0\\ 0 & 0 & 0.1 & 0.8 & 0.1 & 0 & 0\\ 0 & 0 & 0 & 0.1 & 0.8 & 0.1 & 0\\ 0 & 0 & 0 & 0 & 0.1 & 0.8 & 0.1\\ 0 & 0 & 0 & 0 & 0 & 0.1 & 0.9\end{bmatrix}$$

请给出：

（1）目标的真实运动航迹。

（2）目标在两个方向的跟踪均方根误差曲线。

（3）第4、第5和第7个模型的模型概率变化曲线。

（注：当 $\omega=0°/s$ 时，协同转弯模型为匀速运动模型）

参考文献

[1] 何子述. 信号与系统[M]. 北京：高等教育出版社，2007.

[2] 文成林，周东华. 多尺度估计理论及其应用[M]. 北京：清华大学出版社，2002.

[3] 贾沛璋，朱征桃. 最优估计及其应用[M]. 北京：科学出版社，1984.

[4] Julier S J, Uhlmann J K. A new extension of the Kalman filter to nonlinear systems [A]. SPIE [C]. Orlando, FL, 1997. 3068: 182-193.

[5] Julier S J, Uhlmann J K. A new method for the nonlinear transformation for means and covariances in filters and estimators [J]. IEEE Transactions on Automatic Control, 2000, 45(3): 477-482.

[6] Gordon N J, Salmond D J, Smith A F M, et al. Novel approach to nonlinear and non-Gaussian Bayesian state estimation [J]. IEE Proceedings-F, 1993, 140(2): 107-113.

[7] Arulampalam M S, Maskell S, Gordon N, et al. A tutorial on particle filters for online nonlinear/non-Gaussian Bayesian tracking [J]. IEEE Trans. on Signal Processing, 2002, 50(2): 174-188.

[8] Li X R, Jilkov V P. Survey of maneuvering target tracking. Part I: dynamic models [J]. IEEE Transactions on Aerospace and Electronic Systems, 2003, 39(4): 1333-1364.

[9] 何友，修建娟，张晶炜等. 雷达数据处理及应用[M]. 北京：电子工业出版社，2006.

[10] Bar-Shalom Y, Fortmann T E 著，张兰秀，赵连芳 译. 跟踪和数据关联[M]. 连云港：中国船舶工业总公司第七一六研究所，1991.

[11] Blom H A P, Bar-Shalom Y. The interacting multiple model algorithm for systems with markovian switching coefficients [J]. IEEE Transactions on Automatic Control, 1988, 33(8): 780-783.

[12] Mazor E, Averbuch A, Bar-Shalom Y, et al. Interacting multiple model in target tracking: a survey [J]. IEEE Transactions on Aerospace and Electronic Systems, 1998, 34(1): 103-123.

[13] 杨万海. 多传感器数据融合及应用[M]. 西安：西安电子科技大学出版社，2004.

[14] Linas J, Waltz E. Multisensor data fusion. Norwood [M]. MA: Artech House, 1990.

[15] 程婷，何子述，李会勇. 采用多速率多模型交互实现机动目标的全速率跟踪[J]. 电子学报，2006, 34(12): 2315-2318.

[16] Cheng T, He Z S, Li H Y, et al. A full-rate tracking algorithm of maneuvering target based on multi-rate CS and CV models [A]. International Conference on Radar [C]. Shanghai, 2006, 1829-1832.

[17] Cheng T, He Z S, Tang T. Adaptive update interval tracking based on adaptive grid interacting multiple model[J]. IET Radar, Sonar & Navigation, 2008, 2(2): 104-110.

[18] Hall D L. Mathematical techniques in multisensor data fusion [M]. Boston, London: Artech House, 1992.

[19] 何友，王国宏，彭应宁等. 多传感器信息融合及应用[M]. 北京：电子工业出版社，2000.

[20] 权太范. 信息融合：神经网络——模糊推理理论与应用[M]. 北京：国防工业出版社，2002.

第 8 章　阵列信号处理与空域滤波

本书前面各章讨论的信号处理理论和算法，都是针对时间信号进行的，即信号的变量是离散时间 n。本章将把这些信号处理方法应用到阵列信号处理，阵列信号处理有时也称为空域信号处理，它是对放置在空间不同位置的多个传感器构成的阵列的接收信号进行处理，此时信号的变量除时间外，还有空间位置。

如第 4 章中的图 4.1.1 所示，在前面各章讨论的 M 抽头横向滤波器中，各抽头处的信号分别为时间信号的时延，为 $u(n),u(n-1),\cdots,u(n-M+1)$，如果将横向滤波器第 m 个抽头处的信号用空间第 m 个位置的传感器的接收信号 $x_m(n)(m=0,1,\cdots,M-1)$ 代替，为 $x_0(n),x_1(n),\cdots,x_{M-1}(n)$，则前面各章中讨论的信号处理理论大多可以推广应用到空域信号处理，这便是本章要讨论的阵列信号处理的基本思想。

本章将首先介绍阵列接收信号模型，然后将第 3 章功率谱估计的思想推广应用到阵列信号处理，得到空间谱估计的理论和算法；接下来将自适应滤波的理论推广应用到空域处理，推导出数字自适应波束形成和自适应干扰置零理论和算法。

8.1　阵列接收信号模型

8.1.1　均匀线阵接收信号模型

如图 8.1.1 所示，设空间远场有一个窄带信号 $\tilde{s}(t)$ 入射到空间阵列上，假设阵列是由 M 个阵元组成的均匀线阵(ULA，uniform linear array)。由于第 1 章 1.7 节讨论的离散时间窄带信号的复数表示同样适合连续时间信号，窄带信号 $\tilde{s}(t)$ 可表示为如下的复数形式：

$$\tilde{s}(t) = s(t)e^{j\omega_0 t} \tag{8.1.1}$$

其中，ω_0 是接收信号的载波角频率；$s(t)=u(t)e^{j\psi(t)}$ 是信号 $\tilde{s}(t)$ 的复包络，$u(t)$ 和 $\psi(t)$ 分别是接收信号的幅度和相位。

在图 8.1.1 所示的均匀线阵模型中，阵元等间距分布，间隔为 d，信号入射角度相对于法线方向为 θ。远场信号的入射波到达阵列时可近似为平面波，因此从图中可以看出，信号到达阵元 1 时相对于阵元 0 的波程差为 $d\sin\theta$，信号到达阵元 2 时相对于阵元 0 的波程差为 $2d\sin\theta$。依此类推，可得信号到达阵元 m 时相对于阵元 0 的波程差为 $md\sin\theta$。对平面波，信号到达阵元 m 时相对于阵

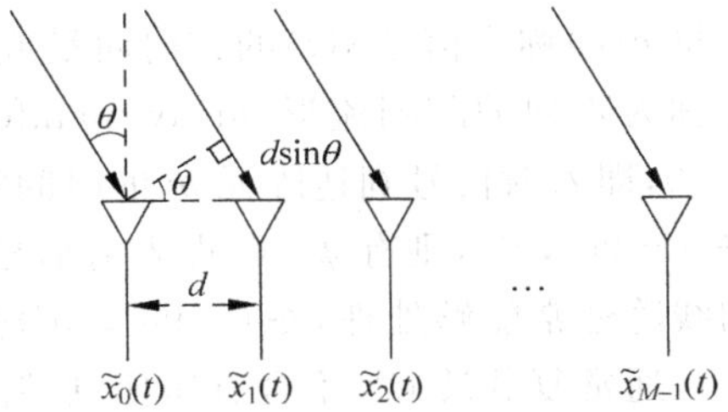

图 8.1.1　均匀线阵接收信号模型

元 0 的传播时延为

$$\tau_m = \frac{md\sin\theta}{c} = m\tau \tag{8.1.2}$$

其中，c 是光速，$\tau=\dfrac{d\sin\theta}{c}$为信号到达阵元 1 时相对于阵元 0 的传播时延。

如果设阵元 0 接收的信号为

$$\tilde{x}(t) = \tilde{s}(t) = s(t)\mathrm{e}^{\mathrm{j}\omega_0 t} \tag{8.1.3}$$

则阵元 m 接收的信号为

$$\tilde{x}_m(t) = \tilde{x}(t-\tau_m) = \tilde{s}(t-\tau_m) \tag{8.1.4}$$

因为信号$\tilde{s}(t)$是窄带的，即 $s(t)$是慢变化的，有

$$s(t) \approx s(t-\tau_m), \quad m = 0,1,\cdots,M-1 \tag{8.1.5}$$

所以有

$$\tilde{x}_m(t) = \tilde{s}(t-\tau_m) = s(t-\tau_m)\mathrm{e}^{\mathrm{j}\omega_0(t-\tau_m)} \approx s(t)\mathrm{e}^{\mathrm{j}\omega_0 t}\mathrm{e}^{-\mathrm{j}\omega_0\tau_m} \tag{8.1.6}$$

或者等价地记为

$$\tilde{x}_m(t) = \tilde{s}(t)\mathrm{e}^{-\mathrm{j}\omega_0\tau_m} = \tilde{s}(t)\mathrm{e}^{-\mathrm{j}m\omega_0\tau} \tag{8.1.7}$$

定义空间相位

$$\phi = \omega_0\tau = 2\pi f_0 d\sin\theta/c = 2\pi d\sin\theta/\lambda$$

其中 f_0 是入射信号的载波频率，λ 是载波的波长，且 $c=f_0\lambda$。设阵元 0 为参考阵元，则阵元 m 的接收信号相对于阵元 0 的空间相位差为 $m\phi$。分别取 $m=0,1,\cdots,M-1$，将式(8.1.7)写成向量形式，有

$$\begin{bmatrix} \tilde{x}_0(t) \\ \tilde{x}_1(t) \\ \vdots \\ \tilde{x}_{M-1}(t) \end{bmatrix} = \begin{bmatrix} 1 \\ \mathrm{e}^{-\mathrm{j}\phi} \\ \vdots \\ \mathrm{e}^{-\mathrm{j}(M-1)\phi} \end{bmatrix} \tilde{s}(t) \tag{8.1.8}$$

定义列向量

$$\tilde{\boldsymbol{x}}(t) = [\tilde{x}_0(t) \quad \tilde{x}_1(t) \quad \cdots \quad \tilde{x}_{M-1}(t)]^{\mathrm{T}}$$

和

$$\boldsymbol{a}(\theta) = [1 \quad \mathrm{e}^{-\mathrm{j}\phi} \quad \cdots \quad \mathrm{e}^{-\mathrm{j}(M-1)\phi}]^{\mathrm{T}}, \quad \phi = 2\pi d\sin\theta/\lambda \tag{8.1.9}$$

则式(8.1.8)可表示为

$$\tilde{\boldsymbol{x}}(t) = \boldsymbol{a}(\theta)\,\tilde{s}(t) = \boldsymbol{a}(\theta)s(t)\mathrm{e}^{\mathrm{j}\omega_0 t} \tag{8.1.10}$$

向量 $\boldsymbol{a}(\theta)$称为信号 $s(t)$的方向向量或导向向量（steering vector）。经常将方向向量 $\boldsymbol{a}(\theta)$也称为阵列的阵列流形（array manifold）。观察式(8.1.9)可知，如果 $\theta\in(0°,90°)$，则有 $\phi>0$，即入射信号到达阵元 m 的时间滞后于到达阵元 0 的时间，$m=0,1,\cdots,M-1$；如果 $\theta\in(-90°,0°)$，则有 $\phi<0$，即入射信号到达阵元 m 的时间超前于到达阵元 0 的时间。均匀线阵通常能够处理 $\theta\in(-90°,90°)$范围内的一维入射信号。

通常复载波 $\mathrm{e}^{\mathrm{j}\omega_0 t}$不含有用信息，阵列信号处理通常只考虑复基带信号。式(8.1.10)所对应的离散时间复基带信号可表示为

$$\boldsymbol{x}(n) = \boldsymbol{a}(\theta)s(n) \tag{8.1.11}$$

其中，时间变量 n 通常被称为快拍(snapshot)，表示在第 n 时刻对所有阵元同时采样。对于高斯窄带随机信号 $\tilde{s}(t)$，由第 2 章的理论知，$s(n)$ 是一个复高斯随机过程。

当有 K 个信号分别从 $\theta_1,\theta_2,\cdots,\theta_K$ 方向入射到线阵时，则天线阵列接收到的离散时间基带信号是各入射信号源的贡献之和，可以表示为

$$\boldsymbol{x}(n)=\boldsymbol{a}(\theta_1)s_1(n)+\boldsymbol{a}(\theta_2)s_2(n)+\cdots+\boldsymbol{a}(\theta_K)s_K(n) \tag{8.1.12}$$

其中，第 k 个信号源的方向向量为

$$\boldsymbol{a}(\theta_k)=[1\quad \mathrm{e}^{-\mathrm{j}\phi_k}\quad \cdots\quad \mathrm{e}^{-\mathrm{j}(M-1)\phi_k}]^{\mathrm{T}},\quad \phi_k=2\pi d\sin\theta_k/\lambda,\quad k=1,2,\cdots,K \tag{8.1.13}$$

分别定义信号向量 $\boldsymbol{s}(n)$ 和信号方向矩阵(direction matrix) $\boldsymbol{A}$ 为

$$\begin{aligned}\boldsymbol{s}(n)&=[s_1(n)\quad s_2(n)\quad \cdots\quad s_K(n)]^{\mathrm{T}}\in\mathbb{C}^{K\times 1}\\ \boldsymbol{A}&=[\boldsymbol{a}(\theta_1)\quad \boldsymbol{a}(\theta_2)\quad \cdots\quad \boldsymbol{a}(\theta_K)]\\ &=\begin{bmatrix}1 & 1 & \cdots & 1\\ \mathrm{e}^{-\mathrm{j}\phi_1} & \mathrm{e}^{-\mathrm{j}\phi_2} & \cdots & \mathrm{e}^{-\mathrm{j}\phi_K}\\ \vdots & \vdots & \ddots & \vdots\\ \mathrm{e}^{-\mathrm{j}(M-1)\phi_1} & \mathrm{e}^{-\mathrm{j}(M-1)\phi_2} & \cdots & \mathrm{e}^{-\mathrm{j}(M-1)\phi_K}\end{bmatrix}\in\mathbb{C}^{M\times K}\end{aligned} \tag{8.1.14}$$

则式(8.1.12)可写成向量形式，即

$$\boldsymbol{x}(n)=\boldsymbol{A}\boldsymbol{s}(n)\in\mathbb{C}^{M\times 1} \tag{8.1.15}$$

根据式(8.1.15)，阵列接收信号由信号方向向量或方向矩阵完全确定。由于接收机不可避免地存在加性噪声，实际工程中的阵列接收信号为

$$\boldsymbol{x}(n)=\boldsymbol{A}\boldsymbol{s}(n)+\boldsymbol{v}(n) \tag{8.1.16}$$

其中，$\boldsymbol{v}(n)\in\mathbb{C}^{M\times 1}$ 为噪声向量。式(8.1.16)的展开形式为

$$\begin{bmatrix}x_0(n)\\ x_1(n)\\ \vdots\\ x_{M-1}(n)\end{bmatrix}=\begin{bmatrix}1 & 1 & \cdots & 1\\ \mathrm{e}^{-\mathrm{j}\phi_1} & \mathrm{e}^{-\mathrm{j}\phi_2} & \cdots & \mathrm{e}^{-\mathrm{j}\phi_K}\\ \vdots & \vdots & \ddots & \vdots\\ \mathrm{e}^{-\mathrm{j}(M-1)\phi_1} & \mathrm{e}^{-\mathrm{j}(M-1)\phi_2} & \cdots & \mathrm{e}^{-\mathrm{j}(M-1)\phi_K}\end{bmatrix}\begin{bmatrix}s_1(n)\\ s_2(n)\\ \vdots\\ s_K(n)\end{bmatrix}+\begin{bmatrix}v_0(n)\\ v_1(n)\\ \vdots\\ v_{M-1}(n)\end{bmatrix} \tag{8.1.17}$$

在后面的讨论中，如果没有特别说明，均假设各阵元的噪声为零均值、方差为 σ^2 的高斯白噪声，不同阵元的接收噪声相互独立，且信号与噪声也相互独立，即 $\forall\, n,l$，有

$$\begin{aligned}&\mathrm{E}\{v_i(n)\}=0,\\ &\mathrm{E}\{v_i(n)v_i^*(l)\}=\sigma^2\delta(n-l),\\ &\mathrm{E}\{v_i(n)v_m^*(l)\}=0,\qquad i\neq m\\ &\mathrm{E}\{s_i(n)v_m^*(l)\}=0,\end{aligned} \tag{8.1.18}$$

或者等价地有

$$\begin{aligned}&\mathrm{E}\{\boldsymbol{v}(n)\}=\boldsymbol{0}\\ &\mathrm{E}\{\boldsymbol{v}(n)\boldsymbol{v}^{\mathrm{H}}(l)\}=\sigma^2\boldsymbol{I}\delta(n-l)\\ &\mathrm{E}\{\boldsymbol{s}(n)\boldsymbol{v}^{\mathrm{H}}(l)\}=\boldsymbol{0}\end{aligned} \tag{8.1.19}$$

8.1.2 任意阵列(共形阵)接收信号模型

上文所介绍的均匀线阵是最简单的阵列结构。下面将建立阵元位置在空间任意分布时,各阵元接收信号间的时延表达式,并给出均匀矩形阵和均匀圆阵的情况。

假设阵列有 M 个阵元,如图 8.1.2 所示,图中"×"表示阵元位置。阵元 m 的坐标为 $\boldsymbol{p}_m=[x_m \quad y_m \quad z_m]$。选择坐标原点为基准点(参考点)。某平面波信号 $s(t)$ 以入射方向 (θ,φ) 到达天线阵元,其中 θ 和 φ 分别表示入射信号的俯仰角(elevation)和方位角(azimuth)。图 8.1.2 中,R_0 表示信号源到参考点的距离,R_m 表示信号源到阵元 m 的距离,定义 $\Delta R_m \triangleq R_m - R_0$。入射信号到达阵元 m 时,相对于参考点的时延 τ_m 由 ΔR_m 决定。时延 τ_m 可以表示为[1]

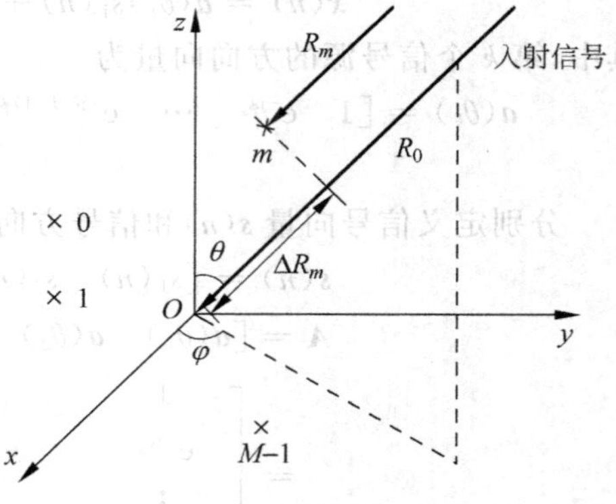

图 8.1.2 任意阵列示意图

$$\tau_m = -\frac{\Delta R_m}{c} = \frac{\langle \boldsymbol{p}_m, \boldsymbol{r} \rangle}{c} = -\frac{1}{c}(x_m \sin\theta\cos\varphi + y_m \sin\theta\sin\varphi + z_m \cos\theta) \tag{8.1.20}$$

其中,$\boldsymbol{r}$ 为入射信号单位方向向量,有

$$\boldsymbol{r} = -[\sin\theta\cos\varphi \quad \sin\theta\sin\varphi \quad \cos\theta] \tag{8.1.21}$$

$\langle \boldsymbol{p}_m, \boldsymbol{r} \rangle$ 表示二者的内积。对应的空间相位差为

$$\phi_m(\theta,\varphi) = -\frac{2\pi}{\lambda}(x_m \sin\theta\cos\varphi + y_m \sin\theta\sin\varphi + z_m \cos\theta), \quad m = 0,1,\cdots,M-1 \tag{8.1.22}$$

所以,M 个阵元阵列的导向向量可以表示为

$$\boldsymbol{a}(\theta,\varphi) = [\mathrm{e}^{-\mathrm{j}\phi_0(\theta,\varphi)} \quad \mathrm{e}^{-\mathrm{j}\phi_1(\theta,\varphi)} \quad \cdots \quad \mathrm{e}^{-\mathrm{j}\phi_{M-1}(\theta,\varphi)}]^{\mathrm{T}} \tag{8.1.23}$$

容易验证,假设均匀线阵沿 x 轴放置,此时 $y_m=0$,$z_m=0$,$\varphi=0$,式(8.1.23)与式(8.1.13)具有相同的表达形式。

若 K 个信号入射到图 8.1.2 的阵列,则阵列接收信号可以表示为

$$\boldsymbol{x}(n) = \boldsymbol{A}\boldsymbol{s}(n) + \boldsymbol{v}(n) \tag{8.1.24}$$

其展开式为

$$\begin{bmatrix} x_0(n) \\ x_1(n) \\ \vdots \\ x_{M-1}(n) \end{bmatrix} = \begin{bmatrix} \mathrm{e}^{-\mathrm{j}\phi_{0,1}} & \mathrm{e}^{-\mathrm{j}\phi_{0,2}} & \cdots & \mathrm{e}^{-\mathrm{j}\phi_{0,K}} \\ \mathrm{e}^{-\mathrm{j}\phi_{1,1}} & \mathrm{e}^{-\mathrm{j}\phi_{1,2}} & \cdots & \mathrm{e}^{-\mathrm{j}\phi_{1,K}} \\ \vdots & \vdots & \ddots & \vdots \\ \mathrm{e}^{-\mathrm{j}\phi_{M-1,1}} & \mathrm{e}^{-\mathrm{j}\phi_{M-1,2}} & \cdots & \mathrm{e}^{-\mathrm{j}\phi_{M-1,K}} \end{bmatrix} \begin{bmatrix} s_1(n) \\ s_2(n) \\ \vdots \\ s_K(n) \end{bmatrix} + \begin{bmatrix} v_0(n) \\ v_1(n) \\ \vdots \\ v_{M-1}(n) \end{bmatrix} \tag{8.1.25}$$

其中,$\phi_{m,k}=\phi_m(\theta_k,\varphi_k)$,$m=0,1,\cdots,M-1$,$k=1,2,\cdots,K$。

下面给出另外两种常用阵列结构的数学模型。

8.1.3　均匀矩形阵接收信号模型

考虑如图 8.1.3 所示的具有 $M\times N$ 个阵元的均匀矩形阵的几何结构，d_x 和 d_y 分别表示平行于 x 轴方向和 y 轴方向上的阵元间距。以坐标原点作为参考点，信号的入射方向的单位向量由式(8.1.21)定义，即

$$\boldsymbol{r}=-[\sin\theta\cos\varphi \quad \sin\theta\sin\varphi \quad \cos\theta]$$

阵元位置坐标向量为

$$\boldsymbol{p}_{m\times n}=[md_x \quad nd_y \quad 0],\quad m=0,1,\cdots,M-1;n=0,1,\cdots,N-1$$

假设入射波到达阵元 $\boldsymbol{p}_{m\times n}$ 的时间比到达参考点 $\boldsymbol{p}_{0\times 0}$ 的时间超前(负滞后)，即该阵元相对于参考信号点的时延为

$$\tau_{m\times n}=\frac{\langle \boldsymbol{p}_{m\times n},\boldsymbol{r}\rangle}{c}=-\frac{md_x\sin\theta\cos\varphi+nd_y\sin\theta\sin\varphi}{c} \tag{8.1.26}$$

相应的信号相移为

$$\phi_{m\times n}(\theta,\varphi)=\frac{-2\pi}{\lambda}(md_x\sin\theta\cos\varphi+nd_y\sin\theta\sin\varphi)=-(m\phi_x+n\phi_y) \tag{8.1.27}$$

$$m=0,1,\cdots,M-1;n=0,1,\cdots,N-1$$

其中，ϕ_x 和 ϕ_y 分别是平行于 x 轴和 y 轴的空间相位，即

$$\phi_x\triangleq\phi_x(\theta,\varphi)=\frac{2\pi}{\lambda}d_x\sin\theta\cos\varphi,\quad \phi_y\triangleq\phi_y(\theta,\varphi)=\frac{2\pi}{\lambda}d_y\sin\theta\sin\varphi$$

此时，导向向量可以表示为

$$\boldsymbol{a}(\theta,\varphi)=[1 \quad e^{-j\phi_{0\times 1}(\theta,\varphi)} \quad e^{-j\phi_{0\times 2}(\theta,\varphi)} \quad \cdots \quad e^{-j\phi_{0\times(N-1)}(\theta,\varphi)} \quad \cdots \quad e^{-j\phi_{(M-1)\times(N-1)}(\theta,\varphi)}]^{\mathrm{T}}\in\mathbb{C}^{(MN)\times 1}$$

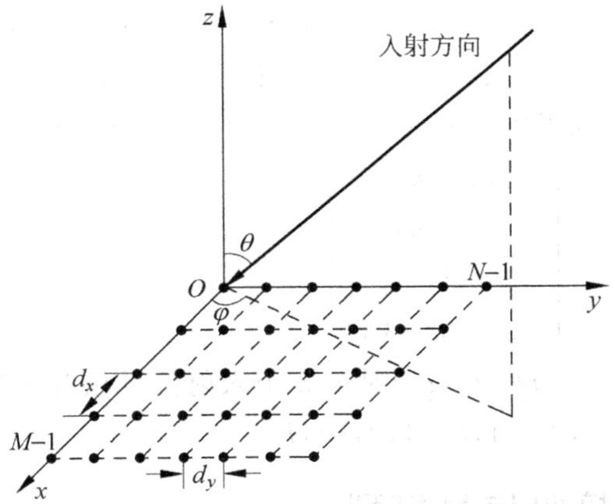

图 8.1.3　矩形均匀面阵的阵列几何结构

由图 8.1.3 容易看出，均匀矩形阵是由一系列的均匀线阵组成，所以平行于 x 轴或平行于 y 轴的每行线阵的方向向量还具有一定的特殊关系。平行于 x 轴的第 n 行阵元的方向向量可以表示为($n=0,1,\cdots,N-1$)

$$\begin{aligned}\boldsymbol{a}_{x,n}(\theta,\varphi)&=[e^{-jn\phi_y} \quad e^{-j\phi_x-jn\phi_y} \quad \cdots \quad e^{-j(M-1)\phi_x-jn\phi_y}]^{\mathrm{T}}\\&=e^{-jn\phi_y}\boldsymbol{a}_{x,0}(\theta,\varphi)\in\mathbb{C}^{M\times 1}\end{aligned} \tag{8.1.28}$$

其中，向量 $\boldsymbol{a}_{x,0}(\theta,\varphi)$ 是 x 轴上的均匀线阵导向向量，有

$$\boldsymbol{a}_{x,0}(\theta,\varphi)=\begin{bmatrix}1 & \mathrm{e}^{-\mathrm{j}\phi_x} & \cdots & \mathrm{e}^{-\mathrm{j}(M-1)\phi_x}\end{bmatrix}^{\mathrm{T}} \tag{8.1.29}$$

因此，平行于 x 轴的各行阵元的方向向量满足如下关系：

$$\boldsymbol{a}_{x,n}(\theta,\varphi)=\mathrm{e}^{-\mathrm{j}n\phi_y}\boldsymbol{a}_{x,0}(\theta,\varphi) \tag{8.1.30}$$

同理可得平行于 y 轴的各行阵列的方向向量满足如下关系：

$$\begin{aligned}\boldsymbol{a}_{y,m}(\theta,\varphi)&=\begin{bmatrix}\mathrm{e}^{-\mathrm{j}m\phi_x} & \mathrm{e}^{-\mathrm{j}m\phi_x-\mathrm{j}\phi_y} & \cdots & \mathrm{e}^{-\mathrm{j}m\phi_x-\mathrm{j}(N-1)\phi_y}\end{bmatrix}^{\mathrm{T}}\\&=\mathrm{e}^{-\mathrm{j}m\phi_x}\boldsymbol{a}_{y,0}(\theta,\varphi)\in\mathbb{C}^{N\times 1}\end{aligned} \tag{8.1.31}$$

其中，向量 $\boldsymbol{a}_{y,0}(\theta,\varphi)$ 是 y 轴上的均匀线阵导向向量，有

$$\boldsymbol{a}_{y,0}(\theta,\varphi)=\begin{bmatrix}1 & \mathrm{e}^{-\mathrm{j}\phi_y} & \cdots & \mathrm{e}^{-\mathrm{j}(N-1)\phi_y}\end{bmatrix}^{\mathrm{T}} \tag{8.1.32}$$

观察式(8.1.29)和式(8.1.32)所定义的导向向量 $\boldsymbol{a}_{x,0}(\theta,\varphi)$ 和 $\boldsymbol{a}_{y,0}(\theta,\varphi)$，二者形式与8.1.1节介绍的均匀线阵的方向向量方程式(8.1.13)类似。区别在于，由于矩形阵列是二维的，所考虑的是三维空间中的阵列接收信号，因此，导向向量 $\boldsymbol{a}_{x,0}(\theta,\varphi)$ 和 $\boldsymbol{a}_{y,0}(\theta,\varphi)$ 的相移与两个角度有关。而对于式(8.1.13)，信号和阵元在一个二维空间中，其相移只与一个角度有关。$\boldsymbol{a}_{x,n}(\theta,\varphi)$ 和 $\boldsymbol{a}_{y,m}(\theta,\varphi)$ 分别与 $\boldsymbol{a}_{x,0}(\theta,\varphi)$ 和 $\boldsymbol{a}_{y,0}(\theta,\varphi)$ 相差一个相位因子，这是由于选取原点处阵元为参考阵元所致。一般来说，选取参考阵元不同，方向向量的表达式也会不同。

当有 K 个入射信号时，均匀矩形阵列的接收信号可以表示为向量形式

$$\boldsymbol{x}(n)=\boldsymbol{A}\boldsymbol{s}(n)+\boldsymbol{v}(n)\in\mathbb{C}^{(MN)\times 1} \tag{8.1.33}$$

其中，$\boldsymbol{A}\in\mathbb{C}^{(MN)\times K}$ 是矩形阵方向矩阵。与式(8.1.25)类似，式(8.1.33)的展开式可表示为

$$\begin{bmatrix}x_{0\times 0}(n)\\x_{0\times 1}(n)\\\vdots\\x_{(M-1)\times(N-1)}(n)\end{bmatrix}=\begin{bmatrix}\mathrm{e}^{-\mathrm{j}\phi_{0\times 0,1}} & \mathrm{e}^{-\mathrm{j}\phi_{0\times 0,2}} & \cdots & \mathrm{e}^{-\mathrm{j}\phi_{0\times 0,K}}\\\mathrm{e}^{-\mathrm{j}\phi_{0\times 1,1}} & \mathrm{e}^{-\mathrm{j}\phi_{0\times 1,2}} & \cdots & \mathrm{e}^{-\mathrm{j}\phi_{0\times 1,K}}\\\vdots & \vdots & \ddots & \vdots\\\mathrm{e}^{-\mathrm{j}\phi_{(M-1)\times(N-1),1}} & \mathrm{e}^{-\mathrm{j}\phi_{(M-1)\times(N-1),2}} & \cdots & \mathrm{e}^{-\mathrm{j}\phi_{(M-1)\times(N-1),K}}\end{bmatrix}\begin{bmatrix}s_1(n)\\s_2(n)\\\vdots\\s_K(n)\end{bmatrix}+\begin{bmatrix}v_{0\times 0}(n)\\v_{0\times 1}(n)\\\vdots\\v_{(M-1)\times(N-1)}(n)\end{bmatrix}$$

其中，$\phi_{m\times n,k}=m\phi_x(\theta_k,\varphi_k)+n\phi_y(\theta_k,\varphi_k)$ 是第 k 个入射信号相对于阵元 (m,n) 的相移，$m=0,1,\cdots,M-1$，$n=0,1,\cdots,N-1$，$k=1,2,\cdots,K$。

8.1.4　均匀圆阵接收信号模型

考虑如图8.1.4所示的具有 M 个阵元的均匀圆阵列的几何结构，圆阵半径为 R。阵元 m 的坐标为 $\boldsymbol{p}_m=[R\cos(2\pi m/M)\quad R\sin(2\pi m/M)\quad 0]$，以原点作为参考点，信号的入射方向的单位向量为 $\boldsymbol{r}=[\sin\theta\cos\varphi\quad \sin\theta\sin\varphi\quad \cos\theta]$。假设阵元 m 接收到的入射波的时间滞后于信号到达参考点的时间，阵元 m 相对于参考点的时延可以表示为

$$\tau_m=-\frac{1}{c}\left(R\cos\frac{2\pi m}{M}\sin\theta\cos\varphi+R\sin\frac{2\pi m}{M}\sin\theta\sin\varphi\right)$$

$$= -\frac{R}{c}\sin\theta\cos\left(\varphi - \frac{2\pi m}{M}\right) \tag{8.1.34}$$

相应的相移为

$$\phi_m(\theta,\varphi) = -\frac{2\pi}{\lambda}R\sin\theta\cos\left(\varphi - \frac{2\pi m}{M}\right), \quad m = 0,1,\cdots,M-1 \tag{8.1.35}$$

此时导向向量可以表示为

$$\boldsymbol{a}(\theta,\varphi) = [\mathrm{e}^{-\mathrm{j}\phi_0(\theta,\varphi)} \quad \mathrm{e}^{-\mathrm{j}\phi_1(\theta,\varphi)} \quad \cdots \quad \mathrm{e}^{-\mathrm{j}\phi_{M-1}(\theta,\varphi)}]^{\mathrm{T}} \in \mathbb{C}^{M\times 1} \tag{8.1.36}$$

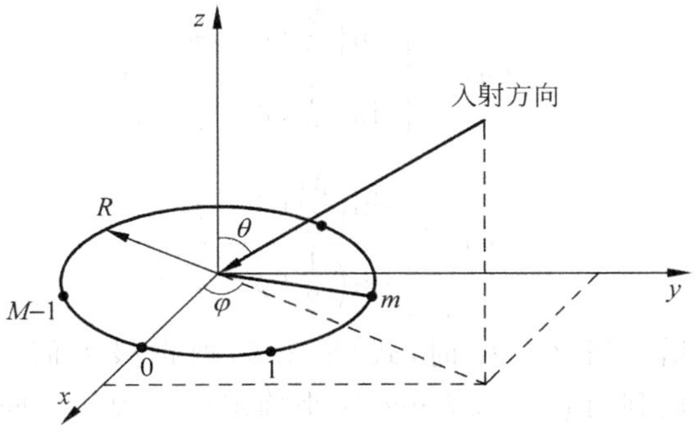

图 8.1.4　均匀圆阵的阵列几何结构

当有 K 个信号入射时，均匀圆阵的接收信号可以表示为

$$\boldsymbol{x}(n) = \boldsymbol{A}\boldsymbol{s}(n) + \boldsymbol{v}(n) \in \mathbb{C}^{M\times 1}$$

其展开式为

$$\begin{bmatrix} x_0(n) \\ x_1(n) \\ \vdots \\ x_{M-1}(n) \end{bmatrix} = \begin{bmatrix} \mathrm{e}^{-\mathrm{j}\phi_{0,1}} & \mathrm{e}^{-\mathrm{j}\phi_{0,2}} & \cdots & \mathrm{e}^{-\mathrm{j}\phi_{0,K}} \\ \mathrm{e}^{-\mathrm{j}\phi_{1,1}} & \mathrm{e}^{-\mathrm{j}\phi_{1,2}} & \cdots & \mathrm{e}^{-\mathrm{j}\phi_{1,K}} \\ \vdots & \vdots & \ddots & \vdots \\ \mathrm{e}^{-\mathrm{j}\phi_{M-1,1}} & \mathrm{e}^{-\mathrm{j}\phi_{M-1,2}} & \cdots & \mathrm{e}^{-\mathrm{j}\phi_{M-1,K}} \end{bmatrix} \begin{bmatrix} s_1(n) \\ s_2(n) \\ \vdots \\ s_K(n) \end{bmatrix} + \begin{bmatrix} v_0(n) \\ v_1(n) \\ \vdots \\ v_{M-1}(n) \end{bmatrix} \tag{8.1.37}$$

其中，$\phi_{m,k} = \phi_m(\theta_k,\varphi_k)$，$m=0,1,\cdots,M-1$，$k=1,2,\cdots,K$。

8.2　空间谱与 DOA 估计

对均匀线阵，当空间仅有一个信号源，且不考虑噪声时，式(8.1.17)的接收信号可表示为

$$x_m(n) = s_1(n)\mathrm{e}^{-\mathrm{j}m\phi_1}, \quad m = 0,1,\cdots,M-1 \tag{8.2.1}$$

定义 $x_m(n)$的空间傅里叶变换为

$$X(\phi) = \sum_{m=0}^{M-1} x_m(n)\mathrm{e}^{\mathrm{j}m\phi} \tag{8.2.2}$$

有时把 ϕ 称为信号的空间角频率。回忆第 1 章 1.2.2 节介绍的离散时间序列$\{x(n)\}$的离散时间傅里叶变换

$$X(\Omega) = \sum_{n=-\infty}^{\infty} x(n)\mathrm{e}^{-\mathrm{j}n\omega} \tag{8.2.3}$$

二者结构类似，不同的是空间傅里叶变换的求和变量是阵元空间位置 m，而时域傅里叶变换的求和变量是离散时间 n。由于

$$X(\phi) = \sum_{m=0}^{M-1} s_1(n) \mathrm{e}^{\mathrm{j}m(\phi-\phi_1)} = s_1(n)\, \frac{1-\mathrm{e}^{\mathrm{j}M(\phi-\phi_1)}}{1-\mathrm{e}^{\mathrm{j}(\phi-\phi_1)}} \tag{8.2.4}$$

所以

$$\begin{aligned} |X(\phi)|^2 &= |s_1(n)|^2 \left| \frac{1-\mathrm{e}^{-\mathrm{j}M(\phi-\phi_1)}}{1-\mathrm{e}^{-\mathrm{j}(\phi-\phi_1)}} \right|^2 \\ &= |s_1(n)|^2 \left| \frac{\sin\left(\frac{M}{2}(\phi-\phi_1)\right)}{\sin\left(\frac{1}{2}(\phi-\phi_1)\right)} \mathrm{e}^{\mathrm{j}\frac{M-1}{2}(\phi-\phi_1)} \right|^2 \\ &= |s_1(n)|^2 \left| \frac{\sin\left(\frac{M}{2}(\phi-\phi_1)\right)}{\sin\left(\frac{1}{2}(\phi-\phi_1)\right)} \right|^2 \end{aligned} \tag{8.2.5}$$

$|X(\phi)|^2$ 常称为空间谱。当 $\phi=\phi_1$ 时，式(8.2.5)取得极大值。因此，可以通过搜索 $|X(\phi)|^2$ 峰值位置，然后利用 $\phi_1 = 2\pi d \sin\theta_1/\lambda$ 来确定信号源的方向，如图 8.2.1 所示，图中纵坐标以 dB 为单位，记纵坐标变量为 $f(\theta)$，则有

$$f(\theta) = 10\log_{10} |X(\phi)|^2 \tag{8.2.6}$$

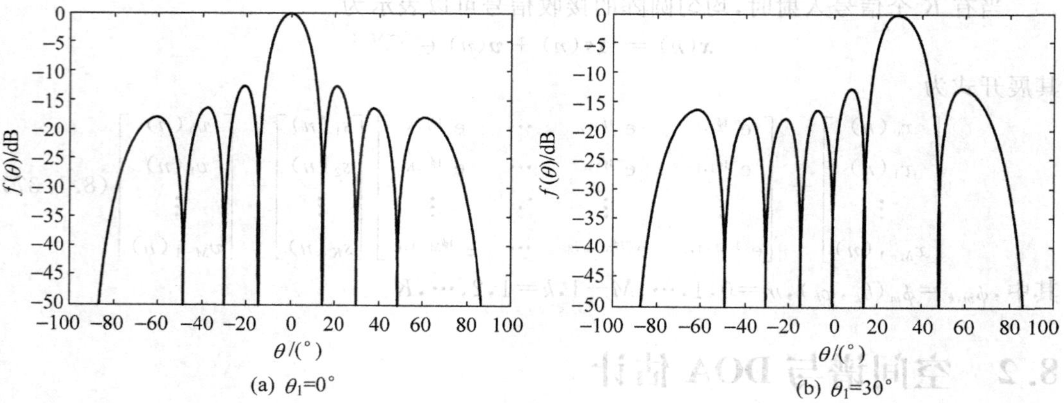

图 8.2.1 信号的空间功率谱

式(8.2.5)中，令 $M(\phi-\phi_1)/2=\pi$，可得

$$\mathrm{BW}_0 = 2\arcsin\left(\frac{\lambda}{Md} + \sin\theta_1\right) \tag{8.2.7}$$

其中，$\arcsin(\cdot)$是反正弦函数。BW_0 给出了空间谱 $|X(\phi)|^2$ 在 $\phi=\phi_1$ 两侧的第一个零点之间角度宽度，即空间谱的主瓣宽度。常数 Md 通常被称为阵列孔径。

若能得到信号的空间谱，就能估计出信号的到达方向，所以空间谱估计常称为信号源 DOA 估计(estimation of direction-of-arrival)，有时也称为信号的波达方向估计。然而，由于空间功率谱主瓣存在一定的宽度，因此，当两个角度靠近的信号入射到接收阵列时，主瓣就会发生重叠，这时就不能实现对信号角度的有效估计。

由式(8.2.7)可看出，空间谱角度估计的分辨性能是由阵列孔径 Md 决定的，阵列孔径 Md 越大，分辨率越高。要获得更高的角度分辨性能，可采用本章后面两节将介绍的超分辨率(super resolution)DOA 估计算法。

8.3 基于 MUSIC 算法的信号 DOA 估计方法

根据 8.2 节的讨论，对均匀线阵接收信号进行空间傅里叶变换，可实现空间信号源的方向估计，但当两信号源在空间的角度比较靠近时，空间傅里叶变换方法不能将两信号源分辨开，因而不能正确估计出两信号源角度。如同第 3 章时间信号的功率谱估计思想，这时可采用其他现代测向算法来进行信号 DOA 估计，称为信号源角度估计的超分辨率估计。

理论上，第 3 章介绍的功率谱估计和信号频率估计技术，都可以推广用于信号源的角度估计，而 MUSIC 算法和 ESPRIT 算法是这些算法中的两个典型代表，这两种算法在第 3 章信号频率估计时已做过详细介绍，本节将介绍其在信号 DOA 估计方面的应用。

8.3.1 MUSIC 算法用于信号 DOA 估计

当 K 个远场窄带信号从 $\theta_1,\theta_2,\cdots,\theta_K$ 方向入射到 M 阵元的阵列时，阵列接收信号为

$$\boldsymbol{x}(n)=\boldsymbol{A}\boldsymbol{s}(n)+\boldsymbol{v}(n) \tag{8.3.1}$$

其中，$\boldsymbol{x}(n)\in\mathbb{C}^{M\times 1}$ 为阵列接收数据向量，$\boldsymbol{A}\in\mathbb{C}^{M\times K}$ 为方向矩阵，$\boldsymbol{s}(n)\in\mathbb{C}^{K\times 1}$ 空间信号向量，$\boldsymbol{v}(n)\in\mathbb{C}^{M\times 1}$ 是白噪声向量。对于均匀线阵，式(8.3.1)的展开式由式(8.1.17)给出，即

$$\begin{bmatrix} x_0(n)\\ x_1(n)\\ \vdots\\ x_{M-1}(n)\end{bmatrix}=\begin{bmatrix} 1 & 1 & \cdots & 1\\ \mathrm{e}^{-\mathrm{j}\phi_1} & \mathrm{e}^{-\mathrm{j}\phi_2} & \cdots & \mathrm{e}^{-\mathrm{j}\phi_K}\\ \vdots & \vdots & \ddots & \vdots\\ \mathrm{e}^{-\mathrm{j}(M-1)\phi_1} & \mathrm{e}^{-\mathrm{j}(M-1)\phi_2} & \cdots & \mathrm{e}^{-\mathrm{j}(M-1)\phi_K}\end{bmatrix}\begin{bmatrix} s_1(n)\\ s_2(n)\\ \vdots\\ s_K(n)\end{bmatrix}+\begin{bmatrix} v_0(n)\\ v_1(n)\\ \vdots\\ v_{M-1}(n)\end{bmatrix}$$

如果各信号源间相互统计独立，即

$$\mathrm{E}\{s_k(n)s_i^*(n)\}=\begin{cases}P_k, & k=i\\ 0, & k\neq i\end{cases} \tag{8.3.2}$$

其中，P_k 表示第 k 个信号的平均功率，则信号相关矩阵 $\boldsymbol{P}$ 是对角矩阵，即

$$\boldsymbol{P}=\mathrm{E}[\boldsymbol{s}(n)\boldsymbol{s}^{\mathrm{H}}(n)]=\mathrm{diag}\{P_1,P_2,\cdots,P_K\} \tag{8.3.3}$$

定义接收信号向量的空间相关矩阵为

$$\boldsymbol{R}=\mathrm{E}\{\boldsymbol{x}(n)\boldsymbol{x}^{\mathrm{H}}(n)\} \tag{8.3.4}$$

将式(8.3.1)代入式(8.3.4)，并利用式(8.1.19)和式(8.3.3)中的假设条件，可得

$$\boldsymbol{R}=\mathrm{E}\{\boldsymbol{x}(n)\boldsymbol{x}^{\mathrm{H}}(n)\}=\boldsymbol{APA}^{\mathrm{H}}+\sigma^2\boldsymbol{I} \tag{8.3.5}$$

其中，σ^2 为高斯白噪声的方差。为确保方向矩阵 $\boldsymbol{A}$ 的各列线性独立，应有 $M>K$，即阵元数大于信号源数。因为矩阵 $\boldsymbol{A}$ 为 Vandermonde(范德蒙德)矩阵，而且 $\boldsymbol{P}$ 为正定矩阵，则 $\boldsymbol{APA}^{\mathrm{H}}$ 的秩满足

$$\mathrm{rank}(\boldsymbol{APA}^{\mathrm{H}})=K \tag{8.3.6}$$

由第 2 章相关矩阵的性质知,矩阵 $\boldsymbol{APA}^{\mathrm{H}}$ 存在 K 个正的特征值。

比较式(8.3.5)的空间相关矩阵与第 3 章 3.6.1 节的自相关矩阵可发现,空间相关矩阵与信号自相关矩阵有完全相同的形式,且式(8.3.5)中的方向矩阵 $\boldsymbol{A}$ 与 3.6.1 节的信号频率矩阵形式完全相同,在 3.6.2 节用 MUSIC 算法估计出了信号频率矩阵中的信号频率 ω_l,因此可用 MUSIC 算法来估计方向矩阵 $\boldsymbol{A}$ 中的信号空间相位 ϕ_k,利用关系 $\phi_k = 2\pi d\sin\theta_k/\lambda$,即可估计信号的到达角度 θ_k。利用第 3 章 3.6.2 节的结论,下面简述 MUSIC 算法 DOA 估计的原理和计算过程。

计算式(8.3.5)中相关矩阵 $\boldsymbol{R}$ 的特征值分解,并将特征值按单调非递增顺序排列,即 $\lambda_1 \geqslant \lambda_2 \geqslant \cdots \geqslant \lambda_K > \lambda_{K+1} = \lambda_{K+2} = \cdots = \lambda_M = \sigma^2$,这些特征值对应的归一化特征向量分别是 $\boldsymbol{u}_1,\cdots,\boldsymbol{u}_K,\boldsymbol{u}_{K+1},\cdots,\boldsymbol{u}_M$,其中,$\boldsymbol{u}_1,\cdots,\boldsymbol{u}_K$ 和 $\boldsymbol{u}_{K+1},\cdots,\boldsymbol{u}_M$ 分别张成信号子空间 $\boldsymbol{E}_{\mathrm{S}}$ 和噪声子空间 $\boldsymbol{E}_{\mathrm{N}}$,即

$$\boldsymbol{E}_{\mathrm{S}} = \mathrm{span}\{\boldsymbol{u}_1,\boldsymbol{u}_2,\cdots,\boldsymbol{u}_K\},\quad \boldsymbol{E}_{\mathrm{N}} = \mathrm{span}\{\boldsymbol{u}_{K+1},\boldsymbol{u}_{K+2},\cdots,\boldsymbol{u}_M\} \tag{8.3.7}$$

定义矩阵

$$\boldsymbol{G} = [\boldsymbol{u}_{K+1} \quad \boldsymbol{u}_{K+2} \quad \cdots \quad \boldsymbol{u}_M] \in \mathbb{C}^{M\times(M-K)} \tag{8.3.8}$$

由于矩阵 $\boldsymbol{A}$ 是列满秩矩阵,$\boldsymbol{P}$ 是满秩矩阵,可以证明

$$\boldsymbol{A}^{\mathrm{H}}\boldsymbol{G} = \boldsymbol{0} \tag{8.3.9}$$

或者等价地,有

$$\boldsymbol{G}^{\mathrm{H}}\boldsymbol{A} = \boldsymbol{G}^{\mathrm{H}}[\boldsymbol{a}(\theta_1) \quad \boldsymbol{a}(\theta_2) \quad \cdots \quad \boldsymbol{a}(\theta_K)] = \boldsymbol{0} \tag{8.3.10}$$

因此有

$$\boldsymbol{G}^{\mathrm{H}}\boldsymbol{a}(\theta_k) = \boldsymbol{0},\quad k = 1,2,\cdots,K \tag{8.3.11}$$

其中,$\boldsymbol{a}(\theta)$是阵列导向向量。

实际应用中,根据 N 次快拍得到的接收数据 $\boldsymbol{x}(n)$,$n=1,2,\cdots,N$,用时间平均估计空间相关矩阵 $\boldsymbol{R}$,为

$$\hat{\boldsymbol{R}} = \frac{1}{N}\sum_{n=1}^{N}\boldsymbol{x}(n)\boldsymbol{x}^{\mathrm{H}}(n) \tag{8.3.12}$$

与 3.6.2 节类似,可得 MUSIC 谱估计为

$$P_{\mathrm{MUSIC}}(\theta) = \frac{1}{\boldsymbol{a}^{\mathrm{H}}(\theta)\hat{\boldsymbol{G}}\hat{\boldsymbol{G}}^{\mathrm{H}}\boldsymbol{a}(\theta)},\quad \theta \in \left(-\frac{\pi}{2},\frac{\pi}{2}\right) \tag{8.3.13}$$

其中,矩阵$\hat{\boldsymbol{G}}$是通过矩阵$\hat{\boldsymbol{R}}$的特征值分解得到。MUSIC 谱 $P_{\mathrm{MUSIC}}(\theta)$的 K 个峰值位置,就是信号波达方向 θ_k 的估计,其中 $k=1,2,\cdots,K$。由于 MUSIC 算法得到的谱并不是信号的空间功率谱,同第 3 章一样,通常将式(8.3.13)称为伪谱。

对于均匀矩形阵和均匀圆阵,其导向向量 $\boldsymbol{a}(\theta)$结构形式与均匀线阵一样,只要其方向矩阵 $\boldsymbol{A}$ 是列满秩的,仍可以利用 MUSIC 算法进行 DOA 估计。

下面给出 MUSIC 算法的计算步骤。

算法 8.1(MUSIC 算法)

步骤 1 利用阵列接收的 N 次快拍数据,由式(8.3.12)估计信号的空间相关矩阵$\hat{\boldsymbol{R}}$。

步骤 2 对$\hat{\boldsymbol{R}}$进行特征值分解,得到矩阵$\hat{\boldsymbol{G}}$。

步骤 3 确定式(8.3.13)的峰值位置,得到波达方向估计值$\{\hat{\theta}_k\}_{k=1}^{K}$。

在上面的讨论中,假定已知信号源个数 K,实际中信号源个数需根据 3.6.6 节介绍的 AIC 或 MDL 方法进行估计。

另外,MUSIC 算法需进行谱峰搜索,计算量较大。

8.3.2 仿真实例

实例 1 考虑远场信号 $s(n)$以10°入射到 8 阵元的均匀线阵上,且有阵元间距 $d/\lambda=0.5$。阵列接收噪声是零均值白噪声,设噪声功率 $\sigma^2=1$,接收信号信噪比为 SNR=20dB。可由信噪比定义 $\text{SNR}=10\log_{10}(E\{|s(n)|^2\}/\sigma^2)=20\text{dB}$ 得到信号功率或幅度。接收信号为 $\boldsymbol{x}(n)=\boldsymbol{a}(\theta)s(n)+\boldsymbol{v}(n)$。

首先产生 $N=1000$ 个阵列接收信号向量 $\boldsymbol{x}(n)$,$n=1,\cdots,N$,并根据式(8.3.12)计算空间相关矩阵的估计$\hat{\boldsymbol{R}}$。在空域$[-90°,90°]$内取 D(例如 $D=500$)个均匀样本位置 θ_d,计算 $P_{\text{MUSIC}}(\theta_d)$,$d=1,\cdots,D$,以 θ 为横坐标,以 $f(\theta)=10\log_{10}P_{\text{MUSIC}}(\theta)$为纵坐标,画出 MUSIC 空间谱。找出谱峰位置确定波达方向估计。图 8.3.1(a)给出了一次典型实验中得到的 MUSIC 空间谱。

图 8.3.1(b)给出了 8.2 节介绍的空间傅里叶变换方法的仿真结果(图中给出的是 1000 次快拍取平均后的结果)。尽管两算法此时都能估计出信号到达方向,即都能在到达方向形成峰值,但是空间傅里叶变换谱的主瓣宽度要远远大于 MUSIC 谱的宽度。

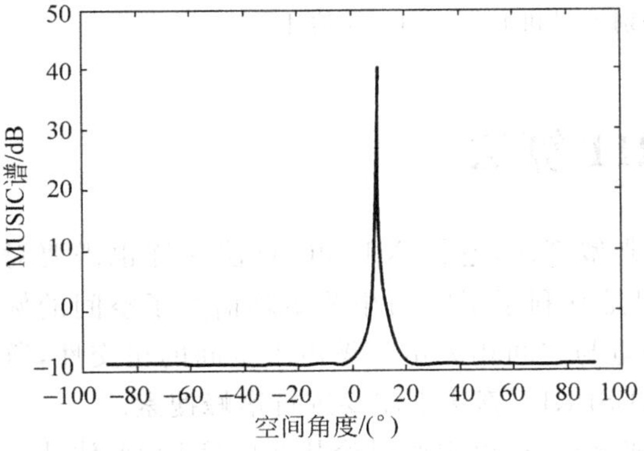

(a) MUSIC算法的伪谱

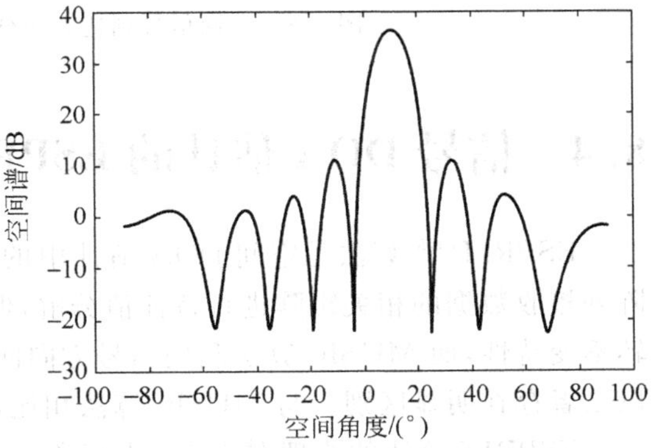

(b) 空间傅里叶变换谱

图 8.3.1 信号到达方向为 10°时的 DOA 估计

实例 2 前面已介绍,当两个(或两个以上)角度比较靠近的信号源入射到接收阵时,空间傅里叶变换的空间功率谱不能有效地对信号角度进行估计。现在通过一个实例来说明这种情况,并与 MUSIC 算法的仿真结果进行比较。

两个远场信号 $s_1(n)$和 $s_2(n)$分别以10°和 0°入射到 8 元均匀线阵上,假设信噪比均为 20dB。设噪声功率 $\sigma^2=1$,可由信噪比定义 $\text{SNR}=10\log_{10}(E\{|s(n)|^2\}/\sigma^2)=20\text{dB}$ 得到信号功率或幅度。则此时接收信号为 $\boldsymbol{x}(n)=\boldsymbol{a}(\theta_1)s_1(n)+\boldsymbol{a}(\theta_2)s_2(n)+\boldsymbol{v}(n)$。

需指出的是,为体现两信号源相互独立,仿真时可以通过在各信号源之间引入独立的随机相位，即乘上复指数 $e^{j\varphi(n)}$，其中 $\varphi(n)$ 是在 $[0,2\pi]$ 上均匀分布的随机相位。如果有 K 个独立信号源，则至少应在 $K-1$ 个信号上乘上复指数 $e^{j\varphi_k(n)}$，且 $\varphi_k(n)$ 间相互独立。

仍然产生 $N=1000$ 个阵列接收信号向量 $\boldsymbol{x}(n)$，$n=1,\cdots,N$，并根据式(8.3.12)计算空间相关矩阵的估计 $\hat{\boldsymbol{R}}$，然后用 MUSIC 算法进行 DOA 估计。

图 8.3.2 分别是一次典型实验中得到的两种算法的空间谱。从图 8.3.2(a)可以看出，MUSIC 算法能很好地分辨两信号的入射方向，实现了信号源的角度超分辨估计；而从图 8.3.2(b)可以看出，因为两信号入射角度比较靠近，主瓣发生了重叠，此时空间傅里叶变换算法失效。

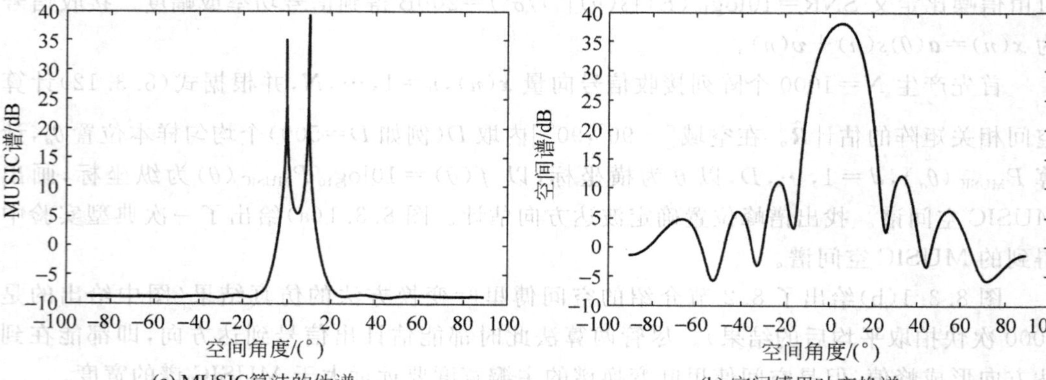

(a) MUSIC算法的伪谱　　(b) 空间傅里叶变换谱

图 8.3.2　两信号到达方向分别为 0°和 10°时的 DOA 估计

8.4　信号 DOA 估计的 ESPRIT 算法

ESPRIT[4,5] 算法是空间 DOA 估计中的典型算法，它同 MUSIC 算法一样也需要对阵列接收数据的相关矩阵进行特征值分解，但是它利用了空间相关矩阵信号子空间的旋转不变特性，而 MUSIC 算法利用信号方向向量与空间相关矩阵噪声子空间的正交性，所以二者存在明显区别。与 MUSIC 算法相比，ESPRIT 算法不需要进行谱峰搜索。

ESPRIT 算法的原理在 3.6.5 节已作详细介绍，这里主要讨论其在信号 DOA 估计方面的应用情况。

8.4.1　ESPRIT 算法用于信号 DOA 估计的原理

考虑由 M 个阵元组成的均匀线阵，K 个远场窄带信号从 $\theta_1,\theta_2,\cdots,\theta_K$ 方向入射到阵列。不失一般性，如图 8.4.1 所示，分别取其前 $M-1$ 个阵元和后 $M-1$ 个阵元构成两个子阵。设子阵 0 的接收数据向量为 $\boldsymbol{x}_1(n)$，子阵 1 的接收数据向量为 $\boldsymbol{x}_2(n)$。

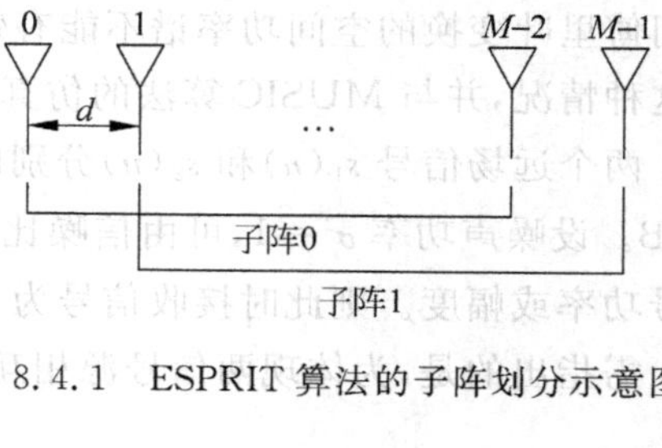

图 8.4.1　ESPRIT 算法的子阵划分示意图

根据 8.1.1 节的均匀线阵接收信号模型式(8.1.16)，阵列接收信号可以表示为

$$\boldsymbol{x}(n)=\boldsymbol{A}\boldsymbol{s}(n)+\boldsymbol{v}(n)$$

展开上式得

$$\begin{bmatrix} x_0(n) \\ x_1(n) \\ \vdots \\ x_{M-1}(n) \end{bmatrix}=\begin{bmatrix} 1 & 1 & \cdots & 1 \\ \mathrm{e}^{-\mathrm{j}\phi_1} & \mathrm{e}^{-\mathrm{j}\phi_2} & \cdots & \mathrm{e}^{-\mathrm{j}\phi_K} \\ \vdots & \vdots & \ddots & \vdots \\ \mathrm{e}^{-\mathrm{j}(M-1)\phi_1} & \mathrm{e}^{-\mathrm{j}(M-1)\phi_2} & \cdots & \mathrm{e}^{-\mathrm{j}(M-1)\phi_K} \end{bmatrix}\begin{bmatrix} s_1(n) \\ s_2(n) \\ \vdots \\ s_K(n) \end{bmatrix}+\begin{bmatrix} v_0(n) \\ v_1(n) \\ \vdots \\ v_{M-1}(n) \end{bmatrix} \tag{8.4.1}$$

观察式(8.4.1)可看出，前 $M-1$ 个阵元构成的子阵的输出为该式的前 $M-1$ 行，表示为

$$\boldsymbol{x}_1(n)=\boldsymbol{A}_1\boldsymbol{s}(n)+\boldsymbol{v}_1(n) \tag{8.4.2}$$

后 $M-1$ 个阵元构成的子阵的输出为式(8.4.1)的后 $M-1$ 行，表示为

$$\boldsymbol{x}_2(n)=\boldsymbol{A}_2\boldsymbol{s}(n)+\boldsymbol{v}_2(n) \tag{8.4.3}$$

方向矩阵 $\boldsymbol{A}_1$ 和 $\boldsymbol{A}_2$ 分别为

$$\begin{aligned} \boldsymbol{A}_1 &= \begin{bmatrix} 1 & 1 & \cdots & 1 \\ \mathrm{e}^{-\mathrm{j}\phi_1} & \mathrm{e}^{-\mathrm{j}\phi_2} & \cdots & \mathrm{e}^{-\mathrm{j}\phi_K} \\ \vdots & \vdots & \ddots & \vdots \\ \mathrm{e}^{-\mathrm{j}(M-2)\phi_1} & \mathrm{e}^{-\mathrm{j}(M-2)\phi_2} & \cdots & \mathrm{e}^{-\mathrm{j}(M-2)\phi_K} \end{bmatrix} \\ \boldsymbol{A}_2 &= \begin{bmatrix} \mathrm{e}^{-\mathrm{j}\phi_1} & \mathrm{e}^{-\mathrm{j}\phi_2} & \cdots & \mathrm{e}^{-\mathrm{j}\phi_K} \\ \mathrm{e}^{-\mathrm{j}2\phi_1} & \mathrm{e}^{-\mathrm{j}2\phi_2} & \cdots & \mathrm{e}^{-\mathrm{j}2\phi_K} \\ \vdots & \vdots & \ddots & \vdots \\ \mathrm{e}^{-\mathrm{j}(M-1)\phi_1} & \mathrm{e}^{-\mathrm{j}(M-1)\phi_2} & \cdots & \mathrm{e}^{-\mathrm{j}(M-1)\phi_K} \end{bmatrix} \end{aligned} \tag{8.4.4}$$

容易发现

$$\boldsymbol{A}_2=\boldsymbol{A}_1\boldsymbol{\Phi} \tag{8.4.5}$$

对角阵$\boldsymbol{\Phi}$定义为

$$\boldsymbol{\Phi}=\mathrm{diag}\{\mathrm{e}^{-\mathrm{j}\phi_1},\cdots,\mathrm{e}^{-\mathrm{j}\phi_K}\} \tag{8.4.6}$$

其中

$$\phi_k=2\pi d\sin\theta_k/\lambda,\quad k=1,\cdots,K \tag{8.4.7}$$

由于信号的方向信息包含在对角矩阵$\boldsymbol{\Phi}$中，只要得到子阵间的旋转不变关系$\boldsymbol{\Phi}$，就可以得到关于信号到达角的信息。

计算相关矩阵

$$\boldsymbol{R}=\mathrm{E}\{\boldsymbol{x}(n)\boldsymbol{x}^{\mathrm{H}}(n)\}=\boldsymbol{A}\boldsymbol{P}\boldsymbol{A}^{\mathrm{H}}+\sigma^2\boldsymbol{I} \tag{8.4.8}$$

的特征值分解，并分别构造矩阵

$$\left.\begin{aligned} \boldsymbol{S} &= [\boldsymbol{u}_1\quad \boldsymbol{u}_2\quad \cdots\quad \boldsymbol{u}_K]\in\mathbb{C}^{M\times K} \\ \boldsymbol{G} &= [\boldsymbol{u}_{K+1}\quad \boldsymbol{u}_{K+2}\quad \cdots\quad \boldsymbol{u}_M]\in\mathbb{C}^{M\times(M-K)} \end{aligned}\right\} \tag{8.4.9}$$

其中，$\boldsymbol{u}_1,\cdots,\boldsymbol{u}_K$ 是矩阵 $\boldsymbol{R}$ 的 K 个大特征值对应的归一化特征向量，$\boldsymbol{u}_{K+1},\cdots,\boldsymbol{u}_M$ 是矩阵 $\boldsymbol{R}$ 的 $M-K$ 个小特征值对应的归一化特征向量。根据 2.2 节相关矩阵的性质和 8.3 节的讨论可得

$$\boldsymbol{S}^{\mathrm{H}}\boldsymbol{G}=\boldsymbol{A}^{\mathrm{H}}\boldsymbol{G}=\boldsymbol{0} \tag{8.4.10}$$

可看出矩阵 $\boldsymbol{S}$ 的列与方向矩阵 $\boldsymbol{A}$ 的列张成相同的子空间，即有

$$\text{span}\{\boldsymbol{S}\} = \text{span}\{\boldsymbol{A}\} \tag{8.4.11}$$

故存在唯一的非奇异矩阵 $\boldsymbol{T}$，使得

$$\boldsymbol{S} = \boldsymbol{AT} \tag{8.4.12}$$

记 $\boldsymbol{S}$ 的前 $M-1$ 行和后 $M-1$ 行分别为 $\boldsymbol{S}_1$ 和 $\boldsymbol{S}_2$，则有

$$\left.\begin{aligned} \boldsymbol{S}_1 &= \boldsymbol{A}_1\boldsymbol{T} \\ \boldsymbol{S}_2 &= \boldsymbol{A}_2\boldsymbol{T} = \boldsymbol{A}_1\boldsymbol{\Phi}\boldsymbol{T} \end{aligned}\right\} \tag{8.4.13}$$

显然，矩阵 $\boldsymbol{S}_1$、$\boldsymbol{S}_2$ 的列与方向矩阵 $\boldsymbol{A}_1$ 的列张成相同的子空间，即

$$\text{span}\{\boldsymbol{S}_1\} = \text{span}\{\boldsymbol{S}_2\} = \text{span}\{\boldsymbol{A}_1\} \tag{8.4.14}$$

且有

$$\boldsymbol{S}_2 = \boldsymbol{S}_1\boldsymbol{T}^{-1}\boldsymbol{\Phi}\boldsymbol{T} \triangleq \boldsymbol{S}_1\boldsymbol{\Psi} \tag{8.4.15}$$

其中，$\boldsymbol{\Psi} = \boldsymbol{T}^{-1}\boldsymbol{\Phi}\boldsymbol{T}$。式(8.4.15)反映了两个子阵的阵列接收数据的信号子空间的旋转不变性，即$\boldsymbol{\Phi}$ 是$\boldsymbol{\Psi}$ 的相似变换，有

$$\boldsymbol{\Phi} = \boldsymbol{T}\boldsymbol{\Psi}\boldsymbol{T}^{-1} \tag{8.4.16}$$

因此，$\boldsymbol{\Psi}$ 与$\boldsymbol{\Phi}$ 具有相同的特征值 $\mathrm{e}^{-\mathrm{j}\phi_k}$，$k=1,2,\cdots,K$。所以一旦得到上述的旋转不变关系矩阵$\boldsymbol{\Psi}$，对其进行特征分解，得特征值 $\mathrm{e}^{-\mathrm{j}\phi_k}$，$k=1,2,\cdots,K$，就可以直接利用式(8.4.7)得到信号的入射角度估计。

实际应用中，ESPRIT 算法除可用 3.6.5 节介绍的矩阵束特征值分解方法外，经常还可采用总体最小二乘法（TLS），下面直接给出基于总体最小二乘法的 ESPRIT 算法（TLS-ESPRIT）的 DOA 估计计算步骤[6]。

算法 8.2（TLS-ESPRIT 算法）

步骤 1　根据式(8.3.12)估计信号的空间相关矩阵$\hat{\boldsymbol{R}}$，并利用特征值分解得到矩阵 $\boldsymbol{S}$；分别用 $\boldsymbol{S}$ 的前 $M-1$ 行和后 $M-1$ 行构造 $\boldsymbol{S}_1$ 和 $\boldsymbol{S}_2$。

步骤 2　构造矩阵 $\boldsymbol{S}_{12} = [\boldsymbol{S}_1 \quad \boldsymbol{S}_2] \in \mathbb{C}^{(M-1)\times 2K}$，并计算矩阵 $\boldsymbol{S}_{12}^{\mathrm{H}}\boldsymbol{S}_{12}$ 的特征值分解 $\boldsymbol{S}_{12}^{\mathrm{H}}\boldsymbol{S}_{12} = \boldsymbol{U}\boldsymbol{\Lambda}\boldsymbol{U}^{\mathrm{H}} \in \mathbb{C}^{2K\times 2K}$，其中，$\boldsymbol{U}$ 是特征向量构成的矩阵，按下式均匀分块

$$\boldsymbol{U} = \begin{bmatrix} \boldsymbol{U}_{11} & \boldsymbol{U}_{12} \\ \boldsymbol{U}_{21} & \boldsymbol{U}_{22} \end{bmatrix} \in \mathbb{C}^{2K\times 2K} \tag{8.4.17}$$

步骤 3　定义矩阵　　$\boldsymbol{\Psi}_{\mathrm{TLS}} = -\boldsymbol{U}_{12}\boldsymbol{U}_{22}^{-1} \in \mathbb{C}^{K\times K}$

对$\boldsymbol{\Psi}_{\mathrm{TLS}}$进行特征分解得到 K 个特征值 $\mathrm{e}^{-\mathrm{j}\phi_k}$，利用式(8.4.7)计算角度估计。

8.4.2　仿真实例

利用 8.3.2 节中实例 2 的仿真条件，产生 $N=1000$ 个阵列接收信号向量 $\boldsymbol{x}(n)$，$n=1,2,\cdots,N$，并采用 TLS-ESPRIT 算法估计 DOA。

按算法 8.2 进行 100 次蒙特卡罗实验得到的平均结果是

$$\hat{\theta}_1 = 0.0158°, \quad \hat{\theta}_2 = 10.0027°$$

与实际的波达方向 $\theta_1=0°$，$\theta_2=10°$相比，TLS-ESPRIT 算法获得的估计结果非常接近真实值。与 MUSIC 算法相比，TLS-ESPRIT 算法无需进行谱峰搜索，但需进行两次特征值分解。

8.5 干涉仪测向原理

前面介绍的基于相关矩阵特征分解的信号源 DOA 估计技术，尽管其估计精度高，但是有计算量大的弱点，其实际应用受到限制。在一些对 DOA 估计精度要求不高，但要求计算简单的场合，干涉仪(interferometer)测向[7]方法得到广泛应用。从 8.1.1 节的讨论可知，由关系 $\phi=2\pi d\sin\theta/\lambda$，根据信号到达两阵元的相位差可以确定信号源的方向。干涉仪测向的实质，就是测出电磁波到达两天线阵元间的空间相位差 ϕ，然后计算出信号到达方向 θ。

8.5.1 一维相位干涉仪测向原理

图 8.5.1 是一维相位干涉仪原理图，其中图(a)为一维单基线相位干涉仪原理图，图(b)为一维多基线相位干涉仪原理图。"一维"是指信号到达阵元之间的相位差只由信源方位角确定，"二维"是指信号到达阵元之间的相位差由信源的方位角和俯仰角共同确定。"基线"(baseline)指的是阵元之间的连线，如图 8.5.1(a)中的基线 AB。对于图 8.5.1(a)，信号在两阵元的空间相位差为

$$\phi=\frac{2\pi D\sin\theta}{\lambda} \tag{8.5.1}$$

其中，D 为阵元之间的间距，θ 为信号到达方向，λ 是载波波长。

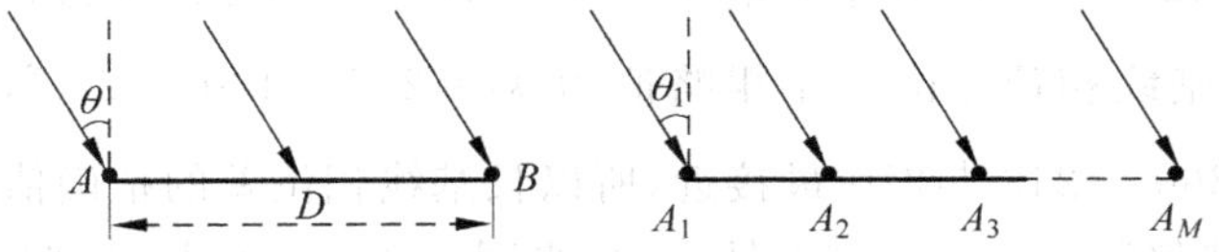

(a) 单基线相位干涉仪原理图　　(b) 多基线相位干涉仪原理图

图 8.5.1 一维干涉仪原理图

由于干涉仪测量的相位差只能在±180°范围内，由式(8.5.1)可知，当 $D<\lambda/2$时，对于信号入射角 θ 在±90°内取值时，其对应相位差在±180°以内，相位值与入射角度值一一对应；当 $D>\lambda/2$时，对于信号入射角 θ 在±90°内取值时，其实际相位差可能超过±180°的范围，此时同一个相位值可能对应多个入射角度值，这就是"相位模糊"。所以 D 必须小于$\lambda/2$，否则不能保证实际的方向角与测量的方向角一一对应，即一个测定的 ϕ 可以计算出两个或两个以上的 θ，这当然是不允许的。

实际应用中，为了既能达到一定的测量精度，又无"相位模糊"，一般采用长短基线结合的办法。对于某个工作频率，多基线相位干涉仪中既有"长基线"也有"短基线"。尽管"长基线"存在相位多值，但是利用相位单值的"短基线"相位，可以解算出"长基线"的实际相位的精确值，这个过程称为"解相位模糊"。

下面简单介绍一维多基线相位干涉仪原理。

A_0、A_1 和 A_2 共 3 阵元组成如图 8.5.2 所示的天线阵，其中，$d<\lambda/2$，$D=md>\lambda/2$，$m>1$，且有

$$\hat{\phi}_1=\psi_1=\frac{2\pi d\sin\theta}{\lambda} \tag{8.5.2}$$

$$\hat{\phi}_2=\psi_2+2k\pi=\frac{2\pi D\sin\theta}{\lambda},\quad k=0,\pm1,\pm2,\cdots \tag{8.5.3}$$

$$\hat{\phi}'_2=m\hat{\phi}_1 \tag{8.5.4}$$

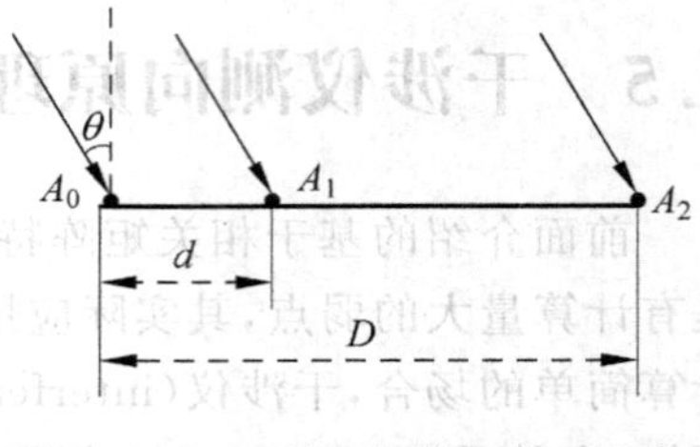

图 8.5.2 一维多基线相位干涉仪

其中 ψ_1 是 A_0-A_1 基线相位差测量值，ψ_2 是 A_0-A_2 基线相位差测量值。

解相位模糊步骤如下：

(1) 由式(8.5.2)，根据 ψ_1 直接得到 A_0-A_1 基线相位差 $\hat{\phi}_1$。

(2) 由式(8.5.4)，根据 $\hat{\phi}_1$ 计算出 A_0-A_2 基线相位差的一个粗略值 $\hat{\phi}'_2$。

(3) 由式(8.5.3)，实际测得的是 A_0-A_2 基线的相位差 ψ_2。

(4) 在式(8.5.3)中，改变 k 值，寻找出最接近于粗略值 $\hat{\phi}'_2$ 的唯一精确值 $\hat{\phi}_2$。

(5) 再将 $\hat{\phi}_2$ 代入式(8.5.1)即可得到精确的测向结果。

例如，假设 A_0-A_1 基线(短基线)相位差测量值为 $\hat{\phi}_1=\psi_1=100°$，A_0-A_2 基线(长基线)相位差测量值为 $\psi_2=-112°$，长、短基线长度比值为 $m=2.5$，则长基线相位差的一组精确值为 $\hat{\phi}_2=-112°+360°k$(其中 k 取 $0,\pm1,\pm2,\cdots$)。根据基线相位差与基线长度成正比，可以得到长基线相位差的一个粗略值为 $\hat{\phi}'_2=2.5\times100°=250°$，显然只有当 $k=1$ 时，$\hat{\phi}_2=-112°+360°=248°$ 与 $250°$ 最接近，所以长基线相位差的精确值为 $248°$。

一维相位干涉仪测向存在一定的缺陷，如当同一频率的信号分别从 θ 方向和 $\pi-\theta$ 方向入射时，A_0-A_1 基线相位差都为 $2\pi d\sin\theta/\lambda$，此时会出现方向角模糊的情况。

8.5.2 二维相位干涉仪

如图 8.5.3 所示的二维单基线相位干涉仪，是以直角三角形顶点布阵的等长基线相位干涉仪。x 轴、y 轴和 z 轴构成直角坐标系 xyz，x 轴上的 A_0-A_1 基线和 y 轴上的 A_0-A_2 基线长度都为 D。测向公式如下：

$$\phi_1=\frac{2\pi D\cos\beta\cos\varphi}{\lambda} \tag{8.5.5}$$

$$\phi_2=\frac{2\pi D\cos\beta\sin\varphi}{\lambda} \tag{8.5.6}$$

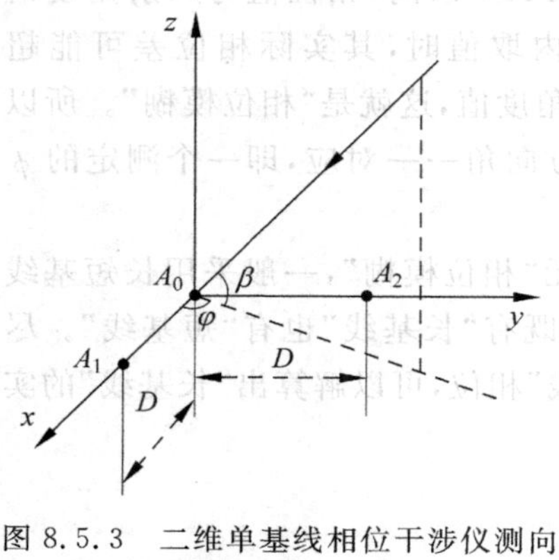

图 8.5.3 二维单基线相位干涉仪测向示意原理图

其中，ϕ_1 是 A_0-A_1 基线相位差，ϕ_2 是 A_0-A_2 基线相位差，φ 为信号的方位角，β 为信号的擦地角(俯仰角的余角)。

从式(8.5.5)和式(8.5.6)可以求出信号入射

方位角 φ 和信号的入射擦地角 β，即有

$$\varphi = \arctan\left(\frac{\phi_2}{\phi_1}\right) \tag{8.5.7}$$

$$\beta = \arccos\left[\frac{\lambda\sqrt{\phi_1^2 + \phi_2^2}}{2\pi D}\right] \tag{8.5.8}$$

其中，arctan(・)和 arccos(・)分别表示反正切函数和反余弦函数。

与一维干涉仪相比，二维单基线干涉仪除可测擦地角外，还可以对方位角360°全方位测向，而一维干涉仪只能对方位角180°测向。

8.6　空域滤波与数字波束形成

8.6.1　空域滤波和阵方向图

利用横向滤波器对离散时间信号 $x(n)$ 进行滤波，可使信号 $x(n)$ 的某些期望的频率成分通过滤波器，而抑制其他频率成分。类似地，利用空域滤波器(波束形成器)处理阵列接收信号，通过改变滤波器权值，可使某些期望方向的信号通过滤波器，同时抑制其他方向的信号。下面给出空域滤波器(spatial filter)的原理。

如图 8.6.1 所示，M 元均匀线阵的接收信号作为 M 抽头横向滤波器的输入，滤波器权向量可表示为

$$\boldsymbol{w} = [w_0 \quad w_1 \quad \cdots \quad w_{M-1}]^{\mathrm{T}} \tag{8.6.1}$$

平面波 $s(n)$ 以角度 θ 入射到阵列上，以第一个阵元作为参考阵元，不考虑接收机噪声，则阵列接收信号可以表示为

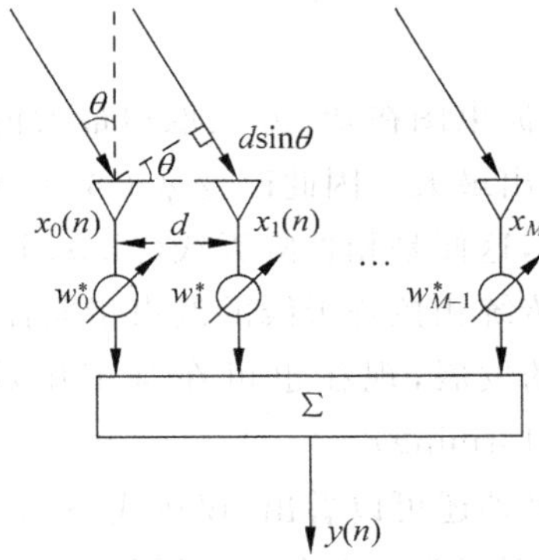

图 8.6.1　空域滤波器原理

$$\boldsymbol{x}(n) = \boldsymbol{a}(\theta)s(n) \tag{8.6.2}$$

其中

$$\boldsymbol{a}(\theta) = [1 \quad \mathrm{e}^{-\mathrm{j}\phi} \quad \cdots \quad \mathrm{e}^{-\mathrm{j}(M-1)\phi}]^{\mathrm{T}} \tag{8.6.3}$$

是均匀线阵的导向向量，$\phi = 2\pi d\sin\theta/\lambda$。空域滤波器的输出为

$$y(n) = \boldsymbol{w}^{\mathrm{H}}\boldsymbol{x}(n) = \boldsymbol{w}^{\mathrm{H}}\boldsymbol{a}(\theta)s(n) \tag{8.6.4}$$

从式(8.6.4)可以看出，若使权向量 $\boldsymbol{w}$ 满足 $\boldsymbol{w}^{\mathrm{H}}\boldsymbol{a}(\theta)=0$，则

$$y(n) = 0$$

上式表明 θ 方向的信号被抑制，不能通过滤波器。如果令权向量 $\boldsymbol{w}$ 满足 $\boldsymbol{w}=\boldsymbol{a}(\theta)$，则

$$y(n) = \boldsymbol{a}^{\mathrm{H}}(\theta)\boldsymbol{a}(\theta)s(n) = Ms(n)$$

上式表明 θ 方向的信号可以通过滤波器，并被放大 M 倍。所以，通过改变空域滤波器的权向量 $\boldsymbol{w}$，可使某些方向的信号通过滤波器，而抑制另一些方向的信号，或改变输出信号的幅度，这便是空域滤波(spatial filtering)。

假设已知空域滤波器权向量 $\boldsymbol{w}$，定义空域滤波的方向图（pattern，也称波束图）为输出信号与输入信号的幅度之比，即

$$F(\theta)=\frac{|y(n)|}{|s(n)|}=|\boldsymbol{w}^{\mathrm{H}}\boldsymbol{a}(\theta)| \tag{8.6.5}$$

与时域滤波器的频率响应类似，方向图描述了空域滤波器对空间不同方向信号的响应。注意到 $F^2(\theta)$ 是空域滤波器输出、输入瞬时功率之比。

如果选择空域滤波器的权向量幅度相同，仅相位均匀递增，为

$$\boldsymbol{w}=[1\quad \mathrm{e}^{-\mathrm{j}\phi_0}\quad \cdots\quad \mathrm{e}^{-\mathrm{j}(M-1)\phi_0}]^{\mathrm{T}}$$

其中，$\phi_0=2\pi d\sin\theta_0/\lambda$，则有

$$\begin{aligned}F(\theta)&=|\boldsymbol{w}^{\mathrm{H}}\boldsymbol{a}(\theta)|=\left|\sum_{m=0}^{M-1}\mathrm{e}^{-\mathrm{j}m(\phi-\phi_0)}\right|=\left|\sum_{m=0}^{M-1}\mathrm{e}^{-\mathrm{j}\frac{2\pi dm}{\lambda}(\sin\theta-\sin\theta_0)}\right|\\&=\left|\mathrm{e}^{-\mathrm{j}\frac{M-1}{2}(\phi-\phi_0)}\frac{\sin\left(\frac{M}{2}(\phi-\phi_0)\right)}{\sin\left(\frac{1}{2}(\phi-\phi_0)\right)}\right|=\left|\frac{\sin\left[\frac{M\pi d}{\lambda}(\sin\theta-\sin\theta_0)\right]}{\sin\left[\frac{\pi d}{\lambda}(\sin\theta-\sin\theta_0)\right]}\right|\end{aligned} \tag{8.6.6}$$

此时，波束图在 $\theta=\theta_0$ 处取得最大值，使得从 θ_0 方向入射的信号在滤波器的输出端同相叠加，输出最大。因此改变 ϕ_0（或 θ_0）即可改变波束的指向，从而实现波束指向的扫描（简称电扫），这便是相控阵天线（phased array antenna）的基本工作原理。

传统相控阵天线的波束指向控制，通常是在高频或中频采用移相器实现的，随着数字器件的发展，现在也可在基带用数字处理方法实现，称为数字波束形成（DBF，digital beam forming）。

另外还可以看出，仅按式(8.6.6)的形式改变权向量的相位 ϕ_0，只能改变方向图的指向，而不能改变方向图的形状。

为便于观察，通常考虑归一化的方向图

$$G(\theta)=\frac{F(\theta)}{\max(F(\theta))} \tag{8.6.7}$$

其中，max(·)表示取极大值。

图 8.6.2 是一个阵元间距 $d=\lambda/2$、阵元数 $M=16$、波束指向 $\theta_0=0°$ 的均匀线阵方向图，此时的空域滤波器权向量为 $M\times1$ 维的全 1 向量，即 $\boldsymbol{w}=\mathbf{1}$。图中的纵坐标为

$$g(\theta)=20\log_{10}G(\theta)\,(\mathrm{dB}) \tag{8.6.8}$$

可以看出，其第一副瓣（sidelobe，或旁瓣）电平较主瓣（mainlobe）电平仅低约 13.4dB。若需进一步降低副瓣电平，可采用幅度加权技术（如海明加权等），但此时主瓣宽度会增大。图 8.6.2 的方向图表明，对同样功率的信号源，从空间的不同方向入射到接收阵，阵列输出 $y(n)$ 的幅度是不一样的，且从 $\theta=0°$ 方向入射时，输出幅度最大。

下面简要介绍与阵天线方向图有关的几个概念[1,10]。

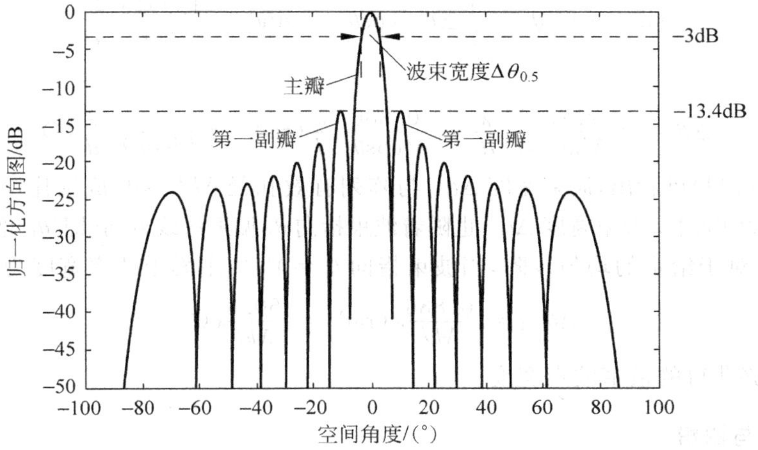

图 8.6.2　阵元间距 λ/2 的 16 阵元均匀线阵方向图

1. 波束主瓣宽度

由式(8.6.6)可看出，当$(\sin\theta-\sin\theta_0)M\pi d/\lambda=\pi$时，方向图函数$F(\theta)$等于 0，可以得到$F(\theta)$主瓣两侧零点间的宽度满足

$$\mathrm{BW}_0 = 2\arcsin\left(\frac{\lambda}{Md}+\sin\theta_0\right) \tag{8.6.9}$$

其中，arcsin(•)是反正弦函数。

如图 8.6.2 所示，实际中，经常用主瓣的 3dB 宽度来描述主瓣的宽度(表示为$\Delta\theta_{0.5}$)，即信号功率降低一半的方向角位置，注意到，当θ与θ_0接近时，有近似关系

$$\sin\left(\frac{\pi d}{\lambda}(\sin\theta-\sin\theta_0)\right)\approx\frac{\pi d}{\lambda}(\sin\theta-\sin\theta_0)$$

于是，式(8.6.6)可以近似表示为

$$F(\theta)\approx\left|\frac{\sin\left[\frac{M\pi d}{\lambda}(\sin\theta-\sin\theta_0)\right]}{\frac{\pi d}{\lambda}(\sin\theta-\sin\theta_0)}\right| = M\left|\frac{\sin\left[\frac{M\pi d}{\lambda}(\sin\theta-\sin\theta_0)\right]}{\frac{M\pi d}{\lambda}(\sin\theta-\sin\theta_0)}\right| \tag{8.6.10}$$

信号功率降低一半，等效于$F(\theta)$的值等于其极大值的$1/\sqrt{2}$，方向角θ应满足

$$\frac{\sin\left[\frac{M\pi d}{\lambda}(\sin\theta-\sin\theta_0)\right]}{\frac{M\pi d}{\lambda}(\sin\theta-\sin\theta_0)}=\frac{1}{\sqrt{2}}$$

利用正弦函数的泰勒级数展开，可近似得到

$$\frac{M\pi d}{\lambda}(\sin\theta-\sin\theta_0)\approx\pm 1.3916$$

由于$\Delta\theta_{0.5}$表示波束的 3dB 宽度，令$\theta=\theta_0+\frac{1}{2}\Delta\theta_{0.5}>0$，利用三角函数的和角关系，近似有

$$\sin\theta \approx \sin\theta_0 + \frac{1}{2}\Delta\theta_{0.5}\cos\theta_0 = \sin\theta_0 + \frac{1.3916}{M\pi}\frac{\lambda}{d}$$

故有

$$\Delta\theta_{0.5} = \frac{2.7831}{M\pi\cos\theta_0}\frac{\lambda}{d} \approx \frac{0.886}{M\cos\theta_0}\frac{\lambda}{d}(\text{rad}) = \frac{50.8}{M\cos\theta_0}\frac{\lambda}{d}(°) \tag{8.6.11}$$

由式(8.6.11)可看出，波束宽度 $\Delta\theta_{0.5}$ 与阵列有效孔径 $Md\cos\theta_0$ 成反比，波束宽度随着阵列孔径增大而减小；波束宽度 $\Delta\theta_{0.5}$ 也随着波束指向 θ_0 偏离法线方向(即 $|\theta_0|$ 增大)而增大。

特别地，对于给定的均匀线阵，当波束指向 $\theta_0=0°$ 时，主瓣半功率宽度为

$$\Delta\theta_{0.5} = \frac{0.886}{Md}\lambda(\text{rad}) = \frac{50.8}{Md}\lambda(°) \tag{8.6.12}$$

这是阵列能够获得的最窄波束宽度。

2. 副瓣与栅瓣

如图 8.6.2 所示，方向图 $F(\theta)$ 的副瓣的极值点位置由下式确定：

$$\frac{M\pi d}{\lambda}(\sin\theta_l - \sin\theta_0) = \frac{2l+1}{2}\pi, \quad l = \pm 1, \pm 2, \cdots \tag{8.6.13}$$

所以有

$$\theta_l = \arcsin\left(\frac{(2l+1)\lambda}{2Md} + \sin\theta_0\right), \quad l = \pm 1, \pm 2, \cdots \tag{8.6.14}$$

结合式(8.6.13)和式(8.6.10)，对于归一化方向图，副瓣电平为

$$1\Big/\left(\frac{2|l|+1}{2}\pi\right), \quad l = \pm 1, \pm 2, \cdots$$

如图 8.6.2 所示，方向图的最大副瓣电平(第一副瓣电平)为 $2/3\pi$，约为 -13.4dB。为降低副瓣电平，可采用加窗的方法，但这会导致主瓣变宽。

观察式(8.6.6)可看出，当角度 θ_m 满足下式时：

$$\pi d(\sin\theta_m - \sin\theta_0)/\lambda = m\pi, \quad m = \pm 1, \pm 2, \cdots$$

在 θ_m 方向上会形成与主瓣电平相同的波瓣，这些波瓣被称为方向图的栅瓣(grating lobe)。实际工程中通常是不希望出现栅瓣的，为了避免出现栅瓣，对任意 θ 必须要求

$$\frac{\pi d}{\lambda}|\sin\theta - \sin\theta_0| < \pi \tag{8.6.15}$$

由于 $|\sin\theta - \sin\theta_0| \leqslant |\sin\theta| + |\sin\theta_0| \leqslant 1 + |\sin\theta_0|$，所以阵元间距应该满足

$$d \leqslant \frac{\lambda}{1+|\sin\theta_0|} \tag{8.6.16}$$

如果主瓣扫描范围为 $-90° < \theta_0 < 90°$，则不出现栅瓣的条件为 $d < \lambda/2$，由于主瓣宽度与阵列天线孔径成反比，通常选择 $d=\lambda/2$ 以获得窄的主瓣；而当主瓣扫描范围为 $-60° < \theta_0 < 60°$ 时，则取 $d < 0.53\lambda$ 即可。

8.6.2 数字自适应干扰置零

如图 8.6.1 所示，n 时刻的空域滤波输出 $y(n)$ 是 M 个阵元输出数据的线性组合，即

$$y(n) = \boldsymbol{w}^{\mathrm{H}}\boldsymbol{x}(n) \tag{8.6.17}$$

若 $\boldsymbol{w}=[1 \quad e^{-j\phi_0} \quad \cdots \quad e^{-j(M-1)\phi_0}]^T$，此时主瓣方向应该在 θ_0 方向（称为阵天线的观测方向），且 $\phi_0=2\pi d\sin\theta_0/\lambda$。当 θ_0 方向有信号 $s_0(n)$ 存在时，则空域滤波器将有信号输出，且有

$$|y_0(n)|=|\boldsymbol{w}^H\boldsymbol{a}(\theta_0)s_0(n)|=M|s_0(n)| \tag{8.6.18}$$

其中，$\boldsymbol{a}(\theta_0)=[1 \quad e^{-j\phi_0} \quad \cdots \quad e^{-j(M-1)\phi_0}]^T$。

若在 θ_0 方向无信号存在，则空域滤波器将无信号输出。但若此时在 θ_1 方向上有强干扰信号（interference signal）$s_1(n)$，如图 8.6.3 所示，则阵列的输出幅度为

$$|y_1(n)|=|\boldsymbol{w}^H\boldsymbol{a}(\theta_1)||s_1(n)|=|\boldsymbol{a}^H(\theta_0)\boldsymbol{a}(\theta_1)||s_1(n)| \tag{8.6.19}$$

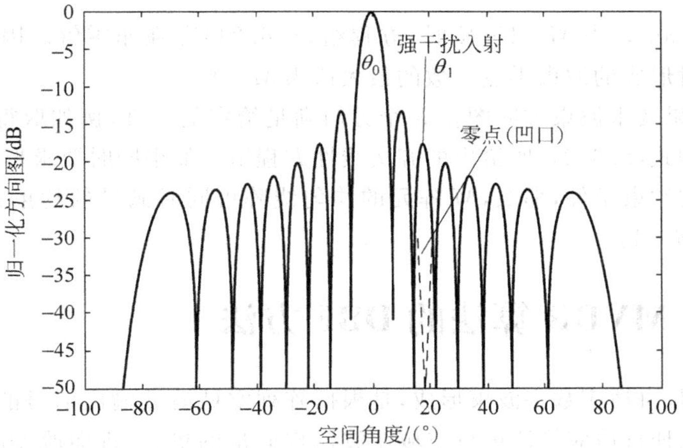

图 8.6.3 波束自适应干扰置零示意图

尽管 $s_1(n)$ 是从方向图的副瓣入射，若信号 $s_1(n)$ 的幅度较信号 $s_0(n)$ 的幅度大得多，使得输出信号的幅度 $|y_1(n)|$ 与 θ_0 方向有信号 $s_0(n)$ 存在时的输出幅度 $|y_0(n)|$ 相当。此时，θ_1 方向强干扰的存在会被误认为在 θ_0 方向有信号，形成错误输出。

如图 8.6.3 所示，数字自适应干扰置零（digital adaptive interference nulling）是自适应地选择滤波器权向量 $\boldsymbol{w}$，使得在强干扰 $s_1(n)$ 的方向 θ_1 处形成零点（凹口），称为置零（nulling），即满足

$$\boldsymbol{w}^H\boldsymbol{a}(\theta_1)=0 \tag{8.6.20}$$

这样，除观测方向 θ_0 以外，θ_1 方向的入射信号（干扰）将不能通过空域滤波器，即输出信号 $y(n)$ 中不含有强干扰。

通过一定的算法设计，使空域滤波器能自适应地在多个不同干扰方向形成多个零点，抑制相应方向的干扰，这便是自适应干扰置零，或称为自适应数字波束形成，简称数字波束形成（DBF）[8~10]。

一般地，对 M 阵元的均匀线阵的空域滤波器的权向量为

$$\boldsymbol{w}=[w_0 \quad w_1 \quad \cdots \quad w_{M-1}]^T \tag{8.6.21}$$

其波束方向图函数由式（8.6.5）给出，为

$$F(\theta)=|\boldsymbol{w}^H\boldsymbol{a}(\theta)| \tag{8.6.22}$$

其中，$\boldsymbol{a}(\theta)$由式(8.6.3)求得。式(8.6.22)可以展开为

$$F(\theta)=\left|\sum_{m=0}^{M-1} w_m^* \mathrm{e}^{-\mathrm{j}m\phi}\right|=\left|w_0^*+\sum_{m=1}^{M-1} w_m^* \mathrm{e}^{-\mathrm{j}m\phi}\right|=\left|w_0^*\left(1+\sum_{m=1}^{M-1} \frac{w_m^*}{w_0^*}\mathrm{e}^{-\mathrm{j}m\phi}\right)\right| \tag{8.6.23}$$

注意到权值 w_0 不会影响方向图，方向图 $F(\theta)$的形状仅与 $M-1$ 个系数 w_m^*/w_0^* 有关。因此，M 阵元的均匀线阵的自由度(degrees of freedom)为 $M-1$。

要在波束方向图的 K 个干扰方向形成零点，则权向量 $\boldsymbol{w}$ 满足齐次线性方程组

$$\sum_{m=1}^{M-1} \tilde{w}_m^* \mathrm{e}^{-\mathrm{j}m\phi_k}=-1, \quad k=1,2,\cdots,K \tag{8.6.24}$$

其中，$\tilde{w}_m^*=w_m^*/w_0^*$。当 $M-1\geqslant K$ 时，方程组(8.6.24)存在非零解。因此，M 阵元的均匀线阵可以同时形成的波束零点个数的最大值为 $M-1$。

类似地，如果要求波束方向图在 L 个方向满足给定的条件，例如取得极大值，那么也可以类似得到如式(8.6.24)所给出的齐次线性方程组。如果同时要求形成波束零点和波束极大值点两类约束条件，那么，M 阵元的均匀线阵可同时满足的约束条件个数等于该阵列的自由度 $M-1$。

8.7　基于 MVDR 算法的 DBF 方法

前文已介绍，自适应数字波束形成，是根据阵列空域滤波输出信号的要求(对干扰的抑制等)，采用某种自适应算法进行空域滤波器权向量的更新，进而改变阵列方向图的指向和形状，使阵列的空域滤波器工作在某种最佳状态。

本节首先介绍基于最小方差无失真响应(MVDR)算法的数字波束形成技术。

8.7.1　MVDR 波束形成器原理

在第 3 章，已将 MVDR 算法用于信号的频率估计，本节将研究其在 DBF 方面的应用[11]。下面以 K 个远场窄带信号入射到 M 阵元的均匀直线阵为例，说明基于 MVDR 方法的数字波束形成原理。

如图 8.6.1，空域滤波输出为

$$y(n)=\boldsymbol{w}^{\mathrm{H}}\boldsymbol{x}(n)=\boldsymbol{x}^{\mathrm{T}}(n)\boldsymbol{w}^* \tag{8.7.1}$$

其中，$\boldsymbol{w}$ 是空域滤波器的权向量，有 $\boldsymbol{w}=[w_0\ \ w_1\ \ \cdots\ \ w_{M-1}]^{\mathrm{T}}$，阵列接收信号 $\boldsymbol{x}(n)$是空域滤波器的输入信号向量，如式(8.1.16)所示，为

$$\begin{aligned}\boldsymbol{x}(n)&=[x_0(n)\ \ x_1(n)\ \ \cdots\ \ x_{M-1}(n)]^{\mathrm{T}}\\&=\boldsymbol{A}\boldsymbol{s}(n)+\boldsymbol{v}(n)\end{aligned}$$

输出的平均功率 $P(\theta)$为

$$\begin{aligned}P(\theta)&=\mathrm{E}\{|y(n)|^2\}=\mathrm{E}\{\boldsymbol{w}^{\mathrm{H}}\boldsymbol{x}(n)\boldsymbol{x}^{\mathrm{H}}(n)\boldsymbol{w}\}\\&=\boldsymbol{w}^{\mathrm{H}}\boldsymbol{R}\boldsymbol{w}\end{aligned} \tag{8.7.2}$$

其中，$\boldsymbol{R}=\mathrm{E}\{\boldsymbol{x}(n)\boldsymbol{x}^{\mathrm{H}}(n)\}$是空间相关矩阵。

假设感兴趣的信号(期望信号)$s_0(n)$从 θ_0 方向入射，则由式(8.1.11)，阵天线对该方

向的接收信号为 $\boldsymbol{x}_0(n)=\boldsymbol{a}(\theta_0)s_0(n)$。为了使该方向入射的信号无失真地通过空域滤波器，应有

$$y_0(n) = \boldsymbol{w}^{\mathrm{H}}\boldsymbol{x}_0(n) = \boldsymbol{w}^{\mathrm{H}}\boldsymbol{a}(\theta_0)s_0(n) = s_0(n) \tag{8.7.3}$$

所以，权向量 $\boldsymbol{w}$ 应满足

$$\boldsymbol{w}^{\mathrm{H}}\boldsymbol{a}(\theta_0) = 1 \tag{8.7.4}$$

在保证式(8.7.4)成立的前提下，选择权向量 $\boldsymbol{w}$，使空域滤波器的平均输出功率 $P(\theta)$ 最小，即对其他方向的信号和噪声尽量抑制。这是一个条件极值问题，可描述为

$$\min_{\boldsymbol{w}} \boldsymbol{w}^{\mathrm{H}}\boldsymbol{R}\boldsymbol{w} \quad \text{st.} \quad \boldsymbol{w}^{\mathrm{H}}\boldsymbol{a}(\theta_0) = 1 \tag{8.7.5}$$

同 3.4.2 节一样，构造代价函数

$$J(\boldsymbol{w}) = \boldsymbol{w}^{\mathrm{H}}\boldsymbol{R}\boldsymbol{w} + \lambda(1 - \boldsymbol{w}^{\mathrm{H}}\boldsymbol{a}(\theta_0)) \tag{8.7.6}$$

关于 $\boldsymbol{w}$ 求梯度，并令其为零，得

$$\nabla J(\boldsymbol{w}) = 2\boldsymbol{R}\boldsymbol{w} - 2\lambda\boldsymbol{a}(\theta_0) = \boldsymbol{0} \tag{8.7.7}$$

则有

$$\boldsymbol{R}\boldsymbol{w} = \lambda\boldsymbol{a}(\theta_0) \tag{8.7.8}$$

即

$$\boldsymbol{w} = \lambda\boldsymbol{R}^{-1}\boldsymbol{a}(\theta_0) \tag{8.7.9}$$

将式(8.7.9)代入式(8.7.4)，可得

$$\lambda = \frac{1}{\boldsymbol{a}^{\mathrm{H}}(\theta_0)\boldsymbol{R}^{-1}\boldsymbol{a}(\theta_0)} \tag{8.7.10}$$

将式(8.7.10)代入式(8.7.9)，得 MVDR 波束形成器的最优权向量为

$$\boldsymbol{w}_{\mathrm{o}} = \frac{\boldsymbol{R}^{-1}\boldsymbol{a}(\theta_0)}{\boldsymbol{a}^{\mathrm{H}}(\theta_0)\boldsymbol{R}^{-1}\boldsymbol{a}(\theta_0)} \tag{8.7.11}$$

输出平均功率为

$$P_{\mathrm{MVDR}}(\theta_0) = \frac{1}{\boldsymbol{a}^{\mathrm{H}}(\theta_0)\boldsymbol{R}^{-1}\boldsymbol{a}(\theta_0)} \tag{8.7.12}$$

以上就是 MVDR 波束形成器原理。MVDR 方法要求干扰源的个数不大于 $M-1$，这是因为 M 元阵列有 $M-1$ 个自由度。

在实际工程应用中，阵列的空间相关矩阵是用有限次快拍得到的观察数据向量，用时间平均进行估计得到的，即

$$\hat{\boldsymbol{R}} = \frac{1}{N}\sum_{n=1}^{N}\boldsymbol{x}(n)\boldsymbol{x}^{\mathrm{H}}(n) \tag{8.7.13}$$

其中，N 是阵列接收信号向量的采样快拍数。

与算法 3.6 类似，MVDR 波束形成器也可用于 DOA 估计。假设 K 个远场窄带信号从 $\theta_1,\theta_2,\cdots,\theta_K$ 方向入射到阵列时，接收信号由式(8.1.16)给出。于是，DOA 估计就是函数 $P_{\mathrm{MVDR}}(\theta)$ 的 K 个峰值位置。

8.7.2　QR 分解 SMI 算法

由式(8.7.8)可知，最优权向量应满足

$$\hat{\boldsymbol{R}}\boldsymbol{w} = \mu\boldsymbol{a}(\theta_0) \tag{8.7.14}$$

其中 μ 为任意常数。按式(8.7.8)计算出的 $\boldsymbol{w}$ 与按式(8.7.14)计算出的 $\boldsymbol{w}$ 仅相差一个常数，而此常数对波束图的形状是没有影响的。这里用空间相关矩阵的估计 $\hat{\boldsymbol{R}}$ 代替 $\boldsymbol{R}$。

下面将介绍求解式(8.7.14)的采样矩阵求逆(SMI，sample matrix inversion)算法[12]。该方法使用了在6.6节介绍的矩阵QR分解原理，所以被称为QR分解SMI算法。

QR分解SMI算法的目的，是为了避免直接计算逆矩阵 $\hat{\boldsymbol{R}}^{-1}$，而是利用Givens旋转实现数据矩阵 $\hat{\boldsymbol{R}}$ 的QR分解，最终将权向量 $\boldsymbol{w}$ 的求解问题，转化为具有上三角数据矩阵的线性方程组的求解问题。

利用阵列接收向量 $\boldsymbol{x}(1),\cdots,\boldsymbol{x}(n)$，定义数据矩阵

$$\boldsymbol{X}^{\mathrm{H}}(n)=[\boldsymbol{x}(1)\quad \boldsymbol{x}(2)\quad \cdots\quad \boldsymbol{x}(n)]$$
$$=\begin{bmatrix} x_0(1) & x_0(2) & \cdots & x_0(n)\\ x_1(1) & x_1(2) & \cdots & x_1(n)\\ \vdots & \vdots & \ddots & \vdots\\ x_{M-1}(1) & x_{M-1}(2) & \cdots & x_{M-1}(n)\end{bmatrix}\in\mathbb{C}^{M\times n} \tag{8.7.15}$$

于是，在 n 时刻空间相关矩阵的估计 $\hat{\boldsymbol{R}}(n)$ 可以表示为

$$\hat{\boldsymbol{R}}(n)=\frac{1}{n}\boldsymbol{X}^{\mathrm{H}}(n)\boldsymbol{X}(n)=\frac{1}{n}\sum_{i=1}^{n}\boldsymbol{x}(i)\boldsymbol{x}^{\mathrm{H}}(i) \tag{8.7.16}$$

注意到，在式(8.7.14)中令 $\mu=1/n$，将式(8.7.16)代入式(8.7.14)，有

$$\hat{\boldsymbol{R}}\boldsymbol{w}(n)=\frac{1}{n}\boldsymbol{X}^{\mathrm{H}}(n)\boldsymbol{X}(n)\boldsymbol{w}(n)=\mu\boldsymbol{a}(\theta_0) \tag{8.7.17}$$

即

$$\boldsymbol{X}^{\mathrm{H}}(n)\boldsymbol{X}(n)\boldsymbol{w}(n)=\boldsymbol{a}(\theta_0) \tag{8.7.18}$$

其中，$\boldsymbol{w}(n)$ 是在 n 时刻得到的最优权向量。

由6.6.1节QR分解的定义，设存在酉矩阵 $\boldsymbol{Q}(n)\in\mathbb{C}^{n\times n}$，实现矩阵 $\boldsymbol{X}(n)$ 的QR分解，即

$$\boldsymbol{Q}(n)\boldsymbol{X}(n)=\begin{bmatrix}\boldsymbol{R}_n\\ \boldsymbol{0}\end{bmatrix} \tag{8.7.19}$$

其中，$\boldsymbol{0}\in\mathbb{R}^{(n-M)\times M}$ 是零矩阵，$\boldsymbol{R}_n\in\mathbb{C}^{M\times M}$ 是一个满秩的上三角矩阵。

由于 $\boldsymbol{Q}(n)$ 是酉矩阵，$\boldsymbol{Q}^{\mathrm{H}}(n)\boldsymbol{Q}(n)=\boldsymbol{I}$，则

$$\begin{aligned}\boldsymbol{X}^{\mathrm{H}}(n)\boldsymbol{X}(n)&=\boldsymbol{X}^{\mathrm{H}}(n)\boldsymbol{Q}^{\mathrm{H}}(n)\boldsymbol{Q}(n)\boldsymbol{X}(n)\\ &=(\boldsymbol{Q}(n)\boldsymbol{X}(n))^{\mathrm{H}}(\boldsymbol{Q}(n)\boldsymbol{X}(n))\\ &=[\boldsymbol{R}_n\quad \boldsymbol{0}^{\mathrm{H}}]\begin{bmatrix}\boldsymbol{R}_n\\ \boldsymbol{0}\end{bmatrix}\\ &=\boldsymbol{R}_n^{\mathrm{H}}\boldsymbol{R}_n\end{aligned} \tag{8.7.20}$$

于是，式(8.7.18)可以表示为

$$\boldsymbol{R}_n^{\mathrm{H}}\boldsymbol{R}_n\boldsymbol{w}(n)=\boldsymbol{a}(\theta_0) \tag{8.7.21}$$

由于 $\boldsymbol{R}_n$ 是可逆的，因此有

$$\boldsymbol{R}_n\boldsymbol{w}(n)=\boldsymbol{p}_n \tag{8.7.22}$$

其中，$\boldsymbol{p}_n=(\boldsymbol{R}_n^{\mathrm{H}})^{-1}\boldsymbol{a}(\theta_0)$，或者等价地有

$$R_n^{\mathrm{H}} p_n = a(\theta_0) \tag{8.7.23}$$

注意到矩阵 R_n^{H} 是一个下三角矩阵，因此，可以通过前向回代法得到 p_n。在得到 p_n 后，由于 R_n 是一个上三角矩阵，可以通过后向回代法得到权向量 $w(n)$。值得注意的是，QR 分解中的酉矩阵 $Q(n)$ 可以利用 6.6 节所介绍的 Givens 旋转方法递推得到，即利用 $n-1$ 时刻的酉矩阵 $Q(n-1)$ 得到 $Q(n)$；类似地，n 时刻的权向量 $w(n)$ 也可以用 6.6 节所介绍的算法递推得到。这里不再赘述。

8.7.3 MVDR 波束形成器实例

实例 1　3 个远场窄带信号入射到 16 阵元的均匀线阵。阵元间距 $d=\lambda/2$，空间理想白噪声是复高斯白噪声，并设噪声功率 $\sigma^2=1$。期望信号 $s_0(n)$ 的信噪比为 0dB，入射方向为20°；两个干扰信号 $s_2(n)$ 和 $s_3(n)$ 的干扰噪声功率比（干噪比）都是 40dB，入射方向分别为$-40°$和60°。

类似 8.3.2 节例 2，仿真时应引入随机相位，以体现信号源间的相互独立性。

在仿真实验中，用 $N=1000$ 个观测数据样本得到空间相关矩阵的估计 $\hat{R}$。由式(8.7.11)求解权向量 w_o。取空域$[-90°,90°]$内 D(例如 $D=500$)个均匀样本位置 $\theta_d, d=1,2,\cdots,D$，计算归一化波束图

$$f(\theta_d) = 20\log_{10}\left(\frac{F(\theta_d)}{\max(F(\theta_d))}\right) \tag{8.7.24}$$

其中

$$F(\theta_d) = \left| w_o^{\mathrm{H}} a(\theta_d) \right| \tag{8.7.25}$$

导向向量 $a(\theta_d)$ 定义为

$$a(\theta_d) = \begin{bmatrix} 1 & \mathrm{e}^{-\mathrm{j}\phi_d} & \cdots & \mathrm{e}^{-\mathrm{j}(M-1)\phi_d} \end{bmatrix}^{\mathrm{T}}$$

相位 $\phi_d = 2\pi d\sin\theta_d/\lambda$。以 θ_d 为横坐标，$f(\theta_d)$ 为纵坐标画出波束图。

本仿真实例给出了采样快拍数不同对算法的影响。图 8.7.1(a)采样数为 32，此时虽然能在干扰方向上形成零点，但是主瓣已经畸变且旁瓣电平也很高。这是因为快拍数太少时，相关矩阵估计不够准确，导致了主瓣的畸变。随着采样数的不断增加，对相关矩阵的估计越来越准确，波束图的旁瓣特性也逐渐改善。

实例 2　本仿真实例给出了快拍数 $N=1000$ 时，16 元均匀线阵($d=\lambda/2$)采用 MVDR 算法在期望信号功率不同时所对应的波束图。除了期望信号外，其他信号环境与实例 1 相同。在本例中的 4 个仿真中，期望信号的信噪比分别为 0dB、10dB、15dB 和 20dB，对应的信号幅度分别为 1、$10^{0.5}$、$10^{0.75}$ 和 10。仿真步骤与实例 1 相同。

图 8.7.2 中当期望信号的信噪比为 0dB 时，波束图效果正常。当期望信号的功率为 15dB 时，主瓣开始畸变。当期望信号的功率越来越大时，波束图畸变越来越严重。可以看出，因为 MVDR 波束形成器使用的相关矩阵估计同时包含了期望信号和干扰（以及噪声）信号，如果期望信号功率过大，会使波束形成器的方向图严重畸变。

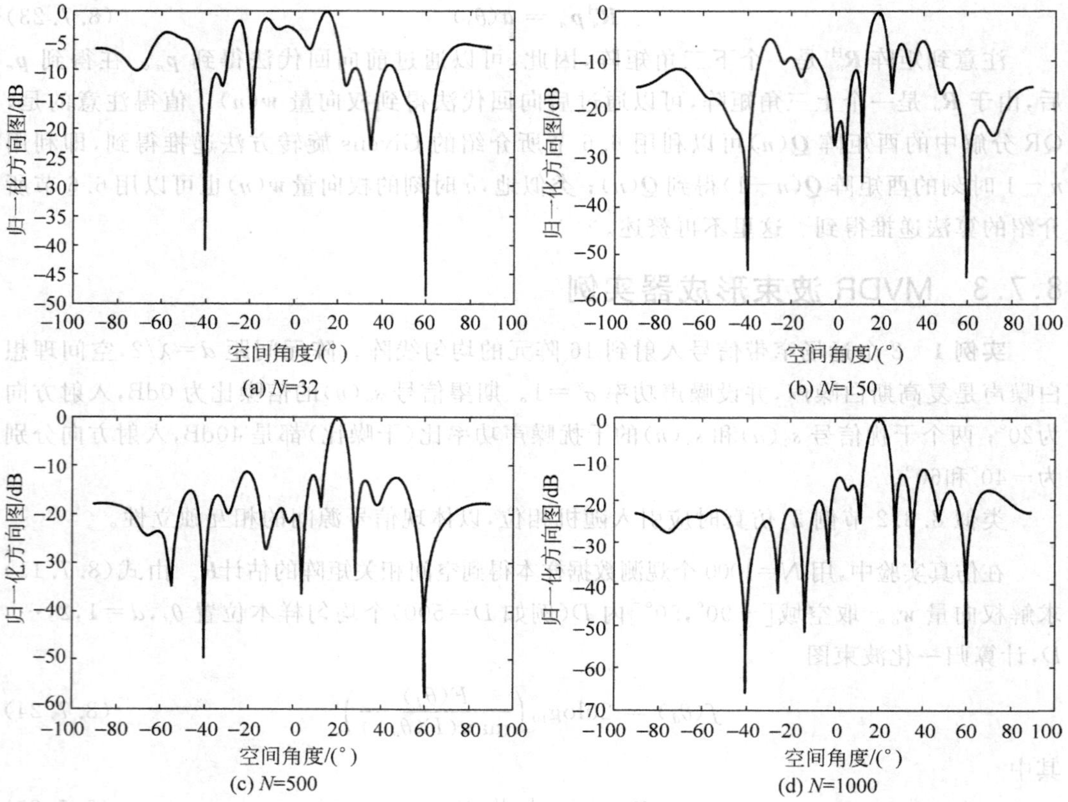

图 8.7.1　MVDR 算法在不同快拍数时的波束图

8.7.4　LCMV 波束形成器简介

线性约束最小方差(LCMV, linearly constrained minimum variance)波束形成器是 MVDR 波束形成器的直接推广。在 MVDR 波束形成器中，约束条件为 $\boldsymbol{w}^{\mathrm{H}}\boldsymbol{a}(\theta_0)=1$。而 LCMV 波束形成器有多个约束条件，可表示为

$$\boldsymbol{C}^{\mathrm{H}}\boldsymbol{w}=\boldsymbol{f} \tag{8.7.26}$$

其中，$\boldsymbol{C}\in\mathbb{C}^{M\times(L+P)}$ 是约束矩阵，$\boldsymbol{f}\in\mathbb{C}^{(L+P)\times 1}$ 为对应的约束响应向量。例如，设在 L 个固定方向 $\theta_{r,i}, i=1,2,\cdots,L$ 上信号保持单位增益，而在其他固定方向 $\theta_{c,i}, i=1,2,\cdots,P$ 形成零点以抑制这 P 个已知干扰方向的干扰。此时，约束矩阵和约束响应向量可表示为

$$\boldsymbol{C}=[\boldsymbol{a}(\theta_{r,1})\ \ \cdots\ \ \boldsymbol{a}(\theta_{r,L})\ \ \boldsymbol{a}(\theta_{c,1})\ \ \cdots\ \ \boldsymbol{a}(\theta_{c,P})]$$

$$\boldsymbol{f}=[1\ \ \cdots\ \ 1\ \ 0\ \ \cdots\ \ 0]^{\mathrm{T}}$$

这时的条件极值问题可描述为

$$\min_{\boldsymbol{w}} \boldsymbol{w}^{\mathrm{H}}\boldsymbol{R}\boldsymbol{w}\quad \text{st.}\quad \boldsymbol{C}^{\mathrm{H}}\boldsymbol{w}=\boldsymbol{f} \tag{8.7.27}$$

为求解式(8.7.27)，构造实值代价函数

$$J(\boldsymbol{w})=\boldsymbol{w}^{\mathrm{H}}\boldsymbol{R}\boldsymbol{w}+\mathrm{Re}\{\boldsymbol{\lambda}^{\mathrm{H}}(\boldsymbol{C}^{\mathrm{H}}\boldsymbol{w}-\boldsymbol{f})\} \tag{8.7.28}$$

其中，$\mathrm{Re}\{\cdot\}$ 表示取实部，$\boldsymbol{\lambda}\in\mathbb{C}^{(P+L)\times 1}$ 是拉格朗日乘子向量。

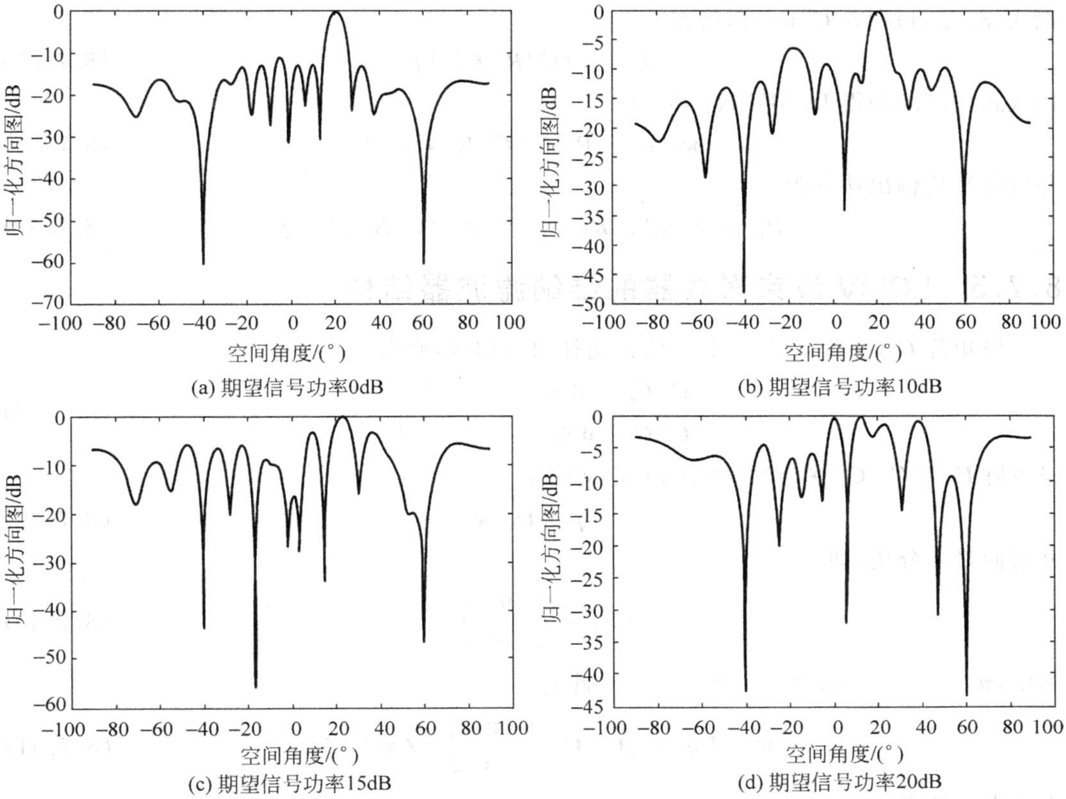

图 8.7.2　MVDR 算法不同期望信号功率的 DBF 波束图

因为

$$\frac{\partial(\mathrm{Re}\{\boldsymbol{\lambda}^{\mathrm{H}}(\boldsymbol{C}^{\mathrm{H}}\boldsymbol{w}-\boldsymbol{f})\})}{\partial \boldsymbol{w}^{*}}=\frac{\partial(\mathrm{Re}\{\boldsymbol{\lambda}^{\mathrm{H}}\boldsymbol{C}^{\mathrm{H}}\boldsymbol{w}\})}{\partial \boldsymbol{w}^{*}} \tag{8.7.29}$$

注意，$\boldsymbol{\lambda}^{\mathrm{H}}\boldsymbol{C}^{\mathrm{H}}\boldsymbol{w}$ 是一复数标量，所以

$$\mathrm{Re}\{\boldsymbol{\lambda}^{\mathrm{H}}\boldsymbol{C}^{\mathrm{H}}\boldsymbol{w}\}=\frac{1}{2}(\boldsymbol{\lambda}^{\mathrm{H}}\boldsymbol{C}^{\mathrm{H}}\boldsymbol{w}+\boldsymbol{w}^{\mathrm{H}}\boldsymbol{C}\boldsymbol{\lambda}) \tag{8.7.30}$$

这样式(8.7.29)又可以表示为

$$\frac{\partial(\mathrm{Re}\{\boldsymbol{\lambda}^{\mathrm{H}}(\boldsymbol{C}^{\mathrm{H}}\boldsymbol{w}-\boldsymbol{f})\})}{\partial \boldsymbol{w}^{*}}=\frac{1}{2}\frac{\partial((\boldsymbol{C}\boldsymbol{\lambda})^{\mathrm{H}}\boldsymbol{w})}{\partial \boldsymbol{w}^{*}}+\frac{1}{2}\frac{\partial(\boldsymbol{w}^{\mathrm{H}}\boldsymbol{C}\boldsymbol{\lambda})}{\partial \boldsymbol{w}^{*}} \tag{8.7.31}$$

式(8.7.31)中 $\boldsymbol{\lambda}^{\mathrm{H}}\boldsymbol{C}^{\mathrm{H}}=(\boldsymbol{C}\boldsymbol{\lambda})^{\mathrm{H}}$，而 $\boldsymbol{C}\boldsymbol{\lambda}\in\mathbb{C}^{M\times 1}$，根据 3.4.1 节梯度计算规则，式(8.7.31)中第一项梯度为零，第二项梯度为 $\boldsymbol{C}\boldsymbol{\lambda}$，有

$$\frac{\partial(\mathrm{Re}\{\boldsymbol{\lambda}^{\mathrm{H}}(\boldsymbol{C}^{\mathrm{H}}\boldsymbol{w}-\boldsymbol{f})\})}{\partial \boldsymbol{w}^{*}}=\boldsymbol{C}\boldsymbol{\lambda} \tag{8.7.32}$$

所以，对式(8.7.28)求梯度得

$$\nabla J(\boldsymbol{w})=2\boldsymbol{R}\boldsymbol{w}-\boldsymbol{C}\boldsymbol{\lambda}=\boldsymbol{0} \tag{8.7.33}$$

则有

$$\boldsymbol{w}=\frac{1}{2}\boldsymbol{R}^{-1}\boldsymbol{C}\boldsymbol{\lambda} \tag{8.7.34}$$

把式(8.7.34)代入 $\boldsymbol{C}^{\mathrm{H}}\boldsymbol{w}=\boldsymbol{f}$,解得

$$\boldsymbol{\lambda} = 2\,(\boldsymbol{C}^{\mathrm{H}}\boldsymbol{R}^{-1}\boldsymbol{C})^{-1}\boldsymbol{f} \tag{8.7.35}$$

代入式(8.7.34)得 LCMV 权向量为

$$\boldsymbol{w}_{\mathrm{LCMV}} = \boldsymbol{R}^{-1}\boldsymbol{C}\,(\boldsymbol{C}^{\mathrm{H}}\boldsymbol{R}^{-1}\boldsymbol{C})^{-1}\boldsymbol{f} \tag{8.7.36}$$

并可得平均输出功率为

$$P_{\mathrm{LCMV}} = \boldsymbol{w}_{\mathrm{LCMV}}^{\mathrm{H}}\boldsymbol{R}\boldsymbol{w}_{\mathrm{LCMV}} = \boldsymbol{f}^{\mathrm{H}}\,(\boldsymbol{C}^{\mathrm{H}}\boldsymbol{R}^{-1}\boldsymbol{C})^{-1}\boldsymbol{f} \tag{8.7.37}$$

8.7.5　LCMV 波束形成器的维纳滤波器结构

设矩阵 $\boldsymbol{C}_{\mathrm{a}}\in\mathbb{C}^{M\times(M-L-P)}$ 由 $\boldsymbol{C}$ 的正交补向量构成,则有

$$\begin{aligned}\boldsymbol{C}^{\mathrm{H}}\boldsymbol{C}_{\mathrm{a}} &= \boldsymbol{0} \in \mathbb{C}^{(L+P)\times(M-L-P)}\\ \boldsymbol{C}_{\mathrm{a}}^{\mathrm{H}}\boldsymbol{C} &= \boldsymbol{0} \in \mathbb{C}^{(M-L-P)\times(L+P)}\end{aligned} \tag{8.7.38}$$

设方阵 $\boldsymbol{U}=[\boldsymbol{C}\quad\boldsymbol{C}_{\mathrm{a}}]\in\mathbb{C}^{M\times M}$ 可逆,并定义向量

$$\boldsymbol{q} = \boldsymbol{U}^{-1}\boldsymbol{w} \tag{8.7.39}$$

并对向量 $\boldsymbol{q}$ 分块,即

$$\boldsymbol{q} = \begin{bmatrix}\boldsymbol{v}\\ -\boldsymbol{w}_{\mathrm{a}}\end{bmatrix} \tag{8.7.40}$$

其中,$\boldsymbol{v}\in\mathbb{C}^{(L+P)\times 1}$,$\boldsymbol{w}_{\mathrm{a}}\in\mathbb{C}^{(M-L-P)\times 1}$。因此有

$$\boldsymbol{w} = \boldsymbol{U}\boldsymbol{q} = [\boldsymbol{C}\quad\boldsymbol{C}_{\mathrm{a}}]\begin{bmatrix}\boldsymbol{v}\\ -\boldsymbol{w}_{\mathrm{a}}\end{bmatrix} = \boldsymbol{C}\boldsymbol{v} - \boldsymbol{C}_{\mathrm{a}}\boldsymbol{w}_{\mathrm{a}} \tag{8.7.41}$$

由约束条件知

$$\boldsymbol{C}^{\mathrm{H}}\boldsymbol{w} = \boldsymbol{C}^{\mathrm{H}}\boldsymbol{C}\boldsymbol{v} - \boldsymbol{C}^{\mathrm{H}}\boldsymbol{C}_{\mathrm{a}}\boldsymbol{w}_{\mathrm{a}} = \boldsymbol{C}^{\mathrm{H}}\boldsymbol{C}\boldsymbol{v} = \boldsymbol{f} \tag{8.7.42}$$

因为 $\boldsymbol{C}$ 是列满秩的,则根据式(8.7.42)得

$$\boldsymbol{v} = (\boldsymbol{C}^{\mathrm{H}}\boldsymbol{C})^{-1}\boldsymbol{f} \tag{8.7.43}$$

定义向量

$$\boldsymbol{w}_q = \boldsymbol{C}\boldsymbol{v} = \boldsymbol{C}(\boldsymbol{C}^{\mathrm{H}}\boldsymbol{C})^{-1}\boldsymbol{f} \tag{8.7.44}$$

把式(8.7.44)代入式(8.7.41)得

$$\boldsymbol{w} = \boldsymbol{C}(\boldsymbol{C}^{\mathrm{H}}\boldsymbol{C})^{-1}\boldsymbol{f} - \boldsymbol{C}_{\mathrm{a}}\boldsymbol{w}_{\mathrm{a}} = \boldsymbol{w}_q - \boldsymbol{C}_{\mathrm{a}}\boldsymbol{w}_{\mathrm{a}} \tag{8.7.45}$$

由式(8.7.45)可以看出,权向量 $\boldsymbol{w}$ 被分为两部分。此时空域滤波器输出为

$$y(n) = \boldsymbol{w}^{\mathrm{H}}\boldsymbol{x}(n) = \boldsymbol{w}_q^{\mathrm{H}}\boldsymbol{x}(n) - \boldsymbol{w}_{\mathrm{a}}^{\mathrm{H}}\boldsymbol{C}_{\mathrm{a}}^{\mathrm{H}}\boldsymbol{x}(n) \tag{8.7.46}$$

式(8.7.46)中的 $\boldsymbol{w}_q$ 是固定的,而 $\boldsymbol{C}_{\mathrm{a}}$ 为 $\boldsymbol{C}$ 的正交补向量构成的矩阵,是确定的。可定义

$$d(n) = \boldsymbol{w}_q^{\mathrm{H}}\boldsymbol{x}(n) \tag{8.7.47}$$

$$\boldsymbol{x}_{\mathrm{a}}(n) = \boldsymbol{C}_{\mathrm{a}}^{\mathrm{H}}\boldsymbol{x}(n) \tag{8.7.48}$$

$$y(n) = d(n) - \boldsymbol{w}_{\mathrm{a}}^{\mathrm{H}}\boldsymbol{x}_{\mathrm{a}}(n) \tag{8.7.49}$$

由式(8.7.49)可以看出,该结构为典型的维纳滤波器结构。式(8.7.47)中的 $d(n)$ 可被当作期望响应,式(8.7.48)中的 $\boldsymbol{x}_{\mathrm{a}}(n)$ 为维纳滤波器的输入向量。图 8.7.3 给出了 LCMV 的维纳滤波器结构示意图[13]。该结构通常也被称为广义旁瓣对消器(GSC, generalized sidelobe canceller)。

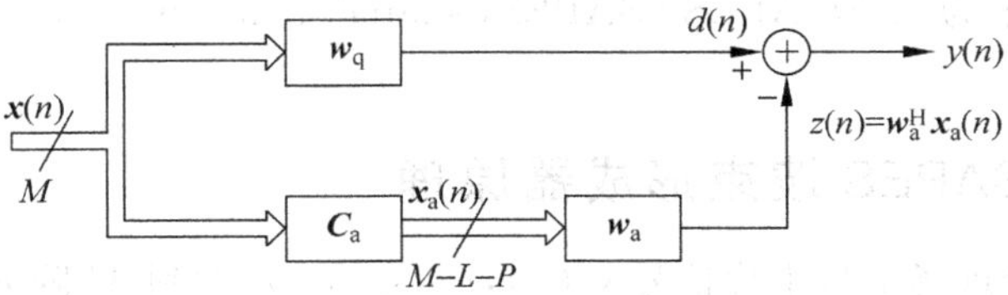

图 8.7.3　LCMV 的维纳滤波器结构示意图

根据第 4 章维纳滤波理论，要获得最优权向量 $\boldsymbol{w}_a$，问题就转换为极小化信号 $y(n)$ 的平均功率的无约束极值问题，即

$$\min_{\boldsymbol{w}_a} E\{|y(n)|^2\} = \min_{\boldsymbol{w}_a}(\sigma_d^2 - \boldsymbol{w}_a^H \boldsymbol{p}_a - \boldsymbol{p}_a^H \boldsymbol{w}_a + \boldsymbol{w}_a^H \boldsymbol{R}_a \boldsymbol{w}_a) \tag{8.7.50}$$

其中

$$\sigma_d^2 = E\{|d(n)|^2\} = \boldsymbol{w}_q^H \boldsymbol{R} \boldsymbol{w}_q \tag{8.7.51}$$

是期望信号 $d(n)$ 的平均功率，$\boldsymbol{R}=E\{\boldsymbol{x}(n)\boldsymbol{x}^H(n)\}$ 是空间相关矩阵。矩阵 $\boldsymbol{R}_a$ 和向量 $\boldsymbol{p}_a$ 分别是相关矩阵和互相关向量，有

$$\boldsymbol{R}_a = E\{\boldsymbol{x}_a(n)\boldsymbol{x}_a^H(n)\} \in \mathbb{C}^{(M-L-P)\times(M-L-P)} \tag{8.7.52}$$

$$\boldsymbol{p}_a = \{\boldsymbol{x}_a(n)d^*(n)\} \in \mathbb{C}^{(M-L-P)\times 1} \tag{8.7.53}$$

将式(8.7.48)代入式(8.7.52)，有

$$\boldsymbol{R}_a = E\{\boldsymbol{C}_a^H \boldsymbol{x}(n)\boldsymbol{x}^H(n)\boldsymbol{C}_a\} = \boldsymbol{C}_a^H \boldsymbol{R} \boldsymbol{C}_a \tag{8.7.54}$$

将式(8.7.47)和式(8.7.48)代入式(8.7.53)，有

$$\boldsymbol{p}_a = E\{\boldsymbol{C}_a^H \boldsymbol{x}(n)\boldsymbol{x}^H(n)\boldsymbol{w}_q\} = \boldsymbol{C}_a^H \boldsymbol{R} \boldsymbol{w}_q \tag{8.7.55}$$

因此，最优权向量为

$$\boldsymbol{w}_{ao} = \boldsymbol{R}_a^{-1}\boldsymbol{p}_a = (\boldsymbol{C}_a^H \boldsymbol{R} \boldsymbol{C}_a)^{-1}\boldsymbol{C}_a^H \boldsymbol{R} \boldsymbol{w}_q \tag{8.7.56}$$

利用式(8.7.44)，有

$$\boldsymbol{w}_{ao} = (\boldsymbol{C}_a^H \boldsymbol{R} \boldsymbol{C}_a)^{-1}\boldsymbol{C}_a^H \boldsymbol{R} \boldsymbol{C}\,(\boldsymbol{C}^H \boldsymbol{C})^{-1}\boldsymbol{f} \tag{8.7.57}$$

此时，输出信号 $y(n)$ 的平均功率可以表示为

$$P_{\mathrm{LCMV}} = \sigma_d^2 - \boldsymbol{p}_a^H \boldsymbol{R}_a^{-1}\boldsymbol{p}_a = \boldsymbol{w}_q^H \boldsymbol{R} \boldsymbol{w}_q - \boldsymbol{w}_q^H \boldsymbol{R} \boldsymbol{C}_a\,(\boldsymbol{C}_a^H \boldsymbol{R} \boldsymbol{C}_a)^{-1}\boldsymbol{C}_a^H \boldsymbol{R} \boldsymbol{w}_q \tag{8.7.58}$$

注意到，如果空间相关矩阵为 $\boldsymbol{R}=\sigma^2\boldsymbol{I}$，即只有加性高斯白噪声存在的情况下，由式(8.7.57)，有

$$\boldsymbol{w}_{ao} = (\boldsymbol{C}_a^H \boldsymbol{C}_a)^{-1}\boldsymbol{C}_a^H \boldsymbol{C}\,(\boldsymbol{C}^H \boldsymbol{C})^{-1}\boldsymbol{f} = \boldsymbol{0} \tag{8.7.59}$$

因此，在没有信号存在的情况下，最优权向量等于零向量。由式(8.7.45)得 $\boldsymbol{w}=\boldsymbol{w}_q$。

可使用 LMS 和 RLS 等自适应算法求解权向量 $\boldsymbol{w}_a$，也可使用多级维纳滤波理论得到最优的多级标量维纳滤波器权系数。

8.8　空域 APES 数字波束形成和 DOA 估计方法

从 8.7.3 节可知，基于 MVDR 算法的波束形成在低快拍时，其性能较差，且在期望信号的信噪比较高时，波束图畸变，而使用 APES 算法可得到更稳定的方向图。第 3 章 3.5 节将 APES 算法用于信号频率估计，本节将讨论 APES 算法在信号 DOA 估计和波束形成方面的应用，称为空域 APES（SAPES，spatial amplitude and phase estimation）算法[14,15]。

8.8.1 前向 SAPES 波束形成器原理

设空间有 K 个远场窄带干扰信号 $s_1(n),\cdots,s_K(n)$ 入射到 M 阵元的均匀线阵，并设感兴趣的信号（期望信号）$s_0(n)$ 从 θ_0 方向入射。如图 8.8.1 所示，将 M 阵元的均匀线阵分成 P 个重叠子阵，每个子阵含有 L 阵元，且满足关系 $P=M-L+1$。设子阵 0 的导向向量为

$$\tilde{\boldsymbol{a}}(\theta_0)=[1\quad \mathrm{e}^{-\mathrm{j}\phi_0}\quad \cdots\quad \mathrm{e}^{-\mathrm{j}(L-1)\phi_0}]^{\mathrm{T}}\in\mathbb{C}^{L\times 1}\tag{8.8.1}$$

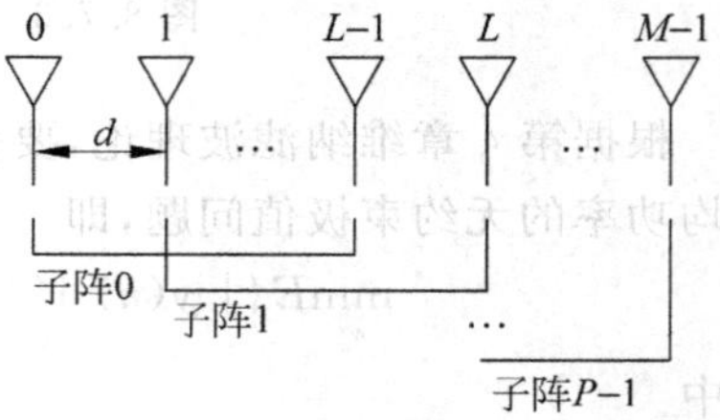

图 8.8.1 SAPES 算法前向子阵示意图

于是，子阵 p 的导向向量为 $\mathrm{e}^{-\mathrm{j}p\phi_0}\tilde{\boldsymbol{a}}(\theta_0)$。因此，子阵 p 的接收信号向量可以表示为

$$\boldsymbol{x}_p^{\mathrm{f}}(n)=\boldsymbol{x}_0^{\mathrm{f}}(n)\mathrm{e}^{-\mathrm{j}p\phi_0}=\mathrm{e}^{-\mathrm{j}p\phi_0}\,\tilde{\boldsymbol{a}}(\theta_0)s_0(n)+\boldsymbol{z}_p^{\mathrm{f}}(n),\quad p=0,1,\cdots,P-1\tag{8.8.2}$$

其中，上标 ^{f} 表示前向，且

$$\boldsymbol{x}_p^{\mathrm{f}}(n)=[x_p(n)\quad\cdots\quad x_{p+L-1}(n)]^{\mathrm{T}}\in\mathbb{C}^{L\times 1}\tag{8.8.3}$$

向量 $\boldsymbol{z}_p^{\mathrm{f}}(n)\in\mathbb{C}^{L\times 1}$ 是子阵 p 接收到的干扰和噪声信号，$\boldsymbol{z}_p^{\mathrm{f}}(n)$ 可以表示为

$$\boldsymbol{z}_p^{\mathrm{f}}(n)=\widetilde{\boldsymbol{A}}_p\boldsymbol{s}_J(n)+\boldsymbol{v}_p^{\mathrm{f}}(n)\tag{8.8.4}$$

其中，$\boldsymbol{v}_p^{\mathrm{f}}(n)$ 是子阵 p 接收噪声，$\boldsymbol{s}_J(n)$ 是 K 个不同方向的干扰信号向量

$$\boldsymbol{s}_J(n)=[s_1(n)\quad s_2(n)\quad\cdots\quad s_K(n)]^{\mathrm{T}}\tag{8.8.5}$$

方向矩阵 $\widetilde{\boldsymbol{A}}_p$ 满足

$$\widetilde{\boldsymbol{A}}_p=\widetilde{\boldsymbol{A}}_0\boldsymbol{\Phi}^p\in\mathbb{C}^{L\times K},\quad p=0,1,\cdots,P-1\tag{8.8.6}$$

其中，对角矩阵 $\boldsymbol{\Phi}^p$ 定义为矩阵 $\boldsymbol{\Phi}$ 的 p 次幂，即

$$\left.\begin{aligned}\boldsymbol{\Phi}&=\mathrm{diag}\{\mathrm{e}^{-\mathrm{j}\phi_1},\mathrm{e}^{-\mathrm{j}\phi_2},\cdots,\mathrm{e}^{-\mathrm{j}\phi_K}\}\\ \boldsymbol{\Phi}^p&=\mathrm{diag}\{\mathrm{e}^{-\mathrm{j}p\phi_1},\mathrm{e}^{-\mathrm{j}p\phi_2},\cdots,\mathrm{e}^{-\mathrm{j}p\phi_K}\}\\ \phi_k&=2\pi d\sin\theta_k/\lambda,\quad k=1,2,\cdots,K\end{aligned}\right\}\tag{8.8.7}$$

方向矩阵 $\widetilde{\boldsymbol{A}}_0$ 由式(8.8.1)定义，有

$$\begin{aligned}\widetilde{\boldsymbol{A}}_0&=[\tilde{\boldsymbol{a}}(\theta_1)\quad\tilde{\boldsymbol{a}}(\theta_2)\quad\cdots\quad\tilde{\boldsymbol{a}}(\theta_K)]\\ &=\begin{bmatrix}1&1&\cdots&1\\ \mathrm{e}^{-\mathrm{j}\phi_1}&\mathrm{e}^{-\mathrm{j}\phi_2}&\cdots&\mathrm{e}^{-\mathrm{j}\phi_K}\\ \vdots&\vdots&&\vdots\\ \mathrm{e}^{-\mathrm{j}(L-1)\phi_1}&\mathrm{e}^{-\mathrm{j}(L-1)\phi_2}&\cdots&\mathrm{e}^{-\mathrm{j}(L-1)\phi_K}\end{bmatrix}\in\mathbb{C}^{L\times K}\end{aligned}\tag{8.8.8}$$

考虑用权向量为 $\boldsymbol{w}\in\mathbb{C}^{L\times 1}$ 的空域滤波器处理式(8.8.2)给出的子阵 p 的接收信号，有

$$\boldsymbol{w}^{\mathrm{H}}\boldsymbol{x}_p^{\mathrm{f}}(n)=\mathrm{e}^{-\mathrm{j}p\phi_0}\boldsymbol{w}^{\mathrm{H}}\,\tilde{\boldsymbol{a}}(\theta_0)s_0(n)+\boldsymbol{w}^{\mathrm{H}}\boldsymbol{z}_p^{\mathrm{f}}(n)\tag{8.8.9}$$

注意到当 $\boldsymbol{w}^{\mathrm{H}}\,\tilde{\boldsymbol{a}}(\theta_0)=1$ 成立时，式(8.8.9)可以改写为

$$\boldsymbol{w}^{\mathrm{H}}\boldsymbol{x}_p^{\mathrm{f}}(n)=\mathrm{e}^{-\mathrm{j}p\phi_0}s_0(n)+\boldsymbol{w}^{\mathrm{H}}\boldsymbol{z}_p^{\mathrm{f}}(n)\tag{8.8.10}$$

事实上，$e^{-jp\phi_0}$ 是子阵 p 的导向向量的第一个元素，因此，期望信号 $s_0(n)$ 无失真地通过了空域滤波器 $\boldsymbol{w}$。

假设 P 个子阵所用空域滤波器的权向量相同，都为 $\boldsymbol{w}$，如图 8.8.2 所示。类似 3.5.1 节，选择滤波器权向量 $\boldsymbol{w}$ 使式(8.8.10)中 $\boldsymbol{w}^{\mathrm{H}}\boldsymbol{z}_p^{\mathrm{f}}(n)$ 的功率最小，即使干扰和噪声得到尽量抑制。考虑全部 P 个子阵，信号 $s_0(n)$ 和空域滤波器权向量 $\boldsymbol{w}$ 可表示为如下约束最小二乘优化问题的解：

$$\min_{\boldsymbol{w},s_0(n)}\left\{J_{\mathrm{f}}(\boldsymbol{w},s_0(n))\triangleq\frac{1}{P}\sum_{p=0}^{P-1}\left|\boldsymbol{w}^{\mathrm{H}}\boldsymbol{x}_p^{\mathrm{f}}(n)-e^{-jp\phi_0}s_0(n)\right|^2\right\}\text{st.}\quad \boldsymbol{w}^{\mathrm{H}}\tilde{\boldsymbol{a}}(\theta_0)=1 \tag{8.8.11}$$

定义向量

$$\boldsymbol{g}_{\mathrm{f}}(n,\theta_0)=\frac{1}{P}\sum_{p=0}^{P-1}\boldsymbol{x}_p^{\mathrm{f}}(n)e^{jp\phi_0} \tag{8.8.12}$$

并将目标函数 $J_{\mathrm{f}}(\boldsymbol{w},s_0(n))$ 展开，有

$$\begin{aligned}J_{\mathrm{f}}(\boldsymbol{w},s_0(n))&=\frac{1}{P}\sum_{p=0}^{P-1}\boldsymbol{w}^{\mathrm{H}}\boldsymbol{x}_p^{\mathrm{f}}(n)\left(\boldsymbol{x}_p^{\mathrm{f}}(n)\right)^{\mathrm{H}}\boldsymbol{w}\\&\quad-s_0^*(n)\boldsymbol{w}^{\mathrm{H}}\boldsymbol{g}_{\mathrm{f}}(n,\theta_0)-s_0(n)\boldsymbol{g}_{\mathrm{f}}^{\mathrm{H}}(n,\theta_0)\boldsymbol{w}+|s_0(n)|^2\\&=|s_0(n)-\boldsymbol{w}^{\mathrm{H}}\boldsymbol{g}_{\mathrm{f}}(n,\theta_0)|^2\\&\quad+\frac{1}{P}\sum_{p=0}^{P-1}\boldsymbol{w}^{\mathrm{H}}\boldsymbol{x}_p^{\mathrm{f}}(n)\left(\boldsymbol{x}_p^{\mathrm{f}}(n)\right)^{\mathrm{H}}\boldsymbol{w}-|\boldsymbol{w}^{\mathrm{H}}\boldsymbol{g}_{\mathrm{f}}(n,\theta_0)|^2\end{aligned} \tag{8.8.13}$$

为使式(8.8.13)极小化，期望信号的估计应为

$$\hat{s}_0(n)=\boldsymbol{w}^{\mathrm{H}}\boldsymbol{g}_{\mathrm{f}}(n,\theta_0) \tag{8.8.14}$$

将式(8.8.14)代入式(8.8.13)，则约束优化问题表达式(8.8.11)变成如下优化问题：

$$\min_{\boldsymbol{w}}\left\{J_{\mathrm{f}}(\boldsymbol{w})\triangleq\frac{1}{P}\sum_{p=0}^{P-1}\boldsymbol{w}^{\mathrm{H}}\boldsymbol{x}_p^{\mathrm{f}}(n)\left(\boldsymbol{x}_p^{\mathrm{f}}(n)\right)^{\mathrm{H}}\boldsymbol{w}-|\boldsymbol{w}^{\mathrm{H}}\boldsymbol{g}_{\mathrm{f}}(n,\theta_0)|^2\right\},\quad\text{st.}\quad \boldsymbol{w}^{\mathrm{H}}\tilde{\boldsymbol{a}}(\theta_0)=1 \tag{8.8.15}$$

注意到函数 $J_{\mathrm{f}}(\boldsymbol{w})$ 可以表示为

$$J_{\mathrm{f}}(\boldsymbol{w})=\boldsymbol{w}^{\mathrm{H}}\hat{\boldsymbol{Q}}_{\mathrm{f}}(n)\boldsymbol{w} \tag{8.8.16}$$

其中 $\hat{\boldsymbol{Q}}_{\mathrm{f}}(n)$ 是噪声和干扰 $\boldsymbol{z}_p^{\mathrm{f}}(n)$ 的相关矩阵的估计[15]，为

$$\hat{\boldsymbol{Q}}_{\mathrm{f}}(n)\triangleq\hat{\boldsymbol{Q}}_{\mathrm{f}}(n,\theta_0)=\frac{1}{P}\sum_{p=0}^{P-1}\boldsymbol{x}_p^{\mathrm{f}}(n)\left(\boldsymbol{x}_p^{\mathrm{f}}(n)\right)^{\mathrm{H}}-\boldsymbol{g}_{\mathrm{f}}(n,\theta_0)\boldsymbol{g}_{\mathrm{f}}^{\mathrm{H}}(n,\theta_0) \tag{8.8.17}$$

利用 N 次快拍的观测数据，定义矩阵 $\hat{\boldsymbol{Q}}_{\mathrm{f}}$ 为

$$\begin{aligned}\hat{\boldsymbol{Q}}_{\mathrm{f}}&\triangleq\frac{1}{N}\sum_{n=1}^{N}\hat{\boldsymbol{Q}}_{\mathrm{f}}(n)\in\mathbb{C}^{L\times L}\\&=\frac{1}{P}\sum_{p=0}^{P-1}\left[\frac{1}{N}\sum_{n=1}^{N}\boldsymbol{x}_p^{\mathrm{f}}(n)\left(\boldsymbol{x}_p^{\mathrm{f}}(n)\right)^{\mathrm{H}}\right]-\frac{1}{N}\sum_{n=1}^{N}\boldsymbol{g}_{\mathrm{f}}(n,\theta_0)\boldsymbol{g}_{\mathrm{f}}^{\mathrm{H}}(n,\theta_0)\end{aligned} \tag{8.8.18}$$

则约束优化问题表达式(8.8.15)可以表示为

$$\min_{\boldsymbol{w}}\boldsymbol{w}^{\mathrm{H}}\hat{\boldsymbol{Q}}_{\mathrm{f}}\boldsymbol{w}\quad\text{st.}\quad\boldsymbol{w}^{\mathrm{H}}\tilde{\boldsymbol{a}}(\theta_0)=1 \tag{8.8.19}$$

注意到约束优化问题表达式(8.8.19)形式上与式(8.7.5)相同,因此,可类似地得到最优权向量为

$$\boldsymbol{w}_{\mathrm{o}}^{\mathrm{f}}=\frac{\hat{\boldsymbol{Q}}_{\mathrm{f}}^{-1}\ \tilde{\boldsymbol{a}}(\theta_0)}{\tilde{\boldsymbol{a}}^{\mathrm{H}}(\theta_0)\ \hat{\boldsymbol{Q}}_{\mathrm{f}}^{-1}\ \tilde{\boldsymbol{a}}(\theta_0)} \tag{8.8.20}$$

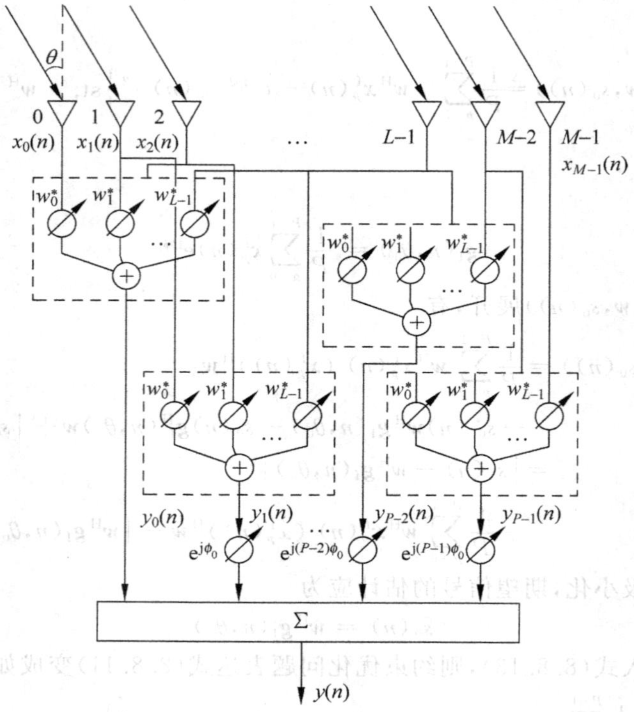

图 8.8.2　前向 SAPES 算法波束形成结构

在求得式(8.8.20)的 SAPES 算法的最优权向量后,如图 8.8.2 所示,可得到各子阵的空域滤波输出为

$$y_p(n)=\boldsymbol{w}_{\mathrm{o}}^{\mathrm{H}}\boldsymbol{x}_p^{\mathrm{f}}(n),\quad p=0,1,2,\cdots,P-1 \tag{8.8.21}$$

再将各子阵的输出移相后进行组合,得到整个阵列的 DBF 输出为

$$y(n)=\sum_{p=0}^{P-1}y_p(n)\mathrm{e}^{\mathrm{j}p\phi_0} \tag{8.8.22}$$

将式(8.8.21)和式(8.8.2)代入式(8.8.22),并利用 8.6.1 节方向图的定义式(8.6.5),可得 SAPES 算法的方向图为

$$F(\theta)=\frac{|\ y(n)\ |}{|\ s(n)\ |}=P\ |\ \boldsymbol{w}_{\mathrm{o}}^{\mathrm{H}}\ \tilde{\boldsymbol{a}}(\theta)\ | \tag{8.8.23}$$

注意到,SAPES 算法的最优权向量的计算仅与噪声和干扰的样本相关矩阵$\hat{\boldsymbol{Q}}_{\mathrm{f}}$有关,而与期望信号无关,因此与 MVDR 算法相比,在弱干扰情况下,SAPES 算法也能形成良好的波束方向图。

现在考虑矩阵$\hat{\boldsymbol{Q}}_{\mathrm{f}}$的计算。定义子阵 p 的样本相关矩阵$\hat{\boldsymbol{R}}_p^{\mathrm{f}}$为

$$\hat{\boldsymbol{R}}_p^{\mathrm{f}} \triangleq \frac{1}{N}\sum_{n=1}^{N} \boldsymbol{x}_p^{\mathrm{f}}(n)\,(\boldsymbol{x}_p^{\mathrm{f}}(n))^{\mathrm{H}} = \frac{1}{N}\boldsymbol{X}_p^{\mathrm{f}}\,(\boldsymbol{X}_p^{\mathrm{f}})^{\mathrm{H}} \in \mathbb{C}^{L\times L} \tag{8.8.24}$$

矩阵 $\boldsymbol{X}_p^{\mathrm{f}}$ 是子阵 p 的接收数据矩阵，有

$$\boldsymbol{X}_p^{\mathrm{f}} = [\boldsymbol{x}_p^{\mathrm{f}}(1)\quad \boldsymbol{x}_p^{\mathrm{f}}(2)\quad \cdots\quad \boldsymbol{x}_p^{\mathrm{f}}(N)] \in \mathbb{C}^{L\times N} \tag{8.8.25}$$

子阵平滑后的空间相关矩阵的估计$\hat{\boldsymbol{R}}_{\mathrm{f}} \in \mathbb{C}^{L\times L}$定义为

$$\hat{\boldsymbol{R}}_{\mathrm{f}} \triangleq \frac{1}{P}\sum_{p=0}^{P-1} \hat{\boldsymbol{R}}_p^{\mathrm{f}} \tag{8.8.26}$$

定义矩阵$\hat{\boldsymbol{G}}_{\mathrm{f}}(\theta_0) \in \mathbb{C}^{L\times L}$为

$$\hat{\boldsymbol{G}}_{\mathrm{f}}(\theta_0) \triangleq \frac{1}{N}\sum_{n=1}^{N} \boldsymbol{g}_{\mathrm{f}}(n,\theta_0)\boldsymbol{g}_{\mathrm{f}}^{\mathrm{H}}(n,\theta_0) \tag{8.8.27}$$

所以，式(8.8.18)的矩阵$\hat{\boldsymbol{Q}}_{\mathrm{f}}$ 可表示为

$$\hat{\boldsymbol{Q}}_{\mathrm{f}} = \hat{\boldsymbol{R}}_{\mathrm{f}} - \hat{\boldsymbol{G}}_{\mathrm{f}}(\theta_0) \tag{8.8.28}$$

注意到，由式(8.8.12)，向量 $\boldsymbol{g}_{\mathrm{f}}(n,\theta_0)$可以表示为

$$\boldsymbol{g}_{\mathrm{f}}(n,\theta_0) = \frac{1}{P}\begin{bmatrix} 1 & \mathrm{e}^{\mathrm{j}\phi_0} & \cdots & \mathrm{e}^{\mathrm{j}(P-1)\phi_0} & 0 & 0 & \cdots & 0 \\ 0 & 1 & \mathrm{e}^{\mathrm{j}\phi_0} & \cdots & \mathrm{e}^{\mathrm{j}(P-1)\phi_0} & 0 & \cdots & 0 \\ \vdots & & \ddots & \ddots & \ddots & \ddots & \ddots & \vdots \\ 0 & \cdots & & 0 & 1 & \mathrm{e}^{\mathrm{j}\phi_0} & \cdots & \mathrm{e}^{\mathrm{j}(P-1)\phi_0} \end{bmatrix}\begin{bmatrix} x_0(n) \\ x_1(n) \\ \vdots \\ x_{M-1}(n) \end{bmatrix}$$

$$\triangleq \frac{1}{P}\boldsymbol{T}(\phi_0)\boldsymbol{x}(n)$$

其中，$\boldsymbol{T}(\phi_0) \in \mathbb{C}^{L\times M}$是一个 Toeplitz 矩阵。于是，式(8.8.27)可以表示为

$$\begin{aligned} \hat{\boldsymbol{G}}_{\mathrm{f}}(\theta_0) &= \frac{1}{NP^2}\sum_{n=1}^{N}\boldsymbol{T}(\phi_0)\boldsymbol{x}(n)\boldsymbol{x}^{\mathrm{H}}(n)\boldsymbol{T}^{\mathrm{H}}(\phi_0) \\ &= \frac{1}{P^2}\boldsymbol{T}(\phi_0)\left(\frac{1}{N}\sum_{n=1}^{N}\boldsymbol{x}(n)\boldsymbol{x}^{\mathrm{H}}(n)\right)\boldsymbol{T}^{\mathrm{H}}(\phi_0) \\ &= \frac{1}{P^2}\boldsymbol{T}(\phi_0)\,\hat{\boldsymbol{R}}\,\boldsymbol{T}^{\mathrm{H}}(\phi_0) \end{aligned} \tag{8.8.29}$$

其中，$\hat{\boldsymbol{R}} \in \mathbb{C}^{M\times M}$是由式(8.3.12)定义的接收阵列的样本相关矩阵。

由式(8.8.14)和式(8.8.27)，可以得到期望信号 $s_0(n)$的平均功率的估计为

$$\hat{\sigma}_s^2(\theta_0) = \frac{1}{N}\sum_{n=1}^{N} |\hat{s}_0(n)|^2 = (\boldsymbol{w}_{\mathrm{o}}^{\mathrm{f}})^{\mathrm{H}}\,\hat{\boldsymbol{G}}_{\mathrm{f}}(\theta_0)\boldsymbol{w}_{\mathrm{o}}^{\mathrm{f}} \tag{8.8.30}$$

上述基于 SAPES 算法的波束形成算法称为前向 SAPES 算法，简称 F-SAPES 算法。F-SAPES 波束形成器的计算步骤如下。

算法 8.3(前向 SAPES 算法实现数字波束形成)

步骤 1　利用阵列接收的 N 次快拍 $\boldsymbol{x}(1),\cdots,\boldsymbol{x}(N)$数据估计信号的空间相关矩阵$\hat{\boldsymbol{R}}$和式(8.8.26)的子阵平滑后的相关矩阵$\hat{\boldsymbol{R}}_{\mathrm{f}}$。

步骤 2 利用式(8.8.29)和式(8.8.28),计算$\hat{\boldsymbol{G}}_f(\theta_0)$和$\hat{\boldsymbol{Q}}_f$。

步骤 3 利用式(8.8.20),计算最优权向量 $\boldsymbol{w}_o^f$。

步骤 4 根据式(8.8.21)和式(8.8.22)得到 DBF 输出 $y(n)$。

如果将前向 SAPES 波束形成方法中的期望信号方向 θ_0 看成任意方向 θ,并在$[-\pi/2,\pi/2]$内改变角度 θ,根据式(8.8.30)计算 $\hat{\sigma}_s^2(\theta)$,确定 $\hat{\sigma}_s^2(\theta)$的峰值位置,便可得到信号方向的估计。

利用前向 SAPES 算法实现信号 DOA 估计的计算步骤如下。

算法 8.4(前向 SAPES 算法实现 DOA 估计)

步骤 1 利用阵列接收的 N 次快拍 $\boldsymbol{x}(1),\cdots,\boldsymbol{x}(N)$数据估计信号的空间相关矩阵$\hat{\boldsymbol{R}}$和式(8.8.26)的子阵平滑后的相关矩阵$\hat{\boldsymbol{R}}_f$。

步骤 2 利用式(8.8.29)和式(8.8.28),在$[-\pi/2,\pi/2]$内改变角度 θ 计算$\hat{\boldsymbol{Q}}_f$ 和$\hat{\boldsymbol{G}}_f(\theta)$。

步骤 3 利用式(8.8.20),对每个角度 θ 计算最优权向量 $\boldsymbol{w}_o^f$。

步骤 4 根据式(8.8.30)确定 $\hat{\sigma}_s^2(\theta)$的峰值位置,得到 DOA 估计值$\{\hat{\theta}_k\}_{k=1}^K$。

除了前面所讨论的前向子阵的处理方法外,也可以利用如图 8.8.3 所示的后向子阵的处理方法。后向子阵 0 是由 L 个相邻阵元$\{M-1,M-2,\cdots,M-L\}$所构成,而后向子阵 1 则由阵元$\{M-2,M-3,\cdots,M-L-1\}$所构成,依此类推。于是可以类似得到后向 SAPES 波束形成器。而利用前向子阵和后向子阵间所满足的共轭对称关系,可以进一步得到前后向 SAPES 波束形成器[15]。

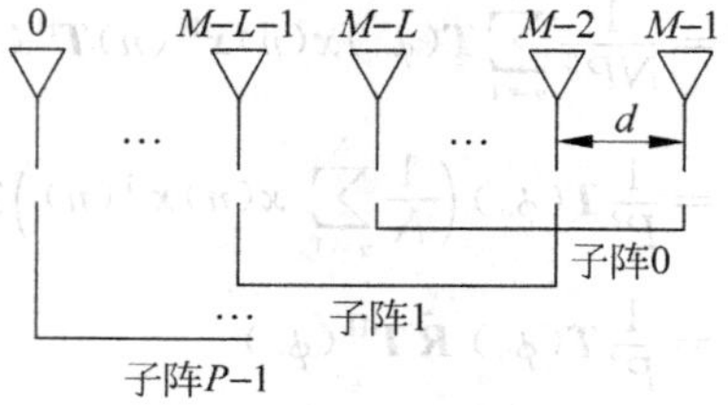

图 8.8.3 后向子阵示意图

8.8.2 仿真实例

实例 1 考虑用阵元间距为 $d=\lambda/2$的 16 阵元的均匀线阵实现波束形成,分为两子阵,即 $P=2,L=15$。假设复高斯白噪声的平均功率为 $\sigma^2=1$; 干扰信号功率为 40dB,入射方向为60°; 期望信号的入射方向为$-20°$。图 8.8.4(a)~(d)分别给出了期望信号的信噪比分别为 0dB、10dB、15dB 和 20dB 时,利用 $N=500$ 个观测样本得到的归一化波束图。

可以看出,F-SAPES 算法比 MVDR 算法得到的波束图更为稳定。

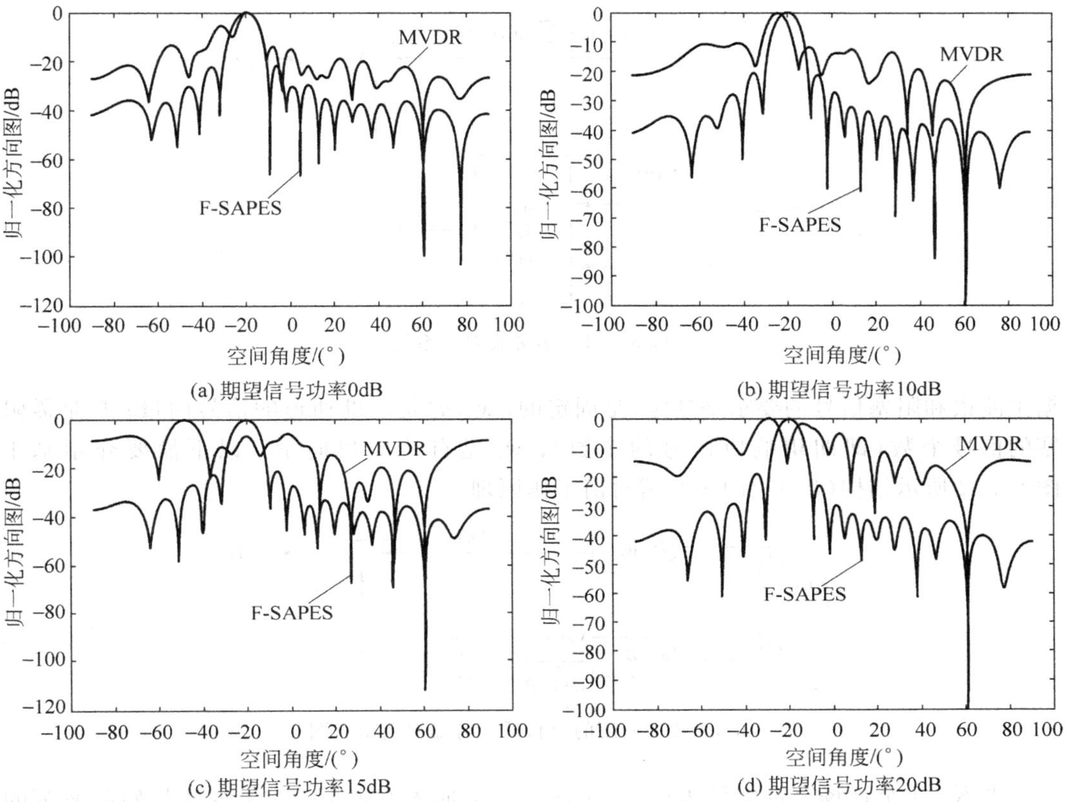

图 8.8.4　F-SAPES 和 MVDR 算法在不同期望信号功率时的 DBF 波束图

8.9　多旁瓣对消数字自适应波束形成方法

多旁瓣对消(MSC,multiple sidelobe cancellation)技术[16]是最早得到应用的数字波束形成方法之一。通过自适应地调整接收阵各通道的复加权系数,在保留正常的主瓣输出响应的条件下,最大限度地抑制来自各个旁瓣方向的非相关强干扰。

8.9.1　多旁瓣对消数字波束形成原理

多旁瓣对消系统由高增益的主天线(main antenna)(波束宽度较窄,通常使用具有高方向性的天线)和一个由 M 阵元组成的低增益辅助天线(auxiliary antenna)阵列构成。其系统如图 8.9.1 所示,其中 $s_0(n)$和 $s_k(n)$分别为 n 时刻主天线收到的期望信号和第 k 个干扰信号,$k=1,\cdots,K$,$v_0(n)$为主天线接收机噪声。辅助阵接收信号向量为 $\boldsymbol{x}_a(n)$,自适应滤波器输出为 $y(n)$,$\boldsymbol{w}_a$ 为自适应权向量。

多旁瓣对消结构也可直接用阵列构成,这种结构如图 8.9.2 所示。图中,$\boldsymbol{x}(n)$表示阵列接收信号向量,阵元个数为 $M+1$;$\boldsymbol{w}_m$ 为主通道(main channel)的权向量,$\boldsymbol{B}_a$ 为辅助通道(auxiliary channel)的阻塞矩阵,用于阻止主瓣方向的信号进入辅助通道,$\boldsymbol{w}_m$ 和 $\boldsymbol{B}_a$ 根

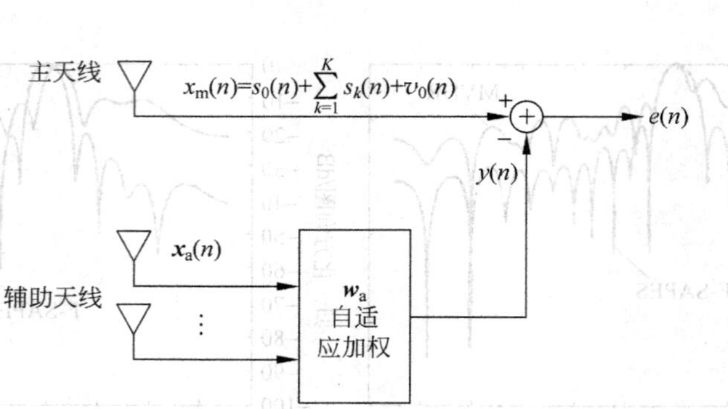

图 8.9.1 多旁瓣对消系统

据主波束和阻塞信号的要求来选定，是固定的；$\boldsymbol{x}_a(n)$是辅助通道的信号向量；P 是需阻塞的信号个数(即期望响应信号的个数)；$\boldsymbol{w}_a$ 是自适应权向量。以下简要介绍基于图 8.9.2 所示结构($P=1$)的多旁瓣对消工作原理。

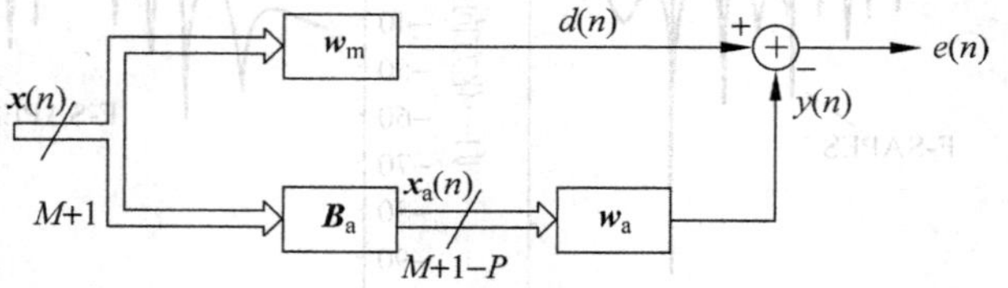

图 8.9.2 通用的全自适应旁瓣对消示意图

当 $K+1$ 个远场窄带信号从 $\theta_0,\theta_1,\theta_2,\cdots,\theta_K$ 方向入射到 $M+1$ 元均匀线阵时，阵列的接收信号为

$$\boldsymbol{x}(n)=\boldsymbol{A}\boldsymbol{s}(n)+\boldsymbol{v}(n) \tag{8.9.1}$$

对于均匀线阵，其展开式为

$$\begin{bmatrix} x_0(n) \\ x_1(n) \\ \vdots \\ x_M(n) \end{bmatrix} = \begin{bmatrix} 1 & 1 & \cdots & 1 \\ \mathrm{e}^{-\mathrm{j}\phi_0} & \mathrm{e}^{-\mathrm{j}\phi_1} & \cdots & \mathrm{e}^{-\mathrm{j}\phi_K} \\ \vdots & \vdots & \ddots & \vdots \\ \mathrm{e}^{-\mathrm{j}M\phi_0} & \mathrm{e}^{-\mathrm{j}M\phi_1} & \cdots & \mathrm{e}^{-\mathrm{j}M\phi_K} \end{bmatrix} \begin{bmatrix} s_0(n) \\ s_1(n) \\ \vdots \\ s_K(n) \end{bmatrix} + \begin{bmatrix} v_0(n) \\ v_1(n) \\ \vdots \\ v_M(n) \end{bmatrix} \tag{8.9.2}$$

不妨设 $s_0(n)$为期望信号，其余 K 个信号 $s_k(n)$，$k=1,2,\cdots,K$ 为干扰信号，则式(8.9.1)可表示为

$$\boldsymbol{x}(n)=\boldsymbol{a}(\theta_0)s_0(n)+\boldsymbol{z}(n) \tag{8.9.3}$$

其中，$\boldsymbol{a}(\theta_0)\in\mathbb{C}^{(M+1)\times 1}$ 是期望信号的导向向量(方向矩阵 $\boldsymbol{A}$ 的第一列)；$\boldsymbol{z}(n)$是干扰和噪声分量，为

$$\boldsymbol{z}(n)=\boldsymbol{A}_i\boldsymbol{s}_i(n)+\boldsymbol{v}(n)\in\mathbb{C}^{(M+1)\times 1} \tag{8.9.4}$$

其中，向量 $\boldsymbol{s}_i(n)=[s_1(n)\quad s_2(n)\quad\cdots\quad s_K(n)]^{\mathrm{T}}$ 为干扰信号向量，$\boldsymbol{A}_i\in\mathbb{C}^{(M+1)\times K}$是干扰信号的方向矩阵(方向矩阵 $\boldsymbol{A}$ 的后 K 列)。设 $z(n)$的相关矩阵为 $\boldsymbol{R}_z=\mathrm{E}\{\boldsymbol{z}(n)\boldsymbol{z}^{\mathrm{H}}(n)\}$。

在 n 时刻，$\boldsymbol{x}(n)$经固定的权向量 $\boldsymbol{w}_m$ 加权后的输出为

$$d(n)=\boldsymbol{w}_m^{\mathrm{H}}\boldsymbol{x}(n)=\boldsymbol{w}_m^{\mathrm{H}}\boldsymbol{a}(\theta_0)s_0(n)+\boldsymbol{w}_m^{\mathrm{H}}\boldsymbol{z}(n) \tag{8.9.5}$$

由式(8.9.5)可以看出，$\boldsymbol{w}_m^H \boldsymbol{z}(n)$是需要抑制的干扰噪声分量。

引入辅助通道的目的，是为了得到仅与干扰噪声分量 $\boldsymbol{z}(n)$有关的输出 $y(n)$，从而尽量抑制输出剩余

$$\begin{aligned} e(n) &= d(n) - y(n) \\ &= \boldsymbol{w}_m^H \boldsymbol{a}(\theta_0) s_0(n) + \boldsymbol{w}_m^H \boldsymbol{z}(n) - y(n) \end{aligned} \tag{8.9.6}$$

中的干扰分量。为使 $y(n)$中不包含期望信号 $s_0(n)$的信息，以避免对主瓣的期望响应输出 $\boldsymbol{w}_m^H \boldsymbol{a}(\theta_0) s_0(n)$产生不必要的抵消作用，接收信号首先通过辅助通道的期望信号阻塞网络，通过设计阻塞矩阵 $\boldsymbol{B}_a \in \mathbb{C}^{M\times(M+1)}$，使得

$$\boldsymbol{B}_a \boldsymbol{a}(\theta_0) s_0(n) = \boldsymbol{0} \tag{8.9.7}$$

对于均匀线阵，有

$$\boldsymbol{a}(\theta_0) = [1 \quad e^{-j\phi_0} \quad \cdots \quad e^{-jM\phi_0}]^T, \phi_0 = 2\pi d \sin\theta_0/\lambda \tag{8.9.8}$$

一种可能的阻塞矩阵为

$$\boldsymbol{B}_a = \begin{bmatrix} e^{-j\phi_0} & -1 & 0 & \cdots & 0 \\ 0 & e^{-j\phi_0} & -1 & \cdots & 0 \\ \vdots & \vdots & \ddots & \ddots & \vdots \\ 0 & \cdots & 0 & e^{-j\phi_0} & -1 \end{bmatrix} \in \mathbb{C}^{M\times(M+1)} \tag{8.9.9}$$

容易证明

$$\boldsymbol{B}_a \boldsymbol{a}(\theta_0) = \boldsymbol{0} \tag{8.9.10}$$

于是，辅助通道的自由度由 $M+1$ 维降为 M 维。通过阻塞网络后的阵列信号为

$$\boldsymbol{x}_a(n) = \boldsymbol{B}_a \boldsymbol{x}(n) = \boldsymbol{B}_a \boldsymbol{a}(\theta_0) s_0(n) + \boldsymbol{B}_a \boldsymbol{z}(n) = \boldsymbol{B}_a \boldsymbol{z}(n) \tag{8.9.11}$$

$\boldsymbol{x}_a(n)$只与干扰分量有关，经 $\boldsymbol{w}_a$ 加权后输出为

$$y(n) = \boldsymbol{w}_a^H \boldsymbol{x}_a(n) = \boldsymbol{w}_a^H \boldsymbol{B}_a \boldsymbol{x}(n) \tag{8.9.12}$$

于是，将式(8.9.11)和式(8.9.12)代入式(8.9.6)，可得到此时的输出误差信号为

$$\begin{aligned} e(n) &= d(n) - y(n) \\ &= (\boldsymbol{w}_m^H - \boldsymbol{w}_a^H \boldsymbol{B}_a) \boldsymbol{x}(n) \end{aligned} \tag{8.9.13}$$

为使输出 $e(n)$中对干扰和噪声尽量抑制，应选择 $\boldsymbol{w}_a$ 使 $e(n)$的平均功率最小，即最小化

$$\begin{aligned} J(\boldsymbol{w}_a) &= \mathrm{E}\{ |(\boldsymbol{w}_m^H - \boldsymbol{w}_a^H \boldsymbol{B}_a)\boldsymbol{x}(n)|^2 \} \\ &= \boldsymbol{w}_m^H \boldsymbol{R} \boldsymbol{w}_m - \boldsymbol{w}_m^H \boldsymbol{R} \boldsymbol{B}_a^H \boldsymbol{w}_a - \boldsymbol{w}_a^H \boldsymbol{B}_a \boldsymbol{R} \boldsymbol{w}_m + \boldsymbol{w}_a^H \boldsymbol{B}_a \boldsymbol{R} \boldsymbol{B}_a^H \boldsymbol{w}_a \end{aligned} \tag{8.9.14}$$

其中 $\boldsymbol{R}$ 是输入信号向量 $\boldsymbol{x}(n)$的空间相关矩阵。计算上式关于 $\boldsymbol{w}_a$ 的梯度并令其等于零向量，有

$$\nabla J(\boldsymbol{w}) = 2\frac{\partial J(\boldsymbol{w}_a)}{\partial \boldsymbol{w}_a^*} = -2\boldsymbol{B}_a \boldsymbol{R} \boldsymbol{w}_m + 2\boldsymbol{B}_a \boldsymbol{R} \boldsymbol{B}_a^H \boldsymbol{w}_a = \boldsymbol{0} \tag{8.9.15}$$

因此得 $\boldsymbol{w}_a$ 的最优解为

$$\boldsymbol{w}_{ao} = (\boldsymbol{B}_a \boldsymbol{R} \boldsymbol{B}_a^H)^{-1} \boldsymbol{B}_a \boldsymbol{R} \boldsymbol{w}_m \tag{8.9.16}$$

8.9.2 多旁瓣对消的最小二乘法求解

由式(8.9.12)和式(8.9.6)，辅助通道的输出信号 $y(n)$和相应的对消剩余信号 $e(n)$分别为

$$y(n)=\boldsymbol{w}_a^{\mathrm{H}}\boldsymbol{x}_a(n)=\boldsymbol{x}_a^{\mathrm{T}}(n)\boldsymbol{w}_a^* \tag{8.9.17}$$

$$e(n)=d(n)-y(n) \tag{8.9.18}$$

定义辅助通道数据矩阵

$$\boldsymbol{X}_a^{\mathrm{H}}(n)=[\boldsymbol{x}_a(1)\quad \boldsymbol{x}_a(2)\quad \cdots\quad \boldsymbol{x}_a(n)]\in\mathbb{C}^{M\times n} \tag{8.9.19}$$

其中，$\boldsymbol{x}_a(n)$是由式(8.9.11)给出的通过阻塞网络后的阵列信号，因此有

$$\boldsymbol{X}_a^{\mathrm{H}}(n)=[\boldsymbol{B}_a\boldsymbol{x}(1)\quad \boldsymbol{B}_a\boldsymbol{x}(2)\quad \cdots\quad \boldsymbol{B}_a\boldsymbol{x}(n)]=\boldsymbol{B}_a\boldsymbol{X}(n) \tag{8.9.20}$$

其中

$$\boldsymbol{X}(n)=[\boldsymbol{x}(1)\quad \boldsymbol{x}(2)\quad \cdots\quad \boldsymbol{x}(n)]\in\mathbb{C}^{(M+D)\times n} \tag{8.9.21}$$

分别定义误差向量 $\boldsymbol{e}(n)$和期望响应向量 $\boldsymbol{d}(n)$为

$$\begin{aligned}\boldsymbol{e}(n)&=[e(1)\quad e(2)\quad \cdots\quad e(n)]^{\mathrm{H}}\\ \boldsymbol{d}(n)&=[d(1)\quad d(2)\quad \cdots\quad d(n)]^{\mathrm{H}}\end{aligned} \tag{8.9.22}$$

于是，式(8.9.18)的向量形式为

$$\boldsymbol{e}^{\mathrm{H}}(n)=\boldsymbol{d}^{\mathrm{H}}(n)-\boldsymbol{w}_a^{\mathrm{H}}\boldsymbol{X}_a^{\mathrm{H}}(n) \tag{8.9.23}$$

或者等价地写成

$$\boldsymbol{e}(n)=\boldsymbol{d}(n)-\boldsymbol{X}_a(n)\boldsymbol{w}_a \tag{8.9.24}$$

由最小二乘估计的确定性正则方程，权向量 $\boldsymbol{w}_a$ 的最小二乘估计为

$$\hat{\boldsymbol{w}}_a=(\boldsymbol{X}_a^{\mathrm{H}}(n)\boldsymbol{X}_a(n))^{-1}\boldsymbol{X}_a^{\mathrm{H}}(n)\boldsymbol{d}(n) \tag{8.9.25}$$

将式(8.9.20)代入式(8.9.25)，有

$$\begin{aligned}\hat{\boldsymbol{w}}_a&=(\boldsymbol{B}_a\boldsymbol{X}(n)\boldsymbol{X}^{\mathrm{H}}(n)\boldsymbol{B}_a^{\mathrm{H}})^{-1}\boldsymbol{B}_a\boldsymbol{X}(n)\boldsymbol{d}(n)\\ &=(\boldsymbol{B}_a\hat{\boldsymbol{R}}\boldsymbol{B}_a^{\mathrm{H}})^{-1}\boldsymbol{B}_a\hat{\boldsymbol{p}}\end{aligned} \tag{8.9.26}$$

其中，矩阵$\hat{\boldsymbol{R}}$是输入信号向量 $\boldsymbol{x}(n)$的空间相关矩阵 $\boldsymbol{R}$ 的时间平均估计，有

$$\hat{\boldsymbol{R}}=\frac{1}{n}\boldsymbol{X}(n)\boldsymbol{X}^{\mathrm{H}}(n)=\frac{1}{n}\sum_{i=1}^{n}\boldsymbol{x}(i)\boldsymbol{x}^{\mathrm{H}}(i) \tag{8.9.27}$$

而向量$\hat{\boldsymbol{p}}$是 $\boldsymbol{x}(n)$与 $\boldsymbol{d}(n)$的互相关向量 $\boldsymbol{p}=\mathrm{E}\{\boldsymbol{x}(n)d^*(n)\}$的时间平均估计，且

$$\hat{\boldsymbol{p}}=\frac{1}{n}\boldsymbol{X}(n)\boldsymbol{d}(n)=\frac{1}{n}\sum_{i=1}^{n}\boldsymbol{x}(i)d^*(i) \tag{8.9.28}$$

现在考虑采用 6.6 节的基于 QR 分解的 LS 算法求解自适应权向量 $\boldsymbol{w}_a$。与 6.6 节类似，引入遗忘因子 β^2，$0<\beta<1$，则剩余信号的模的平方和为

$$\begin{aligned}J(n)&=\sum_{i=1}^{n}(\beta^2)^{n-i}\,|e(i)|^2\\ &=\boldsymbol{e}^{\mathrm{H}}(n)\boldsymbol{B}^{\mathrm{H}}(n)\boldsymbol{B}(n)\boldsymbol{e}(n)\\ &=\|\boldsymbol{B}(n)\boldsymbol{e}(n)\|^2\end{aligned} \tag{8.9.29}$$

其中对角矩阵

$$\boldsymbol{B}(n)=\mathrm{diag}\{\beta^{n-1},\beta^{n-2},\cdots,\beta,1\} \tag{8.9.30}$$

注意到，对酉矩阵 $\boldsymbol{Q}(n)\in\mathbb{C}^{n\times n}$，有

$$\|\boldsymbol{B}(n)\boldsymbol{e}(n)\|=\|\boldsymbol{Q}(n)\boldsymbol{B}(n)\boldsymbol{e}(n)\| \tag{8.9.31}$$

将式(8.9.24)代入式(8.9.31)，有

$$\| \boldsymbol{B}(n)\boldsymbol{e}(n) \| = \| \boldsymbol{Q}(n)\boldsymbol{B}(n)\boldsymbol{d}(n) - \boldsymbol{Q}(n)\boldsymbol{B}(n)\boldsymbol{X}_{\mathrm{a}}(n)\boldsymbol{w}_{\mathrm{a}} \| \tag{8.9.32}$$

若 $\boldsymbol{Q}(n)$ 使得矩阵 $\boldsymbol{B}(n)\boldsymbol{X}_{\mathrm{a}}(n)$ 变换为

$$\boldsymbol{Q}(n)\boldsymbol{B}(n)\boldsymbol{X}_{\mathrm{a}}(n) = \begin{bmatrix} \boldsymbol{R}(n) \\ \boldsymbol{0} \end{bmatrix} \tag{8.9.33}$$

其中，$\boldsymbol{R}(n) \in \mathbb{C}^{M\times M}$ 是一个上三角矩阵，$\boldsymbol{0} \in \mathbb{C}^{(n-M)\times N}$。

另一方面，酉矩阵 $\boldsymbol{Q}(n)$ 将向量 $\boldsymbol{B}(n)\boldsymbol{d}(n)$ 变换为

$$\boldsymbol{Q}(n)\boldsymbol{B}(n)\boldsymbol{d}(n) = \begin{bmatrix} \boldsymbol{p}(n) \\ \boldsymbol{v}(n) \end{bmatrix} \tag{8.9.34}$$

其中，$\boldsymbol{p}(n) \in \mathbb{C}^{M\times 1}$，$\boldsymbol{v}(n) \in \mathbb{C}^{(n-M)\times 1}$。

将式(8.9.33)和式(8.9.34)代入式(8.9.32)，有

$$\| \boldsymbol{Q}(n)\boldsymbol{B}(n)\boldsymbol{e}(n) \| = \left\| \begin{bmatrix} \boldsymbol{p}(n) \\ \boldsymbol{v}(n) \end{bmatrix} - \begin{bmatrix} \boldsymbol{R}(n)\boldsymbol{w}_{\mathrm{a}} \\ \boldsymbol{0} \end{bmatrix} \right\| = \left\| \begin{bmatrix} \boldsymbol{p}(n) - \boldsymbol{R}(n)\boldsymbol{w}_{\mathrm{a}} \\ \boldsymbol{v} \end{bmatrix} \right\| \tag{8.9.35}$$

当 $\boldsymbol{p}(n) - \boldsymbol{R}(n)\boldsymbol{w}_{\mathrm{a}} = \boldsymbol{0}$ 时，代价函数 $J(n)$ 取得极小值，因此有

$$\boldsymbol{R}(n)\boldsymbol{w}_{\mathrm{ao}} = \boldsymbol{p}(n) \tag{8.9.36}$$

相应地，$J(n)$ 的极小值为

$$J_{\min} = \| \boldsymbol{v}(n) \|^2 \tag{8.9.37}$$

算法的关键是寻找酉矩阵 $\boldsymbol{Q}(n)$，实现矩阵 $\boldsymbol{B}(n)\boldsymbol{X}_{\mathrm{a}}(n)$ 的 QR 分解式(8.9.33)，即将矩阵 $\boldsymbol{B}(n)\boldsymbol{X}_{\mathrm{a}}(n)$ 变换为上三角矩阵。对任意列满秩矩阵 $\boldsymbol{B}(n)\boldsymbol{X}_{\mathrm{a}}(n)$ 这种分解总是可行的。

与 6.6 节类似，应用 Givens 旋转技术可以用递推方法得到酉矩阵 $\boldsymbol{Q}(n)$。

8.10　阵列信号处理中的其他问题

8.10.1　相关信号源问题

在前面各节讨论中，均假定信号源之间(或信号和干扰信号之间)是互不相关的，各干扰源之间也不相关，通称为信号源间不相关。但是，由于多径传播、敌方转发干扰等，都可能导致信号源间是相关的。

当信号源间存在相关时，前面各节讨论的阵列信号处理方法(包括 DOA 估计和 DBF)都不能直接应用。这是因为信号源间相关，使信号相关矩阵的秩降低，而维纳-霍夫方程要求相关矩阵是非奇异的，于是对于相关信号源，难以实现最优阵列处理。

考虑 3 个相关的窄带入射信号 $s_1(n)=u_1(n)\mathrm{e}^{\mathrm{j}\varphi_1(n)}$，$s_2(n)=\beta_2 s_1(n)$ 和 $s_3(n)=\beta_3 s_1(n)$，其中，$\beta_i=\rho_i \mathrm{e}^{\mathrm{j}\Delta\phi_i}$，$i=2,3$，常数 ρ_i 和 $\Delta\phi_i$ 分别表示第 i 个信号相对于 $s_1(n)$ 的幅度衰落和相位差。显然有

$$\mathrm{E}\{s_i(n)s_l^*(n)\} \neq 0, \quad i \neq l \tag{8.10.1}$$

定义 $\beta=[1 \quad \beta_2 \quad \beta_3]^{\mathrm{T}}$，于是信号向量 $\boldsymbol{s}(n)$ 可以表示为

$$\boldsymbol{s}(n) = \boldsymbol{\beta} s_1(n) \tag{8.10.2}$$

信号相关矩阵为

$$\boldsymbol{R}_s = \mathrm{E}\{\boldsymbol{s}(n)\boldsymbol{s}^{\mathrm{H}}(n)\} = \mathrm{E}\{s_1(n)s_1^*(n)\}\boldsymbol{\beta\beta}^{\mathrm{H}} = \mathrm{E}\{|u_1(n)|^2\}\boldsymbol{\beta\beta}^{\mathrm{H}} \tag{8.10.3}$$

由于 $\mathrm{rank}(\boldsymbol{\beta\beta}^{\mathrm{H}})=1$，因此有 $\mathrm{rank}(\boldsymbol{R}_s)=1$，即信号相关矩阵 $\boldsymbol{R}_s$ 不再是一个满秩矩阵。由于本章前面所介绍的阵列处理算法都是基于相关矩阵 $\boldsymbol{R}_s$ 的满秩假设，当信号相关时，不能直接采用本章前面所介绍的阵列信号处理方法。

一种常用的处理相关源的方法，是在采用自适应阵列处理算法之前，对阵列接收数据进行空间平滑（spatial smoothing）处理[17,18]。空间平滑算法只适用于方向矩阵具有 Vandermonde 结构的阵列（例如均匀线阵）。设信号源个数为 K，当信号源不相关时，有 $\mathrm{rank}(\boldsymbol{P})=K$；若信号源存在相关，则有 $\mathrm{rank}(\boldsymbol{P})<K$。空间平滑处理可以恢复 $\boldsymbol{P}$ 的秩为 K。

根据 8.1.1 节的均匀线阵接收信号模型，远场有 K 个不同的信号辐射到 M 元均匀线阵，接收信号为

$$\boldsymbol{x}(n) = \boldsymbol{A}\boldsymbol{s}(n) + \boldsymbol{v}(n)$$

其中，$\boldsymbol{x}(n)\in\mathbb{C}^{M\times 1}$ 为阵列接收数据向量，$\boldsymbol{A}\in\mathbb{C}^{M\times K}$ 为方向矩阵，$\boldsymbol{s}(n)\in\mathbb{C}^{K\times 1}$ 为空间信号向量，$\boldsymbol{v}(n)\in\mathbb{C}^{M\times 1}$ 为噪声向量。

前向空间平滑处理原理如图 8.10.1(a)所示。将 M 阵元的均匀线阵分成 P 个重叠子阵，每个子阵含有 L 个阵元。则 n 时刻，子阵 p 的接收信号向量为

$$\boldsymbol{x}_p^{\mathrm{f}}(n) = \widetilde{\boldsymbol{A}}_p\boldsymbol{s}(n) + \boldsymbol{v}_p^{\mathrm{f}}(n), \quad p = 0,1,\cdots,P-1 \tag{8.10.4}$$

其中，$\boldsymbol{x}_p^{\mathrm{f}}(n)=[x_p(n) \quad \cdots \quad x_{p+L-1}(n)]^{\mathrm{T}}\in\mathbb{C}^{L\times 1}$，$\boldsymbol{v}_p^{\mathrm{f}}(n)$是噪声向量，方向矩阵$\widetilde{\boldsymbol{A}}_p$ 满足

$$\widetilde{\boldsymbol{A}}_p = \widetilde{\boldsymbol{A}}_0\boldsymbol{\Phi}^p \in \mathbb{C}^{L\times K}, \quad p = 0,1,\cdots,P-1 \tag{8.10.5}$$

矩阵$\boldsymbol{\Phi}^p$表示对角矩阵$\boldsymbol{\Phi}$ 的 p 次幂，即

$$\left.\begin{aligned} \boldsymbol{\Phi} &= \mathrm{diag}\{\mathrm{e}^{-\mathrm{j}\phi_1},\mathrm{e}^{-\mathrm{j}\phi_2},\cdots,\mathrm{e}^{-\mathrm{j}\phi_K}\} \\ \boldsymbol{\Phi}^p &= \mathrm{diag}\{\mathrm{e}^{-\mathrm{j}p\phi_1},\mathrm{e}^{-\mathrm{j}p\phi_2},\cdots,\mathrm{e}^{-\mathrm{j}p\phi_K}\} \\ \phi_k &= 2\pi d\sin\theta_k/\lambda, k = 1,2,\cdots,K \end{aligned}\right\} \tag{8.10.6}$$

矩阵$\widetilde{\boldsymbol{A}}_0\in\mathbb{C}^{L\times K}$是子阵 0 的方向矩阵，即

$$\widetilde{\boldsymbol{A}}_0 = [\tilde{\boldsymbol{a}}(\theta_1) \quad \tilde{\boldsymbol{a}}(\theta_2) \quad \cdots \quad \tilde{\boldsymbol{a}}(\theta_k)] = \begin{bmatrix} 1 & 1 & \cdots & 1 \\ \mathrm{e}^{-\mathrm{j}\phi_1} & \mathrm{e}^{-\mathrm{j}\phi_2} & \cdots & \mathrm{e}^{-\mathrm{j}\phi_K} \\ \vdots & \vdots & \ddots & \vdots \\ \mathrm{e}^{-\mathrm{j}(L-1)\phi_1} & \mathrm{e}^{-\mathrm{j}(L-1)\phi_2} & \cdots & \mathrm{e}^{-\mathrm{j}(L-1)\phi_K} \end{bmatrix} \tag{8.10.7}$$

其中，向量$\tilde{\boldsymbol{a}}(\theta)$是子阵 0 的导向向量。

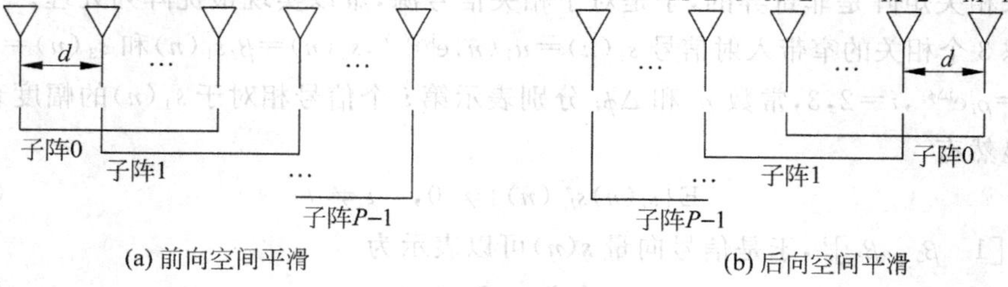

图 8.10.1 空间平滑处理示意图

子阵 p 的接收信号相关矩阵为

$$\boldsymbol{R}_p^{\mathrm{f}} = \mathrm{E}\{\boldsymbol{x}_p^{\mathrm{f}}(n)(\boldsymbol{x}_p^{\mathrm{f}}(n))^{\mathrm{H}}\} = \widetilde{\boldsymbol{A}}_0 \boldsymbol{\Phi}^p \boldsymbol{R}_s (\boldsymbol{\Phi}^p)^{\mathrm{H}} \widetilde{\boldsymbol{A}}_0^{\mathrm{H}} + \boldsymbol{R}_{v,p}^{\mathrm{f}} \tag{8.10.8}$$

其中，$\boldsymbol{R}_s=\mathrm{E}\{\boldsymbol{s}(n)\boldsymbol{s}^{\mathrm{H}}(n)\}$是阵列接收信号 $\boldsymbol{s}(n)$的相关矩阵，$\boldsymbol{R}_{v,p}^{\mathrm{f}}=\mathrm{E}\{\boldsymbol{v}_p^{\mathrm{f}}(n)(\boldsymbol{v}_p^{\mathrm{f}}(n))^{\mathrm{H}}\}$是子阵 p 的噪声相关矩阵。在白噪声假设下，有

$$\boldsymbol{R}_p^{\mathrm{f}} = \widetilde{\boldsymbol{A}}_0 \boldsymbol{\Phi}^p \boldsymbol{R}_s (\boldsymbol{\Phi}^p)^{\mathrm{H}} \widetilde{\boldsymbol{A}}_0^{\mathrm{H}} + \sigma_v^2 \boldsymbol{I}_L \tag{8.10.9}$$

前向平滑的相关矩阵 $\boldsymbol{R}_{\mathrm{f}}$ 是各子阵的相关矩阵的平均，即

$$\begin{aligned}\boldsymbol{R}_{\mathrm{f}} &= \frac{1}{P}\sum_{p=0}^{P-1}\boldsymbol{R}_p^{\mathrm{f}} = \frac{1}{P}\widetilde{\boldsymbol{A}}_0\left(\sum_{p=0}^{P-1}\boldsymbol{\Phi}^p\boldsymbol{R}_s(\boldsymbol{\Phi}^p)^{\mathrm{H}}\right)\widetilde{\boldsymbol{A}}_0^{\mathrm{H}} + \sigma_v^2\boldsymbol{I}_L \\ &\triangleq \widetilde{\boldsymbol{A}}_0\boldsymbol{R}_s^{\mathrm{f}}\widetilde{\boldsymbol{A}}_0^{\mathrm{H}} + \sigma_v^2\boldsymbol{I}_L\end{aligned} \tag{8.10.10}$$

其中，$\boldsymbol{R}_s^{\mathrm{f}}$ 是前向平滑得到的信号相关矩阵，有

$$\boldsymbol{R}_s^{\mathrm{f}} = \frac{1}{P}\sum_{p=0}^{P-1}\boldsymbol{\Phi}^p\boldsymbol{R}_s(\boldsymbol{\Phi}^p)^{\mathrm{H}} \triangleq \frac{1}{P}\sum_{p=0}^{P-1}(\boldsymbol{R}_s^{\mathrm{f}})_p \tag{8.10.11}$$

对 K 个相关信号源，空间信号向量定义与式(8.10.2)一致，即 $\boldsymbol{s}(n)=\boldsymbol{\beta}s_1(n)$，其中，$\boldsymbol{\beta}$ 定义为

$$\boldsymbol{\beta} = [\beta_1 \quad \beta_2 \quad \cdots \quad \beta_K]^{\mathrm{T}}, \quad \beta_1 = 1 \tag{8.10.12}$$

假设 $\mathrm{E}\{|u_1(n)|^2\}=1$，则相关矩阵 $\boldsymbol{R}_s$ 可以表示为

$$\boldsymbol{R}_s = \mathrm{E}\{|u_1(n)|^2\}\boldsymbol{\beta}\boldsymbol{\beta}^{\mathrm{H}} = \boldsymbol{\beta}\boldsymbol{\beta}^{\mathrm{H}} \tag{8.10.13}$$

于是，前向子阵 p 的信号相关矩阵为

$$(\boldsymbol{R}_s^{\mathrm{f}})_p = \boldsymbol{\Phi}^p\boldsymbol{R}_s(\boldsymbol{\Phi}^p)^{\mathrm{H}} = \boldsymbol{\Phi}^p\boldsymbol{\beta}(\boldsymbol{\Phi}^p\boldsymbol{\beta})^{\mathrm{H}} \tag{8.10.14}$$

定义

$$\begin{aligned}\boldsymbol{c}_p &\triangleq \boldsymbol{\Phi}^p\boldsymbol{\beta} \\ &= \begin{bmatrix} \mathrm{e}^{-\mathrm{j}p\phi_1} & & & \\ & \mathrm{e}^{-\mathrm{j}p\phi_2} & & \\ & & \ddots & \\ & & & \mathrm{e}^{-\mathrm{j}p\phi_K}\end{bmatrix}\begin{bmatrix}\beta_1 \\ \beta_2 \\ \vdots \\ \beta_K\end{bmatrix} = \begin{bmatrix}\beta_1 & & & \\ & \beta_2 & & \\ & & \ddots & \\ & & & \beta_K\end{bmatrix}\begin{bmatrix}\mathrm{e}^{-\mathrm{j}p\phi_1} \\ \mathrm{e}^{-\mathrm{j}p\phi_2} \\ \vdots \\ \mathrm{e}^{-\mathrm{j}p\phi_K}\end{bmatrix}\end{aligned} \tag{8.10.15}$$

所以，前向平滑得到的信号相关矩阵可以表示为

$$\boldsymbol{R}_s^{\mathrm{f}} = \frac{1}{P}\sum_{p=0}^{P-1}\boldsymbol{c}_p\boldsymbol{c}_p^{\mathrm{H}} = \frac{1}{P}\boldsymbol{C}\boldsymbol{C}^{\mathrm{H}} \tag{8.10.16}$$

其中

$$\boldsymbol{C} \triangleq [\boldsymbol{c}_0 \quad \boldsymbol{c}_1 \quad \cdots \quad \boldsymbol{c}_{P-1}] = \begin{bmatrix}\beta_1 & & & \\ & \beta_2 & & \\ & & \ddots & \\ & & & \beta_K\end{bmatrix}\begin{bmatrix}1 & \mathrm{e}^{\mathrm{j}\phi_1} & \cdots & \mathrm{e}^{\mathrm{j}(P-1)\phi_1} \\ 1 & \mathrm{e}^{\mathrm{j}\phi_2} & \cdots & \mathrm{e}^{\mathrm{j}(P-1)\phi_2} \\ \vdots & \vdots & \ddots & \vdots \\ 1 & \mathrm{e}^{\mathrm{j}\phi_K} & \cdots & \mathrm{e}^{\mathrm{j}(P-1)\phi_K}\end{bmatrix} \tag{8.10.17}$$

此时，当 $P\geqslant K$ 时，有 $\mathrm{rank}(\boldsymbol{R}_s^{\mathrm{f}})=K$；如果 $P\geqslant K$ 且 $L\geqslant K$，则有 $\mathrm{rank}(\widetilde{\boldsymbol{A}}_0\boldsymbol{R}_s^{\mathrm{f}}\widetilde{\boldsymbol{A}}_0^{\mathrm{H}})=K$。

后向空间平滑处理原理如图 8.10.1(b)所示,其中,后向子阵 p 是由 L 个相邻阵元 $\{M-1-p, M-2-p, \cdots, M-L-p\}$ 所构成,用向量 $\boldsymbol{x}_p^{\mathrm{b}}(n)\in\mathbb{C}^{L\times 1}$ 表示后向子阵 p 的接收信号向量的复共轭,于是有

$$\begin{aligned}\boldsymbol{x}_p^{\mathrm{b}}(n) &= [x_{M-1-p}^*(n) \quad \cdots \quad x_{M-L-p}^*(n)]^{\mathrm{T}} \\ &= \widetilde{\boldsymbol{A}}_p(\boldsymbol{\Phi}^{M-1}\boldsymbol{s}(n))^* + \boldsymbol{v}_p^{\mathrm{b}}(n), \quad p=0,1,\cdots,P-1\end{aligned} \tag{8.10.18}$$

在白噪声假设下,后向子阵 p 的相关矩阵可以表示为

$$\boldsymbol{R}_p^{\mathrm{b}} = \mathrm{E}\{\boldsymbol{x}_p^{\mathrm{b}}(n)(\boldsymbol{x}_p^{\mathrm{b}}(n))^{\mathrm{H}}\} = \widetilde{\boldsymbol{A}}_0\boldsymbol{\Phi}^p\widetilde{\boldsymbol{R}}_s(\boldsymbol{\Phi}^p)^{\mathrm{H}}\widetilde{\boldsymbol{A}}_0^{\mathrm{H}} + \sigma_v^2\boldsymbol{I}_L \tag{8.10.19}$$

其中

$$\widetilde{\boldsymbol{R}}_s = \mathrm{E}\{(\boldsymbol{\Phi}^{M-1}\boldsymbol{s}(n))^*(\boldsymbol{\Phi}^{M-1}\boldsymbol{s}(n))^{\mathrm{T}}\} = \boldsymbol{\Phi}^{-(M-1)}\boldsymbol{R}_s^*\boldsymbol{\Phi}^{M-1} \tag{8.10.20}$$

后向平滑的相关矩阵由各后向子阵的相关矩阵平均得到

$$\begin{aligned}\boldsymbol{R}_{\mathrm{b}} &= \frac{1}{P}\sum_{p=1}^{P-1}\boldsymbol{R}_p^{\mathrm{b}} = \frac{1}{P}\widetilde{\boldsymbol{A}}_0\left(\sum_{p=0}^{P-1}\boldsymbol{\Phi}^p\widetilde{\boldsymbol{R}}_s(\boldsymbol{\Phi}^p)^{\mathrm{H}}\right)\widetilde{\boldsymbol{A}}_0^{\mathrm{H}} + \sigma_v^2\boldsymbol{I}_L \\ &\triangleq \widetilde{\boldsymbol{A}}_0\widetilde{\boldsymbol{R}}_s^{\mathrm{b}}\widetilde{\boldsymbol{A}}_0^{\mathrm{H}} + \sigma_v^2\boldsymbol{I}_L\end{aligned} \tag{8.10.21}$$

与前向平滑的处理方法类似,对于全相干信号,后向平滑得到的信号相关矩阵为

$$\begin{aligned}\boldsymbol{R}_s^{\mathrm{b}} &= \frac{1}{P}\sum_{p=1}^{P-1}\boldsymbol{\Phi}^p\widetilde{\boldsymbol{R}}_s(\boldsymbol{\Phi}^p)^{\mathrm{H}} \\ &= \frac{1}{P}\sum_{p=1}^{P-1}\boldsymbol{\Phi}^p\boldsymbol{\Phi}^{-(M-1)}\boldsymbol{R}_s^*\boldsymbol{\Phi}^{M-1}(\boldsymbol{\Phi}^p)^{\mathrm{H}} \\ &= \frac{1}{P}\sum_{p=1}^{P-1}\boldsymbol{\Phi}^p\boldsymbol{\Phi}^{-(M-1)}(\boldsymbol{\beta}\boldsymbol{\beta}^{\mathrm{H}})^*\boldsymbol{\Phi}^{M-1}(\boldsymbol{\Phi}^p)^{\mathrm{H}}\end{aligned} \tag{8.10.22}$$

令 $\boldsymbol{\alpha}\triangleq\boldsymbol{\Phi}^{-(M-1)}\boldsymbol{\beta}^*$,有

$$\boldsymbol{R}_s^{\mathrm{b}} = \frac{1}{P}\sum_{p=0}^{P-1}\boldsymbol{\Phi}^p\boldsymbol{\alpha}(\boldsymbol{\Phi}^p\boldsymbol{\alpha})^{\mathrm{H}} = \frac{1}{P}\boldsymbol{D}\boldsymbol{D}^{\mathrm{H}} \tag{8.10.23}$$

其中

$$\boldsymbol{D}\triangleq[\boldsymbol{d}_0 \quad \boldsymbol{d}_1 \quad \cdots \quad \boldsymbol{d}_{P-1}] = \begin{bmatrix}\alpha_1 & & & \\ & \alpha_2 & & \\ & & \ddots & \\ & & & \alpha_K\end{bmatrix}\begin{bmatrix}1 & \mathrm{e}^{\mathrm{j}\phi_1} & \cdots & \mathrm{e}^{\mathrm{j}(P-1)\phi_1} \\ 1 & \mathrm{e}^{\mathrm{j}\phi_2} & \cdots & \mathrm{e}^{\mathrm{j}(P-1)\phi_2} \\ \vdots & \vdots & \ddots & \vdots \\ 1 & \mathrm{e}^{\mathrm{j}\phi_K} & \cdots & \mathrm{e}^{\mathrm{j}(P-1)\phi_K}\end{bmatrix} \tag{8.10.24}$$

当 $P\geqslant K$ 时,有 $\mathrm{rank}(\boldsymbol{R}_s^{\mathrm{b}})=K$;当 $P\geqslant K$ 和 $L\geqslant K$ 时,$\mathrm{rank}(\widetilde{\boldsymbol{A}}_0\boldsymbol{R}_s^{\mathrm{b}}\widetilde{\boldsymbol{A}}_0^{\mathrm{H}})=K$。

同时使用前向和后向子阵平滑技术,则前后向平滑的相关矩阵由下式得到:

$$\bar{\boldsymbol{R}} = \frac{1}{2}(\boldsymbol{R}_{\mathrm{f}} + \boldsymbol{R}_{\mathrm{b}}) \tag{8.10.25}$$

将式(8.10.10)、式(8.10.16)、式(8.10.21)和式(8.10.23)代入式(8.10.25),有

$$\bar{\boldsymbol{R}} = \widetilde{\boldsymbol{A}}_0\left(\frac{1}{2}(\boldsymbol{R}_s^{\mathrm{f}} + \boldsymbol{R}_s^{\mathrm{b}})\right)\widetilde{\boldsymbol{A}}_0^{\mathrm{H}} + \sigma_v^2\boldsymbol{I}_L = \widetilde{\boldsymbol{A}}_0\bar{\boldsymbol{R}}_s\widetilde{\boldsymbol{A}}_0^{\mathrm{H}} + \sigma_v^2\boldsymbol{I}_L \tag{8.10.26}$$

其中

$$\bar{\boldsymbol{R}}_s = \frac{1}{2P}(\boldsymbol{C}\boldsymbol{C}^{\mathrm{H}} + \boldsymbol{D}\boldsymbol{D}^{\mathrm{H}}) = \frac{1}{2P}\boldsymbol{G}\boldsymbol{G}^{\mathrm{H}}, \quad \boldsymbol{G} = [\boldsymbol{C} \vdots \boldsymbol{D}] \in \mathbb{C}^{K\times(2P)} \tag{8.10.27}$$

因此，当 $2P \geqslant K$ 时，$\mathrm{rank}(\bar{\boldsymbol{R}}_s) = K$；当 $2P \geqslant K$ 和 $L \geqslant K$ 时，$\mathrm{rank}(\widetilde{\boldsymbol{A}}_0 \bar{\boldsymbol{R}}_s \widetilde{\boldsymbol{A}}_0^{\mathrm{H}}) = K$。

空间平滑对各子阵的相关矩阵进行均匀平均，导致计算量增大。同时，由于相关矩阵的维数为子阵的维数 L，而不是阵元数 M，减小了自由度。

8.10.2　宽带信号源问题

前面各节的分析都是基于窄带信号模型的情况。信号的相对带宽 η 是信号带宽与中心频率之比，可表示为

$$\eta = \frac{f_{\mathrm{H}} - f_{\mathrm{L}}}{(f_{\mathrm{H}} + f_{\mathrm{L}})/2} = \frac{\Delta f}{(f_{\mathrm{H}} + f_{\mathrm{L}})/2} \tag{8.10.28}$$

其中，f_{H} 和 f_{L} 分别是信号的最高频率和最低频率。

当信号的相对带宽大于 1%时，常被认为是宽带信号[19]。假设此时信号带宽为 Δf。平面波以 θ_0 方向入射时，频带内任意两个频率为 f_1 和 f_2 的分量对应的相邻阵元间的相移分别为

$$\phi_1 = 2\pi f_1 d\sin\theta_0 / c, \quad \phi_2 = 2\pi f_2 d\sin\theta_0 / c$$

当 $f_1 \neq f_2$ 时，相移 $\phi_1 \neq \phi_2$。因此，与窄带信号不同，对于同一角度入射的宽带信号，不同频率的信号成分具有不同的空间相位。

不失一般性，宽带信号通常可以看作是若干个窄带信号的叠加。

考虑有 K 个分别来自方向 $\theta_1, \theta_2, \cdots, \theta_K$ 的远场宽带信号 $s_1(n), s_2(n), \cdots, s_K(n)$，假设 $K \leqslant M$，M 是均匀线阵的阵元数目。阵元 m 的接收信号可以表示为

$$x_m(n) = \sum_{k=1}^{K} s_k(n - \tau_m(\theta_k)) + v_m(n), \quad m = 0, 1, \cdots, M-1 \tag{8.10.29}$$

其中，$\tau_m(\theta_k)$ 是第 k 个信号到达阵元 m 时，相对于该信号到达参考阵元(阵元 0)的时间延迟；$v_m(n)$ 为加性噪声。

将 N 点观察数据分成 $\widetilde{N}$ 段，每段 Q 个数据，且有 $N = Q\widetilde{N}$。对第 $\tilde{n}$ 段的 Q 个接收数据 $x_m(n)$，$n = \tilde{n}Q+1, \tilde{n}Q+2, \cdots, (\tilde{n}+1)Q$，$\tilde{n} = 0, 1, \cdots, \widetilde{N}-1$，计算 $x_m(n)$ 的 Q 点 DFT(用 FFT 实现)，将 $x_m(n)$ 分解为 Q 个不重叠的窄带分量。在频率 q 处，阵列接收信号频域表示为

$$\begin{gathered} x_m(f_q, \tilde{n}) = \sum_{k=1}^{K} a_m(f_q, \theta_k) s_k(f_q, \tilde{n}) + v_m(f_q, \tilde{n}) \\ m = 0, 1, \cdots, M; \quad q = 1, 2, \cdots, Q; \quad \tilde{n} = 0, 1, \cdots, \widetilde{N}-1 \end{gathered} \tag{8.10.30}$$

分别定义在频率 f_q 处的窄带信号向量 $\boldsymbol{x}(f_q, \tilde{n})$ 和 $\boldsymbol{s}(f_q, \tilde{n})$，以及噪声向量 $\boldsymbol{v}(f_q, \tilde{n})$ 为

$$\left.\begin{aligned} \boldsymbol{x}(f_q, \tilde{n}) &= [x_0(f_q, \tilde{n}) \quad x_1(f_q, \tilde{n}) \quad \cdots \quad x_{M-1}(f_q, \tilde{n})]^{\mathrm{T}} \\ \boldsymbol{s}(f_q, \tilde{n}) &= [s_1(f_q, \tilde{n}) \quad s_2(f_q, \tilde{n}) \quad \cdots \quad s_K(f_q, \tilde{n})]^{\mathrm{T}} \\ \boldsymbol{v}(f_q, \tilde{n}) &= [v_0(f_q, \tilde{n}) \quad v_1(f_q, \tilde{n}) \cdots \quad v_{M-1}(f_q, \tilde{n})]^{\mathrm{T}} \end{aligned}\right\} \tag{8.10.31}$$

并定义在频率 f_q 处的窄带方向矩阵为

$$\boldsymbol{A}(f_q)=[\boldsymbol{a}(f_q,\theta_1)\quad \boldsymbol{a}(f_q,\theta_2)\quad \cdots\quad \boldsymbol{a}(f_q,\theta_K)] \tag{8.10.32}$$

其中，向量 $\boldsymbol{a}(f_q,\theta_k)$ 是在频率 f_q 处的窄带导向向量，有

$$\left.\begin{aligned}\boldsymbol{a}(f_q,\theta_k)&=[1\quad \exp(-\mathrm{j}\phi(f_q,\theta_k))\quad \cdots\quad \exp(-\mathrm{j}(M-1)\phi(f_q,\theta_k))]^{\mathrm{T}}\\ \phi(f_q,\theta_k)&=2\pi f_q d\sin\theta_k/c\end{aligned}\right\} \tag{8.10.33}$$

于是，式(8.10.30)的向量形式为

$$\begin{aligned}\boldsymbol{x}(f_q,\tilde{n})&=\boldsymbol{A}(f_q)\boldsymbol{s}(f_q,\tilde{n})+\boldsymbol{v}(f_q,\tilde{n})\\ q=1,2,\cdots,Q;&\quad \tilde{n}=0,1,\cdots,\widetilde{N}-1\end{aligned} \tag{8.10.34}$$

式(8.10.34)便是宽带信号阵列接收信号的频域模型，在形式上它与窄带时域模型很相似。在频率 q 处的窄带样本相关矩阵为

$$\hat{\boldsymbol{R}}(f_q)=\frac{1}{\widetilde{N}}\sum_{\tilde{n}=1}^{\widetilde{N}}\boldsymbol{x}(f_q,\tilde{n})\boldsymbol{x}^{\mathrm{H}}(f_q,\tilde{n}),\quad q=1,2,\cdots,Q \tag{8.10.35}$$

下面简要介绍宽带信号的DOA估计和波束形成算法。

1. 宽带信号的DOA估计

目前宽带信号的DOA估计算法主要有两大类。

第一类是非相干信号子空间方法（ISM，incoherent signal-subspace method）[20,21]。这类算法的基本思想是将宽带数据分解为不重叠频带上的窄带数据，然后分别对每个频带进行窄带信号子空间处理，即对式(8.10.35)的相关矩阵进行特征值分解，从而获得对各子带（各频率点）信号的角度估计；再通过对这些各子带信号DOA的估计值进行组合得到最终结果。这类处理算法计算量大，分辨率也不高，且不能分辨相干信号源。

第二类是相干信号子空间方法（CSM，coherent signal-subspace method）[22～27]。这类算法的基本思想就是把频带内各频率点的信号聚焦到参考频率点，聚焦后得到单一频率的数据相关矩阵，再应用窄带信号处理方法进行DOA估计。对 Q 个频率点找到 Q 个聚焦矩阵 $\boldsymbol{T}_q$ 使得

$$\boldsymbol{T}_q\boldsymbol{A}(f_q)=\boldsymbol{A}(f_c),\quad q=1,2,\cdots,Q \tag{8.10.36}$$

其中，f_c 是选定的参考频点，$\boldsymbol{A}(f_c)$ 是参考频点对应的方向矩阵。定义 $\boldsymbol{R}(f_q)=\mathrm{E}\{\boldsymbol{x}(f_q,\tilde{n})\boldsymbol{x}^{\mathrm{H}}(f_q,\tilde{n})\}$ 是在第 q 个频率点处的相关矩阵，将其聚焦为参考频率 f_c 处的相关矩阵

$$\boldsymbol{R}_q=\boldsymbol{T}_q\boldsymbol{R}(f_q)\boldsymbol{T}_q^{\mathrm{H}},\quad q=1,2,\cdots,Q \tag{8.10.37}$$

利用在频率 q 处的窄带样本相关矩阵式(8.10.35)，式(8.10.37)可以表示为

$$\hat{\boldsymbol{R}}_q=\boldsymbol{T}_q\hat{\boldsymbol{R}}(f_q)\boldsymbol{T}_q^{\mathrm{H}},\quad q=1,2,\cdots,Q \tag{8.10.38}$$

平均相关矩阵的估计可表示为

$$\hat{\boldsymbol{R}}=\frac{1}{Q}\sum_{q=1}^{Q}\hat{\boldsymbol{R}}_q \tag{8.10.39}$$

最后，利用 $\hat{\boldsymbol{R}}$，应用窄带信号处理方法实现DOA估计。

宽带信号的相干信号子空间方法的 DOA 估计精度高，且能分辨相干信号源。

2. 宽带信号的 DBF

宽带信号的自适应波束形成主要分为两类：一是以 Frost III[11] 提出的宽带处理自适应阵列结构为基础，称为空时处理(space-time processing)方法；另一种是将宽带信号进行 FFT 变换得到按频率分路的多路信号，然后分别对各个频率的信号进行自适应波束形成处理，此称为频域处理方法。

Frost III 提出的线性约束最小方差(LCMV)算法是基于如图 8.10.2 所示的处理器结构[11]。该结构的特点是通过横向滤波器(抽头延迟)来实现对不同频率的信号进行不同的加权，达到宽带信号波束形成的目的。但是这种方法的硬件实现复杂，并且抽头延迟大大增加了权向量的维数，运算量也随之增大。

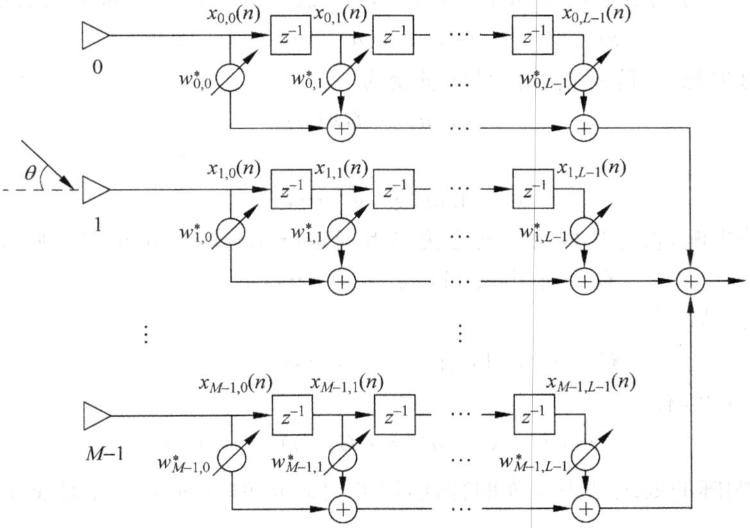

图 8.10.2　空时 LCMV 处理器

频域处理方法主要有两类。

第一类是非相干信号子空间方法(ISM)。这类算法处理的主要思想是将宽带数据分解到不重叠频带上的窄带数据，然后对每个频带进行窄带波束形成。这个思想与宽带信号的 DOA 估计算法的 ISM 算法类似。

第二类是相干信号子空间方法(CSM)[28]。这类算法的基本思想，是把频带内不重叠的频率点上的信号相关矩阵聚焦到参考频率点，得到参考频率点的相关矩阵，再应用窄带信号处理的方法计算加权向量。典型的 CSM 算法包括旋转信号子空间(RSS，rotational signal-subspace)[24]算法，双边相关变换(TCT，two-sided correlation transformation)算法[23]，波束空间(BS，beam space)变换[27]等。

8.10.3 阵列校正与均衡问题

无论对于 DOA 估计还是 DBF 来说，其最终的信号处理都是在基带上进行的。本章前面讨论的各种理论和算法，均假设各阵元通道的传输特性是理想的和一致的，只有这样才能保证基带处理时各阵元信号的相位、幅度关系与天线端信号的相位、幅度关系是一样的。但是由于实际实现时的各种误差、制造公差、温度及环境特性都会引起各通道传输特性不一致或称失配(mismatch)。

为减少通道失配对阵列信号处理的性能影响，必须对通道进行校正。通道校正可分为窄带校正与宽带校正两种情况。

窄带校正时，假设各信道存在不同的幅度和移相误差。对于通道 m，其传输系数为

$$g_m = |g_m| e^{j\gamma_m}, \quad m = 0,1,\cdots,M-1 \tag{8.10.40}$$

其中，$|g_m|$和 γ_m 分别表示幅度和相位，M 是阵元数。设理想的阵列接收信号向量为

$$\boldsymbol{x}(n) = [x_0(n) \quad x_1(n) \quad \cdots \quad x_{M-1}(n)]^{\mathrm{T}} \tag{8.10.41}$$

考虑接收通道失配，则阵列接收信号向量变为

$$\tilde{\boldsymbol{x}}(n) = \boldsymbol{G}\boldsymbol{x}(n) \tag{8.10.42}$$

其中

$$\boldsymbol{G} = \mathrm{diag}\{g_0, g_1, \cdots, g_{M-1}\} \tag{8.10.43}$$

要校正通道的失配，首先选取第一通道为参考通道(reference channel)，则 $\boldsymbol{G}$ 可表示为

$$\boldsymbol{G} = g_0 \mathrm{diag}\ \{1, (g_1/g_0), \cdots, (g_{M-1}/g_0)\} \tag{8.10.44}$$

测量得到 g_i/g_0 后，令

$$\boldsymbol{C} = \mathrm{diag}\{1, (g_1/g_0)^{-1}, \cdots, (g_{M-1}/g_0)^{-1}\} \tag{8.10.45}$$

并将其作用于$\tilde{\boldsymbol{x}}$上，有

$$\hat{\boldsymbol{x}}(n) = \boldsymbol{C}\tilde{\boldsymbol{x}}(n) = \boldsymbol{C}\boldsymbol{G}\boldsymbol{x}(n) = g_0\boldsymbol{x}(n) \tag{8.10.46}$$

常数 g_0 不影响阵的处理结果及阵的特性，因此对$\hat{\boldsymbol{x}}(n)$的处理结果和对 $\boldsymbol{x}(n)$的处理结果完全相同。

为了测量 g_m/g_0，$m=0,1,\cdots,M-1$，可在远场阵列法线方向放置信号源或通过定向耦合器在阵列输入端向各阵元注入同一正弦信号，并测量各通道的输出。若无通道失配，则各通道输出相同；若存在失配，则各通道输出将不同。

对于宽带系统，各通道频率响应不能只用一个复数表征。这时，为了校正频率响应的失配，应在每一通道后接一个滤波器。此时，校正又称为均衡，将用于校正的滤波器称为均衡滤波器或简称为均衡器。由于 FIR 滤波器具有线性相位特性，因此，通常采用 FIR 滤波器作为均衡滤波器。

设均衡前通道 m 的频率响应为 $C_m(f)$，对应的均衡滤波器的频率响应为 $H_m(f)$。设参考通道均衡前的频率响应为 $C_{\mathrm{ref}}(f)$，相应的均衡滤波器响应为 $H_{\mathrm{ref}}(f)$。选择 $H_{\mathrm{ref}}(f)$ 为具有线性相位的全通滤波器响应，并与其他 $H_m(f)$具有同样的阶数以保证各通道有相同的延时。通道 m 的均衡器响应为

$$H_m(f) = \frac{C_{\mathrm{ref}}(f)}{C_m(f)} H_{\mathrm{ref}}(f), \quad m = 0,1,\cdots,M-1 \tag{8.10.47}$$

为计算 $H_m(f)$，必须测量各通道校正前的实际频率响应 $C_m(f)$。

通道均衡根据均衡滤波器权系数的计算可归纳为两种基本算法，一种是频域算法[29~32]，另一种是时域算法[33~35]。详细情况可参阅相关参考文献。

习题

8.1 式(8.1.16)的均匀线阵接收模型中，特别强调是对所有阵元同时采样，为什么？

8.2 如图 P8.2 的 5 阵元的非均匀线阵，阵元间距分别为 d、$2d$、$2d$ 和 d，对位于方向 θ_1 和 θ_2 的信号源 $s_1(t)$ 和 $s_2(t)$，求阵列接收信号的表达式。

8.3 L 形阵是阵列处理中常用的阵列形式，如图 P8.3 的 5 阵元 L 形阵列，对位于方向 (θ_1,φ_1) 和 (θ_2,φ_2) 的信号源 $s_1(t)$ 和 $s_2(t)$，根据式(8.1.25)，求阵列接收信号的表达式。

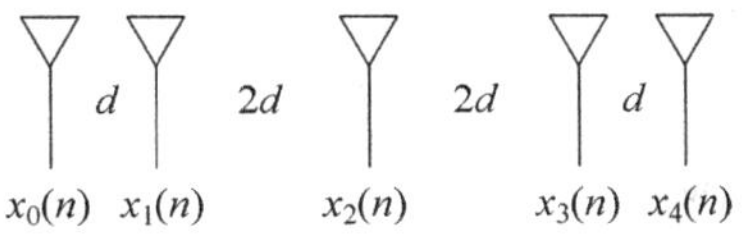

图 P8.2

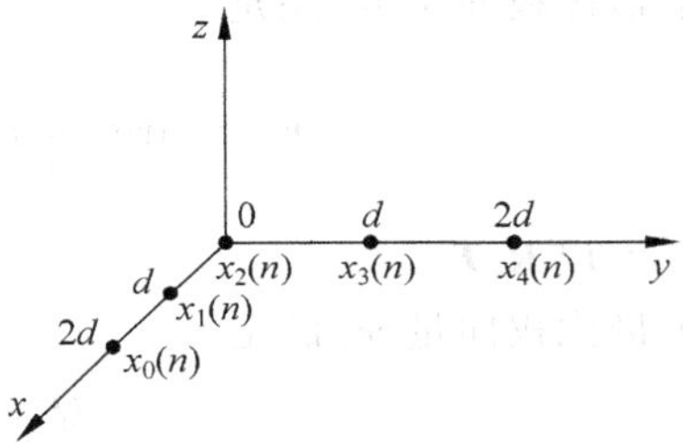

图 P8.3

8.4 根据式(8.3.4)中 M 阶空间相关矩阵的定义，回答下列问题：

(1) 空间相关矩阵是否具有第 2 章 2.2.2 节自相关矩阵的性质，为什么？

(2) 空间相关矩阵是否具有第 2 章 2.2.3 节特征值和特征向量的性质，为什么？

8.5 比较 MUSIC 算法和 ESPRIT 算法应用于第 3 章信号频率估计和第 8 章信号 DOA 估计时的相同点和不同点。

8.6 对均匀线阵的方向图，回答下列问题：

(1) 波束主瓣的宽度与哪些参数有关？并讨论其变化趋势。

(2) 波束的副瓣电平与波束主瓣指向有无关系？

8.7 MVDR 波束形成器可看成 LCMV 波束形成器的特例，完成下列问题：

(1) 根据 LCMV 的式(8.7.36)和式(8.7.37)推导 MVDR 的式(8.7.11)和式(8.7.12)。

(2) 利用 LCMV 波束形成器的维纳滤波器结构，给出 MVDR 波束形成器的维纳滤波器结构。

(3) 讨论 8.9 节多旁瓣对消波束形成器的式(8.9.9)的阻塞矩阵 $\boldsymbol{B}_a$ 与 LCMV 波束形成器中 $\boldsymbol{C}_a$ 的关系。

8.8 式(8.4.15)中，$\boldsymbol{\Psi}$ 的最小二乘估计是下式的解：

$$\min \|\Delta \boldsymbol{S}_2\|^2, \quad \Delta \boldsymbol{S}_2 = \boldsymbol{S}_1\boldsymbol{\Psi} - \boldsymbol{S}_2$$

试证明：$\boldsymbol{\Psi}$ 的最小二乘估计为

$$\hat{\boldsymbol{\Psi}}_{\mathrm{LS}} = (\boldsymbol{S}_1)^{\dagger}\boldsymbol{S}_2 = (\boldsymbol{S}_1^{\mathrm{H}}\boldsymbol{S}_1)^{-1}\boldsymbol{S}_1^{\mathrm{H}}\boldsymbol{S}_2$$

其中，$(\cdot)^{\dagger}$ 表示广义逆。

8.9　已知阵列接收信号为

$$\boldsymbol{x}(n)=\boldsymbol{A}\boldsymbol{s}(n)+\boldsymbol{v}(n)\triangleq\tilde{\boldsymbol{s}}(n)+\boldsymbol{v}(n)$$

其中，$\tilde{\boldsymbol{s}}(n)$和$\boldsymbol{v}(n)$分别是信号分量和噪声分量。设计空域滤波器 $\boldsymbol{w}$，使得空域滤波器输出信号的信噪比极大化(maxSNR)，即①

$$\boldsymbol{w}_{\mathrm{o}}=\arg\max_{\boldsymbol{w}}\mathrm{SNR},\quad \mathrm{SNR}\triangleq\frac{\mathrm{E}\{|\boldsymbol{w}^{\mathrm{H}}\tilde{\boldsymbol{s}}(n)|^{2}\}}{\mathrm{E}\{|\boldsymbol{w}^{\mathrm{H}}\boldsymbol{v}(n)|^{2}\}}=\frac{\boldsymbol{w}^{\mathrm{H}}\boldsymbol{R}_{ss}\boldsymbol{w}}{\boldsymbol{w}^{\mathrm{H}}\boldsymbol{Q}\boldsymbol{w}}$$

其中，$\boldsymbol{R}_{ss}=\mathrm{E}\{\boldsymbol{s}(n)\boldsymbol{s}^{\mathrm{H}}(n)\}$和 $\boldsymbol{Q}=\mathrm{E}\{\boldsymbol{v}(n)\boldsymbol{v}^{\mathrm{H}}(n)\}$分别是信号分量和噪声分量的相关矩阵。

(1) 变换矩阵 $\boldsymbol{T}$ 使得

$$\boldsymbol{T}^{\mathrm{H}}\boldsymbol{Q}\boldsymbol{T}=\boldsymbol{I}$$

试证明：最优权向量 $\boldsymbol{w}_{\mathrm{o}}$ 满足

$$\boldsymbol{w}_{\mathrm{o}}=\arg\max_{\boldsymbol{w}}\mathrm{SNR},\quad \mathrm{SNR}=\frac{\boldsymbol{w}^{\mathrm{H}}\widetilde{\boldsymbol{R}}_{ss}\boldsymbol{w}}{\boldsymbol{w}^{\mathrm{H}}\boldsymbol{w}}$$

其中，$\widetilde{\boldsymbol{R}}_{ss}=\boldsymbol{T}^{\mathrm{H}}\boldsymbol{R}_{ss}\boldsymbol{T}$。

(2) 最优权向量 $\boldsymbol{w}_{\mathrm{o}}$ 满足

$$\boldsymbol{Q}^{-1}\boldsymbol{R}_{ss}\boldsymbol{w}_{\mathrm{o}}=\lambda_{\max}\boldsymbol{w}_{\mathrm{o}}$$

其中，$\lambda_{\max}$是矩阵$\widetilde{\boldsymbol{R}}_{ss}$的最大特征值。

(3) 如果只有一个期望信号

$$\boldsymbol{x}(n)=\boldsymbol{a}(\theta)s(n)+\boldsymbol{v}(n)\triangleq\tilde{\boldsymbol{s}}(n)+\boldsymbol{v}(n)$$

试证明：$\boldsymbol{w}_{\mathrm{o}}$ 满足

$$\boldsymbol{w}_{\mathrm{o}}=\alpha\boldsymbol{Q}^{-1}\boldsymbol{a}(\theta)$$

其中，α 是一个非零复常数。

(4) 试证明：SNR 与 α 的取值无关。

8.10　已知阵列接收信号为

$$\boldsymbol{x}(n)=\boldsymbol{a}(\theta)s(n)+\boldsymbol{v}(n)$$

其中，$\boldsymbol{v}(n)$包含噪声和干扰信号。考虑在多个线性约束条件下的信干噪比极大化问题：

$$\boldsymbol{w}_{\mathrm{o}}=\arg\max_{\boldsymbol{w}}\left(\frac{\boldsymbol{w}^{\mathrm{H}}\boldsymbol{a}(\theta)\boldsymbol{a}^{\mathrm{H}}(\theta)\boldsymbol{w}}{\boldsymbol{w}^{\mathrm{H}}\boldsymbol{R}_{vv}\boldsymbol{w}}\right)\quad \mathrm{st.}\quad \boldsymbol{C}^{\mathrm{H}}\boldsymbol{w}=\boldsymbol{f}$$

其中，$\boldsymbol{w}$ 是空域滤波器权向量，$\boldsymbol{R}_{vv}=\mathrm{E}\{\boldsymbol{v}(n)\boldsymbol{v}^{\mathrm{H}}(n)\}$是干扰和噪声分量的相关矩阵，$\boldsymbol{C}$ 和 $\boldsymbol{f}$ 分别是约束矩阵和约束响应向量，其中包含约束条件

$$\boldsymbol{w}^{\mathrm{H}}\boldsymbol{a}(\theta)=1$$

(1) 试证明：最优权向量为

$$\boldsymbol{w}_{\mathrm{o}}=\boldsymbol{R}_{vv}^{-1}\boldsymbol{C}(\boldsymbol{C}^{\mathrm{H}}\boldsymbol{R}_{vv}^{-1}\boldsymbol{C})^{-1}\boldsymbol{f}$$

(2) 给出空域滤波器权向量取值 $\boldsymbol{w}_{\mathrm{o}}$ 时，信干噪比的极大值。

---

① 符号 $x_{\max}=\arg\max f(x)$(和 $x_{\min}=\arg\min f(x)$)表示使得函数 $f(x)$取得极大值(和极小值)的自变量取值。

8.11　已知阵列接收信号为

$$\boldsymbol{x}(n)=\boldsymbol{a}(\theta)s(n)+\boldsymbol{v}(n)\triangleq\boldsymbol{s}(n)+\boldsymbol{v}(n)$$

利用 MMSE 准则设计空域滤波器 $\boldsymbol{w}$，使得空域滤波器输出信号的均方误差极小化，即

$$\boldsymbol{w}_{\mathrm{o}}=\arg\min_{\boldsymbol{w}}\mathrm{E}\{|d(n)-\boldsymbol{w}^{\mathrm{H}}\boldsymbol{x}(n)|^2\}$$

其中，$d(n)$是期望信号。

(1) 试证明：$\boldsymbol{w}_{\mathrm{o}}$ 满足

$$\boldsymbol{w}_{\mathrm{o}}=\boldsymbol{R}^{-1}\boldsymbol{p}$$

其中，$\boldsymbol{R}=\mathrm{E}\{\boldsymbol{x}(n)\boldsymbol{x}^{\mathrm{H}}(n)\}$，$\boldsymbol{p}=\mathrm{E}\{\boldsymbol{x}(n)d^*(n)\}$。

(2) 根据(1)中定义的 $\boldsymbol{R}$ 和 $\boldsymbol{p}$，证明 8.9 节多旁瓣对消波束形成器的最优权向量式(8.9.16)。

8.12　已知阵列接收信号为

$$\boldsymbol{x}(n)=\boldsymbol{A}\boldsymbol{s}(n)+\boldsymbol{v}(n)$$

其 DOA 的(非线性)最小二乘估计可以表示为

$$\hat{\boldsymbol{\theta}}_{\mathrm{LS}}=\arg\min_{\theta}\frac{1}{N}\sum_{n=1}^{N}\|\boldsymbol{x}(n)-\boldsymbol{A}\boldsymbol{s}(n)\|^2$$

(1) 试证明：

$$\hat{\boldsymbol{\theta}}_{\mathrm{LS}}=\arg\max_{\theta}\mathrm{tr}\{\boldsymbol{A}(\boldsymbol{A}^{\mathrm{H}}\boldsymbol{A})^{-1}\boldsymbol{A}^{\mathrm{H}}\hat{\boldsymbol{R}}\}$$

其中，$\hat{\boldsymbol{R}}$是阵列接收信号 $\boldsymbol{x}(n)$的样本相关矩阵

$$\hat{\boldsymbol{R}}=\frac{1}{N}\sum_{n=1}^{N}\boldsymbol{x}(n)\boldsymbol{x}^{\mathrm{H}}(n)$$

(2) 当单个信号入射到传感器阵列时，有

$$\boldsymbol{x}(n)=\boldsymbol{a}(\theta)s(n)+\boldsymbol{v}(n)$$

试证明：

$$\hat{\theta}_{\mathrm{LS}}=\arg\max_{\theta}\boldsymbol{a}^{\mathrm{H}}(\theta)\hat{\boldsymbol{R}}\boldsymbol{a}(\theta)$$

8.13　MVDR 波束形成器的另一种推导。已知阵列接收信号为

$$\boldsymbol{x}(n)=\boldsymbol{a}(\theta)s(n)+\boldsymbol{v}(n)$$

假设信号 $s(n)$的平均功率为 σ_s^2。MVDR 空域滤波器 $\boldsymbol{w}$ 满足

$$\boldsymbol{w},\sigma_s^2=\arg\min_{\boldsymbol{w},\sigma_s^2}\mathrm{E}\{|\boldsymbol{w}^{\mathrm{H}}\boldsymbol{x}(n)-s(n)|^2\}$$

试证明：

$$\boldsymbol{w}=\frac{\boldsymbol{R}^{-1}\boldsymbol{a}(\theta)}{\boldsymbol{a}^{\mathrm{H}}(\theta)\boldsymbol{R}^{-1}\boldsymbol{a}(\theta)},\quad\sigma_s^2(\theta)=\frac{1}{\boldsymbol{a}^{\mathrm{H}}(\theta)\boldsymbol{R}^{-1}\boldsymbol{a}(\theta)}$$

其中，$\sigma_s^2(\theta)$给出了 MVDR 空间谱。

8.14　快拍数有限时的 MVDR 波束形成器

$$\hat{\boldsymbol{w}}_{\mathrm{o}}=\frac{\hat{\boldsymbol{R}}^{-1}\boldsymbol{a}(\theta_0)}{\boldsymbol{a}^{\mathrm{H}}(\theta_0)\hat{\boldsymbol{R}}^{-1}\boldsymbol{a}(\theta_0)}$$

是一个不适定逆估计问题(ill-posed inverse estimation problem)的解。用有限快拍观测

数据估计的空间相关矩阵(不考虑常数 $1/N$)

$$\hat{\boldsymbol{R}} = \sum_{n=1}^{N} \boldsymbol{u}(n)\boldsymbol{u}^{\mathrm{H}}(n)$$

将会导致较高旁瓣的天线方向图。为了减轻估计器的不适定性,可以通过对角加载方法获得稳定解。令权向量 $\boldsymbol{w}$ 的代价函数为

$$J = \sum_{n=1}^{N} |\boldsymbol{w}^{\mathrm{H}}\boldsymbol{u}(n)|^2 + \lambda(\boldsymbol{w}^{\mathrm{H}}\boldsymbol{a}(\theta) - 1) + \delta \|\boldsymbol{w}\|^2$$

试应用拉格朗日乘子法证明,空间相关矩阵的估计(称为对角加载估计)可表示为

$$\hat{\boldsymbol{R}} = \sum_{n=1}^{N} \boldsymbol{u}(n)\boldsymbol{u}^{\mathrm{H}}(n) + \delta \boldsymbol{I}$$

8.15 对于 M 阵元的均匀线阵,空域前向预测是利用阵元 $0,1,\cdots,M-2$ 的数据估计第 $M-1$ 个阵元的数据。假设第 m 个阵元接收的信号为

$$x_m(n) = \sum_{k=1}^{K} s_k(n)\mathrm{e}^{-\mathrm{j}(m-1)\phi_k}, \quad n = 1,2,\cdots,N$$

其中,K 是远场信号源个数,$\phi_k = 2\pi d \sin\theta_k/\lambda$。定义矩阵

$$\boldsymbol{x}_m^{\mathrm{H}} = [x_m(1) \quad x_m(2) \quad \cdots \quad x_m(N)], \quad m = 0,1,\cdots,M-1$$

并定义矩阵

$$\boldsymbol{X}_{\mathrm{f}}^{\mathrm{H}} = \begin{bmatrix} \boldsymbol{x}_{M-2}^{\mathrm{H}} \\ \boldsymbol{x}_{M-3}^{\mathrm{H}} \\ \vdots \\ \boldsymbol{x}_0^{\mathrm{H}} \end{bmatrix} \in \mathbb{C}^{(M-1)\times N}$$

空域滤波器

$$\boldsymbol{w} = [w_0 \quad w_1 \quad \cdots \quad w_{M-2}]^{\mathrm{T}}$$

误差向量

$$\boldsymbol{e}^{\mathrm{H}} = \boldsymbol{x}_{M-1}^{\mathrm{H}} - \boldsymbol{w}^{\mathrm{H}}\boldsymbol{X}_{\mathrm{f}}^{\mathrm{H}}$$

其中

$$\boldsymbol{x}_{M-1}^{\mathrm{H}} = [x_{M-1}(1) \quad x_{M-1}(2) \quad \cdots \quad x_{M-1}(N)]$$

(1) 试根据最小二乘准则,证明最优权向量满足确定性正则方程

$$\boldsymbol{X}_{\mathrm{f}}^{\mathrm{H}}\boldsymbol{X}_{\mathrm{f}}\,\hat{\boldsymbol{w}} = \boldsymbol{X}_{\mathrm{f}}^{\mathrm{H}}\boldsymbol{x}_{M-1}$$

(2) 给出前向预测的空间谱估计。(类似 AR 模型)

(3) 推导空域后向预测最优权向量所满足的条件。

仿真题

8.16 采用 10 阵元的阵元间距为 1/2 波长的均匀线阵,估计两个不相干的信号源的波达方向。假设信号源分别来自 $-10°$ 和 $40°$ 方向,信噪比分别为 10dB 和 20dB;并假设样本数为 100。

(1) 用 MUSIC 算法实现 DOA 估计。

(2) 用 RootMUSIC 算法实现 DOA 估计。

(3) 用 ESPRIT 算法实现 DOA 估计。

(4) 用 MVDR 算法实现 DOA 估计。

(5) 用 F-SAPES 算法实现 DOA 估计。

8.17　采用 8 阵元的阵元间距为 1/2 波长的均匀线阵，实现数字波束形成。假设 0°方向的期望信号的信噪比为 0dB，−60°和50°方向的两个与期望信号不相干的干扰信号的信噪比分别为 40dB 和 20dB；并假设样本数为 100。

(1) 用 MVDR 算法获得波束方向图。

(2) 用 F-SAPES 算法获得波束方向图。

8.18　根据题 8.16 的条件，用 RLS 算法实现 MVDR 波束形成器，选择遗忘因子 λ=0.98。

8.19　采用 16 阵元的阵元间距为 1/2 波长的均匀线阵，利用空间平滑技术估计两个相干的信号源的波达方向。假设信号源分别来自 −10°和40°方向，信噪比分别为 10dB 和 20dB；并假设样本数为 100。

(1) 用 MUSIC 算法实现 DOA 估计。

(2) 用 MVDR 算法实现 DOA 估计。

(3) 用 F-SAPES 算法实现 DOA 估计。

8.20　(波束空间处理[36]) 对于 M 阵元的阵元间距为 1/2 波长的阵列，接收信号的空间傅里叶变换为

$$X(\phi;n)=\sum_{m=0}^{M-1}x_m(n)\mathrm{e}^{\mathrm{j}m\pi\phi}=\boldsymbol{a}_M^{\mathrm{H}}(\phi)\boldsymbol{x}(n)$$

其中，$\phi=\sin\theta$，θ 是到达方向；$\boldsymbol{a}_M(\phi)$ 是阵列导向向量，有

$$\boldsymbol{a}_M(\phi)=\begin{bmatrix}1 & \mathrm{e}^{-\mathrm{j}\pi\phi} & \cdots & \mathrm{e}^{-\mathrm{j}\pi(M-1)\phi}\end{bmatrix}^{\mathrm{T}}$$

因此，空间傅里叶变换 $X(\phi;n)$ 可以看作是波束形成器 $\boldsymbol{a}_M(\phi)$ 的输出。定义波束形成矩阵

$$\boldsymbol{W}=\left[\boldsymbol{a}_M(0)\quad \boldsymbol{a}_M\left(\frac{2}{M}\right)\quad\cdots\quad \boldsymbol{a}_M\left((M-2)\frac{2}{M}\right)\quad \boldsymbol{a}_M\left((M-1)\frac{2}{M}\right)\right]$$

其中，$\boldsymbol{W}$ 的第 m 列表示波束主瓣方向为 $\theta=\arcsin(2m/M)$ 的波束形成器，$m=0,1,\cdots,M$。波束形成矩阵 $\boldsymbol{W}$ 共包含 M 个相邻主瓣间隔为 $2/M$ 的波束形成器。类似地，要形成 B 个波束，可以构造(归一化的)波束形成矩阵

$$\boldsymbol{T}=\frac{1}{\sqrt{M}}\left[\boldsymbol{a}_M\left(m\frac{2}{M}\right)\quad \boldsymbol{a}_M\left((m+1)\frac{2}{M}\right)\quad\cdots\quad \boldsymbol{a}_M\left((m+B-2)\frac{2}{M}\right)\quad \boldsymbol{a}_M\left((m+B-1)\frac{2}{M}\right)\right]$$

矩阵 $\boldsymbol{T}$ 是 $M\times M$ DFT 矩阵 $\boldsymbol{W}/\sqrt{M}$ 的连续 B 列，满足

$$\boldsymbol{T}^{\mathrm{H}}\boldsymbol{T}=\boldsymbol{I}$$

阵列接收信号

$$\boldsymbol{x}(n)=\boldsymbol{A}\boldsymbol{s}(n)+\boldsymbol{v}(n)$$

通过波束形成矩阵 $\boldsymbol{T}$ 的变换后，有

$$\boldsymbol{y}(n)=\boldsymbol{T}^{\mathrm{H}}\boldsymbol{x}(n)$$

(1) 试证明：$\boldsymbol{y}(n)$ 的相关矩阵可以表示为

$$\widetilde{\boldsymbol{R}}\triangleq\mathrm{E}\{\boldsymbol{y}(n)\boldsymbol{y}^{\mathrm{H}}(n)\}=\widetilde{\boldsymbol{A}}\boldsymbol{P}\widetilde{\boldsymbol{A}}^{\mathrm{H}}+\sigma^2\boldsymbol{I}$$

其中

$$\tilde{\boldsymbol{A}}=\boldsymbol{T}^{\mathrm{H}}\boldsymbol{A}=[\boldsymbol{T}^{\mathrm{H}}\boldsymbol{a}(\theta_1)\quad \boldsymbol{T}^{\mathrm{H}}\boldsymbol{a}(\theta_2)\quad \cdots\quad \boldsymbol{T}^{\mathrm{H}}\boldsymbol{a}(\theta_K)]=[\tilde{\boldsymbol{a}}(\theta_1)\quad \tilde{\boldsymbol{a}}(\theta_2)\quad \cdots \tilde{\boldsymbol{a}}(\theta_K)]$$

(2) 在波束空间应用 MUSIC 算法实现 DOA 估计。计算样本相关矩阵$\hat{\tilde{\boldsymbol{R}}}$的特征值分解,得到噪声子空间

$$\hat{\tilde{\boldsymbol{E}}}_{\mathrm{N}}=\mathrm{span}\{\hat{\tilde{\boldsymbol{u}}}_{K+1},\hat{\tilde{\boldsymbol{u}}}_{K+2},\cdots,\hat{\tilde{\boldsymbol{u}}}_{B}\}$$

并构造矩阵

$$\hat{\tilde{\boldsymbol{G}}}=[\hat{\tilde{\boldsymbol{u}}}_{K+1}\quad \hat{\tilde{\boldsymbol{u}}}_{K+2}\quad \cdots\quad \hat{\tilde{\boldsymbol{u}}}_{B}]\in\mathbb{C}^{B\times(B-K)}$$

其中,向量$\hat{\tilde{\boldsymbol{u}}}_{K+1},\hat{\tilde{\boldsymbol{u}}}_{K+2},\cdots,\hat{\tilde{\boldsymbol{u}}}_{B}$ 是$\hat{\tilde{\boldsymbol{R}}}$的最小的 $B-K$ 个特征值对应的归一化特征向量。波束空间的 MUSIC 谱估计可以表示为

$$P_{\text{BS-MUSIC}}(\theta)=\frac{1}{\tilde{\boldsymbol{a}}^{\mathrm{H}}(\theta)\hat{\tilde{\boldsymbol{G}}}\hat{\tilde{\boldsymbol{G}}}^{\mathrm{H}}\tilde{\boldsymbol{a}}(\theta)},\quad \theta\in\left(-\frac{\pi}{2},\frac{\pi}{2}\right)$$

用波束空间的 MUSIC 算法完成 8.3.2 节的仿真实验。

参考文献

[1] 张光义.相控阵雷达系统[M].北京：国防工业出版社,1994.

[2] Schmidt R O. Multiple emitter location and signal parameter estimation [J]. IEEE Trans. on AP, 34(3),1986,276-280.

[3] 王永良,陈辉,彭应宁等.空间谱估计理论与算法[M].北京：清华大学出版社,2004.

[4] Roy R,Kailath T. ESPRIT - a subspace rotation approach to estimation of parameters of cissoids in noise [J]. IEEE Trans. on ASSP,1986,34(10)：1340-1342.

[5] Roy R,Kailath T. ESPRIT-estimation of signal parameters via rotational invariance techniques [J]. IEEE Trans. on ASSP,1989,37(7)：984-995.

[6] Weiss A J. Gacish M. Direction finding using ESPRIT with interpolated arrays [J]. IEEE Trans. on SP,1991,39(6)：1473-1478.

[7] 王瑞.无线电测向信号处理算法(硕士学位论文).西安：西安电子科技大学,2006.

[8] Veen B D V. Beamforming: a versatile approach to spatial filtering [J]. IEEE ASSP Magazine,1988.

[9] Rappaport T S,Ed. Smart Antenna for Wireless Communications: IS-95 and Third Generation CDMA Applications [M],Prentice Hall PTR,1999.

[10] 龚耀寰.自适应滤波 [M],第 2 版.北京：电子工业出版社,2003.

[11] Frost III O L. An algorithm for linearly constrained adaptive processing [J],Proc IEEE,1972, 60(8)：926-935.

[12] Reed I S, Mallet J D, Brennan L E. Rapid convergence rate in adaptive arrays [J]. IEEE Transactions on Aerospace and electronic system,1974,10(6),853-863.

[13] Simon Haykin. Adaptive Filter Theory [M],4th Ed. Upper Saddle River,NJ: Prentice-Hall,2001.

[14] Russell D J,Palmer R D. Application of APES to adaptive arrays on the CDMA reverse channel [J]. IEEE Trans. Veh. Technol. 2004,53: 3-17.

[15] Jakobsson A, Stoica P. On the forward-backward spatial APES [J]. Signal Processing. 2006, 86: 710-715.
[16] 黄振兴等. 自适应阵列处理进展[M]. 成都: 四川科学技术出版社, 1991.
[17] Shan T J, Kailath T. Adaptive beamforming for coherent signals and interference [J], IEEE Trans. Acoust., Speech Signal Process., 1985, 33(3): 527-536.
[18] Pillai S U, Kwon B H. Forward-backward spatial smoothing techniques for coherent signal identification [J], IEEE Trans. Acoust. Speech Signal Process, 1989, 37(1): 8-15.
[19] Mohamad Ghavami. Wideband smart antenna theory using rectangular array structures [J]. IEEE Tran. on signal processing, 2002, 50(9): 2143-2151.
[20] Su G, Morf M. Signal subspace approach for multiple wideband emitter location [J]. IEEE Trans. on ASSP, 1983, 31(12): 1502-1522.
[21] Allam M, Moghaddamjoo A. Two-dimensional DFT projection for wideband direction-of-arrival estimation [J]. IEEE Trans. on SP, 1995, 43(7): 817-827.
[22] Wang H, Kaveh M. Coherent signal-subspace processing for the detection and estimation of angles of arrival of multiple wideband sources [J]. IEEE Trans. on ASSP, 1985, 33(4): 823-831.
[23] Valaee S, Kabal P. Wideband array processing using a two-sided correlation of angles of arrival of multiple wideband sources [J]. IEEE Trans. on SP, 1995, 43(1): 160-172.
[24] Hung H, Kaveh M. Focusing matrices for wide-band array processing [J]. IEEE Trans. on ASSP, 1988, 36 (8): 1272-1281.
[25] Doron M A, Weiss A J. On focusing matrices for wide-band array processing [J]. IEEE Trans. on SP, 1992, 40(6): 1295-1302.
[26] Valaee S, Champagne B. Localization of wideband signals using least-squares and total least-squares approaches [J]. IEEE Trans. on SP, 1999, 47(5): 1213-1222.
[27] Lee T S. Efficient wideband source localization using beamforming invariance technique [J]. IEEE Trans. on SP, 1992, 42(6): 1295-1302.
[28] Sumanapalli S, Kaveh M. Broadband focusing for partially adaptive beamforming [J]. IEEE Trans. 1994, 30(1): 68-80.
[29] Rabideau D J, Galejs R J, et al. An S-band digital array radar testbed [C]. 2003 IEEE Int. Symp. on Phased Array System and Technology, 2003, 113-118.
[30] Teitelbaum K A. A flexible processor for a digital adaptive array radar [J]. IEEE AES Magazine, 1991, 6(5): 18-22.
[31] 李建平. 宽带数字阵列雷达通道均衡算法研究(硕士学位论文). 成都: 电子科技大学, 2007.
[32] 陈刚. 通道均衡在宽带数字阵列雷达中的技术研究(硕士学位论文). 成都: 电子科技大学, 2008.
[33] Farina A. Digital equalisation in adaptive spatial filtering for radar system: a survey [J]. Signal Processing, 83, 2003: 11-29.
[34] Gerlach K. The effects of IF bandpass mismatch errors on adaptive cancellation [J]. IEEE Trans. on AES, 1990, 26(3): 455-468.
[35] Johnson J R, Fenn A J, Aumann M. An experimental adaptive nulling receiver utilizing the sample matrix inversion algorithm with channel equalization [J]. IEEE Transactions on Microwave theory and techniques, 1991, 39(5): 798-808.
[36] Zoltowski M D, Kautz G M, Silverstein S D. Beamspace Root-MUSIC[J]. IEEE Transactions on Signal Processing, 1993, 41(1): 344-364.

第 9 章 盲信号处理

本书前面各章讨论的信号处理理论，都是建立在信号处理所需的各种信息已知的条件下，而在实际的许多信号处理场合，信号处理所需的各种信息并不全部已知，这时的信号处理称为盲信号处理。

本章将首先介绍盲信号处理的有关概念，介绍在数字通信中得到广泛应用的 Bussgang 盲均衡原理，然后介绍 SIMO 信道的盲辨识算法——子空间方法和互关系方法，最后讨论盲波束形成的理论和算法。

9.1 盲信号处理的基本概念

在开始对盲信号处理问题进行深入讨论之前，首先对其中所涉及的一些基本概念加以说明。

需指出的是，盲信号处理并非对输入信号（或系统特性）的信息完全一无所知，经常的情况是对信号（或系统特性）的信息知道不完整，如不知道信号的确切表达式，但知道其调制特性等。

9.1.1 盲系统辨识与盲解卷积

系统辨识（system identification）[1]是指根据系统的输出信号（称为观察数据），求解系统的输入输出关系，即得到系统输入输出关系的数学描述，通常称为对系统的数学建模。对线性时不变（LTI）系统，由系统的输入和输出，求解系统的冲激响应（或系统函数）的过程就是系统辨识。

盲系统辨识（BSI，blind system identification）[2]是指不知道系统的输入信号，只知道系统的输出信号时的系统辨识。

对 LTI 系统，根据系统的冲激响应（或系统函数）和系统的输出信号求系统输入信号的过程，称为解卷积（deconvolution），也称为反卷积，是求系统响应的逆问题；简单地说，由系统的输出反求系统的输入的过程，称为解卷积。

盲解卷积（blind deconvolution）是指仅知道系统的输出信号，不知道系统的冲激响应（或系统函数）情况下的解卷积。

对图 9.1.1 给出的 LTI 离散时间系统，解卷积的问题就是，通过系统的输出序列 $y(n)$和系统冲激响应 $h(n)$，计算输入序列 $x(n)$；系统辨识的问题是，在知道 $x(n)$和 $y(n)$的条件下，求系统的冲激响应 $h(n)$。相应地，盲解卷积问题是，只知道输出 $y(n)$的情况下，求输入信号 $x(n)$。盲系统辨识则是，只知道输出 $y(n)$的情况下，求冲激响应 $h(n)$。

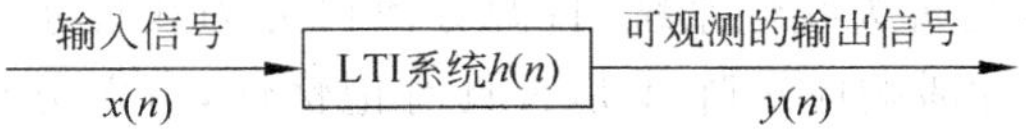

图 9.1.1　系统辨识与解卷积示意图

9.1.2　信道盲均衡

第 5 章 5.3 节已指出，在实际的有线或无线数字传输系统中，由于信号在带限信道中传输和多径传播效应，将引起传输符号的码间干扰。在频域上，这等价于使信号通过一个不平坦的带限滤波器。为在接收端消除码间干扰，必须引入一种技术来纠正(或补偿)传输信道的不平坦幅频特性，使整个传输信道近似有平坦的幅频特性，这种技术就是信道均衡技术。

对第 5 章图 5.3.4 所示的均衡器，当工作在训练模式时，输入和输出均为已知的，可用 5.3 节介绍的基于 MMSE 的自适应算法求得均衡器权向量的估计，或用迫零算法得到权向量的解。

所谓盲均衡(blind equalization)，是指只知道图 5.3.4 中的信道输出 $u(n)$，不知道输入信号 $s(n)$和信道冲激响应 $h(n)$，仅根据 $u(n)$得到图 5.3.4 中的均衡器输出$\hat{s}(n)$。

9.1.3　盲源分离与独立分量分析(ICA)

如图 9.1.2 所示，K 个未知信号源 $s(n)=[s_1(n) \quad s_2(n) \quad \cdots \quad s_K(n)]^{\mathrm{T}}$ 经过冲激响应矩阵为 $\boldsymbol{A}$ 的混合系统，由 M 个传感器或者天线接收，得到 M 个观测信号 $\boldsymbol{x}(n)=[x_1(n) \quad x_2(n) \quad \cdots \quad x_M(n)]^{\mathrm{T}}$。信源分离(source separation)的任务是，设计信号分离系统 $\boldsymbol{W}$，使观测信号通过分离系统后的输出 $\boldsymbol{y}(n)=[y_1(n) \quad y_2(n) \quad \cdots \quad y_K(n)]^{\mathrm{T}}$，在某种意义下为源信号 $\boldsymbol{s}(n)$的估计。

理想情况下，如果分离系统 $\boldsymbol{W}$ 刚好为混合系统 $\boldsymbol{A}$ 的逆系统，则分离系统输出 $\boldsymbol{y}(n)$正好为信号源 $\boldsymbol{s}(n)$。

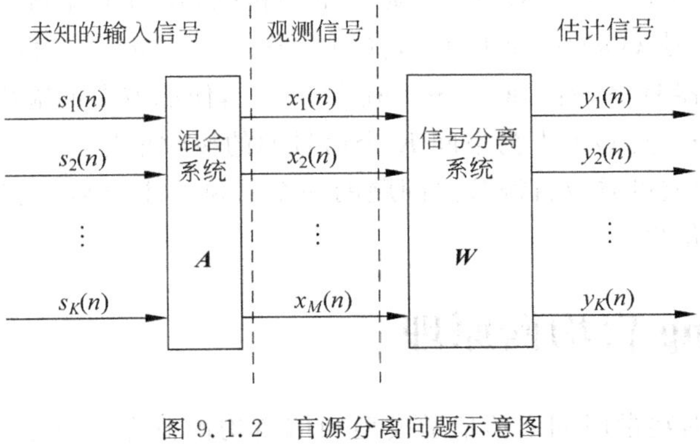

图 9.1.2　盲源分离问题示意图

盲源分离(BSS, blind source separation)是指，在源信号未知、混合系统冲激响应矩阵 $\boldsymbol{A}$ 未知的条件下，从观测的多通道混合信号中分离并恢复出各个源信号的过程。

根据信号混合系统是否为线性系统，盲源分离可分为线性系统盲源分离和非线性系统盲源分离；根据系统冲激响应矩阵 $\boldsymbol{A}$ 是否具有记忆性，盲源分离还可分为有记忆盲源分离和无记忆盲源分离。

在无记忆盲源分离中，混合系统冲激响应矩阵 $\boldsymbol{A}\in\mathbb{C}^{M\times K}$ 是一未知的常数矩阵，此时观测信号 $\boldsymbol{x}(n)$ 是源信号 $\boldsymbol{s}(n)$ 的线性组合，可表示为

$$\boldsymbol{x}(n)=\boldsymbol{A}\boldsymbol{s}(n) \tag{9.1.1}$$

独立分量分析(ICA，independent component analysis)是近年发展起来的一种无记忆盲源分离处理理论，已得到广泛研究和应用。其基本思路是将多维观察信号按照统计独立的原则建立目标函数，通过优化算法将观测信号分解为若干独立分量，从而实现各个源信号的分离。

在 ICA 的理论和算法中，一般都作如下假设[3]：

(1) 观测信号 $\boldsymbol{x}(n)$ 的数目大于或等于源信号 $\boldsymbol{s}(n)$ 的数目，即 $M\geqslant K$。

(2) 源信号 $\boldsymbol{s}(n)$ 的各分量 $s_i(n)$ 间相互统计独立。

(3) $\boldsymbol{s}(n)$ 的各分量 $s_i(n)$ 中至多有一个高斯信号。

(4) 混合系统无噪声或弱加性噪声，如式(9.1.1)无加性噪声。

ICA 处理的目的便是寻求分离矩阵 $\boldsymbol{W}\in\mathbb{C}^{M\times K}$，得到分离输出 $\boldsymbol{y}(n)=\boldsymbol{W}^{\mathrm{H}}\boldsymbol{x}(n)$。

9.1.4 盲波束形成

第 8 章 8.6 节对波束形成的概念进行了详细介绍。所谓波束形成，就是将阵列中各阵元的接收信号作为横向滤波器各抽头的输入信号，通过对横向滤波器权向量的设计，使期望方向的信号从滤波器输出。在进行波束形成时，通常需知道阵列形式、信号方向向量或阵列流形等先验信息。

盲波束形成(blind beam forming)是指在没有信号方向或阵列流形等先验信息的条件下，得到波束形成器的权向量，实现信号的接收。

盲波束形成可看成 9.1.3 节的盲源分离问题。如图 9.1.2 所示，空间 K 个未知信号源 $\boldsymbol{s}(n)=[s_1(n)\quad s_2(n)\quad\cdots\quad s_K(n)]^{\mathrm{T}}$ 通过空间传播(用方向矩阵 $\boldsymbol{A}$ 表示)，由 M 个阵天线接收，得接收信号 $\boldsymbol{x}(n)=[x_0(n)\quad x_1(n)\quad\cdots\quad x_{M-1}(n)]^{\mathrm{T}}$。盲波束形成的目的是，设计 K 个空域滤波器 $\boldsymbol{W}=[\boldsymbol{w}_1\quad \boldsymbol{w}_2\quad\cdots\quad \boldsymbol{w}_K]\in\mathbb{C}^{M\times K}$，使滤波器的输出 $\boldsymbol{y}(n)=\boldsymbol{W}^{\mathrm{H}}\boldsymbol{x}(n)=[y_1(n)\quad y_2(n)\quad\cdots\quad y_K(n)]^{\mathrm{T}}$ 为空间 K 个信号源的接收信号。

因此，盲波束形成可看成盲源分离问题的一个特例。本章后文将对盲波束形成的具体理论和算法进行介绍。

9.2 Bussgang 盲均衡原理

第 5 章 5.3 节对离散时间通信信道模型和信道均衡概念进行了介绍，并讨论了基于训练信号的迫零均衡器和 MMSE 均衡器，接收机利用发射机发出的已知训练序列，实现均衡滤波器权向量的估计，并得到均衡输出。由于发射训练信号会占用系统频谱或时间等资源，降低了系统工作效率。

9.1.2 节已指出，在信道冲激响应未知和没有训练序列的条件下进行的信道均衡，称为盲均衡。在实际应用中，为节省系统频谱或时间等资源，不发送训练序列实现信道均衡；另外在非协作信号侦收等应用场合，也不可能获得训练信号。

另外，基于训练信号的均衡技术，不能适应快速变化的信道环境，此时只能使用盲均衡处理。

9.2.1 自适应盲均衡与 Bussgang 过程

第 5 章 5.3 节已介绍，具有自适应均衡器的数字通信系统如图 9.2.1 所示，对权向量为$\hat{\boldsymbol{w}}=[w_{-M} \quad w_{-M+1} \quad \cdots \quad w_M]^{\mathrm{T}}$ 的 $2M+1$ 抽头均衡器，根据训练符号，可自适应地得到最优的均衡滤波器权向量的估计，其均衡输出为

$$\hat{s}(n)=\sum_{k=-M}^{M}\hat{w}_k^*(n)u(n-k)=\hat{\boldsymbol{w}}^{\mathrm{H}}(n)\boldsymbol{u}(n) \tag{9.2.1}$$

均衡输出$\hat{s}(n)$为对信息符号 $s(n)$的估计，再由检测（或判决）模块得到最后的信息符号。如对 BPSK 通信系统，信息符号为－1 或 1，均衡器输出为 0.8 可判决为符号 1，而均衡器输出为－0.9 可判决为符号－1，等等。

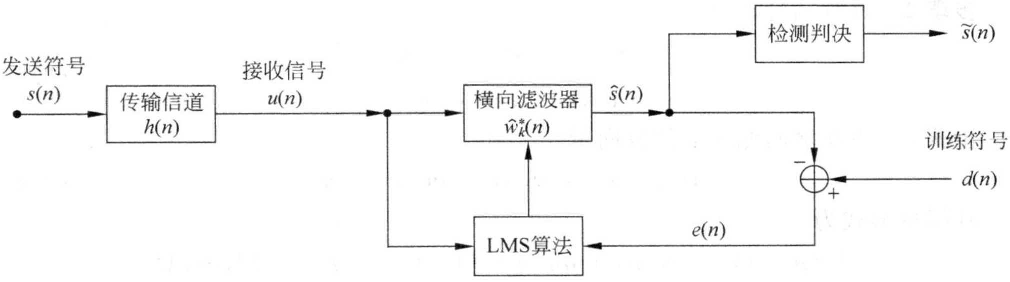

图 9.2.1 具有均衡器的数字通信系统

自适应盲均衡器原理如图 9.2.2 所示，注意在盲均衡器中，没有训练信号作为期望响应信号。

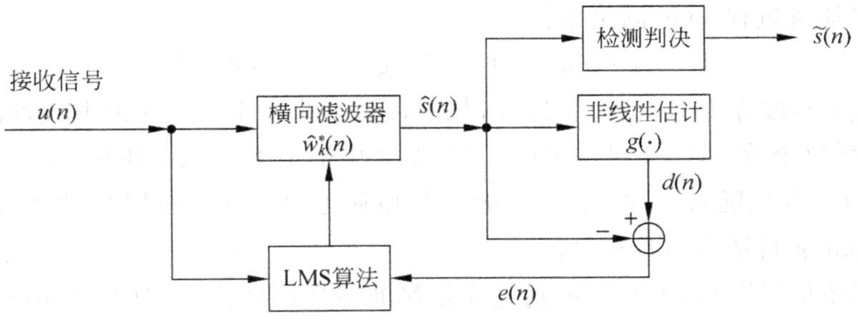

图 9.2.2 自适应盲均衡器结构

由于通信中所使用的调制信号多为亚高斯(sub-Gaussian)信号，根据 Bayes 估计理论，期望响应信号 $d(n)$可表示为横向滤波器输出$\hat{s}(n)$的某种非线性运算，例如可用无记

忆非线性函数 $g(\cdot)$ 表示为[4,5]

$$d(n) = g(\hat{s}(n)) \tag{9.2.2}$$

相应的估计误差信号 $e(n)$ 为

$$e(n) = d(n) - \hat{s}(n) \tag{9.2.3}$$

如同图 9.2.1 中一样，根据横向滤波器的输出 $\hat{s}(n)$，再由检测(或判决)模块得到最后的信息符号。

从图 9.2.2 的自适应盲均衡器结构可看出，除期望信号 $d(n)$ 是通过非线性函数 $g(\cdot)$ 得到以外，盲均衡器是标准的维纳滤波器结构，因此，可用基于维纳滤波的 LMS 迭代算法求解均衡器权向量，计算步骤如算法 9.1 给出。

算法 9.1(Bussgang 自适应盲均衡算法)

初始化：

$$\hat{\boldsymbol{w}}(0) = [0 \quad \cdots \quad 0 \quad 1 \quad 0 \quad \cdots \quad 0]^{\mathrm{T}}$$

$$e(0) = g(\hat{s}(0)) - \hat{s}(0) = g(\hat{s}(0)) - \hat{\boldsymbol{w}}^{\mathrm{H}}(0)\boldsymbol{u}(0)$$

步骤 1　计算 FIR 均衡滤波器的输出

$$\hat{s}(n) = \sum_{k=-M}^{M} \hat{w}_k^*(n)u(n-k) = \hat{\boldsymbol{w}}^{\mathrm{H}}(n)\boldsymbol{u}(n) \tag{9.2.4}$$

步骤 2　计算估计误差

$$\begin{aligned} e(n) &= d(n) - \hat{s}(n) \\ d(n) &= g(\hat{s}(n)) \end{aligned} \tag{9.2.5}$$

步骤 3　更新横向滤波器的权向量

$$\hat{\boldsymbol{w}}(n+1) = \hat{\boldsymbol{w}}(n) + \mu\boldsymbol{u}(n)e^*(n) \tag{9.2.6}$$

其标量形式为

$$\hat{w}_k(n+1) = \hat{w}_k(n) + \mu u(n-k)e^*(n), \quad k = -M, \cdots, M$$

式中，μ 是步长参数。

在图 9.2.2 中，当迭代次数 n 趋于无穷时，滤波器权系数的数学期望 $\mathrm{E}\{\hat{w}_k(n)\}$ 趋于某个常数，此时算法 9.1 所给出的递推求解的盲均衡算法均值收敛，且有[5]

$$\mathrm{E}\{\hat{s}(n)\hat{s}(n-k)\} \approx \mathrm{E}\{g(\hat{s}(n))\hat{s}(n-k)\} \tag{9.2.7}$$

数学上，如果随机过程 $y(n)$ 满足条件

$$\mathrm{E}\{y(n)y(n-k)\} = \mathrm{E}\{g(y(n))y(n-k)\} \tag{9.2.8}$$

则随机过程 $y(n)$ 被称为 Bussgang 过程，其中，$g(\cdot)$ 是一个无记忆的非线性函数。因此，当滤波器权系数个数 $2M+1$ 足够大时，图 9.2.2 中的 FIR 滤波器的输出 $\hat{s}(n)$ 近似为一个 Bussgang 过程，并且随着 M 的增大，$\hat{s}(n)$ 更好地逼近 Bussgang 过程。因此，算法 9.1 通常称为 Bussgang 自适应盲均衡算法。

由于"期望信号"$d(n)$ 是由 $\hat{s}(n)$ 通过无记忆非线性估计器得到的，Bussgang 算法的代价函数

$$\begin{aligned} J(n) &= \mathrm{E}\{|e(n)|^2\} \\ &= \mathrm{E}\{|d(n) - \hat{s}(n)|^2\} \\ &= \mathrm{E}\{|g(\hat{s}(n)) - \hat{s}(n)|^2\} \end{aligned} \tag{9.2.9}$$

是滤波器权系数的非凸函数(non-convex function),因此其误差性能面除了全局极小值点外,还可能存在局部极小值点。此外,误差性能面也可能存在多个全局极小值点,在盲均衡准则下,这些全局极小值点对应的估计值是等价的。

需指出的是,根据不同的符号调制特性和准则,具有不同的非线性函数 $g(\cdot)$。下面考虑 Bussgang 算法的两个特例,即 Sato 算法和恒模算法(或 Godard 算法),其非线性函数 $g(\cdot)$如表 9.2.1 所示。

表 9.2.1 Sato 和 Godard 算法的非线性函数

算法	无记忆非线性函数 $g(\hat{s}(n))$	参数
Sato	$g(\hat{s}(n))=\alpha\mathrm{sgn}(\hat{s}(n))$	$\alpha=\dfrac{\mathrm{E}\{\mathrm{Re}\{s(n)\}^2\}}{\mathrm{E}\{\lvert\mathrm{Re}\{s(n)\}\rvert\}}$
Godard	$g(\hat{s}(n))=\dfrac{\hat{s}(n)}{\lvert\hat{s}(n)\rvert}(\lvert\hat{s}(n)\rvert+R_2\lvert\hat{s}(n)\rvert^{p-1}-\lvert\hat{s}(n)\rvert^{2p-1})$	$R_p=\dfrac{\mathrm{E}\{\lvert s(n)\rvert^{2p}\}}{\mathrm{E}\{\lvert s(n)\rvert^{p}\}}$

9.2.2 Sato 算法

日本学者 Sato 于 1975 年提出了 M 进制脉冲幅度调制(PAM,pulse amplitude modulation)系统的盲均衡算法[6]。Sato 算法使用的非凸代价函数为

$$J(n)=\mathrm{E}\{(d(n)-\hat{s}(n))^2\} \tag{9.2.10}$$

其中,$\hat{s}(n)$是横向滤波器的输出,$d(n)$是使用无记忆非线性函数获得的发射符号 $s(n)$的判决估计,有

$$d(n)=g(\hat{s}(n))=\alpha\mathrm{sgn}[\hat{s}(n)] \tag{9.2.11}$$

式中,$\mathrm{sgn}(\cdot)$表示符号函数,当自变量为正数时,函数值为 1;当自变量为负时,函数值为 -1。常数 α 定义为[4]

$$\alpha=\frac{\mathrm{E}\{\mathrm{Re}\{s(n)\}^2\}}{\mathrm{E}\{\lvert\mathrm{Re}\{s(n)\}\rvert\}}$$

观察式(9.2.11)知,Sato 算法属于 Bussgang 算法,其非线性函数为 $g(\cdot)=\alpha\mathrm{sgn}(\cdot)$。仅当使用双边无限长的均衡器时,Sato 算法全局收敛[5]。

9.2.3 恒模算法

在通信系统中常用的调频(FM,frequency-modulated)和调相(PM,phase-modulated)信号具有恒模(CM,constant modulus)性质,CM 性质也被称为恒包络(constant envelope)性质。例如,携带信息 $a(t)$的 FM 信号可以表示为

$$f(t)=A\cos\left(\omega_0 t+\beta\int_0^t a(\tau)\mathrm{d}\tau\right) \tag{9.2.12}$$

相应的数字基带信号为

$$s(n)=A\mathrm{e}^{\mathrm{j}\beta\int_0^{nT}a(\tau)\mathrm{d}\tau} \tag{9.2.13}$$

式中,ω_0 是信号的载波角频率,β 为频率调制指数(frequency modulation index),T 是采样周期。不失一般性,通常可将 CM 信号的模归一化为 1,即所有 CM 信号都是集合

$$\text{CM} \triangleq \{ |s(n)| = 1, \quad \forall n \} \tag{9.2.14}$$

的元素。

通常将基于信号 CM 性质的盲信号处理算法(包括盲均衡和后文将讨论的盲波束形成算法)统称为恒模算法(CMA, constant modulus algorithm)。在自适应盲均衡中,基于随机梯度的 CMA 算法通常也称为 Godard 算法[7,8]。

利用 CM 信号的高阶统计特性,可以构造非凸的 CM 代价函数[7]

$$J_p(n) = \frac{1}{2p}\text{E}\{(|\hat{s}(n)|^p - R_p)^2\} \tag{9.2.15}$$

式中,$\hat{s}(n)$是 FIR 均衡滤波器的输出,p 是正整数,色散常数(dispersion constant)R_p 定义为

$$R_p = \frac{\text{E}\{|s(n)|^{2p}\}}{\text{E}\{|s(n)|^p\}} \tag{9.2.16}$$

注意到 R_p 是由信号 $s(n)$的调制方式确定的正常数。代价函数 $J_p(n)$通常也称为 p 阶弥散(dispersion)。由于 $J_p(n)$与载波相位无关,因此信道均衡可与载波同步(carrier synchronization)分别进行。

由 4.3 节最陡下降法,可以得到极小化 $J_p(n)$的滤波器权向量 $\boldsymbol{w}(n)$的递推公式

$$\boldsymbol{w}(n+1) = \boldsymbol{w}(n) + \mu \nabla J_p(n) \tag{9.2.17}$$

式中,μ 是步长参数,$\nabla J_p(n)$是 $J_p(n)$的梯度,为

$$\nabla J_p(n) \triangleq 2\frac{\partial J_p(n)}{\partial \boldsymbol{w}^*(n)} \tag{9.2.18}$$

注意到均衡滤波器的输出为$\hat{s}(n) = \boldsymbol{w}^{\text{H}}(n)\boldsymbol{u}(n)$,$\boldsymbol{u}(n)$是输入均衡滤波器的接收信号向量,有[7]

$$\begin{aligned}\nabla|\hat{s}(n)| &= 2\frac{\partial}{\partial \boldsymbol{w}^*(n)}|\boldsymbol{w}^{\text{H}}(n)\boldsymbol{u}(n)| \\ &= \boldsymbol{u}(n)\boldsymbol{u}^{\text{H}}(n)\boldsymbol{w}(n)\,|\boldsymbol{w}^{\text{H}}(n)\boldsymbol{u}(n)|^{-1} \\ &= \boldsymbol{u}(n)\,\hat{s}^*(n)\,|\hat{s}(n)|^{-1}\end{aligned} \tag{9.2.19}$$

因此,容易证明

$$\nabla J_p(n) = \text{E}\{\boldsymbol{u}(n)\hat{s}^*(n)|\hat{s}(n)|^{p-2}(R_p - |\hat{s}(n)|^p)\} \tag{9.2.20}$$

与 LMS 算法类似,将式(9.2.20)代入式(9.2.17),并用瞬时估计代替统计量,则均衡滤波器的权向量更新公式可以表示为

$$\hat{\boldsymbol{w}}(n+1) = \hat{\boldsymbol{w}}(n) + \mu \boldsymbol{u}(n)e^*(n) \tag{9.2.21}$$

式中,$e(n)$为误差信号

$$e(n) = \hat{s}(n)|\hat{s}(n)|^{p-2}(R_p - |\hat{s}(n)|^p) \tag{9.2.22}$$

由式(9.2.5)关系 $e(n) = g(\hat{s}(n)) - \hat{s}(n)$,无记忆非线性函数 $g(\cdot)$应为

$$g(\hat{s}(n)) = \frac{\hat{s}(n)}{|\hat{s}(n)|}[|\hat{s}(n)| + R_p|\hat{s}(n)|^{p-1} - |\hat{s}(n)|^{2p-1}] \tag{9.2.23}$$

式(9.2.21)和式(9.2.22)给出了基于随机梯度的 CMA 算法(称为 Godard 算法)。下面考虑上述算法的两个特例。

特例 1 当 $p=1$ 时,代价函数式(9.2.15)为

$$J(n)=\frac{1}{2}\mathrm{E}\{(|\hat{s}(n)|-R_1)^2\}\tag{9.2.24}$$

式中，色散常数为

$$R_1=\frac{\mathrm{E}\{|s(n)|^2\}}{\mathrm{E}\{|s(n)|\}}$$

此时，误差信号表达式(9.2.22)为

$$e(n)=\frac{\hat{s}(n)}{|\hat{s}(n)|}(R_1-|\hat{s}(n)|)\tag{9.2.25}$$

该特例可以看作是Sato算法的修正。

特例2 当 $p=2$ 时，代价函数式(9.2.15)为

$$J(n)=\frac{1}{4}\mathrm{E}\{(|\hat{s}(n)|^2-R_2)^2\}\tag{9.2.26}$$

式中，色散常数为

$$R_2=\frac{\mathrm{E}\{|s(n)|^4\}}{\mathrm{E}\{|s(n)|^2\}}$$

此时，误差信号 $e(n)$ 为

$$e(n)=\hat{s}(n)(R_2-\hat{s}|(n)|^2)\tag{9.2.27}$$

由于CMA算法仅利用了信号的CM性质，而不需要载波相位的信息(事实上，可以利用随机梯度算法独立地实现载波相位的跟踪)，因此CMA算法比包括Sato算法在内的其他Bussgang算法更为稳健。在稳态条件下，CMA算法比其他Bussgang算法的均方误差更小。此外，CMA算法通常也能够均衡色散(dispersive)信道[5]。

CMA算法的计算步骤与9.2.1节算法9.1完全相同，只需用式(9.2.22)代替算法9.1中的误差信号 $e(n)$ 即可。

9.2.4 判决引导算法

当Bussgang算法收敛时(眼图①张开时)[4]，均衡器应平滑切换到判决引导(DD，decision-directed)模式[5]。在判决引导模式中，Bussgang算法的非线性估计器被检测器所取代。检测器对均衡滤波器的输出 $\hat{s}(n)$ 做出判决，其判决结果为最接近 $\hat{s}(n)$ 的发射信息符号，即

$$\tilde{s}(n)=\mathrm{dec}(\hat{s}(n))\tag{9.2.28}$$

例如，对于等概率分布的二元信息符号(BPSK信号)，即 $s(n)$ 为+1或−1。判决函数可以表示为

$$\mathrm{dec}(\hat{s}(n))=\mathrm{sgn}(\hat{s}(n))$$

注意到，检测器的判决函数式(9.2.28)是一个无记忆非线性函数，因此DD算法也可以看作是Bussgang算法的特例。参考文献[5]对DD算法收敛性进行了讨论。

---

① 眼图(eye pattern)是指接收信号不同实现(每个实现对应于发送的一个信息符号)时同步叠加后合成的图案；该图案和人眼相似，所以称为眼图。眼图张开的程度反映了信道ISI的严重程度。

9.3 SIMO 信道模型及子空间盲辨识原理

9.3.1 SIMO 信道模型

单输入多输出(SIMO,single-input multiple-output)信道模型[2,9~17]只有一个输入信号,但有 M 个输出信号,如图 9.3.1 所示。第 m 个输出信号可表示为

$$y_m(n) = x_m(n) + v_m(n) = h_m(n) * s(n) + v_m(n) \tag{9.3.1}$$

式中,$h_m(n)$是第 m 个输出子信道的冲激响应,$v_m(n)$是加性噪声。无噪声时,第 m 个输出信号可表示为

$$x_m(n) = \sum_{l=-\infty}^{\infty} h_m(l)s(n-l), \quad m = 1,2,\cdots,M \tag{9.3.2}$$

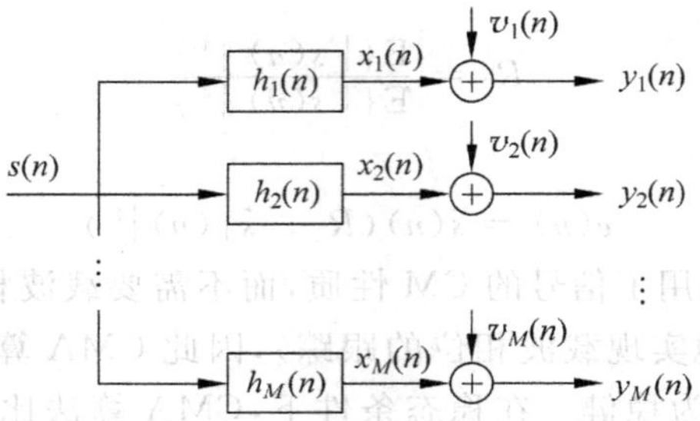

图 9.3.1 SIMO 信道模型

定义输出信号向量 $\boldsymbol{y}(n)$和系统冲激响应向量 $\boldsymbol{h}(n)$及观测噪声向量$\boldsymbol{v}(n)$分别为

$$\left.\begin{aligned} \boldsymbol{y}(n) &= [y_1(n) \quad y_2(n) \quad \cdots \quad y_M(n)]^{\mathrm{T}} \\ \boldsymbol{h}(n) &= [h_1(n) \quad h_2(n) \quad \cdots \quad h_M(n)]^{\mathrm{T}} \\ \boldsymbol{v}(n) &= [v_1(n) \quad v_2(n) \quad \cdots \quad v_M(n)]^{\mathrm{T}} \end{aligned}\right\} \tag{9.3.3}$$

假设每个子信道都是长度为 $L+1$ 的 FIR 滤波器,则可以写出 SIMO 信道模型的向量表达式为

$$\boldsymbol{y}(n) = \sum_{l=0}^{L} \boldsymbol{h}(n-l)s(l) + \boldsymbol{v}(n) \tag{9.3.4}$$

如果不考虑加性噪声,则 SIMO 信道模型为

$$\boldsymbol{x}(n) = \sum_{l=0}^{L} \boldsymbol{h}(n-l)s(l) \tag{9.3.5}$$

下面介绍两个具有 SIMO 信道模型的实际系统。

1. 单天线输入多天线输出信道模型

如图 9.3.2 所示的单天线发射多天线接收是一种典型的 SIMO 信道模型。第 m 个接收天线接收的信号为

$$y_m(n) = \sum_{l=0}^{L} h_m(n-l)s(l) + v_m(n), \quad m = 1,\cdots,M \tag{9.3.6}$$

将式(9.3.6)写成向量形式,有

$$\boldsymbol{y}(n)=\sum_{l=0}^{L}\boldsymbol{h}(n-l)s(l)+\boldsymbol{v}(n) \tag{9.3.7}$$

式中各向量如式(9.3.3)所示。

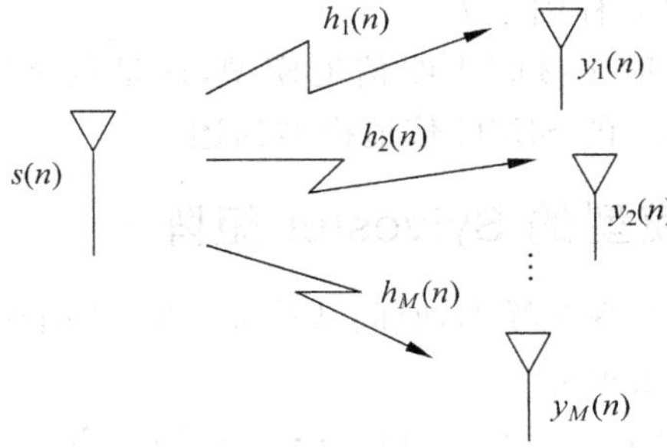

图 9.3.2 单天线发射多天线接收 SIMO 信道

2. 数字通信系统过采样 SIMO 信道模型

考虑 SIMO 数字通信系统,符号 $s(n)$被调制后通过信道传输。令 $h(t)$是考虑发射波形和传输信道的总的冲激响应,根据第 5 章 5.3.1 节,连续时间接收信号可以表示为

$$y(t)=\sum_{l=-\infty}^{\infty}h(t-lT)s(l)+v(t) \tag{9.3.8}$$

式中,$v(t)$是加性噪声信号。

如果以符号速率$1/T$对接收信号 $y(t)$采样,其离散时间信号模型已在 5.3.1 节介绍。如果以速率$P/T(P>1)$对接收的连续时间信号 $y(t)$采样,则离散接收信号是周期为 T 的循环平稳信号,并且具有 P 个不同的循环频率,通常称为对 $y(t)$过采样(oversampling),P 称为过采样因子(oversampling factor)。

假设连续时间信道 $h(t)$是有限冲激响应的,并且其持续时间等于$(L+1)T$,设对式(9.3.8)中的接收信号 $y(t)$采样的时刻是 $t_0+T[n+(p-1)/P]$,其中 n 是整数,$p=1,2,\cdots,P$ 表示过采样的 P 个采样相位(sampling phase),t_0 表示初始采样时刻。在第 n 个符号周期内,对信号过采样 P 点可表示为

$$\begin{aligned}y_p(n)&=y\left(t_0+T\left(n+\frac{p-1}{P}\right)\right),\\ h_p(n)&=h\left(t_0+T\left(n+\frac{p-1}{P}\right)\right),\quad p=1,\cdots,P\\ v_p(n)&=v\left(t_0+T\left(n+\frac{p-1}{P}\right)\right),\end{aligned} \tag{9.3.9}$$

将一个符号周期内过采样的 P 点数据表示成向量的形式,为

$$\boldsymbol{y}(n)=\begin{bmatrix}y_1(n)\\ \vdots\\ y_P(n)\end{bmatrix},\quad \boldsymbol{h}(n)=\begin{bmatrix}h_1(n)\\ \vdots\\ h_P(n)\end{bmatrix},\quad \boldsymbol{v}(n)=\begin{bmatrix}v_1(n)\\ \vdots\\ v_P(n)\end{bmatrix} \tag{9.3.10}$$

接收信号可以表示成向量形式，为

$$\boldsymbol{y}(n)=\sum_{l=0}^{L}\boldsymbol{h}(l)s(n-l)+\boldsymbol{v}(n) \tag{9.3.11}$$

这样，接收的信道变为 $M=P$ 个，在 SIMO 系统中称之为虚拟子信道（virtual sub-channel），其个数 M 等于过采样因子 P。

不难发现，无论是单发射多接收天线信道模型，还是数字通信系统的过采样信道模型，都可以用如图 9.3.1 所示的 SIMO 信道模型描述。

9.3.2 SIMO 信道模型的 Sylvester 矩阵

考虑输出信号共有 N 个观测样本，时间从第 $n-N+1$ 时刻到第 n 时刻，则第 m 个子信道的输出可用 N 维向量表示为

$$\boldsymbol{y}_m(n)=[y_m(n)\quad y_m(n-1)\quad\cdots\quad y_m(n-N+1)]^{\mathrm{T}}\in\mathbb{C}^{N\times 1} \tag{9.3.12}$$

且式(9.3.12)可表示为

$$\begin{bmatrix} y_m(n)\\ y_m(n-1)\\ \vdots\\ y_m(n-N+1)\end{bmatrix}=\boldsymbol{H}^{(m)}\begin{bmatrix} s(n)\\ s(n-1)\\ \vdots\\ s(n-N-L+1)\end{bmatrix}+\begin{bmatrix} v_m(n)\\ v_m(n-1)\\ \vdots\\ v_m(n-N+1)\end{bmatrix} \tag{9.3.13}$$

式中，由第 m 个子信道构成的滤波矩阵（filtering matrix）$\boldsymbol{H}^{(m)}\in\mathbb{C}^{N\times(N+L)}$ 是一个 Sylvester（希尔维斯特）矩阵[11]，为

$$\boldsymbol{H}^{(m)}=\begin{bmatrix} h_m(0) & h_m(1) & \cdots & h_m(L) & 0 & \cdots & 0\\ 0 & h_m(0) & h_m(1) & \cdots & h_m(L) & \cdots & 0\\ \vdots & \ddots & \ddots & \ddots & \ddots & \ddots & \vdots\\ 0 & \cdots & h_m(0) & h_m(1) & \cdots & \cdots & h_m(L)\end{bmatrix} \tag{9.3.14}$$

输入信号向量表示为

$$\boldsymbol{s}(n)=[s(n)\quad s(n-1)\quad\cdots\quad s(n-N-L+1)]^{\mathrm{T}}\in\mathbb{C}^{(N+L)\times 1} \tag{9.3.15}$$

设 $\boldsymbol{v}_m(n)$ 为第 m 信道加性噪声向量，则式(9.3.13)的第 m 个子信道输出可表示为

$$\boldsymbol{y}_m(n)=\boldsymbol{H}^{(m)}\boldsymbol{s}(n)+\boldsymbol{v}_m(n) \tag{9.3.16}$$

将所有 M 个子信道的输出构成 MN 维向量

$$\bar{\boldsymbol{y}}(n)=[\boldsymbol{y}_1^{\mathrm{T}}(n)\quad \boldsymbol{y}_2^{\mathrm{T}}(n)\quad\cdots\quad \boldsymbol{y}_M^{\mathrm{T}}(n)]^{\mathrm{T}}\in\mathbb{C}^{MN\times 1} \tag{9.3.17}$$

由式(9.3.16)，信道输入输出关系（SIMO 模型）可以表示为

$$\bar{\boldsymbol{y}}(n)=\bar{\boldsymbol{x}}(n)+\bar{\boldsymbol{v}}(n)=\boldsymbol{H}_M\boldsymbol{s}(n)+\bar{\boldsymbol{v}}(n) \tag{9.3.18}$$

式中，$\bar{\boldsymbol{x}}(n)$ 是无噪声的接收信号向量，矩阵 $\boldsymbol{H}_M$ 和向量 $\bar{\boldsymbol{v}}(n)$ 为

$$\boldsymbol{H}_M=\begin{bmatrix}\boldsymbol{H}^{(1)}\\ \boldsymbol{H}^{(2)}\\ \vdots\\ \boldsymbol{H}^{(M)}\end{bmatrix}\in\mathbb{C}^{MN\times(N+L)},\quad \bar{\boldsymbol{v}}(n)=\begin{bmatrix}\boldsymbol{v}_1(n)\\ \boldsymbol{v}_2(n)\\ \vdots\\ \boldsymbol{v}_M(n)\end{bmatrix}\in\mathbb{C}^{MN\times 1} \tag{9.3.19}$$

传输矩阵 $\boldsymbol{H}_M$ 是一个广义 Sylvester 矩阵。

如果定义 N 个观测样本，时间从第 n 时刻到第 $n+N-1$ 时刻，即

$$\tilde{\boldsymbol{y}}_m(n)=[y(n)\quad y(n+1)\quad \cdots\quad y(n+N-1)]^{\mathrm{T}}\in\mathbb{C}^{N\times 1}\tag{9.3.20}$$

则有

$$\tilde{\boldsymbol{y}}_m(n)=\widetilde{\boldsymbol{H}}^{(m)}\tilde{\boldsymbol{s}}(n)+\tilde{\boldsymbol{v}}_m(n)\tag{9.3.21}$$

式中

$$\tilde{\boldsymbol{s}}(n)=[s(n-L)\quad \cdots\quad s(n)\quad \cdots\quad s(n+N-1)]^{\mathrm{T}}\in\mathbb{C}^{(N+L)\times 1}\tag{9.3.22}$$

$$\widetilde{\boldsymbol{H}}^{(m)}=\begin{bmatrix} h_m(L) & \cdots & h_m(1) & h_m(0) & 0 & \cdots & 0\\ 0 & h_m(L) & \cdots & h_m(1) & h_m(0) & \cdots & 0\\ \vdots & \ddots & \ddots & \ddots & \ddots & \ddots & \vdots\\ 0 & \cdots & h_m(L) & \cdots & \cdots & h_m(1) & h_m(0)\end{bmatrix}\in\mathbb{C}^{N\times(N+L)}\tag{9.3.23}$$

定义 MN 维向量为

$$\tilde{\boldsymbol{y}}(n)=[\tilde{\boldsymbol{y}}_1^{\mathrm{T}}(n)\quad \tilde{\boldsymbol{y}}_2^{\mathrm{T}}(n)\quad \cdots\quad \tilde{\boldsymbol{y}}_M^{\mathrm{T}}(n)]^{\mathrm{T}}\in\mathbb{C}^{MN\times 1}$$

如果定义

$$\widetilde{\boldsymbol{H}}_M=\begin{bmatrix}\widetilde{\boldsymbol{H}}^{(1)}\\ \widetilde{\boldsymbol{H}}^{(2)}\\ \vdots\\ \widetilde{\boldsymbol{H}}^{(M)}\end{bmatrix}\in\mathbb{C}^{MN\times(N+L)}\tag{9.3.24}$$

则$\widetilde{\boldsymbol{H}}_M$ 也是广义 Sylvester 矩阵；其中，第 m 个子信道构成的滤波矩阵$\widetilde{\boldsymbol{H}}^{(m)}\in\mathbb{C}^{N\times(N+L)}$是一个 Sylvester 矩阵。

可以得到等价的 SIMO 接收信号模型为

$$\tilde{\boldsymbol{y}}(n)=\tilde{\boldsymbol{x}}(n)+\tilde{\boldsymbol{v}}(n)=\widetilde{\boldsymbol{H}}_M\tilde{\boldsymbol{s}}(n)+\tilde{\boldsymbol{v}}(n)\tag{9.3.25}$$

式中，$\tilde{\boldsymbol{x}}(n)$是无噪声的 SIMO 接收信号向量，$\tilde{\boldsymbol{v}}(n)$是加性噪声向量。

9.3.3 SIMO 信道的可辨识条件和模糊性

1. SIMO 信道可辨识条件

信道可辨识性条件(identifiability condition)是一个较复杂的问题，本书不作详细讨论，这里给出 SIMO 信道模型的可辨识性充分条件[2,9]，在没有另外说明的情况下，本书后文的讨论都假定系统是满足这些条件的。

SIMO 信道盲辨识条件：

假设 1　子信道是长度为 $L+1$ 的有限冲激响应，即 $\boldsymbol{h}(0)\neq\boldsymbol{0},\boldsymbol{h}(L)\neq\boldsymbol{0}$；且 $\boldsymbol{h}(l)=0$，$l<0$ 或 $l>L$。

假设 2　所有子信道是互素的。

假设 3　输入信号序列的线性复杂度大于 $2L$。

假设 4　加性噪声$\boldsymbol{v}(n)$是零均值、相关矩阵为 $\sigma^2\boldsymbol{I}_M$ 的白噪声。

假设 5　已知各子信道的长度为 $L+1$。

在假设 1 中，隐含地假设了至少有一个子信道的长度为 $L+1$。为了简化讨论，通常假设每个子信道的长度都是 $L+1$。对于假设 1、假设 4 和假设 5 所描述的条件，一般比较容易理解。假设 3 比较复杂，这里不作讨论，下面仅对假设 2 进行简单说明。

关于假设 2，对于 FIR 的 SIMO 信道，如果各子信道系统函数 $H_m(z)$ 之间没有公共的零点，则子信道之间是互素的（coprime）。

另外，可以证明，子信道是互素的，当且仅当 $\{\boldsymbol{h}(l)\}_{l=0}^{L}$ 对应的 $MN\times(N+L)$ 维广义 Sylvester 矩阵[2,9]

$$\boldsymbol{T}_N(\boldsymbol{h}) \triangleq \begin{bmatrix} \boldsymbol{h}(0) & \boldsymbol{h}(1) & \cdots & \boldsymbol{h}(L) & \boldsymbol{0} & \cdots & \boldsymbol{0} \\ \boldsymbol{0} & \boldsymbol{h}(0) & \boldsymbol{h}(1) & \cdots & \boldsymbol{h}(L) & \cdots & \boldsymbol{0} \\ \vdots & \ddots & \ddots & \ddots & \ddots & \ddots & \vdots \\ \boldsymbol{0} & \cdots & \boldsymbol{h}(0) & \boldsymbol{h}(1) & \cdots & \cdots & \boldsymbol{h}(L) \end{bmatrix} \tag{9.3.26}$$

是列满秩的，其中 N 是观测的样本数。可以由式(9.3.19)或式(9.3.24)通过初等变换得到矩阵 $\boldsymbol{T}_N(\boldsymbol{h})$。

2. 模糊性

一般地，盲信号处理得到的估计结果存在两类固有的模糊性：标量模糊性（scalar ambiguity）和排序模糊性（permutation ambiguity）。

考虑式(9.3.4)的 SIMO 信道模型

$$\boldsymbol{y}(n) = \sum_{l=0}^{L} \boldsymbol{h}(n-l)s(l) + \boldsymbol{v}(n)$$

上式中，如果令 $\tilde{h}_i(n)=c_i h_i(n)$，$\tilde{s}_i(l)=s_i(l)/c_i$，$c_i$ 是非零常数，则结果相同。采用盲估计方法，只能得到估计 $\tilde{h}_i(n)=c_i h_i(n)$（类似地，$\tilde{s}_i(l)=s_i(l)/c_i$），但无法确定标量参数 c_i，这称为盲估计方法的标量模糊性。

另外，盲估计方法对信道向量 $\boldsymbol{h}(n)$ 的估计结果，是 $\boldsymbol{h}(n)$ 中各元素的一种排列，不一定为 $\boldsymbol{h}(n)=[h_1(n)\quad h_2(n)\quad \cdots\quad h_M(n)]^{\mathrm{T}}$，可能为 $\tilde{\boldsymbol{h}}(n)=[h_{i1}(n)\quad h_{i2}(n)\quad \cdots\quad h_{iM}(n)]^{\mathrm{T}}$，后者是前者各元素的一种排列。这称为盲估计方法的排序模糊性。

9.3.4　基于子空间的盲辨识算法

子空间理论在第 3 章和第 8 章中已进行过详细讨论，本节将讨论其在 SIMO 信道盲估计中的应用[10]。

如式(9.3.18)，考虑有 M 个输出、长度为 $L+1$ 的 SIMO 信道模型

$$\bar{\boldsymbol{y}}(n) = \boldsymbol{H}_M \boldsymbol{s}(n) + \bar{\boldsymbol{v}}(n) \tag{9.3.27}$$

假设输入信号向量 $\boldsymbol{s}(n)$ 中各元素是独立同分布的随机变量序列，零均值；信道噪声向量 $\bar{\boldsymbol{v}}(n)$ 是零均值的，并且 $\boldsymbol{s}(n)$ 和 $\bar{\boldsymbol{v}}(n)$ 统计独立。设它们的自相关矩阵分别为

$$\left.\begin{aligned} \boldsymbol{R}_s &= \mathrm{E}\{\boldsymbol{s}(n)\boldsymbol{s}^{\mathrm{H}}(n)\} \in \mathbb{C}^{(N+L)\times(N+L)} \\ \boldsymbol{R}_v &= \mathrm{E}\{\bar{\boldsymbol{v}}(n)\bar{\boldsymbol{v}}^{\mathrm{H}}(n)\} \in \mathbb{C}^{MN\times MN} \end{aligned}\right\} \tag{9.3.28}$$

假设噪声是白噪声，则 $\boldsymbol{R}_v=\sigma^2\boldsymbol{I}$。于是，输出信号也是零均值，且自相关矩阵为

$$\boldsymbol{R}_y = \mathrm{E}\{\bar{\boldsymbol{y}}(n)\,\bar{\boldsymbol{y}}^{\mathrm{H}}(n)\} = \boldsymbol{H}_M\boldsymbol{R}_s\boldsymbol{H}_M^{\mathrm{H}} + \boldsymbol{R}_v \in \mathbb{C}^{MN\times MN} \tag{9.3.29}$$

由前面讨论可知，系统的输入 $\boldsymbol{s}(n)$ 是独立同分布的随机变量序列，因而，$\boldsymbol{R}_s$ 是满秩的。设传输矩阵 $\boldsymbol{H}_M\in\mathbb{C}^{MN\times(N+L)}$ 是列满秩的，在实际中这一条件通常能够满足，在 $MN>N+L$ 时，相关矩阵 $\boldsymbol{R}_y$ 中信号部分 $\boldsymbol{H}_M\boldsymbol{R}_s\boldsymbol{H}_M^{\mathrm{H}}$ 的秩为 $N+L$。设矩阵 $\boldsymbol{R}_y$ 的特征值分别为 $\eta_1\geqslant\eta_2\geqslant\cdots\geqslant\eta_{MN}$，由于 $\boldsymbol{R}_y$ 是列满秩的，于是有

$$\left.\begin{aligned}\eta_i &> \sigma^2, \quad i=1,\cdots,N+L\\ \eta_i &= \sigma^2, \quad i=N+L+1,\cdots,MN\end{aligned}\right\} \tag{9.3.30}$$

设 $\eta_i, i=1,\cdots,N+L$ 对应的特征向量为 $\boldsymbol{u}_1,\cdots,\boldsymbol{u}_{N+L}$，$\eta_i, i=N+L+1,\cdots,MN$ 对应的特征向量是 $\boldsymbol{u}_{N+L+1},\cdots,\boldsymbol{u}_{MN}$，并且定义信号子空间和噪声子空间的矩阵分别为

$$\left.\begin{aligned}\boldsymbol{U}_{\mathrm{S}} &\triangleq [\boldsymbol{u}_1\quad \boldsymbol{u}_2\quad \cdots\quad \boldsymbol{u}_{N+L}]\in\mathbb{C}^{MN\times(N+L)}\\ \boldsymbol{U}_{\mathrm{N}} &\triangleq [\boldsymbol{u}_{N+L+1}\quad \boldsymbol{u}_{N+L+2}\quad \cdots\quad \boldsymbol{u}_{MN}]\in\mathbb{C}^{MN\times(MN-N-L)}\end{aligned}\right\} \tag{9.3.31}$$

相关矩阵 $\boldsymbol{R}_y$ 可以表示为

$$\boldsymbol{R}_y = \sum_{i=1}^{MN}\eta_i\boldsymbol{u}_i\boldsymbol{u}_i^{\mathrm{H}} = \boldsymbol{U}_{\mathrm{S}}\mathrm{diag}\{\eta_1,\cdots,\eta_{N+L}\}\boldsymbol{U}_{\mathrm{S}}^{\mathrm{H}} + \sigma^2\boldsymbol{U}_{\mathrm{N}}\boldsymbol{U}_{\mathrm{N}}^{\mathrm{H}} \tag{9.3.32}$$

类似第 3 章 3.6.2 节的推导可得，矩阵 $\boldsymbol{H}_M$ 的列与噪声子空间中的任意向量正交。因此有

$$\boldsymbol{u}_i^{\mathrm{H}}\boldsymbol{H}_M = \boldsymbol{0}, \quad i=N+L+1,\cdots,MN \tag{9.3.33}$$

在实际中，只能得到相关矩阵 $\boldsymbol{R}_y$ 特征向量的估计 $\hat{\boldsymbol{u}}_i, i=N+L+1,\cdots,MN$。故式(9.3.33)只能近似成立，但可以在最小二乘意义下求解。定义目标函数为

$$J(\boldsymbol{h}) \triangleq \sum_{i=N+L+1}^{MN}\|\hat{\boldsymbol{u}}_i^{\mathrm{H}}\boldsymbol{H}_M\|^2 \tag{9.3.34}$$

根据 9.3.2 节中矩阵 $\boldsymbol{H}_M$ 的元素构成，可以证明下面关系：

$$\|\hat{\boldsymbol{u}}_i^{\mathrm{H}}\boldsymbol{H}_M\|^2 = \hat{\boldsymbol{u}}_i^{\mathrm{H}}\boldsymbol{H}_M\boldsymbol{H}_M^{\mathrm{H}}\hat{\boldsymbol{u}}_i = \boldsymbol{h}^{\mathrm{H}}\hat{\mathcal{U}}_i\hat{\mathcal{U}}_i^{\mathrm{H}}\boldsymbol{h} \tag{9.3.35}$$

式中，$\boldsymbol{h}$ 是信道系数向量，为

$$\left.\begin{aligned}\boldsymbol{h} &\triangleq [\boldsymbol{h}^{(1)\mathrm{T}}\quad \boldsymbol{h}^{(2)\mathrm{T}}\quad \cdots\quad \boldsymbol{h}^{(M)\mathrm{T}}]^{\mathrm{T}}\in\mathbb{C}^{(L+1)M\times 1}\\ \boldsymbol{h}^{(m)} &\triangleq [h^{(m)}(0)\quad h^{(m)}(1)\quad \cdots\quad h^{(m)}(L)]^{\mathrm{T}}\in\mathbb{C}^{(L+1)\times 1}\end{aligned}\right\} \tag{9.3.36}$$

注意到 $MN\times 1$ 的特征向量 $\hat{\boldsymbol{u}}_i$ 可以被等分为 M 个 $N\times 1$ 维向量，即

$$\hat{\boldsymbol{u}}_i = \left[\hat{\boldsymbol{u}}_i^{(1)\mathrm{T}}\quad \hat{\boldsymbol{u}}_i^{(2)\mathrm{T}}\quad \cdots\quad \hat{\boldsymbol{u}}_i^{(M)\mathrm{T}}\right]^{\mathrm{T}}\in\mathbb{C}^{MN\times 1} \tag{9.3.37}$$

式中 $\hat{\boldsymbol{u}}_i^{(m)}$ 是 $N\times 1$ 的向量，即

$$\hat{\boldsymbol{u}}_i^{(m)} = \left[u_{i,1}^{(m)}\quad u_{i,2}^{(m)}\quad \cdots\quad u_{i,N}^{(m)}\right]^{\mathrm{T}}\in\mathbb{C}^{N\times 1} \tag{9.3.38}$$

式(9.3.35)中矩阵 $\hat{\mathcal{U}}_i$ 是 $(L+1)M\times(N+L)$ 的滤波矩阵，构造方法如下：

$$\hat{\mathcal{U}}_i \triangleq \begin{bmatrix}\hat{\mathcal{U}}_i^{(1)}\\ \hat{\mathcal{U}}_i^{(2)}\\ \vdots\\ \hat{\mathcal{U}}_i^{(M)}\end{bmatrix}\in\mathbb{C}^{(L+1)M\times(N+L)} \tag{9.3.39}$$

$$\hat{\mathcal{U}}_i^{(m)} \triangleq \begin{bmatrix} u_{i,1}^{(m)} & u_{i,2}^{(m)} & \cdots & u_{i,N}^{(m)} & 0 & \cdots & 0 \\ 0 & u_{i,1}^{(m)} & u_{i,2}^{(m)} & \cdots & u_{i,N}^{(m)} & \cdots & 0 \\ \vdots & \ddots & \ddots & \ddots & \ddots & \ddots & \vdots \\ 0 & \cdots & u_{i,1}^{(m)} & u_{i,2}^{(m)} & \cdots & \cdots & u_{i,N}^{(m)} \end{bmatrix} \in \mathbb{C}^{(L+1)\times(N+L)} \tag{9.3.40}$$

定义矩阵为

$$\boldsymbol{Q} = \sum_{i=N+L+1}^{MN} \hat{\mathcal{U}}_i \hat{\mathcal{U}}_i^{\mathrm{H}} \in \mathbb{C}^{(L+1)M\times(L+1)M} \tag{9.3.41}$$

于是，最小二乘目标函数式(9.3.34)可以等价地表示为

$$J(\boldsymbol{h}) = \boldsymbol{h}^{\mathrm{H}}\boldsymbol{Q}\boldsymbol{h} \tag{9.3.42}$$

9.3.3节已介绍，由于盲系统辨识存在标量模糊性问题，故可对信道系数向量 $\boldsymbol{h}$ 加以单位范数约束，即约束条件为

$$\|\boldsymbol{h}\| = 1 \tag{9.3.43}$$

由于 $\boldsymbol{Q}$ 是 Hermitian 矩阵，所以存在一个由特征向量构成的酉矩阵 $\boldsymbol{U}$，使得 $\boldsymbol{Q}=\boldsymbol{U}\boldsymbol{\Lambda}\boldsymbol{U}^{\mathrm{H}}$。其中，$\boldsymbol{\Lambda}=\mathrm{diag}\{\lambda_1,\lambda_2,\cdots,\lambda_{(L+1)M}\}$，$\lambda_{\min}=\lambda_1\leqslant\lambda_2\leqslant\cdots\leqslant\lambda_{(L+1)M}=\lambda_{\max}$ 为矩阵 $\boldsymbol{Q}$ 的特征值。

所以

$$\boldsymbol{h}^{\mathrm{H}}\boldsymbol{Q}\boldsymbol{h} = \boldsymbol{h}^{\mathrm{H}}\boldsymbol{U}\boldsymbol{\Lambda}\boldsymbol{U}^{\mathrm{H}}\boldsymbol{h} = (\boldsymbol{U}^{\mathrm{H}}\boldsymbol{h})^{\mathrm{H}}\boldsymbol{\Lambda}\boldsymbol{U}^{\mathrm{H}}\boldsymbol{h} = \sum_{i=1}^{(L+1)M}\lambda_i|(\boldsymbol{U}^{\mathrm{H}}\boldsymbol{h})_i|^2$$

式中，$(\boldsymbol{U}^{\mathrm{H}}\boldsymbol{h})_i$ 为 $\boldsymbol{U}^{\mathrm{H}}\boldsymbol{h}$ 的第 i 个元素，由于 $|(\boldsymbol{U}^{\mathrm{H}}\boldsymbol{h})_i|^2\geqslant 0$，故有

$$\lambda_{\min}\sum_{i=1}^{(L+1)M}|(\boldsymbol{U}^{\mathrm{H}}\boldsymbol{h})_i|^2 \leqslant \boldsymbol{h}^{\mathrm{H}}\boldsymbol{Q}\boldsymbol{h} = \sum_{i=1}^{(L+1)M}\lambda_i|(\boldsymbol{U}^{\mathrm{H}}\boldsymbol{h})_i|^2 \leqslant \lambda_{\max}\sum_{i=1}^{(L+1)M}|(\boldsymbol{U}^{\mathrm{H}}\boldsymbol{h})_i|^2$$

由于 $\boldsymbol{U}$ 是酉矩阵，且 $\boldsymbol{h}^{\mathrm{H}}\boldsymbol{h}=1$，根据酉矩阵的保范性可知

$$\sum_{i=1}^{(L+1)M}|(\boldsymbol{U}^{\mathrm{H}}\boldsymbol{h})_i|^2 = \sum_{i=1}^{(L+1)M}|(\boldsymbol{h})_i|^2 = \boldsymbol{h}^{\mathrm{H}}\boldsymbol{h} = 1$$

所以

$$\lambda_{\min} \leqslant \boldsymbol{h}^{\mathrm{H}}\boldsymbol{Q}\boldsymbol{h} \leqslant \lambda_{\max} \tag{9.3.44}$$

式(9.3.44)表明，目标函数 $J(\boldsymbol{h})=\boldsymbol{h}^{\mathrm{H}}\boldsymbol{Q}\boldsymbol{h}$ 能取的最小值为 $\lambda_{\min}$，即当信道系数向量 $\boldsymbol{h}$ 为 $\boldsymbol{Q}$ 的最小特征值 $\lambda_{\min}$ 对应的特征向量 $\boldsymbol{h}_{\min}$ 时，即满足 $\lambda_{\min}\boldsymbol{h}_{\min}=\boldsymbol{Q}\boldsymbol{h}_{\min}$ 时，有

$$J(\boldsymbol{h}_{\min}) = \boldsymbol{h}_{\min}^{\mathrm{H}}\boldsymbol{Q}\boldsymbol{h}_{\min} = \lambda_{\min} \tag{9.3.45}$$

式(9.3.45)表明，信道系数向量 $\boldsymbol{h}$ 的单位范数约束解 $\hat{\boldsymbol{h}}$，就是矩阵 $\boldsymbol{Q}$ 的最小特征值对应的归一化特征向量。

基于子空间的 SIMO 信道盲估计步骤如下。

算法 9.2(基于子空间的 SIMO 信道盲估计算法)

步骤 1　根据观测数据用时间平均估计相关矩阵 $\hat{\boldsymbol{R}}_y$，如式(9.3.29)。

步骤 2　对 $\hat{\boldsymbol{R}}_y$ 进行特征值分解，得到噪声子空间的估计值 $\hat{\boldsymbol{U}}_{\mathrm{N}}$，如式(9.3.31)。

步骤 3　利用式(9.3.41)构造矩阵 $\boldsymbol{Q}$。

步骤 4　对 $\boldsymbol{Q}$ 进行特征值分解，最小特征值对应的归一化特征向量就是信道系数向量 $\boldsymbol{h}$ 的估计。

9.4　SIMO 信道的 CR 盲辨识原理及自适应算法

利用 SIMO 信道的特殊结构，可以构造出许多巧妙的算法。本节将介绍基于 SIMO 信道的互关系（CR，cross relation）的 CR 算法[16] 和多信道 LMS 算法（MCLMS，multi-channel LMS）[18]。

9.4.1　CR 算法

考虑式(9.3.4)描述的 SIMO 信道模型，为

$$\boldsymbol{y}(n)=\boldsymbol{x}(n)+\boldsymbol{v}(n)=\sum_{l=0}^{L}\boldsymbol{h}(n-l)s(l)+\boldsymbol{v}(n) \tag{9.4.1}$$

不考虑噪声时，SIMO 信道的输出信号为

$$\boldsymbol{x}(n)=\boldsymbol{h}(n)*s(n)=\sum_{l=0}^{L}\boldsymbol{h}(n)s(n-l) \tag{9.4.2}$$

于是，第 i 个和第 j 个子信道（$i\neq j$）的输出分别为

$$\left.\begin{aligned}x_i(n)&=h_i(n)*s(n)\\x_j(n)&=h_j(n)*s(n)\end{aligned}\right\} \tag{9.4.3}$$

利用线性时不变系统卷积的交换律和结合律，有

$$\begin{aligned}h_i(n)*x_j(n)&=h_i(n)*[h_j(n)*s(n)]\\&=[h_i(n)*s(n)]*h_j(n)\\&=x_i(n)*h_j(n)\end{aligned} \tag{9.4.4}$$

式(9.4.4)表明了各子信道的输出与子信道冲激响应之间的关系，称为 SIMO 模型的互关系。将式(9.4.4)改写为

$$h_i(n)*x_j(n)-x_i(n)*h_j(n)=0 \tag{9.4.5}$$

对信道长度为 $L+1$，式(9.4.5)的卷积可表示为

$$\sum_{l=0}^{L}h_i(l)x_j(n-l)-\sum_{k=0}^{L}h_j(k)x_i(n-k)=0 \tag{9.4.6}$$

定义第 i 个子信道向量为

$$\boldsymbol{h}_i=[h_i(0)\quad h_i(1)\quad\cdots\quad h_i(L)]^{\mathrm{T}},\quad i=1,\cdots,M \tag{9.4.7}$$

设输出信号样本数为 N，由第 i 个子信道信号样本数构成的汉克尔矩阵（Hankel matrix）$\boldsymbol{X}_{(i)}$ 为

$$\boldsymbol{X}_{(i)}=\begin{bmatrix}x_i(L+1)&x_i(L)&\cdots&x_i(1)\\x_i(L+2)&x_i(L+1)&\cdots&x_i(2)\\\vdots&\vdots&\ddots&\vdots\\x_i(N)&x_i(N-1)&\cdots&x_i(N-L)\end{bmatrix}\in\mathbb{C}^{(N-L)\times(L+1)} \tag{9.4.8}$$

在式(9.4.6)中,分别令 $n=L+1,L+2,\cdots,N$,可以得到 $N-L$ 个线性方程组,其矩阵形式可表示为

$$[\boldsymbol{X}_{(i)} \quad -\boldsymbol{X}_{(j)}]\begin{bmatrix}\boldsymbol{h}_j \\ \boldsymbol{h}_i\end{bmatrix}=\mathbf{0} \tag{9.4.9}$$

把所有子信道对 (i,j) 的互关系写在一起,其中 $i,j=1,2,\cdots,M,(i\neq j)$,可以得到如下方程组:

$$\boldsymbol{X}_M\boldsymbol{h}=\mathbf{0} \tag{9.4.10}$$

式中

$$\boldsymbol{h}=[\boldsymbol{h}_1^{\mathrm{T}} \quad \boldsymbol{h}_2^{\mathrm{T}} \quad \cdots \quad \boldsymbol{h}_M^{\mathrm{T}}]^{\mathrm{T}}\in\mathbb{C}^{M(L+1)\times 1} \tag{9.4.11}$$

式(9.4.10)中的 $\boldsymbol{X}_M$ 是大小为 $[(N-L)M(M-1)/2]\times[M(L+1)]$ 的矩阵,写出 $M=2,3,4$ 时 $\boldsymbol{X}_M$ 的表达式为

$$\boldsymbol{X}_2=[\boldsymbol{X}_{(2)} \quad -\boldsymbol{X}_{(1)}]\in\mathbb{C}^{(N-L)\times[2(L+1)]}$$

$$\boldsymbol{X}_3=\left[\begin{array}{cc|c}\boldsymbol{X}_{(2)} & -\boldsymbol{X}_{(1)} & 0 \\ \hline \boldsymbol{X}_{(3)} & 0 & -\boldsymbol{X}_{(1)} \\ 0 & \boldsymbol{X}_{(3)} & -\boldsymbol{X}_{(2)}\end{array}\right]$$

$$\boldsymbol{X}_4=\left[\begin{array}{ccc|c}\multicolumn{3}{c|}{\boldsymbol{X}_3} & \mathbf{0} \\ \hline \boldsymbol{X}_{(4)} & 0 & 0 & -\boldsymbol{X}_{(1)} \\ 0 & \boldsymbol{X}_{(4)} & 0 & -\boldsymbol{X}_{(2)} \\ 0 & 0 & \boldsymbol{X}_{(4)} & -\boldsymbol{X}_{(3)}\end{array}\right]=\left[\begin{array}{ccc|c}\boldsymbol{X}_{(2)} & -\boldsymbol{X}_{(1)} & 0 & 0 \\ \boldsymbol{X}_{(3)} & 0 & -\boldsymbol{X}_{(1)} & 0 \\ 0 & \boldsymbol{X}_{(3)} & -\boldsymbol{X}_{(2)} & 0 \\ \hline \boldsymbol{X}_{(4)} & 0 & 0 & -\boldsymbol{X}_{(1)} \\ 0 & \boldsymbol{X}_{(4)} & 0 & -\boldsymbol{X}_{(2)} \\ 0 & 0 & \boldsymbol{X}_{(4)} & -\boldsymbol{X}_{(3)}\end{array}\right]$$

……

其递推表达式为

$$\boldsymbol{X}_M=\left[\begin{array}{cccc|c}\multicolumn{4}{c|}{\boldsymbol{X}_{M-1}} & 0 \\ \hline \boldsymbol{X}_{(M)} & \mathbf{0} & \cdots & 0 & -\boldsymbol{X}_{(1)} \\ \mathbf{0} & \boldsymbol{X}_{(M)} & \cdots & 0 & -\boldsymbol{X}_{(2)} \\ \vdots & & \ddots & \vdots & \vdots \\ \mathbf{0} & \mathbf{0} & \cdots & \boldsymbol{X}_{(M)} & -\boldsymbol{X}_{(M-1)}\end{array}\right], \quad M\geqslant 3 \tag{9.4.12}$$

由上面的推导可以看到,信道参数向量 $\boldsymbol{h}$ 在矩阵 $\boldsymbol{X}_M$ 的所有列张成的零空间中。参考文献[16]给出了关于 CR 算法的可辨识性条件,在此条件下,由式(9.4.10)可以得出信道参数向量的唯一解。

式(9.4.10)是在假设不存在噪声的情况下得出的,在实际情况中,总是存在加性噪声,此时式(9.4.10)变成如下形式(称为 CR 方程):

$$\boldsymbol{Y}_M\boldsymbol{h}=\boldsymbol{e} \tag{9.4.13}$$

式中,$\boldsymbol{Y}_M$ 是由有噪声的观测信号数据 $\{\boldsymbol{y}(n)\}_{n=1}^N$ 构造的,与式(9.4.12)的 $\boldsymbol{X}_M$ 具有相同的结构,是 $\boldsymbol{X}_M$ 与加性噪声叠加的结果;$\boldsymbol{e}$ 是由噪声引入的估计误差向量。

根据第 6 章介绍的最小二乘方法,可得信道参数向量 $\boldsymbol{h}$ 的最小二乘估计,即使如下的

误差平方和最小：

$$J(\boldsymbol{h}) = \|\boldsymbol{e}\|^2 = \boldsymbol{h}^{\mathrm{H}}\boldsymbol{Y}_M^{\mathrm{H}}\boldsymbol{Y}_M\boldsymbol{h} \tag{9.4.14}$$

参数向量 $\boldsymbol{h}$ 的估计也可等价表示为如下的寻优问题：

$$\hat{\boldsymbol{h}}_{\mathrm{CR}} = \arg\min_{\|\boldsymbol{h}\|=1} \|\boldsymbol{Y}_M\boldsymbol{h}\|^2 = \arg\min_{\|\boldsymbol{h}\|=1} \boldsymbol{h}^{\mathrm{H}}\boldsymbol{Y}_M^{\mathrm{H}}\boldsymbol{Y}_M\boldsymbol{h} \tag{9.4.15}$$

比较式(9.4.14)和 9.3.4 节的式(9.3.42)可以看出，二者形式完全相同，因此在对信道参数向量 $\boldsymbol{h}$ 单位范数约束的条件下，二者解法一样，即 $\hat{\boldsymbol{h}}_{\mathrm{CR}}$ 是矩阵 $\boldsymbol{Y}_M^{\mathrm{H}}\boldsymbol{Y}_M$ 的最小特征值对应的归一化特征向量。

下面给出互关系算法的步骤。

算法 9.3(CR 算法)

步骤 1　由观测信号数据 $\boldsymbol{y}(n), n=1,2,\cdots,N$，按递推结构式(9.4.12)构造矩阵 $\boldsymbol{Y}_M$。

步骤 2　对矩阵 $\boldsymbol{Y}_M^{\mathrm{H}}\boldsymbol{Y}_M$ 进行特征分解，其最小特征值对应的归一化特征向量即为 $\hat{\boldsymbol{h}}_{\mathrm{CR}}$。

9.4.2　多信道 LMS 算法

9.4.1 节介绍的 CR 算法是根据得到的 N 个观测样本，构造数据矩阵 $\boldsymbol{Y}_M$，通过对矩阵 $\boldsymbol{Y}_M^{\mathrm{H}}\boldsymbol{Y}_M$ 进行特征分解，得到信道的估计。在实际中，可能需要连续地实现系统辨识（或信道估计）。本节介绍的多信道 LMS 算法具有这方面的特点。

9.4.1 节已指出，无噪声的情况下，SIMO 系统的各子信道和输出数据之间存在如下的 CR 关系：

$$x_i(n) * h_j(n) = x_j(n) * h_i(n), \quad i,j = 1,\cdots,M \tag{9.4.16}$$

对实系统，定义噪声存在时第 i 个和第 j 个子信道的输出在 n 时刻的互关系误差信号为

$$e_{ij}(n) = \begin{cases} \boldsymbol{y}_i^{\mathrm{T}}(n)\boldsymbol{h}_j - \boldsymbol{y}_j^{\mathrm{T}}(n)\boldsymbol{h}_i, & i \neq j, \\ 0, & i = j, \end{cases} \quad i,j = 1,2,\cdots,M \tag{9.4.17}$$

式中

$$\boldsymbol{h}_i = [h_i(0) \quad h_i(1) \quad \cdots \quad h_i(L)]^{\mathrm{T}}, \quad i = 1,\cdots,M$$

$$\boldsymbol{y}_i(n) = [y_i(n) \quad y_i(n-1) \quad \cdots \quad y_i(n-L)]^{\mathrm{T}}, \quad i = 1,\cdots,M$$

由于 $e_{ij}(n) = -e_{ji}(n)$ 和 $e_{ii}(n) = 0$，则关于 $i,j=1,2,\cdots,M$ 的全部误差信号的平方之和为

$$\chi(n) = \sum_{i=1}^{M-1}\sum_{j=i+1}^{M} e_{ij}^2(n) \tag{9.4.18}$$

考虑单位范数约束，于是式(9.4.17)的误差信号可表示为

$$\varepsilon_{ij}(n) = \begin{cases} \boldsymbol{y}_i^{\mathrm{T}}(n)\boldsymbol{h}_j / \|\boldsymbol{h}(n)\| - \boldsymbol{y}_j^{\mathrm{T}}(n)\boldsymbol{h}_i / \|\boldsymbol{h}(n)\|, & i \neq j, \\ 0, & i = j, \end{cases} \quad i,j = 1,2,\cdots,M \tag{9.4.19}$$

式中，信道参数向量 $\boldsymbol{h}$ 如式(9.4.11)，为

$$\boldsymbol{h} = [\boldsymbol{h}_1^{\mathrm{T}} \quad \boldsymbol{h}_2^{\mathrm{T}} \quad \cdots \quad \boldsymbol{h}_M^{\mathrm{T}}]^{\mathrm{T}} \in \mathbb{C}^{M(L+1)\times 1}$$

定义目标函数为

$$J(n)=\sum_{i=1}^{M-1}\sum_{j=i+1}^{M}\varepsilon_{ij}^{2}(n)=\frac{\chi(n)}{\|\boldsymbol{h}(n)\|^{2}} \tag{9.4.20}$$

通过最小化代价函数 $J(n)$ 的数学期望可得 $\boldsymbol{h}$ 的估计值为

$$\hat{\boldsymbol{h}}=\arg\min_{\|\boldsymbol{h}\|=1}\mathrm{E}\{J(n)\} \tag{9.4.21}$$

使用 LMS 算法自适应求解上述带约束的最小化问题，其迭代公式为

$$\hat{\boldsymbol{h}}(n+1)=\hat{\boldsymbol{h}}(n)-\mu\,\nabla\boldsymbol{J}(n)\Big|_{\boldsymbol{h}=\hat{\boldsymbol{h}}(n)} \tag{9.4.22}$$

式中，μ 是步长参数，$\nabla J(n)$ 是 $J(n)$ 的梯度。按照向量求导法则，目标函数的梯度为[18]

$$\nabla J(n)=\frac{1}{\|\boldsymbol{h}\|^{2}}\left[2\hat{\boldsymbol{R}}(n)\boldsymbol{h}-2J(n)\boldsymbol{h}\right] \tag{9.4.23}$$

式中

$$\hat{\boldsymbol{R}}(n)=\begin{bmatrix}\sum\limits_{i\neq 1}\hat{\boldsymbol{R}}_{y_iy_i}(n) & -\hat{\boldsymbol{R}}_{y_2y_1}(n) & \cdots & -\hat{\boldsymbol{R}}_{y_My_1}(n)\\ -\hat{\boldsymbol{R}}_{y_1y_2}(n) & \sum\limits_{i\neq 2}\hat{\boldsymbol{R}}_{y_iy_i}(n) & \cdots & -\hat{\boldsymbol{R}}_{y_My_2}(n)\\ \vdots & \vdots & \ddots & \vdots\\ -\hat{\boldsymbol{R}}_{y_1y_M}(n) & -\hat{\boldsymbol{R}}_{y_2y_M}(n) & \cdots & \sum\limits_{i\neq M}\hat{\boldsymbol{R}}_{y_iy_i}(n)\end{bmatrix} \tag{9.4.24}$$

$\hat{\boldsymbol{R}}_{y_iy_j}(n)$ 是第 i 个和第 j 个子信道输出的互相关矩阵的瞬时估计值，有

$$\hat{\boldsymbol{R}}_{y_iy_j}(n)=\boldsymbol{y}_i(n)\boldsymbol{y}_j^{\mathrm{T}}(n) \tag{9.4.25}$$

将式(9.4.23)代入式(9.4.22)，则迭代方程变为

$$\hat{\boldsymbol{h}}(n+1)=\hat{\boldsymbol{h}}(n)-\frac{2\mu}{\|\hat{\boldsymbol{h}}(n)\|^{2}}\left[\hat{\boldsymbol{R}}(n)\hat{\boldsymbol{h}}(n)-J(n)\hat{\boldsymbol{h}}(n)\right] \tag{9.4.26}$$

如果在每次更新后，将信道估计向量的模值都归一化为 1，则多信道 LMS 算法的迭代公式为[18]

$$\hat{\boldsymbol{h}}(n+1)=\frac{\hat{\boldsymbol{h}}(n)-2\mu\left[\hat{\boldsymbol{R}}(n)\hat{\boldsymbol{h}}(n)-\chi(n)\hat{\boldsymbol{h}}(n)\right]}{\left\|\hat{\boldsymbol{h}}(n)-2\mu\left[\hat{\boldsymbol{R}}(n)\hat{\boldsymbol{h}}(n)-\chi(n)\hat{\boldsymbol{h}}(n)\right]\right\|} \tag{9.4.27}$$

下面给出多信道 LMS 算法的计算步骤。

算法 9.4（MCLMS 算法）

步骤 1 初始化 $\hat{\boldsymbol{h}}_m(0)=[1\quad 0\quad\cdots\quad 0]^{\mathrm{T}}, m=1,\cdots,M, \hat{\boldsymbol{h}}(0)=\hat{\boldsymbol{h}}(0)/\sqrt{M}$（归一化处理）。

步骤 2 对 $n=0,1,2,\cdots$，计算式(9.4.17)得到第 i 个和第 j 个子信道的输出在 n 时刻的互关系误差信号，计算式(9.4.20)全部误差信号的平方和。

步骤 3 通过式(9.4.25)得到第 i 个和第 j 个子信道输出的互相关矩阵的瞬时估计值 $\hat{\boldsymbol{R}}_{y_iy_j}(n)$，然后利用式(9.4.24)构造 $\hat{\boldsymbol{R}}(n)$。

步骤 4 通过式(9.4.27)计算 n 时刻信道估计 $\hat{\boldsymbol{h}}(n+1)$，转至步骤 2 重复迭代过程。

仿真实例

考虑单输入四输出 SIMO 信道模型，各子信道冲激响应分别为

$$\boldsymbol{h}_1=[1\quad -2\cos\theta\quad 1]^{\mathrm{T}}$$
$$\boldsymbol{h}_2=[1\quad -2\cos(\theta+\delta/4)\quad 1]^{\mathrm{T}}$$
$$\boldsymbol{h}_3=[1\quad -2\cos(\theta+\delta/2)\quad 1]^{\mathrm{T}}$$
$$\boldsymbol{h}_4=[1\quad -2\cos(\theta+\delta)\quad 1]^{\mathrm{T}}$$

式中，θ 是第一个信道的零点的绝对相位。

设输入信号为二进制相移键控(BPSK)调制信号。定义输出信噪比(SNR)为

$$\text{SNR(dB)}\triangleq 10\log_{10}\frac{\sigma_s^2\,\|\boldsymbol{h}\|^2}{M\sigma^2} \tag{9.4.28}$$

式中，σ_s^2 和 σ^2 分别是信号和噪声功率，M 是子信道个数，$\boldsymbol{h}$ 定义如式(9.4.11)。

考虑用信道估计 $\hat{\boldsymbol{h}}$ 的归一化均方根误差(NRMSE，normalized root-mean-square error)来评价算法性能。定义

$$\text{NRMSE(dB)}\triangleq 20\log_{10}\left[\frac{1}{\|\boldsymbol{h}\|}\sqrt{\frac{1}{N_t}\sum_{t=1}^{N_t}\|\boldsymbol{\varepsilon}^{(t)}\|^2}\right] \tag{9.4.29}$$

其中

$$\boldsymbol{\varepsilon}^{(t)}\triangleq \boldsymbol{h}-\frac{\boldsymbol{h}^{\mathrm{T}}\hat{\boldsymbol{h}}}{\hat{\boldsymbol{h}}^{\mathrm{T}}\hat{\boldsymbol{h}}}\hat{\boldsymbol{h}} \tag{9.4.30}$$

是第 t 次蒙特卡罗实验的投影误差向量，N_t 是独立实验次数。

图 9.4.1 和图 9.4.2 分别给出了 MCLMS 和对两种信道的辨识结果。图 9.4.1 中独立实验次数 $N_t=50$，$\mu=0.005$，$\theta=\pi/10$，$\delta=\pi/10$。图 9.4.2 中独立实验次数 $N_t=100$，$\mu=0.01$，$\theta=\pi/10$，$\delta=3\pi/5$。

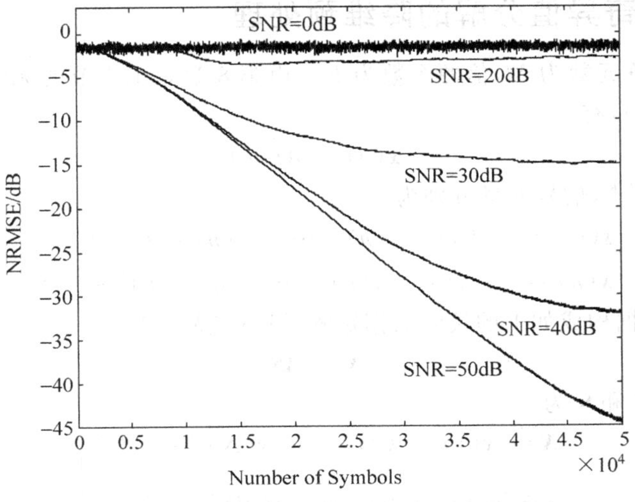

图 9.4.1　MCLMS 算法的学习曲线

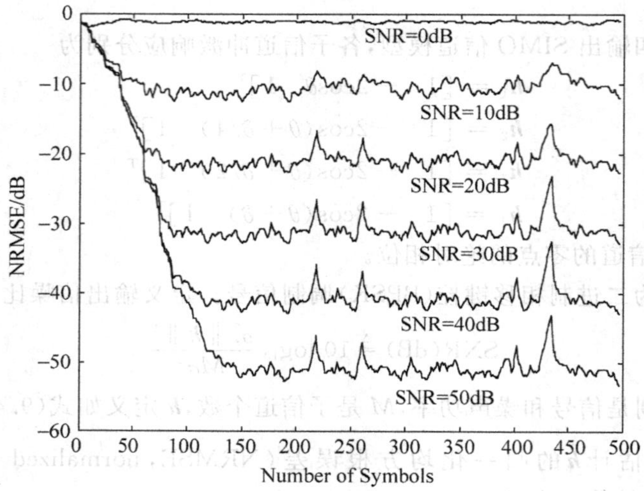

图 9.4.2　MCLMS 算法的收敛性能

9.5　基于阵列结构的盲波束形成

9.1.4 节已介绍，盲波束形成是指在没有信号方向或阵列流形等先验信息的条件下，得到波束形成器的权向量，实现信号的接收。

盲波束形成的基本方法大致可分为两类[19]：一类是基于阵列的结构特点实现盲波束形成；另一类是基于信号的调制特性、有限符号集等性质，实现阵列的盲波束形成。本节先介绍前者。

9.5.1　基于奇异值分解的降维预处理

设接收天线阵元数为 M，信源个数为 K。由第 8 章 8.1.1 节的无噪声阵列接收信号模型即式(8.1.15)，有

$$\boldsymbol{x}(n)=\boldsymbol{A}\boldsymbol{s}(n) \tag{9.5.1}$$

式中，矩阵 $\boldsymbol{A}\in\mathbb{C}^{M\times K}$，信号向量分别为

$$\boldsymbol{s}(n)=[s_1(n)\quad s_2(n)\quad\cdots\quad s_K(n)]^{\mathrm{T}}\in\mathbb{C}^{K\times 1}$$
$$\boldsymbol{x}(n)=[x_0(n)\quad x_1(n)\quad\cdots\quad x_{M-1}(n)]^{\mathrm{T}}\in\mathbb{C}^{M\times 1}$$

用 N 次快拍的数据构成如下的接收数据矩阵(设 $K\leqslant M\leqslant N$)：

$$\boldsymbol{X}=\boldsymbol{A}\boldsymbol{S} \tag{9.5.2}$$

式中，$\boldsymbol{A}\in\mathbb{C}^{M\times K}$，$\boldsymbol{X}$ 和 $\boldsymbol{S}$ 为

$$\left.\begin{aligned}\boldsymbol{X}&\triangleq[\boldsymbol{x}(1)\quad\boldsymbol{x}(2)\quad\cdots\quad\boldsymbol{x}(N)]\in\mathbb{C}^{M\times N}\\ \boldsymbol{S}&\triangleq[\boldsymbol{s}(1)\quad\boldsymbol{s}(2)\quad\cdots\quad\boldsymbol{s}(N)]\in\mathbb{C}^{K\times N}\end{aligned}\right\} \tag{9.5.3}$$

进一步假设 K 个信号源相互独立，即矩阵 $\boldsymbol{S}$ 是行满秩的；假设 K 个信号源从不同的方向入射到阵列，即矩阵 $\boldsymbol{A}$ 是列满秩的；且它们的秩都为信号源个数 K。由矩阵理论可

知，接收数据矩阵 $\boldsymbol{X}=\boldsymbol{AS}$ 的秩也为信号源个数 K。

根据第 6 章 6.3.1 节的矩阵奇异值分解理论，对接收数据矩阵 $\boldsymbol{X}$ 进行奇异值分解[20]，$\boldsymbol{X}$ 应有 K 个非零奇异值，设这 K 个非零奇异值对应的左奇异向量和右奇异向量构成的矩阵分别为 $\hat{\boldsymbol{U}}_{\mathrm{S}}\in\mathbb{C}^{M\times K}$ 和 $\hat{\boldsymbol{V}}_{\mathrm{S}}\in\mathbb{C}^{N\times K}$，则数据矩阵 $\boldsymbol{X}$ 可表示为

$$\boldsymbol{X}=\boldsymbol{AS}=\hat{\boldsymbol{U}}_{\mathrm{S}}\hat{\boldsymbol{\Sigma}}_{\mathrm{S}}\hat{\boldsymbol{V}}_{\mathrm{S}}^{\mathrm{H}} \tag{9.5.4}$$

式中，$\hat{\boldsymbol{\Sigma}}_{\mathrm{S}}$ 是由 K 个非零奇异值构成的对角矩阵，且 $\hat{\boldsymbol{U}}_{\mathrm{S}}^{\mathrm{H}}\hat{\boldsymbol{U}}_{\mathrm{S}}=\boldsymbol{I}_K$，$\hat{\boldsymbol{V}}_{\mathrm{S}}^{\mathrm{H}}\hat{\boldsymbol{V}}_{\mathrm{S}}=\boldsymbol{I}_K$。

由于式(9.5.4)中矩阵 $\boldsymbol{A}$ 和矩阵 $\hat{\boldsymbol{U}}_{\mathrm{S}}$ 都是秩为 K 的列满秩矩阵，因此存在可逆矩阵 $\boldsymbol{T}\in\mathbb{C}^{K\times K}$，使得

$$\hat{\boldsymbol{U}}_{\mathrm{S}}=\boldsymbol{AT} \tag{9.5.5}$$

如果存在噪声，则由第 8 章 8.1.1 节的阵列接收信号模型式(8.1.16)，式(9.5.2)信号模型变成

$$\boldsymbol{X}=\boldsymbol{AS}+\boldsymbol{E} \tag{9.5.6}$$

式中，$\boldsymbol{E}\in\mathbb{C}^{M\times N}$ 是加性噪声矩阵。

由于噪声的存在，矩阵 $\boldsymbol{X}$ 是行满秩(其秩为 M)的，而矩阵 $\boldsymbol{X}$ 的奇异值分解可表示为

$$\boldsymbol{X}=\boldsymbol{U\Sigma V}^{\mathrm{H}}=[\hat{\boldsymbol{U}}_{\mathrm{S}}\quad \boldsymbol{U}_N]\begin{bmatrix}\hat{\boldsymbol{\Sigma}}_{\mathrm{S}} & \boldsymbol{0}\\ \boldsymbol{0} & \hat{\boldsymbol{\Sigma}}_{\mathrm{N}}\end{bmatrix}\begin{bmatrix}\hat{\boldsymbol{V}}_{\mathrm{S}}^{\mathrm{H}}\\ \hat{\boldsymbol{V}}_{\mathrm{N}}^{\mathrm{H}}\end{bmatrix}=\hat{\boldsymbol{U}}_{\mathrm{S}}\hat{\boldsymbol{\Sigma}}_{\mathrm{S}}\hat{\boldsymbol{V}}_{\mathrm{S}}^{\mathrm{H}}+\hat{\boldsymbol{U}}_{\mathrm{N}}\hat{\boldsymbol{\Sigma}}_{\mathrm{N}}\hat{\boldsymbol{V}}_{\mathrm{N}}^{\mathrm{H}} \tag{9.5.7}$$

式中，$\boldsymbol{U}\in\mathbb{C}^{M\times M}$ 和 $\boldsymbol{V}\in\mathbb{C}^{N\times N}$ 分别是由左奇异向量和右奇异向量构成的酉矩阵。将 $M\times M$ 维对角阵 $\boldsymbol{\Sigma}$ 分块，$\hat{\boldsymbol{\Sigma}}_{\mathrm{S}}$ 包含 K 个较大奇异值，包含信号和噪声的贡献，$\hat{\boldsymbol{U}}_{\mathrm{S}}$ 和 $\hat{\boldsymbol{V}}_{\mathrm{S}}$ 分别是对应的左右奇异向量构成的矩阵；$\hat{\boldsymbol{\Sigma}}_{\mathrm{N}}$ 包含 $M-K$ 个小奇异值，仅有噪声的贡献。当不存在噪声时，$\hat{\boldsymbol{\Sigma}}_{\mathrm{N}}=\boldsymbol{0}$。

定义有噪声情况下观测信号矩阵 $\boldsymbol{X}$ 的截尾奇异值分解为

$$\boldsymbol{X}\approx\hat{\boldsymbol{U}}_{\mathrm{S}}\hat{\boldsymbol{\Sigma}}_{\mathrm{S}}\hat{\boldsymbol{V}}_{\mathrm{S}}^{\mathrm{H}} \tag{9.5.8}$$

注意，虽然这里 $\hat{\boldsymbol{U}}_{\mathrm{S}}$、$\hat{\boldsymbol{V}}_{\mathrm{S}}$ 和 $\hat{\boldsymbol{\Sigma}}_{\mathrm{S}}$ 的维数和式(9.5.4)的情况一致，但它们与式(9.5.4)所定义的 $\hat{\boldsymbol{U}}_{\mathrm{S}}$、$\hat{\boldsymbol{V}}_{\mathrm{S}}$ 和 $\hat{\boldsymbol{\Sigma}}_{\mathrm{S}}$ 之间是有差别的。在式(9.5.8)中，$\hat{\boldsymbol{U}}_{\mathrm{S}}$ 和 $\hat{\boldsymbol{V}}_{\mathrm{S}}$ 只是无噪声情况下的 $\hat{\boldsymbol{U}}_{\mathrm{S}}$ 和 $\hat{\boldsymbol{V}}_{\mathrm{S}}$ 的近似，而 $\hat{\boldsymbol{\Sigma}}_{\mathrm{S}}$ 不仅与信号功率有关，还与噪声功率有关。

利用截尾奇异值分解式(9.5.8)对 $\boldsymbol{X}$ 进行预处理，可以减小噪声的影响。另一方面，截尾奇异值分解可以使处理的空间维数减小(从 M 维降至 K 维)，从而降低运算量。

令 $\boldsymbol{W}=[\boldsymbol{w}_1\quad \boldsymbol{w}_2\quad \cdots\quad \boldsymbol{w}_K]\in\mathbb{C}^{M\times K}$ 为需要设计的 K 个空域滤波器权向量构成的矩阵，$\boldsymbol{w}_k$ 是对信号 $s_k(n)$ 的空域滤波器权向量，用 $\boldsymbol{W}^{\mathrm{H}}$ 左乘式(9.5.2)，可得波束形成器输出为

$$\boldsymbol{Y}=\boldsymbol{W}^{\mathrm{H}}\boldsymbol{X}=\boldsymbol{W}^{\mathrm{H}}\boldsymbol{AS} \tag{9.5.9}$$

由于 $\boldsymbol{X}=\boldsymbol{AS}$，利用关系 $\hat{\boldsymbol{U}}_{\mathrm{S}}=\boldsymbol{AT}$，有 $\boldsymbol{X}=\hat{\boldsymbol{U}}_{\mathrm{S}}\boldsymbol{T}^{-1}\boldsymbol{S}$，且 $\hat{\boldsymbol{U}}_{\mathrm{S}}^{\mathrm{H}}\hat{\boldsymbol{U}}_{\mathrm{S}}=\boldsymbol{I}_K$，所以

$$\boldsymbol{S}=\boldsymbol{T}\hat{\boldsymbol{U}}_{\mathrm{S}}^{\mathrm{H}}\boldsymbol{X} \tag{9.5.10}$$

比较式(9.5.9)和式(9.5.10)，当空域滤波器 $\boldsymbol{W}$ 满足 $\boldsymbol{W}^{\mathrm{H}}=\boldsymbol{T}\hat{\boldsymbol{U}}_{\mathrm{S}}^{\mathrm{H}}$ 时，波束形成器输出 $\boldsymbol{Y}=\boldsymbol{S}$，故空域滤波器 $\boldsymbol{W}$ 应为

$$\boldsymbol{W}=\hat{\boldsymbol{U}}_{\mathrm{S}}\boldsymbol{T}^{\mathrm{H}} \tag{9.5.11}$$

另外，由第 6 章 6.3.2 节的讨论可知，数据矩阵 $\boldsymbol{X}$ 的左奇异向量为矩阵 $\boldsymbol{X}\boldsymbol{X}^{\mathrm{H}}$ 的特征向量。而由第 8 章 8.3 节空间相关矩阵的估计式(8.3.12)，有

$$\hat{\boldsymbol{R}}=\frac{1}{N}\sum_{n=1}^{N}\boldsymbol{x}(n)\boldsymbol{x}^{\mathrm{H}}(n)=\frac{1}{N}\boldsymbol{X}\boldsymbol{X}^{\mathrm{H}} \tag{9.5.12}$$

所以，数据矩阵 $\boldsymbol{X}$ 的 K 个左奇异向量，与估计空间相关矩阵$\hat{\boldsymbol{R}}$的信号子空间的向量相同，用它们构成前文的矩阵$\hat{\boldsymbol{U}}_{\mathrm{S}}$ 等价。

从上面的讨论和式(9.5.11)可以看出，盲波束形成需要首先对接收数据矩阵 $\boldsymbol{X}$ 进行奇异值分解，得到矩阵$\hat{\boldsymbol{U}}_{\mathrm{S}}$；在求出满秩矩阵 $\boldsymbol{T}$ 后，按式(9.5.11)即可得到波束形成权值矩阵。

下面给出基于 ESPRIT 算法的求矩阵 $\boldsymbol{T}$ 的方法。

9.5.2　基于 ESPRIT 算法的盲波束形成

第 8 章介绍的均匀线阵是一种被广泛使用的阵列形式，本节将利用均匀线阵的平移不变性，介绍基于 ESPRIT 算法[19,21]的盲波束形成算法。

考虑由 M 个阵元组成的均匀线阵，K 个远场窄带信号从 $\theta_1,\theta_2,\cdots,\theta_K$ 方向入射到阵列，无噪声时 N 次快拍的接收数据矩阵为(设 $K\leqslant M\leqslant N$)

$$\boldsymbol{X}=\boldsymbol{A}\boldsymbol{S} \tag{9.5.13}$$

式中，$\boldsymbol{X}\in\mathbb{C}^{M\times N}$，$\boldsymbol{A}\in\mathbb{C}^{M\times K}$，$\boldsymbol{S}\in\mathbb{C}^{K\times N}$。

由第 8 章 8.1.1 节，方向矩阵 $\boldsymbol{A}\in\mathbb{C}^{M\times K}$ 为

$$\boldsymbol{A}=\begin{bmatrix}1 & 1 & \cdots & 1\\ \mathrm{e}^{-\mathrm{j}\phi_1} & \mathrm{e}^{-\mathrm{j}\phi_2} & \cdots & \mathrm{e}^{-\mathrm{j}\phi_K}\\ \vdots & \vdots & \ddots & \vdots\\ \mathrm{e}^{-\mathrm{j}(M-1)\phi_1} & \mathrm{e}^{-\mathrm{j}(M-1)\phi_2} & \cdots & \mathrm{e}^{-\mathrm{j}(M-1)\phi_K}\end{bmatrix} \tag{9.5.14}$$

式中，$\phi_k=2\pi d\sin\theta_k/\lambda,k=1,2,\cdots,K$。

类似第 8 章 8.4.1 节的 ESPRIT 算法，分别取 $\boldsymbol{A}$ 的前 $M-1$ 行和后 $M-1$ 行构成矩阵 $\boldsymbol{A}_1$ 和 $\boldsymbol{A}_2$，且有

$$\boldsymbol{A}_2=\boldsymbol{A}_1\boldsymbol{\Phi} \tag{9.5.15}$$

对角阵$\boldsymbol{\Phi}$定义为

$$\boldsymbol{\Phi}=\mathrm{diag}\{\mathrm{e}^{-\mathrm{j}\phi_1},\cdots,\mathrm{e}^{-\mathrm{j}\phi_K}\} \tag{9.5.16}$$

式(9.5.15)可用选择矩阵表示为

$$\boldsymbol{J}_2\boldsymbol{A}=(\boldsymbol{J}_1\boldsymbol{A})\boldsymbol{\Phi} \tag{9.5.17}$$

其中选择矩阵定义为

$$\boldsymbol{J}_1=[\boldsymbol{I}_{M-1}\quad \boldsymbol{0}_1]\in\mathbb{C}^{(M-1)\times M},\quad \boldsymbol{J}_2=[\boldsymbol{0}_1\quad \boldsymbol{I}_{M-1}]\in\mathbb{C}^{(M-1)\times M} \tag{9.5.18}$$

根据式(9.5.8),对 $\boldsymbol{X}$ 进行截尾奇异值分解预处理,有

$$\boldsymbol{X} \approx \hat{\boldsymbol{U}}_S \hat{\boldsymbol{\Sigma}}_S \hat{\boldsymbol{V}}_S^H \tag{9.5.19}$$

由 9.5.1 节最后的讨论知,式(9.5.19)中的矩阵 $\hat{\boldsymbol{U}}_S$ 与 8.4.1 节式(8.4.9)的矩阵 $\boldsymbol{S}$ 相同。且由式(9.5.5),存在可逆矩阵 $\boldsymbol{T} \in \mathbb{C}^{K \times K}$ 使得 $\hat{\boldsymbol{U}}_S = \boldsymbol{AT}$。

类似 8.4.1 节的式(8.4.13),定义

$$\left.\begin{aligned} \hat{\boldsymbol{U}}_1 &= \boldsymbol{J}_1 \hat{\boldsymbol{U}}_S = \boldsymbol{A}_1 \boldsymbol{T} \\ \hat{\boldsymbol{U}}_2 &= \boldsymbol{J}_2 \hat{\boldsymbol{U}}_S = \boldsymbol{A}_2 \boldsymbol{T} = \boldsymbol{A}_1 \boldsymbol{\Phi} \boldsymbol{T} \end{aligned}\right\} \tag{9.5.20}$$

所以

$$\hat{\boldsymbol{U}}_2 = \boldsymbol{A}_1 (\boldsymbol{T}\boldsymbol{T}^{-1}) \boldsymbol{\Phi} \boldsymbol{T} = \hat{\boldsymbol{U}}_1 \boldsymbol{T}^{-1} \boldsymbol{\Phi} \boldsymbol{T} \tag{9.5.21}$$

式(9.5.21)与 8.4.1 节的式(8.4.15)相同。在 8.4.1 节中,给出了基于总体最小二乘的求解 ESPRIT 的方法。下面给出基于特征分解的求解方法。

当阵元数大于信源个数时,即 $K \leqslant M-1$ 时,$\hat{\boldsymbol{U}}_1$ 是列满秩矩阵,矩阵 $\hat{\boldsymbol{U}}_1^H \hat{\boldsymbol{U}}_1$ 可逆,存在左逆矩阵 $\hat{\boldsymbol{U}}_1^\dagger = (\hat{\boldsymbol{U}}_1^H \hat{\boldsymbol{U}}_1)^{-1} \hat{\boldsymbol{U}}_1^H$,使得

$$\hat{\boldsymbol{U}}_1^\dagger \hat{\boldsymbol{U}}_2 = \boldsymbol{T}^{-1} \boldsymbol{\Phi} \boldsymbol{T} \tag{9.5.22}$$

由于 $\boldsymbol{\Phi}$ 是对角阵,而 $\boldsymbol{T}$ 是可逆矩阵,因此,式(9.5.22)是矩阵 $\hat{\boldsymbol{U}}_1^\dagger \hat{\boldsymbol{U}}_2$ 与 $\boldsymbol{\Phi}$ 的相似变换。这样,通过对矩阵 $\hat{\boldsymbol{U}}_1^\dagger \hat{\boldsymbol{U}}_2$ 进行特征分解,可得到由特征值构成的对角阵 $\boldsymbol{\Phi}$,以及由对应的特征向量构成的矩阵 $\boldsymbol{T}^{-1}$。

于是,通过 ESPRIT 算法,便得到了满秩矩阵 $\boldsymbol{T}$,由 9.5.1 节,盲波束形成器权矩阵为

$$\boldsymbol{W} = \hat{\boldsymbol{U}}_S \boldsymbol{T}^H \tag{9.5.23}$$

且波束形成器输出为

$$\boldsymbol{Y} = \boldsymbol{W}^H \boldsymbol{X} = \boldsymbol{T} \hat{\boldsymbol{U}}_S^H \boldsymbol{X} \tag{9.5.24}$$

算法 9.5(ESPRIT 盲波束形成算法)

步骤 1 计算数据矩阵 $\boldsymbol{X}$ 的截尾奇异值分解,得到分解 $\boldsymbol{X} \approx \hat{\boldsymbol{U}}_S \hat{\boldsymbol{\Sigma}}_S \hat{\boldsymbol{V}}_S^H$。

步骤 2 利用选择矩阵通过式(9.5.20)构造 $\hat{\boldsymbol{U}}_1$ 和 $\hat{\boldsymbol{U}}_2$,即由矩阵 $\hat{\boldsymbol{U}}_S$ 的上 $M-1$ 行组成 $\hat{\boldsymbol{U}}_1$,下 $M-1$ 行组成 $\hat{\boldsymbol{U}}_2$。

步骤 3 对 $\hat{\boldsymbol{U}}_1^\dagger \hat{\boldsymbol{U}}_2$ 进行特征分解,利用其特征向量构造矩阵 $\boldsymbol{T}^{-1}$,得到波束形成器 $\boldsymbol{W} = \hat{\boldsymbol{U}}_S \boldsymbol{T}^H$。

9.6 基于信号恒模特性的盲波束形成

9.5 节考虑了基于阵列结构的盲波束形成算法,本节将考虑基于信号恒模特性的盲波束形成算法。

9.6.1 SGD-CMA 算法

考虑 K 个独立的恒模信号 $s_k(n), k=1,2,\cdots,K$ 入射到 M 阵元的阵列，离散时间阵列接收信号可以表示为

$$\boldsymbol{x}(n)=\sum_{k=1}^{K}\boldsymbol{a}_k s_k(n)+\boldsymbol{v}(n) \tag{9.6.1}$$

式中，$\boldsymbol{a}_k$ 是第 k 个信号 $s_k(n)$ 的空间特征（spatial signature），当阵列结构已知时，即为第 8 章的方向向量。设

$$\boldsymbol{x}(n)=[x_0(n) \quad x_1(n) \quad \cdots \quad x_{M-1}(n)]^{\mathrm{T}}$$

假设 $|s_k(n)|=1, k=1,2,\cdots,K$。定义空域滤波器权向量为

$$\boldsymbol{w}=[w_0 \quad w_1 \quad \cdots \quad w_{M-1}]^{\mathrm{T}} \tag{9.6.2}$$

于是，空域滤波器的输出信号可以表示为

$$y(n)=\boldsymbol{w}^{\mathrm{H}}\boldsymbol{x}(n)=\sum_{m=0}^{M-1}w_m^* x_m(n) \tag{9.6.3}$$

注意到，式(9.6.3)与均衡滤波器的输出信号的表达形式相同。因此，对恒模接收信号 $\boldsymbol{x}(n)$，与 9.2.3 节类似，可定义 CM 代价函数(取色散常数 $R_p=1$)为[8,22~26]

$$J(p,q)=\mathrm{E}\{(|y(n)|^p-1)^q\} \tag{9.6.4}$$

特别地，考虑 $q=2$ 时的 CM 代价函数

$$J(p,q)=\mathrm{E}\{(|y(n)|^p-1)^2\} \tag{9.6.5}$$

利用与 9.2.3 节相同的推导方法，可以得到基于随机梯度下降(SGD，stochastic gradient descent)的 CMA 算法(SGD-CMA)[22,26]为

$$\hat{\boldsymbol{w}}(n+1)=\hat{\boldsymbol{w}}(n)+\mu\boldsymbol{x}(n)e^*(n) \tag{9.6.6}$$

式中，μ 是步长参数，$e(n)$ 为误差信号，有

$$e(n)=y(n)|y(n)|^{p-2}(1-|y(n)|^p) \tag{9.6.7}$$

类似算法 9.1，将 SGD-CMA 算法计算步骤归纳如下。

算法 9.6(SGD-CMA 算法)

步骤 1 初始化：权向量 $\hat{\boldsymbol{w}}(0)=[0 \quad \cdots \quad 0 \quad 1 \quad 0 \quad \cdots \quad 0]^{\mathrm{T}}$

$$\begin{aligned}e(0)&=y(0)|y(0)|^{p-2}(1-|y(0)|^p)\\&=\boldsymbol{w}^{\mathrm{H}}(0)\boldsymbol{x}(0)|\boldsymbol{w}^{\mathrm{H}}(0)\boldsymbol{x}(0)|^{p-2}(1-|\boldsymbol{w}^{\mathrm{H}}(0)\boldsymbol{x}(0)|^p)\end{aligned}$$

步骤 2 当 $n=1,2,\cdots,N$，完成如下迭代运算：

$$\hat{\boldsymbol{w}}(n)=\hat{\boldsymbol{w}}(n-1)+\mu\boldsymbol{x}(n-1)e^*(n-1)$$

$$y(n)=\boldsymbol{w}^{\mathrm{H}}\boldsymbol{x}(n)=\sum_{m=0}^{M-1}w_m^* x_m(n)$$

$$e(n)=y(n)|y(n)|^{p-2}(1-|y(n)|^p)$$

步骤 3 令 $n=n+1$，转步骤 2。

9.6.2 RLS-CMA 算法

由第 4 章 4.4 节 LMS 算法的收敛性讨论可知，选择较小的步长参数 μ，将导致 SGD-CMA 算法式(9.6.6)较慢的收敛速度；而选择较大的步长参数 μ，则会导致波束形成器

权向量 $\boldsymbol{w}$ 的振荡。由第 6 章知，RLS 自适应算法通常比基于随机梯度下降的 LMS 算法具有更快的收敛速率。这里考虑基于 RLS 算法的 CMA 算法(RLS-CMA)[26]。

注意到，代价函数式(9.6.5)并不是权向量 $\boldsymbol{w}$ 的二次函数，因此不能用标准的 RLS 算法求解。这里考虑一种修正的 CM 代价函数。由代价函数式(9.6.5)，引入遗忘因子 λ，考虑代价函数

$$\widetilde{J} = \sum_{k=1}^{n} \lambda^{n-k}(|\boldsymbol{w}^{\mathrm{H}}(n)\boldsymbol{x}(k)|^{p} - 1)^{2} \tag{9.6.8}$$

式中，λ 满足 $0<\lambda\leqslant 1$，$\boldsymbol{w}^{\mathrm{H}}(n)\boldsymbol{x}(k)$ 表示用 n 时刻的权向量对 n 以前的输入信号向量 $\boldsymbol{x}(k)$ 滤波。式(9.6.8)不是第 6 章的估计误差平方和，因此不能直接应用 LS 准则求解。

将式(9.6.8)改写为

$$\widetilde{J} = \sum_{k=1}^{n} \lambda^{n-k}(\boldsymbol{w}^{\mathrm{H}}(n)\boldsymbol{x}(k)\boldsymbol{x}^{\mathrm{H}}(k)\boldsymbol{w}(n)\ |\boldsymbol{w}^{\mathrm{H}}(n)\boldsymbol{x}(k)|^{p-2} - 1)^{2} \tag{9.6.9}$$

注意到，在平稳或慢时变情况下，当 k 接近 n 时，$\boldsymbol{x}^{\mathrm{H}}(k)\boldsymbol{w}(n)$ 和 $\boldsymbol{x}^{\mathrm{H}}(k)\boldsymbol{w}(k-1)$ 的差异通常较小；而对于距时刻 n 较远的 k，尽管 $\boldsymbol{x}^{\mathrm{H}}(k)\boldsymbol{w}(n)$ 和 $\boldsymbol{x}^{\mathrm{H}}(k)\boldsymbol{w}(k-1)$ 的差异较大，但这种差异可通过 λ^{n-k} 衰减。因此，考虑用 $\boldsymbol{x}^{\mathrm{H}}(k)\boldsymbol{w}(k-1)$ 代替 $\boldsymbol{x}^{\mathrm{H}}(k)\boldsymbol{w}(n)$，有

$$J(\boldsymbol{w}(n)) = \sum_{k=1}^{n} \lambda^{n-k}\left|\boldsymbol{w}^{\mathrm{H}}(n)(\boldsymbol{x}(k)\boldsymbol{x}^{\mathrm{H}}(k)\boldsymbol{w}(k-1))\,|\boldsymbol{x}^{\mathrm{H}}(k)\boldsymbol{w}(k-1)|^{p-2} - 1\right|^{2} \tag{9.6.10}$$

值得注意的是，在给定时刻 n，之前的权向量 $\boldsymbol{w}(k-1)$，$k=1,2,\cdots,n$ 已在前面的迭代计算中得到。

定义信号向量

$$\boldsymbol{z}(k) = (\boldsymbol{x}(k)\boldsymbol{x}^{\mathrm{H}}(k)\boldsymbol{w}(k-1))\,|\boldsymbol{x}^{\mathrm{H}}(k)\boldsymbol{w}(k-1)|^{p-2}$$

于是，式(9.6.10)可以改写为

$$J(\boldsymbol{w}(n)) = \sum_{k=1}^{n} \lambda^{n-k}\left|\boldsymbol{w}^{\mathrm{H}}(n)\boldsymbol{z}(k) - 1\right|^{2} \tag{9.6.11}$$

观察式(9.6.11)可发现，如果将式中的 $\boldsymbol{w}(n)$ 看成是某 M 抽头横向滤波器的权向量，而将 $\boldsymbol{z}(k)$ 看成是横向滤波器的输入信号向量，常数 1 看成是滤波器的期望响应 $d(n)$，则式(9.6.11)正好是从时刻 1 到时刻 n 的误差平方和，属于第 6 章介绍的最小二乘估计问题，可用 RLS 等算法进行求解。直接引用 6.5.2 节的 RLS 算法递推步骤可得下面的 RLS-CMA 算法。

算法 9.7(RLS-CMA 算法)

步骤 1　初始化：$\boldsymbol{P}(0)=\delta\boldsymbol{I}\in\mathbb{C}^{M\times M}$，$\delta$ 是小的正数，$\hat{\boldsymbol{w}}(0)=[1\quad \boldsymbol{0}_{1\times(M-1)}]^{\mathrm{T}}$，遗忘因子一般取接近于 1，如 $\lambda=1$ 或 $\lambda=0.98$ 等。

步骤 2　当 $n=1,2,\cdots,N$，完成如下迭代运算：

$$\boldsymbol{z}(n) = (\boldsymbol{x}(n)\boldsymbol{x}^{\mathrm{H}}(n)\boldsymbol{w}(n-1))\,|\boldsymbol{x}^{\mathrm{H}}(n)\boldsymbol{w}(n-1)|^{p-2}$$

$$\boldsymbol{k}(n) = \frac{\lambda^{-1}\boldsymbol{P}(n-1)\boldsymbol{z}(n)}{1+\lambda^{-1}\boldsymbol{z}^{\mathrm{H}}(n)\boldsymbol{P}(n-1)\boldsymbol{z}(n)}$$

$$\xi(n) = 1 - \hat{\boldsymbol{w}}^{\mathrm{H}}(n-1)\boldsymbol{z}(n)$$

$$\hat{\boldsymbol{w}}(n) = \hat{\boldsymbol{w}}(n-1) + \boldsymbol{k}(n)\xi^*(n)$$

$$\boldsymbol{P}(n) = \lambda^{-1}\boldsymbol{P}(n-1) - \lambda^{-1}\boldsymbol{k}(n)\boldsymbol{z}^{\mathrm{H}}(n)\boldsymbol{P}(n-1)$$

步骤 3　令 $n=n+1$，转步骤 2。

参考文献[26]的仿真实验表明，代价函数式(9.6.8)中的指数 $p=2$ 时，RLS-CMA 算法具有良好的收敛性能。

需指出的是，SGD-CMA 算法和 RLS-CMA 算法只能用于仅有单个 CM 信号的情况，如果存在多个 CM 信号，则上述算法可能锁定(lock)某个干扰信号而不是期望信号。

利用多级 CMA(multistage CMA)算法[27]通过多级序贯处理的方式，可捕获所有入射到阵列的 CM 信号。多级 CMA 算法的工作原理是，在第一级用 CMA 算法检测到第一个 CM 信号，随后通过正交投影(可以用 LMS 算法实现)在数据矩阵中剔除该 CM 信号；在第 2 级可以用类似方式检测到第二个 CM 信号，并将其从数据矩阵中去除；后续处理依此类推。

如果接收数据序列样本太少，多个入射信号并不完全正交，这会导致第二级和后续级的 CMA 算法失调，从而限制了多级 CMA 算法的性能[29]。

多目标(multitarget)CM 波束形成器[28]使用多个并行执行的 CMA 算法，仅要求 CM 信号之间"充分"独立，可以在一定程度上改善多个恒模信号情况下 CMA 算法的性能。

9.6.3　解析恒模算法简介

解析恒模算法(ACMA，analytical constant modulus algorithm)是另一类近年来得到研究的盲波束形成算法，该算法也称代数恒模算法(ACMA，algebraic constant modulus algorithm)，其基本思想是利用信号的 CM 特性，直接对接收信号数据矩阵进行代数运算，得到空域滤波器的权向量，该算法可同时得到多个空域滤波器的权向量。ACMA 算法的推导证明较复杂，下面直接给出 ACMA 的计算过程，详细推导请参阅有关参考文献[19,29～32]。

同 9.6.1 节一样，考虑 M 阵元的阵列接收到 K 个独立信源发出的 CM 复信号 $s_i(t)$，$|s_i(t)|=1, i=1,2,\cdots,K$。在窄带信号假设下，阵列接收信号可以表示为

$$\boldsymbol{x}(n) = \sum_{k=1}^{K} \boldsymbol{a}_k s_k(n) + \boldsymbol{v}(n) \tag{9.6.12}$$

根据 N 次快拍得到接收数据矩阵为

$$\boldsymbol{X} = \boldsymbol{AS} + \boldsymbol{E} \tag{9.6.13}$$

式中：

$$\left.\begin{aligned} \boldsymbol{X} &\triangleq [\boldsymbol{x}(1) \quad \boldsymbol{x}(2) \quad \cdots \quad \boldsymbol{x}(N)] \\ \boldsymbol{S} &\triangleq [\boldsymbol{s}(1) \quad \boldsymbol{s}(2) \quad \cdots \quad \boldsymbol{s}(N)] \\ \boldsymbol{E} &\triangleq [\boldsymbol{v}(1) \quad \boldsymbol{v}(2) \quad \cdots \quad \boldsymbol{v}(N)] \end{aligned}\right\} \tag{9.6.14}$$

矩阵 $\boldsymbol{A}$ 和 $\boldsymbol{S}$ 都是未知的。波束形成的目标是，给定 $\boldsymbol{X}$，利用信号的 CM 特性，寻找一个行满秩的波束形成矩阵

$$\boldsymbol{W} = [\boldsymbol{w}_1 \quad \boldsymbol{w}_2 \quad \cdots \quad \boldsymbol{w}_K] \in \mathbb{C}^{M\times K} \tag{9.6.15}$$

得到

$$\hat{\boldsymbol{S}} = \boldsymbol{W}^{\mathrm{H}}\boldsymbol{X} \tag{9.6.16}$$

使得 $|\hat{S}_{ij}|=1$，其中，$\hat{S}_{ij}$ 是信号矩阵 $\hat{\boldsymbol{S}}$ 的第 (i,j) 个元素。

使用 ACMA 算法时，要求满足以下假设条件。

解析恒模算法的假设条件：

假设 1 $M\geqslant K^2, N\geqslant K^2$。

假设 2 矩阵 $\boldsymbol{A}$ 是列满秩的，$\mathrm{rank}(\boldsymbol{A})=K$。

假设 3 假设信号是随机的、独立同分布、零均值、圆对称(circularly symmetric)的，且模等于 1。注意到这不包括 BPSK 信号。

假设 4 假设噪声 $\boldsymbol{E}$ 是加性白、零均值、圆对称的复高斯随机过程，其相关矩阵为 $\boldsymbol{R}_e=\mathrm{E}\{\boldsymbol{e}(n)\boldsymbol{e}^{\mathrm{H}}(n)\}=\sigma^2\boldsymbol{I}$，噪声与信号源独立。

假设 5 无噪声模型 $\boldsymbol{X}=\boldsymbol{AS}$ 是基本可辨识的(essentially identifiable)。即除了相位和排序的模糊性，式 $\boldsymbol{X}=\boldsymbol{AS}$ 所给出的分解是唯一的。

其中，圆对称复高斯随机过程是指，若实随机过程 $x(n)$ 和 $y(n)$ 是独立同分布的均值为零、方差为 $\sigma^2/2$ 的高斯过程，则复随机过程 $z(n)=x(n)+\mathrm{j}y(n)$ 称为圆对称复高斯随机过程，且其均值为零，方差为 σ^2。

ACMA 算法的计算步骤总结如下[29,31]。

算法 9.8(ACMA 算法)

步骤 1 计算 $\boldsymbol{X}$ 的截尾奇异值分解：$\boldsymbol{X}\approx\hat{\boldsymbol{U}}_{\mathrm{S}}\hat{\boldsymbol{\Sigma}}_{\mathrm{S}}\hat{\boldsymbol{V}}_{\mathrm{S}}^{\mathrm{H}}$；式中 $\hat{\boldsymbol{\Sigma}}_{\mathrm{S}}$ 是由 K 个较大奇异值构成的对角阵，$\hat{\boldsymbol{U}}_{\mathrm{S}}\in\mathbb{C}^{M\times K}$ 是由 K 个较大奇异值对应的左奇异向量构成的矩阵。

步骤 2 预滤波：

$$\underline{\boldsymbol{X}} = \hat{\boldsymbol{\Sigma}}_{\mathrm{S}}^{-1}\hat{\boldsymbol{U}}_{\mathrm{S}}^{\mathrm{H}}\boldsymbol{X}, \underline{\boldsymbol{X}} = [\underline{\boldsymbol{x}}(1) \quad \underline{\boldsymbol{x}}(2) \quad \cdots \quad \underline{\boldsymbol{x}}(N)] \in \mathbb{C}^{K\times N} \tag{9.6.17}$$

步骤 3 用向量的 Kronecker 积构成矩阵 $\underline{\hat{\boldsymbol{C}}}\in\mathbb{C}^{2K\times 2K}$：

$$\begin{aligned}\underline{\hat{\boldsymbol{C}}} &\triangleq \frac{1}{N}\sum_{n=1}^{N}(\underline{\boldsymbol{x}}^*(n)\otimes\underline{\boldsymbol{x}}(n))(\underline{\boldsymbol{x}}^*(n)\otimes\underline{\boldsymbol{x}}(n))^{\mathrm{H}} \\ &\quad - \left[\frac{1}{N}\sum_{n=1}^{N}\underline{\boldsymbol{x}}^*(n)\otimes\underline{\boldsymbol{x}}(n)\right]\left[\frac{1}{N}\sum_{n=1}^{N}\underline{\boldsymbol{x}}^*(n)\otimes\underline{\boldsymbol{x}}(n)\right]^{\mathrm{H}}\end{aligned} \tag{9.6.18}$$

计算 $\underline{\hat{\boldsymbol{C}}}$ 的特征值分解，得到 $\underline{\hat{\boldsymbol{C}}}$ 的最小 K 个特征值对应的特征向量 $\{\boldsymbol{y}_k\}_{k=1}^{K}$。

步骤 4

$$\boldsymbol{Y}_k = \mathrm{vec}^{-1}(\boldsymbol{y}_k), \quad k=1,2,\cdots,K \tag{9.6.19}$$

通过联合对角化或子空间拟合技术得到矩阵 $\boldsymbol{T}$，使得

$$\boldsymbol{Y}_k = \boldsymbol{T}\boldsymbol{\Lambda}_k\boldsymbol{T}^{\mathrm{H}}, \quad k=1,2,\cdots,K \tag{9.6.20}$$

步骤 5 归一化矩阵 $\boldsymbol{T}$ 的列向量，得到波束形成矩阵 $\boldsymbol{W}=\hat{\boldsymbol{U}}_{\mathrm{S}}\hat{\boldsymbol{\Sigma}}_{\mathrm{S}}^{-1}\boldsymbol{T}$，并实现信号分离，即

$$\hat{\boldsymbol{S}} = \boldsymbol{T}^{\mathrm{H}}\underline{\boldsymbol{X}} \tag{9.6.21}$$

下面对计算步骤中的部分内容给予说明。

设矩阵 $\boldsymbol{A}=[a_{ij}]\in\mathbb{C}^{m\times n}$，$\boldsymbol{B}=[b_{ij}]\in\mathbb{C}^{p\times q}$。矩阵的 Kronecker 积（Kronecker product）$\boldsymbol{A}\otimes\boldsymbol{B}$ 是由 $\boldsymbol{A}$ 的每个元素 a_{ij} 与 $\boldsymbol{B}$ 数乘而得到的矩阵，定义为

$$\boldsymbol{A}\otimes\boldsymbol{B}\triangleq\begin{bmatrix}a_{11}\boldsymbol{B} & a_{12}\boldsymbol{B} & \cdots & a_{1n}\boldsymbol{B}\\ a_{21}\boldsymbol{B} & a_{22}\boldsymbol{B} & \cdots & a_{2n}\boldsymbol{B}\\ \vdots & \vdots & \ddots & \vdots\\ a_{m1}\boldsymbol{B} & a_{m2}\boldsymbol{B} & \cdots & a_{mn}\boldsymbol{B}\end{bmatrix}\in\mathbb{C}^{mp\times nq}\tag{9.6.22}$$

矩阵 $\boldsymbol{A}=[a_{ij}]\in\mathbb{C}^{m\times n}$ 的相伴向量 $\mathrm{vec}(\boldsymbol{A})\in\mathbb{C}^{mn\times 1}$ 是矩阵 $\boldsymbol{A}$ 中的所有元素按列的顺序堆叠而成的列向量，即

$$\boldsymbol{a}\triangleq\mathrm{vec}(\boldsymbol{A})=[a_{11}\ \cdots\ a_{m1}\ a_{12}\ \cdots\ a_{m2}\ \cdots\ a_{1n}\ \cdots\ a_{mn}]^{\mathrm{T}}$$

向量化运算 vec(·)的逆运算（矩阵化运算）定义为

$$\mathrm{vec}^{-1}(\boldsymbol{a})=\boldsymbol{A}$$

由式(9.6.22)，向量 $\boldsymbol{a}=[a_1\ \cdots\ a_m]^{\mathrm{T}}$ 和 $\boldsymbol{b}=[b_1\ \cdots\ b_m]^{\mathrm{T}}$ 的 Kronecker 积为

$$\boldsymbol{a}\otimes\boldsymbol{b}=\begin{bmatrix}a_1\boldsymbol{b}\\ \vdots\\ a_m\boldsymbol{b}\end{bmatrix}$$

此外，步骤 4 中的联合对角化是指，所有 $\boldsymbol{Y}_k$ 都可以用相同的矩阵 $\boldsymbol{T}$ 对角化，这个问题可以表示为

$$\boldsymbol{T}=\arg\min_{\boldsymbol{T},\{\boldsymbol{\Lambda}_k\}}\sum_k\|\boldsymbol{y}_k-\boldsymbol{T}\boldsymbol{\Lambda}_k\boldsymbol{T}^{\mathrm{H}}\|_{\mathrm{F}}^2\tag{9.6.23}$$

定义 Khatri-Rao 积（按列的 Kronecker 积）

$$\boldsymbol{A}\circledast\boldsymbol{B}\triangleq[\boldsymbol{a}_1\otimes\boldsymbol{b}_1\quad\boldsymbol{a}_2\otimes\boldsymbol{b}_2\quad\cdots]$$

式中，$\boldsymbol{a}_1,\boldsymbol{a}_2,\cdots$ 和 $\boldsymbol{b}_1,\boldsymbol{b}_2,\cdots$ 分别是矩阵 $\boldsymbol{A}$ 和 $\boldsymbol{B}$ 的列向量。利用公式

$$\mathrm{vec}(\boldsymbol{A}\mathrm{diag}(\boldsymbol{b})\boldsymbol{C})=(\boldsymbol{C}^{\mathrm{T}}\circledast\boldsymbol{A})\boldsymbol{b}$$

于是，式(9.6.23)可以表示为

$$\begin{aligned}\boldsymbol{T}&=\arg\min_{\boldsymbol{T},\{\boldsymbol{\Lambda}_k\}}\sum_k\|\boldsymbol{y}_k-(\boldsymbol{T}^*\circledast\boldsymbol{T})\boldsymbol{m}_k\|_{\mathrm{F}}^2\\ &=\arg\min_{\boldsymbol{T},\boldsymbol{M}}\|\boldsymbol{Y}-(\boldsymbol{T}^*\circledast\boldsymbol{T})\boldsymbol{M}\|_{\mathrm{F}}^2\end{aligned}\tag{9.6.24}$$

式中，$\boldsymbol{M}\in\mathbb{C}^{K\times K}$ 是一个满秩矩阵，$\boldsymbol{m}_k$ 是矩阵 $\boldsymbol{M}$ 的第 k 列，$\boldsymbol{\Lambda}_k=\mathrm{diag}\{\boldsymbol{m}_k\}$ 是由向量 $\boldsymbol{m}_k$ 构造的对角矩阵，$\boldsymbol{Y}=[\boldsymbol{y}_1\ \ \boldsymbol{y}_2\ \ \cdots\ \ \boldsymbol{y}_K]$。式(9.6.24)实际上是一个子空间拟合（subspace fitting）问题[33,34]。

习题

9.1 系统辨识、盲辨识，解卷积、盲解卷积运算，是否仅针对离散时间 LTI 系统？另请说明盲源分离和盲波束形成的关系。

9.2 给出 Sato 算法、Godard 算法和 DD 算法的自适应盲均衡步骤。

9.3 说明 SIMO 信号模型的两种矩阵表达形式即式(9.3.18)和式(9.3.25)是等

价的。

9.4 对子空间的盲辨识算法，完成下面问题：

(1) 证明式(9.3.29)成立。

(2) 对 $L=1, M=2, N=3$，写出式(9.3.39)的矩阵形式。

9.5 (1) 令 $\boldsymbol{v}^{(m)}, m=1,2,\cdots,M$ 是任意的 $N\times 1$ 的向量，即

$$\boldsymbol{v}^{(m)} = \begin{bmatrix} v_1^{(m)} & v_2^{(m)} & \cdots & v_N^{(m)} \end{bmatrix}^{\mathrm{T}}$$

定义向量

$$\boldsymbol{V} = \begin{bmatrix} \boldsymbol{v}^{(1)\mathrm{T}} & \boldsymbol{v}^{(2)\mathrm{T}} & \cdots & \boldsymbol{v}^{(M)\mathrm{T}} \end{bmatrix}^{\mathrm{T}} \in \mathbb{R}^{MN\times 1}$$

滤波矩阵

$$\boldsymbol{\mathcal{V}}_{M+1}^{(m)} = \begin{bmatrix} v_1^{(m)} & v_2^{(m)} & \cdots & v_N^{(m)} & 0 & \cdots & 0 \\ 0 & v_1^{(m)} & v_2^{(m)} & \cdots & v_N^{(m)} & \cdots & 0 \\ \vdots & \ddots & \ddots & \ddots & \ddots & \ddots & \vdots \\ 0 & \cdots & v_1^{(m)} & v_2^{(m)} & \cdots & \cdots & v_N^{(m)} \end{bmatrix} \in \mathbb{R}^{L\times(L+N-1)}$$

和矩阵

$$\boldsymbol{\mathcal{V}}_L = \begin{bmatrix} \boldsymbol{\mathcal{V}}_L^{(1)\mathrm{T}} & \boldsymbol{\mathcal{V}}_L^{(2)\mathrm{T}} & \cdots & \boldsymbol{\mathcal{V}}_L^{(M)\mathrm{T}} \end{bmatrix}^{\mathrm{T}}$$

试证明：

$$\boldsymbol{V}^{\mathrm{T}}\boldsymbol{H}_M = \boldsymbol{h}^{\mathrm{T}}\boldsymbol{\mathcal{V}}_L$$

式中，$\boldsymbol{H}_M$ 和 $\boldsymbol{h}$ 分别由式(9.3.19)和式(9.3.36)给出。

(2) 证明式(9.3.35)成立。

9.6 对 9.4.1 节的 SIMO 信道互关系，回答下列问题：

(1) 从 z 域证明互关系式(9.4.5)的正确性。

(2) 如果 SIMO 信道是时变的或非线性的，互关系是否仍成立？

9.7 算法 9.2 和算法 9.3 进行 SIMO 信道盲估计时，都是基于对矩阵的特征值分解，能否用奇异值分解方法实现信道的估计？若能，试给出计算步骤。

9.8 证明多信道 LMS 算法的梯度公式(9.4.23)成立。

9.9 第 9.4.2 节的 MCLMS 算法，是针对实系统进行推导的，如果系统是复系统，MCLMS 算法是否仍有效？

9.10 对基于阵列结构的盲波束形成，回答下列问题：

(1) 基于奇异值分解的降维预处理算法是否仅适合均匀线阵？

(2) 基于 ESPRIT 算法的盲波束形成是否仅适合均匀线阵？

(3) ESPRIT 盲波束形成算法对阵元间距有何要求？

(4) 能否用第 3 章 3.6.5 节的广义特征值分解方法，第 8 章 8.4.1 节的总体最小二乘法，求解基于 ESPRIT 算法的盲波束形成问题？若能，试给出计算步骤。

9.11 比较 SGD-CMA 盲波束形成算法与 9.2.3 节 Godard 自适应盲均衡算法的区别和联系。SGD-CMA 盲波束形成算法与阵列结构有无关系？

9.12 第 9.6 节根据式(9.6.11)给出了基于 RLS 算法的 RLS-CMA 盲波束形成算法，能否用第 6 章的其他最小二乘算法求解该问题？如奇异值分解法、QR-RLS 算法等。

仿真题

9.13 已知单输入二输出的SIMO信道的冲激响应为

$$\boldsymbol{h}_1 = [1 \quad -2\cos\theta \quad 1]^{\mathrm{T}}$$

$$\boldsymbol{h}_2 = [1 \quad -2\cos(\theta+\delta) \quad 1]^{\mathrm{T}}$$

试分别利用CR算法和MCLMS算法实现上述信道的盲辨识。并使用9.4节的算法参数设置。

9.14 仿真重现9.4节的仿真实例。

9.15 假设信道冲激响应为

$$h_k = \begin{cases} \dfrac{1}{2}\left\{1+\cos\left[\dfrac{2\pi}{3.5}(k-1)\right]\right\}, & k=0,1,2 \\ 0, & \text{其他} \end{cases}$$

使用 $p=2$ 时的CMA算法,用抽头数为17的FIR滤波器实现信道的盲自适应均衡。使用QAM信号[4],选择适当的步长参数,完成仿真实验,计算ISI的变化曲线。ISI的计算公式为

$$\mathrm{ISI} = \frac{\sum_k |c_k| - \max_k |c_k|}{\max_k |c_k|}$$

式中,c_k 是均衡滤波器与信道滤波器的级联,即两系统冲激响应序列的卷积,为 $\{c_k\} = \{w_k\} * \{h_k\}$。

参考文献

[1] Ljung L. System Identification: Theory for the Users [M], 2nd ed. Upper Saddle River, NJ: Prentice Hall PTR, 1999.

[2] Abed-Meraim K, Qiu W, Hua Y. Blind system identification [J]. Proceedings of the IEEE, 1997, 85(8): 1310-1322.

[3] Cichocki A, Amari S. Adaptive Blind Signal and Image Processing [M]. John Wiley & Sons, 2002.

[4] Proakis J G. Digital Communications [M], 3rd Ed. New York: McGraw-Hill, 1995.

[5] Haykin S. Adaptive Filter Theory [M], 4th Ed. Upper Saddle River, NJ: Prentice-Hall, 2001.

[6] Sato Y. A method of self-recovering equalization for multilevel amplitude-modulation systems [J]. IEEE Transactions on Communications, 1975, 23(6): 679-682.

[7] Godard D N. Self-recovering equalization and carrier tracking in two-dimensional data communication systems [J]. IEEE Transactions on Communications, 1980, 28(11): 1967-1875.

[8] Treichler J R, Agee B G. A new approach to multipath correction of constant modulus signals [J]. IEEE Transactions on Acoustics, Speech, and Signal Processing, 1983, 31(2): 459-472.

[9] Tong L, Perreau S. Multichannel blind identification: from subspace to maximum likelihood methods [J]. Proceedings of the IEEE, 1998, 86(10): 1951-1968.

[10] Moulines E, Duhamel P, Cardoso J F, et al. Subspace methods for the blind identification of multichannel FIR filters [J]. IEEE Transactions on Signal Processing, 1995, 43(2): 516-525.

[11] Hua Y. Fast maximum likelihood for blind identification of multiple FIR channels [J]. IEEE Transactions on Signal Processing, 1996, 44(3): 661-672.

[12] Tong L, Xu G, Kailath T. Blind identification and equalization based on second-order statistics: a time domain approach [J]. IEEE Transactions on Information Theory, 1994, 40(2): 340-349.

[13] Slock D T M. Blind fractionally-spaced equalization, perfect reconstruction filter banks and multichannel linear prediction [C]. Proc. ICASSP Conf., Adelaide, Australia, 1994, 4: 585-588.

[14] Abed-Meraim K, Moulines E, Loubaton P. Prediction error method for second-order blind identification [J]. IEEE Transactions on Signal Processing, 1997, 45(3): 694-705.

[15] Papadias C B, Slock D T M. Fractionally spaced equalization of linear polyphase channels and related blind techniques based on multichannel linear prediction [J]. IEEE Transactions on Signal Processing, 1999, 47(3): 641-654.

[16] Xu G, Liu H, Tong L, et al. A least-squares approach to blind channel identification [J]. IEEE Transactions on Signal Processing, 1995, 43(12): 2982-2993.

[17] Gurelli M I, Nikias C L. EVAM: an eigenvector-based algorithm for multichannel blind deconvolution of input colored signals [J]. IEEE Transactions on Signal Processing, 1995, 43(1): 134-149.

[18] Huang Y A, Benesty J. Adaptive multi-channel least mean square and Newton algorithms for blind channel identification [J]. Signal Processing, 2002, 82(8): 1127-1138.

[19] van der Veen A J. Algebraic methods for deterministic blind blind beamforming [J]. Proceedings of the IEEE, 1998, 86(10): 1987-2008.

[20] Golub G, Van Loan C F. Matrix Computations[M]. 2nd ed. Baltimore, MD: Johns Hopkins Press, 1989.

[21] Roy R, Kailath T. ESPRIT-estimation of signal parameters via rotational invariance techniques [J]. IEEE Transactions on Acoustics, Speech, and Signal Processing, 1989, 37(7): 984-995.

[22] Shynk J J, Gooch R P. The constant modulus array for cochannel signal copy and direction finding [J]. IEEE Transactions on Signal Processing, 1996, 44(3): 652-660.

[23] Gooch R, Lundell J. The CM array: an adaptive beamformer for constant modulus signals [C]. Proc. Int. Conf. Acoustics, Speech, and Signal Processing, Tokyo. 1986, 2523-2526.

[24] Agee B G. The least-squares CMA: a new technique for rapid correction of constant modulus signals [C]. Proc. Int. Conf. Acoustics, Speech, and Signal Processing, Tokyo. 1986, 953-956.

[25] Biedka T E, Tranter W H, Reed J H. Convergence Analysis of the least squares constant modulus algorithm in interference cancellation applications [J]. IEEE Transactions on Communications, 2000, 48(3): 491-501.

[26] Chen Y, Le-Ngoc T, Champagne B, et al. Recursive least squares constant modulus algorithm for blind adaptive array [J]. IEEE Transactions on Signal Processing, 2004, 52(5): 1452-1456.

[27] Shynk J J, Gooch R P. Steady-state analysis of the multistage constant modulus array [M]. IEEE Transactions on Signal Processing, 1996, 44(4): 948-962.

[28] Agee B G. Blind separation and capture of communication signals using a multitarget constant modulus beamformer [C]. IEEE Military Communications Conference (MILCOM '89), Boston, 1989, 340-346.

[29] van der Veen A J, Paulraj A. An analytical constant modulus algorithm [J]. IEEE Transactions on Signal Processing, 1996, 44(5): 1136-1155.

[30] van der Veen A J. Analytical method for blind binary signal separation [J]. IEEE Transactions on Signal Processing, 1997, 45(4): 1078-1082.

[31] van der Veen A J. Asymptotic properties of the algebraic constant modulus algorithm [J]. IEEE Transactions on Signal Processing, 2001, 49(8): 1796-1807.

[32] van der Veen A J. Statistical performance analysis of the algebraic constant modulus algorithm [J]. IEEE Transactions on Signal Processing, 2002, 50(12): 3083-3097.

[33] van der Veen A J. Joint diagonalization via subspace fitting techniques [C]. IEEE International Conference on Acoustics, Speech, and Signal Processing (ICASSP'01), 2001, 5: 2773-2776.

[34] Viberg M, Ottersten B, Kailath T. Detection and estimation in sensor arrays using weighted subspace fitting [M]. IEEE Transactions on Signal Processing, 1991, 39(11): 2436-2449.

[35] Xia W, He Z, Liu B, and Niu C. Adaptive Multichannel Blind Identification Using Manifold Optimization. Elsevier Signal Processing, 2008, 88(6): 1595-1605.

索　　引

（以汉语拼音为序）

A

A/D 转换器(analog-to-digital converter)　1.6
ACMA 算法　9.6.3
AIC 准则(akaike information criterion)　3.6.6
APES(amplitude and phase estimation)　3.5.1

B

Bayes 估计　9.2.1
Bussgang 过程　9.2.1
Bussgang 算法　9.2.1
白化滤波器(whitening filter)　5.1.2
本振(local oscillation)　1.8.1
变步长 LMS 算法(variable step size LMS algorithm)　4.4.5
遍历性(ergodicity)　2.1.3
标称轨迹(nominal trace)　7.5.1
标称状态变量(nominal state)　7.5.1
标量模糊性(scalar ambiguity)　9.3.3
病态的(ill conditioned)　4.4.3
波束空间(BS,beam space)　8.10.2
波形编码(waveform coding)　5.4
波束图(pattern)　8.6.1
伯努利序列(Bernoulli sequence)　5.3.4
不敏卡尔曼滤波(UKF,unscented Kalman filtering)　7.5.2
不适定逆估计问题(ill-posed inverse estimation problem)　习题 8.14
步长参数(step size parameter,或步长因子)　4.3.1

C

CMA 算法　9.2.3
采样(sampling)　1.1.1
采样矩阵求逆(SMI,sample matrix inversion)　8.7.2
采样相位(sampling phase)　9.3.1
参考通道(reference channel)　8.10.3
残差(residual)　7.1.1

差分脉冲编码调制(DPCM,differential PCM) 5.4
超大规模集成电路(VLSI,very large scale integration) 5.2.2
超定线性方程组(over determined equations) 3.3.2
超分辨率(super resolution) 8.2
乘法器(multiplier) 1.3.4
抽取器(decimator) 1.9.2

D

DOA 估计(estimation of direction-of-arrival) 8.2
代价函数(cost function) 4.2.1
代数恒模算法(ACMA,algebraic constant modulus algorithm) 9.6.3
带通滤波器(BPF,band pass filter) 1.2.4
单输入多输出(SIMO,single-input multiple-output)信道 9.3.1
单位冲激响应(impulse response) 1.1.4
导向向量(steering vector) 8.1.1
低通滤波器(LPF,low pass filter) 1.2.4
递归最小二乘 (RLS,recursive least squares) 6.5
叠加原理(superposition principle) 1.1.3
动态(dynamics) 1.4.1
独立分量分析(ICA,independent component analysis) 9.1.3
对角加载(diagonally loading) 6.5.2
多级 CMA(multistage CMA)算法 9.6.2
多级维纳滤波(multistage Wiener filtering) 4.5
多目标(multitarget)CM 波束形成器 9.6.2
多旁瓣对消(MSC,multiple sidelobe cancellation) 8.9
多普勒频移(Doppler frequency shift) 习题 5.7
多相滤波器(polyphase filter) 1.9
多信道 LMS 算法(MCLMS,multi-channel LMS) 9.4.2
多重信号分类(MUSIC,multiple signal classification) 3.6.2

E

ESPRIT(estimating signal parameter via rotational invariance techniques) 3.6.5

F

FPGA(field programmable gate array) 1.8.2
反射系数(reflection coefficient) 1.5.1
范德蒙德矩阵(Vandermonde matrix) 3.5.1
方差(variance) 2.1.1

方框图(block diagram)　1.3.4
方位角(azimuth)　8.1.1
方向矩阵(direction matrix)　8.1.1
方向图(pattern)　8.6.1
方向向量(direction vector)　8.1.1
非记忆系统(memoryless system)　1.4.1
非凸函数(non-convex function)　9.2.1
非线性相位系统(nonlinear-phase system)　1.4.5
非相干信号子空间方法(ISM,incoherent signal-subspace method)　8.10.2
分块 LMS 算法(block LMS algorithm)　习题 4.16
峰度或峭度(kurtosis)　2.5.1
峰值失真(peak distortion)　5.3.2
幅频特性(magnitude frequency response)　1.2.4
俯仰角(elevation)　8.1.1
辅助天线 (auxiliary antenna)　8.9.1
辅助通道(auxiliary channel)　8.9.1
复包络(complex envelope)　1.7.3
复信号(complex signal)　1.1.1
副瓣或旁瓣(sidelobe)　8.6.1
傅里叶变换(FT,Fourier transform)　1.2.2
傅里叶级数表示(Fourier series representation)　1.2.2
傅里叶级数系数(Fourier series coefficient)　1.2.2
傅里叶逆变换(IFT,inverse Fourier transform)　1.2.2

G

Givens 旋转　6.6.3
Godard 算法　9.2.3
干扰信号(interference signal)　8.6.2
干涉仪(interferometer)　8.5
高通滤波器(HPF,high pass filter)　1.2.4
格型(lattice)　1.5
功率谱(PSD,power spectral density)　2.3.1
功率信号(finite-power signal)　1.1.1
共振峰(formant)　5.4.1
估计误差(estimation error)　4.2.1
观测方程(measurement equation)　7.2
广义 Sylvester 矩阵　9.3.3
广义旁瓣对消器(GSC,generalized sidelobe canceller)　8.7.5

广义平稳(WSS,wide-sense stationary) 2.1.2
广义特征向量(generalized eigenvector) 3.6.5
广义特征值(generalized eigenvalue) 3.6.5
归一化 LMS 算法(normalized LMS algorithm) 4.4.5
归一化均方根误差(NRMSE,normalized root-mean-square error) 9.4.2
规则随机过程(regular random process) 2.4.1
过采样(oversampling) 9.3.1
过采样因子(oversampling factor) 9.3.1
过程方程(process equation) 7.2

H

海森堡测不准(Heisenberg uncertainty) 5.4.2
汉克尔矩阵(Hankel matrix) 9.4.1
恒包络(constant envelope) 9.2.1
恒模(CM,constant modulus) 9.2.1
恒模算法(CMA,constant modulus algorithm) 9.2.3
横向滤波器(transversal filter) 3.4.2
后向线性预测(BLP,backward linear prediction) 5.2.1
后验估计误差(*a posteriori* estimation error) 6.5.2
互关系(CR,cross relation) 9.4.1
互素(coprime) 9.3.3
互相关函数(correlation function) 1.1.5
互相关向量(cross correlation vector) 4.2.1
互协方差函数(cross covariance function) 2.1.1
滑动平均(MA(q),moving-average) 2.4.2

J

基带信号(baseband signal) 1.7.3
基线(baseline) 8.5.1
极点(poles) 1.3.3
集总平均(ensemble average) 2.1.1
记忆系统(memory system) 1.4.1
加法器(adder) 1.3.4
交互多模型(IMM,interacting multiple model) 7.6.4
交换矩阵(exchange matrix) 3.2.2
阶数(order) 1.1.4
解卷积(deconvolution) 9.1.1
解析恒模算法(ACMA,analytical constant modulus algorithm) 9.6.3

解析信号(analytical signal)　1.7.1
矩-累积量转换公式(M-C,moment-cumulant)　2.5.1
矩生成函数(moment generating function)　2.5.1
矩阵对(matrix pair)　3.6.5
卷积和(convolution sum)　1.1.4
均方误差(MSE,mean square error)　4.2.1
均衡(equalization)　5.3
均匀线阵(ULA,uniform linear array)　8.1.1
均值函数(mean function)　2.1.1

K

Khatri-Rao 积　9.6.3
Kronecker 积　9.6.3
卡尔曼增益矩阵(Kalman gain matrix)　7.3.1
可辨识性条件(identifiability condition)　9.3.3
可加性(additivity)　1.1.3
可逆系统(invertible system)　1.4.3
可逆性(invertibility)　1.4.3
可预测过程(predictable random process)　2.4.1
空间平滑(spatial smoothing)　8.10.1
空时处理(space-time processing)　8.10.2
空域 APES(SAPES,spatial amplitude and phase estimation)　8.8
空域滤波(spatial filtering)　8.6.1
空域滤波器(spatial filter)　8.6.1
快拍(snapshot)　8.1.1
快速傅里叶变换(FFT,fast fourier transform)　1.2.5
扩展卡尔曼滤波(EKF,extended Kalman filtering)　7.5.2

L

LMS(Least-mean-square)算法　4.4.1
累积量(cumulant)　2.5.1
累积量-矩转换公式(C-M,cumulant-moment)　2.5.1
累积量生成函数(cumulant generating function)　2.5.1
离散傅里叶变换 (DFT,discrete Fourier transform)　1.2.5
离散傅里叶逆变换(IDFT,inverse discrete Fourier transform)　1.2.5
离散时间信号(discrete-time signal)　1.1.1
离散时间序列(discrete-time sequence)　1.1.1
黎卡蒂差分方程(Riccati difference equation)　7.3.4

粒子滤波(PF,particle filtering) 7.5.2
连续时间信号(continuous-time signal) 1.1.1
联合概率分布函数(joint probability distribution function) 2.1.1
联合概率密度函数(joint probability density function) 2.1.1
零点(zeros) 1.3.3
零空间(null space) 4.5.2
零输入响应(zero-input response) 1.1.4
零中频信号(zero intermediate frequency signal) 1.7.3
零状态响应(zero-state response) 1.1.4
流水式工作(pipelined operation) 6.6.5
滤波(filtering) 1.2.4
滤波矩阵(filtering matrix) 9.3.2
滤波器(filter) 1.2.4

M

MDL(minimum description length) 3.6.6
码间干扰(ISI,inter symbol interference) 5.3
脉冲编码调制(PCM,pulse code modulation) 5.4
脉冲幅度调制(PAM,pulse amplitude modulation) 9.2.2
脉动(systolic) 6.6.5
盲波束形成(blind beam forming) 9.1.4
盲解卷积(blind deconvolution) 9.1.1
盲均衡(blind equalization) 9.1.2
盲系统辨识(BSI,blind system identification) 9.1.1
盲源分离(BSS,blind source separation) 9.1.3
弥散(dispersion) 9.2.3
幂等矩阵(idempotent matrix) 6.2.3

N

奈奎斯特采样定理(Nyquist sampling theorem) 1.6
能量信号(finite-energy signal) 1.1.1
逆系统(inverse system) 1.4.3

P

帕斯瓦尔关系(Parseval's relation) 1.2.3
排序模糊性(permutation ambiguity) 9.3.3
抛物面(parabola surface) 4.2.1
频率调制指数(frequency modulation index) 9.2.3

频率响应(frequency response)　1.2.4
平滑(smoothing)　4.1.1
平均功率(average power)　2.1.1
平均时间常数(average time constant)　4.4.3
平稳(stationary)　2.1.2
迫零(ZF,zero forcing)均衡器　5.3.2
谱线分裂(spectral line splitting)　3.2.4
谱相关密度函数(spectral-correlation density)　2.1.4

Q

QR-RLS 算法　6.6.2
QR 分解　6.6.1
期望响应(desired response)　4.1.1
齐次性(homogeneity)　1.1.3
奇异值分解(SVD,singular value decomposition)　6.3.1
前向线性预测(FLP,forward linear prediction)　5.2.1
欠定方程组(under-determined equations)　6.1.3
清音(unvoiced speech)　5.4.1
确定信号(deterministic signal)　1.1.1
确定性正则方程(deterministic normal equations)　6.2.1
群时延(group delay)　1.4.5

R

RLS (recursive least squares)算法　6.5
RLS-CMA 算法　9.6.2

S

Sato 算法　9.2.1
SGD-CMA 算法　9.6.1
Sylvester(希尔维斯特)矩阵　9.3.2
三阶谱(双谱,bispectrum)　2.5.3
色散(dispersion)　1.4.5
色散(dispersive)　9.2.3
色散常数(dispersion constant)　9.2.3
升余弦(raised cosine)　5.3.4
声道(vocal tract)　5.4.1
剩余均方误差(excess mean square error)　4.4.3
失调参数(misadjustment)　4.4.3

失配(mismatch) 8.10.3
时不变系统(time invariant system) 1.1.3
实信号(real signal) 1.1.1
适定方程组(well-determined equations) 6.1.1
收敛域(ROC,region of convergence) 1.3.1
输出信号(output signal) 1.1.3
输入信号(input signal) 1.1.3
数据融合(data fusion) 7.6.5
数字波束形成(DBF,digital beam forming) 8.6.1
数字控制振荡器(NCO,numerically controlled oscillator) 1.8.2
数字信号(digital signal) 1.1.1
数字自适应干扰置零(digital adaptive interference nulling) 8.6.2
双边相关变换(TCT,two-sided correlation transformation) 8.10.2
四阶谱(三谱,trispectrum) 2.5.3
随机梯度下降(SGD,stochastic gradient descent) 9.6.1
随机信号(random signal) 1.1.1
栅瓣(grating lobe) 8.6.1

T

调频(FM,frequency-modulated) 9.2.3
调相(PM,phase-modulated) 9.2.3
泰勒级数(Taylor series) 7.5.1
特征函数(eigenfunction) 1.2.1
特征值 (eigenvalue) 1.2.1
特征值比(eigenvalue ratio) 4.4.3
特征值扩展(eigenvalue spread) 4.4.3
梯度向量(gradient vector) 3.4.1
梯度噪声放大(gradient noise amplification) 4.4.5
同相分量(in-phase component) 1.7.3
统计独立的(statistically independent) 2.1.1
投影矩阵(projection matrix) 6.2.3

W

Wold 分解定理(Wold decomposition theorem) 2.4.1
维纳-霍夫方程(Wiener-Hopf equations) 4.2.2
维纳-辛钦(Wiener-Khintchine)定理 2.3.1
伪谱(pseudo spectrum) 3.6.2
稳定系统(stable system) 1.4.4

无限冲激响应(IIR,infinite impulse response)　1.3.4
误差性能面(error performance surface)　4.2.1
误码率(SER,symbol error rate)　5.3.4

X

希尔伯特变换(Hilbert transform)　1.7.2
系统辨识(system identification)　9.1.1
系统函数(system function)　1.3.3
系统响应(system response)　1.1.3
先验估计误差(*a priori* estimation error)　6.5.2
线性时不变系统(linear time-invariant system)　1.1.3
线性系统(linear system)　1.1.3
线性相位系统(linear-phase system)　1.4.5
线性预测(linear prediction)　5.1.1
线性预测编码(LPC,linear predict coding)　5.1.2
线性约束最小方差(LCMV,linearly constrained minimum variance)　8.7.4
相干信号子空间方法(CSM,coherent signal-subspace method)　8.10.2
相关函数(correlation function)　2.1.1
相控阵天线(phased array antenna)　8.6.1
相频特性(phase frequency response)　1.2.4
协方差函数(covariance function)　2.1.1
斜度(skewness)　2.5.1
泄漏 LMS 算法(leaky LMS algorithm)　4.4.5
新息过程(innovation process)　7.1.1
信道化滤波器(channelized filter bank)　1.9.2
信号流图(signal flow graph)　1.3.4
信号子空间 (signal subspace)　3.6.1
信源分离(source separation)　9.1.3
虚拟子信道(virtual sub-channel)　9.3.1
旋转信号子空间(RSS,rotational signal-subspace)　8.10.2
学习曲线(learning curve)　4.3.3
循环平稳(cyclostationary)　2.1.4
循环自相关函数(cyclic autocorrelation function)　2.1.4

Y

雅可比(Jacobi)　7.5.1
亚高斯(sub-Gaussian)　9.2.1
延时器(delay)　1.3.4

严格平稳(SS,strictly stationary) 2.1.2
眼图(eye pattern) 9.2.3
一致(consistent) 习题 6.10
遗忘因子(forgetting factor) 6.5.2
因果系统(causal system) 1.4.2
映射(mapping) 1.1.3
有限冲激响应(FIR,finite impulse response) 1.3.4
酉矩阵(unitary matrix) 2.2.3
预包络(pre-envelope) 1.7.1
预测(prediction) 4.1.1
预测状态误差向量(predicted state error vector) 7.3.2
预测状态误差自相关矩阵(predicted state error correlation matrix) 7.3.2
圆对称(circularly symmetric) 9.6.3

Z

Z 变换(Z transform) 1.3.1
载波角频率(carrier angular frequency) 1.7.3
载波同步(carrier synchronization) 9.2.3
噪声子空间 (noise subspace) 3.6.1
增量调制(delta modulation) 5.4
窄带信号(narrowband signal) 1.7.3
阵列流形(array manifold) 8.1.1
正交补投影矩阵(orthogonal complement projection matrix) 6.2.3
正交分量(quadrature component) 1.7.3
正交原理(orthogonality principle) 4.2.3
正则方程(normal equations) 3.2.1
置零(nulling) 8.6.2
周期图(periodogram) 3.1.2
周期信号(periodic signal) 1.1.1
主瓣(mainlobe) 8.6.1
主天线(main antenna) 8.9.1
主通道(main channel) 8.9.1
状态方程(state equation) 7.2
状态偏差(state bias) 7.5.1
状态误差向量(state error vector) 7.3.1
状态误差自相关矩阵(state error correlation matrix) 7.3.4
浊音(voiced speech) 5.4.1
子空间拟合(subspace fitting) 9.6.3

自回归(AR(p),auto-regressive)　2.4.2
自回归滑动平均(ARMA(p,q),auto-regressive and moving-average)　2.4.2
自相关函数(auto correlation function)　1.1.5,2.1.1
自相关矩阵(correlation matrix)　2.2.1
自协方差函数(autocovariance function)　2.1.1
自由度(degrees of freedom)　8.6.2
阻塞矩阵(blocking matrix)　4.5.2
嘴唇辐射(lip-radiation)　5.4.1
最大熵方法(MEM,maximum entropy method)　3.2.4
最陡下降(SD,steepest descent)　4.3.1
最小二乘(LS,least squares)　6.1.2
最小二乘估计(LSE,least-square estimation)　6.2.1
最小范数(minimum norm)　6.1.3
最小方差谱估计(MVSE,minimum variance spectral estimation)　3.4.2
最小方差无失真响应(MVDR,minimum variance distortionless response)　3.4
最小均方算法或 LMS 算法(least-mean-square algorithm)　4.4.1
最小均方误差(MMSE,minimum mean square error)　4.2.2
最小相位系统(minimum phase system)　1.4.4
最优(或最佳)权向量(optimum weight vector)　4.2.2

常用符号表

$\boldsymbol{A}^{\mathrm{H}}$	矩阵 $\boldsymbol{A}$ 的共轭转置
$\boldsymbol{A}^{\mathrm{T}}$	矩阵 $\boldsymbol{A}$ 的转置
$\boldsymbol{A}^{*}$	矩阵 $\boldsymbol{A}$ 的共轭
$\boldsymbol{A}^{-1}$	矩阵 $\boldsymbol{A}$ 的逆矩阵
$\boldsymbol{A}^{\dagger}$	矩阵 $\boldsymbol{A}$ 的 Moore-Penrose 伪逆矩阵
$d(n)$	期望信号
$\hat{d}(n)$	期望信号的估计
$e(n)$	误差
$\mathrm{E}\{\cdot\}$	数学期望
$\exp(\cdot), \mathrm{e}^{(\cdot)}$	以 e 为底的指数函数
$\boldsymbol{I}, \boldsymbol{I}_M$	单位矩阵,$M \times M$ 阶单位矩阵
j	虚数单位
$J(\cdot)$	目标函数,代价函数
$\mathbb{R}, \mathbb{C}$	实数域,复数域
$\boldsymbol{R}$	相关矩阵
$\hat{\boldsymbol{R}}$	样本相关矩阵
$\mathrm{tr}\{\cdot\}$	矩阵的迹
$u(n)$	离散时间序列
$\boldsymbol{w}$	滤波器权向量
$\boldsymbol{w}_{\mathrm{o}}$	最优滤波器权向量
θ	角度参数
λ	特征值,遗忘因子,拉格朗日乘子
μ	步长参数
ω	角频率
$\lvert\cdot\rvert$	绝对值(对复数是取模)
$\lVert\cdot\rVert, \lVert\cdot\rVert_{\mathrm{F}}$	范数,Frobenious 范数
$\boldsymbol{0}$	全零向量,全零矩阵
$\boldsymbol{1}$	全 1 向量,全 1 矩阵
$\triangleq$	定义为

教师反馈表

感谢您购买本书！清华大学出版社计算机与信息分社专心致力于为广大院校电子信息类及相关专业师生提供优质的教学用书及辅助教学资源。

我们十分重视对广大教师的服务，如果您确认将本书作为指定教材，请您务必填好以下表格并经系主任签字盖章后寄回我们的联系地址，我们将免费向您提供有关本书的其他教学资源。

您需要教辅的教材：	现代数字信号处理及其应用(何子述)		
您的姓名：			
院系：			
院/校：			
您所教的课程名称：			
学生人数/所在年级：	＿＿＿＿人/ 1 2 3 4 硕士 博士		
学时/学期	＿＿＿＿学时/＿＿＿＿学期		
您目前采用的教材：	作者：＿＿＿＿＿＿＿＿ 书名：＿＿＿＿＿＿＿＿ 出版社：＿＿＿＿＿＿＿		
您准备何时用此书授课：			
通信地址：			
邮政编码：		联系电话	
E-mail：			
您对本书的意见/建议：	系主任签字 盖章		

我们的联系地址：

清华大学出版社 学研大厦 A602，A604 室

邮编：100084

Tel：010-62770175-4409，3208

Fax：010-62770278

E-mail：liuli@tup. tsinghua. edu. cn；hanbh@tup. tsinghua. edu. cn